信息技术
基础与应用

刘云翔　王志敏　主编

清华大学出版社
北　京

内 容 简 介

本书是 2019 年上海高校本科重点教改项目《新工科背景下计算机基础教学改革方案探索》的研究成果之一,以新工科和市场需求为立足点制订课程培养计划,注重思想和思维的培养。本书内容包括计算机基础知识、多媒体技术、Office 2019 高级应用、数据库应用技术、大数据与人工智能、计算机网络技术及演变、信息安全、网站设计。为方便学生巩固所学知识与课后练习,每篇都配有适量的习题。

本书可作为应用型高等院校非计算机专业的教学用书,也可作为高等院校成人教育的培训教材或自学参考书。

图书在版编目(CIP)数据

信息技术基础与应用/刘云翔,王志敏主编. —北京:清华大学出版社,2020.10(2023.7重印)
ISBN 978-7-302-56525-3

Ⅰ.①信… Ⅱ.①刘… ②王… Ⅲ.①电子计算机—高等学校—教材 Ⅳ.①TP3

中国版本图书馆 CIP 数据核字(2020)第 182642 号

责任编辑:孟毅新
封面设计:傅瑞学
责任校对:赵琳爽
责任印制:宋 林

出版发行:清华大学出版社
   网 址:http://www.tup.com.cn,http://www.wqbook.com
   地 址:北京清华大学学研大厦 A 座   **邮 编:**100084
   社 总 机:010-83470000   **邮 购:**010-62786544
   投稿与读者服务:010-62776969,c-service@tup.tsinghua.edu.cn
   质量反馈:010-62772015,zhiliang@tup.tsinghua.edu.cn
   课件下载:http://www.tup.com.cn,010-83470410
印 装 者:三河市少明印务有限公司
经 销:全国新华书店
开 本:185mm×260mm **印 张:**33.5   **字 数:**811 千字
版 次:2020 年 10 月第 1 版   **印 次:**2023 年 7 月第 4 次印刷
定 价:96.00 元

产品编号:086472-01

前　言

计算机技术的发展日新月异,在社会信息化和信息社会化的进程中,计算机作为时代的特征,扮演了越来越重要的角色,能够了解信息技术基础知识和掌握计算机的日常使用,是衡量一个人基本素质的必备条件之一。对高等学校非计算机专业学生来说,计算机基础教育的重点是复合型计算机应用人才的培养,培养学生具备善于应用、自主学习和创新等能力也逐渐成为高等教育的主要目标。

本书是 2019 年上海高校本科重点教改项目《新工科背景下计算机基础教学改革方案探索》的研究成果之一,以新工科和市场需求为立足点制订课程培养计划,注重思想和思维的培养。本书根据信息技术、智能技术和数据处理技术对各行各业影响、高中阶段计算机人工智能课程的普及,以及现阶段社会对大学毕业生信息技术应用能力的新要求,减弱了传统的教材中办公自动化、多媒体和网站设计的内容,将人工智能、云计算、大数据等新兴技术加入课程,以达到新工科人才培养的目的。

本书共分八篇 24 章,具体内容如下。

第一篇介绍计算机科学与信息技术涉及的领域、发展历史与发展途径,以及程序设计基础知识。第二篇介绍图片素材调整与合成,作品界面的编排及元素的绘制,对声音进行录制、剪辑、去噪、增益及特效处理,对视频进行剪辑合成、添加字幕、过渡特效等处理,以及实现多媒体作品框架搭、完整循环的方法。第三篇定位于 Office 办公自动化的高级应用,介绍长文档的设计和编辑,批量数据的分析和处理以及高水平演示文稿的设计方法。第四篇介绍数据库系统基础知识,数据库的操作与管理,数据表的创建与使用,查询的设计与创建,窗体的设计与创建等。第五篇介绍大数据的特性,数据挖掘的概念、思想、理论与技术及实际应用,数据分析工具的应用,云计算的关键技术和应用,人工智能、机器学习、深度学习框架及其应用领域,大数据和人工智能典型应用等。第六篇介绍计算机网络的产生和发展及其典型应用,计算机网络的常见协议与服务,组建局域网的方法,物联网的组成、应用及未来的发展。第七篇介绍信息安全的重要性,信息安全的概念、服务、标准、技术,常见网络攻击技术和防护技术,以及因特网面临的安全问题、主要的安全策略和安全管理。第八篇介绍网站的设计与网页制作知识。

本书覆盖面广,信息量大,深入浅出。课时安排建议选择 54～72 学时,理论与上机操作的比例为 1∶1,教师也可以根据自己的教学经验和学生的实际情况,适当改变章节的顺序和筛选某些内容进行讲解。

本书可作为应用型高等院校非计算机专业的教学用书,也可作为高等院校成人教育的培训教材或自学参考书。

本书由刘云翔、王志敏主编并统稿。具体分工如下：刘胤杰编写第 1 章和第 9 章，王志敏编写第 2 章、第 7 章和第 8 章，吴敏编写第 3～6 章，郭文宏编写第 10～12 章，刘云翔、陈丽琼、原鑫鑫、李晓丹、徐琛、林涛编写第 13～15 章，王栋、方华、王辉编写第 16～19 章，舒明磊、薛庆水编写第 19～21 章，朱栩编写第 22～24 章。在本书编写过程中得到了兄弟院校同人的大力支持，他们为本书提供了许多宝贵意见，在此表示感谢。

由于编者水平有限，书中难免有不足之处，恳请读者多提宝贵意见。

编　者

2020 年 8 月

目　录

第一篇　计算机基础知识

第二篇　多媒体技术

第三篇　Office 2019 高级应用

第四篇　数据库应用技术

第五篇　大数据与人工智能

第六篇　计算机网络技术及演变

第七篇 信 息 安 全

第八篇　网站设计

第一篇　计算机基础知识

计算机和数字化技术的发展为人类带来了空前的发展和机遇，强大的软硬件系统正在通过网络改变人类的交流方式。计算机的发展是人类文明的重要驱动力。当今世界谁的计算能力强，谁就能引领人类发展潮流。随着信息技术的飞速发展，大数据、人工智能、物联网等新业态快速融入我们的生活，量子计算、类脑计算等新型计算技术相继涌现。

第 1 章

认识计算机

人类在 20 世纪进入了数字化时代。21 世纪后,以云计算、物联网、大数据和人工智能为代表带动的新时代信息技术得到突飞猛进的发展。

1.1　计算机的起源与发展

1.1.1　计算机的发展史

1. 计算机硬件历史

1) 古代计算

人类文明发展初期就有了计算的需要,同时也有了辅助计算的各类工具。据记载,文字出现之前的漫长年代里,远古时代人类采用"结绳记事"的方式来记录事实并进行传播。

例如,印加人在公元前 14 世纪使用串连的绳结来进行记录,绳结的种类与位置、绳索的方向、层次和颜色通常代表日期及相对应人、物的数量,如图 1.1 所示。

公元前 5 世纪,中国人开始用算筹(见图 1.2(a))作为计算工具,并在公元前 3 世纪得到普遍的采用,后来,人们发明了算盘(见图 1.2(b)),并在 15 世纪得到普遍采用。它加快了人类的计算速度。算盘对人类有较强的数学教育功能,因此使用至今,并流传到海外,成为一种国际性的计算工具。

图 1.1　古印加人靠绳结来存储信息并计算

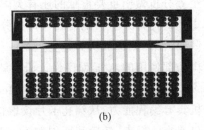

(a)　　　　　　　　　　　　　(b)

图 1.2　算筹与算盘

2）机械计算机

1621 年,英国数学家奥特·雷德(William Oughtred)根据对数原理发明了圆形计算尺的使用,也称对数计算尺,如图 1.3 所示。17 世纪中期,对数计算尺改进为尺座和在尺座内部移动的滑尺。18 世纪末,发明蒸汽机的瓦特在尺座上添置了一个滑标,用来存储计算的中间结果。对数计算尺能进行加、减、乘、除、乘方、开方运算,甚至可以计算三角函数、指数函数和对数函数,它一直使用到袖珍电子计算器面世。即使在 20 世纪 60 年代,对数计算尺的使用仍然是理工科大学生必须掌握的基本功,是工程师身份的一种象征。

1642 年,法国数学家帕斯卡(Blaise Pascal)发明了帕斯卡加法器,这是人类历史上第一台机械式计算工具,如图 1.4 所示,其原理对后来的计算工具产生了持久的影响。帕斯卡加法器是由齿轮组成,以发条为动力,通过转动齿轮来实现加减运算,用连杆实现进位的计算装置。帕斯卡从加法器的成功中得出结论:人的某些思维过程与机械过程没有差别,因此可以设想用机械来模拟人的思维活动。

图 1.3　计算尺　　　　　　　　　　图 1.4　机械式计算机

1673 年,德国数学家莱布尼茨研制了一台能进行四则运算的机械式计算器,称为莱布尼茨四则运算器。这台机器在进行乘法运算时采用进位——加(shift-add),即步进(stepped reckoning)的方法,后来演化为二进制,被现代计算机采用。

1822 年,英国数学家查尔斯·巴贝奇(Charles Babbage)开始研制差分机,专门用于航海和天文计算,这是最早采用寄存器来存储数据的计算工具,是早期程序设计思想的萌芽,使计算工具从手动机械跃入自动机械的新时代。在他构想的设计中,包括许多现代计算机的重要部件。他的设计中第一次出现了内存,这使中间值不必再重新输入。此外,他的设计还包括数字输入法和机械输入法,采用穿孔卡片方式。

为这个差分机做出重要贡献的还有英国人奥古斯塔·艾达·金(Augusta Ada Byron),她是计算史上的传奇人物。她对巴贝奇的分析机非常感兴趣,并扩充了他的想法(同时修改了他的一些错误)。艾达被认为是史上第一位程序设计员,她也提出了程序设计中循环的概念。美国国防部使用的 Ada 程序设计语言就是以她的名字命名的。

1890 年,美国人赫尔曼·赫勒利斯(Herman Hollerith)发明了第一台机电式制表机,这个制表机具有编程能力,从穿孔卡片读取信息,他的设备从根本上改变了美国每十年举行一次的人口普查。后来,赫勒利斯创建了 IBM 公司。

3）电子计算机

1936 年,英国数学家阿兰·图灵(Alan M Turing)(见图 1.5)发明了一种抽象数学模型,即图灵机,为计算理论的主要领域奠定了基础。

　　1946年,美国宾夕法尼亚大学和有关单位制成了第一台通用完全电子计算机"电子数字积分仪与计算机"(electronic numerical integrator and calculator,ENIAC),它是由约翰·莫奇勒(John Mauchly)和普利斯伯·埃克特(Eckert J P)等主要设计的,冯·诺伊曼(Hohn von Neumann)(见图1.6)参与了改进工作。ENIAC使用了约18000个电子管,占地约170平方米,功率约150千瓦(见图1.7)。

　　在此期间,冯·诺伊曼提出了至关重要的计算机的逻辑结构,即"存储程序"的概念和二进制原理。后来,人们把利用这种概念和原理设计的电子计算机系统统称为"冯·诺伊曼体系结构"计算机。

图1.5　阿兰·图灵

　　1950年以后出现的计算机都是基于冯·诺依曼体系结构的,即使它们变得更快、更小、更便宜,但原理几乎是相同的。一般将计算机发展划分为五代,每一代计算机的改进主要体现在硬件或软件方面,而不是体系结构。

图1.6　冯·诺伊曼

图1.7　第一台通用计算机ENIAC

　　(1)第一代计算机。第一代计算机(约1946—1958)以商用计算机的出现为主要特征。其主要元器件是电子管(见图1.8),体积较大,功率大,散热大,运行不可靠,主存储器是磁鼓,输入设备是读卡机,输出设备一般是穿孔卡片或行式打印机,后期出现磁带存储。这一代计算机体积庞大,需要巨大的专用空间。

　　(2)第二代计算机(约1959—1964)。第二代计算机使用晶体管代替真空管,这样既减小了计算机的体积,也节省了开支(见图1.9)。它使用磁芯作为主存储器,使用磁盘作为外部存储。同期出现FORTRAN和COBOL等高级计算机程序设计语言,使编程更加容易。

图1.8　电子管

图1.9　晶体管计算机

（3）第三代计算机（1965—1970）。第三代计算机采用集成电路作为基本元器件，功耗、体积、价格进一步下降，速度和可靠性相应的提高，出现键盘和屏幕作为输入/输出设备，如图1.10所示。小型公司可以购买软件，而不必自己写程序。

（4）第四代计算机（1971—1984）。第四代计算机的特征是大规模集成电路。20世纪70年代早期，一个硅片上可以集成几千个晶体管，而20世纪70年代中期，一个硅片则可以容纳整个微型计算机。在计算机发展的这几个时代中，每一代计算机硬件的功能都变得越来越强大，体积则越来越小，花费也越来越少。这个时期英特尔（Intel）创始人之一戈登·摩尔（Gordon Moore）提出了著名的摩尔定律[①]。

IBM于1981年开发出个人计算机（personal computer，PC），如图1.11所示。PC变得越来越便宜，因而也非常普及，几乎每人都可以有一台。

图1.10　集成电路计算机

图1.11　IBM PC

苹果公司于1984年开发了Macintosh微型计算机，如图1.12所示。同期出现开发软件为主的软件公司，如微软（Microsoft），这个时期计算机网络也开始普及。

（5）第五代计算机（1985年至今）。这个时代是一个飞速发展的时代，如笔记本电脑（见图1.13）、掌上电脑层出不穷，出现了CD-ROM、SSD等现代存储，多媒体、VR、AI得到长足发展，计算机网络快速发展。计算机运算速度飞速提高。

图1.12　Macintosh计算机

图1.13　笔记本电脑

4）计算机的运算速度

第一台计算机ENIAC运算速度是5000次每秒，现在一般的计算机运算速度都在万亿次每秒，并且都大部分采用并行体系结构。2019年，国际上运算速度较快的主要超级计算机见表1.1。

2.计算机软件历史

计算机软件是计算机的灵魂，它在计算机中起到关键作用，下面介绍软件发展历程。

[①]　摩尔定律：当价格不变时，集成电路上可容纳的元器件的数目每隔18～24个月便会增加一倍，性能也将提升一倍。

表 1.1　2019 年国际超级计算机

排名	名称	国别	主要指标	其他
1	Summit	美国	处理器有 2397824 个；峰值速度为 200795 TFLOPS①	IBM 和美国能源部橡树岭国家实验室（ORNL）
2	Sierra	美国	处理器有 1572480 个；峰值速度为 119193 TFLOPS	美国国家核安全局（NNSA）
3	神威太湖之光	中国	处理器有 10649600 个；峰值速度为 125436 TFLOPS	中国国家并行计算机工程技术研究中心。已经全部使用国产 CPU
4	天河二号 TH—2(见图 1.14)	中国	处理器有 4981760 个；峰值速度为 33862 TFLOPS	中国国防科技大学
5	Piz Daint 代恩特峰	瑞士	处理器有 387872 个；峰值速度为 27154 TFLOPS	瑞士国家超算中心

图 1.14　天河二号超级计算机

1）第一代软件（1951—1959）

计算机内部数据与指令都是用二进制（0 和 1）表示的，因此第一代软件都是由二进制编写的，也称由机器语言编写的。

用机器语言进行程序设计不仅复杂耗时，而且容易出错，因此程序设计员就开发了一些便于记忆的英文缩写符号和工具辅助程序设计。这就是第一代人工程序设计语言，称为汇编语言，它们使用助记忆码表示每条机器语言指令。

由于每个程序在计算机上执行时采用的最终形式都是机器语言，所以汇编语言的开发者还需要用一种翻译程序把用汇编语言编写的程序翻译成机器代码。这种程序称为汇编器，它读取每条用助记忆码编写的程序指令，并把它翻译成等价的机器语言。

汇编语言一般称为低级语言，通常是为特定的计算机或系列计算机专门设计的，它的操作跟硬件紧密相关。很多硬件设施的嵌入式编程使用的都是汇编语言，因为汇编语言更直接、更有效率。目前很多数码产品的芯片、主板等都包含了嵌入式程序，开发这些程序使用的就是汇编语言。

———

① TFLOPS：tera floating-point opervations per second，每秒万亿次浮点运算。

2) 第二代软件(1959—1965)

高级语言是相对于汇编语言而言的,它是以人类的日常语言为基础的一种程序设计语言,使用类似于英语的语句编写指令,从而使程序员编写程序更容易,也有较高的可读性。

这个时期常用的两种语言是 FORTRAN(formula translation)和 COBOL(common business oriented language)。FORTRAN 是世界上最早出现的计算机高级程序设计语言,主要应用于科学和工程计算领域。COBOL 是数据处理领域使用广泛的程序设计语言。

高级语言程序若要在计算机上执行,必需先将其翻译成计算机能识别的机器语言才能执行。对于用不同的语言编写的代码,可以采用两种不同的翻译方式——编译翻译和解释翻译,分别对应着编译型语言和解释型语言。高级语言与计算机的硬件结构及指令系统无关,它有更强的表达能力,可方便地表示数据的运算和程序的控制结构,能更好地描述各种算法,而且容易学习掌握。但高级语言编译生成的程序代码一般比用汇编程序语言设计的程序代码要长,执行的速度也慢。

3) 第三代软件(1965—1971)

第三代软件中出现了一个重要的软件——操作系统(operating system,OS)。其主要功能是管理并合理分配计算机资源,因此出现了分时系统。这个时期出现了 BASIC 语言。

在前两代,程序设计员就是用户,一般也分为系统程序设计员和应用程序设计员。在第三代,系统程序员为他人编写软件工具,计算机用户已可能不是程序员。

20 世纪 60 年代中期,大容量、高速度计算机的出现,使计算机的应用范围迅速扩大,软件开发数量急剧增长。高级语言的出现和操作系统的发展引起了计算机应用方式的变化,大量数据处理催生了第一代数据库管理系统。

软件系统的规模越来越大,复杂程度越来越高,软件可靠性问题也越来越突出。原来的个人设计、个人使用的方式不再满足要求,迫切需要改变软件生产方式、提高软件生产率,以避免软件危机爆发。

1968 年,北大西洋公约组织(NATO)在联邦德国的国际学术会议创造了软件危机(software crisis)一词。在 1968、1969 年连续召开了两次 NATO 会议,会议提出了软件工程的概念,以解决软件危机。

4) 第四代软件(1971—1989)

20 世纪 70 年代出现了较好的程序设计技术,即结构化程序设计方法,这是一种有逻辑、有规则的程序设计方法。其中 Pascal 语言和 Modula-2 是具有代表性的高级语言。这个时期比较著名的高级语言还有 C 语言,它也是一种允许用户使用低级语句的结构化语言,它目前仍然是程序开发的重要语言。

AT&T 公司开发了 UNIX 操作系统;IMB 为 IBM PC 开发了 PC-DOS 系统,微软开发了 MS-DOS 系统;Macintosh 机的 Mac OS 操作系统引入了鼠标操作的图形界面。这些程序可以让一个没有计算机经验的用户实现一项特定的任务。比较典型的应用程序主要有电子制表软件(Lotus 1-2-3)、文字处理软件(WordPerfect)和数据库管理系统(dBase)。

5) 第五代软件(1990 至今)

Microsoft Windows 操作系统在 PC 市场占有绝对优势。随着网络的发展,开源操作系统 Linux 占据了部分服务器市场。Microsoft Office 办公套件受到广泛欢迎。

Java 语言和 C/C++ 语言成为著名的计算机程序设计高级语言。替代纯文本的图像、声音及视频等多媒体技术逐渐走向成熟。1990 年 2 月,著名的图像处理软件 Photoshop 1.0 问世。

随着智能手机以及各数字设备的发展,其中的各类应用软件 APP 层出不穷。人们正处在一个信息化与智能化交集的时代,物联网、人工智能、区块链、大数据等技术创新既是信息产业发展的阶段性成果,也是开启智能化时代的重要动因,更为关键的是,它们正彼此促进融合发展。

1.1.2　计算机的分类

计算机及相关技术的迅速发展带动计算机类型也不断分化,形成了各种不向种类的计算机。

1. 按照计算机性能区分

1) 超级计算机

超级计算机也称为高性能计算机,目前国际上对高性能计算机较权威的评测是世界计算机排名(即 TOP500)。

2) 服务器

服务器是指在网络环境下为网上多个用户提供共享信息资源和各种服务的一种高性能计算机,如社交网站或购物网站都需要后其服务的支持。在服务器上需要安装网络操作系统、网络协议和各种网络服务软件。服务器主要为网络用户提供文件、数据库、应用及通信方面的服务。

3) 工作站

工作站通常是一种高档的微型计算机,通常配有高分辨率的大屏幕显示器及容量很大的内存储器和外部存储器,主要面向专业应用领域,具备强大的数据运算与图形、图像处理能力。工作站主要是为满足工程设计、动画制作、科学研究、软件开发、金融管理、信息服务、模拟仿真等专业领域而设计开发的高性能微型计算机。

4) 个人计算机

个人计算机通常也称为微型计算机。目前个人计算机已广泛应用于办公、学习、娱乐等社会生活的方方面面,是发展最快、应用最为普及的计算机。人们日常使用的台式计算机、笔记本电脑、掌上型计算机等都是微型计算机。

5) 嵌入式计算机

嵌入式计算机是指嵌入对象体系中,实现对象体系智能化控制的专用计算机系统。嵌入式计算机系统以应用为中心、以计算机技术为基础,并且软硬件组合适当,常用于实现对其他设备的控制、监视或管理等功能。例如,我们日常生活中使用的电冰箱、全自动洗衣机、空调、电饭煲、数码产品等都采用了嵌入式计算机技术。

2. 按照计算机用途划分

1) 通用计算机

通用计算机是为能解决各种问题、具有较强的通用性而设计的计算机。它具有一定的运算速度和存储容量,连接通用的外部设备,安装各种系统软件和应用软件。目前使用最多的个人计算机就属于通用计算机。

2）专用计算机

专用计算机是为解决一个或一类特定问题而设计的计算机,其硬件和软件的配置由具体需要解决的问题而定。专用计算机能高速、可靠地解决特定问题,但是其功能简单,只安装能够解决指定问题程序,如工业控制机、银行专用机、超市收银机等,目前流行的智能手机也可认为是专用计算机。

1.1.3　计算机的发展趋势

随着现代信息技术的不断发展,计算机在各行各业都得到了广泛的应用,计算机的发展也在不断地前进。现代计算机已经飞速发展了 70 多年,虽然,基于集成电路的计算机短期内还不会退出历史舞台,但一些新形态的计算机正在被加紧研究,这些计算机主要是光计算机、生物计算机、量子计算机、超导计算机和纳米计算机等。以下主要介绍前三种。

1. 光计算机

光计算机利用激光光束而非电波进行数据计算和资料处理,其速度比当今最先进的超级电子计算机要快 1000 多倍,世界计算机科技将因其发生革命性的突破。

光计算机能广泛地用来执行一些新任务,如预测天气、气候等一些复杂而多变的过程。再如,它还可以应用于电话传输。因为现在电话信号正在逐步发展为由光导纤维中的激光束来传送,如果用光计算机来处理这些信号,就不必在电话局内将携带声音的光脉冲转变成电脉冲,就可以省掉光—电—光的转换过程,直接将携带声音信号的光脉冲加以处理后发送出去,这样,大大提高了传送效率。

由于光计算机善于进行大量的运算,所以能高效地直接处理视觉形式、声波形式,以及其他任何自然形式的信息。此外,它还是识别和合成语言、图画和手势的理想工具。这样,光计算机就能以最自然的形式进行人机对话和人机交流。

2. 生物计算机

生物计算机是人类期望在 21 世纪实现的伟大工程,是计算机世界中最年轻的分支。生物计算机也称仿生计算机,主要原材料是生物工程技术产生的蛋白质分子,并以此作为生物芯片来替代半导体硅片,利用有机化合物存储数据。生物计算机涉及多种学科领域,包括计算机科学、脑科学、分子生物学、生物物理、生物工程、电子工程等。

3. 量子计算机

量子计算机是一种可以实现量子计算的机器,它通过量子力学规律实现数学和逻辑运算,处理和储存信息能力的系统。它以量子态为记忆单元和信息储存形式,以量子动力学演化为信息传递与加工基础的量子通信与量子计算。在量子计算机中,硬件的各种元器件的尺寸达到原子或分子的量级。量子计算机是一个物理系统,它能存储和处理关于量子力学变量的信息。

量子计算机也有着自己的基本单位——昆比特(qubit)。昆比特又称量子比特,它通过量子的两态的量子力学体系来表示 0 或 1。量子计算的原理就是将量子力学系统中量子态进行演化得到结果。

1.2 计算机的组成

一个完整的计算机系统包括计算机硬件和计算机软件。

1.2.1 计算机硬件系统

1946 年,美籍匈牙利科学家冯·诺伊曼提出计算机的存储程序和二进制原理,把程序本身当作数据来对待,程序和该程序处理的数据用同样的方式存储,并确定了存储程序计算机的五大组成部分和基本工作方法,如图 1.15 所示。

1. 输入设备

输入设备是指给计算机提供数据的设备。常见的输入设备有键盘和鼠标,其他的有扫描仪、触摸屏键盘、数码相机、指纹阅读器和麦克风等。

2. 运算器和控制器

一般运算器和控制器封装在一个集成芯片中,称为中央处理器(central processing unit,CPU),如图 1.16 所示。任何计算机系统的核心都是中央处理器。

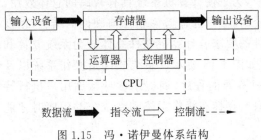

图 1.15　冯·诺伊曼体系结构

图 1.16　CPU 的外观

算术逻辑单元(ALU)为计算机提供逻辑及计算功能。控制器将数据送入算术逻辑单元,然后由算术逻辑单元完成指令所要求的某种算术或逻辑运算。寄存器是处理器内的存储单元。

目前,CPU 领域发展领先的主要是美国的 Intel 和 AMD 公司。

为了满足操作系统的上层工作需求,现代处理器进一步引入了诸如并行化、多核化、虚拟化以及远程管理系统等功能,不断推动着上层信息系统向前发展。

随着摩尔定律逐渐失效,CPU 呈现向多核心发展趋势,因为仅仅提高单核芯片的速度会产生过多热量且无法带来相应的性能改善。多核处理器是指在一个处理器中集成两个或多个完整的计算引擎(内核)。

国产 CPU 研制从 21 世纪初开始起步,经过近 20 年发展,已经取得了长足进步,部分成果达到了世界先进水平。起步较早的国产处理器有龙芯、申威和飞腾处理器等。

3. 输出设备

输出设备也是人与计算机之间进行通信交流的设备。输出设备从 CPU 中取出计算结果,然后将其转换成人们可读的形式(如打印或显示报告)。常用的输出设备有显示器和打印机。比较大型的计算机系统通常要配备更大、更快的打印机。

4. 存储设备

存储设备主要是用于存储指令、程序和数据信息。存储器有两种类型,一种是内存储器(有时称为主存储器),另一种是二级存储器。主
存储器一般置于计算机内部的主板上,也称为
内存。

二级存储器一般有机械硬盘、光盘、SSD[①]、
U 盘等,也称为外存。机械硬盘和固态硬盘如
图 1.17 所示。

图 1.17　机械硬盘和固态硬盘

1.2.2　计算机软件系统

计算机软件是指计算机系统中的程序及其文档。程序是计算任务的处理对象和处理规则的描述;文档是为了便于程序使用者了解程序所需的阐明性资料。程序必须装入机器内

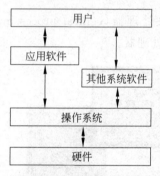

图 1.18　计算机软件系统

部才能工作;文档一般是给用户阅读,不一定装入机器。软件是用户与硬件之间的接口,用户主要通过软件与计算机进行交流,如图 1.18 所示。软件是计算机系统设计的重要依据。为了方便用户,为了使计算机系统具有较高的总体效用,在设计计算机系统时,必须通盘考虑软件与硬件的结合,以及用户的要求和软件的要求。计算机软件总体分为系统软件和应用软件两大类,如图 1.18 所示。系统软件指操作系统以及低层次管理计算机资源的程序,而应用软件帮助用户执行特定工作。计算机只有在拥有操作系统和系统公共程序时才能执行应用软件。

1. 系统软件

系统软件是一组程序,它们互相合作并控制计算机系统的资源和操作。系统软件能使计算机系统的很多部件相互通信。系统软件有 3 种类型:操作系统、实用程序和语言翻译程序。

(1)操作系统。操作系统为用户或应用程序和计算机硬件之间提供一个接口。操作系统软件有许多品牌和版本。每一种操作系统软件都是为配合一个或多个具体的处理器或工作用途而设计。如 Windows 主要用于 Intel 处理器的个人计算机,iOS 则是安装在苹果手机上的操作系统。

(2)实用程序。实用程序帮助用户处理常用系统事务,如管理计算机资源和文件等。有些实用程序是操作系统的一部分,如磁盘格式化程序、文件复制程序,以及文件备份程序等。

(3)语言处理程序。计算机只能直接识别和执行机器语言,因此要在计算机上运行高级语言编写的程序就必须配备程序语言翻译程序。语言翻译程序本身是一组程序,不同的

---

① 　SSD(solid state disk,固态硬盘)是用固态电子存储芯片阵列而制成的硬盘。

高级语言都有相应的语言翻译程序。

语言处理程序是将用程序设计语言编写的源程序转换成机器语言的形式,以便计算机能够运行,这一转换是由翻译程序来完成的。翻译程序除了要完成语言间的转换外,还要进行语法、语义等方面的检查。翻译程序统称为语言处理程序,共有 3 种:汇编程序、编译程序和解释程序。

① 汇编程序是针对汇编语言,汇编语言是二进制指令的文本形式,与指令是一一对应的关系。比如,加法指令 00000011 写成汇编语言就是 ADD。只要把这些文字指令翻译成二进制,汇编语言就可以被 CPU 直接执行。

② 编译程序用于处理编译型高级语言,即在程序执行前,有一个单独的编译过程,将高级语言程序翻译成机器语言,以后执行这个程序的时候,就不用再进行翻译了。C/C++ 语言就是编译型语言。

③ 解释程序用于处理解释型高级语言,在运行时将程序翻译成机器语言,因每次运行时都要翻译,所以运行速度较慢,适用于对实时性要求不是很高的场合。由于计算机硬件发展迅速,解释程序目前也大行其道。JavaScript、Python 都是解释型语言。Java 语言是将源代码翻译为中间代码(称为字节码),然后通过虚拟机(virtual machine)解释执行,所以 Java 语言是一种较特殊的解释型语言。

2. 数据库管理系统

数据库管理系统(database management system,DBMS)是一种操纵和管理数据库的大型软件,用于建立、使用和维护数据库。DBMS 主要由数据库及其管理软件组成。数据库系统是为适应数据处理的需要而发展起来的一种较为理想的数据处理的核心机构。计算机的高速处理能力和大容量存储器提供了实现数据管理自动化的条件。

目前世界上主流数据库管理如下。

(1) Oracle 是甲骨文公司的一款关系数据库管理系统。Oracle 数据库管理系统可移植性好、使用方便、功能强大,是一种高效率、可靠性好、适应高吞吐量的数据库解决方案。

(2) MySQL 是一种开放源代码的关系数据库管理系统,MySQL 使用最常用的数据库管理语言——结构化查询语言(SQL)进行数据库管理。

(3) Access 是由微软公司开发的关系数据库管理系统。它结合了 Microsoft jet database engine 和图形用户界面两项特点,主要用于小型公司与企业。

目前随着大数据技术兴起,海量数据的存储与分析对传统技术提出挑战,当前大数据的存储技术主要有 MongoDB、HBase 等非关系型数据库。

3. 应用软件

应用软件是和系统软件相对应的,是用户可以使用的各种程序设计语言以及用各种程序设计语言编制的应用程序的集合,分为应用软件包和用户程序。应用软件包是利用计算机解决某类问题而设计的程序的集合,供多用户使用。

应用软件可以拓宽计算机系统的应用领域,放大硬件的功能。应用软件一般有通用软件、专用软件和移动软件。应用软件几乎为所有行业使用,是与计算机的处理能力密切相关的各类程序。

(1) 办公软件。办公软件是指可以进行文字处理、表格制作、幻灯片制作、图形图像处理、简单数据库的处理等方面工作的软件。目前办公软件向着操作简单化,功能细化等方向发展。微软公司的 Microsoft Office 套件和金山公司的 WPS 套件是目前较流行的办公软件。

(2)图形图像处理软件。这类软件主要有媒体播放器、图像编辑、音视频编辑、计算机辅助设计、计算机游戏等,如 Adobe 公司的图形图像处理软件 Photoshop、Premiere、AutoCAD,以及各类桌面及手机版的游戏等。

(3)专用软件。专用软件一般用于特定行业,如超市销售管理、数控车床加工、银行金融管理软件、统计分析软件等。在网络飞速发展的今天,各类网络应用(特别是智能手机 APP)软件也迅速发展起来。

移动应用软件是为移动设备,如手机、平板电脑和其他移动设备设计的应用。

1.3 计算机操作系统

1.3.1 操作系统概述

操作系统(operating system,OS)是管理和控制计算机软件与硬件的计算机程序,是直接运行在"裸机"上的最基本的系统软件,任何其他软件都必须在操作系统的支持下才能运行。

操作系统在计算机系统中的作用主要有两方面:对计算机系统内部,操作系统管理计算机系统的各种资源,扩充硬件的功能;对计算机系统外部,操作系统提供良好的人机界面,方便用户使用计算机。

操作系统的类型多样,不同机器安装不同的操作系统,可能是移动电话的嵌入式系统,也可能是超级计算机的大型操作系统。有些操作系统集成了图形用户界面,如 Mac OS,如图 1.19 所示,而有些仅提供命令行界面,如早期的 Liunx,如图 1.20 所示。

图 1.19　具有图形用户界面的 Mac OS

图 1.20　命令行界面的 Linux 系统

最早的计算机并没有操作系统,随着计算机的结构逐步复杂,系统管理工具以及简化硬件操作流程的程序就出现了,这也是产生操作系统的内生动力。

操作系统位于底层硬件与用户之间,是两者沟通的桥梁。用户可以通过操作系统的用户界面,输入命令。操作系统则对命令进行解释,驱动硬件设备,实现用户要求。以现代标准而言,一个标准的 PC 操作系统应该具备以下功能。

(1)管理资源。操作系统协调管理计算机所有资源,如 CPU、内存、外存、打印机及显示器等设备。操作系统监控系统性能,规划任务,提供安全机制以保证计算机正常运行。

(2)运行应用程序。操作系统负责把应用程序(如 QQ、Excel)加载(load)到内存并分配 CPU 运行。绝大多数操作系统支持多任务,并可对加载的程序分别切换执行。

(3) 提供用户使用界面。操作系统为用户提供用户界面(user interface,UI),使用者通过 UI 与应用程序和硬件进行交互以完成任务。早期的操作系统或某些服务器提供文本界面(如 20 世纪 80 年代的 DOS),现代操作系统一般都提供图形用户界面,有些系统也支持语音交互。

(4) 网络通信。现代操作系统都支持网络连接,并对网络的支持越来越好。

(5) 安全机制。操作系统的安全机制在整个信息系统的安全中起至关重要的作用,没有操作系统的安全,建立在其上的各类信息系统的安全性将犹如建在沙丘上的城堡一样,没有牢固的根基。操作系统从用户管理、资源访问行为管理以及数据安全、网络访问安全等各个方面对系统行为进行控制,保证破坏系统安全的行为难以发生。同时,还对系统的所有行为进行记录,使攻击等恶意行为一旦发生就会留下痕迹,使安全管理人员有据可查。

1.3.2 常见的操作系统

1. Windows

1981 年,微软公司为个人计算机(PC)开发了操作系统,并取得巨大成功,命名为 DOS(disk operating system)。DOS 是字符用户界面的操作系统,如图 1.21 所示。

图 1.21 安装 DOS 的 IBM PC

1985 年,微软公司发布了第一版 Windows 操作系统,起初只是 Microsoft DOS 模拟环境。后续的系统版本不断更新升级,简单易用,逐渐成市场保有量领先的桌面操作系统。经过多年的发展完善,Windows 已成熟稳定,是当前个人计算机的主流操作系统。如图 1.22 所示是 Windows 的几个著名版本。

Windows 1.0 (1985)

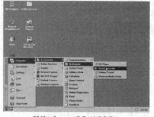

Windows 95 (1995)

Windows XP (2001)

Windows 7 (2009)

图 1.22 Windows 的几个著名版本

2. UNIX 和 Linux

UNIX 操作系统诞生于 20 世纪 60 年代,它主要部署在各类服务器或高性能 PC 上,UNIX 后来分裂演化为大量不同版本。

1991 年,芬兰赫尔辛基大学二年级学生林纳斯·托瓦兹(Linus Torvalds)继承 UNIX 思想,去除繁杂的核心程序,写出了属于自己的操作系统 Linux 0.01,这是 Linux 时代开始的标志。1994 年推出完整的核心 v1.0,至此,Linux 逐渐成为功能完善、稳定的操作系统,并被广泛使用。

Linux 的基本特点如下。

(1) 公开源代码。Linux 系统从一开始就与 GNU 项目紧密地结合,它的大多数组成部分都直接来自 GNU 项目。任何人、任何组织只要遵守 GPL 条款,就可以自由使用 Linux 源代码,为用户提供了最大限度的自由度。同时,源代码开放给各教育机构提供极了大的方便,从而也促进了 Linux 的学习、推广和应用。

(2) 广泛的硬件支持。Linux 能支持 x86、ARM、MIPS、Alpha 和 PowerPC 等多种体系结构的微处理器。目前已成功地移植到数十种硬件平台,几乎能运行在所有流行的处理器上。由于世界范围内有众多开发者在为 Linux 的扩充贡献力量,所以 Linux 有着异常丰富的驱动程序资源,支持各种主流硬件设备和最新的硬件技术。

(3) 丰富的软件支持。Linux 系统包含用户常用的一些办公软件、图形处理工具、多媒体播放软件和网络工具等。在 Linux 的软件包中包含了多种程序语言与开发工具,如 gcc、cc、C++、Python、Tcl/Tk、Perl、Fortran 77 等。

(4) 极好的安全性与可靠性。Linux 内核的高效和稳定已在各个领域内得到了大量事实的验证。Linux 中大量网络管理、网络服务等方面的功能,可使用户很方便地建立高效、稳定的防火墙、路由器、工作站、服务器等。为提高安全性,它还提供了大量的网络管理软件、网络分析软件和网络安全软件等。

(5) 完善的网络功能。Linux 支持各种标准的 Internet 网络协议,并且能很容易地移植到嵌入式系统。目前,Linux 几乎支持所有主流的网络硬件、网络协议和文件系统,因此它是 NFS 的一个很好的平台。由于 Linux 有很好的文件系统支持(支持 EXT2、FAT32、romfs 等文件系统),是数据备份、同步和复制的良好平台。

(6) 模块化程度高。Linux 的内核设计非常精巧,分为进程调度、内存管理、进程间通信、虚拟文件系统和网络接口五大部分。其独特的模块机制可使用户根据需要,实时将某些模块插入或从内核中移走,因此 Linux 系统内核可以裁剪得非常小巧,很适合于嵌入式系统的需要。

3. Mac OS

Mac OS(Macintosh operating system)是苹果公司 Macintosh 系列产品专属的预装系统,它是基于 UNIX 内核的图形界面操作系统。Mac OS 极易识别也极有创新性,系统非常可靠。苹果计算机的硬件与操作系统能够有机结合,许多特点和服务都体现了苹果的理念。

4. Android

目前,以智能手机为代表的移动数码产品及穿戴设备已影响到人们生活的方方面面,这些设备中也离不开操作系统,如图 1.23 所示是常见的安装 Android 操作系统的产品。用于移动设备比较典型的操作系统是安卓（Android）系统和苹果的 iOS 系统，这里主要介绍安卓系统。

智能手机　　　　　　　　　　平板电脑　　　　　　　　智能手表

图 1.23　安装 Android 操作系统的产品

Android 是谷歌（Google）公司在 2008 年发布的移动操作系统，主要使用在移动设备上。

该平台由操作系统、中间件、用户界面和应用软件组成。它采用软件堆层（software stack，又名软件叠层）的架构，主要分为三部分。底层以 Linux 内核为基础，用 C 语言开发，只提供基本功能；中间层包括函数库（library）和虚拟机（virtual machine），用 C++ 开发；上层是各种应用软件，包括通话程序、短信程序等。

Android 操作系统也逐渐扩展到平板电脑及其他领域上，如数码相机、游戏机、智能手表等，Google 还为电视机推出了 Android TV，为汽车推出了 Android Auto 以及为可穿戴设备推出了 Android Wear。Google 试图建立标准化、开放式的移动电话软件平台，在移动产业内形成一个开放的生态系统，Android 和 iOS 目前占据移动操作系统的绝大部分份额。

国产操作系统在技术和用户体验方面已基本成熟，但产业规模还亟待壮大。国内有一定影响的操作系统品牌主要有国防科技大学研发的银河麒麟、中兴研发的新支点操作系统等。大型企业如阿里巴巴、华为、腾讯等都建立了技术能力较强的操作系统团队，并维护内部操作系统版本，部分厂商已经推出了商业化操作系统服务，例如阿里巴巴的云操作系统。

2019 年 8 月 9 日，华为公司正式发布操作系统鸿蒙 OS（Harmony OS）。鸿蒙 OS 是一款"面向未来"的操作系统，一款基于微内核的面向全场景的分布式操作系统，它将适配手机、平板电脑、电视机、智能汽车、可穿戴设备等多终端设备。

1.4　计算机中的数据表示

所有使用计算机存储和管理的信息都是以数字形式存储的。

早期计算机用具有 10 个稳定状态的基本元件来表示十进制数据位 0、1、2、…、9。一个数的各个数据位是按 10 的幂顺序排列的，如 $3.14 = 3 \times 10 + 1 \times 10^{-1} + 4 \times 10^{-2}$。但是，计算机的基本电子元件具有 10 个稳定状态比较困难，十进制运算器逻辑线路也比较复杂。多数元件具有两个稳定状态，二进制运算也比较简单，节省设备，二进制与处理机逻辑运算能协调一致，且便于用逻辑代数简化处理机逻辑设计。因此，二进制得到了广泛应用。

1.4.1　数的不同进制

进制即进位计数制,是人为定义的带进位的计数方法。由于人类双手共有十根手指,故在人类计数进位制中,十进制是使用最为普遍的一种。

1. 十进制(decimal system)

十进制是指数字由 0、1、2、…、8、9 这 10 个数码组成,基数为 10。其特点是逢十进一、借一当十。一个十进制数各位的权是以 10 为底的幂。例如:

$$23.45 = 2 \times 10^2 + 3 \times 10^1 + 4 \times 10^{-1} + 5 \times 10^{-2}$$

2. 二进制(binary system)

二进制数由 0、1 两个数码组成,基数为 2。二进制的特点是逢二进一、借一当二。一个二进制数各位的权是以 2 为底的幂。例如:

$$1011.01 = 1 \times 2^3 + 0 \times 2^2 + 1 \times 2^1 + 1 \times 2^0 + 0 \times 2^{-1} + 1 \times 2^{-2}$$

二进制的优点是技术实现容易、运算规则简单、适合逻辑运算、易于进行转换。在计算机中,所有的数据在存储和运算时都要使用二进制数表示。

在计算机中数据最小计量单位是位(bit,简写为 b),一般用字节(1Byte=8bit,简写为 B)作为数据存储的基本单位。以下是计算机中基本单位的换算。

1B＝8 bit

$1KB = 1024B = 2^{10}B$

$1MB = 1024KB = 2^{20}B$

$1GB = 1024MB = 2^{30}B$

$1TB = 1024GB = 2^{40}B$

$1PB = 1024TB = 2^{50}B$

$1EB = 1024PB = 2^{60}B$

$1ZB = 1024EB = 2^{70}B$

$1YB = 1024ZB = 2^{80}B$

$1BB = 1024YB = 2^{90}B$

$1NB = 1024BB = 2^{100}B$

$1DB = 1024NB = 2^{110}B$

3. 八进制(octal systen)

八进制数由 0、1、2、3、4、5、6、7 这 8 个数码组成,基数为 8。八进制的特点是逢八进一、借一当八。一个八进制数各位的权是以 8 为底的幂。

4. 十六进制(hexadecimal system)

十六进制数由 0、1、2、…、9、A、B、C、D、E、F 这 16 个数码组成,基数为 16。十六进制的特点是逢十六进一、借一当十六。一个十六进制数各位的权是以 16 为底的幂。

1.4.2　数制间的转换

1. 二进制数、八进制数、十六进制数转换为十进制数

对于任何一个二进制数、八进制数和十六进制数,可以写出它的按权展开式,再进行计算即可。

【**例 1.1**】　二进制数转换为十进制数。

$$(111.11)_2 = 1 \times 2^2 + 1 \times 2^1 + 1 \times 2^0 + 1 \times 2^{-1} + 1 \times 2^2 = 7.75$$

【**例 1.2**】　八进制数转换为十进制数。

$$(677.2)_8 = 6 \times 8^2 + 7 \times 8^1 + 7 \times 8^0 + 2 \times 8^{-1} = 447.25$$

【**例 1.3**】　十六进制数转换为十进制数。

$$(A10B.8)_{16} = 10 \times 16^3 + 1 \times 16^2 + 0 \times 16^1 + 11 \times 16^0 + 8 \times 16^{-1} = 41227.5$$

注意：在不会产生歧义时，可以不注明十进制数的进制。

2. 十进制数转换为二进制数、八进制数、十六进制数

将十进制数转换为其他进制数时，对整数部分采用除以基数取余法，即逐次除以基数，直至商为 0，将得出的余数倒序排列，即为该进制数各位的数码；对小数部分采用乘以基数取整法，即逐次乘以基数，将每次乘积的整数部分顺序排序即得到该进制数各位的数码。

【**例 1.4**】　将十进制数 10.25 转换成二进制数。

计算过程如图 1.24 所示。

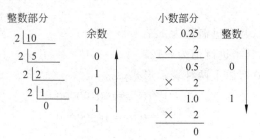

图 1.24　运算过程

即 $10.25 = (1010.01)_2$。

注意：十进制数转换为八进制数或十六进制数也采用相同的操作。

3. 二进制数与八进制数和十六进制数相互转换

二进制数转换成八进制数的方法是：将二进制数从小数点开始，对整数部分向左每 3 位分成一组，对小数部分向右每 3 位分成一组，不足 3 位的分别向高位或低位补 0 凑成 3 位。每一组有 3 位二进制数，分别转换成八进制数码中的一个数字，全部连接起来即可。

【**例 1.5**】　将二进制数 1010100101.10101 转换成八进制数。

$$(1010100101.10101)_2 = (001\ 010\ 100\ 101.101\ 010)_2 = (1245.52)_8$$

将二进制数转换成十六进制数时，每 4 位分成一组，再分别转换成十六进制数码中的一个数字，不足 4 位的分别向高位或低位补 0 凑成 4 位，全部连接起来即可。将十六进制数转换成二进制数时，只要将每一位十六进制数转换成 4 位二进制数，依次连接起来即可。

【**例 1.6**】　将二进制数 1010100101.10101 转换成十六进制数。

$$(1010100101.10101)_2 = (0010\ 1010\ 0101.1010\ 1000)_2 = (2A5.A8)_{16}$$

八进制数与十六进制数间转换时，可以将二进制数作为中间桥梁，先转换为二进制数再转换为其他进制数。

1.4.3　数字表示

数字在计算机中是以二进制形式表示的。数据分为无符号数和有符号数,无符号数没有符号位,表示正数;有符号数的最高位为符号位,符号位 0 表示正数,1 表示负数。有符号数根据其编码的不同又有原码、补码和反码 3 种形式。

1. 原码表示法

原码表示法是机器数的一种简单的表示法。其符号位用 0 表示正号,用 1 表示负号,数值用二进制形式表示。设有一数为 X,则原码可记作[X]。

例如,有两个二进制数: X1＝＋1010110,X2＝－1001010。

X1 为正数,则 X1 的原码表示法如下。

$$[X1]_原＝01010110$$

X2 为负数,则 X2 原码表示法如下。

$$[X2]_原＝－1001010＝11001010$$

原码表示数的范围与二进制位数有关,当用 8 位二进制表示整数原码时,其表示范围如下。

最大值为 0111111,其十进制值为 127。

最小值为 111111,其十进制值为－127。

在原码表示法中,0 有以下两种表示形式。

$$[＋0]_原＝00000000$$
$$[－0]_原＝10000000$$

2. 反码表示法

机器数的反码可由原码得到,如果机器数是正数,则该机器数的反码与原码相同;如果机器数是负数,则该机器数的反码是对它的原码(符号位除外)的各位取反而得到的。设有一数为 X,则 X 的反码可记作[X]_反

例如,有两个二进制数: X1＝＋1010110,X2＝－1001010。

X1 为正数,则

$$[X1]_原＝01010110$$
$$[X1]_反＝[X1]_原＝01010110$$

X2 为负数,则

$$[X2]＝11001010$$
$$[X2]_反＝10110101(符号位除外,各位取反)$$

3. 补码表示法

机器数的补码可由原码得到。如果机器数是正数,则该机器数的补码与原码相同;如果机器数是负数,则该机器数的补码是对它的原码(除符号位外)的各位取反,并在末位加 1。设有一数 X,则 X 的补码可记作[X]_补。

例如,有两个二进制数: X1＝＋1010110,X2＝－1001010。

X1 为正数,则

$$[X1]_原 = 01010110$$

$$[X1]_补 = [X1]_原 = 01010110$$

X2 为负数,则

$$[X2]_原 = 11001010$$

$$[X2]_反 = 10110101$$

$$[X2]_补 = [X2]_反 + 1 = 10110101 + 1 = 10110110$$

在补码表示法中,0 只有一种表示形式,请自行验证。

反码通常作为求补过程的中间形式,即在一个负数的反码的末位加 1,得到该负数的补码。在计算机系统中,数值都是用补码来表示和存储的。因为使用补码,可以将符号位和数值域统一处理;加法和减法也可以统一处理。此外,补码与原码相互转换,其运算过程是相同的,不需要额外的硬件电路。

1.4.4　字符数据编码

字符是各种文字和符号的总称,包括各国文字、标点符号、图形符号、数字等。字符集是多个字符的集合,其种类较多,每个字符集包含的字符个数不同,常见字符集有 ASCII 字符集、GB 2312 字符集、Unicode 字符集等。计算机要准确地处理各种字符集文字,就需要进行字符编码。

1. 英文字符

ASCII(American standard code for information interchange,美国信息交换标准代码)是由美国国家标准学会(American national standard institute,ANSI)制定的,是一种标准的单字节字符编码方案,用于基于文本的数据。它最初是美国国家标准,供不同计算机在相互通信时用作共同遵守的英文字符编码标准,后来它被国际标准化组织(international organization for standardization,ISO)定为国际标准,称为 ISO 646 标准。

标准 ASCII 也叫基础 ASCII,使用 7 位二进制数(剩下的 1 位二进制为 0)来表示所有的大写和小写字母、数字 0~9、标点符号,以及在美式英语中使用的特殊控制字符。

ASCII 码值 0~31 及 127(共 33 个)是控制字符或通信专用字符(其余为可显示字符),控制符有 LF(换行)、CR(回车)、FF(换页)、DEL(删除)、BS(退格)、BEL(响铃)等;通信专用字符有 SOH(文头)、EOT(文尾)、ACK(确认)等。它们并没有特定的图形显示,但会依不同的应用程序对文本显示有不同的影响。

ASCII 码值 32~126(共 95 个)是字符(32 是空格),其中 48~57 为 0~9 这 10 个阿拉伯数字。

ASCII 码值 65~90 为 26 个大写英文字母,ASCII 码值 97~122 号为 26 个小写英文字母,其余为一些标点符号、运算符号等。

2. 汉字编码

汉字是象形文字,种类繁多,编码比较困难,而且在一个汉字处理系统中,输入、内部处理、输出对汉字编码的要求不尽相同,因此要进行一系列的汉字编码转换。用户用输入码输入汉字,系统由输入码找到相应的内码,内码是计算机内部对汉字的表示,要在显示器上显示或在打印机上打印出用户所输入的汉字,需要汉字的字形码,系统由内码找到相应的字形码。

1) 汉字国标码

汉字国标码全称是《信息交换用汉字编码字符集·基本集》(GB 2312—1980),于 1980 年发布,是中文信息处理的国家标准。每个汉字有对应的二进制编码,称为国标码,也称汉字交换码。GB 2312 编码适用于汉字处理、汉字通信等系统之间的信息交换,通行于中国大陆;新加坡等地也采用此编码。中国大陆几乎所有的中文系统和国际化的软件都支持 GB 2312。

基本集共收录 6763 个汉字和 682 个非汉字图形字符。一级汉字有 3755 个,按汉语拼音排列;二级汉字有 3008 个,按偏旁部首排列。为了编码,将汉字分成若干个区,每个区中有 94 个汉字。由区号和位号(区中的位置)构成区位码。例如,“中”位于第 54 区 48 位,区位码为 5448。区号和位号各加 32 就构成了国标码,这是为了与 ASCII 兼容,每个字节值大于 32(0～32 为非图形字符码值)。所以,“中”的国标码为 8680。

1995 年我国又颁布了《汉字内码扩展规范》(GBK)。GBK 兼容 GB 2312—1980 对应的内码,同时向上支持 ISO/IEC10646.1 和 GB 13000—1 的全部中、日、韩(CJK)汉字,共计 20902 个字。

2) 汉字机内码

一个国标码占两个字节,每个字节最高位仍为 0;英文字符的机内码是 7 位 ASCII 编码,最高位也是 0。因为英文字符和汉字都是字符,为了能够在计算机内部区分是汉字编码还是 ASCII 码,将国标码的每个字节的最高位由 0 变为 1,变换后的国标码称为汉字机内码。由此可知汉字机内码的每个字节都大于 128,而每个英文字符的 ASCII 码值均小于 128。

3) 汉字的输入码

这是一种用计算机标准键盘上按键的不同排列组合来对汉字的输入设计的编码,目的是进行汉字的输入。要求编码要尽可能的短,从而输入时击键的次数就比较少;另外重码要尽量少,这样输入时就可以基本上实现盲打;再者,输入码还要容易学、容易上手,以便推广。目前汉字的输入码方法很多,常用的有五笔字型、智能拼音。

4) 汉字的字形码

汉字字形码通常有两种表示方式:点阵方式和矢量方式。用点阵方式表示字形时,汉字字形码是指这个汉字字形点阵的代码。根据输出汉字的要求不同,点阵的多少也不同。简易型汉字为 16×16 点阵,提高型汉字为 24×24 点阵、32×32 点阵和 48×48 点阵等。

点阵规模越大,字形就越清晰美观,同时其编码也就越长,所需的存储空间也就越大。以 16×16 点阵为例,每个汉字要占用 32 个字节。矢量表示方式存储的是描述汉字字形的轮廓特征,当要输出汉字时,通过计算机的计算,由汉字字形描述生成所需大小和形状的汉字点阵。矢量化字形描述与最终文字显示的大小分辨率无关,由此可产生高质量的汉字输出,Windows 中使用的 True Type 技术就是汉字的矢量表示。

3. Unicode

在 Unicode 出现之前,世界上有数百种字符集和字符编码系统,如美国有 ASCII、中国有 GB 2312、日本有 Shift_JIS 等。各种编码不能涵盖世界所有语言,并且编码之间还会出现冲突。计算机(特别是服务器)需要支持多种编码系统,当数据传到不同计算机时就要采用不同编码,也有崩溃的危险。

为了解决传统的字符编码方案的局限,ISO 于 1990 年研发设计了 Unicode,并于 1994 年正式公布。Unicode 全称是 universal multiple-octet coded character set。它为每种语言中的每个字符设定了统一并且唯一的二进制编码,称为 ID(也叫码位、码点或 Code Point),以满足跨语言、跨平台进行文本转换、处理的要求,它也提供了编码规则,目前流行的 UTF-8、UTF-16、UTF-32 都是 Unicode 编码的实现方式。Unicode 的发布得到了广泛的应用,极大地方便了数据在世界范围内的传输。

Unicode 将所有字符进行分区定义,每个区中有 65536(2^{16})个字符,即成为一个平面,目前一共有 17 个平面,也就是说,整个 Unicode 字符集的大小为 1114112(2^{21})个。

UTF-8 是目前互联网使用最广泛的一种 Unicode 编码方式,它的最大特点就是可变长。它可以使用 1~4 个字节表示一个字符,根据字符的不同变换长度。

1.4.5 音频表示

音频是随时间变化的声波,它是一个随时间变化模拟信号,如图 1.25 所示。

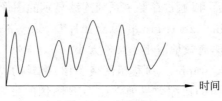

图 1.25 音频信号

要在计算机中表示音频数据,必须数字化声波,把它分割成离散的、便于管理的片段。要数字化这种信号,需要周期性地测量信号的电压,并记录合适的数值,这一过程称为采样,最后得到离散的电平的系列数字。对这个存储的电平值创建一个新的连续电信号,就可以使声音再生。

对离散信号采样会丢失一些信息,即声音失真。根据采样定理,一般采样率在每秒 40000 次左右就足够创建合理的声音复制品。如果采样率低于这个值,人耳听到的声音可能失真。较高的采样率生成的声音质量较好,但达到某种程度后,额外的数据都是无用的,因为人耳分辨不出其中的差别。

目前有多种流行的音频数据格式,如 WAV、MP3 等。尽管所有格式都是基于从模拟信号采样得到的电平值的,但是它们格式化信息细节的方式不同,采用的压缩技术也不同。

WAV 是一种无损的音频格式,音质还原较好,但文件相对较大。其他常见的无损格式还有 APE、FLAC 等,其音质还原好,压缩率也较理想,是网络高品质音乐常用的格式。

目前较多的音频格式是经过有损压缩的 MP3。MP3 的盛行主要源于它的压缩率比同时期的其他格式的压缩率高。网络上有很多可用的软件工具能帮助用户创建 MP3 文件。

1.4.6 图像表示

颜色是人类对到达视网膜的各种频率的光的感觉。人们的视网膜有三种感光视锥细胞,负责接收不同频率的光,分别对应红、绿和蓝三种颜色。人眼可以觉察的其他颜色都能由这三种颜色混合而成。

在计算机中,颜色通常用 RGB(red-green-blue)值表示,这其实是三个数字,说明了每种原色的相对份额。如果用 0~255 表示一种元素的份额,那么 0 表示这种颜色没有参与,255 表示它完全参与。例如,RGB 值(255,255,0)最大化了红色和绿色的份额,最小化了蓝色的份额,结果生成的是黄色。

数字化图像是指把它表示为一个像素的集合。每个像素由一组 RGB 值构成。表示一幅图像使用的像素个数称为分辨率。如果使用了足够多的像素(高分辨率),把它们按正确的顺序直行排列就可以还原图像。

目前流行的位图格式有 BMP、GIF 和 JPEG。

BMP 图像是最直接的图像表示方法。除了一些基本信息,位图文件只包括图像的像素颜色值,按照从左到右、从上到下的顺序存放。BMP 图像信息未经过压缩,所以一般文件较大。

GIF(graphics interchange format,图形交换格式)是 CompuServe 于 1987 年开发的。GIF 图像只能由 256 种颜色构成,文件比较小。这种技术叫作索引颜色,适合用于颜色较少的图形和图像。GIF 图像还可以通过存储一系列连续显示的图像来定义动画。

JPEG(jiont photographic expert group,联合照片专家组)格式是存储照片的首选格式。它采用较好的有损压缩模式,有效地减小了文件大小。

PNG(portable network graphics,可移植网络图像)格式的设计初衷是改进 PNG 格式从而最终取代它。PNG 图像的压缩效果通常比 GIF 图像的更好,同时提供的色深度范围也更广。

1.4.7　视频表示

当前,以 Vlog(video blog)和抖音为代表的网络视频发展很快,视频成为计算机中多媒体系统中的重要一环。为了适应储存视频的需要,人们设定了不同的视频文件格式来把视频和音频放在一个文件中,以方便同时回放。视频存储的关键技术是压缩技术。

几乎所有的视频编译码器都采用有损压缩,以最小化与视频相关的数据量,因此,压缩时不会舍弃影响观众视觉的信息。

第 2 章

程序设计基础

2.1　程序设计概述

程序设计俗称编程,是指把需要做的事情用程序设计语言描述出来,把解决问题的方案用机器能识别的方式描述出来,指示计算机完成特定功能的命令序列的集合。所以,学习程序设计要经历四个步骤:理解问题、设计方案、编写程序和程序调试。

(1) 理解问题。是指理解程序需要解决的问题,也称为定义程序的功能。

(2) 设计方案。是指设计实现程序的功能的方案,也称为解决问题的步骤和流程。

(3) 编写程序。是指用程序设计语言编写代码。

(4) 程序调试。是指找出程序运行结果与目标结果不一致的地方加以修改,以得到预期的结果。

对于"理解问题"这一步,可能初学者会觉得比较简单。其实,在大型项目开发中,开发人员和客户都不能很详细地说明需要实现的具体功能。这就需要有专门的人员去发掘具体的功能,这就是需求分析。例如,某人要养只猫,如果你去问他,他大概会说,养只可爱的小猫就可以了,但是这个还不是具体的需求,你可能需要问一下,是买还是领养?要多大的小猫?什么品种?母猫还是公猫?等等。

对于"设计方案"这一步,是初学者甚至很有经验的开发人员都头疼的事情。因为实际的功能描述和程序设计语言之间不能直接转换,就像编剧需要组织自己的思路和语言一样,程序设计人员也需要进行转换,而且现实世界和程序世界之间存在一定的差异。所以对于初学者来说,这是一个非常艰难的过程。由于计算机自身的特点,"设计方案"其实就是数据和操作的问题:"程序=数据结构+算法",把这个问题描述得简单准确。那么,"设计方案"就变成了持有哪些数据,以及如何操作这些数据的问题。

对于"编写程序"这一步,是学习程序最容易,也是最枯燥的问题。其实,就是学"透"一套格式,并且深刻理解语言的特点。学程序语言,就和学汉语差不多,需要学习字怎么写、学习语法结构等,只是不需要像学汉语这样学那么多年。语法的学习需要细致,只有深刻领悟了语法的格式才能够熟练使用该语言。

对于"程序调试"这一步,很容易陷入一种"正确"的假象,也就是说能得到运行结果并不意味着程序正确,要对结果进行分析,看它是否合理。不合理就要对程序进行测试、修改,即通过测试发现和排除程序中的故障,达到运行结果与目标结果一致的过程。

　　程序设计其实和现实中的设计一样。例如,你自己在一个 5 平方米的小院子里种些花草,只需简单的规划即可,也就是编程中的小程序,而如果某农场主需要建造一个面积 300 公顷的生态花园,就需要认真设计了。程序设计也是这样。程序设计是针对某一特定问题设计程序的过程,是软件构造活动中的重要组成部分。程序设计往往以某种程序设计语言为工具,编写出这种语言下的程序。程序设计过程包括分析、设计、编码、测试、部署、编写程序文档等不同过程。

　　计算机做的每一次动作每一个步骤都是按照已经用程序设计语言编好的程序来执行的。所以,要控制计算机,一定要通过程序设计语言向计算机发出命令。

2.2　算　　法

1. 算法的概念

　　算法(algorithm)是一系列解决问题的指令。通俗地讲,一个算法就是完成一项任务的步骤。算法代表着用系统的方法描述解决问题的策略和机制。也就是说,能够对一定规范的输入,在有限的时间内获得所要求的输出。如果一个算法有缺陷,或者不适合某个问题,执行这个算法将不会解决这个问题。不同的算法可能用不同的时间、空间或效率来完成同样的任务。

　　算法可以理解为由基本运算及规定的运算顺序所构成的完整的解题步骤,或者看作按照要求设计好的、有限的、确切的计算序列,并且这样的步骤和序列可以解决一类问题。

　　下面举例说明。

　　任务：将 70、−5、23、89、22、2、65、90、55、45 这 10 个数按从大到小的顺序排列。

　　算法：每次找出未排序的 n 个数中的最大的数,并将其排列在这些数的最前面,接着排列其余 $n-1$ 个数。

　　结果：90、89、70、65、55、45、23、22、2、−5。

　　算法可以使用自然语言、伪代码、流程图等多种不同的方法来描述,一个算法应该具有以下五个重要的特征。

　　(1) 有穷性。算法中每条指令的执行次数有限,执行每条指令的时间有限;一个算法必须保证执行有限步骤后结束。

　　(2) 确切性。算法的每一个步骤必须有确切的定义。

　　(3) 输入。一个算法有 0 个或多个输入,以刻画运算对象的初始情况。0 个输入是指算法本身定义了初始条件。

　　(4) 输出。一个算法有一个或多个输出,以反映对输入数据加工后的结果。没有输出的算法是毫无意义的。

　　(5) 可行性。算法中执行的任何计算步骤都可以被分解为基本的可执行的操作步骤,即每个计算步骤都可以在有限时间内完成。

2. 流程图

　　描述算法的方法有很多种,其中,用流程图描述算法形象、直观,容易理解。

　　常用的流程图符号如图 2.1 所示。

　　端点：表示算法由此开始或结束。

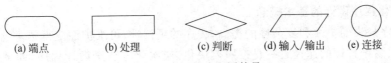

(a)端点　　(b)处理　　(c)判断　　(d)输入/输出　　(e)连接

图 2.1 常用的流程图符号

处理：表示一些操作，应在方框中对该操作做简要的标记和说明。

判断：表示判断操作，应该在框中表明判断条件。此框可以有两个或两个以上出口，在每个出口处应标明条件的真值(真或假)。

输入/输出：表示数据任何种类的输入与输出。

连接：框中标有数字或字母。当程序流程图较复杂或分布在多个页面时，用连接符号表示各图之间的联系。

使用流程图描述算法，具有简捷、直观和清晰的特点。例如，求阶乘的程序流程图如图 2.2 所示。

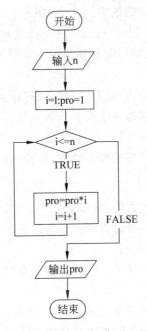

图 2.2 求阶乘的程序流程图

2.3 结构化程序设计方法

结构化方法(structured methodology)是计算学科的一种典型的系统开发方法，它采用了系统科学的思想方法，从层次的角度自顶向下地分析和设计系统。

结构化程序设计的基本思想是：从欲求解的原始问题出发，运用科学抽象的方法，把它分解成若干相对独立的小问题，依次细化，直至各个小问题得到解决。

1. 结构化程序设计的基本概念

随着程序规模的扩大和复杂性的提高,程序的可读性、可维护性变得越来越重要。提高程序可读性、易维护性的途径之一是按照模块化、层次化方法来设计程序,即结构化程序设计法。结构化主要体现在以下三个方面。

1) 自顶向下、逐步求精

自顶向下、逐步求精即从需要解决的问题出发,将复杂问题逐步分解成一个个相对简单的子问题,每个子问题可以再进一步分解,步步深入,逐层细分,直到问题可以很容易地解决。例如,开发一个字处理软件,可以将它首先分为文件处理、编辑、视图、格式处理等几个子问题。对于文件处理这部分,又可以进一步分解为新建文件、打开文件等几个子问题。这样,一个大程序就可以分解为若干个小程序,从而降低了程序的复杂度,使程序更容易实现。

2) 模块化

模块化是指将整个程序分解成若干个模块,每个模块实现特定的功能,最终的程序由这些模块组成。模块之间通过接口传递信息,使得模块之间具有良好的独立性。事实上,可以将模块看作对要开发的软件系统实施的自顶向下、逐步求精形成的各子问题的具体实现,即每个模块实现一个子问题。如果一个子问题被进一步地划分为更加具体的子问题,它们之间将形成上下层的关系,上层模块的功能需要调用下层模块实现。

3) 语句结构化

支持结构化程序设计方法的语言都应该提供过程(函数是过程的一种表现形式)来实现模块化功能。结构化程序设计要求每一个模块应该由顺序、分支和循环三种流程结构的语句组成,不允许有 goto 之类的转移语句。这三种流程结构的共同特点是:每种结构只有一个入口和一个出口。这对于保证程序的良好结构、检验程序正确性十分重要。

2. 结构化程序设计的基本过程

结构化程序设计主要是面向过程的,从接受任务、分析问题开始,到最后通过计算机运行得到正确的结果。程序设计的一般过程可以分为以下四个步骤。①分析问题、建立模型;②算法设计;③编写代码;④调试运行。

例如,设计一个程序,判断从键盘输入的数是否是奇数。

1) 分析问题、建立模型

可以将这个问题分解成三个子模块:输入数据、判断、输出结果。图 2.3 所示是判断某数是否是奇数的模块分解示意图。顶层模块通过调用输入、判断、输出结果子模块实现。

图 2.3 模块分解图

2) 算法设计

算法是程序设计的核心,同样的问题可以有不同的解决方案,也就是有不同的算法。无论是多么复杂的算法都可以抽象成三个部分:数据的获取、执行处理、数据输出。

算法的描述方式有自然语言、伪代码、流程图等多种形式。这个奇数判断问题的算法,设计核心在于判断奇数的条件设计,如果输入的数据 x 除以 2 的余数为 1,则 x 为奇数。算法流程图如图 2.4 所示。

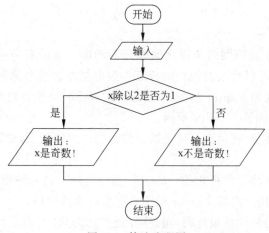

图 2.4　算法流程图

3) 编写代码

编写代码是指将算法转换成程序的过程,首先需要选用一种计算机能理解的语言,如汇编、Pascal、C、C++ 、Java 等。C 语言是一种通用的、面向过程的计算机程序设计语言,本例以 C 语言为例,其程序代码如下。

```
#include<stdio.h>
int main(void)
{
  int x;
  printf("请输入整数 x: ");
  scanf("%d",&x);
  if(x%2==1)
    printf("x 是奇数! \n");
  else
    printf("x 不是奇数! \n");
  return 1;
}
```

4) 调试运行

调试是指所有或部分代码编写完成后,让程序在调试器中运行,用这种手段对程序进行分析,找出并修正潜在问题。常见的程序错误包括语法错误和逻辑错误。调试的主要目的是找出错误所在的位置,测试数据的设计非常重要。每一种编程语言的开发环境都提供了相应的调试手段,如设置断点、单步跟踪、监视窗口等技术手段。本例的运行结果如图 2.5 所示。

图 2.5　程序运行结果

2.4　Raptor 编程

2.4.1　Raptor 简介

Raptor 是一种基于流程图的可视化编程开发环境。流程图是一系列相互连接的图形符号的集合,其中每个符号代表要执行的特定类型的指令。符号之间的连接决定了指令的执行顺序。一旦开始使用 Raptor 解决问题,这样的理念将会变得更加清晰。

使用 Raptor 一般基于以下几个原因。

(1) Raptor 开发环境,在最大限度地减少语法要求的情形下,帮助用户编写正确的程序指令。

(2) Raptor 开发环境是可视化的。Raptor 程序实际上是一种有向图,可以一次执行一个图形符号,以便帮助用户跟踪 Raptor 程序的指令流执行过程。

(3) Raptor 是为易用性而设计的,用户可用它与其他任何的编程开发环境进行复杂性比较。

(4) Raptor 设计的报错消息更容易被初学者理解。

(5) 使用 Raptor 的目的是进行算法设计和运行验证,不需要学习重量级的编程语言,如 C++ 或 Java。

(6) 使用 Raptor 流程图表示算法的思路是一种极好的方法。

本节采用 Raptor 2016 讲解三种程序结构的设计与流程实现。Raptor 的主界面如图 2.6 所示。

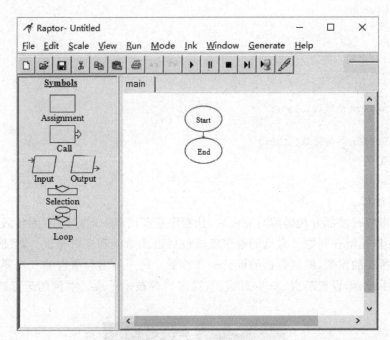

图 2.6　Raptor 2016 主界面

2.4.2　Raptor 编程基础

1. Raptor 程序结构

Raptor 程序是一组连接的符号,表示要执行的一系列动作。符号间的连接箭头确定所有操作的执行顺序。Raptor 程序执行时,从开始(Start)符号起步,并按照箭头所指方向执行程序。Raptor 程序执行到结束(End)符号时停止,如图 2.7 所示。在开始和结束的符号之间插入一系列 Raptor 语句/符号,就可以创建有特定功能的 Raptor 程序。

2. Raptor 基本符号

Raptor 有 6 种基本符号,每个符号代表一个独特的指令类型。Raptor 基本符号如图 2.8 所示。

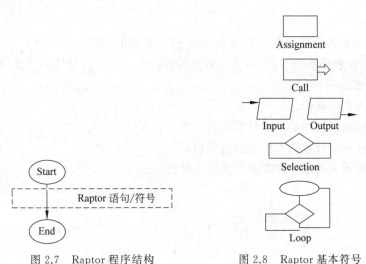

图 2.7　Raptor 程序结构　　　　　图 2.8　Raptor 基本符号

下面首先介绍赋值(Assignment)、输入(Input)、输出(Output)和调用(Call)语句。

典型的计算机程序有三个基本组成部分。

(1) 输入:完成任务所需要的数据值。

(2) 处理:操作数据值来完成任务。

(3) 输出:显示(或保存)处理后的结果。

这三个组成部分与 Raptor 指令直接形成关系,如表 2.1 所示。

表 2.1　四种 Raptor 指令说明

目的	符　号	名　称	说　　明
处理		赋值语句	使用某些类型的数学计算来更改的变量的值
输入		输入语句	用户输入数据,每个数据值存储在一个变量中

续表

目的	符　号	名　称	说　　明
输出		输出语句	显示变量的值（或保存到文件中）
调用		过程调用	执行一组在命名过程中定义的指令。在某些情况下，过程中的指令将改变一些过程的参数（即变量）

3. 变量

变量表示的是计算机内存中的位置，用于保存数据值。在任何时候，一个变量只能容纳一个值。然而，在程序执行过程中，变量的值可以改变。一个变量值的设置（或改变）可以采取以下三种方式之一。

（1）用输入语句赋值。

（2）通过赋值语句中的公式计算赋值。

（3）通过从一个过程调用的返回值赋值。

如图 2.9 所示为通过三种方式为变量 x 赋值。

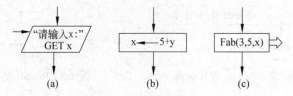

图 2.9　为变量赋值

变量名与该变量在程序中的作用有关。变量名必须以字母开头，可以包含字母、数字、下画线（但不可以有空格或其他特殊字符）。如果一个变量名中包含多个单词，两个单词间用下画线字符分隔，这样变量名更具有可读性，如 x1、distance1、rent_car 等。

Raptor 程序开始执行时，没有变量存在。当 Raptor 遇到一个新的变量名，它会自动创建一个新的内存位置并将该变量的名称与该位置相关联。在程序执行过程中，该变量将一直存在，直到程序终止。当创建一个新的变量时，其初始值就决定了该变量是数值数据还是文本数据。一个变量的数据类型在程序执行期间是不能更改的。总之，变量自动创建时，Raptor 可以在其中保存数值，如 123、34、12.34 等；也可以保存字符串，如"please input the value of x："、"the result of y is ："、"hello the world!"等。字符串要用英文的双引号引起来。

4. 表达式

表达式可以是任何计算单个值的简单或复杂的公式。表达式是值（无论是常量或变量）和运算符的组合。当一个表达式进行计算时，并不是像用户输入时那样按从左到右的顺序进行。实际的运算的执行顺序，是按照运算符预先定义的"优先顺序"进行的。

　　运算符或函数指示计算机对一些数据执行计算。运算符必须放在操作数据之间,而函数使用括号来表示正在操作的数据。在执行时,运算符和函数执行各自的计算,并返回其结果。表2.2概括了Raptor内置的运算符和函数。一般表达式的计算顺序如下。

(1) 计算的所有函数。

(2) 计算括号中表达式。

(3) 计算乘幂(^,**)。

(4) 从左到右计算乘法和除法。

表2.2　内置的函数和运算符

运算符和函数类别	运算符和函数名
基本数学运算	+,-,*,/,^,**,rem,mod,sqrt,log,abs,ceiling,floor
三角函数	sin,cos,tan,cot,arcsin,arcos,arctan,arccot
杂项	random,Length_of

　　Raptor主要的内置运算符和函数简要说明见表2.3。

表2.3　内置的函数和运算符

运算	说明	示例
+	加	$3+5=8$
-	减	$3-5=-2$
-	负号	-3
*	乘	$3*5=15$
/	除	$6/5=1.2$
^或**	幂运算	$3\text{^}2=3*3=9$ $3**2=9$
rem 和mod	求余数	5 rem 3$=$2　5 rem $-3=$2 5 mod 3$=$2　5 mod $-3=-1$
sqrt	求平方根	$\text{sqrt}(4)=2$
log	自然对数(以e为底)	$\log(e)=1$
abs	绝对值	$\text{abs}(-5)=5$
ceiling	向上取整	$\text{ceiling}(3.14159)=4$
floor	向下取整	$\text{floor}(3.14159)=3$
sin	正弦(以弧度表示)	$\sin(\text{pi}/6)=0.5$
cos	余弦(以弧度表示)	$\cos(\text{pi}/3)=0.5$
tan	正切(以弧度表示)	$\tan(\text{pi}/4)=1.0$
cot	余切(以弧度表示)	$\cot(\text{pi}/4)=1.0$
arcsin	反正弦,返回弧度	$\text{arcsin}(0.5)=\text{pi}/6$
arcos	反余弦,返回弧度	$\text{arccos}(0.5)=\text{pi}/3$
arctan	反正切(y,x),返回弧度	$\text{arctan}(10,3)=1.2793$
arccot	反余切(x,y),返回弧度	$\text{arccot}(10,3)=0.2915$

续表

运　算	说　明	示　例
random	生成一个在(1.0,0.0)之间的随机值	random * 100＝0～99.9999
length_of	字符数返回一个字符串变量	example＝"Sell now" length_of(Example)＝8

表达式的值为数值或者字符串。

5. Raptor 中的注释

Raptor 的开发环境与其他许多编程语言一样,允许对程序进行注释。注释用来帮助他人理解程序,特别是程序代码比较复杂、很难理解的情况下。注释本身对计算机毫无意义,并不会被执行。然而,如果注释得当,可以使程序更容易被他人理解。

添加注释的方法如下。

(1) 右击需要添加注释的符号,选择 Comment 命令。

(2) 在注释窗口中输入添加的注释内容,以英文双引号引用,如图 2.10 所示。

添加注释后的效果如图 2.11 所示。

图 2.10　输入注释内容

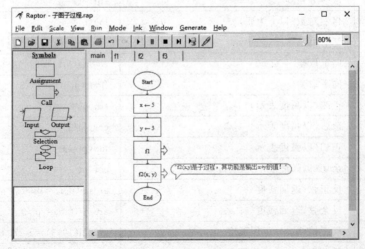

图 2.11　添加注释内容后效果

　　Raptor 的基础知识还包括很多内容,如 Raptor 的编辑环境、调试方式以及常见的错误等都是进一步学习的基础,详细的学习手册,可参见官方网站 https://raptor.martincarlisle.com/,安装程序和使用手册,均可在官方网站下载。

2.4.3　顺序控制结构

　　编程最重要的工作之一是控制语句的执行流程。顺序控制结构是程序的三种控制结构中最常见的结构。顺序控制结构本质上就是把每个语句按顺序排列,程序执行时,从 Start(开始)语句顺序执行到 End(结束)语句。顺序控制结构是顺序执行的,确定语句在程序的何处放置非常重要,当要获取和处理来自用户的数据时,必须先取得数据,然后才可以使用。如果交换一下这些语句的顺序,则程序可能根本无法执行。

1. 案例介绍

【例 2.1】　已知变量 x 和 y 的初始值分别是 5 和 3,要求实现如下需求。

(1) 在 main 程序中输出 x+y 的和：8。

(2) 定义子图 f1,在 main 程序中输入 x 的值。调用子图 f1,在子图中输出 x+y 的和。

(3) 定义过程 f2,在 main 程序中调用过程 f2,在子过程中输出 x+y 的值。

　　程序结构如图 2.12 所示。main 程序的流程图如图 2.13 所示,子图 f1 的流程图如图 2.14 所示,过程 f2 的流程图如图 2.15 所示。

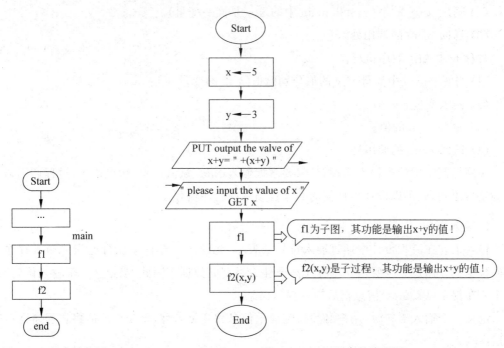

图 2.12　程序结构图　　　　　　　　　　图 2.13　main 程序的流程图

　　main 流程按如下顺序执行。

(1) 开始。

(2) 初始化变量 x 和 y 的值,输出 x+y 的值,输入 x 的值。

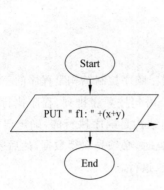

图 2.14 子图 f1 的流程图

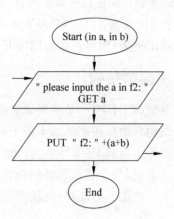

图 2.15 过程 f2 的流程图

（3）调用子图 f1。

（4）调用过程 f2。

（5）结束。

子图 f1 按如下顺序执行。

（1）开始。

（2）输出 x＋y 的值（x、y 和 main 中的 x、y 是同一变量）。

（3）返回 main 的调用处。

过程 f2 按如下顺序执行。

（1）开始（main 中变量 x、y 的值分别赋值给 f2 的变量 a、b）。

（2）输入变量 a 的值。

（3）输出 a＋b 的值。

（4）返回 main 的调用处。

顺序控制结构的流程不难理解，只要掌握输入语句、赋值语句、输出语句、过程调用语句四种基本语句，就可以设计出任何的顺序控制结构程序流程图。

2. 输入语句

输入语句在流程设计中通过输入符号来表示，允许用户在程序执行过程中输入程序变量的数据值。用户必须明白这里程序需要什么类型的数据。因此，当定义一个输入语句时，一定要在提示（Prompt）信息框后输入提示信息。

定义一个输入语句时，用户必须指定提示信息和变量名称，该变量的值将在程序运行时由用户输入。

在输入符号上右击，选择 Edit 命令。

编辑输入语句的输入窗口如图 2.16 所示。

运行输入语句时，将显示一个输入对话框，如图 2.17 所示。

用户输入一个值，并按 Enter 键（或单击 OK 按钮），用户输入值由输入语句赋给变量。

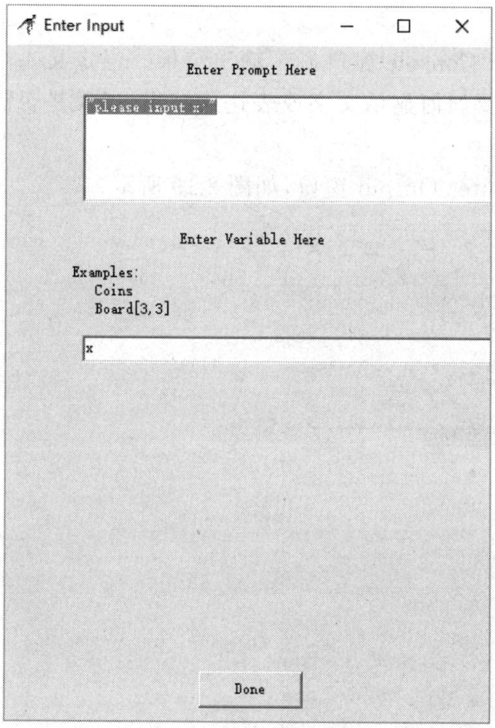

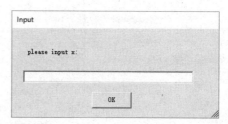

图 2.16　编辑输入语句

图 2.17　输入对话框

3. 赋值语句

赋值符号用于执行计算并将结果存储在变量中。定义赋值语句时使用如图 2.18 所示的窗口。需要赋值的变量名须输入 Set 文本框,需要执行的计算输入 to 文本框。

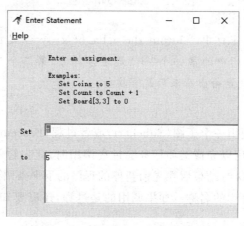

图 2.18　赋值语句的编辑对话框

一条赋值语句只能改变一个变量的值。如果这个变量在先前的语句中未曾出现过,则 Raptor 会创建一个新的变量。如果这个变量在先前的语句已经出现,那么先前的值就将被目前所执行的计算的值所取代。

4. 输出语句

Raptor 环境中，执行输出语句时，在 Master Console 窗口显示输出结果。当定义一个输出语句时，Enter Output 窗口，要求用户指定要如何显示文字或表达式结果，以及是否需要在输出结束时输出一个换行符。

在输入符号上右击，选择 Edit 命令，进入 Enter Output 窗口，如图 2.19 所示。

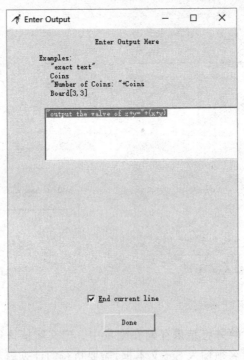

图 2.19   Enter Output 窗口

说明：Enter Output 窗口中，"output the valve of x+y="是提示信息，让用户知道输出数据的含义；"+(x+y)"中的第一个"+"是连接符号，第二个"+"是加法运算符；End current line 复选框用于设置输出结束后是否换行。

5. 过程调用语句

过程调用语句可以调用一个子图（Subchart）或者过程（Procedure），子图和过程都是一个编程语句的命名集合，用以完成某项任务。过程调用时，首先暂停当前程序的执行，然后执行过程中的程序，过程执行结束后在先前暂停的程序的下一条语句恢复执行原来的程序。用户需要知道子图或者过程的名称。如果调用的是过程，还需要知道完成任务所需要的数据，也就是过程参数。

如果将 Raptor 的模式设置为 Intermediate，则子图和过程都可以添加，如图 2.20 所示。

无论是子图还是过程，其要点在于如何定义和如何调用。

每个新创建的子图或者过程都有一个独立的"标签"。如案例 2.1 中，该程序分为main、f1、f2 三个流程图。其中，f1 为子图，f2 为过程。要编辑各个子图或者过程，只须单击与其相关的标签即可。一次只能查看或编辑一个子图或者过程。

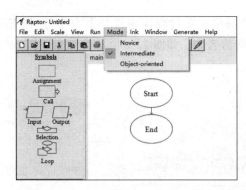
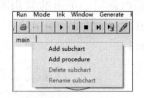

图 2.20 Raptor 的 Intermediate 模式

1) 子图的创建和调用

（1）子图的创建。右击 main 标签，选择 Add subchart 命令，弹出命名子图对话框 Name Subchart，在文本框中输入子图的名称。其命名规则与变量的命名规则一样。如图 2.21所示为例 2.1 的 f1 命名子图对话框。

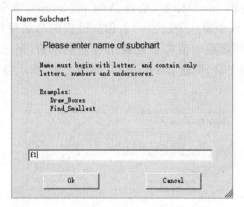

图 2.21 定义子图

子图的流程设计和 main 流程图设计规则是一样的。如图 2.22 所示 f1 子图的流程设计。值得注意的是，子图中的变量在其他子图中也可以使用。

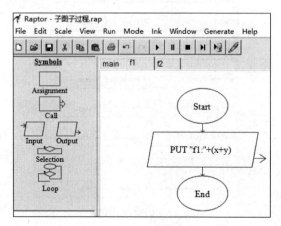

图 2.22 f1 子图设计流程

（2）子图的调用。子图的调用非常简单。在过程调用符号上右击，选择 Edit 命令，弹出 Enter Call 窗口，在文本框中输入子图的名称。如图 2.23 所示为例 2.1 中 main 流程图调用 f1 子图窗口。

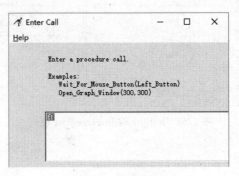

图 2.23　调用子图

2）过程的定义和调用

（1）过程的定义。右击 main 标签，选择 Add procedure 命令，弹出过程创建对话框 Create Procedure，在文本框中输入子过程的名称。过程的命名规则与变量命名规则一样。输入过程的形式参数，如果参数的值需要在调用过程中赋值，则选择 Input；如果参数的值需要返回给调用过程中的变量，则选择 Output。如图 2.24 所示是例 2.1 的 f2 过程的创建对话框。

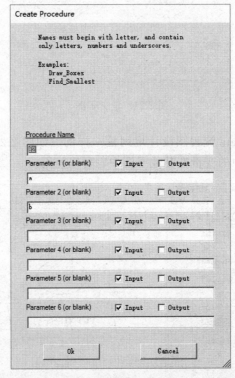

图 2.24　创建过程定义

　　过程的形式参数能够使过程在被调用时收到一个变量初始值,该变量的值在过程运行结束时可以发生变化。当一个过程创建时,必须设置过程的名称及其参数。

　　(2)过程的调用。过程的调用也非常简单,在过程调用符号上右击,选择 Edit 命令,弹出 Enter Call 对话框,在文本框中输入子过程的名称以及括号中的实际参数。过程每次被调用时,通过实际参数实现形式参数不同的初始值。如图 2.25 所示为例 2.1 中 main 流程图调用 f2 过程的编辑窗口。

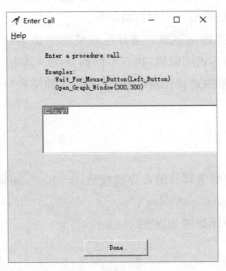

图 2.25　过程的调用

　　例 2.1 的程序,main 流程图的设计及运行备注如图 2.26 所示。

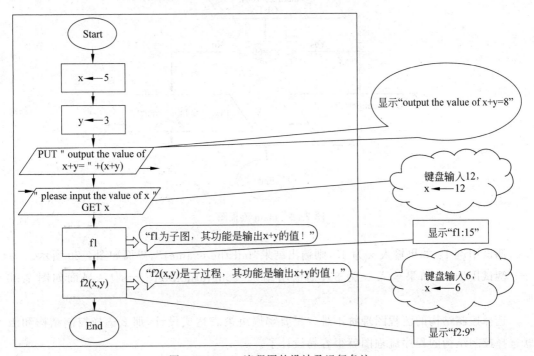

图 2.26　main 流程图的设计及运行备注

2.4.4　Raptor 实现选择控制结构

顺序控制结构的程序中,除了把语句按顺序排列,不需要做任何额外的工作。然而,仅仅使用顺序结构无法开发真正针对现实世界的问题的解决方案。现实世界中的问题包括各种"条件",并以此来确定下一步应该怎样做。例如,"如果小猫体温高于 39.2℃,就必须送到宠物医院就医",是基于小猫的体温做出的决定。这里的"条件"(即体温)确定的了某个行动(就医)是否应执行。这就是所谓的选择控制结构。

选择控制结构的流程图理解不难。选择控制结构中的条件就是决策表达式,根据决策表达式的取值,执行不同的分支。其中,每个分支都可以包含一个完整的选择控制结构,通常把这种结构叫级联选择控制结构。

选择控制符号如图 2.27 所示。

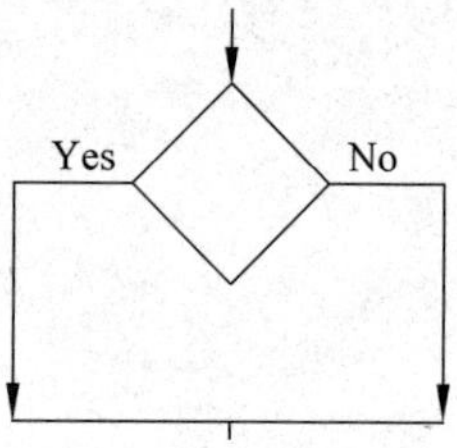

图 2.27　选择控制符号

1. 案例介绍

【例 2.2】　已知某学生数学科目的百分制成绩(0～100),如果低于 60 分,输出"fail the exam!";否则输出"congratulation! pass !"。

本例的 main 流程图设计如图 2.28 所示。

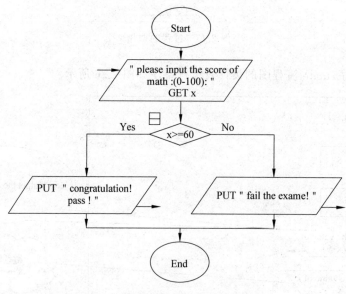

图 2.28　main 流程图

测试用例 1：如果输入 x 为 45,则输出结果"fail the exame!",界面如图 2.29 所示。

测试用例 2：如果输入 x 为 88,则输出结果"congratulation! pass!",界面如图 2.30 所示。

选择控制结构的流程图理解不难。只要掌握决策表达式设计,那么选择控制结构和级联选择控制结构的程序流程图就很容易设计了。

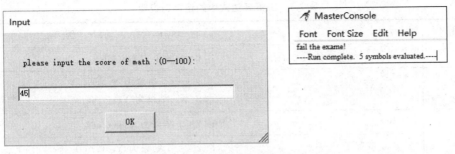

图 2.29　测试用例 1 运行界面

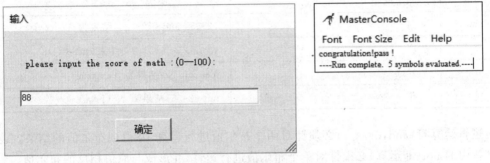

图 2.30　测试用例 2 运行界面

2. 决策表达式

选择控制语句需要一个表达式来得到 Yes/No(true/false) 的评估值。决策表达式是一组值(常量或变量)和运算符的结合。决策表达式求值时,表达式的运算根据运算符的优先级进行运算。运算符包括算术运算符、逻辑运算符和关系运算符三类。决策表达式的运算"优先顺序"如下。

(1) 计算的所有函数。

(2) 计算括号中的所有表达式。

(3) 计算乘幂(^,**)。

(4) 从左到右,计算乘法和除法。

(5) 从左到右,计算加法和减法。

(6) 从左到右,进行关系运算(=、/=、<=、>=)。

(7) 从左到右,进行 not 逻辑运算。

(8) 从左到右,进行 and 逻辑运算。

(9) 从左到右,进行 xor 逻辑运算。

(10) 从左到右,进行 or 逻辑运算。

决策表达式中的运算符说明如表 2.4 所示。

关系运算符(=、!=、<=、>=)必须针对两个相同的数据类型值(无论是数值、文本还是布尔值)比较。例如,2=5 或 "efcg"="acdf" 是有效的比较,但 3="efcg" 则是无效的。

表 2.4 决策表达式中的运算符说明

运算	说　　明	示　　例
=	等于(切勿与赋值符号混淆)	2＝5 结果为 No(false)
!= /=	不等于	2！＝5 结果为 Yes(true) 2/＝5 结果为 Yes(true)
<	小于	2<5 结果为 Yes(true)
<=	小于或等于	2<=5 结果为 Yes(true)
>	大于	2>5 结果为 No(false)
>=	大于或等于	2>＝5 结果为 No(false)
and	与	(2<5) and (12<25)结果为 Yes(true)
or	或	(2<5) or (12>25)结果为 Yes(true)
xor	异或	Yes xor No 结果为 Yes(true)
not	非	not (2<5)结果为 No(false)

逻辑运算符(and,or,xor)必须针对两个布尔值进行运算,并得到布尔值的结果。逻辑运算符中的 not(非运算)必须针对单个布尔值进行运算,并形成与原值相反的布尔值。

一些有效和无效的决策表达式的示例如表 2.5 所示。

表 2.5 决策表达式中的运算符说明

示　　例	有效或无效
(2<5) and (12<25)	有效
(x<30)and(y<20)	有效,假设 x 和 y 都包含数值数据
5 and(12<25)	无效,and 左侧是数值,不是一个布尔值
5<=x<=12	无效,因为 5<=x 的运算结果为布尔值,而 true/false<=7 的关系运算是无效的

例 2.2 的决策表达式为 x>＝60。

3. 选择控制结构案例

【例 2.3】 问题描述:在购买某物品时,若所花的钱 x 在下述范围内,所付钱 y 按对应折扣支付。

$$y = \begin{cases} x & x < 1000 \\ 0.9x & x \geq 1000 \end{cases}$$

问题分析:该案例是典型的分段函数模型,是涉及 2 个变量、2 个分支的选择控制结构。流程图如图 2.31 所示。

4. 级联选择控制结构案例

【例 2.4】 问题描述:在购买某物品时,若所花的钱 x 在下述范围内,所付钱 y 按对应折扣支付:

$$y = \begin{cases} x & x < 1000 \\ 0.9x & 1000 \leqslant x < 2000 \\ 0.8x & 2000 \leqslant x < 3000 \\ 0.7x & x \geqslant 3000 \end{cases}$$

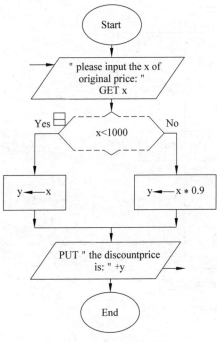

图 2.31　例 2.3 流程图

问题分析：该案例是典型的分段函数模型，是涉及 2 个变量、4 个分支的级联选择控制结构。

流程图如图 2.32 所示。

2.4.5　Raptor 实现循环控制结构

一个循环控制语句允许重复执行一条或多条语句，直到某些条件变为 true。这种类型的控制语句使得计算机真正的价值得以体现。

1. 循环控制结构介绍

在 Raptor 中，一个椭圆和一个菱形符号用来表示一个循环。循环执行的次数，由菱形符号中的表达式来控制。在执行过程中，菱形符号中的表达式结果为 no，则执行 no 的分支。循环控制结构也可以理解为一种带回路的选择控制结构。要重复执行的语句可以放在菱形符号的上方或下方。

循环控制符号如图 2.33 所示。

为了准确地理解一个循环语句，可参考图 2.34，要注意以下几点。

（1）如果决策表达式的计算结果为 yes，则循环终止。

（2）如果循环体中的语句位于决策语句之后，可能一次也不执行。

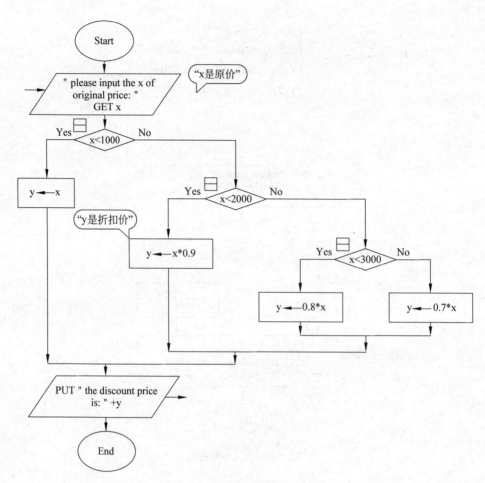

图 2.32 例 2.4 流程图

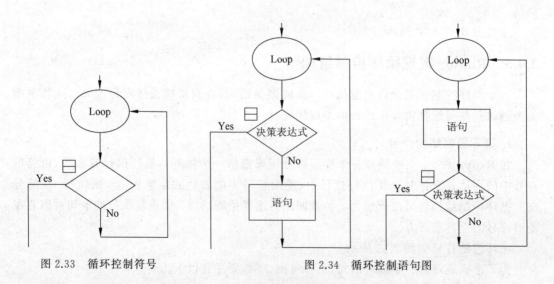

图 2.33 循环控制符号   图 2.34 循环控制语句图

（3）如果循环体中的语句位于决策语句之前，则至少被执行一次。

循环控制结构常用用途有输入验证循环、计数循环、累计循环以及循环体的循环。

　　循环控制结构与选择控制结构一样,决策表达式的设计至关重要。循环控制结构的决策表达式必须有为 true 的取值,否则循环无法结束,陷入死循环。

2. 单重循环控制结构案例

【例 2.5】　问题描述:输出如下乘法口诀。

1*1=1　1*2=2　1*3=3　1*4=4　1*5=5　1*6=6　1*7=7　1*8=8　1*9=9

问题分析:该案例是典型的单重循环模型,循环计数的应用。

流程图和运行结果如图 2.35 所示。

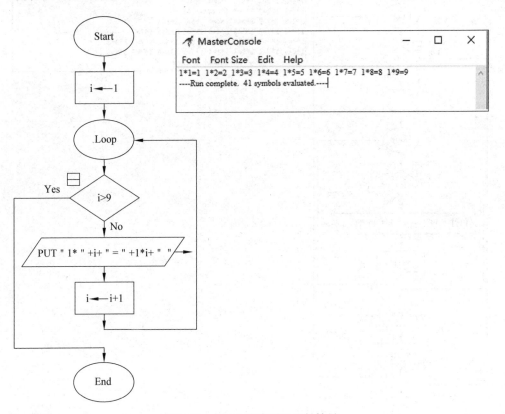

图 2.35　例 2.5 流程图和运行结果

3. 多重循环控制结构案例

【例 2.6】　问题描述:输出如下乘法口诀表。

1*1=1

1*1=1　1*2=2

1*1=1　1*2=2　1*3=3

1*1=1　1*2=2　1*3=3　1*4=4

1*1=1　1*2=2　1*3=3　1*4=4　1*5=5

1*1=1　1*2=2　1*3=3　1*4=4　1*5=5　1*6=6

1*1=1　1*2=2　1*3=3　1*4=4　1*5=5　1*6=6　1*7=7

1*1=1　1*2=2　1*3=3　1*4=4　1*5=5　1*6=6　1*7=7　1*8=8

$1*1=1$　$1*2=2$　$1*3=3$　$1*4=4$　$1*5=5$　$1*6=6$　$1*7=7$　$1*8=8$　$1*9=9$

问题分析：该案例是典型的单重循环模型，循环计数的应用。

流程图和运行结果如图 2.36 所示。

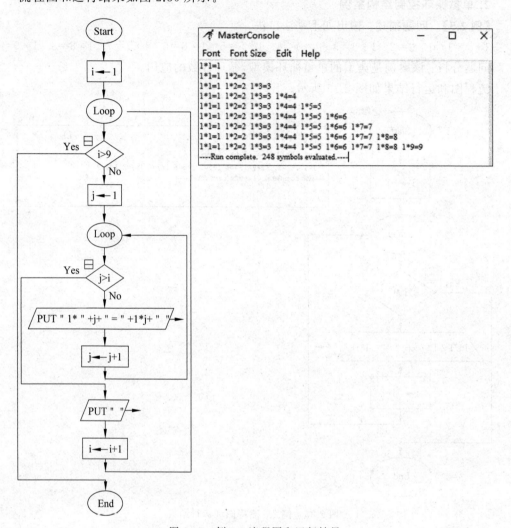

图 2.36　例 2.6 流程图和运行结果

习　题　一

一、单项选择题

1. 二进制数 10001001011 转换成十进制数是(　　　)。

　　A. 2090　　　　　　　　B. 1077　　　　　　　　C. 1099　　　　　　　　D. 2077

2. 操作系统的基本功能是(　　　)。

　　A. 处理器管理和内存管理　　　　　　　　B. 资源管理和人机界面管理

　　C. 设备管理和信息管理　　　　　　　　　D. 硬件管理和软件管理

3. 在文件名和扩展名中通配符"?"可代表(　　　)个字符。

　　A. 1　　　　　　　　　　B. 3　　　　　　　　　　C. 8　　　　　　　　　　D. 多

4. 以下关于 TCP/IP 的说法,不正确的是(　　　)。

　　A. 它是网络之间进行数据通信时共同遵守的各种规则的集合

　　B. 它是把大量网络和计算机有机地联系在一起的一条纽带

　　C. 它是 Internet 实现计算机用户之间数据通信的技术保证

　　D. 它是一种用于上网的硬件设备

二、填空题

1. 存储器分为内存储器和外存储器,外存储器也叫_____。

2. 冯·诺依曼将计算机分成五大部件,一般将_____和控制器集成在一块芯片中,称为 CPU。

3. 色彩位数为_____的图像可表示 65536 种颜色。

4. WWW 的英文全称是_____。

三、综合题

1. 调查并写一份中国 CPU 发展的报告。

2. 调查并写一份中国操作系统发展的报告。

3. 将 $(47)_{10}$ 转换为二进制、八进制和十六进制。

4. Raptor 流程图设计。编写一个程序,输入上网的时间,计算上网费用,计算的方法如下。

$$费用 = \begin{cases} 30\ 元(基数) & <10\ 时 \\ 2.5\ 元/时 & 10 \sim 50\ 时 \\ 2\ 元/时 & \geqslant 50\ 时 \end{cases}$$

同时,为了鼓励多上网,每月收费最多不超过 150 元。

5. Raptor 流程图设计。设计一个程序,计算 2～200 的偶数和。

6. Raptor 流程图设计。设计一个程序,计算 $1+2+3+\cdots+100$。

第二篇 多媒体技术

　　现在人们谈论的多媒体技术往往与计算机联系在一起,这是因为计算机的数字化及交互处理能力极大地推动了多媒体技术的发展。多媒体技术是指通过计算机对文字、图形、图像、动画、声音、视频等多种媒体数据信息进行综合处理和管理,使用户可以与计算机进行实时信息交互的技术。多媒体技术是计算机、大众传播和通信网络三大领域相互渗透、相互融合,进而迅速发展的一门技术。多媒体技术已广泛应用于信息传播、商业广告、工业生产、军事训练、职业培训、公共服务、旅游、家庭生活和娱乐以及教育、社会与生活领域。

第 3 章

多媒体应用项目创作概述

【案例描述】 本案例以"德清县公民道德教育馆"多媒体宣传作品(见图3.1)的整体创作开发为例,介绍运用不同软件对图形、图像、动画、声音、视频等素材进行处理的方法;运用Animate软件结合ActionScript语言搭建多媒体应用项目的框架,实现多文件链接、多媒体播放,呈现完整、循环、可拓展的多媒体作品。

3.1 多媒体素材处理

1. 图像处理

运用Photoshop软件进行图片的修复、调色,多图及文字的合成,特效、切片、输出等工作;以及片头界面的设计、全部图像素材的处理。

2. 图像绘制

运用CorelDRAW软件进行主界面的编排、界面元素的绘制、按钮的绘制工作。文件可分别保存为矢量和位图,提供给后续软件运用。

3. 声音处理

运用Audition软件对声音进行录制、剪辑、去噪、增益、特效等处理,为合成文件提供背景音乐、配音旁白、音效等声音素材。

4. 视频处理

运用Premiere软件对视频进行剪辑合成、添加字幕、过渡特效等处理,然后以需要的文件格式进行保存。视频作品可单独使用,也可给后续合成多媒体作品提供视频素材。

通过Camtasia软件将计算机屏幕的操作与声音直接录制下来,采集视频素材。

5. 动画制作

运用Animate软件进行动画元素的绘制,以及遮罩、路径、逐帧、补间等动画的制作,为多媒体创作提供动画素材。

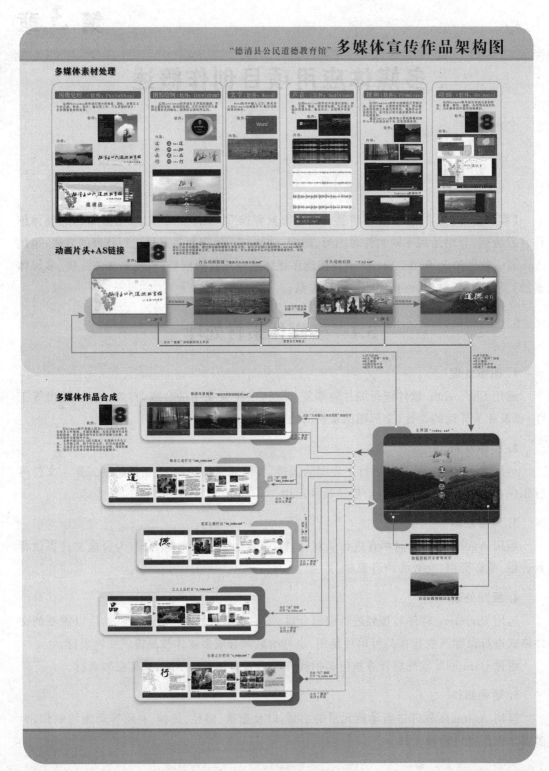

图 3.1　多媒体宣传作品架构图

3.2　动画片头＋ActionScript 链接

这部分主要运用 Animate 软件进行片头动画的分段制作,并结合 ActionScript 语言将前后片段自动链接,通过按钮跳转画面;对加载的图片添加特效。Animate 软件既可以创建动画素材文件,也可以结合 ActionScript 语言作为多媒体作品开发的框架搭建软件,从而实现多媒体作品的交互性。

3.3　多媒体作品合成

利用 ActionScript 语言实现多文件链接、多媒体播放;实现多媒体作品框架的搭建,将多媒体部件进行有序连接与拓展,实现完整的循环作品。

本例通过 ActionScript 3.0 语言,实现两个片头文件、主界面文件、四个栏目文件、栏目内场景跳转,以及主场景音乐开关的控制和自由切换、视频的播放、返回片头等效果,形成多媒体作品的整合。

3.4　多媒体应用项目的制作流程

1. 开发过程

开发一个多媒体应用项目,需要较好的计算机硬件、软件以及良好的构思。一些优秀的多媒体作品,还需要作者具有一定的天赋。对于大多数多媒体应用项目来说,它们的制作过程都是分阶段的,后一阶段必须在前一阶段完成后才能进行。图 3.2 所示为多媒体项目的开发过程。

图 3.2　多媒体应用项目的开发过程

2. 需求分析

多媒体应用项目一般是针对某个应用领域进行开发的。因此,在制作多媒体应用项目之前,应首先了解需求情况,根据实际目的确定多媒体应用项目的类型、内容和框架,然后进行用户分析、内容分析、资料收集和成本效益分析等。根据上面的分析,选择合适的多媒体创作工具,然后确定应收集什么样的资料,拟出系统的总体设计方案,写出脚本,加以注释。

3. 脚本设计

脚本设计阶段的任务是把文字、图形、图像、音频、视频、动画等各种素材信息合理地组织起来。编写脚本的过程是一个创意设计的过程,也是多媒体作品成功的关键。创意的好坏取决于编写人员对内容的理解程度以及他们水平的高低。创意决定了多媒体作品的最终质量。

脚本设计可以分为概要设计和详细设计两个步骤。

(1)概要设计。概要用于确定系统的总体结构,是一个粗略的框架。在概要设计阶段,脚本的编写包括编写文字脚本和制作脚本两部分。在编写文字脚本时,要按照目的、策略和重点等内容之间的联系,对有关的文本、图像声音和动画等材料分出主次轻重,合理地进行安排和组织,以便在应用时目标明确。在完成文字脚本的编写后,就可以开始制作脚本。制作脚本是建立在深刻理解文字脚本的基础上,根据多媒体的表现特点反复构思而成,是文字脚本的延伸和发展。脚本的内容包括多媒体作品的表现形式、多媒体要实现的功能和多媒体的制作规范等。

(2)详细设计。这一阶段主要的任务就是为系统的每个主题设计出一幅幅连续的屏幕显示内容,包括选择系统需要的媒体、确定用户界面及其风格等具体任务。在本阶段主要考虑屏幕显示内容的设计和交互设计,所以它也是一个创意设计的过程。

界面设计可以借用美术和广告业中的平面设计思想,对界面进行空间划分,在时间轴上根据需要以解说、动画或音乐的形式加以表现。

交互设计就是在已经设计好的界面上定义“热字”“热区”“热图”并添加一些必需的控制按钮,然后一一实现“交互”的任务,构造“超链接”,以便在各个不同的“界面”完成之后,实现跳转。

4. 素材准备

在多媒体作品的制作过程中,需要对脚本所需的各种媒体素材做收集和处理。这个阶段的任务量比较大,占所有工作量的 2/3 以上。素材的准备工作主要包括以下内容。

(1)文字资料的收集。

(2)音频素材的收集(通过软件创作或转换、加工)。

(3)图形图像素材的收集(通过扫描仪、数码相机或数码摄像机等收集,并加工处理)。

(4)动画素材的收集(通过软件创作)。

(5)视频素材的收集(通过摄像机或视频卡捕获视频,并加工处理)。

由于多媒体素材数据量大、形式多样,收集时往往需要分工协作。需要注意的是,无论是文本的录入、图形图像的获取与加工,还是音频与视频信号的采集与处理,都要根据标准经过多道工序处理,达到要求的格式和尺寸后,才能完成素材的收集工作。

5. 编码集成

本阶段的任务是按照设计的脚本将已经制成的各种素材连接起来,集成为完整的多媒体应用项目。

系统集成一般有两种实现方法:①采用多媒体编程语言,如 ActionScript、Visual C++、Visual Basic 等。采用编程语言进行系统集成,可以准确地达到脚本规定的设计要求,但是编码比较复杂,适用于专业的程序员。②选用多媒体平台软件,如 Animate、PowerPoint等。采用多媒体平台软件开发操作简单,适用于一般的开发人员,但完成的功能相对会少一些。

6. 测试运行

测试是发现软件的隐患和缺陷、验证软件是否达到预期目标的重要手段。当使用编程语言进行系统集成时,测试应与编码同时进行,即采取边编码,边测试,边修改的方式。每集成一个主题就要重新测试一次,直到全部主题集成为一个完整的系统,软件能顺利运行为止。当采用平台软件进行开发时,首先建立一个系统原型,然后以迭代的方式逐次推出新的原型版本,对每一个原型版本都要进行测试,并根据发现的问题调整设计,修改脚本。这个过程要反复进行,直至推出正式的、可以交付用户使用的版本。

一般来说,对多媒体应用项目的测试应着重考虑以下几个方面。

(1)内容正确性。对于多媒体应用项目,首先要检查其传递的信息是否正确。

(2)项目功能。主要是指项目的可用性或用户满意度,包括项目是否实现了所有预计的功能,人机界面是否友好等。

(3)项目性能。主要包括项目可靠性、系统兼容性和效率等。测试完成后,还要请用户试用、评估,然后收集各方的建议并进行反复修改、测试,必要时返工修改项目工作计划。试用过程中应认真记录每一个过程和遇到的问题。测试与编程是一个往返循环的过程。这个过程可能反复进行,一直持续到一个完整的多媒体应用项目的最终完成。

7. 系统发布

多媒体产品的发行是通过压缩或制成一套完整的光盘进行的。因此,多媒体项目制作完成后,必须打包才能发行。所谓"打包"就是制作发行包,形成一个可以脱离具体制作环境在操作系统下直接运行的应用。在软件打包之前,要对硬盘上的文件组织结构进行优化,并做好备份。最后根据发行介质的不同选择不同的打包发行方式。如果系统比较复杂,还需要给出帮助信息和用户手册等。

第 **4** 章

平面图形图像处理及运用

【**案例描述**】 本案例是多媒体作品的片头首页画面,也是此展馆邀请函的正面画面,如图 4.1 所示。在 Photoshop CC 的软件环境下,运用软件的调色、滤镜功能,完成单张照片的修图和特效处理。然后将符合要求的照片通过选择、编辑、图层等菜单中的功能,实现图片的初步合成;继续运用通道功能,对合成的图片的图层进行细致的修改,以得到符合要求的背景效果。然后通过合成模式的方式,对扫描输入的书法题词,进行无痕合成。最后运用文字工具,输入中文文字;通过图层特效、合并、转换、特效处理等功能,得到符合设计要求的文字效果。通过本案例的学习,全面了解和掌握图片处理和合成的流程及方法。

图 4.1　邀请函效果图

案例知识点分析:

(1) 素材获取。拍摄当地的特色风景。扫描书法家钱绍武的馆名题词。

(2) 素材处理。对拍摄的照片进行"图像调整""去色""滤镜→风格化→查找边缘"处理;对扫描的题词进行去噪。

(3) 合成处理。通过"选择""编辑→复制→粘贴→调整""图层"等功能,将素材图片进行初步合成。结合"图层→合成类型""图层→特效""通道"等功能,对初步合成的图片围绕设计预想效果进行调整。

(4) 文字效果。对输入的文字进行"字体""大小""间距"设置;通过"图层→效果"完成立体字的效果;通过移动位置、"图层→链接层合并""图层→透明度调整"等功能,完成半透隐约文字的效果。

（5）储存与输出。选定文件格式，对含图层及效果的源文件进行储存；通过"图层→可见层设定""文件→尺寸""单位""分辨率""合并图层"等功能，得到 PNG、JPG、TIF 等不同文件格式，以及满足印刷、多媒体作品主页等不同用途要求的图片。

4.1　认识图形图像

图形、图像有其自身的特点和属性、优点和缺点。通过对其色彩模式、常见类型、文件格式、质量指标等方面的学习，可以更加清晰地辨识图形图像。

4.1.1　图像色彩模式

构成图像的色彩模式有很多种：有黑白、彩色；有屏幕、投影等显示；也有印刷品、打印等呈现。由于合成颜色的原理不同，呈现的模式和运用的范围也有区别。这些色彩模式确保作品能够在屏幕和印刷品上成功呈现。在这些色彩模式中，有适合显示器、投影仪、扫描仪使用的 RGB 模式；有适合打印机、印刷机使用的 CMYK 模式；有 Lab 模式以及 HSB 模式；还有索引模式、灰度模式、位图模式、双色调模式、多通道模式等。每种色彩模式都有不同的色域和色彩呈现；模式之间虽然可以转换，但一旦有色域损失，就是不可逆的。

1. RGB 模式

RGB 模式是一种色光的加色模式，R 代表红色，G 代表绿色，B 代表蓝色。它通过红、绿、蓝 3 种色光相叠加而形成更多的颜色。一幅 24 位的 RGB 图像有 3 个色彩信息的通道，每个通道都有 8 位的色彩信息，一个 0～255 的亮度值色域。也就是说，每种色彩都有 256 个亮度水平级。3 种因素相叠加，可以呈现 $256 \times 256 \times 256 \approx 1678$ 万种可能的颜色。这约 1678 万种颜色足以表现出绚丽多彩的真彩世界，一些计算机领域的色彩专家将其称为真彩（true color），所以 RGB 模式是最佳显示模式。但它不是最佳的打印格式，因为 RGB 模式所提供的色彩有些超出了打印色彩的范围。因此，在打印一幅真彩图像时，必然会损失一部分亮度，而且比较鲜艳的色彩会失真，这是因为打印机所用的是 CMYK 模式。CMYK 模式定义的色彩比 RGB 模式定义的色彩少得多，因此打印时，系统将自动进行 RGB 模式与 CMYK 模式间的转换，有些颜色将溢出，会产生略微的打印失真现象。色彩模式的类型和样式，如图 4.2 所示。

图 4.2　色彩模式

图　4.2(续)

2. CMYK 模式

CMYK 代表了印刷上用的 4 种油墨色：C 代表青色，M 代表洋红色，Y 代表黄色，K 代表黑色。但在实际应用中，C、M、K 三色很难叠加成真正的黑色，最多不过是深灰色，所以又引入了 K(黑色)。黑色的作用是强化暗调，加深暗部色彩。

CMYK 模式在印刷时应用了色彩学中的减法混合原理，即减色色彩模式，它是图片、插图和其他 Photoshop 作品中最常用的一种印刷方式。因为在印刷中通常都要进行四色分色，分出四色胶片，然后进行印刷。

在设计软件的实际使用过程中，可以根据这两种不同的色彩模式的特点灵活选用。如果是放在网页上的图片，可以直接用 RGB 模式。如果是印刷稿、平面设计作品中需要打印出来的图片，可以先用 RGB 模式编辑，再用 CMYK 模式打印，或者直接到印刷前再转换，然后加以必要的校色、锐化和修饰处理。

3. 灰度模式

灰度(grayscale)模式下的灰度图又叫 8 位深度图，通俗讲就是单色黑白图，没有色彩。每个像素用 8 个二进制位表示，能产生 256 级灰色调。当一个彩色文件被转换为灰度模式文件时，所有的颜色信息都将从文件中丢失。尽管 Photoshop 允许将一个灰度文件转换为彩色模式文件，但不可能将原来的颜色完全还原。所以，当要转换灰度模式时，应先做好图像的备份。

像黑白照片一样，一个灰度模式的图像只有明暗值，没有色相和饱和度这两种颜色信息。灰度图像的每个像素有一个 0(黑色)~255(白色)的亮度值。灰度值也可以用黑色油墨覆盖的百分比来表示，0%代表白，100%代表黑。

4.1.2　图像常见类型

图形、图像是多媒体作品的重要组成元素。图像文件可以分为两大类：位图图像和矢量图形。在绘制图形或处理图像的过程中，这两种类型的图可以相互转换、交叉使用。

1. 位图

位图是由许多不同颜色的小方块组成的，每一个小方块称为像素，每一个像素都有一个明确的颜色。由于位图采取了点阵的方式，每个像素都能够记录图像的色彩信息，因而可以精确地表现色彩丰富的图像；但图像的色彩越丰富，图像的像素就越多，文件也就越大，因此处理位图图像时,对计算机内存的要求比较高。位图与分辨率有关,如果以较大的倍数放大显示图像,或以低的分辨率打印图像,图像就会出现边缘锯齿状,并且丢失细节,效果会欠佳。

2. 矢量图形

矢量图形是以数学的矢量方式记录图像内容。矢量图形中的图形元素称为对象,每个对象都是独立的,具有各自的属性。矢量图与分辨率无关,但与图形的节点和复杂程度有关;图形的缩放不影响其清晰度;矢量图在任何分辨率下显示或打印,都不会损失细节。一般的矢量图形占用的空间小,但缺点是图形的色调和丰富度有限,绘制出来的图形较位图图像在精确地描绘上会略差。

4.1.3 图像文件格式

图像有多种存储格式,每种格式一般由不同的开发商开发。随着信息技术的发展和图像应用领域的不断拓宽,将来还会出现新的图像格式。要进行图像处理,必须了解图像文件的格式,即图像文件的数据构成、特点与属性。常见的图像格式包括以下几种。

1. PSD 格式

PSD(Photoshop document)是 Adobe Photoshop 图像处理软件专用格式。这种格式可以存储 Photoshop 中所有的色彩模式、图层、通道、蒙版、参考线等信息。PSD 格式在保存时也会将文件压缩,以减少占用磁盘空间,但 PSD 格式所包含图像数据信息较多(模式、图层、通道、路径、蒙版等),因此比其他格式的图像文件还是要大得多。由于 PSD 文件保留所有原始图像数据信息,因而修改起来较为方便,但是大多数排版软件不支持 PSD 格式的文件,因为它不是标准的图像文件格式。在保存图像文件时,若图像中包含层,则一般都用 PSD 格式,用这种格式储存保存图像不会造成任何数据的损失。所以在 Photoshop 编辑过程中,一般是选择 PSD 格式存盘,完成以后再根据输出的需求,转换成其他格式。

2. JPG/JPEG 格式

JPG/JPEG(joint photographic experts group)是一种常用的图像文件格式,它去掉了图像中重复或不重要的信息,从而在获得极高的压缩率的同时能展现十分丰富生动的图像,是一种高效率的有损压缩格式。将图像保存为 JPG/JPEG 格式时,可以指定图像的品质和压缩级别。由于其压缩比较大,文件较小,所以用途广泛,特别适合在网络传输时使用。由于 JPG/JPEG 格式会损失较多数据信息(图层、通道、蒙版等),因此在图像编辑过程中要以其他格式(如 PSD 格式)保存图像;等图像全部处理完成后,再额外保存一个 JPG/JPEG 格式文件。

3. PNG 格式

PNG(portable network graphics)是为了适应网络传输而设计的一种图像文件格式。PNG 格式一开始就结合了 GIF 和 JPG 图像格式的优点,现在大部分绘图软件和浏览器都支持 PNG 格式。它采用无损压缩方式,压缩率比较高,有利于网络传输,而且能保留所有与图像品质有关的信息。PNG 格式还支持透明图像制作,可以将图像和网页背景很好地融合在一起。与 GIF 格式不同的是,PNG 图像格式不支持动画。

4. GIF

GIF(graphics interchange format)是由 Compuserve 公司研发的一种图像格式。这种文件格式支持 256 色的图像,支持动画和透明,很多应用软件均支持这种格式,所以被广泛应用于网络中。它在存储文件时采用 LZW 压缩算法,既可以有效降低文件大小又保留了图像的色彩信息。在网络和移动端,GIF 格式已成为页面图片的标准格式。其缺点是最多只能处理 256 种色彩,因而不能用于储存真彩色的图像。GIF 89a 格式能够储存成背景透明形式,并且可以将数张图存成一个文件,从而形成动画效果。

5. BMP 格式

BMP(bitmap)是 Windows 操作系统中的标准图像文件格式,能够被多种 Windows 应用程序支持。它采用位映射存储形式,支持 RGB、索引色、灰度和位图颜色模式,一般不采用压缩,所以 BMP 文件占用的空间比较大。利用 Windows 的画图程序可以将图像存储成 BMP 格式的图像文件。该格式结构较简单,每个文件只存放一幅图像。BMP 图像的扫描方式是从左到右、从下到上。常见的各种平面图形图像软件都能对其进行处理。

6. TIF/TIFF

TIF/TIFF(tagged image file format)由 Aldus 和微软公司为扫描仪和台式计算机出版软件开发的用来为存储黑白、灰度和彩色图像而定义的存储格式,支持 1～8 位、24 位、32 位(CMYK 模式)或 48 位(RGB 模式)等颜色模式,能保存为压缩和非压缩的格式。几乎所有的绘画、图像编辑和页面排版应用程序,都能处理 TIF 格式文件。它的特点是图像格式复杂、存储信息多。TIF 采用 LZW 无损压缩算法。用 Photoshop 编辑的 TIF 文件可以保存路径和图层。

7. TGA 格式

TGA(tagged graphics)是由美国 Truevision 公司为其显示卡开发的一种图像文件格式,属于图形、图像数据的通用格式。其最大的特点是可以做出不规则形状的图形、图像文件。一般图形、图像文件都为四方形,若需要有圆形、菱形甚至是镂空的图像文件时,TGA 就可以派上用场。它使用不失真的压缩算法,支持行程编码压缩。

8. EPS 格式

EPS(encapsulated PostScript)是跨平台的标准格式,可以用于存储矢量图形和位图图像文件。EPS 格式是文件内带有 PCT 预览的 PostScript 格式。存储相同的图像时,基于像素的 EPS 文件要比以 TIF 文件所占磁盘空间大,基于矢量图形的 EPS 格式的图像文件要比基于位图图像的 EPS 格式的图像文件小。EPS 格式采用 PostScript 语言进行描述,可以保存 Alpha 通道、分色、剪辑路径、挂网信息和色调曲线等数据信息,因此 EPS 格式也常被用于专业印刷领域。

4.1.4　图像质量指标

图像质量指标从数据上讲主要与图像尺寸、图像分辨率、图像颜色模式及深度等有关,三者相互作用,可以相互调节。同一照片,可以有不同的图像表述,如图 4.3 所示。

1. 图像尺寸

图像尺寸由横向与纵向像素的乘积来表示,图像的像素尺寸是指数字化图像像素的

图 4.3　图像质量指标

多少。尺寸单位分为支持屏幕显示的像素尺寸和方便打印输出的厘米尺寸等多种形式。图 4.4(a)所示是标注图像尺寸的不同单位。

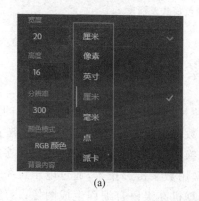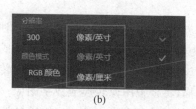

图 4.4　图像尺寸

2. 图像分辨率

图像分辨率是指图像中每单位长度上含有的像素个数,其单位通常为像素/英寸(PPI 或 DPI)。图像分辨率由数码相机的分辨率或者扫描仪的分辨率决定,或者由图像软件新建图像时设定决定。在实际应用中需根据图像的用途确定需要的分辨率,分辨率过低会影响图像的效果,过高会大大增加文件的存储空间并降低图像的处理速度。网页的通用分辨率设定是 72DPI;印刷品的通用输出分辨率是 300DPI。图 4.4(b)所示是标注图像分辨率的不同单位。

3. 图像颜色模式及深度

图像颜色模式主要有 RGB 颜色、CMYK 颜色、灰度等,它们各自的色域范围不同,之间有很大的差距。颜色深度有 8 位、16 位、32 位,图像数据大小有很大的区别。图 4.5(a)所示是图像的不同模式,图 4.5(b)所示是标注图像颜色深度的不同位数。

设图像垂直方向的像素为 H 位,水平像素为 W 位,颜色深度为 C 位,则一幅图像所拥有的数据量大小为 $B = H \times W \times C \div 8$(字节)。例如,一幅未被压的位图图像,如果其水平方向有 800 像素,垂直方向有 600 像素,颜色深度为 16 位,则该幅图像的数据量为 $800 \times 600 \times 16 \div 8 = 960000$(字节)。

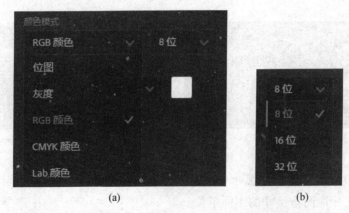

(a)   (b)

图 4.5 图像颜色模式及深度

4.2 图像素材的采集

在自然界中,图像是客观事物的映射,如照片、画册等图像。这些图像中的光电信号是连续的,称为模拟图像。把自然的影像转换成数字化图像的过程叫作图像的数字化,也称为图像获取。该过程的实质是进行模数 A/D 转换。获得数字图像的方式有很多种,例如,通过扫描仪扫描,将模拟图像转换成数字图像;采用数字摄影技术,通过电子设备直接得到数码图像;在计算机中通过软件制作,如通过计算机高级语言编程生成图像;由绘图软件(如 Photoshop、CorelDRAW 等)绘制图像;在计算机中由抓图工具直接抓图生成图像。这些图像都是数字化图像。数字化就是对模拟世界的一种离散化。图像的数字化过程分三个步骤:采样、量化与编码。

4.2.1 拍摄

数码拍摄是指利用数码照相机或者数码摄像机直接获取自然影像。使用数码设备拍摄图像是获取多媒体素材的基础,大多数图像素材都可以通过这种途径获取。由于数码拍摄方式直观、方法简捷、中间环节少,目前已经被广泛应用于各个领域。由于使用数码拍摄后获得的素材已经被数字化,因此可以直接传送到彩色打印机进行打印输出,也可以通过信号电缆或网络传送至计算机中,以便进行进一步处理,最后将成品进行不同用途的输出。

4.2.2 扫描

扫描是把平面印刷品、照片、绘画等进行数字化转换的过程,图像扫描是借助扫描仪进行的,其图像质量主要依赖于被扫描物的清晰度和正确的扫描方法、正确的扫描参数、合适的色深度,以及后期的技术处理。扫描时,可选择不同的分辨率进行,分辨率的数值越大,图像的细节部分越清晰,但是图形的数据量会越大。平面印刷品、照片、绘画等经过扫描仪扫描,被转换成图像对应的用数字表示的像素矩阵,然后通过信号电缆传送到计算机中。扫描仪硬件和驱动程序是扫描技术的关键一环,配套的驱动在购买扫描仪时由厂家一并提供。计算机中安装了扫描驱动程序后,使用图像处理软件调用扫描驱动程序,然后再进行图像扫描。

4.2.3　互联网下载

随着经济和科技的发展,目前存储在 Internet、移动端、网盘、光盘上的数字图像图库越来越多,这些图像的内容较丰富,图像尺寸、图像精度可选的范围也较大;有的免费共享,有的酌情收费。用户可根据需要选择自己需要的数字图像,通过下载的方法获取,然后再作进一步的编辑和处理。

4.2.4　截图

在许多演示教程或演示文稿的编辑过程中,经常要用到截图软件。把操作过程或者界面菜单通过截屏和录制的方式保存下来。现在截图软件非常多,应用也越来越广泛。教程编写、演示文稿编辑以及软件操作说明书制作等都要使用截图软件。

例如,Bandicam 是一款截屏录播软件,其操作简单,支持添加自定义 Logo,支持 BMP、PNG、JPEG 等格式截图。Bandicam 还支持 CUDA/NVENC/Intel Quick Syuc 等多种外置编码解码器,可让用户自定义录制代码。用 Bandicam 4.4.0 录制的视频文件很小,并且保证了原文件的视频音频质量。Bandicam 截屏录播软件界面及截屏效果如图 4.6 所示。

图 4.6　Bandicam 截屏录播软件及效果

4.2.5　软件绘制

用绘图软件绘制图形、图像素材也是一种重要的手段。目前 Windows 环境下的大部分图像编辑软件都具有一定的绘图功能。这些软件大多具有较强的功能和较好的图形用户接口,还可以利用鼠标及数码板来绘制各种图形,并进行色彩、纹理、图案等的填充和加工处理。对于一些小型的图形、图标、按钮等直接制作很方便。也有些专业的绘画软件通过数码板及画笔在屏幕上绘画。这种软件要求绘画者具有一定的美术知识及创意基础,例如Painter、CorelDRAW、Illustrator、Photoshop、AutoCAD 和 3ds Max 等。

提示:本章综合案例素材(见图 4.7)获取途径如下。

(1) 通过"拍摄"获取当地特色风景"莫干湖.jpg"文件。

(2) 通过扫描将书法家钱绍武的馆名题词输入计算机待用。

图 4.7　本章综合案例素材

4.3　位图图像的处理

位图图像是进行多媒体作品构成的重要元素,前面已经讲述了图像的特征、模式、格式、获取等的基础知识;下面就获取的图像素材,运用 Photoshop 图像处理软件,对素材、图片进行调整、修复、合成等方面的处理,从而获得更符合平面、多媒体等作品需求的图像。

4.3.1　Photoshop CC 简介

Photoshop 是 Adobe 公司旗下的图像处理软件,是集图像扫描、编辑修改、图像制作、广告创意、图像输入与输出于一体的图形图像处理软件。它因强大的图像处理功能而深受广大平面设计人员和计算机美术爱好者的喜爱。图像处理主要是指通过各种编辑技术实现图像内容的拼接、组合、叠加等,具体的编辑技术包括选择、裁剪、旋转、缩放、修改、图层叠加、蒙版遮罩、滤镜处理等。此外,还可加入文字、几何图形等。

1. Photoshop CC 的工作界面

启动 Photoshop CC 后,打开任意图像文件,可显示如图 4.8 所示的工作界面。其中包括菜单栏、属性栏、工具面板、浮动面板(图层、通道等)、图像窗口和状态栏等组成部分。

图 4.8　Photoshop CC 的工作界面

2. 菜单栏

和其他应用程序一样,Photoshop CC 将所有的功能命令分类后,分别放入 11 个菜单中。菜单栏中包含"文件""编辑""图像""图层""文字""选择""滤镜""3D""视图""窗口"和"帮助"11个菜单。

（1）"文件"菜单。该菜单下的命令主要用于文件管理、打印输出、操作环境以及外设管理等。在这个菜单下首先要关注"新建文件"命令。新建文件的主要要素是宽度、高度、分辨率。如果有打印和印刷的输出需求，设定的单位使用"厘米"比较合适，大小按照输出需求设定，分辨率使用300DPI。如果是移动端、网络端的输出，单位可使用"像素"，然后按照界面分配的多少像素来设定，文件的分辨率可以设定为72DPI。

（2）"编辑"菜单。主要用于对选定的图像、选定的区域进行各种复制、粘贴、编辑、修改操作。菜单各个命令和其他应用软件中的"编辑"菜单的功能相差不大，但多了包含一些图像处理功能，如填充、描边、转换、定义画笔、图案等。

（3）"图像"菜单。主要用于图像模式、图像色彩和色调、图像大小等各项的设置，通过对此菜单中各项命令的应用可以使制作出来的图像及色彩更加逼真。

（4）"图层"菜单。用于建立新层和调整图层；给图层添加特效、蒙版；调节各图层之间的合成模式等。"图层"菜单给图片合成带来了非常方便的操作，是软件的核心菜单。

（5）"文字"菜单。集成了文字字体、行间距、段间距等文字处理的基本功能，以及文字样式特效、文字格式转换等高级功能。

（6）"选择"菜单。允许用户选择全部图像、取消选择区域和反选等。对使用选择工具选择的区域，可以通过本菜单中的功能对选择区域进行编辑，如扩大或缩小选择区域，选择类似颜色的图案等。此菜单还提供了选取与蒙版之间的转换功能。

（7）"滤镜"菜单。用于使用不同滤镜命令来完成各种特殊效果。滤镜包括3D滤镜、风格化滤镜、模糊滤镜、模糊画廊滤镜、扭曲滤镜、锐化滤镜、视频滤镜、像素化滤镜、渲染滤镜、杂色滤镜、其他滤镜、液化滤镜、Camera Raw滤镜及自定义滤镜等。

（8）"3D"菜单。启用Photoshop的3D功能可以方便设计师直接在Photoshop中使用3D模型，不必为了一个简单的模型再去使用其他3D制作软件。选择3D图层后，3D面板会显示关联的3D文件的组件。面板顶部列出了文件中的网格、材质和光源，面板的底部显示了在顶部选定的3D组件的设置和选项。利用360°全景图功能可以编辑并导出360°全景图。观察者可以在球形工作区中围绕图像进行平移和缩放，获得真实的预览体验。菜单中还添加了3D打印功能。

（9）"视图"菜单。提供一些辅助命令，可以帮助用户从不同的视角以不同的方式来观察图像。其中有"标尺"开关功能，当标尺打开时，用户可以通过辅助线定位具体的合成图像的位置。

（10）"窗口"菜单。用于管理Photoshop中各个窗口的显示与排列方式及浮动面板的隐藏与显示。

（11）"帮助"菜单。提供了Photoshop在线帮助信息和支持站点的信息，包括新增功能、使用方法等内容。

4.3.2　修复、调整图像

通过拍摄、扫描、下载或截屏等途径收集来的图片素材，有的图片曝光不足，有的图片构图不符合需求，有的图片上会有斑点，问题各不相同。这就需要对图像进行修复、裁切和调整,以满足不同的需求。修复、调整时需要选择工具,"编辑"菜单、调整工具、图层等一起协调使用。

1. 折痕修复

如图 4.9 所示,书法文字有了折痕、污迹,这时可以通过工具栏中的仿制图章工具或者修补工具进行修复。具体操作如下。

(1) 打开拍摄文字"家",此时文字是斜的。选择"图像"→"图像旋转"→"任意角度"命令,调整角度得到一个正的文字。

(2) 此时图片构图有点偏,而且边上还有一点多余的其他文字的笔画。选择工具栏中的裁剪工具,画面出现八个控制柄,可以根据需要拖动相应的控制柄,实现对画面的修剪,如图 4.10 所示。

图 4.9 "家"字原稿　　　　　　　图 4.10 图片剪切

(3) 画面中文字的中间有很多折痕,可使用仿制图章工具或修补工具进行修复。

① 用工具箱中的放大工具放大画面,选择仿制图章工具,选择"常规画笔"→"柔边圆"画笔,大小 25,如图 4.11 所示。将光标移到折痕边上平坦的黑色部分,按住 Alt 键不放,在平坦黑色部分单击;松开 Alt 键,将光标移到需要修补的折痕处,轻轻涂抹,就可以修复折痕,如图 4.12 所示。

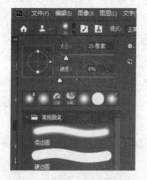

图 4.11 图章工具参数设置　　　　　图 4.12 仿制图章工具修复

② 选择修补工具,在折痕处圈选要修补的地方,然后按住鼠标左键拖动到平坦的黑色地方,松开鼠标左键,就能完成局部的修补。多重复几次,完成全图的文字折痕修复,如图 4.13 所示。

(4) 画面的白色宣纸上也有很多折痕,用同样的方式修复。因为希望能够得到一个 15

图 4.13 修补工具修复

厘米宽的打印稿,因此选择"图像"→"图像大小"命令,设定宽、高、分辨率等比关联,将宽度调整至 15 厘米;再适当调整一下"亮度和对比度"。参数如图 4.14 和图 4.15 所示。折痕修复效果如图 4.16 所示,然后存盘、打印。

图 4.14 图像大小设定

图 4.15 亮度和对比度设定

图 4.16 折痕修复效果

2. 照片调色与修复

利用"图像"→"调整"→"曲线调整图层"命令及图层混合模式,结合蒙版的局部调整功能,修复逆光环境下暗部过暗的照片,如图 4.17 和图 4.18 所示。具体操作如下。

(1) 打开实例文件"过暗照片-原图.jpg",单击"图层"面板下方的 按钮,选择"曲线"

命令,添加曲线调整图层,得到"曲线 1"调整图层。用曲线调整画面的明暗对比度,使暗部变亮,如图 4.18 所示。

图 4.17　过暗照片

图 4.18　曲线调整

(2) 将前景色设置为黑色。单击"曲线 1"图层旁的图层蒙版缩略图,将图层蒙版填充为黑色,暂时使曲线调整效果失效。将前景色设置成白色,选择工具箱中的画笔工具,把人物部分涂抹上白色,目的是只将人物部分提亮,如图 4.19 所示

图 4.19　图层蒙版处理

(3) 按 Ctrl+Shift+Alt+E 键盖印可见图层,得到"图层 1",使当前效果以单图层保存。将"图层 1"的图层混合模式改成"滤色",进一步提亮画面。为"图层 1"添加图层蒙版。单击"图层 1"的图层蒙版,将其填充为黑色,使提亮效果暂时失效。选择画笔工具,局部提亮人物部分的亮度。

3. 照片的个性化艺术处理

为了合成图片,通常会结合滤镜功能,对照片作一些个性化的调整。

(1) 选择"文件"→"打开"命令,打开"ps-素材""莫干湖.jpg"图片。选择"图像"→"调整"→"去色"命令,将"莫干湖.jpg"图片去色,使其从一张彩色照片变成黑白图片。

(2) 选择"滤镜"→"风格化"→"查找边缘"命令,将"莫干湖.jpg"图片变成一张类似铅笔

线稿效果的图片,如图 4.20 所示。然后将处理好的图片储存为"莫干湖-线稿.jpg"文件,准备后续合成图片时使用。

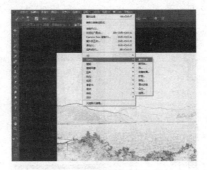

图 4.20　查找边缘效果

4.3.3　综合处理图像

根据需求,我们构思了一个方案,选择了适合的素材,然后把素材中需要的部分粘贴入到准备综合合成的文件。多次的素材加入,必然产生多个图层,可以对每个单独的图层的大小、位置、色调、合成模式等进行修改;甚至可以用蒙版工具把多余的局部进行遮挡,为其添加多种滤镜等各种效果,直至达到预想的效果。接着为了点明主题,明确信息,会加上一些标题文字和说明的文本文字。同样,如果希望突出重点和美观,可以对文字进行处理并添加特效。最后,因为补缺或者风格倾向的需求,可以为画面添加背景图形或图案。图案可以是波点的,也可以是线条的;可以是用笔尖工具绘制的,也可以是外部载入的;可以是垫底的色块,也可以是半透明的图案。一个丰满的合成稿,层层叠叠地浮现出来,每个图层各尽其职、各显其效。此时,图像的综合处理就完成了。

之前为"邀请函"收集、处理了素材,接下来将其进行合成,并添加特效文字等。综合处理图像的具体操作如下。

(1) 在 Photoshop CC 中新建文件,命名为"片头-主页.psd"。设置其宽度为 10.24cm,高度为 4.68cm,分辨率为 600 像素/英寸,模式为 RGB,背景为白色,如图 4.21 所示。

图 4.21　新建文件设置

(2) 选择"文件"→"打开"命令,打开"ps-素材"文件夹下的"三角梅 1.jpg"图片。选择"选择"→"全部"命令,再选择"编辑"→"拷贝"命令。切换到"片头-主页.psd"文件,选择"编辑"→"粘贴"命令,将"三角梅 1.jpg"图片与"片头-主页.psd"文件合并。

（3）粘贴进来的图片的大小和位置一般都不是很合适，所以需要对其进行大小和位置的调整。选择"编辑"→"变化"→"缩放"命令，将"三角梅1.jpg"图片进行合适的缩放并将其调整至画面的左边，如图4.22所示。

图4.22　调整三角梅图片的大小和位置

（4）打开"莫干湖-线稿.jpg"文件，使用矩形选框工具框选出图片中间长条部分。选择"编辑"→"拷贝"命令，切换到"片头-主页.psd"文件，选择"编辑"→"粘贴"命令。选择"编辑"→"变化"→"缩放"命令，将线稿黑白图片进行合适的缩放和调整，放在画面的下方。

（5）调整图层的顺序。把图片粘贴到合成图片时，默认会产生一个新的图层。图层以后粘贴的图片在上层的顺序排列。可以通过拖动图层来调整图层的前后顺序。现在调整为背景最低层，黑白线稿图层为第二层，三角梅图片为第三层（在最上面）。

（6）选择"三角梅"图层，并为这个图层添加"图层蒙版"。使用画笔工具调整画笔大小参数为160像素、硬度为0，如图4.23所示，使画笔边缘有一定的过渡。选择黑色，然后用画笔涂抹三角梅图片边上的白色背景，使白色背景被蒙住不可见，露出下面的线描图案，使三角梅和后面的背景更好地融合。如果不小心把三角梅图案给蒙住，也可以选择白颜色涂抹，把原来蒙住的部分释放出来，变成可见。

图4.23　画笔工具参数

（7）选择"黑白线稿"图层，用黑色画笔在"黑白线稿"图层的上部与背景相接的地方涂抹，进行部分遮盖，使线稿和白色背景融合，效果如图4.24所示。

（8）选择"文件"→"打开"命令，打开"ps-素材"文件夹下的"馆名题词.jpg"图片。选择

图 4.24　图层与蒙板

"选择"→"全部"命令全选题词,如图 4.25 所示。接着复制并粘贴入"片头-主页.psd"文件中。设置"图层 3"的图层混合模式为"正片叠底",文字边缘的白色底色被下面图层的底色代替了,如图 4.26 所示。

图 4.25　全选题词

图 4.26　正片叠底模式

（9）选择"编辑"→"自由变化"命令,拖动变化框的边角控制柄(小方点),同时按住 Shift 键,进行等比的调整,并调整至合适的位置。

（10）选择"文件"→"打开"命令,打开"ps-素材"文件夹下的"馆名落款.jpg"图片,将其粘贴入合成图片,并设置该图层模式为"正片叠底",以融合白色背景,如图 4.27 所示。

（11）选择工具箱中的文本工具后。在合适的位置输入"邀请函"三个字。设置其字体为"微软雅黑",颜色为♯d60b0b(红色),大小为 18 点,行距为 6.6 点,字距为 300,则产生了一个新的文字图层,如图 4.28 所示。

图 4.27　处理落款

图 4.28　输入并设置文字"邀请函"的参数

（12）选择这个新建的文字图层。单击 fx（图层样式）按钮为其添加"斜面和浮雕"效果。设置样式为"枕状浮雕"，方法为"平滑"，深度为 84%，方向为上，大小为 7，软化为 1，阴影的角度为 144°，使用全局光，高度为 30°，高光模式为滤色，不透明度为 50%，阴影模式为"正片叠底"，阴影颜色选择♯000000，不透明度为 50%。如图 4.29 所示，最后单击"确定"按钮。我们可以看到，"邀请函"三个字快速的产生了立体的效果。

图 4.29　设置浮雕效果

（13）为了给黑白的线描山水添加一点绿色，下面添加一张彩色的照片，并用蒙版的方法将不需要的地方遮住。打开"莫干湖全景.jpg"文件，将其复制并粘贴入"片头-主页.psd"

文件,并置于所有图层的上方。选择图层面板下方的"图层蒙版"。选择画笔工具,颜色设置为黑色,边缘稍微设定一些羽化参数,然后在图层蒙版上进行涂抹,画笔涂抹的地方画面会被遮住不可见,露出下一个图层的内容。如果出错,可以选择"白色"进行修补,白色涂抹的地方会显示出本层的图案。最终效果如图 4.30 所示。

图 4.30　邀请函合成效果

4.3.4　合成图片的保存与输出

进行文件保存与输出时要注意,PSD 文件是 Photoshop 的原始文件,包含所有文件处理的信息存储。JPG 文件是有损压缩文件,支持多平台浏览。PNG 格式支持透明,非常适合网页中的无痕粘贴。

打印文件前文件需要先把文件的大小、分辨率等全部设定好("图像"→"图像大小")。

例如,本案例中,将文件命名为"片头-主页.psd",设置其宽度为 10.24cm、高度为 4.68cm、分辨率为 300 像素/英寸、模式为 RGB、背景为白色。因为要做印刷输出,所以单位是 cm,方便校对。因为邀请函格式较多,大部分是固定大小的,如果客户还想制作再大一倍的少数几张,可以把分辨率从 300 像素/英寸,提高到 600 像素/英寸,以方便多规格输出。

全部的内容都做好以后,要把文件进行保存。可以先保持一个"道德馆-邀请函封面.psd"文件。psd 文件可以完整保留合成图片的全部信息,方便后期需改。但 PSD 文件容量比较大,不利于观看,而且需要专业软件才能打开,所以还要继续储存一个 JPG 文件,压缩品质可以设定为 10 左右,方便后面的观看与调用。

选择"文件"→"另存为"命令,在弹出的对话框中,输入文件名"片头-主页-jpg",保存类型选择.jpg;压缩品质设定为 10,这样会保存一个将全部图层合并的图像文件。

4.4　矢量图形的绘制与编辑

矢量图形是多媒体作品构成的又一重要元素。标签、图表、页面编排、网站布局等都可以用矢量图形表现。矢量图形比位图图像更适合于绘制与编辑。本节将介绍 CorelDRAW 2019 的基本功能及操作方法和流程,并运用这个图形软件完成矢量图标和按钮的绘制以及多媒体宣传界面的编排。

4.4.1　认识 CorelDRAW

CorelDRAW Graphics Suite 是一款矢量图形制作软件,广泛应用于商标设计、标志制作、模型绘制、插图、网页、排版及分色输出等领域。

CorelDRAW 2019 的工作界面如图 4.31 所示。

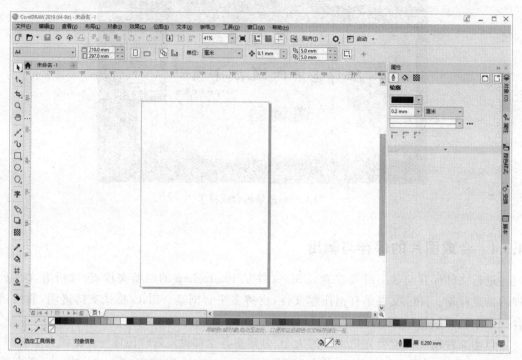

图 4.31　CorelDRAW 2019 的工作界面

CorelDRAW 2019 的界面简洁、明了、直观,即使用户从未使用过绘图软件,也可以在第一次使用时就轻松地创建出矩形、椭圆等简单的图形。CorelDRAW 2019 的主要菜单及操作面板如下。

1. 菜单栏

CorelDRAW 2019 的菜单栏包含 12 个菜单,分别是:文件、编辑、查看、布局、对象、效果、位图、文本、表格、工具、窗口、帮助,如图 4.32 所示。

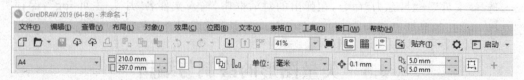

图 4.32　CorelDRAW 2019 菜单栏

2. 标准工具栏

标准工具栏通常位于菜单栏的下方,其中包含了菜单栏中经常使用的命令的快捷按钮。通过使用标准工具栏中的快捷按钮,可以简化用户的操作步骤,提高工作效率。用户可以将标准工具栏拖动到工作界面的任意位置。

3. 属性面板

属性面板罗列了与当前用户所使用的工具或所选择对象相关的全部功能及信息,它的内容根据所选择的工具或对象的不同而不同,可以提示和帮助用户快速地掌握和使用。

4. 工具箱

工具箱是CorelDRAW 2019工作界面中重要的组成部分,它包含了所有绘图工具。工具箱中的每一个按钮都代表一个工具,有些工具按钮的右下角显示有黑色小三角,单击该按钮可以弹出一个子工具栏。子工具栏中所包含的工具按钮是并列的,各自代表一个独立的工具。当该工具箱中的工具按钮处于按下状态时,表示该工具已被选择并处于工作状态。

5. 泊坞窗

泊坞窗使用户在CorelDRAW 2019的工作更为有序。使用泊坞窗中的功能时,可以将其打开;暂时不使用泊坞窗时,可以将其关闭或者最小化,也可以只以标题的形式显示出来,这样既不占用太多的工作空间,又方便随时对泊坞窗进行访问。

6. 绘图页面

绘图页面又称操作区或绘图区,是用于绘制图形的区域。绘制对象产生的变化会自动同时反映到绘图页面中,是进行创作的主要区域。绘图页面的设置与实际的纸张设置同步,也可自定义页面。用户可以通过双击页面边缘,在弹出的对话框中进行设定。

7. 工作区

绘图页面之外就是工作区,在绘制图形的过程中,可以将暂时不用的图形存放在工作区,和绘图区操作一样。如果需要将对象打印输出,必须将其移到绘图页面。

8. 调色板

CorelDRAW 2019默认的调色板是根据四色印刷(CMYK)模式的色彩比例设定的,用户可以直接将调色板中的颜色用于对象的轮廓或填充。通过单击调色板上的 ◀、▶ 按钮,可以上下滚动调色板以查询更多的颜色;也可以单击调色板上的 ≫ 按钮,多列显示调色板,同时访问更多颜色。当用户在某种颜色上按下鼠标左键并停留数秒,调色板将显示该颜色不同明度的颜色梯度,这样用户就可以得到更多的颜色。

9. 标尺

标尺的主要作用是帮助用户精确作图。在用户刚开始绘图时,标尺不会自动出现在绘图区域中,需要用户自行创建。当用户执行"贴齐网格点"和"贴齐导线"命令后,在编辑图形时,该图形会自动与最近的网格点或导线贴齐。

10. 文档导航栏

文档导航栏使用户可以直接控制多页文档,不用访问菜单命令而完成翻转页面、增加页面、删除页面等工作。

11. 状态栏

状态栏是位于窗口下方的横条,显示了用户所选择的对象有关的信息,如对象的轮廓线色、填充色、对象所在图层等。

4.4.2　绘制图形

CorelDRAW 2019 软件设有一个内容丰富的工具箱,可以方便用户绘制各种类型的图形,配合排列、调整等命令,可以便捷的完成各种图形的绘制任务,如图 4.33 所示。

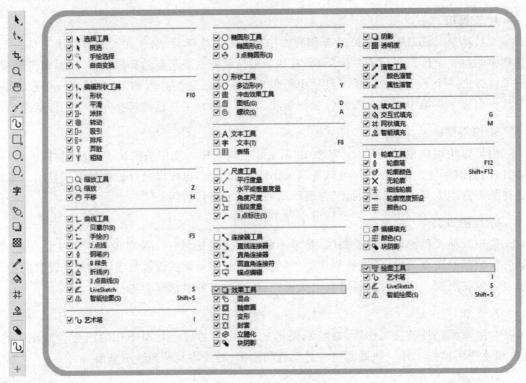

图 4.33　CorelDRAW 2019 绘图工具

接下来运用这些工具来绘制图形,通过一个小案例,了解 CorelDRAW 软件工具,绘制、调整、导入、导出等制作的流程,快速走入 CorelDRAW 随心所欲、尽情绘制的图形创作天地。

(1) 选择工具箱中的矩形工具,在画布中拖动鼠标,同时按住 Ctrl 键,绘制一个正方形。单击工具箱中的形状工具,拖动正方形的一个角,使正方形略带一点圆角。

(2) 在正方形上右击,弹出快捷菜单,选择“属性”命令,弹出属性面板。调整正方形外框为深蓝色,粗细为 5pt,样式为虚线;正方形填充色为绿色,如图 4.34 所示。

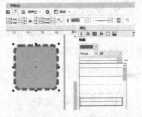

图 4.34　绘制圆角正方形

(3) 双击正方形,将其中心点移到下方,如图 4.35 所示。选择“窗口”→“变换”命令,弹出“变换”窗格。设置旋转为 45°,复制 7 个,如图 4.36 所示。单击“应用”按钮,得到如图 4.37 所示的效果。

(4) 选中其中一个正方形,按住 Shift 键追加选取。选中其他相隔的正方形,填充蓝色。用同样的方式如果旋转 30°、复制 11 个,可以得到如图 4.38 所示的效果。

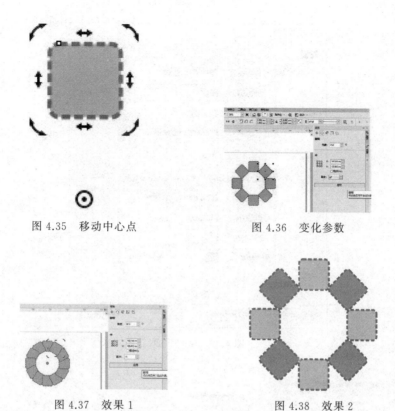

图 4.35 移动中心点　　　　　图 4.36 变化参数

图 4.37 效果1　　　　　图 4.38 效果2

选择"文件"→"储存为"命令,将文件储存为"绘图示例.cdr"文件。扩展名为.cdr 的文件是 CorelDRAW 软件的原始文件,包含了全部对象的信息,方便以后的修改。也可以选择"文件"→"导出"命令,将文件导出为.jpg、.png、.pdf 等文件;也可以导出为.ai、.dwg 等矢量图形文件,以方便观看和使用。

4.4.3 综合处理图形图像及版面编排

1. 准备素材

下面对素材部件进行绘制及调整,将位图文字转换为矢量曲线并填充颜色。具体操作如下。

(1) 新建"道德品行-版面"文件,设定如图 4.39 所示。选择"文件"→"导入"命令,导入准备好的素材文件"德清文字.jpg"。这是一张位图图片,为了方便后面的编排及颜色处理,需要将这张图片转换成一个矢量的曲线。选择"位图"→"轮廓描摹"→"徽标"命令,如图 4.40 所示进行设置。设置细节参数为 100、平滑为 25、拐角平滑度为 0。单击 OK 按钮得到"德清"文字样曲线。

(2) 将原来导入的位图选定后移动到曲线的旁边做参考,待曲线调整好后删除。接着将线描曲线进行整理,转线后的曲线默认是群组在一起的,所以右击曲线,选择"取消群组"命令,将曲线解组。选定"德"字围合处的白色部分,将其删除,如图 4.41 所示。转线时会产生一些叠加重复曲线,将其查找出来并删除。然后选定"德"字曲线,选择"对象"→"合并"命令,将选择的曲线合并为一个物体,如图 4.42 所示。

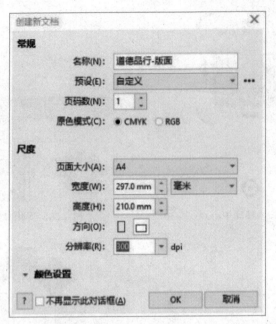

图 4.39　文件设置

图 4.40　位图矢量化

图 4.41　图形清理

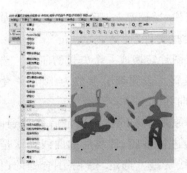

图 4.42　图形合并

注意：合并不同于群组的是，"合并"后的曲线是一个物体，具备相同的属性，如同一颜色、同样的线框粗细；而几个物体"群组"在一起，只是选择和移动等方便，它们仍然具备各自的属性，如填充不同的颜色和不同粗细的边框等。

（3）选择"文件"→"导入"命令，分别导入"道字.jpg""行字.jpg""品字.jpg"，用同样方法，将位图文字转为矢量曲线并填充颜色，结果如图 4.43 所示。

（4）选择工具栏中椭圆形工具，按住 Ctrl 键绘制正圆，设置其长为 150mm、宽为 150mm、边框为深红色、边宽为 1.5pt、填充色为白色。

（5）选择绘制好的圆形，选择"窗口"→"泊坞窗"→"变换"命令打开"变换"浮动窗格。单击"位置"按钮，选择垂直向下，设置 Y 为输入−20，副本为 3。单击"应用"按钮，产生了 3 个相等的圆形，如图 4.44 所示。

图 4.43　徽标化后的文字

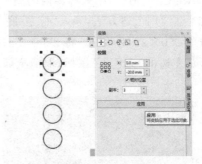

图 4.44　复制 3 个图形

（6）将"道""德""品""行"四个字分别移到圆形上方。同时框选四个字和四个圆形，按住 Ctrl 键平行拖动选中的对象，到合适的位置后同时释放所有按键，可以复制选中的对象到新的位置。

（7）将新复制的四个圆形中的文字平行复制并移动到圆形的右边，并稍微放大一点。选中四个圆形，选择工具箱中的颜色滴管工具将滴管形移到红色边框处单击吸取颜色。吸取颜色后，滴管图形变成了水桶图形，然后移动光标至圆形内单击，将圆形填充为红色。然后将里面的文字填充成白色。再用工具箱中的文本工具，如图 4.45 所示，输入相应的黑色文字。

图 4.45　"道""德""品""行"按钮效果

做好这些图形后,分别输出为 Animate 动画文件,作为按钮的素材使用。白底红字是按钮的第一帧,当光标经过时会变成红底白字,并显示边上的注解文字。

2. 界面的编排和整合

(1) 在画布上,从上而下绘制五个矩形,尺寸分别是 250×22、250×3、250×138、250×3、250×22,单位是 mm,如图 4.46 所示。

(2) 选择"文件"→"导入"命令,导入事先准备的"莫干湖-绿.jpg"图片。选择"对象"→PowerClip→"置于图文框内部"命令,将箭头状光标移动至中间最大的矩形上并单击,将莫干湖图片置入矩形。在矩形上右击,在弹出的快捷菜单中选择"编辑 PowerClip"命令,将莫干湖图片的右边和矩形的右边对齐。单击图片,选择四个角的控制柄,按住 Shift 键,将图片等比缩放至合适大小。大小、位置合适后,在矩形上右击,在弹出的快捷菜单中选择"完成编辑 PowerClip"命令,结束容器内的图片编辑。

(3) 继续用上述方法,导入"棕色-底纹.jpg"图片,将其复制一个,然后分别放置到上方和下方的 250×22 矩形中。将 250×3 的两个矩形填充为灰色。选中这五个矩形,右击简易调色板最左边的"无色框"图标,取消全部矩形的边框,效果如图 4.47 所示。

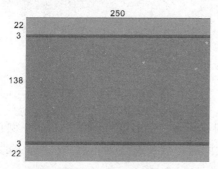

图 4.46　界面框架尺寸

图 4.47　界面效果

(4) 将转为曲线的"德清"二字移到中间框的中间偏上部。选择交互式填充工具下的渐变填充工具,选择线性渐变类型,这时会在填充渐变的对象中出现渐变节点,保留上、下两个节点,选中中间多余的节点,将其删除。分别选择上、下的节点,选择需要的颜色,如图 4.48 所示填充渐变色。

图 4.48　填充渐变色

　　（5）选择工具箱中的贝塞尔工具，按住 Ctrl 键在"德清"文字的下方拖动鼠标，绘制水平直线。在属性面板中将其长度修改成 65mm，轮廓宽度设置为 1.5pt。在修改好的直线下方再复制一条直线。在两条平行直线的中间，利用文字工具输入"人有德行，如水至清"，设置字体为宋体、大小为 15pt。选定文字，选择工具箱中的形状工具，向右拖动箭头，加宽字间距，效果如图 4.49 所示。这是一种便捷的调整字间距和行间距的方法。

图 4.49　文字输入

　　（6）选中白底红字的"道德品行"四个字，单击"组合对象"按钮，将它们组合在一起，如图 4.50 所示，并将其移动到"德清"文字的下方。按住 Shift 键选中间的背景图片，选择"对象"→"对齐与分布"→"水平居中对齐"命令，将文字与背景对齐，如图 4.51 所示。调整各部件的位置和大小，最后完成如图 4.52 所示的效果。做成界面时，当光标经过德字时，边上会出现文字，圆圈变成红色，文字变成白色，如图 4.53 所示。

图 4.50　组合对象

图 4.51　对齐对象

　　在作品的合成中，首先用矩形工具为其搭建大小合适的框架；其次根据设计构思，将事先准备的素材通过"导入"命令调入画面，并将其分别放置于合适的框架内；再次输入文字，调整其大小位置间距；最后通过对齐方法进行画面居中对齐，结合 Ctrl 键手动垂直调整上下组合的间距，最终完成预想的版面编排。

图 4.52　主界面效果

图 4.53　主界面与按钮效果

4.5　平面图形图像处理的具体运用

　　图形、图像作为多媒体技术视觉部分的重要元素,其运用范围极其广泛,涉及领域有商业宣传、家庭生活、医疗、教育、文化、网络等。

1. 创建、绘制图形图像

　　之前涉及的 Photoshop、CorelDRAW 图形图像处理软件中设置了大量的绘制工具,可以方便用户从无到有地创作自己的插画、图标、艺术文字、三维贴图等。这里强调的是从无到有,其中包括矢量和位图形式,只是方法和工具的不同,并不影响人们的视觉欣赏与实际运用。两种形式间还可以相互转换,便于发挥人们的想象力进行更深入的创作。用户还可以借助一些外设,如手绘板与 Photoshop 软件结合,可以绘制商业插画、CG 海报等原创作品。CorelDRAW 可以和输出的雕刻机相互连接,将原创绘制的矢量商标,雕刻输出为带背胶的标签,以便粘贴在需要的地方。

2. 修复、调整图形图像

在生活、生产、教育、商业等各种领域,都会运用到照片素材。Photoshop 软件具有专业的修补和调色工具,可以帮助人们修补照片的破损、斑点等缺陷;也可以调整颜色、色调,来弥补拍摄时曝光的不足等。还可以用一些特殊的技巧,来营造不同的氛围,如好莱坞电影、小清新色调等。摄影、影楼、广告中有关照片的修复、调色等已经是图形图像处理的基本要求。

3. 设计、合成图形图像

宣传、广告等应用领域,经常需要将图片、文字、图表等有效信息整合在一个版面中,通过印刷招贴、PPT 演示、网页、移动端推文等形式广而告之。这些版面或界面的制作,就需要用到 Photoshop、CorelDRAW 中的合成技术,也就是图形图像处理的核心技术。将没有的素材绘制出来;将已经有的图片图表调整处理成最合适的状态;将全部的素材,导入图形图像软件中,进行整合;调整其大小、添加特效、滤镜等效果;将我们的想法、诉求,淋漓尽致的体现在画面中。

第 5 章

音频、视频处理技术及运用

【案例描述】 本章涉及音频、视频处理两个案例。

音频处理案例中,运用 Audition 软件对声音进行录制、剪辑、去噪、增益、特效等处理;为合成文件提供背景音乐、配音旁白、音效等声音素材。

视频处理案例中,运用 Premiere 软件对视频进行剪辑合成、添加字幕、过渡特效等处理;然后输出成需要的文件格式和类型。同时还介绍了当下比较流行的录屏工具 Camtasia软件,通过将计算机屏幕的操作与声音直接录制下来,可以作为录播资料或视频采集素材使用。

案例知识点分析:

(1) 声音处理。对配音进行录制、剪辑、去噪、增益、混响特效、回声特效、淡入特效等处理。

(2) 视频处理。对视频素材进行剪辑、复制、合成、添加字幕、添加图片、添加过渡特效等处理;视频的按需输出。

(3) 录屏工具的使用。录屏、录音,视频剪辑、合并,音频剪辑、去噪等简单处理;文件输出。

5.1　音频处理技术

声音是多媒体作品中触动人们内心的元素之一,充分运用好声音是实现优秀多媒体作品的关键。本节主要介绍声音的基本概念,包括声音产生的原理、类型、常见格式、声音的播放控制、声音素材的获取方式以及声音素材的基本处理手段等内容。

5.1.1　数字音频基础知识

1. 声音的产生、传播、感知

声音是由振动产生的。当振动波传到人耳时,人便听到了声音。人能听到的声音,包括语音、音乐和其他声音(环境声、音效声、自然声等),可以分为乐音和噪声。乐音是由规则的振动产生的,只包含有限的某些特定频率,具有确定的波形。噪声是由不规则的振动产生的,它包含一定范围内的各种音频的声振动,没有确定的波形。

声音靠介质传播,真空不能传声。声音在所有介质中都以声波形式传播。

声音每秒传播的距离叫音速。声音在固体、液体中比在气体中传播得快。

外界传来的声音引起鼓膜振动经听小骨及其他组织传给听觉神经,听觉神经再把信号传给大脑,这样人就听到了声音。人耳能感受到(听觉)的频率范围为 20～20000Hz,称此频率范围内的声音为可听声(audible sound)或音频(audio),频率小于 20Hz 的声音为次声,频率大于 20000Hz 的声音为超声。人的发音器官发出的声音(人声)的频率是 80～3400Hz。人说话的声音的频率通常为 300～3000Hz。传统乐器的发声范围为 16～7000Hz,如钢琴的发声范围为 27.5～4186Hz。

2. 声音的三要素

声音具有三个要素:音调、响度和音色。人们就是根据声音的三要素来区分声音的。

(1) 音调(pitch)是指声音的高低(高音、低音),由频率(frequency)决定,频率越高音调越高。声音的频率是指每秒声音信号变化的次数,用 Hz 表示。例如,20Hz 表示声音信号在 1 秒内周期性地变化 20 次。高音的音色强劲有力,适于表现强烈的感情。低音的音色深沉浑厚,善于表现庄严雄伟和老劲沉着的感情。

(2) 响度(loudness)又称为音量、音强,指人主观上感觉声音的大小,由振幅(amplitude)和人与声源的距离决定,振幅越大响度越大,人和声源的距离越小,响度越大,单位为分贝(dB)。

(3) 音色(music quality)又称为音品,由发声物体本身材料、结构决定。

每个人讲话的声音以及钢琴、提琴、笛子等各种乐器所发出的声音不同,都是由于音色不同。

3. 声道

声道是指声音在录制或播放时在不同空间位置采集或回放的相互独立的音频信号。早期的声音重放技术落后,只有一个声道。后来有了双声道的立体声(stereo)技术,如立体声唱机、调频 FM 立体声广播、立体声盒式录音带、激光唱机(CD/DA),利用人耳的双耳效应,使人感受到声音的纵深和宽度,具有立体感。现在又有了各种多声道的环绕声(surround sound)重放方式,将多只扬声器(speaker)分布在听者的四周,建立起环绕在聆听者周围的声学空间,使聆听者感受到自己被声音包围起来,有强烈的现场感。

4. 数字音频

1) 模拟信号

音频信号是典型的连续信号,不仅在时间上是连续的,在幅度上也是连续的。"在时间上连续"是指在任何一个指定的时间范围内声音信号都有无穷多个幅值;"在幅度上连续"是指幅度的数值为实数。把在时间(或空间)和幅度上都是连续的信号称为模拟信号(analog signal)。

2) 数字信号

在某些特定的时刻对模拟信号进行测量叫作采样(sampling),在有限个特定时刻采样得到的信号称为离散时间信号。采样得到的幅值是无穷多个实数值中的一个,因此幅度还是连续的。把幅度取值的数目限定为有限的信号称为离散幅度信号;把时间和幅度都用离散的数字表示的信号就称为数字信号(digital signal)。从模拟信号到数字信号的转换称为模数转换 A/D(analog to digital);从数字信号到模拟信号的转换为数模转换 D/A(digital to analog)。

3）模拟信号到数字信号

将模拟信号转换为数字信号需要经过信号的采样、信号的保持、信号的量化与信号的编码四个基本步骤。

采样是指对连续信号在时间上进行离散，即按照特定的时间间隔在原始的模拟信号上逐点采集瞬时值。从效果上来看，采样频率越高所得的离散信号就越接近原始的模拟信号，但采样频率过高则对实际电路的要求就更高，也会带来大量的计算与存储。采样频率过低会导致信息丢失，严重时导致信息失真，无法使用。采取其瞬时值后要在原位置保持一段时间，这样形成的锯齿形波信号提供给后续信号量化。

对采集得到的离散信号进行量化是指将特定幅度的信号转化为模/数转换器的最小单位的整数倍，这个最小单位被称为模/数转换器的量化单位。每个采样值代表一次采样所获得的模拟信号的瞬时幅度。通常量化单位都是 2 的倍数，量化位数越多，量化误差就越小，量化得到的结果就越好。在实际的量化过程由于需要近似处理，因此一定存在量化误差，这种误差在最后数/模转换时又会再现，通常称这种误差为量化噪声。通常可以通过增加量化位数来降低这种量化误差，但当信号幅度降低到一定值后，量化噪声与原始模拟信号之间的相关性就更加明显。

对量化后的离散信号进行编码是模拟信号转换为数字信号的最后环节。常用并行比较型电路和逐次逼近型电路，将量化后的离散信号转换为对应的数字信号。模拟音频经过采样、量化和编码后形成的二进制序列就是数字音频信号，可以将其以文件的形式保存在计算机的存储设备中，这样的文件通常称为数字音频文件。PCM（pulse code modulation，脉冲编码调制）是指模拟音频信号只经过采样、模/数转换而直接形成二进制序列，未经过任何编码和压缩处理。

PCM 编码最大的优点是音质好，最大的缺点是体积大。在计算机应用中，能够达到最高保真水平的就是 PCM 编码，常见的 WAV 文件中就有应用。

数字信号转换为模拟信号更为简单易懂。实际上，数/模转换可以看作对数字信号的译码。数/模转换是将输入的二进制数按其实际权值转换成对应的模拟量，然后将各个数对应得到的模拟量相加，得到的总模拟量就与输入的数字量成正比，这就实现了数字信号到模拟信号的转换。

4）音频压缩

音频压缩属于数据压缩的一种，是减小数字音频信号文件大小（或数据比率）的过程。一般数据的压缩算法对于音频数据不利，很少能将源文件压缩到 87% 以下。音频压缩算法包括无损压缩算法和有损压缩算法。无损压缩是对未压缩音频进行没有任何信息/质量损失的压缩机制；有损压缩则是尽可能多地从源文件删除没有多大影响的数据，有目的地制成比源文件小得多但音质却基本相同的文件的压缩机制。一般来说，无损压缩比率为源文件的 50%～60%，而有损压缩可以达到原文件的 5%～20%。

5. 常见的数字音频文件格式

数字音频文件格式有很多，每种格式都有自己的优点、缺点及适用范围。常见的数字音频文件格式有以下几种常见格式。

（1）WAV 格式。WAV 是微软公司开发的一种声音文件格式，采用 44.1kHz 的采样频率，16 位量化位数，声音文件能够和原声基本一致，音质非常好，被大量软件所支持。该格式主要应用于需要忠实记录原声的地方,但文件所占空间很大。

(2)MP3格式。MP3是比较常用的一种数字音频编码的有损压缩格式,其采样率为8～48kHz,编码速率为48～320Kb/s。其特点是声音失真小、文件小、音质好、压缩比较高,被大量软件和硬件支持,应用广泛。

(3)MIDI格式。MIDI是数字音乐/电子合成乐器的统一国际标准。MIDI文件存储的是一系列指令,不是波形,因此它需要的磁盘空间非常小,主要用于音乐制作、游戏配乐等。MIDI文件每存1min的音乐只用5～10KB的存储量。

(4)CD格式。音频文件的扩展名为.cda,采用44.1kHz的采样频率,速率为88KB/s,16位量化位数,近似无损。CD可以在CD唱机中播放,也能用计算机中的各种播放软件来播放。CD音频文件中只有索引信息,并没真正地包含声音信息,所以不论CD音乐的长短,在计算机上看到的.cda文件大小都是44B。

(5)WMA格式。WMA是微软公司推出的一种音频格式。由于WMA在压缩比和音质方面都超过了MP3,即使在较低的采样频率下也能产生较好的音质。

5.1.2 采集声音素材

多媒体音频素材的获取有多种方式,首先可以从已有声音文件中选取,如背景音乐、歌曲、音效声音等;也可以用配套的麦克风硬件配合相关的软件(如Audition、Goldwave等)进行专门录制,如旁白、对话、歌曲等;还可以从现有的声音文件中截取或者分离出自己所需的音频部分。

1. 选取法

选取声音,就是从已有的数字音频文件中选择自己所需的多媒体音频素材。这些音频文件可以是从互联网上下载的,也可以是所购买的CD中的。选取法是声音采集最常用、最便捷的方法。

2. 录制法

自己制作原创音乐是多媒体作品中最具创新性和成就感的事情。要录制声音,除了要具备声卡外,用户的计算机还需配备一个麦克风,并且连接正确。Windows系统自带的录音系统能轻松实现声音的录制。

3. 截取法

有些音频文件,可能只需要其中的某段,这时可将这部分声音截取出来并保存为所需的文件格式。声音的截取有两种方法:一种是通过Windows自带的录音机,另一种是通过专用的音频处理工具。Windows录音机只能对较小的音频文件进行截取,而且功能有限。大部分情况下,需要采用专用软件。

5.1.3 处理声音素材

Adobe Audition是一款专业的音频编辑软件,下面将用这款软件,对声音素材进行处理。Adobe Audition CC具有创建、混合、编辑和效果处理声音文件的功能;支持导入音频文件及浏览媒体,导入音频片段及使用媒体浏览器来拖曳媒体,然后再将它导入;能够移除音频文件中的噪声,寻找及移除不要的音频和背景噪声。

1. Adobe Audition CC 的主界面

启动 Adobe Audition CC 后,它的主界面如图 5.1 所示,主要由菜单栏、工具箱、轨道区、功能选项栏、文件管理区、综合面板组、浮动面板、电平区、选取状态栏等面板组成。

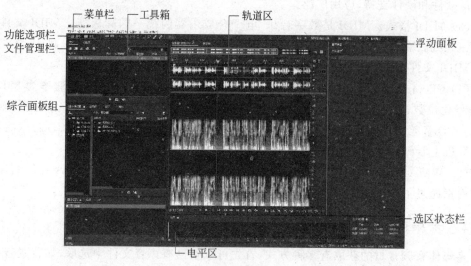

图 5.1　Adobe Audition CC 的工作界面

2. Adobe Audition CC 的基本操作

1)音频文件的打开

要打开音频文件,选择"文件"→"打开"命令,或者在"文件管理区"中单击"文件导入"按钮,选择文件即可。

2)音频文件的播放

音频文件打开后,在"传送器"面板中单击播放按钮,即可在轨道区显示该音频文件的波形图。如果播放的音频是立体声,则显示两个波形;如果是单声道则只有一个波形。在播放音频文件时,对音频文件的控制可以由"传送器"面板完成,如图 5.2 所示。

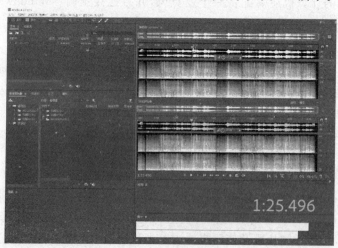

图 5.2　打开音频文件并播放

3）音频播放设置

在播放文件时，轨道区有一个轨道的播放头，表示当前音频文件的播放位置，可以任意拖动播放头到需要的位置，单击"播放"按钮，就可以从当前的位置开始播放。

将光标移到轨道上，滑动鼠标滚轮可以放大或缩小时间轴。在音频轨道上，按下鼠标左键拖动可以选择所需要的波段。在选择状态下，右击弹出快捷菜单，方便选择需要的命令，如图 5.3 所示。

3. 录制音频

数字音频的录制通过声卡实现，将麦克风、录音机、CD 播放机等设备与声卡连接好，就可以录音了。下面使用 Audition 录制"德清简介的旁白"音频。

具体操作步骤如下。

（1）做好录音前的准备工作。启动 Audition 软件，选择"文件"→"新建"命令，弹出如图 5.4 所示的"新建音频文件"对话框。在对话框中设置文件名为"德清简介-01"，采样率为 88200、声道为立体声、位深度为 16，单击"确定"按钮返回到编辑界面。

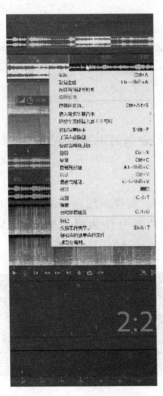

图 5.3　快捷菜单

图 5.4　新建音频文件

（2）保持录制环境安静，单击"传送器"面板（见图 5.5）中的"录制"按钮，开始录音。录音完成后，再次单击"录制"按钮，停止录音。

图 5.5　"传送器"面板

（3）单击"播放"按钮,试听所录制的声音效果。选择"文件"→"另存为"命令,对录制的文件进行保存。设置文件名为"德清简介-01",文件格式为.wma,如图5.6所示。

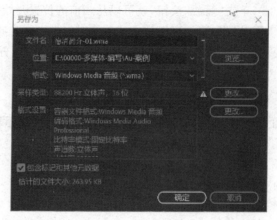

图5.6　"另存为"对话框

在多媒体作品的开发中,声音文件质量一般推荐22.050kHz、16位。它的数据量是44.1kHz声音的一半,但音质却很相近。录制的声音在重放时可能会有明显的噪声存在,需要使用音频处理软件进行降噪处理。

4. 音频的后期编辑处理

1）降噪和剪辑

在实际工作中,有时虽然在录制时保持了环境安静,但录制的声音还是存在很多杂音,必须对音频进行降噪和剪辑处理。

降噪和剪辑处理的具体步骤如下。

（1）选择"文件"→"打开"命令,打开"德清简介-01.wma"文件。然后单击"水平放大"按钮并滚动鼠标滚轮,将音频波形放大。选取波形前端无声部分作为噪声采样,然后按照图5.7所示过程进行降噪处理。

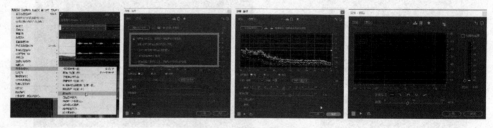

图5.7　降噪处理处理

（2）选择"效果"→"降噪/恢复"→"降噪处理"命令,打开"降噪处理"对话框。单击"获取噪声样本"按钮,弹出"效果降噪"对话框,单击"应用"按钮,采集当前噪声。

（3）回到编辑窗口,双击声波轨道全部选中声波。选择"效果"→"降噪/恢复"→"降噪"命令,打开"效果降噪"对话框,单击"确定"按钮进行降噪。

（4）选取波形前端的无声部分,右击,选择"删除"命令,删除头部无声部分的声音。用同样的方法选择尾部和中间过长的无声部分并删除。

（5）将经过降噪和剪辑处理后的文件保存为"德清简介-降噪.wma"。

2）倒转

选择"效果"→"反向"命令，可以把声波调节为从后往前反向播放的特殊效果。

3）音量调节

选择"效果"→"振幅与压限"→"标准化（处理）"命令，可以将音频的声音进行标准化设置。如果想要放大音量，可选择"效果"→"振幅与压限"→"增幅"命令，在打开的对话框中拖动相应的滑块可改变音量的大小，然后保存修改好的文件。

5. 声音的特殊效果

声音特殊效果的添加与图形设计软件中的滤镜同样重要，一个好的声音效果会为多媒体作品增色不少。Audition 提供了强大的特效处理的功能，运用它可以便捷地为声音添加合适的特效。

1）混响效果

通常非专业人士录制的音频，听起来总是不如人意，不如磁带或是 CD 里的音乐那么"圆润"，究其原因，除了设备不专业，录音环境不好外，采声效果差也是重要因素。通过 Audition 的混响工具，可以对原始音频进行调节，补偿专业上的不足。

添加混响效果的具体步骤如下。

（1）选择"文件"→"打开"命令，打开"德清简介-降噪.wma"文件。选择"效果"→"混响"→"室内混响"命令，打开"室内混响"对话框。在该对话框中对各项相关参数进行设置，如图 5.8 所示。

图 5.8　声音混响处理

（2）单击"预览"按钮，对混响效果进行测试。对不满意的地方进行调节后，单击"确定"按钮，为音频文件添加混响效果。最后将文件保存为"德清简介-混响效果.wma"。

2）回声效果

回声效果主要是通过将声音进行延迟来实现的，如设置声音延迟的长度，对左、右声道分别进行设置和确定原声与延迟的混合比例。

添加房间回声效果的具体步骤如下。

(1) 选择"文件"→"打开"命令，打开"德清简介-混响效果.wma"文件。选择"效果"→"延迟与回声"→"回声"命令，打开"回声"对话框。在该对话框中对各项相关参数进行设置，如图 5.9 所示。

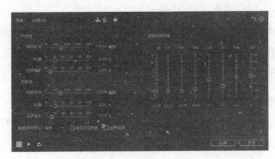

图 5.9　声音回声处理

(2) 单击"预览"按钮，对回声效果进行测试。对不满意的地方进行调节后，单击"确定"按钮，为音频文件添加混响效果。最后将文件保存为"德清简介-回声效果.wma"文件。

3）淡入淡出处理

对于通过剪辑后连接生成的音频素材，在不同声音的连接处往往会出现突然开始或突然结束的现象，这将使声音的效果大打折扣。可以对声音连接处进行淡入淡出处理，使即将播放结束的音频的音量由大到小，而使即将开始的音频的音量由小到大，从而使衔接处更为圆润。

处理声音淡入淡出的具体步骤如下。

(1) 选择"文件"→"打开"命令，打开"德清简介-回声效果.wma"文件。在声波上拖动选择声波开始的一小段，选择"效果"→"振幅与压限"→"淡化包络"命令，打开"淡化包络"对话框。声波上会出现声波淡化的曲线，可以对曲线进行调整并预览效果，反复调整效果至满意，如图 5.10 所示。

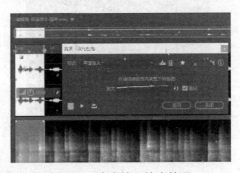

图 5.10　声音淡入淡出处理

(2) 单击"确定"按钮，为音频文件添加淡入效果，并保存为"德清简介-淡入效果.wma"文件。用同样的方法，可以设置声音尾部的淡出，方便后段配音的融合衔接。

注：Adobe Audition CC 是一个适于混合视频、录制播客或广播节目的声音以及恢复和修复音频的专业数字音频工作站。在时间轴中放置剪辑，使用剃刀和选择等常用编辑工具在时间轴上进行切割、移动、组合和滑动剪辑。Audition 提供两个编辑环境：波形视图用于

对单独的文件进行更改,多轨视图用于组合时间轴上的录音并将其混合在一起。Audition 随附 50 多个音频效果,用户可以在短时间内创造出像专业的声音作品。

5.2　视频处理技术

视频处理技术较为复杂,能够同时处理运动图像和与之相伴的音频信号,使计算机具备处理视频信号的能力。本节主要介绍视频基础知识、数字视频技术、视频采集、格式转换和编辑等相关处理技术。

5.2.1　视频基础知识

视觉是人类感知外部世界最重要的方式之一,人类所接受的所有信息中大约有 70% 来自于视觉。视频是多幅静止图像(帧)与连续的音频信息在时间轴上同步运动的混合媒体,图像随时间变化而产生运动感,因此视频也称为运动图像。从应用层而上看,图像运动的方式与快慢完全取决于与之混合的音频的内容与长度,两者的有机配合可产生直观、生动、富有想象力的听觉与视觉冲击效果。在多媒体技术中,视频信息的获取和处理占有举足轻重的地位,视频处理技术是多媒体应用的一个核心技术。

1. 视频的基本概念

连续的图像变化每秒超过 24 帧(frame)画面以上时,根据视觉暂留原理,人眼无法辨别单幅的静态画面,看上去是平滑连续的视觉效果,这样连续的画面叫作视频(video)。另外,视频技术也泛指将一系列的静态影像以电信号方式加以捕捉、记录、处理、储存、传送与重现的各种技术。

按照视频的存储与处理方式不同,可分为模拟视频和数字视频两种。

2. 模拟视频

模拟视频(analog video)是指以连续的模拟信号方式存储、处理和传输的视频信息,所用的存储介质、处理设备以及传输网络都是模拟的。例如,采用模拟摄像机拍摄的视频画面,通过模拟通信网络(有线、无线)传输,使用模拟电视接收机接收、播放,或者用盒式磁带录像机将其作为模拟信号存储在磁带上等。

常见的模拟视频格式有 VHS、S-VHS 和 VHSC 格式。模拟视频的信号类型有复合视频信号、分量视频信号、分离视频信号、射频信号。模拟视频的标准有 NTSC 标准、PAL 标准和 SECAM 标准。

传统的视频信号都是以模拟方式进行存储和处理的。在传输方面,模拟视频信号的不足之处表现为图像会随频道和距离的变化产生较大衰减。与数字视频相比,模拟视频不便于编辑、检索和分类。

3. 数字视频

数字视频(digital video)是指以离散的数字信号方式表示、存储、处理和传输的视频信息,所用的存储介质、处理设备以及传输网络都是数字化的。例如,采用数字摄像设备直接拍摄的视频画面,通过数字宽带网络(光纤网、数字卫星网等)传输,使用数字设备(数字电视机或模拟电视+机顶盒、多媒体计算机)接收、播放或用数字化设备将视频信息存储在数字存储介质(如硬盘、光盘、云端等)。

1) 数字视频特点

(1) 以离散的数字信号形式记录视频信息。

(2) 用逐行扫描方式在输出设备(如显示器)上还原图像。

(3) 用数字化设备编辑处理。

(4) 通过数字化宽带网络传播。

(5) 可将视频信息存储在数字存储介质上。

要使多媒体计算机能够对视频进行处理,除了直接拍摄数字视频外,还必须把模拟视频源——电视机、模拟摄像机、录像机、影碟机等设备的模拟视频信号转换成数字视频。

2) 数字视频的优点

(1) 可用计算机编辑处理。多媒体计算机是具有巨大存储容量的高性能计算机,具有很强的信息处理能力。视频信息可方便地在多媒体计算机中进行采集、编码、编辑、存储、传输等处理,也能通过专门的视频编辑软件进行精确的剪裁、拼接、合成以及其他各种效果编辑等技术处理,并能提供动态交互能力。

(2) 再现性好。由于模拟信号是连续变化的,所以不论复制时采用的精确度有多高,总会产生失真现象。经过多次复制以后,失真现象更明显。数字视频可以不失真地进行无限次复制,其抗干扰能力是模拟视频无法比拟的。此外,数字视频也不会因存储、传输和复制而产生图像质量的退化,从而能够准确地再现图像。

(3) 适合于数字网络。在计算机网络环境中,数字视频信息可以很方便地实现资源的共享。通过网络,数字视频可以很方便地从一个地方传到另一个地方,且支持不同的访问方式(点播、广播等)。数字视频信号可长距离传输而不会产生信号衰减。

3) 数字视频的缺点

数字视频的缺点是数据量巨大,因而需要进行适当的数据压缩,播放数字视频时需要通过解压缩还原视频信息。

4) 视频的压缩与编码

视频压缩的目的是在尽可能保证视觉效果的前提下减少视频数据。视频压缩比一般指压缩前的数据量与压缩后的数据量之比。由于视频是连续的静态图像,因此其压缩编码算法与静态图像的压缩编码算法有某些共同之处,但是运动的视频还有其自身的特性,因此在压缩时还应考虑其运动特性才能达到高压缩比的目标。

视频压缩方式分为无损压缩和有损压缩,以及帧内压缩和帧间压缩等。

(1) 无损压缩和有损压缩

① 无损压缩。无损压缩是指利用数据的统计冗余进行压缩,可完全回复原始数据而不引起任何失真。但压缩比受到数据统计冗余度的理论限制,一般为 5∶1～2∶1。这类方法广泛用于文本数据、程序和特殊应用场合的图像数据(如指纹图像,医学图像等)的压缩。由于压缩比的限制,仅使用无损压缩方法很难解决图像与数字视频的存储和传输的所有问题。目前常见的无损压缩方法有香农编码、哈弗曼编码、算术编码和 LZW 编码等。

② 有损压缩。有损压缩意味着解压缩后的数据与原始的不一致。它利用了人类对图像或声波中的某些频率成分不敏感的特性,允许压缩过程中损失一定的信息。虽然不能完全恢复原始数据,但是损失的部分对理解原始图像的影响较小,却换来而且得到大得多的压

缩比。有损压缩广泛应用于语音、图像和视频数据的压缩。有损压缩丢失的数据与压缩比有关,压缩比越大,则丢失的数据越多,解压缩后的效果一般会比较差。另外某些压缩算法采用多次重复压缩的方式,这样还会造成额外的数据丢失。

（2）帧内压缩和帧间压缩

① 帧内压缩。帧内压缩（intraframe compression）也称为空间压缩（spatial compression）。当压缩一帧图像时,仅考虑本帧的数据而不考虑相邻帧间的冗余信息,这实际上与静态图像压缩类似。帧内压缩一般采用有损压缩算法。

② 帧间压缩。帧间压缩（interframe compression）也称为时间压缩（temporal compression）。许多视频或动画的连续前后两帧具有很大的相关性,或者说前后两帧信息变化很小,也即连续的视频其相邻帧之间具有冗余信息。根据这一特性,压缩相邻帧之间的冗余量就可以进一步提高压缩量,减小压缩比。

（3）数字视频的编码

随着数字技术的发展和成熟,视频和音频的数字化已使数字高清晰度电视（HDTV）成为现实。高清晰度电视是新一代电视,其扫描线在 1000 行以上,每行 1920 个像素,宽高比为 16：9,较常规电视更符合人们的视觉特性,图像质量与 35mm 电影相当。但是由于像素数的大幅度增加,形成了极大的编码数据,使 HDTV 的信息量可达常规电视的 5 倍以上,传输时占用带宽较大,存储时占用存储介质容量也大,这就要求编码器要有非常高的处理速度,这样就给实际应用开发带来了极大的困难。因此,必须对 HDTV 图像进行压缩编码。

① 对称编码。对称编码（symmetric compression）是采用压缩和解压缩占用相同计算处理能力和时间的算法进行压缩的编码方式。对称的压缩编码算法适合于实时压缩和传送视频,例如视频会议就比较适合使用对称编码的算法。

② 不对称编码。不对称编码（asymmetric compression）是在压缩时花费大量的处理能力和时间,而解压缩时则能较好地实时回放,即以不同的速度进行压缩和解压缩的编码方法。例如,压缩一段 5 分钟的视频片段可能需要 15 分钟的时间,而该视频的实际回放时间只有 5 分钟。一些电子出版物常采用该种压缩方式。

5）视频的文件格式

数字视频体系包括多媒体计算机对视频文件进行编码的格式以及识别和播放此格式文件的播放器。目前,主要的数字视频体系有苹果公司的 QuickTime、微软公司的 Windows 媒体、RealNetworks 公司的 RealMedia 以及国际标准规定的 MPEG。与这些体系相关的视频文件格式有 QuickTime 电影(.mov)、音频视频交叉(.avi)、RealMedia(.rm)以及.mpg 或.dat 文件,对应的播放器分别为 QuickTime、Windows Media Player、RealOne Player 以及一些第三方开发的媒体播放器,如 DVD Player 等。除了能够播放自己体系内的视频文件外,这些播放器还能播放其他格式的视频文件。

由于所依据的视频体系和数字视频处理技术不同,出现了许多不同的数字视频文件格式。这些格式大致可分为两类:①用于多媒体出版的普通视频文件,如本地视频、DVD 视频等,这类文件具有较高的视频质量,但文件尺寸较大;②用于网络传输的流式文件,这类文件可在网络上连续平滑播放,具体工作方式为“边传输边播放”。

下面是一些常用的视频文件格式。

(1) AVI

AVI(audio video interleaved)是一种音频、视频交叉记录的数字视频文件格式。运动图像和伴音数据是以交替的方式存储,且与硬件设备无关。按交替方式组织音频和视频数据时,可在读取视频数据流时能更有效地从存储介质得到连续的信息。AVI 文件结构不仅解决了音频和视频的同步问题,而且具有通用和开放等特点。它可以在任何 Windows 环境下工作,而且具有扩展环境的功能。AVI 文件一般采用帧内有损压缩,可以用一般的视频编辑软件如 Adobe Premiere 重新进行编辑和处理。这种视频格式的优点是调用方便、图像质量高;缺点是文件过于庞大。

(2) MOV

MOV(movie digital video technology)是苹果公司开发的一种用于保存音频和视频信息的视频文件格式,统称为 QuickTime 视频格式。该格式编码适合于采集和压缩模拟视频,支持 16 位图像深度的帧内压缩和帧间压缩,帧率可达 10fps 以上。MOV 格式能够通过网络提供实时的信息传输和不间断播放,这样无论是在本地播放还是作为视频流在网上传播,它都是一种优良的视频编码格式。

(3) MEPG

MPEG(motion picture experts group)是由国际标准化组织(ISO)与国际电工委员会(IEC)于 1988 年联合成立的,其目标是致力于制定数字视频图像及其音频的编码标准。MPEG 不仅代表了运动图像专家组,还代表了这个专家组织所建立的标准编码格式,这也是 MPEG 成为视频格式名称的原因。这类格式是视频影像阵营中的一个大家族,也是人们最常见的视频格式之一,主要包括 MPEG-1、MPEG-2、MPEG-4、DivX 等多种视频格式。MPEG 格式文件在分辨率为 1024×768 像素时可以用 25fps(或 30fps)的速率同步播放全运动视频图像和 CD 音乐伴音,并且其文件大小仅为 AVI 文件的 1/6。MPEG-2 压缩技术采用可变速率技术,能够根据动态画面的复杂程度,适时改变数据传输率获得较好的编码效果,DVD 就是采用了这种技术。MPEG 文件的压缩效率高(平均压缩比为 50∶1,最高可达 200∶1),图像和音响的质量也非常好。MPEG 标准包括 MPEG 视频、MPEG 音频和 MPEG 系统(视频、音频同步)三部分。

(4) RM/RMVB

RM(real media)是 RealNetworks 公司制定的音频、视频压缩标准,使用 RealPlayer 能够利用 Internet 资源对这些符合 RealMedia 技术标准的音频、视频进行实况转播。RM 格式一开始就定位在视频流应用方面,它可以在用 56b/s 的 Modem 拨号上网的条件下实现不间断的视频播放,其图像质量比 VCD 差。

RMVB(real media variable bitrate)是由 RM 视频格式升级延伸出的新视频格式,它打破了原先 RM 格式那种平均压缩采样的方式,在保证平均压缩比的基础上合理利用比特率资源,即在静止或动作场面少的画面场景下采用较低的编码速率,这样就可以留出更多的带宽空间,供快速运动的画面场景使用。这样,在保证了静止画面质量的前提下,大幅提高了运动图像的画面质量,使图像质量与文件大小之间达到了微妙的平衡。此外,相对于 DVD-RIP 格式,RMVB 视频也有较明显的优势:一部大小为 700MB 左右的 DVD 影片,如果将其转录成同样视听品质的 RMVB 格式,其大小约为 400MB。此外,RMVB 视频格式还具有内置字幕和无须外挂插件支持等独特优点。

5.2.2　视频素材采集

1. 数字视频采集

随着信息技术的发展,人们将计算机技术引入视频采集、制作领域,过去需要用大量的人力和昂贵的设备去处理视频图像,如今已经发展到在家用计算机上就能够处理。用计算机处理视频信息和用数字传输视频信号已在大部分应用领域广泛应用。

1) 数字视频采集的软硬件要求

视频素材有模拟信号与数字信号两种,将模拟信号转变为计算机能识别的数字信号,多采用视频采集卡来完成。视频采集卡是将模拟摄像机、录像机、电视机输出的视频信号或者视频、音频的混合信号输入计算机,并转换成计算机可识别的数据存储在计算机中,成为可编辑处理的视频数据文件。

采集数字视频是指利用可连接 DV 视频信号的 IEEE 1394 接口,完成将数码摄像机拍摄的 DV 信号采集到多媒体计算机系统。与采集模拟视频相类似,采集数字视频也需要先建立一个硬件环境。所不同的是,由于 DV 质量较高,采集过程中的数量巨大,所以对硬件环境的性能要求更高。如果要具备较好的实时处理和交互能力,应考虑从 CPU、RAM 和硬盘三方面改进性能。此外,还需要安装或选配以下软件和硬件。

(1) 安装 IEEE 1394 接口卡,并用电缆连接 DV 摄像机。注意,DV 电缆的两端接口不同,一端为 4PIN 接口,用于连接数字摄像机,另一端为 6PIN 接口,用于连接 IEEE 1394 接口卡。

(2) 安装调节摄像机声音输出的音频混频器。

(3) 安装外部扬声器。

(4) 安装视频处理软件。

建立好采集数字视频的软硬件环境之后,就可以开始采集数字视频。

2) 视频素材拍摄的要求

视频拍摄是获取视频素材的主要方法。视频拍摄的设备有很多种,有摄像机、单反相机、无反相机、手机等。要达到什么样的效果,与设备是息息相关的。手机拍摄的也就是普通的娱乐视频,清晰度不是很高,不利于做后期视频剪辑。普通数码相机也分很多种,一般情况下,此类相机拍摄的视频也是清晰度较低。比较专业的拍摄视频的工具主要是摄像机和无反相机。摄像机是专业拍摄视频的设备,影视公司基本用摄像机工作,但不同型号差距很大。要拍摄出好的适合的视频素材,会对后期的作品编辑起到很大的作用。所以,在视频的拍摄、取景、构图等方面提出一些要求,有利于拍摄出好的原始素材。

(1) 录制视频时设备要稳、平

要拍好视频首先要拿得稳设备,要是拿不稳最好用三脚架固定,并调整摄像机与地面水平或者根据实际情况与其他参照物水平。如果摄像机不稳,则拍出的视频也是摇摇晃晃的,给人感觉非常差。

(2) 用适当的前景做装饰

录制视频时,可以在镜头前特意放一个适当的前景,透过这个前景去拍摄主题会有一种别样的风格,也可以制造一种朦胧美。前景可以是一束花、一片叶子,或者一双手,总之就看拍摄者的创意和想法了。注意前景要虚化,不能让前景抢了主体的"风头"。

（3）合适的景深——主体与背景之间的设置

看电视时总会发现人物很清晰，但是背景很虚。这在影视行业叫作景深。如果同一段视频，录制出来后主体与背景大小和清晰度相同，这样很难凸显主体，也不是很美观，所以要讲究突出主体，虚化背景。普通的录制视频的设备往往很难控制景深，基本都是后期调整出来的。用单反相机快门和光圈的关系就可以很轻松地拍摄出主体突出、背景虚化的效果。

（4）录制角度——黄金分割线

录制视频就像拍照一样，都要选好角度，这样录制出来的视频才会美观。经典角度就是主体在录制画面的黄金分割线处。不论是在讲台演讲还是要拍一张漂亮的照片，将主体放置在主画面的黄金分割线处都是较好的选择。

（5）巧妙运用延时拍摄的方法

人们经常能看到一些视频如流动的云或人流、车流速度极快。这些视频拍摄的方法称为延时拍摄。这种拍摄方法耗时较长。例如，拍飘动的云，要选择一个好天气，将设备固定在一个三脚架上，再选择一个好角度，几个小时后录制完成，然后将这几个小时的视频加速就可以了，一般 1 小时可以加速到只有几分钟甚至几十秒。录制延时视频时要保证设备有足够的电量。

（6）跟踪拍摄

跟踪拍摄是指要拍摄的主体移动到哪里，录像设备就移动到哪里。要保证设备和拍摄主体在拍摄过程中保持相对稳定。专业的跟踪拍摄会用到滑轨或者航拍器等装置。

（7）俯拍

俯拍是指主体在镜头下方。这种录制效果给人以震撼的感觉。专业而传统的做法是利用摇臂将摄像机移动到主体上方拍摄，有些情况是摇臂直接载着一个人拿着摄像机摇到主体上方拍摄。现在可以直接用无人机航拍，可以遥控控制，比摇臂方便很多。

2. 屏幕录像

通过指定的软件将计算机屏幕的操作与声音直接录制下来，可作为视频采集的另一种方式。比较流行的屏幕录像工具软件有 Bandicam、Camtasia Studio、EV 等，下面介绍Camtasia Studio 及其使用。

Camtasia Studio 提供了屏幕录像、视频的剪辑和编辑、视频菜单制作、视剧场和视频播放等功能。用户可以方便地进行屏幕操作的录制和配音、视频的剪辑和过场动画、添加说明字幕和水印、制作视频封面和菜单、视频压缩和播放。Camtasia Studio 还可以将多种格式的图像、视频剪辑连接成电影，输出格式可以是 GIF 动画、AVI、QuickTime 等；还可以将电影文件打包成 EXE 文件，在没有播放器的计算机上也可以进行播放。

以下是一个 Camtasia Studio 录屏实例。

（1）打开 Camtasia 2019 录屏软件，在弹出的对话框中单击"新建项目"进入软件主界面。在 Camtasia 软件主界面中左上角单击"录制"按钮，原来的软件界面临时关闭，弹出录屏界面，如图 5.11 所示。

（2）录制之前检查录制屏幕尺寸。选择"全屏"即录制全屏视频，选择"自定义"可自行定制屏幕区域大小，如图 5.12 所示。录制之前检查麦克风是否打开以及正常运行。在录屏界面中单击"音频"右侧倒三角形按钮可选择麦克风，将音量调到最大，当出现可以跳动的绿条时表明该麦克风可以正常运行使用。

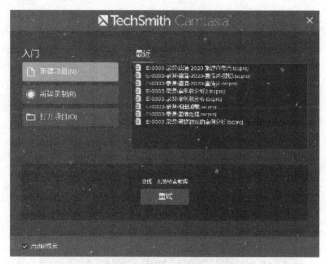

图 5.11　Camtasia 录屏界面

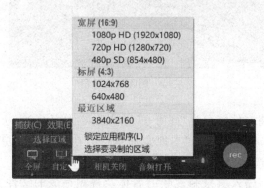

图 5.12　录制浮动面板

（3）一切准备就绪，单击红色的录制按钮进行录制（根据提示等待 3 秒方可说话）。录制过程中尽量避免失误以减少后续剪辑的麻烦。如果卡壳可按 F9 键暂停，录制完成按 F10 键即可结束本节视频的录制。录制完成后自动转到 Camtasia 主界面。我们播放了腾讯视频中的 2020 德清宣传片，准备选用其中的一部分风景视频，尝试作为主界面的动态背景。

（4）在 Camtasia 主界面可对刚才录制的视频进行剪辑，添加注释、转场、动画、指针、字幕等效果，功能很多但都很直观。录制好的画面会在舞台上显示，舞台的下方是时间轴。目前在时间轴上有两条轨道。一条是屏幕，一条是系统音频。外部录制的声音可以在屏幕轨道上显示，因为这个录音没有旁白，所以右击屏幕轨道上的外部杂音，选择"静音"命令，将声音取消。如果是录制的旁白，可以选择"音效"→"去噪"命令进行处理。

（5）舞台的下方是播放控制按钮组，屏幕的上方是剪切、移动、放大等按钮组。舞台的左侧是常用工具栏，舞台的右侧是所选命令的属性。用户可以单击播放按钮浏览视频，也可以拖动时间轴上的播放头快速浏览视频。需要剪切的地方，可以右击播放头并选择"全部拆分"命令，将视频剪开，如图 5.13 所示。继续播放视频，用同样的方法，剪开第 2、第 3 等多个节点。然后选择不需要的轨道片段，右击选择"删除"命令，如图 5.14 所示。拖动剩下的轨道片段将其紧接排布，也可以根据构思错位排布。

图 5.13　剪切视频

图 5.14　删除视频片段

（6）视频剪辑好后将文件储存为"德清-宣传风光篇-无声 .tscproj"，然后，输出成平时直接播放的 MP4 格式。选择"分享"→"本地文件"命令，在弹出的"生成向导"对话框中选择"仅 MP4（最大 1080p）"选项。

单击"下一步"按钮，输入所录制视频的名称及视频存放的文件夹，然后单击"完成"按钮，等待视频渲染，如图 5.15 所示。渲染完成后，在计算机文件夹中找到渲染成功的视频文件，稍后使用。本例渲染的是 35 秒的"德清-宣传风光篇-无声.mp4"文件，并将其导入后面的多媒体作品中，作为背景视频使用。

图 5.15　视频分享输出

5.2.3 数字视频的非线性编辑

非线性编辑(non-linear editing)是指计算机对所存储的数字视频信号进行剪辑、添加字幕和特技处理的过程。计算机对数字视频信号的处理实际上是利用硬盘中数字信号的时间地址码,来编写一个遵循人们意图的文本文件,计算机在读出这些文件时也完成对数字信号的解压缩和数/模转换,实现节目录制和播放。非线性编辑系统的这一特征,完全打破了传统编辑设备按时间顺序制作视频的线性工艺流程,它允许视频内容的制作不分先后,使对其作任意修改和调整变得轻而易举、随心所欲。

1. 非线性编辑系统的构成

非线性编辑系统实质上是一个扩展的计算机系统。更为直截了当地说,就是一台高性能计算机加一块或一套视频、音频输入/输出卡(俗称非线性卡)和一些辅助卡,再配上一个大容量硬盘阵列便构成了一个非线性编辑系统的基本硬件。这三者相互配合,缺一不可。现在的非线性编辑系统已经将视频和音频采集、压缩与解压缩、视频和音频回放、部分实时特技全部集成在同一块卡或一套卡上,使得整个系统的硬件结构非常简洁。

非线性编辑软件有 Adobe Premiere、会声会影、Corel VideoStudio、After Effects 等。通过对录像、声音、动画、照片、图画、文本等素材的采集制作能制作出完美炫目的视频作品。这些视频编辑软件有丰富的剪辑剪裁、特效、场景切换、字幕叠加、配音配乐等功能,能满足视频制作的编辑需求。

2. 非线性视频制作的基本流程

任何非线性编辑的工作流程,都可以简单地看作输入、编辑、输出三个步骤。

(1) 准备素材文件。依据具体的视频剧本及素材文件可以更好地组织视频编辑的流程。

(2) 进行素材的剪切。各种视频的原始素材片段都称为一个剪辑。在视频编辑时,可以选取一个剪辑中的一部分或全部作为有用素材导入最终要生成的视频序列中。剪辑的选择由切入点和切出点定义。切入点是指在最终的视频序列中实际插入该段剪辑的首帧;切出点为末帧。也就是说切入点和切出点之间的所有帧均为需要编辑的素材,使素材中的瑕疵降低到最少。

(3) 素材编辑。运用视频编辑软件中的各种剪切编辑功能进行各个片段的编辑剪切等操作,完成编辑的整体任务。目的是将画面的流程设计得更加通顺合理,时间表现形式更加流畅。

(4) 特技处理。特技处理包括转场、特效、合成叠加、过渡效果。添加各种过渡特技效果,使画面的排列以及画面的效果更加符合人眼的观察规律。非线性编辑软件功能的强弱,往往也是体现在这方面。

(5) 字幕制作。字幕是节目中非常重要的部分,在做电视节目、新闻或者采访的片段中,必须添加字幕,以更明确地表示画面的内容,使人物说话的内容更加清晰。

(6) 处理声音效果(原音、背景音乐、配音)。在片段的下方进行声音的编辑(在声道线上),可以调节左、右声道或者调节声音的高低、渐近,淡入/淡出等效果。

(7) 输出与生成视频文件。对编排好的各种剪辑和过渡效果等进行最后生成结果的处理称为编译,经过编译才能生成为一个最终视频文件。最后编译生成的视频文件可以自动放置在一个剪辑窗口中进行控制播放。在这一步骤生成的视频文件不仅可以在编辑机上播放,还可以在任何装有播放器的机器上观看。

5.2.4　使用 Adobe Premiere 软件处理视频

Adobe Premiere 是一款专业的视频编辑软件,主要提供调色、采集、剪辑、字幕添加、美化音频、输出、DVD 刻录的一整套流程;并能和其他 Adobe 应用程序高效集成,因此用户可以快速完成编辑、制作及其他工作流上的所有操作,实现视频作品的完稿。

1. Premiere Pro CC 的工作界面

Premiere Pro CC 的工作界面主要由菜单栏、项目窗口、监视器窗口、时间线窗口、音频轨道、视频轨道、工具箱和综合面板组等组成,如图 5.16 所示。

图 5.16　Premiere Pro CC 2019 的工作界面

(1) 项目窗口:主要用于导入、存放和管理素材。编辑影片所用的全部素材应事先存放于项目窗口中,然后再调出使用。项目窗口的素材可以用列表和图标两种视图方式来显示,包括素材的缩略图、名称、格式、出入点等信息。另外也可以为素材分类、重命名或新建一些类型的素材。

(2) 监视器窗口:分左、右两个视窗(监视器)。左边是源监视器,主要用来预览或剪裁项目窗口中选中的某一原始素材。右边是节目监视器,主要用来预览时间线窗口序列中已经编辑的素材(影片),也是最终输出的视频的预览窗口。

(3) 时间线窗口:是以轨道的方式实施视频和音频组接编辑素材的地方,用户的编辑工作都需要在时间线窗口中完成。素材片段按照播放时间的先后顺序及合成的先后顺序在时间线上从左至右、由上及下排列在各自的轨道上,可以使用各种编辑工具对这些素材进行编辑操作。时间线窗口分为上下两个区域,上方为时间显示区,下方为轨道区。

(4) 工具箱:其中提供了视频与音频编辑工作的重要编辑工具,可以完成许多特殊编辑操作。有选择工具、选择轨道工具、滑动工具、剃刀工具、波纹编辑工具、钢笔工具、矩形工具、椭圆工具、手形工具、缩放工具、文字工具等,如图 5.17 所示。

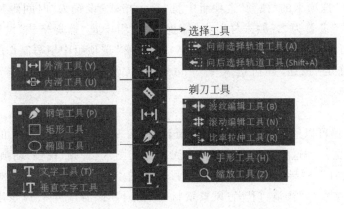

图 5.17　工具箱

(5) 主声道电平面板:用来显示混合声道输出音量大小。当音量超出了安全范围时,在状顶端会显示红色警告,用户可以及时调整音频的增益,以免损音频设备。

(6) 综合面板组 1:主要由效果控件面板、音频剪辑混合器面板和原数据面板等组成,它们的功能如下。

① 效果控件面板:当为某一段素材添加了音频、视频特效之后,还需要在效果控件面板中进行相应的参数设置和添加关键帧。制作画面的运动或透明度效果也需要在这里进行设置。

② 音频剪辑混合器面板:此面板主要用于完成对音频素材的各种加工和处理工作,如混合音频轨道、调整各声道音量平衡或录音等。

③ 原数据面板:此面板记录数据的来源及信息。

(7) 综合面板组 2:主要由媒体浏览面板、库面板、信息面板、效果面板、标记面板和历史记录面板组成,它们的功能如下。

① 媒体浏览面板:可以查找或浏览用户计算机中的文件。

② 库面板:用于多素材的同步处理存放。

③ 信息面板:用于显示在项目窗口中所选素材的相关信息,包括素材名称、类型大小、开始及结束点等。

④ 效果面板:存放了 Premiere 自带的各种音频、视频特效和视频切换效果,以及预置的效果。用户可以方便地为时间线窗口中的各种素材片段添加特效。

⑤ 标记面板:对时间线上的片段等对象作一些标记,以方便辨认。

⑥ 历史记录面板:能对创作者的编辑行为进行记录,可以回到记录中的任意一步,然后对不合适的地方重新进行编辑。

2. 使用 Adobe Premiere 处理视频

1) 预设新项目

预设新项目是进行视频处理的前期工作,包括引入各种图像、音频、视频素材以及各种参数的设置等,下面通过一个例子介绍预设新项目的操作。

(1) 启动 Premiere,首先会弹出开始界面,提示是要打开旧的项目文件,还是新建一个项目文件。选择"新建"→"项目"命令,打开"新建项目"对话框。

(2) 在"常规"选项卡的"视频"选项组中将"显示格式"设置为"时间码",在"音频"选项组中将"显示格式"设置为"音频采样",在"捕捉"选项组中将"捕捉格式"设置为 DV,在"位置"选项组中设置项目保存的盘符和文件夹名,在"名称"选项组中填写制作的影片片名。

(3) 单击"确定"按钮,即可进入 Premiere Pro CC 非线性编辑工作界面,如图 5.26 所示。

2) 添加素材

Premiere 不仅可以通过采集的方式获取拍摄的素材,还可以通过导入的方式获取计算机硬盘中的素材文件。这些素材文件包括多种格式的图片、音频、视频、动画序列等。

(1) 选择"文件"→"导入"命令或双击项目面板的空白处,打开"导入"对话框。选择准备好的素材文件夹中的"德清宣传片-风景素材-01.mp4""德清宣传片-风景素材-02.mp4"和"德清宣传片-风景素材-定格照片.jpg"视频文件,然后单击"打开"按钮,此时在项目窗口中即可看到刚刚导入的三个素材文件。

(2) 导入的各种多媒体素材显示在项目窗口中,素材在项目窗口中的显示有两种方式,一种是列表方式,一种是图标方式,用户可以根据爱好进行选择。

(3) 选择"文件"→"保存"命令,保存"德清宣传-风景片 1.prproj"项目文件。以后直接打开这个项目文件,就可以进行视频处理了。项目文件中引入的各种素材文件只是一种链接关系,如果改变了引入素材在计算机中的位置,项目文件将会出错,找不到相应的素材。另外,在保存文件时一定要记得保存源文件,以便以后修改和加工。

3) 视频、音频、图片的剪辑

在对视频进行编辑时,有时候需要对视频素材进行裁剪,以满足编辑的需要。同时使用 Premiere 对视频进行裁剪时不会影响原始素材,其具体方法如下所示。

(1) 打开"德清宣传-风景片 1.prproj"项目文件,将素材"德清宣传片-风景素材-01.mp4"拖动到右侧的时间线窗口,可以看到频视内容分布在 V1 轨道上,音频内容分布在 A1 轨道上。在时间线窗口的下方,可以拖动放大缩小的滑块,将该视频片段酌情放大或缩小,以方便编辑。

(2) 在监视器窗口中播放该视频片段,可以看到视频中的音频和视频轨道是分开的。下面去除里面人物及其他的部分,剪辑出一个短的有关德清风景宣传的影片。为了使背景音乐配音不间断,需要将音频和视频轨道分开编辑。右击 V1 轨道,选择"取消链接"命令,将它们分开处理。如需要再次同步编辑,可以选中这两个轨道,右击选择"链接"命令。

(3) 要截取风景镜头的片段,首先必须找到风景镜头出现的时间点。通过播放浏览,找出有人物和不合适风景镜头的地方,分别是 00:00:44:21、00:00:46:13、00:00:52:01、00:01:13:29 等时间点。在时间线窗口中,将时间线播放头移动到 00:00:44:21 位置,选择工具箱中的剃刀工具,在视频片段中 00:00:44:21 位置单击,将 V1 视频轨道的内容剪开。因为之前已经选择了"取消链接"命令,所以 A1 轨道上的声音没有变动。使用同样的方法将时间线窗口中其他时间点的节点剪开。

(4) 选择工具箱中的选择工具,在 V1 视频轨道中选择不需要的视频片段,按 Delete 键即可将其删除,效果如图 5.18 所示。然后将留下的片段向左移动并靠拢排序。

图 5.18 剪去不需要的片段

（5）选择 A1 音频轨道，用播放查找的方式找到独白的地方，用剃刀工具将其切割开，删掉不要的部分。然后移动轨道位置，将其和上面的视频及字幕基本能够对上。因为之前剪掉过画面的内容，声音会变长，所以还需要剪掉一部分背景音乐，方法同上。

（6）拖动另外一段视频“德清宣传片-风景素材-02.mp4”到时间线窗口的 V2 轨道上，同步产生 A2 音频轨道，并相互关联。V2 紧邻 V1 的后面放置。用播放、查找工具结合剃刀工具，剪出“人有德行，如水至清”的画面。A2 紧邻 A1 的后面放置。

（7）拖动“德清宣传片-风景素材-定格照片.jpg”图片素材到时间线 V3 轨道，紧邻 V2 的后面放置。利用选择工具在 V3 轨道的尾部将其向后拖动到与 A2 音频对齐。

（8）在 V1 轨道的 00:00:12:10、00:00:14:06 时间点，用剃刀工具将视频剪开。选中这一段视频，按住 Alt 键，用选择工具拖动这段视频到 V3 轨道上的空白处，将内容复制到同步产生的 V4 轨道，并拖动到影片的尾部。时间线的基本剪辑完成，效果如图 5.19 所示。选择“文件”→“保存”命令，保存“德清宣传-风景片 1.prproj”项目文件。

图 5.19 时间线排列

（9）删除了不需要的部分后，可以对时间轴上的视频和音频做一个重新的排序。将 V4 轨道上的片段拖曳到 V1 的 00:00:50:11—00:00:52:07 时间区间；将 V2 轨道上的片段拖曳到 V1 轨道的后面接上；将 V3 轨道上的片段再拖曳到 V1 的后面接上；将 A2 音频轨道的内容也拖曳到 A1 的后面接上；删除 V4 轨道。整理完毕，选择"文件"→"保存"命令，保存"德清宣传-风景片 1.prproj"项目文件。

4）添加字幕

字幕是视频中的一种重要的视觉元素，包括文字和图形两部分，常常作为标题或注释。漂亮的字幕，可以为视频增色不少。用户可以通过工具箱中的文字工具，在监视器窗口的任何位置添加文字，文字会单独占用一条视频轨道呈现，文字出现的时间长短可以拖动视频片段的长短来调整。

（1）选择工具箱中的竖排文字工具，在监视器窗口的中间单击，输入"德清"两个字。然后利用监视器窗口中的效果控件，对文字格式进行设置：字体为 FZHuangCao-S09；大小为237；填充颜色为 AA0505（红色）；描边颜色为 FFFFFF 白色，边框大小为 2；添加阴影。

（2）将 V2 轨道上的片段拖曳到 00:00:50:11—00:00:54:03 时间区间，效果如图 5.20 所示，保存文件。

图 5.20　添加字幕

5）添加视频特效

在视频处理中，一段视频结束，另一段视频紧接着开始，这就是镜头切换。为了使切换衔接自然或更加有趣，可以使用各种过渡效果，来增强视频作品的艺术感染力。在综合面板组 2 中打开"效果"选项卡，其中提供了 6 类效果，分别是预置、Lumetri 预置、音频效果、音频过渡、视频效果和视频过渡。在使用各种过渡效果之前，需要对每一种效果的特点和用途有一个简单的了解，这样才能根据需要进行选择。

（1）打开综合面板组 2 中的"效果"选项卡，选择"视频过渡"→"溶解"→"交叉溶解"效果并将其拖动到 V2 轨道上的"德清"文字片段上，效果如图 5.21 所示，轨道上叠加了一段黄色的交叉溶解片段。可以拖动片段的前后时长位置来调整过渡的长短。也可以选择综合面板组 1 中的效果控件选项进行调整。用同样的方法，给这个片段的尾部添加一个"胶片溶解"效果。这样"德清"文字就产生了"交叉溶解"淡入、"胶片溶解"淡出的效果,比之前生硬的衔接来得更加的生动。

图 5.21　添加视频特效

(2) 选择"视频效果"→"调整"→"光照效果"效果并将其拖动到 V2 轨道上的"德清"文字片段上。视频效果只能添加给整个视频片段,所以所有文字都具有了这个效果。在综合面板组 1 中,利用效果控件下的"光照效果"→"光照 1"效果进行调整:光照类型为全光源;光照颜色为白色;中央为 928.0、392.0;主要半径为 18.9;强度为 30。整个文字被提亮了很多。还有很多的效果都是类似方法添加的。完成特效效果设置后保存文件。

5.2.5　视频的输出

视频加工处理完成后,选择"文件"→"导出"→"媒体"命令,打开"导出设置"对话框。在"格式"下拉列表框中可以设置导出媒体的格式。若要导出媒体中的视频和声音,可同时选中"导出视频"和"导出音频"复选框;若仅导出音频或视频,清除相应的复选框即可。另外,单击"输出名称"按钮,可设置媒体导出的位置。设置完成后,单击"确定"按钮,即可导出媒体文件。

选择"文件"→"导出"→"媒体"命令,打开"导出设置"对话框,如图 5.22 所示。设置格式为 H.264(mp4);输出文件储存在原文件的同一目录下,名称为"德清宣传-风景篇-01.mp4"。单击"导出"按钮,文件就开始渲染导出。完成后可以在指定文件夹中找到相应的导出视频文件。

选择导出 H.264(mp4)文件是因为它占用空间小,方便存储,质量符合要求。Premiere还支持导出其他很多文件格式,如图 5.23 所示,选择将其导出成.avi 格式。Premiere 也支持图片的输出,如 JPG 格式等,参数设定如图 5.24 所示,输出后将产生一系列连续的图片。Premiere 还支持音频文件的单独的输出,如 MP3 格式等。

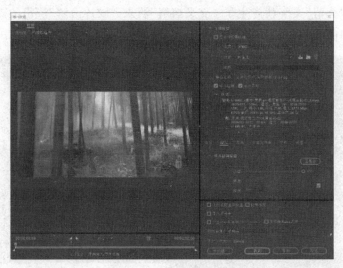

图 5.22　MP4 导出设置

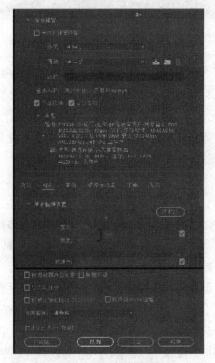

图 5.23　AVI 导出设置

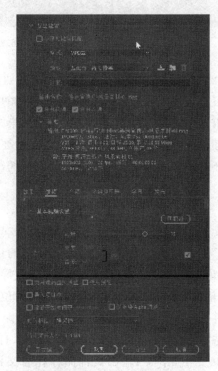

图 5.24　JPG 导出设置

　　因为 Animate 多媒体作品合成的需要,还要对这个视频进行剪辑,缩短其播放的时间,要去掉其音频的导出,单独导出动态视频画面。要去掉声音部分,只须在"导出设置"对话框中清除"导出音频"复选框即可。选择"文件"→"导出"→"媒体"命令,打开"导出设置"对话框,设置格式为.avi;输出名称为"德清宣传-风景篇-02.avi";清除"导出视频"复选框,然后单击"导出"按钮。

第 6 章

动画制作与多媒体合成技术

【案例描述】 本案例涉及使用 Animate 软件进行动画制作与多媒体作品合成两个部分。

本章以片头动画为例,讲述如何运用 Animate 软件进行片头动画的分段制作,内容包括 Animate 的补间动画、路径动画、遮罩动画、逐帧动画等动画形式,以及图形绘制、时间轴、图层、元件、声音、视频、动作脚本语言等技术。

在 Animate 中,使用 ActionScript(AS)语言通过多文件链接、多媒体播放实现多媒体作品框架的搭建,将多媒体部件进行有序连接与拓展,实现多媒体完整循环作品。本例中通过 AS 3.0 语言脚本,实现两个片头文件、主界面文件、四个栏目文件、栏目内场景跳转、主场景音乐开关控制和自由切换、视频的播放、返回片头形成多媒体作品的完整整合,如图 6.1 所示。

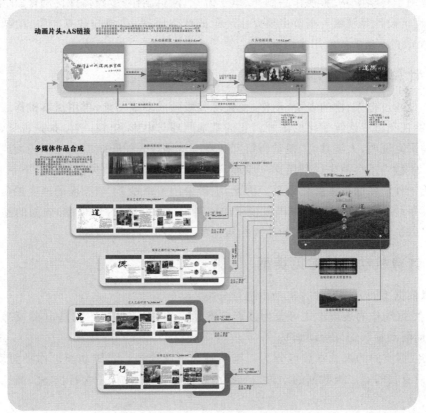

图 6.1　动画与多媒体作品合成导览图

案例知识点分析：

（1）图形素材绘制与编辑。熟悉绘图工具的使用，通过不规则花瓣的绘制，掌握图形绘制的方式方法。

（2）补间动画。通过补间动画的制作认识帧、普通帧、关键帧的运用；认识实例、元件、组的属性与类型；掌握补间动画的制作方式及一般过程；认识时间轴及图层的运用。

（3）逐帧动画。掌握逐帧动画制作的方式；帧的运用，如帧的复制、粘贴与翻转等。

（4）路径动画。掌握路径动画制作的方式；了解普通引导层和运动引导层的区别；进一步掌握元件的属性。

（5）遮罩动画。掌握遮罩动画制作的方式与技巧；进一步掌握图层的运用。

（6）添加音频。掌握导入声音到库、添加声音、声音控制的方法，学会声音属性面板参数的设定。

（7）添加视频。掌握插入视频的几种方式，学会不同视频文件格式的转换。

（8）AS 语言的运用。运用 AS 语言给图片添加特效，控制时间轴的播放，单文件内多场景的跳转，不同文件间的多文件链接，实现多媒体互动框架内的搭建。

6.1　计算机动画基础知识

动画是多媒体作品中最具吸引力的素材，并能兼顾图像、声音、视频等元素。计算机动画广泛应用于科学研究、影视作品制作、电子游戏、网页制作、多媒体课件制作、工业设计、军事仿真、建筑设计等领域。本节主要介绍动画的产生原理、动画的常见类型、动画的文件格式以及 Animate 动画的常用术语等。

6.1.1　计算机动画基本原理

动画是通过把人、物的表情、动作、变化等分段画成多幅图画，再用摄影机连续拍摄成系列画面，给视觉造成连续变化的图画。它的基本原理与电影、电视一样，都是视觉暂留原理。

医学研究证明，人类具有"视觉暂留"的特性，就是说人的眼睛看到一幅画面或一个物体后，在 1/24 秒内不会消失。利用这一原理，在一幅画面还没有消失前播放出下一幅画，就会给人造成一种流畅的视觉变化效果。因此，电影采用了每秒 24 帧画面的速度拍摄、播放，电视采用了每秒 25 帧（PAL 制，中国电视就用此制式）或 30 帧（NTSC 制）画面的速度拍摄播放。如果以每秒低于 24 帧画面的速度拍摄播放，就会出现停顿现象。

6.1.2　计算机动画的常见类型

可以依据不同方式对计算机动画进行分类。

（1）依据动作的表现形式可分为接近自然动作的"完善动画"（动画电视）和采用简化、夸张的"局限动画"（幻灯片动画）。

（2）依据空间的视觉维数可分为二维动画和三维动画。二维动画也称平面动画，顾名思义，是只有长和宽二维数据的动画。三维动画也称立体动画，是含有长、宽、高三维数据的动画。

（3）依据播放效果可分为顺序动画（连续动作）和交互式动画（反复动作）。

（4）依据每秒播放的帧数可分为全动画（每秒 24 帧）和半动画（少于 24 帧）。

（5）依据运动的控制方式可分为实时（real-time）动画和逐帧（frame-by-frame）动画。实时动画也称为算法动画，是用算法来实现物体的运动。逐帧动画也称为帧动画或关键帧动画，是通过一帧一帧显示动画的图像序列而实现运动的效果。

6.1.3　常见的动画制作软件

动画制作软件很丰富，且各具特点，制作的动画也各具风格。

1. Animate

Animate 由原 FlashProfessional 更名得来，除保持原有的 Flash 开发工具支持外，新增了 HTML 5 等创作工具。Animate 可以通过文字、图片、视频、声音等综合手段展现动画意图，通过强大的交互功能实现与动画观看者之间的互动。

2. 3ds Max

3ds Max 是一款三维物体建模、动画渲染和制作软件。3ds Max 广泛应用于广告、影视、工业设计、建筑设计、多媒体制作、游戏、辅助教学以及虚拟现实等领域。

3. Maya

Maya 集成了先进的动画及数字效果技术，功能完善、工作灵活、易学易用、制作效率极高、渲染真实感极强，广泛应用于专业影视广告、角色动画、电影特技等领域。

4. Director

Director 是一款交互式游戏开发系统，用户使用此软件可以将游戏原型复制到软件中，可以将动作增加到动画帧上进行编辑，具有类似 Flash 的编辑界面。通过 Director，用户可以自己布局游戏动画运行的方式，也可以将多种动画插入游戏中，此外还支持添加 AVI、MP4、FLV 等多种格式的素材。

5. C4D

C4D 是一款功能强大的动画建模软件，主要功能是帮助用户设计各种 3D 模型。用户设计的模型可以直接在软件中完成，不依赖 Vray 等渲染软件也能设计出高质量的 3D 模型。C4D 从图形的设计到模型的创建，整个过程都可以独立完成，它内置纹理、渲染、动画、多边形建模、雕刻、克隆等多种辅助设计工具，可以让用户在创建动画时更加方便。

6. Cool 3D

Cool 3D 拥有强大、方便的图形和标题设计工具、丰富的动画特效、整合的输出功能可以输出静态图像、动画、视频或 Animate 格式。

6.1.4　计算机动画文件格式

动画是以文件的形式保存的，不同的动画软件产生了不同的文件格式。比较常见的文件格式有以下几种。

1. GIF

GIF 是由 CompuServe 公司开发的点阵式图像文件格式，采用 LZW 压缩算法，可以有效降低文件大小同时保持图像的色彩信息，其压缩率一般在 50％左右。目前几乎所有相关软件都支持它,公共领域有大量的软件在使用 GIF 图像文件。GIF 图像文件的数据是经过压缩的,而且是采用了可变长度等压缩算法。GIF 的另一个特点是在一个 GIF 文件中可以保存多幅彩色图像,如果把存于一个文件中的多幅图像数据逐幅读出并显示到屏幕上,就可以构成一种最简单的动画。

2. FLIC

FLIC 是 FLC 和 FLI 的统称。FLI 是基于 320×200 像素分辨率的、最初的动画文件格式,FLC 是 FLI 的扩展格式,采用了更高效的数据压缩技术,其分辨率也不再局限于 320×200 像素。FLIC 文件采用行程编码(RL)算法和 Delta 算法进行无损数据压缩。它被广泛用于动画图形中的动画序列、计算机辅助设计和计算机游戏应用程序。

3. FLV

FLV 是 Flash video 的简称。FLV 流媒体格式是随着 Flash MX 的推出发展而来的视频格式。由于该格式的文件小加载极快,使得网络观看视频的体验更好。它的出现有效地解决了视频文件导入 Flash、Animate 后,导出的 SWF 文件太大,不便在网络上很好地使用等问题。

4. SWF

SWF 是 Animate、Flash 采用的矢量动画格式,它采用曲线方程描述其内容,而不是由点阵组成内容,因此这种格式的动画在缩放时不会失真,非常适合描述由几何图形组成的动画,如教学演示等。由于这种格式的动画可以与 HTML 文件充分结合,并能添加 MP3 音乐,因此被广泛应用于网页,成为一种"准"流式媒体文件。SWF 可以用 Flash Player 打开,浏览器必须安装 Flash Player 插件。

5. AVI

AVI 是将语音和影像同步组合在一起的文件格式。它对视频文件采用了一种有损压缩方式,压缩比较高,因此应用范围非常广泛。AVI 支持 256 色和 RLE 压缩。AVI 信息主要应用在多媒体光盘上,用来保存电视、电影等各种影像信息。

6. VR

VR(虚拟现实)是一项综合集成技术,用计算机生成逼真的三维视、听、嗅觉等感觉,使人作为参与者通过适当的装置,自然地对虚拟世界进行体验和交互。使用者进行位置移动时,计算机可以立即进行复杂的运算,将精确的三维世界影像传回从而产生临场感。该技术集成了计算机图形(CG)技术、计算机仿真技术、人工智能、传感技术、显示技术、网络并行处理等技术的最新发展成果,是一种由计算机技术辅助生成的高技术模拟系统。

6.2　动画制作工具 Adobe

Adobe Animate 是一种动画创作与应用程序开发于一身的创作软件,可以通过文字、图片、视频、声音等综合手段展现动画意图,通过强大的交互功能实现与动画观看者之间的互动。

Animate 动画被延伸到多个领域,不仅可以在浏览器中观看,还能在独立的播放器中播放。Animate 动画凭借文件小、动画画质清晰、播放流畅等特点,在数字动画、交互式 Web 站点、桌面应用程序以及手机应用程序开发提供了功能全面的创作和编辑环境。用户可以在 Flash 中创建原始内容或者从其他应用程序(如 Photoshop、CorelDRAW、Premiere 等)导入元素,快速设计简单的动画,以及使用 ActionScript 3.0 开发高级交互式项目,Animate 在多个领域中都得到了广泛的应用。

6.2.1 Animate CC 2019 工作界面

1. 界面总览

Animate 的工作界面中包括菜单栏、工具面板、时间轴面板、舞台、浮动面板集等界面元素,如图 6.2 所示。Animate 提供了 7 种界面布局以方便完成不同的任务,分别是动画、传统、调试、设计人员、开发人员、基本功能、小屏幕。选择"窗口"→"工作区"子菜单中的相应命令可以切换界面,默认状态是基本功能布局。

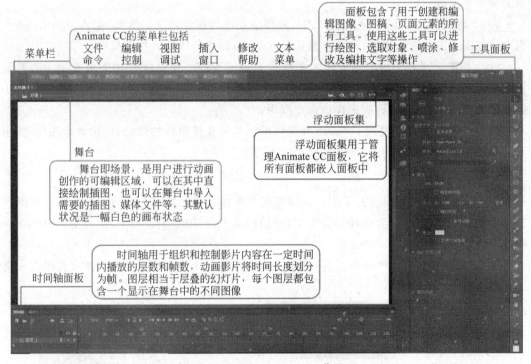

图 6.2　Animate CC 2019 工作界面

2. 菜单栏

(1)"文件"菜单:主要用于对 Animate 文档进行各种操作,包括文件的打开、关闭、保存、导入和导出,发布 Animate 文档,页面设置和打印等常用操作。

(2)"编辑"菜单:主要用于对 Animate 文档和图形对象进行各种编辑操作,包括撤销和重复编辑操作、复制和移动操作、选择对象、查找和替换对象,以及对帧、图形元件的操作和参数设置等。

(3)"视图"菜单:主要用于以各种方式查看编辑动画中的内容。主要操作包括转到其他场景、缩放场景显示比例、预览模式、显示或隐藏工作区和对齐对象的辅助工具等。

（4）"插入"菜单：主要用于插入元件、帧、图层和场景，并添加时间轴特效。使用时间轴特效可以快速添加过渡特效和动画，如分离、展开、投影和模糊等效果。

（5）"修改"菜单：主要用于对各种对象进行修改编辑，包括修改文档的属性、元件及图形属性、修改图形形状、修改帧、图层和时间轴特效变形、排列、对齐对象、打散与组合等。

（6）"文本"菜单：主要用于编辑文本。在其中可以对文字的字体、大小和样式进行设置，也可以设置不同文本的对齐方式和间距等，还可对文本进行拼写和检查等操作。

（7）"命令"菜单：通常与历史记录面板结合使用。当在历史记录面板中将用户的某个操作保存起来后，在"命令"菜单中就会显示保存的该操作的名称，并可对该命令进行各种操作。

（8）"控制"菜单：用于测试动画和对动画播放进程进行控制。动画制作完成后，不必每次都将整个动画全部播放来测试，如果只想测试动画中的某一部分，则可通过"控制"菜单中的命令来实现。

（9）"调试"菜单：用于设置影片调试的环境及进行远程调试。例如，在 ActionScript 代码中添加断点以中断代码执行，执行被中断之后，可以逐行跟踪并执行代码。

（10）"窗口"菜单：用于显示和隐藏各种面板、工具栏、窗口并管理面板布局。若要显示某个面板或工具栏，只需在"窗口"菜单中选择相应的命令，使其名称前面出现黑色的小钩。如果要隐藏它，只须再次选择该命令即可。

（11）"帮助"菜单：提供了 Flash 在线帮助信息和支持站点的信息，包括新增功能、使用方法和动作脚本词典等内容。

3. 工具面板

Animate 的工具面板包含了用于创建和编辑图像、图稿、页面元素的所有工具。根据各工具功能的不同，可以分为选择设置类工具、绘图类工具、填充编辑类工具、视图调整类工具和选项设置类工具。

工具面板中包含了 30 多种工具，有些工具按钮的右下角有箭头图标，表示其包含一组工具，如图 6.3 所示。

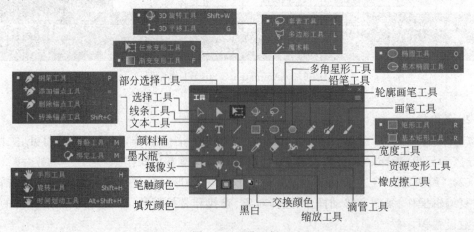

图 6.3   工具面板

4. 时间轴面板

时间轴面板用于组织和控制影片内容在一定时间内播放的层数和帧数。与电影胶片一样，Animate影片也将时间长度划分为帧。图层相当于层叠在一起的幻灯片，每个图层都包含一个显示在舞台中的不同图像。时间轴的主要组件是图层、帧和播放头。

文档中的图层显示在时间轴左侧区域，每个图层中包含的帧显示在该图层名称右侧的区域中，播放头指示舞台中当前显示的帧。时间轴、图层等的状态显示在时间轴的顶部，它指示所选的帧编号、当前的帧频以及到当前帧为止的运行时间等，如图6.4所示。

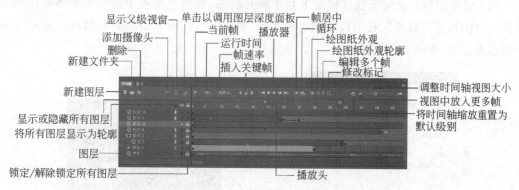

图 6.4 时间轴面板

5. 舞台

在 Animate 中，舞台是设计者进行动画创作的区域，设计者可以在其中直接绘制插图，也可以在舞台中导入需要的插图、动画、声音、视频等媒体文件，如图 6.5 所示。选择"文件"→"新建"命令，打开"新建设置"对话框。在其中设定舞台的属性。如要修改，可以选择"修改"→"文档"命令，打开"文档设置"对话框。然后根据需要修改舞台的大小、背景帧频等信息，单击"确定"按钮即可应用设置。

图 6.5 舞台

6. 浮动面板集

浮动面板集用于管理 Animate 面板，通过浮动面板集，用户可以对工作界面的面板布局进行重新组合,以适应不同的工作需要。Animate CC 提供了 7 种工作区浮动面板集的布局方式,选择"窗口"→"工作区"子菜单中相应的命令可以在这 7 种布局方式间切换,如图 6.6 所示。除了使用预设的 7 种布局方式以外,还可以对整个工作区进行手动调整,使工作区更加符合个人的使用习惯。

浮动面板集中的面板可以拖动和折叠,很多面板都具有自己的菜单和特定的选项。用户可以对这些面板进行编组或堆叠。在 Animate 中包含许多面板,以下简要介绍几个主要面板。

(1) 属性面板。该面板默认情况下处于展开状态,在属性面板中可以更改当前选择对象或文档的属性。属性面板可以显示当前文档、文本、元件、形状、位图、视频、组、帧或工具的信息和设置,如图 6.7 所示。

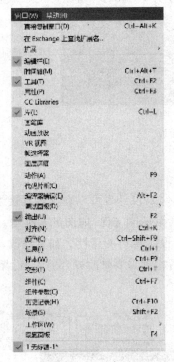

图 6.6　界面布局

图 6.7　属性面板

(2) 库面板。该面板是存储和管理在 Animate 中创建的各种元件的地方,还用于存储和组织导入的文件,包括位图图像、声音文件和视频剪辑等。使用库面板可以组织文件夹中的库项目,查看项目在文档中使用的频率,并按类型对项目排序,如图 6.8 所示。

(3) 颜色面板。使用该面板可以创建和编辑图形纯色及渐变填充,调制出大量的颜色,以设置颜色的轮廓色、填充色以及透明度等,如图 6.9 所示。

(4) 动作面板。使用该面板可以在帧上创建 ActionScript 代码,交互动画。选择时间轴上的帧,右击选择"动作"命令,就可以快捷地打开动作面板,如图 6.10 所示。

图 6.8　库面板

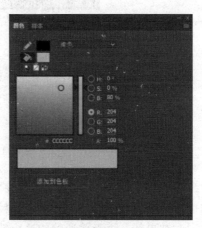

图 6.9　颜色面板

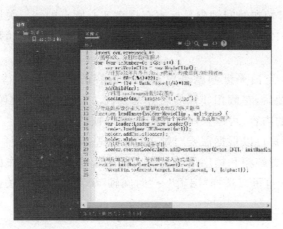

图 6.10　动作面板

6.2.2　Animate 动画常用术语及基本概念

1. 帧和图层

帧和图层都是时间轴面板的重要组成部分。Animate 动画播放的长度是以帧为单位的。创建 Animate 动画，实际上就是创建连续帧上的内容，使用图层可以将动画中的不同对象与动作区分开。

1）帧

帧是影像动画中的最小单位，一帧就是一幅静止的画面，连续运动的帧就形成动画。帧速率就是在 1 秒时间里播放的帧数，通常用 fps 表示。fps 值越大，所显示的动作就会越流畅，文件也会越大，默认值是 24fps。

在 Animate 中，用来控制动画播放的帧具有不同的类型，"插入"→"时间轴"子菜单中显示了普通帧、关键帧和空白关键帧 3 种类型的帧，如图 6.11 所示。不同类型的帧在动画中发挥的作用也不同，这 3 种类型的帧的具体作用如下。

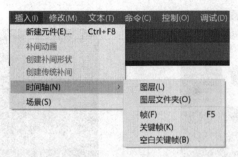

图 6.11　帧的类型

（1）普通帧。Animate 中连续的普通帧在时间轴上用灰色显示，并且在连续普通帧的最后一帧中有一个空心矩形块。连续普通帧的内容都相同，在修改其中的某一帧时其他帧的内容也同时被更新。由于普通帧的这个特性，通常用它来放置动画中静止不动的对象，如背景和静态文字等。

（2）关键帧。关键帧在时间轴中是标志有黑色实心圆点的帧。关键帧是用来定义动画变化的帧，在动画制作过程中是最重要的帧类型。补间动画的制作就是通过关键帧内插的方法实现的。

（3）空白关键帧。空白关键帧就是没有任何内容的关键帧，等待用户输入新的内容。在时间轴中插入关键帧后，左侧相邻帧的内容就会自动复制到该关键帧中，如果不想让新关键帧继承相邻左侧帧的内容，可以采用插入空白关键帧的方法。

在制作动画时，用户可以根据需要对帧进行一些基本操作，例如插入、选择、删除、清除、复制、移动帧、翻转、设置帧频和帧序列等。在时间轴上选择所要操作的帧，右击，就能按需操作，如图 6.12 所示。也可以选择"编辑"→"时间轴"子菜单中的相关命令，实现目标操作，如图 6.13 所示。

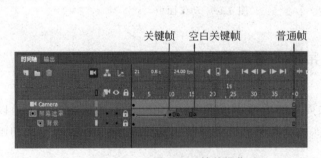

图 6.12　帧的操作

2）图层

Animate 中的图层是用来组织动画的，一般情况下一个动画图层只配置一个动画。可以在图层上绘制和编辑对象，而不会影响其他图层上的对象。层与层之间也有一个叠放顺序，放在上面的图层内容会挡住下层的内容。在图层上没有内容的舞台区域中，可以透过该图层看到下面的图层。每个图层都有独立的时间轴。

（1）图层的类型。在 Animate 中，图层一般共分为 5 种类型，即一般图层、遮罩层、被遮罩层、引导层、被引导层,如图 6.14 所示。

图 6.13　帧的操作　　　　　　　　　图 6.14　图层类型

(2) 图层的基本操作。图层的基本操作主要包括新建图层、新建图层文件夹(用来管理多个图层)、删除图层、选择图层、移动图层、锁定图层、重命名图层等操作。此外,设置图层属性可以在"图层属性"对话框中进行,如图 6.15 所示。还有图层的暂时隐藏,注意这里的隐藏只是在操作时暂时看不到,但在输出时隐藏层依然会被输出。锁定图层是为了编辑动画提供方便,显示图层轮廓主要用来做逐帧动画时作为参考。在时间轴上选择所要操作的图层,右击,即可按需操作,如图 6.16 所示。

图 6.15　图层属性　　　　　　图 6.16　图层的操作

2. 元件、实例、库

在动画制作过程中，经常需要重复使用一些特定的动画元素，用户可以将这些元素转换为元件，在制作动画时可多次调用。实例是元件在舞台上的具体表现。库面板是放置和组织元件的地方。

1) 元件

元件是存放在库中可被重复使用的图形、按钮或者动画。在 Animate 中，元件是构成动画的基础。在制作动画的过程中，如果需要反复使用同一个对象，可以将该对象先创建它元件或将其转换为元件，然后即可反复使用该元件来创建它在舞台中的实例。元件可使制作者不需要重复制作动画中需要多次使用的相同部分，如果需要修改，只要一次修改原始的元件即可。

在 Animate 中，每个元件都具有其独有时间轴、舞台及图层。可以在创建元件时选择元件的类型，元件类型将决定元件的使用方法。元件类型包括图形、按钮、影片剪辑，如图 6.17 所示。元件可以新建绘制制作，也可以将其他对象转换成元件。元件创建好后，类型是可以转换的，其属性也会随之发生改变。

2) 库

库的作用主要是用于预览和管理元件。在 Animate 中包含两种库，一种是 Animate 自带的公用库，其中包含了软件提供的一些常用元件；另一种是编辑 Animate 动画时与当前文件关联的库，一般由用户自己创建。库面板如图 6.18 所示。

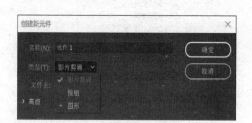

图 6.17　元件类型

图 6.18　库面板

在 Animate 中，创建的元件和导入的文件都显示在库面板中。可以使用库面板菜单中的命令对库项目进行编辑、排序、重命名、删除以及查看未使用的库项目等管理操作。使用共享库资源，可以将一个 Animate 影片库中的元素共享，供其他 Animate 影片使用。这一功能在进行小组开发或制作大型 Animate 影片时是非常实用的。

3) 实例

实例是指位于舞台上或嵌套在另一个元件内的元件副本，实例与元件的颜色、大小和功用上差异很大。编辑元件会更新一切实例，但对元件的一个实例应用效果则只更新该实例。

可以通过改变实例的属性,如大小、位置、色彩效果、Alpha 透明度等来实现动画效果。

3. Animate 动画的文件

Animate 动画文件的扩展名为.swf,该类型的文件只有 Flash 播放器才能打开,且播放器的版本须不低于 Animate、Flash 自带的播放器版本。它占用硬盘空间少,所以被广泛应用于游戏、网络视频、网站广告、交互设计等。

SWF 文件是一个完整的影片,无法被编辑。SWF 文件在发布时可以选择对其进行保护,如果没有选择,很容易被别人导入原始文件中使用。FLA 文件是 Animate 的原始文件,只能用对应版本或更高版本的 Animate 打开。

ActionScript 是一种脚本语言,是简单的文本文件。FLA 文件能够直接包含 ActionScript,但是也可以把它保存成 AS 文件,使用时通过 import 命令导入,以方便共同工作。

4. 工作流程

要制作 Animate 动画,通常需要执行下列基本步骤。

(1) 方案构思及脚本编写。

(2) 添加媒体元素。创建并导入媒体元素,如图形、图像、视频、声音和文本等。

(3) 排列元素。在舞台上和时间轴中排列这些媒体元素,以定义它们在影片中显示的时间和显示方式。

(4) 应用特殊效果。根据需要应用图形滤镜(如模糊、发光和斜角)、混合和其他特殊效果。

(5) 使用 ActionScript 控制行为。编写 ActionScript 代码以控制媒体元素的行为,包括这些元素对用户交互的响应方式。

(6) 测试。进行测试以验证影片是否按预期播放,查找并修复所遇到的错误。在整个创建过程中应不断测试。

(7) 发布。将 FLA 文件发布为可在网页中显示并可使用 Flash Player 播放的 SWF 文件。

根据项目和工作方式,用户可以按不同的顺序使用上述步骤。

6.2.3 制作简单动画

1. 图形素材的绘制与编辑

动画素材主要包括图形、图像、文本、声音、视频、动画等。在开始制作动画时,要先准备好相应的素材,好的素材可以帮助用户实现理想的动画效果。Animate 的工具面板中提供了丰富的绘制图形的工具,可以使用线条、椭圆、矩形和五角星形等绘制工具绘制基本图形,可以使用钢笔、铅笔等工具进行不规则图形的绘制,还可以对已经绘制的图形进行旋转、缩放、扭曲等变形操作。也可以将导入的位图照片转换为矢量的图形。

本案例中,花瓣图形素材绘制与编辑的具体操作步骤如下。

(1) 选择"文件"→"新建"命令,新建一个宽为 1024 像素、高为 768 像素、文件名为"三角梅绘制与编辑"的文件。选择"修改"→"文档"命令,将文档背景色修改成灰色,色号为 #999999,如图 6.19 所示。

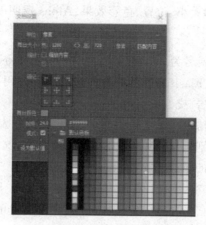

图 6.19 背景颜色

（2）选择"文件"→"导入"→"导入到库"命令，导入"三角梅绘制与编辑素材"文件夹下"三角梅""三角梅-单朵""三角梅花瓣"图片。

（3）选择"三角梅花瓣"图片，将其拖曳到舞台中。挑选其中一朵花瓣做参考，绘制花瓣形状。选择工具面板中的钢笔工具，沿着花瓣的边缘，绘制花瓣的轮廓，首尾相接即完成轮廓绘制，如图 6.20 所示。选择"修改"→"组合"命令将轮廓组合。如果不组合，轮廓线条是图形，它将处于底层，只有组合后的图形、元件、图片等，可以通过"修改"→"排列"子菜单中的命令调整次序。

图 6.20 用钢笔工具绘制轮廓

（4）双击绘制好的轮廓，选择工具面板中的转换锚点工具，拖动轮廓上的点，分开两个调节线，然后可以分别调节轮廓的曲率，按照花瓣外形调整，效果如图 6.21 所示。也可以选择选择工具，将光标靠近需要调整的线段，如图 6.22 所示，光标下方会出现一段小的曲线，此时慢慢拖动曲线，调整至与图片花瓣轮廓一至即可。两种方法可以交替使用。

（5）调整完成后，用选择工具双击绘制的曲线，将其全部选择（单击可以选中曲线的当前线段，双击可以选中整条曲线）。选择颜料桶工具，单击"选择颜色"色块，选择 ♯ ffccff 粉红色，在轮廓中进行倾倒填充。再单击"笔触颜色"色块，选择比填充颜色略深一点的 ♯ ff33ff 粉红色填充轮廓。在属性面板设置"笔触"参数为 2，加粗边框，效果如图 6.23 所示。

图 6.21 用锚点调整轮廓

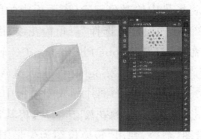
图 6.22 拖动调整

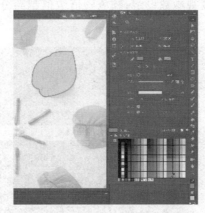
图 6.23 设置笔触参数及效果

（6）双击画好的花瓣，全部选中后，选择"修改"→"转换为元件"命令，弹出"转换为元件"对话框。设置元件名称为"单色花瓣"，元件类型为"图形元件"。单击"确定"按钮，库面板中就增加了一个名为"单色花瓣"的图形元件，如图 6.24 所示。选择"文件"→"存储"命令，保存文件等。

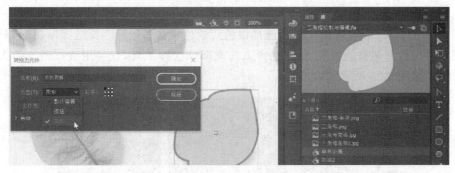
图 6.24 转换为元件

以上介绍的是如何通过导入参考图片，绘制、调整一个不规则图形、填充颜色和绘制轮廓，并将其转换为元件的普通方法，也适合其他不规则图形的绘制与编辑。

在"三角梅花瓣"图片中，粉和绿相间的另外一个花瓣也很漂亮，下面将其单独剪切下来，并转换为图形元件。

（1）将舞台切换场景，选择"三角梅花瓣"图片和刚才绘制的图形，选择"编辑"→"清除"

命令,将场景中的对象删除(库面板中的图片和元件都还保留着)。

(2)在库面板中选择"三角梅花瓣"图片,右击并选择"使用 Adobe Photoshop CC 进行编辑"命令,打开 Adobe Photoshop CC 软件,利用工具箱中的剪切工具,将花瓣剪切下来,保存为"三角梅花瓣 2.jpg"文件。回到 Animate 软件,选择"文件"→"导入"→"导入到库"命令,将"三角梅花瓣 2"图片导入库面板中。

(3)选择"三角梅花瓣 2"图片,将其拖曳到舞台中。选择"修改"→"位图"→"转换位图为矢量图"命令,弹出"转换位图为矢量图"对话框。设置颜色阈值为 30,最小区域为 8,角阈值为较多转角,曲线拟合为紧密。预览效果如图 6.25 所示。这是一种将位图转换为矢量图形的便捷方法,转换的清晰度视参数设定;颜色阈值数值越高分块越少,最小区域值越大图形分块也越少。

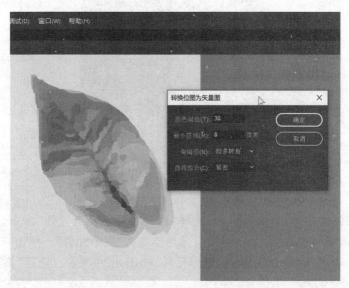

图 6.25　转换参数设定

(4)利用选择工具在画面中单击选择白色背景色块将其删除。再选择原阴影部分灰色将其删除。用绘制调整的方法,使用选择工具或部分选择工具,直接用节点调节的方式,灵活调节图形至图 6.26 所示的效果。

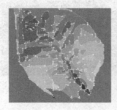  

图 6.26　图形调整

(5)利用选择工具框选全部多色花瓣图形,选择"修改"→"转换为元件"命令,弹出"转换为元件"对话框,设置元件名称为"多色花瓣"、元件类型为图形元件。单击"确定"按钮,库面板中增加一个名为"多色花瓣"的图形元件。将舞台上的多色花瓣删除,选择"文件"→"存储"命令,保存为"三角梅绘制与编辑"文件。现在舞台上是空的,库里的元件被保存下来。

2. 补间动画

在一个关键帧上放置一个实例,然后在另一个关键帧上改变该对象的大小、颜色、位置、透明度等,两者之间帧的变化过程即可自动形成,被称为补间动画。实例必须是元件、组或类型。在传统补间动画中要改变组或文字的颜色,必须将其变换为元件;而要使文本块中的每个字符分别动起来,则必须将其分离为单个字符。补间动画在 Animate 中,有两种动画形式,即补间动画和传统补间。

本案例中,图文淡出补间动画的具体操作步骤如下。

(1)打开"三角梅绘制与编辑.fla"文件。下面将在这个文件的基础上,利用库中原来准备的素材,创建补间动画和传统补间动画。

(2)双击时间轴上"图层1"文字,将其重命名为"白色背景"。选择矩形工具,在场景中随意绘制一个白色的矩形。打开属性面板,设置白色矩形的属性 X 为 0,Y 为 150,宽为 1024,高为 468,边框为无,填充色为白色,矩形正好位于舞台的中央,效果及参数如图 6.27 所示。

图 6.27 白色背景设置

(3)单击时间轴面板上的"新建图层"图标,新建一个图层,命名为"边框"。继续用矩形工具,在场景中随意绘制一个深灰色的矩形。打开属性面板,设置灰色矩形的属性 X 为 0,Y 为 135,宽为 1024,高为 15,边框为无,填充色为"♯666666",效果及参数如图 6.28 所示。

(4)选中灰色矩形,选择"修改"→"组合"命令将其组合。依次选择"编辑"→"复制"命令和"粘贴"命令,复制一个灰色矩形。打开属性面板,修改灰色矩形的属性 Y 为 615。灰色矩形正好位于白色矩形的上、下两边。这样舞台背景就做好了。

(5)选择"白色背景"图层,在时间轴的第 100 帧的位置右击,在弹出的快捷菜单中选择"普通帧"命令。选择"边框"图层,用同样的方法,在第 100 帧的位置插入普通帧。然后将白色背景灰色边框的效果延续到第 100 帧。

(6)选择"插入"→"新建元件"命令,在弹出的对话框中输入元件名称"三角梅-图形",设置元件类型为"图形",单击"确定"按钮。将库中的三角梅图片拖入元件的舞台中,库面板中就增加了"三角梅-图形"图形元件。

(7)将舞台切换到场景,单击时间轴面板上的"新建图层"图标,新建一个图层,命名为

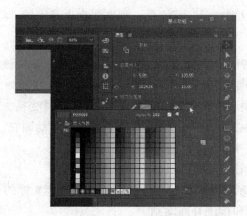

图 6.28　边框属性

"三角梅",然后将库中的"三角梅-图形"图形元件拖曳到舞台外左边,选择任意变形工具,按住 Shift 键等比调整其大小,高度与白色矩形对齐,效果如图 6.29 所示。

图 6.29　三角梅图形元件

(8) 在"三角梅"图层第 1 帧的位置右击,在弹出的快捷菜单中选择"创建补间动画"命令。此时时间轴部分变黄,将最后一帧拖曳到时间轴的第 48 帧,然后将场景中的三角梅元件移到舞台的左边,形成渐入的动画效果,如图 6.30 所示。

(9) 选择"插入"→"新建元件"命令,在弹出的对话框中输入元件名称"和谐幸福",设置元件类型为"图形",单击"确定"按钮。利用文本工具分别输入"和""谐""幸""福"四个字,移动位置后如图 6.31 所示。在文字中间,用椭圆工具绘制一个圆点。将以上文字和图片全部填充为灰色♯cccccc。

(10) 将舞台切换到场景。单击时间轴面板上的"新建图层"图标,新建一个图层,命名为"和谐幸福"。在"和谐幸福"图层第 49 帧右击,在弹出的快捷菜单中选择"空白关键帧"命令。然后将库中的"和谐幸福"图形元件拖曳到舞台内左下角,如图 6.32 所示。

图 6.30 补间动画调整

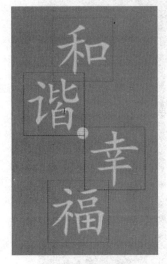

图 6.31 文字编排效果

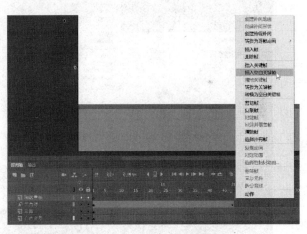

图 6.32 插入空白关键帧

（11）选择"三角梅"图层，在这个图层的第100帧右击，在弹出的菜单中选择"插入帧"命令。将三角梅图层的效果延续到第100帧。

（12）选择"和谐幸福"图层，选择任意变形工具，按住Shift键等比调整其大小，效果如图6.33所示。在第100帧右击，在弹出的快捷菜单中选择"关键帧"命令。选择第49关键帧，选择此帧场景中的"和谐幸福"元件，在属性面板中的"色彩效果"中将Alpha值设置为0，使"和谐幸福"元件在第49帧上变成透明。

（13）在"和谐幸福"图层的第49帧右击，在弹出的快捷菜单中选择"创建传统补间"命令，生成第49帧到第100帧的传统补间动画。

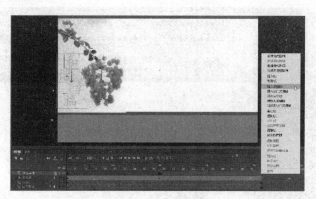

图 6.33　插入关键帧

（14）选择"文件"→"储存为"命令，将文件保存为"补间动画"，文件类型是默认的 Animate（＊.fla）。选择"控制"→"测试"命令，测试浏览动画效果，可以见到文字渐出的动画效果，如图 6.34 所示。测试动画文件的同时会在原文件的同一目录下自动生成"补间动画.swf"动画文件。

补间动画和传统补间两种动画之间的区别如下。

图 6.34　动画测试

（1）在时间轴上的表现不同。传统补间的背景是淡紫色的并有实心箭头，补间动画的背景是淡蓝色的。

（2）对插入的关键帧的要求不同。传统补间要求插入的关键帧的首尾为同一对象。先将首对象转为元件再建尾关键帧。补间动画只须插入首关键帧即可。

（3）特性不同。传统补间可实现动画滤镜（让应用的滤镜动起来），也可以利用运动引导层来实现传统补间动画图层(被属引导层)中对象按指定轨迹运动的动画。而补间动画只可实现动画滤镜。

(4)运用之处不同。一般在用到 3D 功能时候,会用到补间动画。由于习惯等问题,在做 Animate、Flash 项目时,传统补间用得较多。

3. 逐帧动画

在时间帧上逐帧绘制帧内容的动画称为逐帧动画。由于是一帧一帧地画,所以逐帧动画具有非常大的灵活性,几乎可以表现任何想表现的内容。逐帧动画的帧序列内容不一样,这不仅增加了制作负担,而且最终输出的文件也很大。但它的优势也很明显,因为它与电影播放模式相似,适合于表演很细腻的动画。通常在网络上看到的行走、飞行、书写文字等动画,很多都是使用逐帧动画实现的。逐帧动画在时间轴上表现为连续出现的关键帧。要创建逐帧动画,就要将每一帧都定义为关键帧,为每一帧创建不同的对象。

本案例中,书法题词逐帧动画的具体操作步骤如下。

(1)打开"补间动画.fla"文件,下面在这个文件的基础上,适当调整一下时间轴各图层上实例出场的时间,使得动画效果更加合理。选定"三角梅"图层的第 1 帧,按住 Shift 键,单击选择最后一帧,将这个图层的帧全部选择。将第 1 帧拖曳到第 110 帧的位置。用同样的方法,选择"和谐幸福"图层,选择两个关键帧之间的全部帧,将首关键帧拖曳到第 158 帧的位置。分别选择"白色背景""边框"图层的第 209 帧,右击,选择"插入帧"命令,将两个图层中的图形延续到本片尾,如图 6.35 所示。

图 6.35 时间轴布局

(2)选择"文件"→"导入"→"导入到库"命令,导入"素材"文件夹下"题词 r 7-印章.png"图片到库面板中。

(3)选择"插入"→"新建元件"命令,在弹出的对话框中输入元件名称"题词",设置元件类型为"图形",单击"确定"按钮。将库中的"题词 7-印章.png"图片拖曳到元件的舞台中。选择"修改"→"位图"→"转换位图为矢量图"命令,弹出"转换位图为矢量图"对话框。设置颜色阈值为 10,最小区域为 8,角阈值为较多转角,曲线拟合为紧密,如图 6.36 所示。框选题词落款部分的文字和印章,选择"修改"→"转换为元件"命令,将其转换为"题词落款"图形元件,如图 6.37 所示。然后将其在舞台上删除,进入场景。现在的库面板中,增加了"题词"和"题词落款"两个元件。

图 6.36 转换位图为矢量图命令及参数

图 6.37　转换为图形元件

（4）单击时间轴面板上的"新建图层"图标，新建一个图层，命名为"题词"，将其拖动到"和谐幸福"图层的上方。然后双击打开库中的"题词"图形元件，框选全部题词，选择"编辑"→"复制"命令。在"题词"图层第 16 帧右击，选择插入"空白关键帧"命令。然后选择"编辑"→"粘贴到中心位置"命令。注意不能直接将元件拖入舞台中，因为在后面做逐帧动画时，需要的是图形本身，而不是组合和元件。

（5）由于要将题词放在花的上方，但不希望压住太多的花，所以需要花的图片参照，但第 16 帧的位置，花还没有出现，因此，单击时间轴上的"绘图纸外观"按钮，拖动右边框图标至第 170 帧。这时就可以看到花的洋葱皮式的背景，方便确定当前图层的实例位置。利用工具箱中的任意变形工具，按住 Shift 键等比调整其大小，再移动第 16 帧上全部题词的位置，结果如图 6.38 所示。

图 6.38　绘图纸外观及题词位置

（6）运用擦除笔画和翻转帧的方式，制作题词的逐帧动画效果。为了防止橡皮擦的误擦，单击"白色背景"和"三角梅"图层右侧的"锁定"按钮，锁定这两个图层，如图 6.39 所示。

（7）选择"题词"图层的第 17 帧，右击"插入关键帧"命令。选择工具箱中的橡皮擦工具，根据笔画的顺序，将后写的笔画，稍微擦掉一点。然后选择第 18 帧，右击插入"关键帧"命令，用橡皮擦再擦掉一点"馆"字的笔画，如图 6.40 所示。用此方法慢慢擦除，每擦掉一个字间隔 4 帧插入关键帧，直到文字全部擦光。

（8）选择"题词"图层的第 16 帧，按住 Shift 键单击选定最后一帧（第 209 帧）。右击，选择"翻转帧"命令，将选中的帧进行翻转。

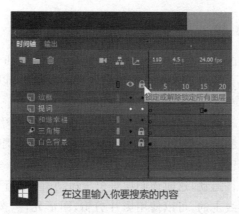

图 6.39　锁定图层

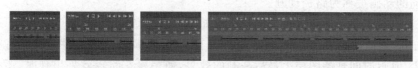

图 6.40　"馆"字擦除效果

（9）单击时间轴面板上的"新建图层"图标，新建一个图层，命名为"题词落款"。在该图层第 160 帧右击，选择"空白关键帧"命令。然后将库中的"题词落款"图形元件拖曳到舞台上题词文字的右下方。单击"绘图纸外观"按钮，使用户可以看到完整的背景，然后参考背景调整其大小至合理状态。选择该图层的第 209 帧，右击，选择"插入关键帧"命令。选择第 160 帧上的"题词落款"元件，在属性面板中将其"色彩效果"的 Alpha 值设置为 0，使"题词落款"元件在第 160 帧上变成透明。在第 160 帧上右击，选择"创建传统补间"命令，创建题词落款淡出的效果，如图 6.41 所示。

图 6.41　逐帧动画及淡出效果

（10）选择"文件"→"储存为"命令，将文件保存为"逐帧动画"，文件类型是默认的Animate(＊.fla)。选择"控制"→"测试"命令，测试动画效果，可以看到类似书写题词的文字动画效果。测试动画文件的同时会在原文件的同一目录下自动生成"逐帧动画.swf"动画文件。

4. 路径动画

引导层是一种特殊的图层,在该图层中,同样可以导入图形和引入元件,但是最终发布动画时引导层中的对象不会被显示出来。按照引导层的功能,可以将其分为普通引导层和运动引导层两种类型。

普通引导层主要用于辅助静态对象定位,并且可以不使用被引导层而单独使用。运动引导层主要用于绘制对象的运动路径,所以引导层中的内容可以是用钢笔、铅笔、线条、椭圆工具、矩形工具或画笔工具等绘制的线段。可以将图层链接到同一个运动引导层中,使图层中的对象沿引导层中的路径运动,这时该图层将位于运动引导层下方并成为被引导层,被引导层中的对象是跟着引导线走的,可以使用影片剪辑、图形元件、按钮、文字等,但不能应用形状。在 Animate 中,将一个或多个层链接到一个运动引导层,使一个或多个对象沿同一条路径运动的动画被称为路径动画。

本案例中,飘花路径动画的具体操作步骤如下。

(1) 打开"逐帧动画.fla"文件,将该文件另存为"路径动画.fla"文件。下面将在前面文件的基础上,延迟时间轴各图层上最后一帧的效果,使得飘花路径效果出现时,还有前面制作的动画作背景。分别选择"白色背景""和谐幸福""题词落款""题词""边框"图层的第 357 帧,右击,选择"插入帧"命令。直接拖动"三角梅"的最后一帧到第 357 帧的位置,延续效果,时间轴如图 6.42 所示。

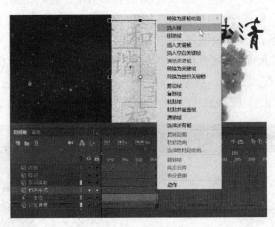

图 6.42　插入帧

(2) 单击时间轴面板上的"新建图层"图标,新建一个图层,命名为"飘花"。选择第 157 帧,右击,选择"插入空白关键帧"命令。然后将库中的"多色花瓣"图形元件拖曳到舞左边三角梅的位置,运用工具箱中的任意变形工具,按住 Shift 键等比例调整其大小,让这个花瓣就像是长在三角梅图片中的样子。选中效果"多色花瓣",选择"修改"→"转换为元件"命令,在弹出的对话框中输入元件名称"飘花",设置元件类型为"影片剪辑",单击"确定"按钮,如图 6.43 所示。将"多色花瓣"元件先拖入场景,再将其转换为影片剪辑元件是为了确定其位置和大小,使后面的影片剪辑编辑可以参考场景,使位置、动画距离及变化更加合理。

(3) 双击"飘花"图层第 157 帧上的"飘花"影片剪辑元件,进入"飘花"影片剪辑元件界

图 6.43　转换元件

面,可以看到背景上其他图层的内容变淡了,但当前影片剪辑元件的"花瓣"元件还是正常颜色。影片剪辑元件有独立的时间轴,因为这个是用转换为元件的方式建立的影片剪辑元件,所以"图层-1"中是"飘雪"元件。新建"图层-2",选择铅笔工具,在工具面板中单击"平滑"图标,然后在场景中画一个带圈的曲线。在第 131 帧右击,选择"插入帧"命令插入普通帧。将线条延续到第 131 帧。然后在第 1 帧右击,选择"引导层"命令将其转换成引到层,如图 6.44所示。

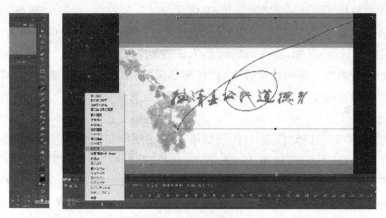

图 6.44　设定引导层

　　(4) 选择"图层-1",将其拖曳到"图层-2"的下方,图层图标会比原来的位置向右缩进一点。选择第 1 帧上的"多色花瓣"元件,将其移动到曲线路径的最左边,当接近的时候,图形会自动吸附上去,如图 6.45 所示。选择第 131 帧右击,选择"关键帧"命令,然后将第 131 帧上的"多色花瓣"元件移动到曲线路径的最右边。将"多色花瓣"放大两倍,并旋转合适的角度。在属性面板设置"色彩效果"下的 Alpha 值为 0,元件即变透明。在第 1 帧上右击,选择"创建传统补间动画"命令,多色花瓣沿着轨迹从左向右放大、旋转、淡出画面。
　　(5) 新建"图层-3",选择"图层-2"图层的第 1 帧,按住 Shift 键单击"图层-1"的第 131帧,同时选中两个图层上这个范围内的帧。右击,选择"复制帧"命令。选择"图层-3"的第22 帧,右击,选择"粘贴帧"命令。将"图层-1""图层-2"的内容包括引导层的信息全部复制到"图层-3"和"图层-4"中,"图层-4"是在粘贴时自动产生的。将"图层-4"中的曲线路径的位置

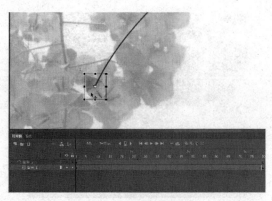

图 6.45　吸附到路径

上移,用部分选取工具适当调整一下曲线,让它与第一条略有区别。选择"图层-3"中第 1 帧的"花瓣"元件,将其与曲线路径的头部位置对齐。选择"图层-3"的第 131 帧中的"花瓣"元件,将其与曲线路径的尾部位置对齐。两朵花瓣的沿路径飘动、淡出画面的动画就做好了。

(6) 两片多色花瓣沿着路径飘落的效果,还是有点单调,所以准备增加一些简单的单朵三角梅飘动的动画。新建"图层-5",然后将库中的"三角梅-单朵.png"图片拖入场景。选择工具箱中的任意变形工具,按住 Shift 键等比调整其大小,让这个"三角梅-单朵"就像是长在"三角梅"图片中的样子。选中效果"三角梅-单朵.png",选择"修改"→"转换为元件"命令,在弹出的对话框中输入元件名称"三角梅-单朵",设置元件类型为"图形",单击"确定"按钮。在"图层-5"时间轴的第 63 帧,右击,选择"插入关键帧"命令,然后将"三角梅-单朵"图形元件移动到右上方画面外。在属性面板上将"色彩效果"的 Alpha 值设置为 0。选择第一帧右击,选择"创建传统补间动画"命令,"三角梅-单朵"图形元件从左到右、从小到大变透明飘出画面的效果就做好了。

(7) 新建"图层-6",选择"图层-5"图层的第 1 帧,按住 Shift 键单击第 63 帧。右击,选择"复制帧"命令。选择"图层-6"的第 15 帧,右击,选择"粘贴帧"命令,将"图层-5"中的内容复制到"图层-6"。选择"图层-6"的第 78 帧(关键帧),将其拖动到第 54 帧,以缩短飘动时间。选择场景中的"三角梅-单朵"图形元件,将其稍微移动到左边一点,改变一下位置。用同样的方法,复制、粘贴、改变动画时间、改变元件位置,以产生很多花随机飘动的动画效果。

(8) 通过上面的操作,已经用 200 帧完成了"飘花"影片剪辑内的动画。现在回到场景中,选择"飘花"图层的第 357 帧,右击,选择"插入帧"命令将效果延续到第 357 帧。影片剪辑元件要在场景中完全播放,场景留给影片剪辑的帧数不能少于影片剪辑本身的动画帧数。

(9) 选择"文件"→"存储"命令。选择"控制"→"测试"命令,测试动画效果。可以看到花瓣沿路径飘动,花朵随机飘洒的动画效果。

5. 遮罩动画

遮罩动画是 Animate 中的一个很重要的动画类型,很多动画效果都是通过遮罩动画来完成的。为了得到特殊的显示效果,可以在遮罩层上创建一个任意形状的"视窗",遮罩层下方的对象可以通过该"视窗"显示出来,而"视窗"之外的对象将不会显示。

在 Animate 动画中,遮罩主要有两种用途:①在整个场景或一个特定区域,使场景外的对象或特定区域外的对象不可见；②遮罩住某一元件的一部分，从而实现一些特殊的效果。

在 Animate 中，可以将普通图层转换为遮罩层。只要在某个图层上右击，在弹出的快捷菜单中选择"遮罩层"命令，使命令名称的左边出现一个小钩，该图层就会变成遮罩层。系统会自动把遮罩层下面的一层关联为"被遮罩层"，同时将其缩进在"遮罩层"的下方。如果想关联更多层，只要把这些层拖到遮罩层下面就行了。

本案例中，遮罩动画的具体操作步骤如下。

（1）打开"路径动画.fla"文件，将该文件另存为"遮罩动画.fla"文件。下面将在前面文件的基础上，加上一个"视窗"打开的效果。在时间轴面板上，单击"新建图层"按钮，新建一个图层，命名名为"屏幕遮罩"。将其移动到"边框"图层的下方、"飘雪"图层的上方。

（2）绘制图形时如果需要参考位置，可以打开标尺。然后在上面和左面的标尺中，按住鼠标左键并拖动，拉出辅助线，以帮助绘制定位。不需要辅助线时，可以拖曳辅助线至画面外，它将自行消失。还可以在"贴紧"菜单中选择需要的贴紧辅助功能。

（3）选择矩形工具，在"屏幕遮罩"的第 1 帧中绘制一个 1024×1 像素的小矩形，居于舞台的中间位置。在"屏幕遮罩"的第 10 帧，插入空白关键帧，并绘制一个 1024×467 像素的大矩形，位于上下边框内。在这个图层的第 1 帧创建形状补间动画。类似一条线的小矩形就会慢慢地变成大矩形，形成类似幕布慢慢打开的动画效果。

（4）选择时间轴上的"屏幕遮罩"图层，右击，选择"遮罩层"命令，"飘花"图层会自动变成被遮罩层。然后把"题词""题词落款""和谐幸福""三角梅""白色背景"这些图层拖曳到遮罩层下面，如图 6.46 所示。其下的图层被遮罩了。

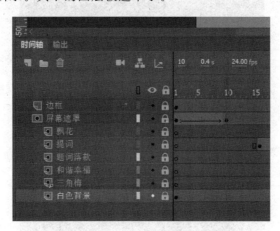

图 6.46　遮罩层

（5）选择"文件"→"导入"→"导入到库"命令，导入"下渚湖全景-x1.png"图片到库面板中。选择"插入"→"新建元件"命令，在弹出的对话框中输入元件名称"下渚湖"，设置元件类型为"图形"，单击"确定"按钮。在时间轴面板上新建"下渚湖"图层，并将其移动到"三角梅"图层的上方。右击"下渚湖"图层的第 308 帧，选择"插入空白关键帧"命令，在这帧将"下渚湖"元件移进场景，准备制作背景移动的效果。

（6）分别选择"下渚湖"图层的第 339、351、366、413、418、436、489、620、1616、1639、1654帧，插入关键帧，然后移动并缩放"下渚湖"元件。在关键帧上，有选择性地创建传统补间动画，以完成背景移动并缩放的补间动画。关键帧位置和图片大小可以在属性面板上调整，如

图 6.47 所示。

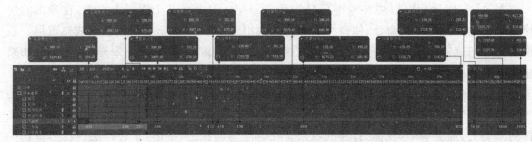

图 6.47　背景补间动画

（7）新建"背景方框"图层，并将其移到"屏幕遮罩"层的上方。右击第 520 帧，选择"插入空白关键帧"命令。用矩形工具在场景上绘制一个无边框矩形，设置其属性 X 为一75，Y 为 270，宽为 1130，高为 260；填充为蓝色♯003399，Alpha 值为 48％，如图 6.48 所示。选中矩形，选择"修改"→"转换为元件"命令，在弹出的对话框中输入元件名称"长方底色"，设置元件类型为"图形"，单击"确定"按钮。右击时间轴第 1516 帧，选择"插入关键帧"命令，将背景延续到第 1516 帧。选择时间轴第 1566 帧，继续插入关键帧。选择"长方底色"图形元件，在属性面板中将"色彩效果"的 Alpha 设置为 1％。在第 1516 帧右击，选择"创建传统补间动画"命令完成第 1516 帧到第 1566 帧背景淡出的效果。

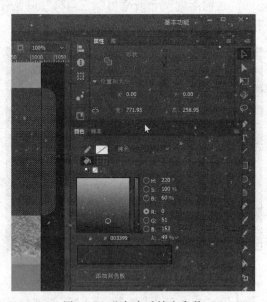

图 6.48　蓝色半透填充参数

（8）新建"序言"图层，并将其移动到"背景方框"层的上方。右击第 520 帧，选择"插入空白关键帧"命令。选择文本工具，在场景上输入准备好的序言文字，设置文字属性 X 为663，Y 为 357，宽为 736，高为 233；填充为白色，字体为宋体，大小为 17 磅，如图 6.49 所示。全选序言文字，选择"修改"→"转换为元件"命令，在弹出的对话框中输入元件名称"序言"，设置元件类型为"图形"，单击"确定"按钮。和前面一样，右击第 1516 帧，选中"插入关键帧"命令。将文字延续到第 1516 帧。选择时间轴第 1566 帧，继续插入关键帧。选择"序言"图

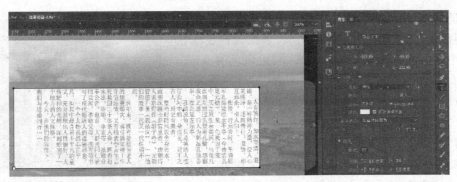

图 6.49 序言文字参数

形元件,在属性面板中将"色彩效果"的 Alpha 值设置为 1%。右击第 1516 帧,选择"创建传统补间动画"命令完成第 1516 帧到 1566 帧文字淡出的效果。

(9) 新建"序言遮罩"图层,并将其移到"序言"图层的上方。在第 520 帧右击,选择"插入空白关键帧"命令。选择矩形工具,在场景中绘制一个无边框矩形,设置属性 X 为 870,Y 为 268,宽为 21,高为 72,填充为白色(什么颜色都可以,因为这个图层的图形是用作遮罩的)。选择第 525 帧,插入关键帧,将前面的图形延续。然后选择部分选择工具,单击图形边框的位置,出现轮廓的控制柄,框选下面两个节点,按键盘上的 ↓ 键,将图形向下延伸。选择第第 527、535、546 帧,依次插入关键帧,将图形慢慢向下延伸。在第 546 帧的位置,图形超出蓝色背景框,第一列逐帧动画完成。用 26 帧左右的时间完成一列的动画。在第 550 帧的位置插入关键帧。选择第 520 帧中的方块复制一个,然后在第 550 帧,选择"编辑"→"选择到当前位置粘贴"命令,将方块在复制时的原位置被粘贴。按键盘上的 ← 键,将图形向左移动,正好贴紧第一列图形。然后选择新复制列下面的两个节点,向下移动。其后几列的制作方法也是如此。最后形成逐帧动画,效果如图 6.50 所示。

图 6.50 序言遮罩的位置与做法

(10) 右击"序言遮罩"图层,选择"遮罩层"命令,将"序言""背景方框"缩进在其下作为被遮罩层。文字一列列渐出的遮罩动画就做好了,将其保存。然后选择"控制"→"测试"命令测试动画效果,如果不理想可返回再调试一下。文字字体、大小等会影响排版位置,所以对遮罩层可以做相应的调整。分别选择"边框""屏幕遮罩""下渚湖"图层的第 1760 帧插入普通帧将画面延续到尾部。

(11) 为了让文字的效果更加的醒目,在文字的上面增加一个高光亮块动画。选择"插入"→"新建元件"命令,在弹出的对话框中输入元件名称"高光块",设置元件类型为"图形",

单击"确定"按钮。选择矩形工具在场景中绘制一个无边框矩形，设置属数宽为 94，高为 69；填充为白色线性渐变，中间白色的 Alpha 值为 80%，两边白色的 Alpha 值为 10%，如图 6.51 所示。

（12）新建"高光块"图层，并将其移到"序言遮罩"层的上方。右击第 520 帧，选择"插入空白关键帧"命令。将"高光块"图形元件移入第一列文字的上方，如图 6.52 所示。右击第 546 帧，选择"插入关键帧"命令，将"高光块"图形元件移入第一列文字的下方，如图 6.53 所示。右击第 520 帧，选择"创建传统补间动画"命令。右击第 547 帧，选择"插入关键帧"命令。重复第一列的做法，完成下面多列的操作。关键点在于要和"序言遮罩"的动画位置基本对上，形成同步。和

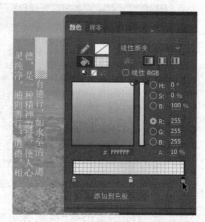

图 6.51　高光块填充参数

"序言""背景方框"图层一样，选择时间轴第 1516 帧插入关键帧，将高光块延续到第 1516 帧。选择时间轴第 1566 帧继续插入关键帧，将"高光块"图形元件 Alpha 值设置为 1%。在第 1516 帧创建传统补间动画，完成第 1516 帧到第 1566 帧高光块淡出的效果。时间轴图层安排、时间轴动画设置的总体效果如图 6.54 所示。

图 6.52　高光块起始位置

图 6.53　高光块尾部位置

（13）选择"文件"→"存储"命令，覆盖原来的"遮罩动画.fla"文件。选择"控制"→"测试"命令测试动画效果，可以看到用形状补间动画叠加遮罩图层功能的序幕缓缓打开的动画效果。后续用逐帧动画、补间动画叠加遮罩图层功能的字幕渐出的动画效果。遮罩的两种

图 6.54　时间轴图层、动画设置总体效果

运用,在这个案例中都得到了呈现。

6.2.4　多媒体动画合成

本小节将对作品进行整理调整,加入多媒体元素与 ActionScript 控制行为,让作品在效果上更加具有感染力,在操作上具有更多的灵活性和可控性。

1. Animate 动画中的音频

声音是 Animate 动画的重要组成元素之一,它可以增添动画的表现力。在 Animate 中导入声音后,可以为按钮添加音效,也可以通过时间轴作为整个动画的背景音乐。在 Animate 中,可以将外部的声音文件导入动画中,也可以使用共享库中的声音文件。

在 Animate 中,可以导入 WAV、MP3 等文件格式的声音文件。导入文档的声音文件一般会保存在库面板中,因此与元件一样,只需要创建声音文件的实例就可以以各种方式在动画中使用该声音。

导入声音文件的方法是:选择“文件”→“导入到库”命令,打开“导入到库”对话框,选择需要导入的声音文件,单击“打开”按钮,即可添加声音文件至库面板中,如图 6.55 所示。

在帧属性面板中,声音的主要参数选项如图 6.56 所示,具体作用如下。

(1)名称:显示导入的声音文件名称。

(2)效果:设置声音的播放效果,可以直接选用预设的 6 种声音效果,也可以通过编辑声音封套,按照设想自己编辑声音效果。

(3)同步:声音的同步方式为事件、开始、停止、数据流 4 种。下面主要介绍事件方式和数据流方式。

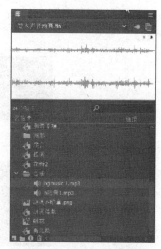

图 6.55　声音导入到库

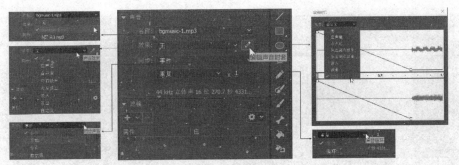

图 6.56　声音属性

① 事件。事件方式的声音必须在动画全部下载完后才可以播放,如果没有明确的停止命令,它将连续播放。在 Animate 动画中,事件声音常用于设置单击按钮时的音效,或者用来表现动画中某些短暂动画时的音效。因为事件声音在播放前必须全部下载才能播放,因此此类声音文件不能过大,以减少下载时间。在运用事件声音时要注意:无论什么情况下,事件声音都是从头开始播放的,且无论声音的长短,都只能插入一个帧中。

② 数据流。数据流方式的声音在前几帧下载了足够的数据后就开始播放,通过和时间轴同步可以使其更好地在网站上播放,可以边看边下载。此类声音较多应用于动画的背景音乐中。

(4) 重复:单击该按钮,在下拉列表中可以选择“重复”和“循环”两个选项。“重复”选项可以在右侧的“循环次数”文本框中输入声音循环播放的次数;若选择“循环”选项,声音文件将循环播放。

本案例中,导入声音的具体操作步骤如下。

(1) 打开“遮罩动画.fla”文件,将该文件另存为“导入声音动画.fla”文件。下面将在前面文件的基础上添加背景音乐和配音效果。选择“文件”→“导入”→“导入到库”命令,导入 bgmusic-1.mp3、h 配音 1.mp3 两个声音文件到库面板中。

(2) 在时间轴面板上,新建一个图层“背景音乐”,并将其移动到“边框”图层的上方。从库面板中拖曳 bgmusic-1.mp3 声音文件到场景中。当前图层的时间轴上显示了声音文件的波形,如图 6.57 所示。设置 bgmusic-1.mp3 的属性同步为事件,重复为 1 次,如图 6.58 所示。

图 6.57　添加声音

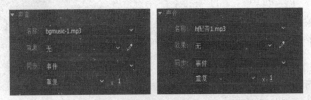

图 6.58　声音属性设置

可以把多个声音放在同一图层上,或放在包含其他对象的图层上。最好能将每个声音放在独立的图层上,这样每个图层可以作为一个独立的声音通道。当播放 SWF 文件时,所有图层上的声音就可以混合在一起。

(3) 选择"背景音乐"图层,在该图层上方新建一个图层"配音-01"。右击第 502 帧,选择"插入空白关键帧"命令。从库面板中拖曳"h 配音 1.mp3"声音文件到场景中,即可将声音添加到第 502 帧后面的帧中,第 502 帧后面的帧中显示了声音文件的波形。设置"h 配音 1.mp3"的同步为事件,重复为 1 次。

(4) 选择"文件"→"存储"命令,覆盖原来的"导入声音动画.fla"文件。选择"控制"→"测试"命令,测试动画效果,可以听到第 1 帧开始播放背景音乐,第 502 帧开始配音和背景音乐同时播放,第 1710 帧后配音结束,背景音乐一直播到文件最后。

2. 按钮创建及切换功能

按钮元件可以通过鼠标控制,用户也可以制作交互式按钮。按钮元件有 4 帧,代表 4 种状态:弹起、指针经过、按下和点击。其中前三种是按钮在不同情况下的显示状态,最后一种"点击"则用于设置按钮元件的点击热区。这里绘制的图形是透明的,在制作隐形按钮时可以考虑使用。虽然按钮的可显示状态都是一帧,但如果在这一帧上使用带有动画效果的"影片剪辑",也可制作动态按钮。可以在按钮的前 3 个状态中导入相应的声音文件,这样在鼠标滑过、单击、按下时就可以出现不同的声效。

本案例中,创建按钮及切换的具体操作步骤如下。

(1) 打开"导入声音动画.fla"文件,将该文件另存为"按钮切换.fla"文件。下面将在前面文件的基础上添加按钮和按钮引导切换页面功能。选择"插入"→"新建元件"命令,在弹出的对话框中输入元件名称"德清按钮",设置元件类型为"按钮",单击"确定"按钮。

(2) 在库面板中,双击"提词"元件。用选择工具框选"德清"两个字,进行复制。然后新建"德清按钮文字"图形元件,进行粘贴。这个图形元件将在后面的按钮元件编辑中运用。

(3) 在库面板中双击"德清按钮"元件,进入此元件的编辑状态。将"图层-1"改名为"德清文字"。将"德清按钮文字"图形元件拖曳到舞台上。选择"德清按钮文字"图形元件,在属性面板中设置"色彩效果"下的 Alpha 值为 85%。右击第 2 帧"指针经过"帧,选择"插入关键帧"命令,将其 Alpha 值设置为 100%。然后按键盘上的←键两次,↓键两次,使其光标经过时有向下向左位移的感觉。右击第 4 帧"点击"帧,选择"插入关键帧"命令。在其外围画一个框,颜色随意,这个框在实际的按钮使用时是不显示出来的,是点击的热区范围。原来只有"德清"两个字的笔画处可以产生有效点击,范围有点小,要比较精确才能点击到,界面显得不够友好。绘制框后,只要光标进入这个区域,就能产生有效热区反应,光标变成手状。

(4) 新建"花瓣"图层,将"单色花瓣"拖到舞台上,放置在"德清"文字的左面。选择"单色花瓣"图形元件,将其 Alpha 值设置为 50%。右击第 2 帧"指针经过"帧,选择"插入关键帧"命令,将其 Alpha 值设置为 100%,然后按键盘上的←键两次,↓键两次,使其在光标经过时也有向下向左位移的感觉。

(5) 在这两个图层的中间新建"请点击"图层,输入文字"请点击"三个字,设置字体为楷体,大小为 27 磅,颜色为#333333,放置在"花瓣"和"德清"文字的中间。右击第 2 帧"指针经过"帧,选择"插入关键帧"命令,将其颜色改变成白色#ffffff。然后按键盘上的←键两次,↓键两次,使其在光标经过时也有向下向左位移的感觉。这样按钮元件内的内容就全部编辑好了,效果如图 6.59 所示。

图 6.59　按钮效果

(6) 切换到场景 1,新建"德清按钮"图层。将刚才制作好的按钮元件移动到画面的右下方,如图 6.60 所示。将这个实例命名为 btn1,这个名称就是这个按钮元件被拖动到舞台变成实例后的名称,以方便 ActionScript 脚本语言的调用。

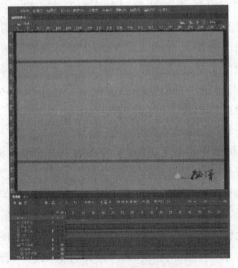

图 6.60　按钮放置

(7) 新建"AS1_发光滤镜"图层,右击其第 1 帧,选择"动作"命令,打开动作面板。在面板中输入以下脚本程序。

```
//发光滤镜效果脚本
var grow: GlowFilter=new GlowFilter();
grow.color=0xFFFFFF;
grow.alpha=0.8;
grow.blurX=8;
grow.blurY=8;
grow.strength=1;
grow.inner=false;
grow.knockout=false;
grow.quality=BitmapFilterQuality.HIGH;
btn1.filters=[grow];
```

这个 AS 脚本能为 btn1 实例添加一个发光效果。

（8）选择"文件"→"存储"命令，覆盖原来的"按钮切换.fla"文件。选择"控制"→"测试"命令，测试动画效果，可以看到按钮的周围有一圈白色的光晕，当光标经过时，会位移和变色；当鼠标按下时，花瓣图形和"请点击"文字消失，有闪烁的感觉。当点击时，将转向其他界面。

3. 多媒体动画合成

运用 ActionScript 代码可以控制时间轴的运行方向、舞台中实例的行为方式、多文件之间的链接和跳转，从而创建多媒体合成动画。下面在前面文件的基础上补全和调整之前动画的效果，调节动画的播放与停止，为按钮添加切换页面的 ActionScript 代码，使片头动画更加完整、连贯。片头分为前后两段，所以在动画中要补充一些用于衔接画面的传统补间动画。当前段动画播放完成后，通过 ActionScript 语句直接加载下一段动画。当不想观看片头时，可以随时单击"德清"按钮，链接到主界面。

本案例中，多媒体动画合成的具体操作步骤如下。

（1）打开"按钮切换.fla"文件，将该文件另存为"德清片头动画合成.fla"文件。选择"文件"→"导入"→"导入到库"命令，导入"素材"文件夹下的"莫干山1.png""莫干山2.png"图片。

（2）在"飘花"图层上面新建一个图层"莫干山林景"。这个新建的"莫干山林景"图层继承了"飘花"图层的属性，从属于"屏幕遮罩"图层。右击图层第1654帧，选择插入"空白关键帧"命令。将"莫干山1.png"图片拖曳到舞台画面的左下方，并将其转换为"莫干山1"图形元件。在第1683帧插入关键帧，将图形元件向右上方移动，具体位置如图6.61所示。在第1654帧创建传统补间动画，山林渐出的效果就做好了。

图 6.61　图片移动位置

（3）用同样的方法做远山渐出效果。在"莫干山林景"图层的上方新建"莫干山山景"图层。在第1683帧插入空白关键帧。将"莫干山2.png"图片拖曳到舞台画面的中间偏上方位置,并将其转换为"莫干山 2"图形元件。然后在第 1744、1760 帧分别插入关键帧。选择第 1683 帧中的"莫干山 2"图形元件,将其缩小一些,将 Alpha 值设置为 30%。选择第 1760 帧上的"莫干山 2"图形元件,将 Alpha 值设置为 60%。在第 1683、1744 帧创建传统补间动画,远山渐出的效果就做好了,具体位置如图 6.62 所示。

图 6.62　远山位置及渐出效果

　　(4)为了画面的美观,需要给"三角梅""和谐幸福""题词落款""题词""飘花"五个图层添加淡出画面的效果。分别在各图层的第 260、330 帧插入关键帧,然后将第 330 帧中的元件的 Alpha 值设置为 0,使其变成全透明。在第 260 帧,为它们创建传统补间动画。在"三角梅"图层的第 260 帧插入颜色关键帧,并创建补间动画。"题词"图层因为原来是逐帧动画,其属性是图形而非组合和元件,所以在这个图层的第 260 帧创建关键帧后,先将其转换为图形元件,然后在第 330 帧插入关键帧,再将第 260 帧的图形元件的属性传递到第 330 帧。具体设置如图 6.63 所示。

图 6.63　淡出效果补间

（5）新建"AS2_链接总界面"图层，右击第 1 帧，选择"动作"命令，打开动作面板。在面板中输入以下脚本程序。

```
btn1.addEventListener("click", onPlay01)
function onPlay01(e: MouseEvent): void
//按钮侦听
{
    var loader: Loader=new Loader();
    var url: String="index.swf";
    var urlReq: URLRequest=new URLRequest(url);
    loader.load(urlReq);
    addChild(loader);
    //加载 index.swf 到舞台中
        stop();
        SoundMixer.stopAll();
}//停止时间轴播放,关闭当前所有声音
```

侦听按钮后，通过按钮点击事件，链接到德清的总界面，同时停止播放动画和声音。

（6）新建"AS3_链接片头 2"图层，在第 1760 帧插入空白关键帧。打开动作面板，在面板中输入以下脚本程序。

```
stop();
var loader: Loader=new Loader();
var url: String="片头 2.swf";
var urlReq: URLRequest=new URLRequest(url);
loader.load(urlReq);
addChild(loader);
SoundMixer.stopAll();
```

停止播放后将自动链接到"片头 2.swf"动画继续播放，同时停止播放当前的声音。

（7）选择"文件"→"存储"命令，覆盖原来的"德清片头动画合成.fla"文件。选择"控制"→"测试"命令，测试动画效果。

6.2.5 制作交互动画

利用 ActionScript，用户可以通过输入代码使系统自动执行相应的任务，并询问在影片运行时发生了什么。利用这种双向的通信方式可以创建具有交互功能的影片、链接到其他动画或其他媒体播放、搭建更复杂多媒体框架，使 Animate 动画可以有更大的拓展空间。ActionScript 与其他脚本语言一样，都遵循特定的语法规则、保留关键字，提供运算符，并且允许使用变量存储和获取信息，而且还包含内置的对象和函数，允许用户创建自己的对象和函数。

下面将通过 ActionScript 语言脚本实现两个片头文件、主界面文件、四个栏目文件、栏目内场景跳转、主场景音乐开关的控制和自由切换，完成多媒体作品的整合。

1. 主界面动画与链接

主界面包括一个动态影片剪辑背景、四个能够链接到其他动画文件的栏目按钮、一个能回到片头的影片剪辑按钮，以及一个能控制背景音乐开关的按钮。注意，如要在 ActionScript 脚本语言中运用影片剪辑、按钮元件，就必须将其拖动到舞台后，在属性面板中对其进行命名。编写 ActionScript 脚本程序时，名字引用要完全一致。

本案例中，制作主界面动画与链接的具体操作步骤如下。

（1）打开"index-素材.fla"文件，将文件另存为 index.fla 文件。为了能够尽快掌握交互动画的制作，素材文件中包含了一些已经制作好的元件、主场景时间轴简单动画。

（2）湖景波动效果动画的制作方法是，先在 Photoshop 中处理 12 张水波错位的 PNG 格式的位图，并将其导入 Animate 的库中，转换为图形元件，然后将元件逐一插入"湖景波动-swf"的时间轴上，形成逐帧动画影片剪辑，再将影片剪辑拖动到湖景波动图层的场景中。时间轴的第 1 帧 Alpha 值为 0，第 10 帧 Alpha 值为 54%，第 15 帧 Alpha 值为 100%，形成淡出效果。然后在第 16、20、30、215 帧插入关键帧，将图片从右向左移动，形成镜头移动的效果。

（3）新建"德清"图层，将库中的"德清文字"影片剪辑拖曳到舞台中间上部，然后将其命名为 dq，如图 6.64 所示。分别在第 10、14、20 帧插入关键帧，将其 Alpha 值分别设置为 0、0、41%、100%，形成淡出效果。

图 6.64　为实例命名

（4）"btn-道"按钮元件如图 6.65 所示。第 1 帧是一个白底红字的圈，在第 2 帧插入空白关键帧，当光标经过时，圈变红底白字，然后在圈的右边出现"btn2-敬业之道"影片剪辑。第 4 帧是点击帧，先插入关键帧，将前面的画面延续。为了链接流畅，加画了一个长方形，因为文字的笔画比较细，如果仅靠笔画作为链接热区，会出现断断续续的现象。有图形的地方，当光标经过时都会变成手状。用这个方法分别制作"btn-德""btn-品""btn-行"其他三个按钮元件。

（5）新建"道字"图层，将库中的"btn-道"按钮元件拖曳到舞台中间上部，然后将其命名为 dao。分别在第 26、34 帧插入关键帧，将其 Alpha 值分别设置为 0、100%。在第 26 帧的位置将其放大后向下、向左微移。

（6）新建"德字"图层，将库中的"btn-德"按钮元件拖曳到舞台中间上部，然后将其命名为 de。分别在第 30、40 帧插入关键帧，将其 Alpha 值分别设置为 0、100%。在第 30 帧的位置将其放大并向下左移,然后创建传统补间动画。

（7）新建"品字"图层,将库中的"btn-品"按钮元件拖曳到舞台中间上部,然后将其命名为pin。分别在第30、40帧插入关键帧,将其Alpha值分别设置为0、100%。在第30帧的位置将其放大并向下左移,然后创建传统补间动画。

（8）新建"行字"图层,将库中的"btn-行"按钮元件拖曳到舞台中间上部,然后将其命名为"行"。分别在第41、49帧插入关键帧,将其Alpha值分别设置为0、100%。在第41帧的位置将其放大并向下左移,然后创建传统补间动画。至此,主界面布局效果如图6.66所示。

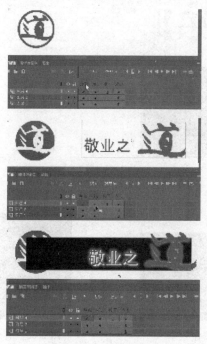

图6.65　"btn-道"按钮

图6.66　主界面布局效果

（9）制作音乐开关按钮。分别制作"开音乐"和"关音乐"两个按钮元件，如图 6.67 所示。新建 mPlay 影片剪辑，在"图层_1"的第 1 帧将"开音乐"按钮元件拖曳到舞台左下位置。在"图层_1"的第 2 帧将"关音乐"按钮元件拖曳到舞台左下同一位置上。新建"图层_2"，在第 2 帧位置插入空白关键帧。打开动作面板，输入"shop();"语句，让其在第 2 帧停止，等待其他命令，如图 6.68 所示。新建"开关按钮"图层，将 mPlay 影片剪辑拖曳到舞台左下部，然后将此实例命名为 mPlay，等待后续添加侦听和音乐开关控制语句。

图 6.67　开和关按钮效果

图 6.68　音乐开关的时间轴布局

（10）用 ActionScript 代码来完成加载动画、控制声音开关等动作。为了给书写的代码一个相对独立的空间，使其不与 Animate 中其他元素相混淆，这里需要专门创建一个空白的图层来编写代码。新建"as_总"图层，选择第 1 帧，打开动作面板，在面板中输入以下脚本程序。

```
//按钮控制背景音乐开关
mPlay.buttonMode=true;                    //为 mPlay 影片剪辑实例定义按钮属性
mPlay.addEventListener(MouseEvent.CLICK,playMusic);
//为 mPlay 影片剪辑实例添加侦听，当点击按钮时，进入下面的条件判断语句
var music: Music=new Music();             //创建库中的音频对象
var sc: SoundChannel=new SoundChannel();  //创建 SoundChannel 对象来控制音频的播放
sc=music.play();                          //开始播放声音
function playMusic(e: MouseEvent) {
    if (mPlay.currentFrame==1) {
        mPlay.gotoAndStop(2);
        sc=music.play();
    } else {
        mPlay.gotoAndStop(1);
```

```
                sc.stop();
        }//条件判断语句,mPlay 影片剪辑在第 2 帧播放音乐,在第 1 帧停止音乐播放
}


//加载 SWF 动画并关闭当前的声音
dq.buttonMode=true;                    //为 dq 影片剪辑实例定义按钮属性
dq.addEventListener(MouseEvent.CLICK,playdq);
function playdq(e: MouseEvent){    //为 dq 影片剪辑实例添加侦听,当点击按钮时,加载动画
        var mc: MovieClip=new MovieClip();
        var loader: Loader=new Loader();        //创建 loader 对象 loader,以加载文件
        var urlrequest: URLRequest=new URLRequest("德清片头动画合成.swf");
        //创建 URLRequest 对象以定义需要加载文件的路径
        loader.load(urlrequest);        //在 loader 对象中加载"德清片头动画合成.swf"文件
        mc.addChild(loader);
        addChild(mc);                            //将 loader 对象显示到舞台上
        loader.x=0;
        loader.y=0;                              //设置 loader 对象的 x、y 位置,以调整动画的显示位置
        SoundMixer.stopAll();                    //停止播放,关闭当前所有声音
}


de.addEventListener(MouseEvent.CLICK,playde);
function playde(e: MouseEvent) {
        var mc: MovieClip=new MovieClip();
        var loader: Loader=new Loader();
        var urlrequest: URLRequest=new URLRequest("de_index.swf");
        loader.load(urlrequest);
        mc.addChild(loader);
        addChild(mc);
        loader.x=0;
        loader.y=109.7;
}


dao.addEventListener(MouseEvent.CLICK,playdao);
function playdao(e: MouseEvent) {
        var mc: MovieClip=new MovieClip();
        var loader: Loader=new Loader();
        var urlrequest: URLRequest=new URLRequest("dao_index.swf");
        loader.load(urlrequest);
        mc.addChild(loader);
        addChild(mc);
        loader.x=0;
        loader.y=109.7;
}


pin.addEventListener(MouseEvent.CLICK,playpin);
function playpin(e: MouseEvent) {
        var mc: MovieClip=new MovieClip();
        var loader: Loader=new Loader();
        var urlrequest: URLRequest=new URLRequest("p_index.swf");
        loader.load(urlrequest);
        mc.addChild(loader);
```

```
    addChild(mc);
    loader.x=0;
    loader.y=109.7;
}

xin.addEventListener(MouseEvent.CLICK,playxin);
function playxin(e: MouseEvent) {
    var mc: MovieClip=new MovieClip();
    var loader: Loader=new Loader();
    var urlrequest: URLRequest=new URLRequest("x_index.swf");
    loader.load(urlrequest);
    mc.addChild(loader);
    addChild(mc);
    loader.x=0;
    loader.y=109.7;
}
```

(11) 选择"文件"→"存储"命令,覆盖原来的 index.fla 文件。选择"控制"→"测试"命令,测试动画效果。单击画面中间上部的"德清"按钮,可以回到片头动画开始播放;单击"道""德""品""行"按钮,可以链接到已经提前准备好的分栏目文件播放。

2. 栏目界面翻页浏览与链接

在主界面中链接到分页栏目,可以通过多场景翻页链接与时间轴动画来实现,以把栏目内的更多内容进行分类展示。然后通过"返回"按钮,返回主界面,实现内容的循环展示。

本案例中,栏目界面翻页浏览与链接的具体操作步骤如下。

(1) 打开"p_index-素材.fla"文件,将该文件另存为 p_index.fla 文件。文件的大小是 1024×549 像素,这个尺寸正好与 index.fla 中间的显示部分大小一致。所以,在前面的 ActionScript 语句中,在载入时进行了坐标 loader.x=0;loader.y=109.7 的定位。文件中还有五个已经制作好的场景,每个场景相当于一个页面,添加按钮和按钮语句控制后,就可以上下翻页。如果内容多,还可以添加场景,在场景面板中单击左下角的"添加场景"按钮即可。可以将已有的场景拖曳到垃圾桶图标上删除;还可以直接拖曳场景图标调整其层次,这个层次决定翻阅场景的顺序。每个场景都有独立的时间轴与舞台,可以编辑单独的动画和添加独立的 ActionScript 控制语句。

(2) 制作翻页按钮。翻页的构思如下。

① 场景 1:布置"返回"和"下一页"两个按钮元件,单击"返回"可以链接到 index.swf;单击"下一页"链接到"下一个场景"。

② 场景 2~场景 4:布置"返回"和"下一页"两个按钮元件,单击"返回"可以链接到"上一个场景";单击"下一页"链接到"下一个场景"。

③ 场景 5:布置"返回"和"主界面"两个按钮元件,单击"返回"可以链接到"上一个场景";单击"主界面"链接到 index.swf。

单击舞台右上角的"场景"图标,选择场景 1,切换到场景 1 的时间轴。新建"按钮 1"图层,将库中的"返回"按钮元件拖曳到舞台左下部,然后将这个实例命名为 back_z,等待添加侦听和返回主界面的控制语句。

将库中的"下一页"按钮元件拖曳到舞台左下部的"返回"按钮右边,然后将这个实例命名为 next_btn,等待添加侦听和链接下一个场景的控制语句,如图 6.69 所示。

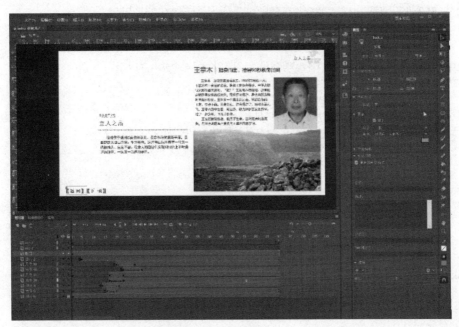

图 6.69 翻页按钮布置

选择场景 2,新建"按钮 2"图层,将库中的"返回"按钮元件拖曳到舞台左下部,然后将这个实例命名为 back_btn。复制场景 1 中的"下一页"按钮元件,粘贴到场景 2 的相同位置,元件和实例的命名都不变。

依次选择场景 3 和场景 4,分别新建"按钮 3""按钮 4"图层。复制场景 2 中的"返回"和"下一页"按钮元件,粘贴到场景 3 和场景 4 的相同位置,元件和实例的命名都不变。

选择场景 5,新建"按钮 5"图层,复制场景 2 中的"返回"按钮元件,粘贴到场景 5 的相同位置,元件和实例的命名都不变。将库中的"主菜单"按钮元件拖曳到舞台左下部右侧,然后将这个实例命名为 zjm,等待添加返回主界面的控制语句。

(3) 编写按钮控制代码。

① 选择场景 3,新建 AS1-3 图层。选择第 1 帧,打开动作面板,在面板中输入以下脚本程序。

```
back_btn.addEventListener(MouseEvent.CLICK,playback_btn);
function playback_btn(e: MouseEvent) {
    //为 back_btn 按钮元件实例添加侦听,当点击按钮时,跳转到指定位置
    prevScene();          //上一个场景
}
next_btn.addEventListener(MouseEvent.CLICK,playnext_btn);
function playnext_btn(e: MouseEvent) {
    nextScene();          //下一个场景
}
```

② 依次选择场景 2 和场景 4,分别新建对应的 AS1-2、AS1-4 图层,分别选择第 1 帧,打开动作命令面板,在面板中输入以下脚本程序。

```
back_btn.addEventListener(MouseEvent.CLICK,playback_btn);
next_btn.addEventListener(MouseEvent.CLICK,playnext_btn);
```

③ 选择场景 1，新建 AS1-1 图层，选择第 1 帧，添加以下脚本程序。

```
back_z.addEventListener(MouseEvent.CLICK,playback_z);
function playback_z(e: MouseEvent) {
    var mc: MovieClip=new MovieClip();
    var loader: Loader=new Loader();
    var urlrequest: URLRequest=new URLRequest("index.swf");
    loader.load(urlrequest);
    mc.addChild(loader);
    addChild(mc);
    loader.x=0;
    loader.y=-109.7;          //主场景的界面大于现在的舞台大小，所以应该向上扩展
    SoundMixer.stopAll();   //主场景有自己的背景音乐，所以要在返回时将当前的音乐关闭
}

next_btn.addEventListener(MouseEvent.CLICK,playnext_btn);
```

④ 选择场景 5，新建 AS1-5 图层，选择第 1 帧，添加以下脚本程序。

```
back_btn.addEventListener(MouseEvent.CLICK,playback_btn);
zjm.addEventListener(MouseEvent.CLICK,playzjm);
function playzjm(e: MouseEvent) {
    var mc: MovieClip=new MovieClip();
    var loader: Loader=new Loader();
    var urlrequest: URLRequest=new URLRequest("index.swf");
    loader.load(urlrequest);
    mc.addChild(loader);
    addChild(mc);
    loader.x=0;
    loader.y=-109.7;
    SoundMixer.stopAll();
}
```

（4）依次选择场景 1~场景 5，新建对应的 AS2-1、AS2-2、AS2-3、AS2-4、AS2-5 图层。在最后一帧插入空白关键帧。打开动作命令面板，在面板中输入以下脚本程序。

```
stop();
```

这样，每个场景播完自己的最后一帧后停止，等待命令。

（5）选择"文件"→"存储"命令，覆盖原来的 p_index.fla 文件。选择"控制"→"测试"命令，测试动画效果。分别单击"下一页""返回""主界面"等按钮，测试跳转和链接是否正确和流畅，背景音乐播放是否正常。其他几个文件 dao.fla、de.fla、x_index.fla 的操作方法和思路和 p_index.fla 文件类似。

3. 添加视频

在 Animate 中显示视频时有两种选择：①使视频与 Animate 文件之间保持独立，并使用 Animate 中的回放组件播放视频；②在 Animate 文件中嵌入视频。这两种方法都要求使

用正确格式的视频。适用于 Animate 的视频格式是 FLV 和 F4V(H.264)。

在 Animate 中使用视频的方法有以下 3 种。

(1) 使用播放组件加载外部视频：导入视频并创建 Flvplayback 组件的实例来控制视频播放。

(2) 在 SWF 中嵌入 FLV 文件并在时间轴中播放：将 FLV 嵌入 Animate 文档中并将其放在时间轴中。

(3) 将 H.264 视频嵌入时间轴：将 H.264 视频嵌入 Animate 文档中，使用这种方式导入视频时，视频会被放置在舞台上，以用作设计阶段用户制作动画的参考。在用户拖动或播放视频时，视频中的帧将呈现在舞台上，相关帧的音频也将回放。

1) 添加渐进式下载视频

(1) 打开"德清风景视频宣传-素材.fla"文档。单击时间轴，新建"视频"图层，将其移到"幕布 1"图层的下方。选择"文件"→"导入"→"导入视频"命令，打开"导入视频"对话框。如果要导入本地计算机上的视频，则选中"使用播放组件加载外部视频"，并单击"浏览"按钮选择本地视频文件。要导入已部署到 Web 服务器、Flash Media Server 或 Flash Video Streaming Service 的视频，则选中"已经部署到 Web 服务器、Flash Video Streaming Service 或 Flash Media Server"，然后输入视频剪辑的 URL。这里选择本地同文件夹中的"德清宣传片-风景篇-01.mp4"视频文件，单击"下一步"按钮。

(2) 打开"导入视频-设定外观"对话框，在"外观"下拉列表框中选择播放条样式 Minima FlatCustomColorPlayBackSeekCounterVolMute.swf。单击"颜色"按钮，可以选择播放条的颜色，单击"下一步"按钮。

(3) 打开"导入视频-完成视频导入"对话框，在该对话框中显示了导入视频的一些信息，单击"完成"按钮，即可将视频文件导入舞台中。选择任意变形工具，将其等比缩放并放置到幕布的中间。

(4) 使用视频导入向导在舞台上创建 FLV Playback 视频组件，并在本地测试视频的播放。

(5) 选择"德清返回"按钮元件，将其命名为 rszq。新建 AS 图层，在动作面板中输入如下脚本程序。

```
stop();
rszq.addEventListener(MouseEvent.CLICK,playrszq);
function playrszq(e: MouseEvent) {
    var mc: MovieClip=new MovieClip();
    var loader: Loader=new Loader();
    var urlrequest: URLRequest=new URLRequest("index.swf");
    //加载子文件
    loader.load(urlrequest);
    mc.addChild(loader);
    addChild(mc);
    loader.x=0;
    loader.y=0;
    SoundMixer.stopAll();
}
```

单击该按钮,可以返回 index.swf 主界面。单击主界面上的"人有德行,如水至清"文字,可以链接到"德清宣传片-风景篇-01.swf"文件。

(6) 将文件保存为"德清风景篇视频宣传.fla",然后测试"德清风景篇视频宣传.swf"文件。

2) 在 Animate 文件中嵌入视频

嵌入视频文件时,所有视频文件数据都将添加到 Animate 文件中,会使 Animate 文件及随后生成的 SWF 文件比较大。视频被放置在时间轴中,可以查看在时间轴中显示的单独视频帧。由于每个视频帧都由时间轴中的一个帧表示,因此视频剪辑和 SWF 文件的帧速率必须设置为相同的速率。对于播放时间少于 10 秒的较小视频剪辑,嵌入视频的效果较好。对于播放时间较长的视频剪辑,可以考虑使用渐进式下载的视频。

(1) 打开"index-素材.fla"文档,单击时间轴,新建"视频背景"图层,将其移动到"视频遮罩"图层的下方。选择"文件"→"导入"→"导入视频"命令,打开"导入视频"对话框。选择"在 SWF 中嵌入 FLV 并在时间轴中播放"方式,如图 6.70 所示。这种方式只能支持 FLV 类型的视频文件,所以要将"德清宣传片-风景篇-02.mpg"视频文件转换成 FLV 格式。

(2) 单击"浏览"按钮,从计算机中选择视频文件,然后单击"下一步"按钮。如果用户的计算机中装有 Adobe Media Encoder,且用户想使用 AME 将视频转换为另一种格式,可单击"转换视频"按钮转换格式。

(3) 打开"导入视频-嵌入"对话框,选择符号类型为嵌入的视频;选中"将实例放置在舞台上"和"如果需要,可扩展时间轴"两个复选框,如图 6.71 所示。然后单击"下一步"按钮。

图 6.70　嵌入视频

图 6.71　嵌入设置

(4) 在"组件参数"选项组中可以设置视频组件播放器的相关参数。

6.3　动画文件的发布

制作完动画影片后,可以将影片导出或发布。在发布影片前,可以根据使用场合的需要,对影片进行适当的优化处理。此外,还可以设置多种发布格式,以保证制作的影片与其他的应用程序兼容。

1. 测试影片

测试影片可以确保影片可以正常播放。使用 Animate 提供的一些优化影片和排除动作脚本故障的功能,可以对动画进行测试。测试的选项如图 6.72 所示。完成对当前影片和场景的测试后,系统会自动在当前编辑文件所在的文件夹中生成测试文件(SWF 文件)。

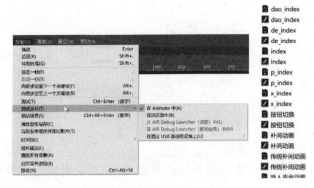

图 6.72　文件测试

2. 优化影片

优化影片主要是为了缩短影片下载和回放时间，影片的下载和回放时间与影片文件的大小成正比。在发布影片时，Animate 会自动对影片进行优化处理，在导出影片前可以在总体上优化影片，还可以优化元素、文本、颜色等。

3. 发布影片

Animate 制作的动画一般为 FLA 格式。直接进行发布可创建 SWF 文件以及将 Animate 影片插入 HTML 文档。Animate 还提供了多种其他发布的格式，用户可以根据需要选择并设置发布参数。选择"文件"→"发布设置"命令，可以打开发布面板进行发布的设置，如图 6.73 所示。完成设置后，选择"文件"→"发布"命令进行文件的发布。

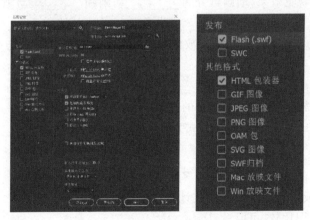

图 6.73　发布设置

4. 导出影片

在 Animate 中导出影片，可以创建能够在其他应用程序中进行编辑的内容，并将影片直接导出为单一的格式。可以将文档中的图像导出为动态图像和静态图像，一般导出的动态图像可选择 GIF 格式，导出的静态图像可选择 JPEG 格式。导出视频时，可以选择 FLV 格式或 QuickTime 格式。

习 题 二

一、填空题

1. 媒体技术是指通过计算机对 _____、_____、_____、_____、_____、_____等多种媒体数据信息进行综合处理和管理,使用户可以与计算机进行实时信息交互的技术。

2. 多媒体技术的特性主要包括 _____、_____、_____和 _____。

3. 数字图像信息通常有两种形式,一种是 _____,另一种是_____。在通常情况下把_____称为图像,把_____称为图形。

4. 声音具有三个要素:_____、_____和_____。人们就是根据声音的三要素来区分声音的。

5. 模拟信号转换为数字信号需要经过信号的_____、_____、_____与_____四个基本步骤。

6. 常见的视频文件格式主要有_____、_____、_____、_____等。

7. 医学研究证明,人类具有_____的特性,就是说人的眼睛看到一幅画面或一个物体后,在 1/24 秒内不会消失。

8. 依据空间的视觉效果,动画可分为_____动画和_____动画。依据运动的控制方式,动画可分为_____动画和_____动画。

9. 在 Animate 中用来控制动画播放的帧具有不同的类型,分别是_____、_____和_____。

10. 在 Animate 中,可以创建_____、_____和_____等三种类型的元件。

11. 遮罩动画是使用_____产生的遮罩效果而实现的动画。

12. 在 Animate 中,声音的同步方式为_____、_____、_____、_____ 4 种。

二、选择题(可多选)

1. 根据多媒体的特性,(   )属于多媒体的范畴。

    A. 电子出版物   B. 交互式计算机广告   C. 彩色电视   D. 彩色杂志

2. 位图与矢量图比较,可以看出(   )。

    A. 对于复杂图形,位图比矢量画对象更快

    B. 对于复杂图形,位图比矢量画对象更慢

    C. 位图与矢量图占用空间相同

    D. 位图比矢量图占用空间更少

3. 多媒体计算机的显示器是按照(   )颜色模式显示颜色的。

    A. CMYK   B. RGB   C. HSB   D. 位图

    E. Lab

4. Photoshop 支持的颜色模式有(   )。

A. RGB B. CMYK C. HSB D. Lab

E. 位图 F. 灰度

5. 数字音频文件中,数据量最小的是(   )文件格式。

A. WMA B. MD C. WAV D. MP3

6. 下列采集的波形声音中,质量最好的是(   )。

A. 单声道、8 位量化、2.05kHz 采样频率

B. 双声道、8 位量化、4.1kHz 采样频率

C. 单声道、16 位量化、22.05kHz 采样频率

D. 双声道、16 位量化、44.1kHz 采样频率

7. 下面文件格式中,(   )不是视频文件格式。

A. WAV B. AVI C. MOV D. MPEG

8. 下列软件中不具有视频处理功能的是(   )。

A. Adobe Premiere B. Sony Vegas

C. Windows Movie Maker D. Netants

9. 动画利用了人眼的(   )特性。

A. 色彩感应 B. 视觉暂留 C. 视觉空间 D. 视觉转移

10. (   )是动画的最小单位。

A. 帧 B. 图层 C. 场景 D. 舞台

11. 下面的说法中,正确的是(   )。

A. Animate 动画中包含多种类型的帧

B. 帧是 Animate 动画的最小单位

C. 图层是 Flash 动画的最小单位

D. 图层使用户能够控制多个对象,它们不会互相干扰

12. 下列动画文件格式中,(   )不能用来存放声音。

A. GIF B. AVI C. MOV D. MPEG

三、简答题

1. 简述你对多媒体技术的了解和理解。

2. 什么是位图?什么是矢量图形?它们各自的特点与区别是什么?

3. 简述图像获取的主要途径。

4. 简述数字图像处理技术所包含的内容。

5. 简述非线性视频制作的基本流程。

6. 简述制作 Animate 动画通常需要执行的工作流程。

7. 简述遮罩动画的原理。

8. 简述路径动画的原理。

四、操作题

1. 使用 Photoshop 合成一张产品宣传海报。

2. 选取一张人物或风景的数码照片,使用 Photoshop 进行处理、优化,并添加特效。

3. 运用 CorelDRAW 软件编排设计一张手机端公众号的长图。

4. 分别使用 Windows 的录音机和 Adobe Audition 录制一段自己或他人的说话或演讲。对录音的开始和末尾进行编辑，并为录音文件添加背景音乐。

5. 制作旅行纪念片：将旅游或参加活动时拍摄的 DV 视频导入计算机，再收集其他视频、音频和图像等素材，使用 Adobe Premiere 进行后期处理。

（1）根据需要对视频信息进行排列、剪接。

（2）在视频剪辑的基础上，在影片的各个片段中加入适当的视频滤镜，在各片段间添加切换特技，在适当位置添加字幕信息，加入伴奏音乐，丰富影片内容，增强影片艺术气息。

（3）将编辑处理好的视频以 WMV 格式保存在磁盘上。

6. 制作一个运用按钮控制 Animate 补间动画播放和关闭的交互动画。

7. 使用 Animate 设计一个简单的多媒体程序。

8. 规划、设计一则多媒体产品宣传广告，其中包括视频、音频等媒体元素。要求设计构思新颖、导航链接合理，有较强的视觉、听觉感染力。

第三篇　Office 2019 高级应用

　　在新工科人才培养模式下,对于大学生来说,Office 办公软件的学习越来越重要。随着知识经济时代的到来,云技术、大数据、AI、5G 技术的大力发展,企业对员工的信息素质要求越来越高。无论是作为学生还是作为企业员工,强大的 Office 办公软件应用能力对专业的赋能和个人的职业发展都至关重要。

　　随着中小学计算机课程的普及,很多学生对 Office 的基本操作和功能已经有一定的基础。本篇包含 Word 高级应用、Excel 高级应用和 PowerPoint 高级应用三章,其难度定位在 Office 办公自动化的高级应用,采用 Microsoft Office 2019 版本,讲解 Office 中 Word、Excel、PowerPoint 软件中常用又有难度的知识点。其中,Word 学习的目标是培养长文档的设计和编辑能力;Excel 学习的目标是培养批量数据的分析和处理能力;PowerPoint 学习的目标是培养高水平 PPT 的设计能力。

第7章

Word 高级应用

【案例描述】 本章以《上海应用技术大学学生毕业设计(论文)编写格式》要求的毕业论文排版为例,从长文档设计的需求出发,剖析涉及的知识点,让读者掌握 Word 办公自动化的使用技巧。

毕业论文部分格式要求如下。

(1) 页面要求。纸型:A4;页边距:上——2.8 厘米,下——2.4 厘米,左——2.5 厘米,右——2.2 厘米(版心 16.3 厘米×24.5 厘米)。

(2) 论文标题格式。标题位于第 1 页首行,字体为黑体、小二号,加粗、居中对齐,段前 1 行,段后 1 行。

(3) 摘要格式。宋体,小四号,1.25 倍行距。

(4) 目录格式。目录列出一、二、三级标题;一级标题左对齐,二级标题缩进 1 个字符,三级标题缩进 2 个字符。一级标题字体为宋体、小四号、加粗,二、三级标题字体为宋体、小四号;标题与页码用"……"连接。

(5) 章节编号格式。章节编号方法采用分级阿拉伯数字编号方法,第一级为"1""2""3"等,第二级为"2.1""2.2""2.3"等,第三级为"2.2.1""2.2.2""2.2.3"等,但分级阿拉伯数字的编号一般不超过四级,两级之间用点隔开,每一级的末尾不加标点。

(6) 各层标题格式。均单独占行书写;第四级以上标题序数顶格书写,后空一格接写标题,末尾不加标点;第四级以下单独占行的标题顺序采用"(1)""(2)""(3)"等或"A.""B.""C."等,均空两格书写序数,后空一格写标题;正文中对总项包括的分项采用"(1)""(2)""(3)"等单独序号,对分项中的小项采用"①""②""③"等的序号或数字加半括号,括号后不再加其他标点。

(7) 表格格式。每个表格必须有表序和表题,表序和表题写在表格上方正中,表序后空一格书写表题。表格允许下页接写,接写时表题可省略;表头应重复写,并在右上方写"续表……"。

(8) 插图格式。毕业设计的插图必须精心制作,线条要匀称,图面要整洁美观。每幅插图必须有图序和图题,图序和图题放在图位下方居中。图在描图纸或洁白的纸上用墨线绘成,也可以用计算机绘图。

目录、正文标题编号、插入表的样式要求如图 7.1~图 7.3 所示。

案例知识点分析:本案例是毕业论文之类的长文档的编辑,涉及的知识点包括文本和段落格式、表格、图片、页面布局、大纲视图、样式、引用等,既有文档的宏观设计,也有文档元

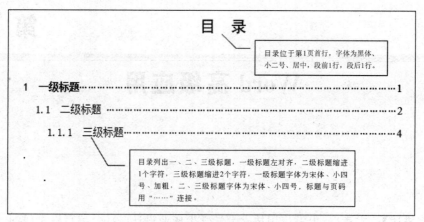

图 7.1　目录样式要求

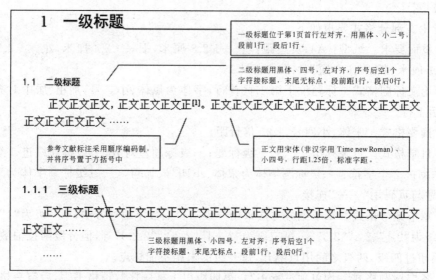

图 7.2　标题编号样式要求

图 7.3　插入表的样式要求

素的个性化设计。本章将结合案例讲解涉及的所有知识点,并在 1.3 节中详细讲解长文档的编辑技巧。

7.1 Word 基础技术

7.1.1 文本

文本是文档中最基本的元素。文本的格式设置包括字体、字号、加粗、上标、下标、文本效果和版式、字体颜色、突出显示颜色、拼音指南、字符边框和带圈字符等。

1. 利用快速工具栏设置

利用"开始"选项卡下"字体"组工具也可以设置字体格式，如图 7.4 所示。

图 7.4 "字体"组工具

2. 利用"字体"对话框设置

利用"字体"对话框设置字体格式的操作步骤如下。

（1）选定文本。

（2）单击"开始"→"字体"组中的下三角按钮，弹出"字体"对话框，如图 7.5 所示。

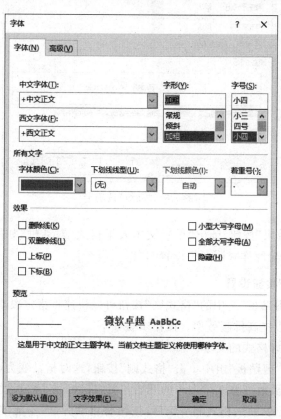

图 7.5 "字体"对话框

（3）通过对"字体"对话框中各选项的配置，可以指定显示文本的方式，设置效果会显示在"预览"框中。

（4）在"字体"选项卡中，可以对已选定的文本设置中文字体、西文字体、字形、字号、下画线及下画线线型和下画线颜色、字符颜色、着重号，还可以为选定的文本设置显示效果，如删除线、空心、阴影等。

（5）在"高级"选项卡中的"字符间距"选项组和"OpenType 功能"选项组中进行相应的设置，如图 7.6 所示。

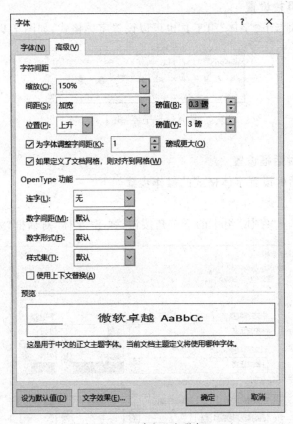

图 7.6   "高级"选项卡

（6）单击"文字效果"按钮，弹出"设置文本效果格式"对话框，如图 7.7 所示，可以进行文本填充、文本边框、轮廓样式阴影等设置。

3. 利用"格式刷"按钮设置

利用"开始"→"剪贴板"组中的"格式刷"按钮可以快速将指定段落或文本的格式沿用到其他段落或文本上，以提高排版效率。操作步骤如下。

（1）选择已设置好格式的文本。

（2）在"开始"→"剪贴板"组中单击"格式刷"按钮，这时指针变为刷子状。

（3）将光标移至要改变格式的文本的开始位置，拖动鼠标完成设置。

单击"格式刷"按钮，使用格式刷一次后，按钮将自动弹起，不能继续使用。如要连续多次使用，可双击"格式刷"按钮。如要停止使用，可按 Esc 键或再次单击"格式刷"按钮。

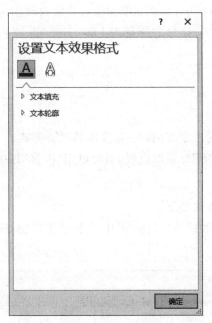

图 7.7　设置文本效果

4. 设置中文字符的特殊效果

中文字符的特殊效果主要有带圈字符和拼音指南。下面以"拼音指南"为例介绍特殊效果的设置方法。操作步骤如下。

（1）选择要设置拼音指南的文本。

（2）单击"开始"→"字体"组中的"拼音指南"按钮，弹出"拼音指南"对话框，如图 7.8 所示。

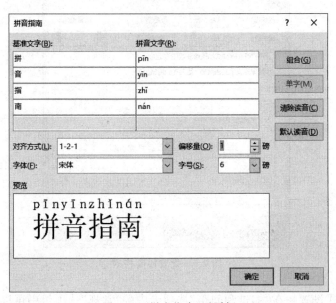

图 7.8　"拼音指南"对话框

（3）在"拼音指南"对话框中，基准文字和拼音文字自动出现，如果拼音有误可以修改。

（4）通过"对齐方式""偏移量""字体"以及"字号"下拉列表框中的选项进行相应的设置。

（5）单击"确定"按钮。

7.1.2　段落

设置段落格式主要包括三个方面：一是段落的对齐方式；二是段落的缩进设置；三是段落的间距设置。可以用"段落"对话框设置，也可以用"段落"组中的工具设置。

1. 段落格式设置

设置段落格式的操作步骤如下。

（1）选定内容，单击"开始"→"段落"组中的下三角按钮，弹出"段落"对话框，如图 7.9 所示。

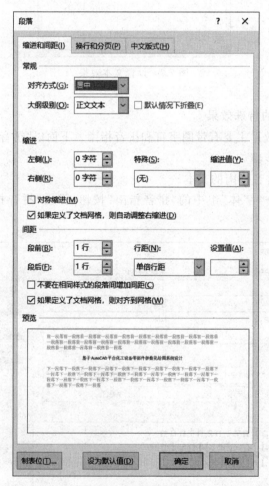

图 7.9　设置段落格式

（2）对齐方式设置。在"缩进和间距"选项卡中的"常规"选项组中可以进行"对齐方式"和"大纲级别"的设置。

（3）段落的缩进设置。在"缩进和间距"选项卡中的"缩进"选项组中可以设置左侧、右侧缩进的字符数及特殊格式设置。特殊格式设置包括段落的首行缩进和悬挂缩进。

（4）段落的间距设置。在"缩进和间距"选项卡中的"间距"选项组中可以设置段前、段后间距及行距。行距是指各文本行之间的垂直间距。"行距"下拉列表框中有"单倍行距""最小值""固定值"等选项，根据需要选择相应的行距类型。

（5）预览。设置完毕，在"预览"框中可以查看设置效果，单击"确定"按钮即可完成段落的设置。

下面将对案例描述中的(2)和(3)进行格式设置。

论文标题设置界面如图 7.10 所示。

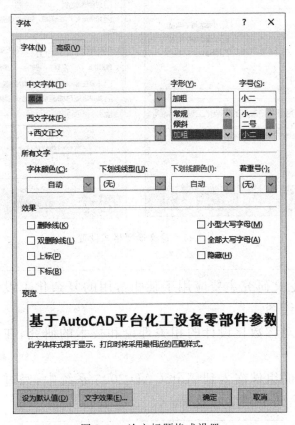

图 7.10　论文标题格式设置

格式效果如下。

基于 AutoCAD 平台化工设备零部件
参数化绘图系统设计

论文摘要格式设置界面如图 7.11 所示。

设置效果如下。

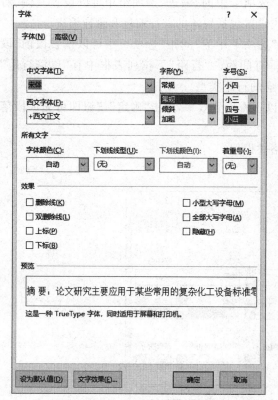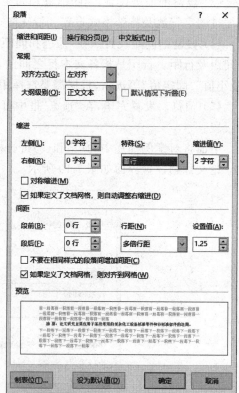

图 7.11　论文摘要格式设置

> **摘　要**：论文研究主要应用于某些常用的复杂化工设备标准零件和非标准部件的绘图。
>
> 论文通过对参数化设计的相关理论和技术的研究，在分析了复杂化工设备……
>
> 论文开发的组件嵌入到 AutoCAD 2006 系统中，经过严格的测试并且投入使用，达到了预期的效果。

2. 边框和底纹的设置

边框和底纹能增加读者对文档不同部分的兴趣、注意程度，还可以提高文档的美观度。可以把边框加到页面、文本、图形及图片上，可以为段落和文本添加底纹，可以为图形对象应用颜色或纹理填充。

单击"开始"→"段落"组中"边框和底纹"右侧的下三角按钮，弹出下拉式列表，单击其中的"边框和底纹"选项，可弹出相应的对话框。该对话框中有"边框""页面边框""底纹"三个选项卡，如图 7.12 所示。

（1）设置边框时，需要注意应用于段落和文字的区别。

（2）设置页面边框时，边框可以采用自定义的艺术型边框，需要注意应用于整篇文档和

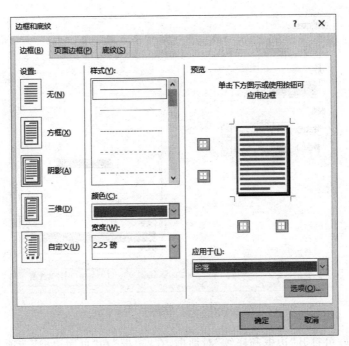

图 7.12　"边框和底纹"对话框

本节等不同文档范围的区别,如图 7.13 所示。

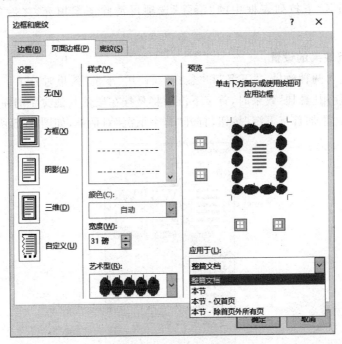

图 7.13　设置页面边框

　　(3) 设置底纹时,在"填充"选项组中设置底纹颜色,在"图案"选项组中的"样式"下拉列表框中设置图案样式,在"应用于"下拉列表框中选择"文字"或"段落"选项,如图 7.14 所示。

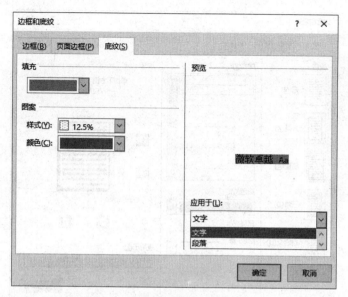

图 7.14　设置底纹

　　要清除边框,可打开"边框和底纹"对话框,在"边框"和"页面边框"选项卡中的"设置"选项组中单击"无"按钮,之后单击"确定"按钮,即可完成文本边框及页面边框的清除操作。

　　要清除底纹,可打开"底纹"选项卡,选择"填充"下拉列表框中的"无颜色"选项可清除颜色填充,选择"图案"下拉列表框中的"清除"选项可清除图案填充,之后单击"确定"按钮完成。

3. 首字下沉效果的设置

　　首字下沉包含两种效果:"下沉"和"悬挂"。使用"下沉"效果时首字下沉后将和段落其他文字在一起;使用"悬挂"效果时,首字下沉后将悬挂在段落其他文字的左侧。在"插入"→"文本"组中单击"添加首字下沉"按钮,打开"首字下沉"对话框,如图 7.15 所示。

图 7.15　首字下沉设置界面

4. 中文版式的设置

中文版式主要有纵横混排、合并字符、双行合一和字符缩放。下面以"双行合一"为例介绍,操作步骤如下。

(1)选择要进行合并的文本:"我们尚需学习"。

(2)在"开始"→"段落"组中单击"中文版式"→"双行合一"选项,弹出"双行合一"对话框,如图 7.16 所示。

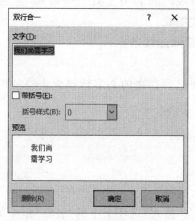

图 7.16　双行合一设置

(3)在"文字"文本框中显示已选择的文本,如"我们尚需学习"。

7.1.3　表格

表格是由许多行和列组成的,而这些行和列交叉部分所组成的网格就是单元格。在单元格中存放的内容可以是文字、数据或图形。

1. 表格的插入

将光标定位在要插入表格的位置,单击"插入"选项卡→"表格"组中的"添加表格"按钮,在"插入"选项卡下的"表格"组中单击"表格"下三角按钮,在展开的下拉式列表中可以选择插入表格、绘制表格、文本转换成表格等方式插入表格,如图 7.17 所示。

图 7.17　插入表格的各种方式

1）绘制表格

绘制表格的操作步骤如下。

（1）在要创建表格的位置单击。

（2）在"插入"→"表格"组中单击"表格"按钮，在展开的下拉列表中单击"绘制表格"选项。此时，光标会变为铅笔状。

（3）在要定义表格的外边界绘制一个矩形，然后在该矩形内绘制列线和行线。

（4）要擦除一条线或多条线，在"表格工具"→"布局"选项卡的"绘图"组中单击"橡皮擦"按钮，此时光标会变为橡皮擦状。

（5）单击要擦除的线条，删除此线条。

2）将文本转换成表格

将文本转换成表格是指将已经存在的文字转换成表格的形式，要求一行中的文字以某一分隔符分开，例如：

姓名,学号,语文,数学,英语

张三,1001,98,67,99

王五,1002,93,99,87

具体操作步骤如下。

（1）选定要转换的文字，在"插入"选项卡下的"表格"组中单击"表格"按钮，在展开的下拉式列表中单击"文本转换成表格"选项。

（2）根据文本中的分隔符设置行和列，如图7.18所示。

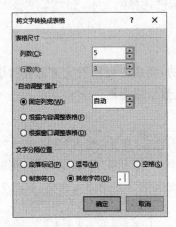

图 7.18　"将文字转换成表格"对话框

本例中的分隔符是逗号，因此选择"其他字符"，复制要转换的文本中的逗号并粘贴到文本框中，避免因逗号有全角半角区别而无法转换。

（3）单击"确定"按钮，实现文本转换成表格，结果如图7.19所示。

姓名	学号	语文	数学	英语
张三	1001	98	67	99
王五	1002	93	99	87

图 7.19　文字转换成的表格

2. 表格的编辑

创建表格后,可以根据需要对表格进行编辑与修改。选中表格,在表格工具的"设计"和"布局"两个选项卡中设置。

1）设计

与样式、颜色、线条相关的属性设置均在"设计"选项卡中进行,如图 7.20 所示。

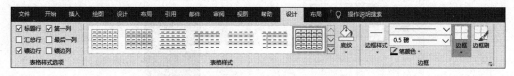

图 7.20　表格工具的"设计"选项卡

（1）表格样式。表格样式是一组事先设置了表格边框、底纹、对齐方式等格式的表格模板。Word 2019 中提供了多种适用于不同用途的表格样式。用户可以单击表格中的任意单元格,在"表格工具"→"设计"选项卡中单击"表格样式"组中的表格样式即可设置表格样式。

（2）底纹和边框。可以利用"底纹"按钮设置底纹属性,利用"边框"按钮设置边框属性。在设置边框属性之前,先设置边框样式、笔颜色和线型。

在 Word 2019 中,不仅可以在"表格工具"选项卡中设置表格边框,还可以在"边框和底纹"对话框中设置表格边框。

选中需要设置边框的单元格或整个表格。在"表格工具"→"设计"→"表格样式"组中单击"边框"下三角按钮,选择"边框和底纹"命令,弹出"边框和底纹"对话框。在"边框"选项卡中设置边框,在"底纹"选项卡中设置底纹,如图 7.21 和图 7.22 所示,效果如图 7.23 所示。

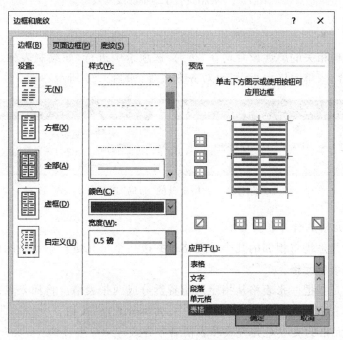

图 7.21　表格边框设置

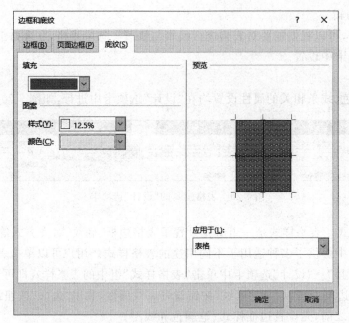

图 7.22　表格底纹设置

姓名	学号	语文	数学	英语
张三	1001	98	67	99
王五	1002	93	99	87

图 7.23　表格设置了边框底纹的效果

2）布局

和表格的结构相关的属性设置均在"布局"选项卡中进行，如绘制表格、擦除线条、插入删除行列、拆分合并、单元格大小设置、对齐方式等，如图 7.24 所示。

图 7.24　表格工具的"布局"选项卡

（1）表格单元格的合并和拆分

单元格的合并是指将相邻的几个单元格合并成一个单元格。单元格的拆分是指将一个单元格拆分成多个单元格。

表格的拆分是指把一张表格从指定的位置拆分成两张表格。将插入点移动到表格的拆分位置上，单击"表格工具"→"布局"选项卡中的"拆分表格"按钮。

（2）表格单元格的文本对齐方式和表格对齐方式

① 表格中的文本对齐。在 Word 2019 表格中，用户可以通过三种方法设置单元格中文本的对齐方式："表格工具"选项卡、"表格属性"对话框、快捷菜单。

② 表格对齐方式。在 Word 2019 文档中,用户可以为表格设置相对于页面的对齐方式,如左对齐、居中和右对齐。

（3）行高和列宽设置

单元格行高和列宽的设置在"表格工具"→"布局"选项卡中进行。单击"单元格大小"组中右下角的箭头按钮,可实现行高的设置。

（4）表格设置示例

例如,将如图 7.23 所示的表格进行如下设置。这里要注意将行高值设置为"固定值"。

① 在第 1 行前插入一行,设置其行高为 1 厘米,填充颜色为蓝色。然后,合并其第 1 列和第 2 列,再合并第 3、4、5 三列。

② 在最后插入一行,添加一条"李四"的记录。

③ 设置第 1 行标题字体加粗。

④ 所有单元格中文本居中对齐。

操作步骤说明如下。

① 将光标定位在第 1 行,在"表格工具"→"布局"→"行和列"组中单击"在上方插入"按钮,实现添加一行。

② 选中第 1 行的第 1、2 两列单元格,在"表格工具"→"布局"→"合并"组中单击"合并单元格"按钮,实现单元格的合并。再将第 3、4、5 三列合并。

③ 将光标定位在最后一行,在"表格工具"→"布局"→"行和列"组中单击"在上方插入"按钮,在表格最后添加一行。

④ 选中第 1 行的文本,在"开始"→"字体"组中单击"加粗"按钮,将第 1 行字体加粗。

⑤ 将光标定位在第 1 行的任意一个单元格。

⑥ 在"表格工具"→"布局"→"单元格大小"组中单击右下角的箭头按钮,实现行高的设置,如图 7.25 所示。

图 7.25 "表格属性"对话框

⑦ 选中第 1 行的第 1、2 两列单元格,在"表格工具"→"设计"→"表格样式"组中单击"底纹"按钮,实现单元格的填充颜色设置。

⑧ 选中表格,在"表格工具"→"布局"→"对齐方式"组中单击"水平居中"按钮,实现单元格文本居中。

设置之后的表格如图 7.26 所示。

学生信息		科目得分		
姓名	学号	语文	数学	英语
张三	1001	98	67	99
王五	1002	93	99	87
李四	1003	99	98	96

图 7.26　设置行高后的效果

3. 表格的处理

1) 表格的计算

使用"公式"对话框可以对表格中的数据进行多种运算,如数学运算、统计运算、条件运算等。

例如,利用公式求表 7.1 中每个人的总分和平均分,操作步骤如下。

表 7.1　案例源数据

学生信息		科目得分			数据处理	
姓名	学号	语文	数学	英语	总分	平均分
张三	1001	98	67	99	264	
王五	1002	93	99	87		
李四	1003	99	98	96		

(1)将光标定位在"平均分"下的第一个单元格中。

(2)在"表格工具"→"布局"→"数据"组中单击"公式"按钮,弹出"公式"对话框。

(3)在"公式"对话框的"公式"文本框中输入"＝SUM(C3:E3)",或者在"粘贴函数"下拉式列表框中选择 SUM,在 SUM 后的括号中输入 C3:E3,如图 7.27 所示。

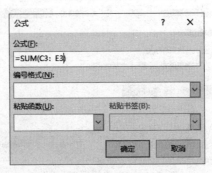

图 7.27　"公式"对话框

(4)单击"确定"按钮。

其他行的"总分"同样按以上方法计算,结果如表 7.2 所示。

表 7.2 求出结果后的表

学生信息		科目得分			数据处理	
姓名	学号	语文	数学	英语	总分	平均分
张三	1001	98	67	99	264	88
王五	1002	93	99	87	279	93
李四	1003	99	98	96	293	97.67

如果其中三门课有数据发生变化,将光标定位在总分或者平均分数值上,右击,在弹出的菜单中选择"更新域"命令,结果就会更新。

例如,将表 7.2 中张三的数学成绩改为 89,更新域之后的总分和平均分将重新计算,结果如表 7.3 所示。

表 7.3 数据更新后的表

学生信息		科目得分			数据处理	
姓名	学号	语文	数学	英语	总分	平均分
张三	1001	98	89	99	286	95.33
王五	1002	93	99	87	279	93
李四	1003	99	98	96	293	97.67

2) 数据排序

表格数据排序功能可以对选定表格区域的记录设置关键字和次关键字,按拼音、数字、日期、笔画进行升序或者降序排序。

例如,将表 7.3 按总分降序排序,如果总分相同,则按数学升序排序。操作步骤如下。

(1) 选择表 7.3 的第 2 行到第 5 行。

(2) 在"表格工具"→"布局"→"数据"组中单击"排序"按钮,弹出"排序"对话框。

(3) 在"排序"对话框的"列表"选项组中选择"有标题行"单选按钮,在"主要关键字"下拉列表框中选择排序的依据"总分",在"类型"下拉列表框中选择用于指定排序依据的值的类型"数字",再选择"降序"单选按钮。

(4) 如果"总分"相同,按"数学"的数值升序排列。在"次要关键字"下拉列表框中选择"数学",类型选择"数字",并选中"升序"单选按钮,如图 7.28 所示。

(5) 单击"确定"按钮。排序效果如表 7.4 所示。

表 7.4 排序后的表

学生信息		科目得分			数据处理	
姓名	学号	语文	数学	英语	总分	平均分
王五	1002	93	99	87	279	93
张三	1001	98	89	99	286	95.33
李四	1003	99	98	96	293	97.67

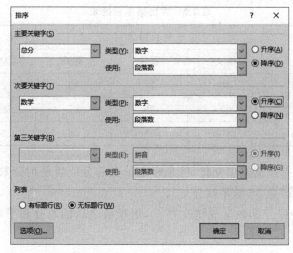

图 7.28　"排序"对话框

3）生成图表

Word 2019 可以由表格中的数据生成图表，同时并排打开 Excel 2019 窗口，在 Excel 2019 中编辑数据，Word 2019 文档中同步显示生成的图表。

例如，根据表 7.4 的数据生成三位同学的总分对比图，操作步骤如下。

（1）在"插入"→"插图"组中单击"图表"按钮。

（2）打开"插入图表"对话框。在左侧的图表类型列表中选择需要创建的图表类型，在右侧的图表子类型列表中选择合适的图表子类型，单击"确定"按钮。"插入图表"对话框如图 7.29 所示，初始图表如图 7.30 所示，初始数据表如图 7.31 所示。

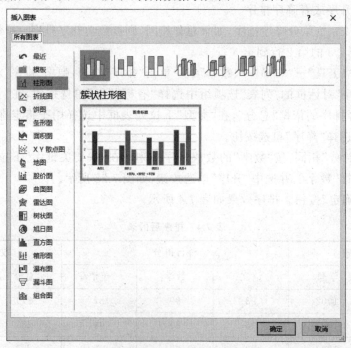

图 7.29　"插入图表"对话框

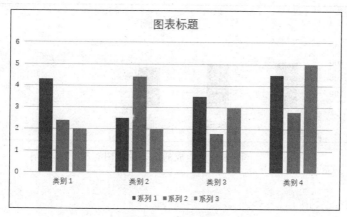

图 7.30　初始图表

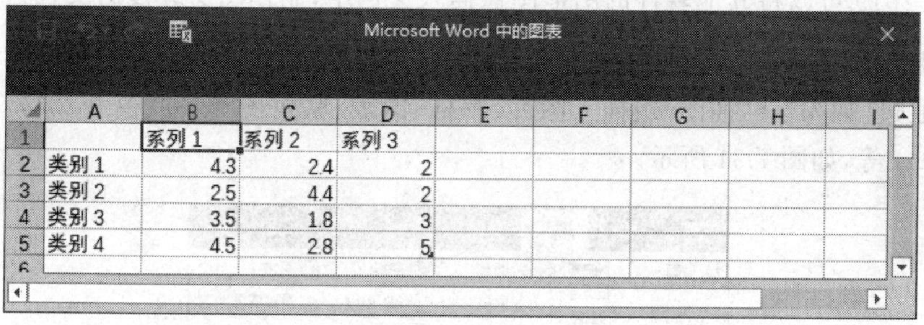

图 7.31　初始数据表

（3）在并排打开的 Word 2019 窗口和 Excel 2019 窗口中，首先需要在 Excel 2019 窗口中编辑图表数据。例如，修改系列名称和类别名称，并编辑具体数据，如图 7.32 所示。在编辑 Excel 2019 表格数据的同时，Word 2019 窗口将同步显示图表，如图 7.33 所示。

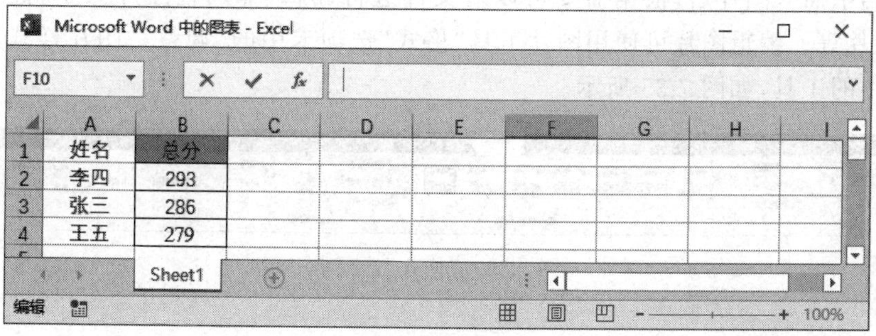

图 7.32　编辑数据

在 Excel 2019 中完成表格数据的编辑后，关闭 Excel 2019 窗口。在 Word 2019 窗口中可以看到创建完成的图表，如图 7.33 所示。

选中图表，在"设计"选项卡中可以设置图表的各种格式。

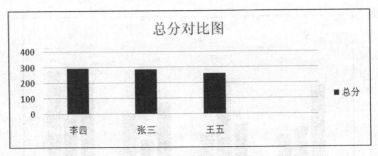

图 7.33　生成的图表效果图

7.1.4　图片

Word 2019 不仅有强大的文字和表格处理功能,同时也具有强大的图形图像处理功能。Word 2019 可以将其他软件的图形图像插入文档中,制作图文并茂的文档。

1. 图片的插入

可以通过"插入"→"插图"组插入图片、图标、图表、联机图片、3D 模型、屏幕截图、形状和 SmartArt 等,如图 7.34 所示。

图 7.34　"插图"组

2. 图片的编辑

在文档中插入图片后,根据需要可以对文件进行编辑,如调整图片大小、位置、环绕方式,裁剪图片等。编辑图片可使用图片工具"格式"选项卡中的"调整""图片样式""排列"和"大小"组中的工具,如图 7.35 所示。

图 7.35　"格式"选项卡

1) 调整

用户可以调整图片的颜色浓度和色调、对图片重新着色或者更改图片中某个颜色的透明度,可以将多个颜色效果应用于图片。

下面以图 7.36 所示的小猫图片为例,来示范调整工作组功能的编辑效果。

(1) 调整颜色。操作步骤如下。

① 单击小猫图片。

② 在"图片工具"→"格式"→"调整"组中单击"颜色"按钮,弹出下拉式列表,如图 7.37 所示。

图 7.36　小猫原图

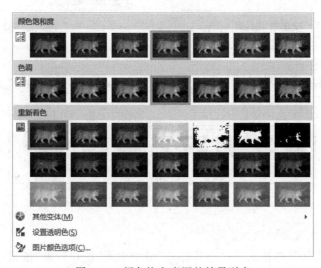

图 7.37　颜色饱和度调整效果列表

③ 选择其中一个喜欢的效果。

④ 若要微调饱和度,单击"图片颜色选项"按钮。

(2) 校正。用户可以校正图片的亮度和对比度,对图片进行锐化和柔化处理等操作。操作步骤如下。

① 单击小猫图片。

② 在"图片工具"→"格式"→"调整"组中单击"校正"按钮,弹出"校正"下拉式列表,如图 7.38 所示。

③ 在"亮度/对比度"区域中,单击所需的缩略图。

(3) 艺术效果。用户可以将艺术效果应用于图片,操作步骤如下。

① 单击小猫图片。

② 在"图片工具"→"格式"→"调整"组中单击"艺术效果"按钮,弹出"艺术效果"下拉式列表,如图 7.39 所示。

③ 单击所需的艺术效果。

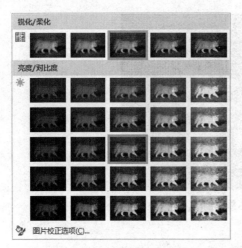

图 7.38　校正效果列表

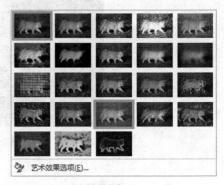

图 7.39　艺术效果列表

2）图片样式

用户可以对图片的效果进行添加或更改。图 7.40 所示为"图片样式"组。操作步骤如下。

图 7.40　"图片样式"组

（1）单击要添加效果的图片。

（2）在"图片工具"→"格式"→"图片样式"组中单击"图片效果"按钮，弹出下拉式列表，如图 7.41 所示。

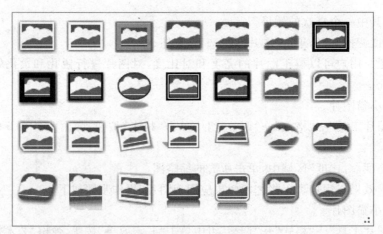

图 7.41　图片效果列表

（3）根据需要选择"阴影""映像""发光""柔化边缘""三维格式"等效果的缩略图。

3）排列

用户可以设置图片的位置、环绕文字、对齐和旋转，如图 7.42 所示为"排列"组。

图 7.42 "排列"组

单击"环绕文字"或者"位置"按钮，选择"其他布局选项"，弹出"布局"对话框，在其中可设置位置、文字环绕和大小属性，如图 7.43 所示。

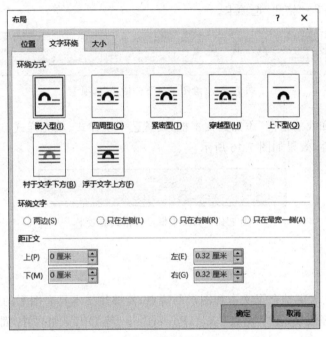

图 7.43 "布局"对话框

4）大小

利用"大小"组中的工具可以设置图片大小和对图片进行裁剪，如图 7.44 所示。

图 7.44 "大小"组

7.1.5 文本框

利用文本框，用户可以将文本很方便地放置到 Word 2019 文档页面的指定位置，不受段落格式、页面设置等因素的影响。Word 2019 内置有多种样式的文本框,供用户选择使用。

1. 文本框的插入

插入文本框的操作步骤如下。

(1) 在"插入"→"文本"组中单击"文本框"按钮。

(2) 在弹出的内置文本框面板中选择合适的文本框类型。

(3) 在插入的文本框的编辑区内输入内容。

2. 文本框格式的设置

选中需要设置格式的文本框,在"绘图工具"→"格式"选项卡中可以设置文本框的形状样式、文本的艺术字样式、文字对齐方向、排列和大小等属性,和图片属性设置类似。图 7.45 所示为"绘图工具"→"格式"选项卡。

图 7.45　"绘图工具"→"格式"选项卡

例如,将"我和我的祖国"添加到文本框,设置艺术字样式、填充样式、边框样式以及四周型文字环绕等属性,效果如图 7.46 所示。

图 7.46　为文本框设置格式的效果

7.1.6　艺术字

Office 中的艺术字结合了文本和图形的特点,能够使文本具有图形的某些属性,如设置旋转、三维、镜像等效果,在 Word、Excel、PowerPoint 等 Office 组件中,都可以使用艺术字功能。

1. 艺术字的插入

插入艺术字的操作步骤如下。

(1) 将插入点移动到准备插入艺术字的位置。在"插入"→"文本"组中单击"艺术字"按钮,在打开的艺术字预设样式列表中选择合适的艺术字样式,如图 7.47 所示。

(2) 在艺术字文字编辑框中直接输入艺术字文本即可。用户可以在"开始"→"字体"组中设置艺术字的字体和字号等属性。

2. 艺术字的编辑

艺术字和图片具有很多相同的属性,其设置界面也相同。

Word 2019 提供了多种艺术字形状,用户可以在 Word 2019 文档中实现丰富多彩的艺术字效果,如三角形、弧形、圆形、波形、梯形等。

例如,以艺术字"我和我的祖国"(见图 7.48)为例,设置其文字效果,操作步骤如下。

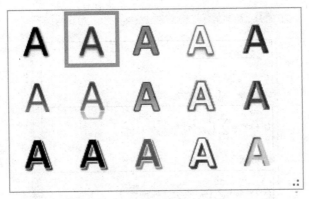

图 7.47　艺术字预设样式列表

我和我的祖国

图 7.48　艺术字"我和我的祖国"

（1）单击需要设置形状的艺术字，使其处于编辑状态。

（2）在"绘图工具"→"格式"→"艺术字样式"组中单击"文本效果"按钮。

（3）在打开的文本效果列表中，单击"转换"选项，在弹出的艺术字形状列表中选择需要的形状。当鼠标指针指向某一种形状时，Word 文档中的艺术字将即时呈现实际效果。

（4）设置阴影、映象和发光属性，最终效果如图 7.49 所示。

图 7.49　艺术字最终效果

7.1.7　公式

在编辑文档时，经常会遇到一些数学公式或化学公式，运用基本的编辑方法是无法完成的。Word 2019 提供了公式编辑器，利用它用户可以像输入文字一样完成烦琐的公式编辑。

要使用公式功能，单击"插入"选项卡中"公式"按钮右部的箭头。"公式"按钮有两种用法：①单击"公式"按钮，会直接转到公式设计模式；单击下三角按钮会显示公式库和其他选项。②单击"插入新公式"选项，也会转到公式设计模式。

1. 公式的插入

若要编写公式，可使用 Unicode 字符代码和数学自动更正项将文本替换为符号。在输入公式时，Word 2019 可以将该公式自动转换为具有专业格式的公式，操作步骤如下。

（1）在"插入"→"符号"组中单击"公式"下三角按钮，弹出下拉式列表，如图 7.50 所示。

（2）在下拉式列表中的"内置"区域找到所需公式，直接单击。公式插入完成后，功能区

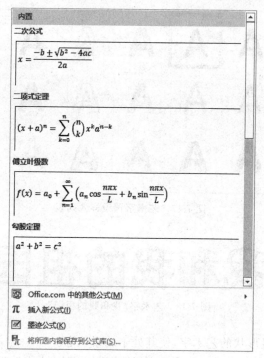

图 7.50　公式预设样式列表

中将会随机打开"公式工具"→"设计"选项卡,如图 7.51 所示。用户可以根据需求选择相应的符号。

图 7.51　"公式工具"→"设计"选项卡

(3) 单击下拉式列表中的"插入新公式"选项,进入公式设计模式。

(4) 在"公式工具"→"设计"选项卡中选择所需的符号输入。

2. 公式的显示方式

Word 2019 提供了两种方法来显示公式:"专业型"和"线型",默认为专业型。

7.1.8　页面布局

为了打印一份令人赏心悦目的文档,必须在打印前进行页面设置,以使文档的布局更加合理,同时为了突出文档的特征,有必要插入页眉和页脚,而且在打印前要充分利用打印设置和打印预览等功能。

1. 分栏排版

所谓分栏,就是将文档的全部页面或选中的内容设置为多栏。Word 2019 提供多种分栏方法,创建分栏的操作步骤如下。

(1) 选中需要设置分栏的内容,如果不选中特定文本,则为整篇文档或当前节设置分栏。

（2）在"页面布局"→"页面设置"组中单击"栏"按钮，在展开的"分栏"下拉式列表中选择所需的分栏类型，如一栏、两栏等。

2. 分隔符的设置

分页符、分节符、换行符和分栏符统称为分隔符。分隔符与制表符、大纲符号、段落标记等称为编辑标记。分页符始终在普通视图和页面视图中显示。若看不到编辑标记，单击"开始"→"段落"组中的"显示/隐藏编辑标记"按钮。

在长文档的编辑中，分隔符的应用必不可少。其中，分节符的设置通常和页眉、页脚一起使用，实现不同章节设置不同的页眉、页脚。

3. 页眉和页脚

页眉和页脚分别位于文档页面的顶部和底部。在页眉和页脚中，可以插入页码、日期、图片、文档标题和文件名，也可以输入其他信息。双击已有的页眉和页脚，可进入页眉和页脚编辑模式。

添加页眉和页脚的操作步骤如下。

（1）在"插入"→"页眉和页脚"组中单击"页眉"或"页脚"按钮。

（2）在打开的"页眉"或"页脚"下拉式列表中单击"编辑页眉"或"编辑页脚"选项，自动进入"页眉"或"页脚"编辑区域，系统自动切换到了"页眉和页脚工具"→"设计"选项卡。

（3）在"页眉"或"页脚"编辑区域内输入文本内容，还可以在打开的"设计"选项卡中选择插入页码、日期和时间等对象。

（4）单击"关闭页眉和页脚"按钮。

奇偶页上添加不同页眉和页脚的操作步骤如下。

（1）双击页眉区域或页脚区域（靠近页面顶部或页面底部），打开"页眉和页脚工具"→"设计"选项卡。

（2）在"页眉和页脚工具"→"选项"组中，选中"奇偶页不同"复选框，如图 7.52 所示。

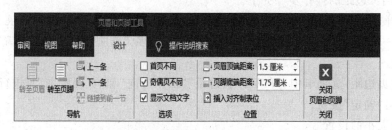

图 7.52　"页眉和页脚工具"→"设计"选项

（3）在其中一个奇数页上添加要在奇数页上显示的页眉、页脚或页码编号，图 7.53 所示为奇数页页眉。

图 7.53　奇数页页眉

（4）在其中一个偶数页上添加要在偶数页上显示的页眉、页脚或页码编号，图 7.54 所示为偶数页页眉。

图 7.54　偶数页页眉

删除页眉和页脚的操作步骤如下。

（1）双击页眉、页脚或页码。

（2）选择页眉、页脚或页码。

（3）按 Delete 键。

（4）对具有不同页眉、页脚或页码的每个分区，重复步骤（1）～（3）。

4. 页面设置

页面设置主要包括页面大小、页边距、边框效果以及页眉版式等。合理地设置页面，将使整个文档的编排清晰、美观。图 7.55 所示为"布局"→"页面设置"组。

图 7.55　页面设置工具

1）页边距的设置

页边距是页面四周的空白区，默认页边距符合标准文档的要求。通常插入的文字和图形在页边距内，某些项目可以伸出页边距。

设置文档页边距的操作步骤如下。

（1）打开文档，单击"布局"→"页面设置"组中的"页边距"下三角按钮，在展开的下拉式列表中选择一种页边距样式。也可以单击"自定义页边距"选项，弹出"页面设置"对话框，如图 7.56 所示。

（2）在"页边距"选项卡中，可以对"页边距""纸张方向"和"页码范围"等进行设置。

（3）单击"确定"按钮。

2）纸张大小的设置

设置纸张大小的操作步骤如下。

（1）打开文档，单击"页面布局"→"页面设置"组中的"纸张大小"下三角按钮。在展开的下拉式列表中选择一种纸张样式。也可以单击"其他页面大小"选项，弹出"页面设置"对话框，如图 7.57 所示。

（2）在"纸张"选项卡中可以对"纸张大小""纸张来源"和"打印选项"等进行设置。

（3）单击"确定"按钮。

3）文字方向的设置

在文档排版时，有时需要对文字方向进行重新设置。设置文字方向的操作步骤如下。

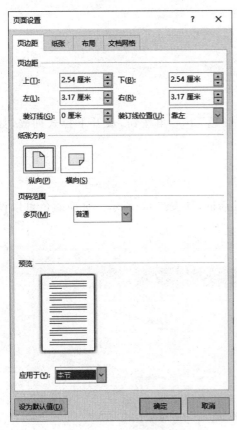

图 7.56 页边距设置

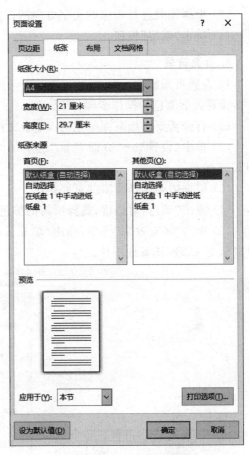

图 7.57 纸张大小设置

（1）单击"页面布局"→"页面设置"组中的"文字方向"下三角按钮。

（2）在展开的下拉式列表中选择所需的文字方向，或单击"文字方向选项"，弹出"文字方向－主文档"对话框，如图 7.58 所示。

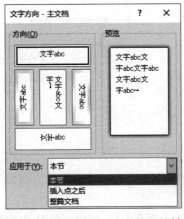

图 7.58 "文字方向－主文档"对话框

（3）根据需要进行相应的文字方向的设置，注意，"应用于"选择文本方向设置的范围。

（4）单击"确定"按钮。

5. 页面背景

1）设置页面颜色

设置页面颜色的操作步骤如下。

（1）打开需要添加页面颜色的 Word 文档。

（2）单击"设计"→"页面背景"组中的"页面颜色"下三角按钮，展开下拉式列表，如图 7.59 所示。

（3）根据需要选择所需的页面颜色。

（4）弹出"颜色"对话框，选择所需的颜色。

（5）单击"填充效果"选项，弹出"填充效果"对话框，如图 7.60 所示。页面颜色可以设置成渐变、纹理、图案或图片。

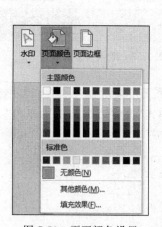

图 7.59　页面颜色设置

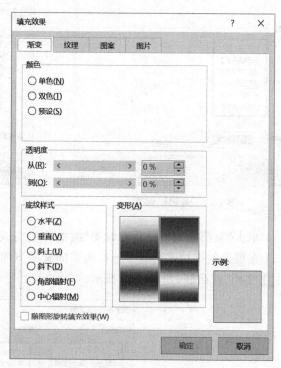

图 7.60　"填充效果"对话框

（6）单击"确定"按钮。

2）设置水印

设置水印的操作步骤如下。

（1）单击"设计"→"页面背景"组中的"水印"下三角按钮，在展开的下拉式列表中选择一种内置的水印效果。

（2）水印通常是用文字作为背景的。若想用图片作为水印背景，单击"自定义水印"选项，弹出"水印"对话框。

（3）在"水印"对话框中，可以设置图片水印或文字水印，如图 7.61 所示，可以选择图片水印或文字水印。

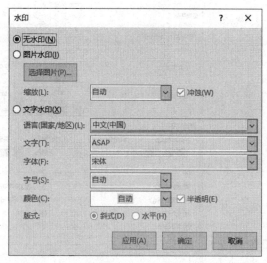

图 7.61 "水印"对话框

（4）若要取消水印，单击"无水印"单选按钮。

（5）单击"确定"按钮。

7.1.9 查找和替换

使用查找和替换功能不仅可以对文本内容进行查找和替换，还可以查找和替换字符格式和段落格式。例如，用户可查找带特定格式的文本，然后将文本格式修改为指定格式。在日常工作当中，如果需要对文档中的一些数据设置特定的格式或者替换成别的内容，那么一一去设置就过于麻烦，特别是在一份长文档中。通过 Word 2019 的查找替换功能可以快速地将指定内容设置为需要的内容和格式，操作步骤如下。

（1）选定要设置格式的文本，单击"开始"→"编辑"组中的"替换"按钮，弹出"查找和替换"对话框，如图 7.62 所示。

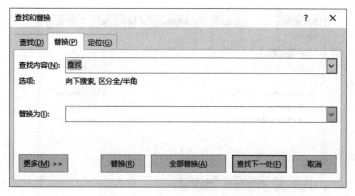

图 7.62 "查找和替换"对话框

（2）在"查找内容"文本框中输入要替换格式的内容。将光标定位在"替换为"文本框中，单击"更多"按钮，弹出下拉菜单，可以选择"字体""段落样式"等格式，如图 7.63 所示。

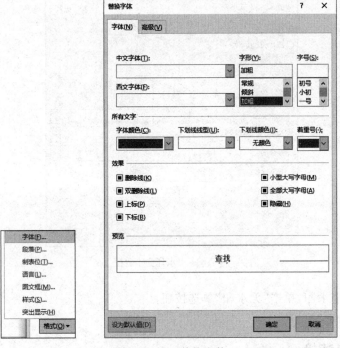

图 7.63　设置替换字体

（3）设置格式属性后，在"搜索"下拉列表框中设置替换文本的范围，如图 7.64 所示。

图 7.64　设置搜索范围

"向下"：搜索范围是自光标的位置向后到文末。"向上"：搜索范围是自光标的位置向前到文档开始。"全部"：在全文中进行搜索。

（4）单击"替换"按钮或者"全部替换"按钮，完成格式的查找和替换。

7.2　Word 高级技术

7.2.1　大纲视图

大纲视图主要用于设置文档的标题和显示标题的层级结构，并可以使用户方便地折叠和展开各种层级的文档。大纲视图广泛用于长文档的快速浏览和设置中。单击"视图"→"视图"组中的"大纲"按钮，文档则以大纲视图模式显示。在大纲模式下，在"大纲显示"选项卡中可以对选定的内容进行级别、设置、拆分文档等操作，如图 7.65 所示。

图 7.65　"大纲显示"选项卡

在大纲视图下，对设置了标题级别的文档，可结合"视图"→"显示"组中的"导航窗格"功能可以查看文档的大纲，这个对长文档的编辑非常有用。

某书在编写过程中的大纲视图样式如图 7.66 所示。

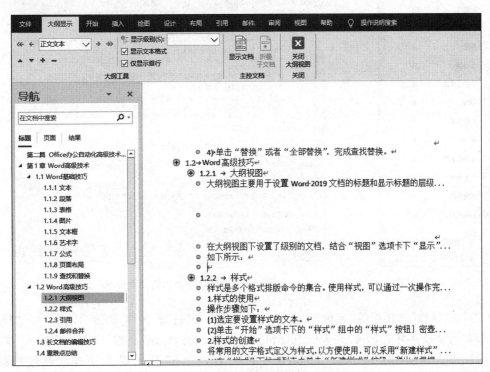

图 7.66　大纲视图样例

7.2.2　样式

样式是多个格式排版命令的集合。使用样式,可以通过一次操作完成多种格式的设置,从而简化排版操作,节省排版时间。

1. 样式的使用

操作步骤如下。

(1) 选定要设置样式的文本。

(2) 单击"开始"→"样式"组中的"样式"按钮,也可以单击"样式"组右下角的展开按钮,在弹出的"样式"窗格中选择更多的样式,如图 7.67 所示。

2. 样式的创建

可以将常用的文字格式定义为样式,以方便使用。操作步骤如下。

(1) 在"样式"对话框中单击"新建样式"按钮,弹出"根据格式化创建新样式"对话框,如图 7.68 所示。

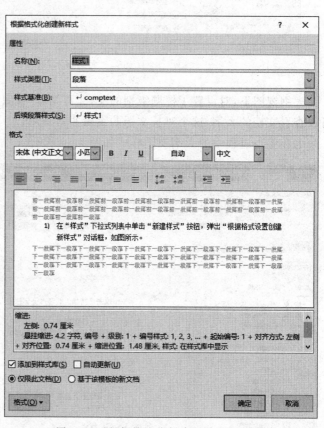

图 7.67　"样式"窗格　　　　　　图 7.68　"根据格式化创建新样式"对话框

(2) 在"属性"选项组的"名称"文本框中输入新定义的样式名称,通过"样式类型""样式基准"和"后续段落样式"下拉列表框进行相应的设置。例如,在"名称"文本框中输入"文稿二级标题样式",在"样式类型"下拉列表框中选择"段落",在"样式基准"下拉列表框中选择"标题 2",在"后续段落样式"下拉列表框中选择"文稿二级标题样式"。

（3）在格式选项组中的"字体""字号""字体颜色"等下拉列表框中进行相应的格式设置。例如，设置字体为"宋体"，字号为"三号"，使字体加粗，字体颜色为"自动"，如图 7.69 所示。

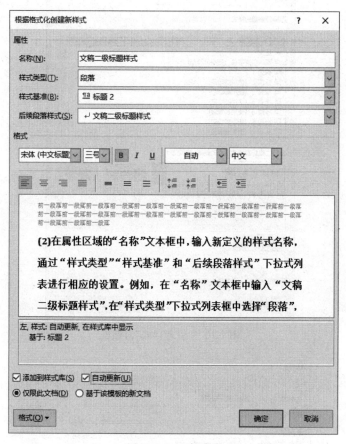

图 7.69　新建样式

如果选中"自动更新"复选框，则以后若修改了"文稿二级标题样式"，文档中设置该样式的内容的格式也会自动修改。

（4）可以单击"格式"按钮进行更多格式的设置，也可以通过选择"添加到样式库"复选框，将创建的样式添加到样式库中。

（5）单击"确定"按钮。

3. 样式的修改

在编辑文档时，已有的样式不一定能完全满足要求，需要在原有的样式基础上进行修改，使其符合要求。操作步骤如下。

（1）单击"开始"→"样式"组的展开按钮，在弹出的"样式"对话框中单击"管理样式"按钮，弹出"管理样式"对话框，如图 7.70 所示。单击其中的"修改"按钮，弹出"修改样式"对话框，如图 7.71 所示。

（2）在"修改样式"对话框中进行相应的设置。

（3）单击"确定"按钮。

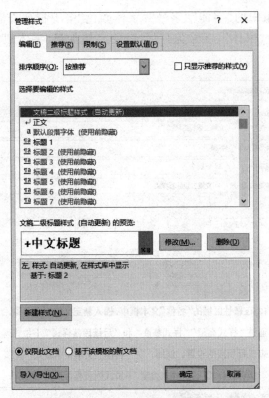

图 7.70 "管理样式"对话框

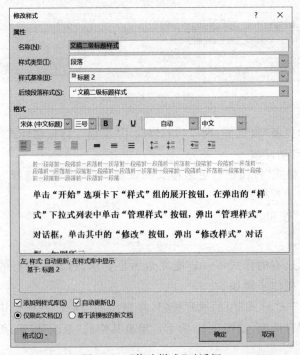

图 7.71 "修改样式"对话框

4. 删除样式

操作步骤如下。

（1）在"管理样式"对话框的"选择要编辑的样式"列表框中选中要删除的样式。

（2）单击"删除"按钮，弹出确认是否删除的对话框。

（3）单击"是"按钮，完成删除操作。

7.2.3　引用

1. 目录

用户可以根据设置了级别的标题内容自动生成目录。但是，在生成目录之前需要设置各级标题的样式。具体步骤如下。

（1）选中需要生成目录的文字，在"开始"→"样式"组中选择需要的标题样式。

（2）单击"引用"→"目录"组中的目录按钮，弹出下拉列表，可以设置"手动目录""自动目录"和"自定义目录"等，如图 7.72 所示。

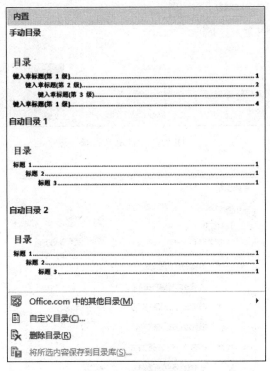

图 7.72　目录列表框

（3）如果采用的是内置"自动目录"，目录会按内容的标题级别自动生成。如果选择"自定义目录"，则弹出"目录"对话框，用户需要设置在目录中显示的级别、页码和前导符样式等，如图 7.73 所示。

（4）单击"选项"按钮，设置目录中要显示的样式，如图 7.74 所示。设置之后的"目录"对话框如图 7.75 所示。

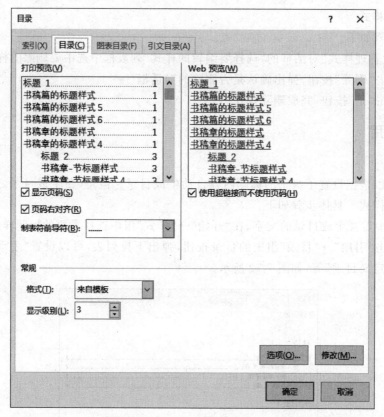

图 7.73　自定义目录

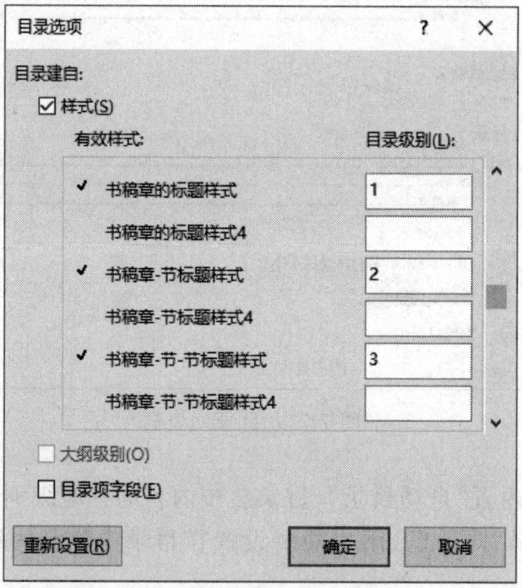

图 7.74　设置目录选项

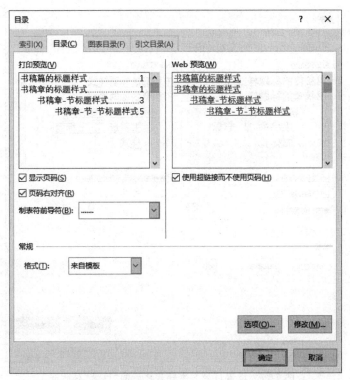

图 7.75 设置目录选项之后的"目录"对话框

（5）单击"修改"按钮，弹出"样式"对话框，如图 7.76 所示。设置各级目录文本的样式，例如，一级目录 TOC1：宋体、小四号、红色；二级目录 TOC2：宋体、小四号、蓝色；三级目录 TOC3：宋体、小四号、绿色；设置目录文本样式之后的"目录"对话框如图 7.77 所示。

（6）单击"确定"按钮，生成的目录效果如图 7.78 所示。

2. 脚注和尾注

脚注和尾注是对文本的补充说明。脚注一般位于页面的底部，可以作为文档某处内容的注释；尾注一般位于文档的末尾，列出引文的出处等。脚注和尾注由两个关联的部分组成，包括注释引用标记及其对应的注释文本，Word 自动为标记编号或创建自定义的标记。在添加、删除或移动自动编号的注释时，Word 将对注释引用标记重新编号。插入脚注和尾注的步骤如下。

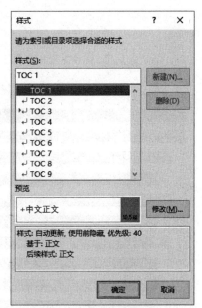

图 7.76 设置各级目录文本样式

（1）将插入点置于要插入脚注和尾注的位置。

（2）单击"引用"选项卡中"脚注"组右下角的按钮，弹出"脚注和尾注"对话框，如图 7.79 所示。

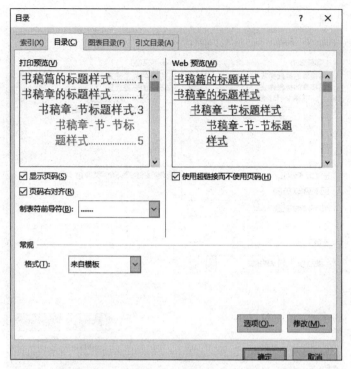

图 7.77 设置目录文本样式之后的"目录"对话框

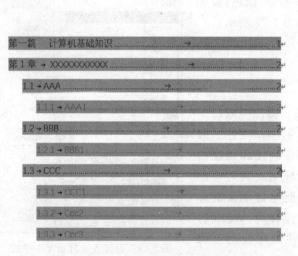

图 7.78 自定义的目录效果

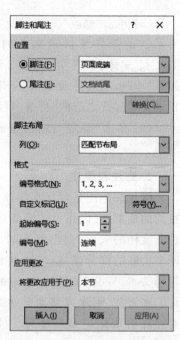

图 7.79 "脚注和尾注"对话框

（3）单击"脚注"单选按钮，可以插入脚注；如果要插入尾注，则单击"尾注"单选按钮。

（4）设置编号格式、起始编号、应用范围，Word 会自动为所有脚注或尾注连续编号，当添加、删除、移动脚注或尾注引用标记时重新编号。

（5）如果要自定义脚注或尾注的引用标记，可以在"自定义标记"文本框中输入作为脚注或尾注的引用符号。如果键盘上没有这种符号，可以单击"符号"按钮，从"符号"对话框中选择一个合适的符号。

（6）单击"确定"按钮，就可以开始输入脚注或尾注文本。输入脚注或尾注文本的方式会因文档视图的不同而有所不同。

3. 题注

题注是指为图片、表格、图表、公式等项目添加的名称和编号。使用题注可以保证长文档中图片、表格或图表等项目能够顺序地自动编号。如果移动、插入或删除带题注的项目时，Word 2019 可以自动更新题注的编号。

Word 可以在插入表格、图片、公式等项目时自动添加题注，也可以在已有的表格、图片、公式等项目中添加题注。为文档中已有的图片、表格、公式加上题注的操作步骤如下。

（1）选定要添加题注的对象，右击，在弹出的快捷菜单中选择"插入题注"命令，弹出"题注"对话框，如图 7.80 所示。

（2）在"题注"对话框中显示了用于所选项的题注标签和编号，用户只要在后面直接输入题注名称即可。

（3）如果要选择其他标签，如对象是表格，可在"标签"下拉列表框中选择合适的标签。如果没有合适的标签，可以单击"新建标签"按钮，在弹出的"新建标签"对话框中输入新的标签名。

（4）单击"确定"按钮。在"标签"下拉列表框中选择新输入的标签。如果要删除不再用的标签，可以选择该标签后，单击"删除标签"按钮。

（5）如果要设置题注的编号格式，可单击"编号"按钮，弹出"题注编号"对话框，如图 7.81 所示。

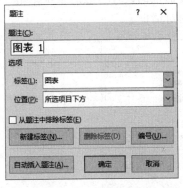

图 7.80　"题注"对话框

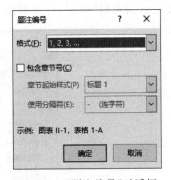

图 7.81　"题注编号"对话框

（6）在"格式"下拉列表框中选择合适的编号即可改变题注的编号。如果选中"包含章节号"复选框，则可以使题注中包括章节号。章节所用的标题样式必须是标题 1～标题 9，不支持自定义的其他标题名称。

（7）在"章节起始样式"下拉列表框中选择该章节标题所用的标题样式，在"使用分隔符"下拉列表框中选择一种分隔符，然后单击"确定"按钮，返回"题注"对话框。

（8）在"位置"下拉列表框中选择题注的位置，可以选择在项目的上方或者下方。完成后单击"确定"按钮。

4. 索引

索引是根据一定需要，把书刊中的主要概念或各种题名摘录下来，标明出处、页码，按一定次序分条排列，以供人查阅的资料。创建了索引和索引目录，可以使阅读者更加快速有效地了解文档内容。

例如，对以下文字做索引目录，索引标题为："对话框的设计"和"菜单的设计"。

对话框的设计

从 R12 版开始，AutoCAD 引入了可编程对话框（programmable dialogue box，PDB），PDB 的引入是对 AutoCAD 的一项重大革新，它引进了图形用户接口，使用户能够更加容易、直观地进行操作，可以同时进行多个参数地输入和选择，操作简便、界面友好。用来定义对话框的语言为 DCL（dialogue control language），它主要通过定义各种构件来完成对话框的定义过程。DCL 语言以 ASCII 文件形式定义对话框，对话框中的各种元素（如按钮和编辑框）称为控件，控件的尺寸和功能由控件的属性控制。用户只须提供最基本的位置信息，AutoCAD 就可以自动确定对话框的大小和布局。Visual Lisp 提供了查看对话框的工具，同时还提供了从应用程序中控制对话框的函数。

菜单的设计

为了保护用户及开发商的既有积累，使新产品过渡较为顺畅，又能充分地挖掘 Microsoft 的最新技术潜力，至 AutoCAD R14 以来，软件既保留了原有菜单的结构，又对其进行了新的扩展，对用户界面进行了方便的定制，使得用户和开发商都能充分使用 Windows 98/NT 平台的图形用户界面（GUI）定制技术。

具体步骤如下。

（1）新建索引项。选中作为索引词的部分"对话框的设计"，然后依次单击"引用"→"索引"→"标记索引条目"按钮，打开如图 7.82 所示的对话框。

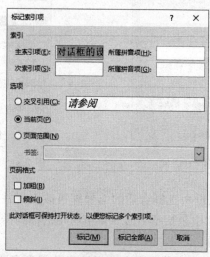

图 7.82　"标记索引项"对话框

"菜单的设计"索引项使用同样的方法建立。

（2）插入索引。单击"引用"→"索引"组中的"插入索引"按钮，打开如图 7.83 所示的对话框，可以设置页码对齐方式、前导符、目录缩进、栏数等样式属性。

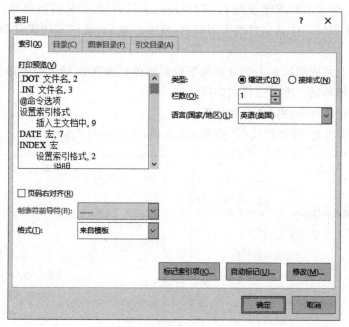

图 7.83　"索引"对话框

该案例添加索引目录之后，截图如 7.84 所示。

对话框的设计

从 R12 版开始，AutoCAD 引入了可编程对话框（programmable dialogue box，PDB），PDB 的引入是对 AutoCAD 的一项重大的革新，它引进了图形用户接口，使用户能够更加容易、直观地进行操作，可以同时进行多个参数地输入和选择，操作简便、界面友好。用来定义对话框的语言为 DCL（dialogue control language），它主要通过定义各种构件来完成对话框的定义过程。DCL 语言以 ASCII 文件形式定义对话框，对话框中的各种元素（如按钮和编辑框）称为控件，控件的尺寸和功能由控件的属性控制。用户只须提供最基本的位置信息，AutoCAD 就可以自动确定对话框的大小和布局。Visual Lisp 提供了查看对话框的工具，同时还提供了从应用程序中控制对话框的函数。

菜单的设计

为了保护用户及开发商的既有积累，使新产品过渡较为顺畅，又能充分地挖掘 Microsoft 的最新技术潜力，至 AutoCAD R14 以来，软件既保留了原有菜单的结构，又对其进行了新的扩展，对用户界面进行了方便的定制，使得用户和开发商都能充分使用 Windows 98/NT 平台的图形用户界面（GUI）定制技术。

图 7.84　添加索引后的效果

提示：索引制作的方法有多种，大家可以查看 Word 帮助文档学习其他方法。

7.2.4 邮件合并

在实际工作中,经常会遇到这种情况:需要处理的多份文件主要内容和格式相同,只是具体数据有变化,如学生的成绩报告单、客户订单、会议通知、会员通信录等。如果一份一份地编辑打印,虽然每份文件只须修改个别数据,效率也很低,此时利用邮件合并功能可以高效率地实现。

例如,设计《上海应用技术大学计算机基础期末考试准考证》时,要考虑全校有 3000 多名考生要参加这场考试。准考证样式如图 7.85 所示。

用邮件合并功能打印的操作步骤如下。

(1) 新建一个名为"准考证模板"的 Word 文档,样式如图 7.86 所示。

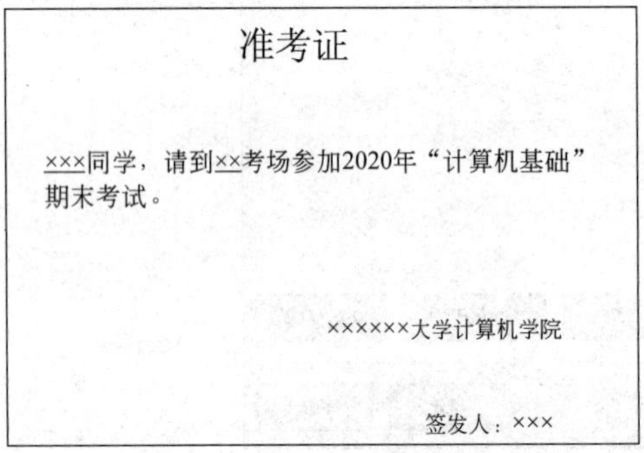
准考证

×××同学,请到××考场参加2020年"计算机基础"期末考试。

××××××大学计算机学院

签发人:×××

图 7.85 准考证样张

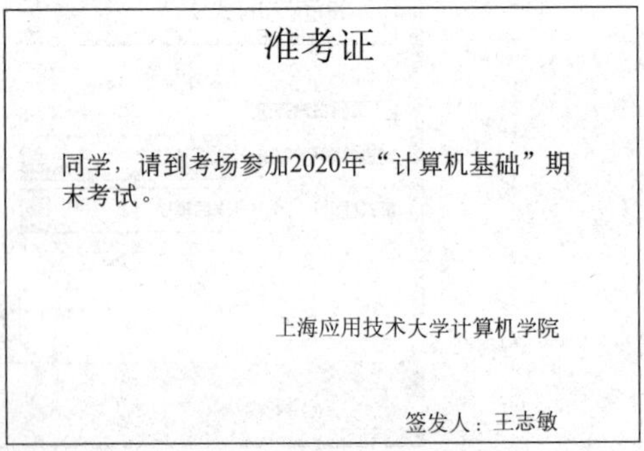
准考证

同学,请到考场参加2020年"计算机基础"期末考试。

上海应用技术大学计算机学院

签发人:王志敏

图 7.86 准考证模板样式

(2) 新建一个名为"学生信息"的 Excel 文件,存放学生的信息。数据表信息如图 7.87 所示。

学号	学生姓名	考场号	班号
1910127101	包莹莹	奉贤计算机中心1机房	19101271
1910127102	许诺	奉贤计算机中心2机房	19101271
1910127103	郑博文	奉贤计算机中心3机房	19101271
1910127104	刘南霞	奉贤计算机中心4机房	19101271
1910127105	章晓蕾	奉贤计算机中心5机房	19101271
1910127201	王俊	奉贤计算机中心6机房	19101272
1910127202	钱岑林	奉贤计算机中心1机房	19101272
1910127203	金怡筠	奉贤计算机中心2机房	19101272
1910127204	刘根	奉贤计算机中心3机房	19101272
1910127205	刘赟珲	奉贤计算机中心4机房	19101272
1910127206	崇玮	奉贤计算机中心5机房	19101272
1910127207	吴英杰	奉贤计算机中心6机房	19101272
1910127208	黄昕航	奉贤计算机中心7机房	19101272
1910623101	杜琴心	徐汇计算机中心2机房	19106231
1910623102	陈静	徐汇计算机中心3机房	19106231
1910623103	耿武洋	徐汇计算机中心4机房	19106231
1910623104	杨琳	徐汇计算机中心5机房	19106231
1910623201	薛秦金石	徐汇计算机中心6机房	19106232
1910623202	唐久然	徐汇计算机中心4机房	19106232
1910623203	程昆	徐汇计算机中心5机房	19106232
1910623204	张凡	徐汇计算机中心6机房	19106232
1910623205	杨锦	徐汇计算机中心7机房	19106232

图 7.87 数据表信息

(3) 打开"准考证模板"文档,单击"邮件"→"开始邮件合并"→"选择收件人"→"使用现有列表"选项,弹出如图 7.88 所示对话框,选择存放学生信息的 Excel 文件。

图 7.88 选取数据源

(4) 在"准考证模板"文档中,分别在"同学"和"考场"前面插入合并域"学生姓名"和"考场号",然后为"《学生姓名》"和"《考场号》"添加下画线。插入合并域之后的文档如图 7.89 所示。

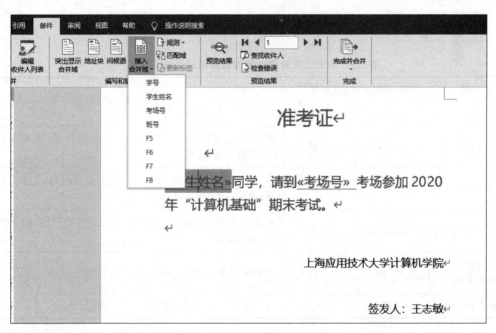

图 7.89 插入合并域之后的文档

（5）单击"邮件"→"完成"→"完成并合并"→"编辑单个文档"选项，弹出如图 7.90 所示的对话框，单击"全部"单选按钮，再单击"确定"按钮，生成全部学生准考证文件。

（6）保存文档，每个学生的准考证如图 7.91 所示。

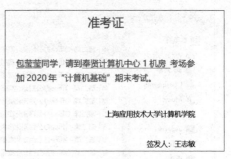

图 7.90　合并文档设置　　　　　　　　图 7.91　合并的准考证样式

7.3　长文档的编辑技巧

类似毕业论文这样 1.5 万字以上的长文档，在编辑过程中要从文档的宏观设计过渡到微观设计。宏观设计包括页面设置、自定义样式、目录设计等。微观设计包括设置文本、段落、表格、图片、文本框等的属性和排版等。

本节从样式、大纲视图、多级编号、目录、分页符这些方面介绍长文档编辑的宏观设计过程。

1. 样式定义

下面根据毕业论文各级标题和正文的格式要求，定义各级标题的标题级别以及样式名称，如表 7.5 所示。

表 7.5　毕业论文各级标题的标题级别及样式描述

标　题	样式名称	大纲级别	属　　性
一级标题	example1	一级	黑体，小二号；段前 1 行，段后 1 行
二级标题	example2	二级	黑体，四号，左对齐；序号后空 1 字符接标题；文末无标点；段前 1 行，段后 0 行
三级标题	example3	三级	黑体，小四号，左对齐；序号后空 1 字符接标题；文末无标点；段前 1 行，段后 0 行
正文	exampletext	正文	宋体（非汉字用 Times New Roman），小四号；行距 1.25 倍；标准字距
致谢 参考文献	example0	一级	文本格式和一级标题相同，但没有编号
论文标题	exampletitle	一级	文本格式和一级标题相同，但没有编号

目录采用三级目录项，其中，致谢、参考文献、论文标题以一级标题包含在目录中。

致谢、参考文献的样式 example0 的定义界面如图 7.92 所示。

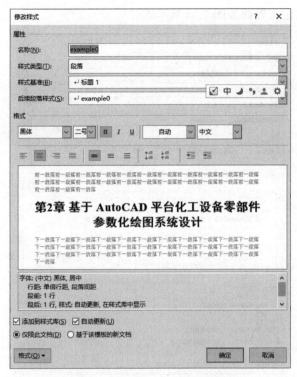

图 7.92　致谢、参考文献的样式定义

一级标题的样式定义界面如图 7.93 所示。

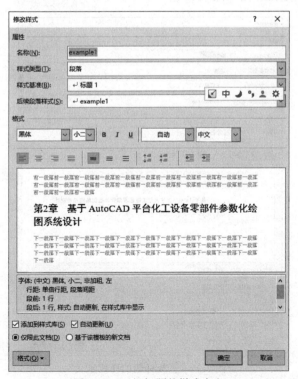

图 7.93　一级标题的样式定义

二级标题的样式定义界面如图 7.94 所示。

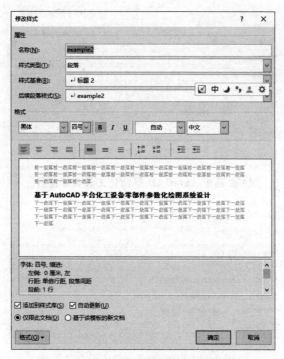

图 7.94　二级标题的样式定义

三级标题的样式定义界面如图 7.95 所示。

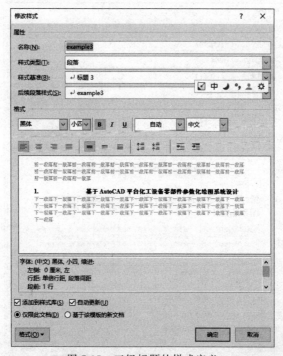

图 7.95　三级标题的样式定义

正文的样式定义界面如图 7.96 所示。

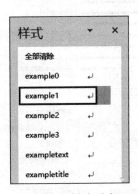

图 7.96　正文的样式定义

样式列表如图 7.97 所示。

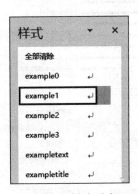

图 7.97　样式列表

2. 大纲视图设置标题样式

文档各级标题和正文样式定义之后,切换到大纲视图,定义论文的大纲,并为其设置相应的样式,结果如图 7.98 所示。

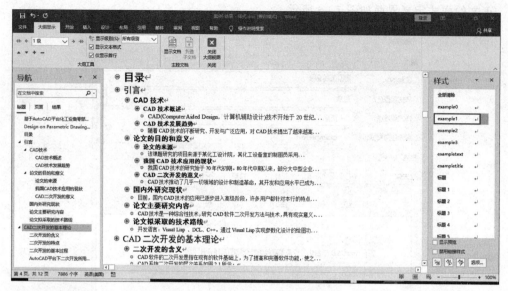

图 7.98　设置样式之后的大纲视图

3. 多级编号

下面为定义好级别的大纲设置各级标题的编号。例如,一级标题为"第 1 章";二级标题为"1.1";三级标题为"1.1.1"。其中,一级编号样式链接到样式 example1,二级编号样式链接到样式 example2,三级编号样式链接到样式 example3。因为一级编号采用的是"第 1 章",所以二级编号和三级编号的设置中,要选中"正规形式编号"复选框,如图 7.99 所示。

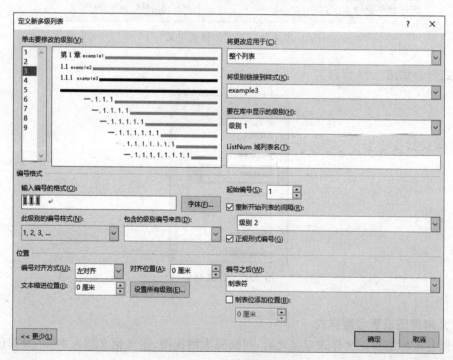

图 7.99　定义多级编号列表

设置好多级编号的论文截图如图 7.100 所示。

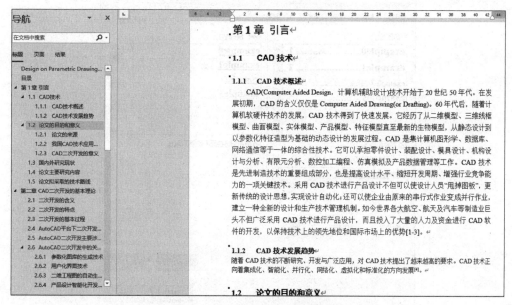

图 7.100　设置编号之后的文档

4. 生成目录

各级标题的样式、各级标题的多级编号样式设置完成后，即可对全文生成自动更新的目录。在大纲模式下，在"引用"选项卡的"目录"组中设置目录。

在"目录选项"对话框中设置目录中要显示的样式和级别，如图 7-101 所示。

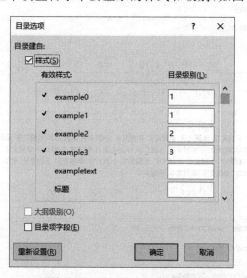

图 7.101　"目录选项"对话框

"目录"对话框如图 7.102 所示。

单击"目录"对话框中的"修改"按钮，依次设置各级目录的样式。

一级目录的格式设置如图 7.103 所示。

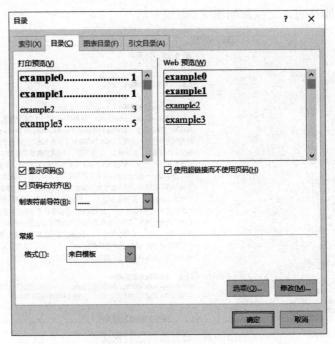

图 7.102　"目录"对话框

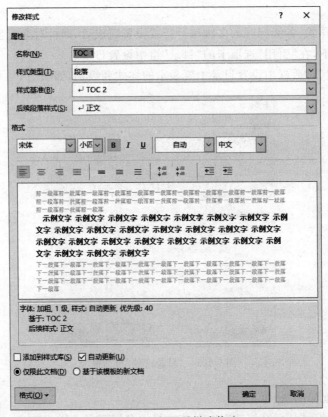

图 7.103　一级目录样式修改

二级目录的格式设置如图 7.104 所示。

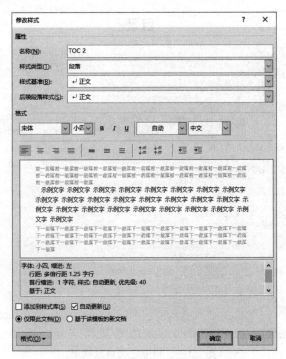

图 7.104　二级目录样式修改

三级目录的格式设置如图 7.105 所示。

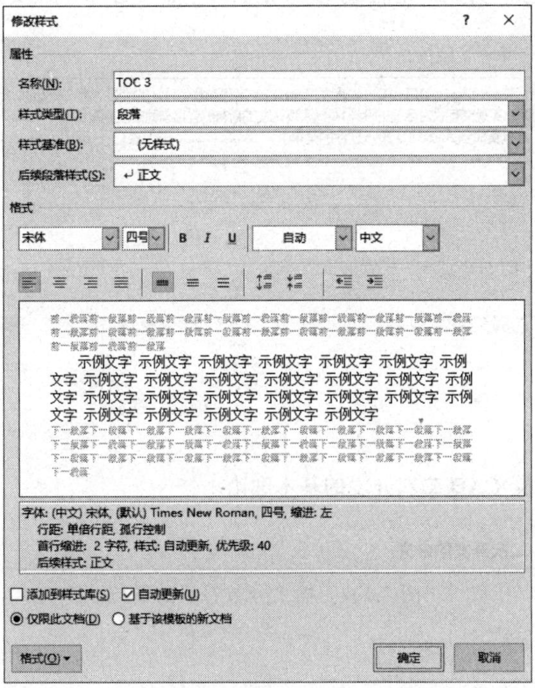

图 7.105　三级目录样式修改

设置了目录的论文目录如图 7.106 所示。

图 7.106　毕业论文目录截图

5. 分页设置

论文要求每章另起一页，因此在每章最后一行插入分节符，实现下一章在下一页，如图 7.107 所示。

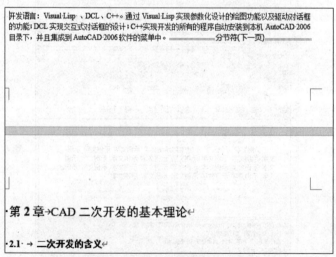

图 7.107　插入分节符后的文档

第 8 章

Excel 高级应用

【**案例描述**】 本章以华英软件开发有限公司对 2018 年的实习生进行转正考评为例,以批量数据分析处理为核心,剖析涉及的知识点,使读者掌握 Excel 2019 的使用技巧。

案例背景:2018 年 6 月,华英软件开发有限公司通过层层面试,在全国高校录用了 256 名实习生,并进行了为期 3 个月的实习试用考察。9 月末,实习期满,公司根据个人的三项绩效考评分进行是否转正的考核。7 个部门按总评绩效分进行转正考核,分成三类:正式转正、预备转正、不予转正。同时,公司人力资源部要进行各种数据的分析处理,为下一届选拔实习生提供信息。

部分案例数据如图 8.1 所示。

序号	部门编号	部门	工号	姓名	性别	籍贯	基础业务绩效	拓展业务绩效	业务能力综合绩效	总评	排名	是否转正
1	18327001	测试部	1832700101	盛晓畅	男	河北	17.9	36.8	4.719			
2	18327001	测试部	1832700103	余萧萧	女	河南	15.0	47.2	4.867			
3	18327001	测试部	1832700104	王柏瑜	男	吉林	18.9	37.2	4.848			
4	18327001	测试部	1832700106	宰圆圆	女	江西	18.4	35.6	4.940			
5	18327001	测试部	1832700107	冯秋郦	男	上海	17.1	47.6	4.888			
6	18327001	测试部	1832700108	汪靖雯	男	上海	16.3	38.1	4.727			
7	18327001	测试部	1832700110	钱丝雨	男	上海	15.2	50.2	4.766			

图 8.1 部分案例数据

案例知识点分析:该案例处理的业务模型涉及 Excel 2019 中的公式、函数、排序、分类汇总、筛选和图表等重要知识点,下面详细介绍。

8.1 Excel 基础知识

8.1.1 工作簿

Excel 建立的文件也称为工作簿。一个工作簿默认可以包含 1～255 个工作表。单击"文件"→"选项"选项,弹出"Excel 选项"对话框,"包含的工作表数"文本框用于设置新建文件时默认包含的工作表个数,如图 8.2 所示。

Excel 的工作簿由若干工作表组成,工作表由若干单元格组成,弄明白了这个包含逻辑,对数据的引用地址就很好理解了。

1. 布局

文件打印之前,要对文件进行页面设置,包括对打印方向、缩放比例、页边距、纸张大小、页眉和页脚等一系列属性进行设置。单击"布局"→"页面设置"组中 按钮,弹出"页面设

图 8.2 "Excel 选项"对话框

置"对话框,如图 8.3 所示。

图 8.3 "页面设置"对话框

2. 顶端标题行

如果工作表中的记录超过一页,可以在"工作表"选项卡中设置打印顶端标题行,这样,在打印时第 2 页及以后各页时会自动添加标题,如图 8.4 所示。本案例选中第 1 行作为顶端标题行。

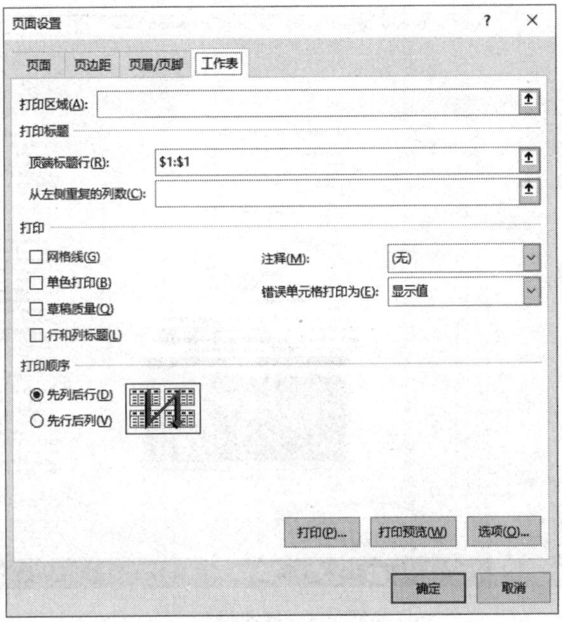

图 8.4　设置顶端标题行

3. 背景

在 Excel 2019 中,用户可以为整个表格设置背景,以达到美化工作表的目的。单击"页面布局"→"页面设置"组中的"背景"按钮,弹出"工作表背景"对话框,选择背景图片,单击"插入"按钮。图 8.5 所示为设置背景后的工作表效果。

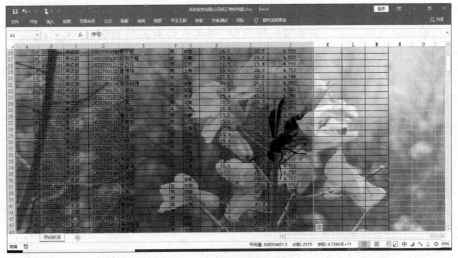

图 8.5　设置工作表背景

若要删除工作表背景，可单击"页面布局"→"页面设置"组中的"删除背景"按钮。

4. 打印输出

页面设置完成后，如果打印预览没有问题，即可打印输出。单击"页面设置"对话框中的"打印"按钮，或单击"文件"→"打印"选项，进入打印界面，如图 8.6 所示。

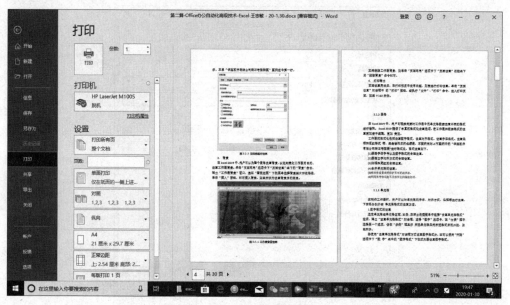

图 8.6　打印设置

8.1.2　工作表

在 Excel 2019 中，针对工作表的设置包括工作表的命名、工作表标签颜色设置、工作表复制和移动以及工作表的格式化等。在工作表标签上右击，弹出快捷菜单，如图 8.7 所示。

工作表的格式化包括设置数字格式、设置对齐格式、设置字体格式、设置边框和底纹格式等。如本案例须复制"华英软件有限公司转正考核档案"工作簿中"原始数据"工作表，并命名为"处理过程"。对"处理过程"工作表进行的格式设置如下。

（1）字体、字号以及数字格式的设置。

（2）文字对齐方式的设置。

（3）边框和底纹的设置。

（4）添加标题，合并单元格。

（5）将工作表设置成受保护不可更改状态。

（6）利用条件格式将河北籍贯的记录设置成底纹填充。

设置格式后的效果如图 8.8 所示。

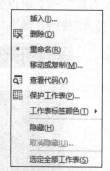

图 8.7　工作表设置

序号	部门编号	部门	工号	姓名	性别	籍贯	基础业务绩效	拓展业务绩效	业务能力综合绩效	总评	排名	是否转正
1	18327001	测试部	1832700101	盛晓畅	男	河北	17.9	36.8	4.72			
2	18327001	测试部	1832700103	余萧萧	女	河南	15.0	47.2	4.87			
3	18327001	测试部	1832700104	王柏瑜	男	吉林	18.9	37.2	4.85			
4	18327001	测试部	1832700106	幸圆圆	女	江西	18.4	35.6	4.94			
5	18327001	测试部	1832700107	冯秋娜	男	上海	17.1	47.6	4.89			
6	18327001	测试部	1832700108	汪靖雯	男	上海	16.3	38.1	4.73			
7	18327001	测试部	1832700110	钱丝雨	男	上海	15.2	50.2	4.77			
8	18327001	测试部	1832700111	夏欣晗	男	上海	15.5	43.6	4.94			
9	18327001	测试部	1832700112	王倩沛	女	四川	15.2	42.0	4.88			

图 8.8　工作表格式化效果

8.1.3　单元格

用户可以对单元格的字体、对齐方式、边框等进行设置。

单元格基本格式设置通常包括数字格式的设置、对齐格式的设置、字体格式的设置、边框格式的设置、图案格式的设置。

单击"开始"→"字体""对齐方式"和"数字"组右下角□按钮，即可弹出"设置单元格格式"对话框，如图 8.9 所示，其中的设置与 Word 中的设置类似，这里不再赘述。

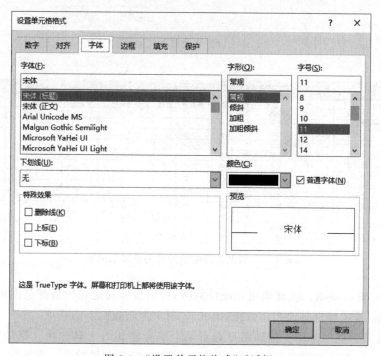

图 8.9　"设置单元格格式"对话框

下面以"华英软件有限公司转正考核档案"为案例，重点介绍单元格条件格式、自动套用表格格式和单元格样式的设置方法。

1. 条件格式

在"华英软件有限公司转正考核档案"案例中，要将河北籍贯的记录用黄色底纹填充，以突出显示出来。如果一个一个地去填充，不仅效率低，而且很容易出现遗漏。此时可以用

Excel 提供的条件格式功能快速把整个工作表中的河北籍贯的记录突出显示出来。

条件格式是指当单元格中的数据满足指定条件时，即按用户设置的格式显示出来，一般包含单元格底纹或字体颜色等格式。如果是依据单元格内容值的规则设置相应的格式，Excel 可以轻松地突出显示用户关注的单元格或单元格区域、强调特殊值和可视化数据。

（1）突出显示单元格规则。该规则主要用于基于比较运算符设置的特定单元格的格式。例如，要将"基础业务绩效"大于 18 分的单元格以红色字体显示，操作步骤如下。

① 选取要设置条件格式的单元格区域 H3:H258。

② 单击"开始"→"样式"组中的"条件格式"按钮，在弹出的下拉菜单中选择"突出显示单元格规则"→"大于"命令，弹出"大于"对话框。

③ 在文本框中输入 18，在"设置为"下拉列表框中选择待设置的格式或自定义格式，如图 8.10 所示。其含义为，当所选区域单元格中的数据大于 18 时，单元格格式设置为"浅红填充色深红色文本"，效果如图 8.11 所示。

图 8.10　设置单元格格式对话框

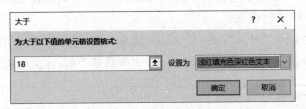

序号	部门编号	部门	工号	姓名	性别	籍贯	基础业务绩效	拓展业务绩效	业务能力综合绩效	总评	排名	是否转正
1	18327001	测试部	1832700101	盛晓畅	男	河北	17.9	36.8	4.72			
2	18327001	测试部	1832700103	余萧萧	女	河南	15.0	47.2	4.87			
3	18327001	测试部	1832700104	王柏瑜	男	吉林	18.9	37.2	4.85			
4	18327001	测试部	1832700106	幸圆圆	女	江西	18.4	35.6	4.94			
5	18327001	测试部	1832700107	冯秋郦	男	上海	17.1	47.6	4.89			
6	18327001	测试部	1832700108	汪靖雯	男	上海	16.3	38.1	4.73			
7	18327001	测试部	1832700110	钱丝雨	男	上海	15.2	50.2	4.77			
8	18327001	测试部	1832700111	夏欣晗	男	上海	15.5	43.6	4.94			
9	18327001	测试部	1832700112	王倩沛	女	四川	15.2	42.0	4.88			
10	18327001	测试部	1832700114	邓雨沐	男	湖南	17.2	33.1	4.94			
11	18327001	测试部	1832700115	亢太瑞	男	江苏	18.2	37.4	4.73			
12	18327001	测试部	1832700116	江慕容	男	上海	14.4	22.5	4.69			
13	18327001	测试部	1832700117	瑶祯	女	上海	18.2	38.9	4.73			

图 8.11　满足条件的单元格突出显示出来

（2）最前/最后规则。该规则用于统计数据，可以很容易地突出数据范围内高于或低于平均值的数据，或者按百分比找出数据，图 8.12 所示为该规则下的选项。

（3）数据条。数据条用于帮助用户查看某个单元格相对于其他单元格的值，其长度代表单元格中的值，数据条越长，表示值越大；数据条越短，表示值越小。在观察大量数据中较大值和较小值时，数据条非常直观。如本例中，观察测试部拓展业务绩效的高低时，采用了数据条格式，效果如图 8.13 所示。

（4）色阶。作为一种直观的指示，色阶可帮助用户了解数据分布和数据变化，在一个单元格区域中显示双色渐变或二色渐变，通过颜色的深浅来表述数据的大小。如本例中，观察测试部业务能力综合绩效的高低时，采用了色阶格式，效果如图 8.14 所示。

（5）图标集。使用图标集可以对数据进行注释，并可以按阈值将数据分为 3～5 个类

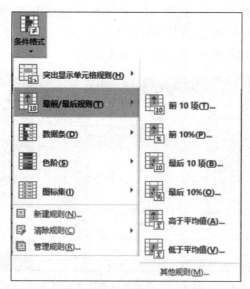

图 8.12　"最前/最后规则"选项

华英软件有限公司转正考核信息

序号	部门编号	部门	工号	姓名	性别	籍贯	基础业务绩效	拓展业务绩效	业务能力综合绩效	总评	排名	是否转正
1	18327001	测试部	1832700101	盛晓畅	男	河北	17.9	36.8	4.72			
2	18327001	测试部	1832700103	余萧萧	女	河南	15.0	47.2	4.87			
3	18327001	测试部	1832700104	王柏瑜	男	吉林	18.9	37.2	4.85			
4	18327001	测试部	1832700106	宰圆圆	女	江西	18.4	35.6	4.94			
5	18327001	测试部	1832700107	冯秋娜	男	上海	17.1	47.6	4.89			
6	18327001	测试部	1832700108	汪靖雯	男	上海	16.3	38.1	4.73			
7	18327001	测试部	1832700110	钱丝雨	男	上海	15.2	50.2	4.77			
8	18327001	测试部	1832700111	夏欣晗	男	上海	15.5	43.6	4.94			
9	18327001	测试部	1832700112	王倩沛	女	四川	15.2	42.0	4.88			
10	18327001	测试部	1832700114	邓雨沐	男	湖南	17.2	33.1	4.94			
11	18327001	测试部	1832700115	尤太瑞	男	江苏	18.2	37.4	4.73			
12	18327001	测试部	1832700116	江葛容	男	上海	14.4	22.5	4.69			
13	18327001	测试部	1832700117	瑶祯	女	上海	18.2	38.9	4.73			
14	18327001	测试部	1832700118	瑶亚楠	男	上海	14.7	28.5	4.71			
15	18327001	测试部	1832700119	易平锟	男	安徽	16.7	20.5	4.55			
16	18327001	测试部	1832700120	欧阳天程	女	河南	15.4	19.1	4.55			
17	18327001	测试部	1832700121	许力元	男	江苏	17.5	19.4	4.69			
18	18327001	测试部	1832700122	童傅炜	男	上海	15.6	20.6	4.71			

图 8.13　设置数据条格式效果

华英软件有限公司转正考核信息

序号	部门编号	部门	工号	姓名	性别	籍贯	基础业务绩效	拓展业务绩效	业务能力综合绩效	总评	排名	是否转正
1	18327001	测试部	1832700101	盛晓畅	男	河北	17.9	36.8	4.72			
2	18327001	测试部	1832700103	余萧萧	女	河南	15.0	47.2	4.87			
3	18327001	测试部	1832700104	王柏瑜	男	吉林	18.9	37.2	4.85			
4	18327001	测试部	1832700106	宰圆圆	女	江西	18.4	35.6	4.94			
5	18327001	测试部	1832700107	冯秋娜	男	上海	17.1	47.6	4.89			
6	18327001	测试部	1832700108	汪靖雯	男	上海	16.3	38.1	4.73			
7	18327001	测试部	1832700110	钱丝雨	男	上海	15.2	50.2	4.77			
8	18327001	测试部	1832700111	夏欣晗	男	上海	15.5	43.6	4.94			
9	18327001	测试部	1832700112	王倩沛	女	四川	15.2	42.0	4.88			
10	18327001	测试部	1832700114	邓雨沐	男	湖南	17.2	33.1	4.94			
11	18327001	测试部	1832700115	尤太瑞	男	江苏	18.2	37.4	4.73			
12	18327001	测试部	1832700116	江葛容	男	上海	14.4	22.5	4.69			
13	18327001	测试部	1832700117	瑶祯	女	上海	18.2	38.9	4.73			

图 8.14　设置色阶格式效果

别。每个图标代表一个值的范围。例如,在三向箭头图标集中,绿色的上箭头代表较大值,黄色的横向箭头代表中间值,红色的下箭头代表较小值。如本例中观察测试部:基础业务绩效的高低时,采用了图标集格式,如图 8.15 所示。

序号	部门编号	部门	工号	姓名	性别	籍贯	基础业务绩效	拓展业务绩效	业务能力综合绩效	总评	排名	是否转正
								华英软件有限公司转正考核信息				
1	18327001	测试部	1832700101	盛晓畅	男	河北	17.9	36.8	4.72			
2	18327001	测试部	1832700103	余萧萧	女	河南	15.0	47.2	4.87			
3	18327001	测试部	1832700104	王柏瑜	男	吉林	18.9	37.2	4.85			
4	18327001	测试部	1832700106	幸圆圆	女	江西	18.4	35.6	4.94			
5	18327001	测试部	1832700107	冯秋娜	男	上海	17.1	47.6	4.89			
6	18327001	测试部	1832700108	汪靖雯	男	上海	16.3	38.1	4.73			
7	18327001	测试部	1832700110	钱丝雨	男	上海	15.2	50.2	4.77			
8	18327001	测试部	1832700111	夏欣晗	男	上海	15.5	43.6	4.94			
9	18327001	测试部	1832700112	王倩沛	女	四川	15.2	42.0	4.88			
10	18327001	测试部	1832700114	邓雨沐	男	湖南	17.2	33.1	4.94			
11	18327001	测试部	1832700115	亢太瑞	男	江苏	18.2	37.4	4.73			
12	18327001	测试部	1832700116	江慕容	男	上海	14.4	22.5	4.69			
13	18327001	测试部	1832700117	瑶祯	女	上海	18.2	38.9	4.73			
14	18327001	测试部	1832700118	瑶亚楠	男	上海	14.7	28.5	4.71			
15	18327001	测试部	1832700119	易平锟	男	安徽	16.7	20.5	4.55			
16	18327001	测试部	1832700120	欧阳天程	女	河南	15.4	19.1	4.55			

图 8.15　设置图标集格式效果

(6)新建规则。对于规则比较复杂的条件格式,可以通过自定义规则来实现。如本例中,籍贯为上海的人员记录由橘色底纹填充,效果如图 8.16 所示。

序号	部门编号	部门	工号	姓名	性别	籍贯	基础业务绩效	拓展业务绩效	业务能力综合绩效	总评	排名	是否转正
								华英软件有限公司转正考核信息				
1	18327001	测试部	1832700101	盛晓畅	男	河北	17.9	36.8	4.72			
2	18327001	测试部	1832700103	余萧萧	女	河南	15.0	47.2	4.87			
3	18327001	测试部	1832700104	王柏瑜	男	吉林	18.9	37.2	4.85			
4	18327001	测试部	1832700106	幸圆圆	女	江西	18.4	35.6	4.94			
5	18327001	测试部	1832700107	冯秋娜	男	上海	17.1	47.6	4.89			
6	18327001	测试部	1832700108	汪靖雯	男	上海	16.3	38.1	4.73			
7	18327001	测试部	1832700110	钱丝雨	男	上海	15.2	50.2	4.77			
8	18327001	测试部	1832700111	夏欣晗	男	上海	15.5	43.6	4.94			
9	18327001	测试部	1832700112	王倩沛	女	四川	15.2	42.0	4.88			
10	18327001	测试部	1832700114	邓雨沐	男	湖南	17.2	33.1	4.94			
11	18327001	测试部	1832700115	亢太瑞	男	江苏	18.2	37.4	4.73			
12	18327001	测试部	1832700116	江慕容	男	上海	14.4	22.5	4.69			
13	18327001	测试部	1832700117	瑶祯	女	上海	18.2	38.9	4.73			
14	18327001	测试部	1832700118	瑶亚楠	男	上海	14.7	28.5	4.71			
15	18327001	测试部	1832700119	易平锟	男	安徽	16.7	20.5	4.55			
16	18327001	测试部	1832700120	欧阳天程	女	河南	15.4	19.1	4.55			
17	18327001	测试部	1832700121	许力元	男	江苏	17.5	19.4	4.60			
18	18327001	测试部	1832700122	童傅炜	男	上海	15.6	20.6	4.71			
19	18327001	测试部	1832700123	汪瑞	女	四川	17.5	30.8	4.75			

图 8.16　自定义格式的效果

自定义格式的要点在于规则写法,如本例中,选中第 1 行设置自定义规则,其余的记录通过格式刷复制第 1 行的格式即可。如图 8.17 所示,符合规则的公式为“=＄G4＝＄G＄7”,公式中对单元格地址的应用采用了混合地址引用 ＄G4 和绝对地址 ＄G＄7。

(7)条件格式的删除。若想删除条件格式,可选择“条件格式”→“清除规则”→“清除所选单元格的规则”或“清除整个工作表的规则”命令。

2. 单元格地址引用

单元格的位置默认以列标和行号来表示,这种引用类型用字母标识列、用数字标识行,可分为相对引用、绝对引用、混合引用和三维引用。

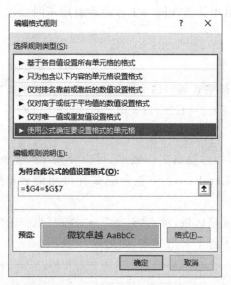

图 8.17 "编辑格式规则"对话框

(1) 相对引用。相对引用是指当前单元格与公式所在单元格的相对位置。所有新创建的公式默认使用相对引用。

例如，本案例中，K3 单元格总评的计算公式为"＝H3＋I3＋J3"，将 K3 中的公式复制到单元格 K4 中，列号相同，行号下移一位，则复制后的相对引用公式中的行号也随之下移一位，K4 单元格中的公式自动变成"＝H3＋I3＋J3"，复制到 K5 至 G11 也是同理，如图 8.18 所示。

华英软件有限公司转正考核信息									
序号	部门编号	部门	工号	姓名	性别	籍贯	基础业务绩效	拓展业务绩效	业务能力综合绩效	总评
1	18327001	测试部	1832700101	盛晓鹊	男	河北	17.9487179487179	36.7794117647059	4.719	=H3+I3+J3
2	18327001	测试部	1832700103	余萧萧	女	河南	15	47.1818181818182	4.867	=H4+I4+J4
3	18327001	测试部	1832700104	王柏瑜	男	吉林	18.9444444444444	37.2452930188679	4.346	=H5+I5+J5
4	18327001	测试部	1832700106	宰圆圆	女	江西	18.4210526315789	36.5727272727273	4.94	=H6+I6+J6
5	18327001	测试部	1832700107	冯秋鄐	男	上海	17.1212121212121	47.5772727272727	4.688	=H7+I7+J7
6	18327001	测试部	1832700108	汪靖雯	男	上海	16.3265306122449	35.1367924528302	4.857	=H8+I8+J8
7	18327001	测试部	1832700110	钱丝雨	男	上海	15.2040816326531	50.9090909090909	4.766	=H9+I9+J9
8	18327001	测试部	1832700111	夏欣晗	男	上海	15.5102040816327	43.609090909090909	4.94	=H10+I10+J10
9	18327001	测试部	1832700112	王倩沛	女	四川	15.2040816326531	41.9863636363636	4.878	=H11+I11+J11
10	18327001	测试部	1832700114	邓雨沐	男	湖南	17.1794871794872	33.1296076923077	4.94	=H12+I12+J12

图 8.18 相对地址引用写法

(2) 绝对引用。绝对引用是指把公式复制或填入新位置时，公式中引用的单元格地址保持固定不变。图 8.17 所示中公式的 ＄G＄7 就是绝对引用。

绝对引用通过对单元格地址的"绑定"来达到目的，即在列号和行号前添加符号"＄"，采用的格式是 ＄G＄7。＄G＄7 和 G7 的区别在于：使用相对引用时，公式中引用的单元格地址会随着单元格的改变而相对改变；使用绝对引用时，公式中引用的单元格地址保持绝对不变。

(3) 混合引用。混合引用是指在公式中既使用相对引用，又使用绝对引用。当进行公式复制时，绝对引用部分保持不变，相对引用部分随单元格位置的变化而变化。图 8.17 中公式中的 ＄G7 就是混合引用。

同样，也有形如 G＄7 样式的混合引用，其含义为：列标 G 绝对不变，行号 7 相对变化。

（4）三维引用。三维引用是指在同一工作簿中引用不同工作表中的单元格或区域中的数据。一般格式如下。

工作表名称! 单元格或区域

例如，公式"G3＝单元格格式表!H3＋I3＋J3"中，因为 G3 是"单元格格式表"中的单元格，所以表的名称省略，写成 G3＝H3＋I3＋J3。

3. 自动套用表格格式

对于制作完成的表格，如想提高工作效率，可以使用 Excel 2019 中提供的自动套用格式功能来格式化工组表。Excel 2019 中包含更多种可用的表格样式，用户可以根据需要选择。

选定要设置格式的单元格区域，单击"开始"→"样式"组中的"套用表格格式"按钮，在展开的下拉式列表中显示了各个表格样式，如图 8.19 所示。

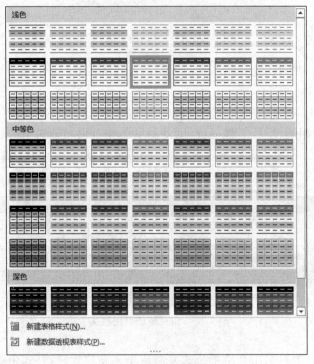

图 8.19　套用表格样式

例如，将本案例设置的套用表格样式转化成区域后的效果如图 8.20 所示。

华英软件有限公司转正考核信息											
序号	部门编号	部门	工号	姓名	性别	籍贯	基础业务绩效	拓展业务绩效	业务能力综合绩效	总评	排名	是否转正
1	18327001	测试部	1832700101	盛晓畅	男	河北	17.9	36.8	4.72			
2	18327001	测试部	1832700103	余萧萧	女	河南	15.0	47.2	4.87			
3	18327001	测试部	1832700104	王柏瑜	男	吉林	18.9	37.2	4.85			
4	18327001	测试部	1832700106	宰圆圆	女	江西	18.4	35.6	4.94			
5	18327001	测试部	1832700107	冯秋娜	男	上海	17.1	47.6	4.89			
6	18327001	测试部	1832700108	汪靖雯	男	上海	16.3	38.1	4.73			
7	18327001	测试部	1832700110	钱丝雨	男	上海	15.2	50.2	4.77			

图 8.20　套用表格样式后的效果

若套用表格格式已确定，无须更改，则可以将套用格式的表格转换为普通区域，单击"设计"→"工具"组中的"转换为区域"按钮,在弹出的对话框中单击"是"按钮。转换后,Excel将自动隐藏"设计"选项卡。

4. 单元格样式

对于已经有数据的表格,如果要对某些单元格进行格式设置,比如按单元格内容的类型进行设置,可以快速使用单元格样式来设置。设置单元格样式的界面如图 8.21 所示。

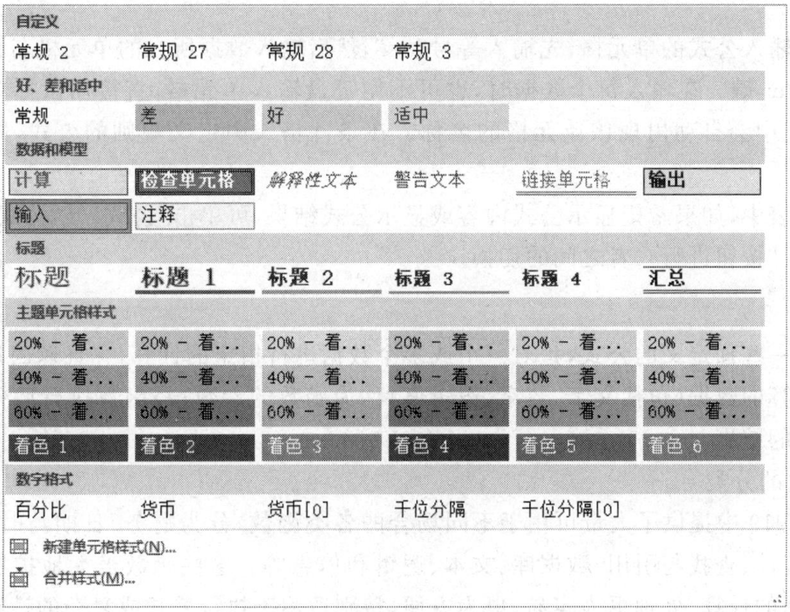

图 8.21　单元格样式设置界面

例如,本案例的三组绩效数据属于输入数据,设置这三列数据为输入单元格样式,效果如图 8.22 所示。

图 8.22　输入单元格样式

8.1.4　公式和函数

Excel 2019 除了能进行一般的表格处理外,还具有强大的计算功能。在工作表中使用公式和函数,能对数据进行复杂的运算和处理。公式和函数是 Excel 2019 的精华。本小节介绍一些常用函数的使用方法,重点是读者要掌握函数应用的规则,而不是去记忆每个函数。

1. 公式的使用

在 Excel 2019 中,使用公式是对工作表中的数据进行计算操作的有效方式,用户可以使用公式来计算电子表格中的各类数据并得到结果。

使用公式可以执行各种运算。公式是由数字、运算符、单元格引用和工作表函数等组成的。输入公式的方法与输入数据的方法类似,但输入公式时必须以等号"="开头,然后才是表达式。

选择要输入公式的单元格,先输入等号"=",然后输入数据所在的单元格名称及各种运算符,按 Enter 键。在输入每个数据时,也可不用键盘输入单元格,直接用鼠标单击相应的单元格,公式中会自动出现该单元格的名称。在条件格式中定义规则的公式,同样要"="开头。

在工作表中,如果希望显示公式内容或显示公式结果,可单击"公式"→"公式审核"组中的"显示公式"按钮进行二者之间的切换。

2. 函数

函数是一些预定义的公式,是对一个或多个数据进行指定的计算,并且返回计算值的公式。执行运算的数据(包括文字、数字、逻辑值)称为函数的参数;经函数执行后传回来的数据称为函数的结果。

1) 函数的分类

Excel 2019 中提供了大量可用于不同场合的各类函数,分为财务、日期与时间、数学与三角函数、统计、查找与引用、数据库、文本、逻辑和信息等。这些函数极大地扩展了公式的功能,使数据的计算、处理更为容易,更为方便,特别适用于执行繁长或复杂的计算公式。函数的类别如图 8.23 所示。

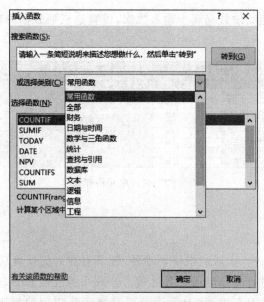

图 8.23　函数类别

2）函数的语法结构

Excel 2019 中函数最常见的结构是：以函数名称开始，后面紧跟左小括号，然后以逗号分隔输入参数，最后是右小括号结束。格式如下。

函数名(参数 1,参数 2,参数 3,…)

例如，G3＝H3＋I3＋J3 可以写成 G3＝SUM(H3,I3,J3)。注意，参数之间的逗号符号为英文输入法下的逗号。

函数的调用方法有两种。①单击"公式"选项卡中的"自动求和"按钮，弹出下拉菜单，从中选择一种函数类型，这种方法比较方便，不易出错；②直接输入函数。

3）常用函数解析

（1）求平均值函数 AVERAGE。函数格式如下。

AVERAGE(number1,number2,number3,…)

功能：返回参数表中所有参数的平均值。

（2）求最大值函数 MAX。函数格式如下。

MAX(number1,number2,number3,…)

功能：返回参数表中所有参数的最大值。

（3）求最小值函数 MIN。函数格式如下。

MIN(number1,number2,number3,…)

功能：返回参数表中所有参数的最小值。求值方法与 MAX 函数相同。

（4）计数函数 COUNT。函数格式如下。

COUNT(number1,number2,…,number$n$)

功能：返回参数表中数字项的个数。COUNT 属于统计函数。

COUNT 函数最多可以有 30 个参数。函数 COUNT 在计数时，将数字、日期或以文本代表的数字计算在内，错误值或其他无法转换成数字的文字将被忽略。例如，公式"＝COUNT(B1:E7,H10,12,"abcd")"，表示判断 B1:E7 单元格区域和 H10 单元格中是否包含数字、日期或以文本代表的数字，如果有，则统计个数。其中，12 为数值计数加 1；"abcd"为文本英文字符，不进行计数。

（5）IF 函数。函数格式如下。

IF(logical_test,value_if_true,value_if_false)

功能：判断条件表达式的值，根据表达式值的真假，返回不同结果。

其中，logical_test 为判断条件，是一个逻辑值或具有逻辑值的表达式。如果 logical_test 表达式为真，则返回 value_if_true 的值；如果 logical_test 表达式为假，则返回 value_if_false 的值。

（6）RANK 函数。函数格式如下。

RANk(number,ref,[order])
RANK.AVG(number,ref,[order])

```
RANK.EQ(number,ref,[order])
```

RANK 函数是排名函数。RANK 函数通常用于求某一个数值在某一区域内的排名。函数参数中,number 为需要求排名的数值或者单元格名称(单元格内必须为数字);ref 为排名的参照数值区域;order 的值为 0 和 1,默认不用输入,得到的就是从大到小的排名,若是想求倒数第几,order 的值就使用 1。

例如,本案例中按总评进行按部门排名,以观察每个实习生在 256 名实习生中的排名情况。

在 L3 单元格中输入公式"＝RANK(K3,＄K＄3:＄K＄258,0)"。函数参数对话框如图 8.24 所示,效果如图 8.25 所示。

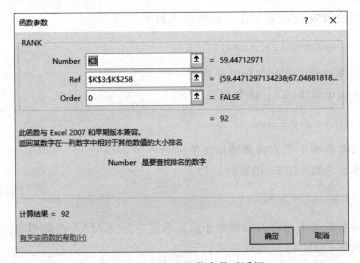

图 8.24　RANK 函数参数对话框

序号	部门编号	部门	工号	姓名	性别	籍贯	基础业务绩效	拓展业务绩效	业务能力综合绩效	总评	排名	是否转正
华英软件有限公司转正考核信息												
1	18327001	测试部	1832700101	盛晓畅	男	河北	17.9	36.8	4.72	59.4	92	不予转正
2	18327001	测试部	1832700103	余萧萧	女	河南	15.0	47.2	4.87	67.0	39	正式转正
3	18327001	测试部	1832700104	王柏瑜	男	吉林	18.9	37.2	4.85	61.0	74	预备转正
4	18327001	测试部	1832700106	幸园圆	女	江西	18.4	35.6	4.94	58.9	96	不予转正
5	18327001	测试部	1832700107	冯秋娜	女	上海	17.1	47.6	4.89	69.6	16	正式转正
6	18327001	测试部	1832700108	汪靖雯	男	上海	16.3	38.1	4.73	59.2	93	不予转正
7	18327001	测试部	1832700110	钱丝雨	男	上海	15.2	50.2	4.77	70.2	15	正式转正
8	18327001	测试部	1832700111	夏欣晗	男	上海	15.5	43.6	4.94	64.1	51	预备转正
9	18327001	测试部	1832700112	王倩沛	女	四川	15.2	42.0	4.88	62.1	65	预备转正
10	18327001	测试部	1832700114	邓雨沐	男	湖南	17.2	33.1	4.94	55.2	125	不予转正
11	18327001	测试部	1832700115	亢太瑞	男	江苏	18.2	37.4	4.73	60.3	80	预备转正
12	18327001	测试部	1832700116	江慕容	男	上海	14.4	22.5	4.69	41.6	227	不予转正
13	18327001	测试部	1832700117	瑶顿	女	上海	18.2	38.9	4.73	61.8	68	预备转正
14	18327001	测试部	1832700118	瑶亚楠	男	上海	14.7	28.5	4.71	47.9	185	不予转正
15	18327001	测试部	1832700119	易平锟	男	安徽	16.7	20.5	4.55	41.8	225	不予转正
16	18327001	测试部	1832700120	欧阳天程	女	河南	15.4	19.1	4.55	39.1	244	不予转正

图 8.25　排名效果图

当使用函数 RANK.AVG(number,ref,[order])时,数值相等的排名会被平均分配,所以,如果四舍五入只看整数的话,排名以最低的为结果。

函数 RANK.EQ(number,ref,[order])的用法与函数 RANK 一样,它与函数 RANK.AVG 不同的是当数值相等时以排位最高的为结果。

4）函数嵌套

函数可以嵌套,当一个函数作为另一个函数的参数时,称为函数嵌套。函数嵌套可以提高公式对复杂数据的处理能力,加快函数处理速度,增强函数的灵活性。IF 函数最多可以嵌套 7 层。

例如,本案例中按总评绩效分进行转正考核,分成三类:正式转正、预备转正、不予转正。

分类规则:总评＞65——正式转正;总评＞60——预备转正;其余:不予转正。则 M3 单元格的公式为

```
=IF(K3>65,"正式转正",IF(K3>60,"预备转正","不予转正"))
```

函数参数对话框如图 8.26 所示,最终效果如图 8.27 所示。

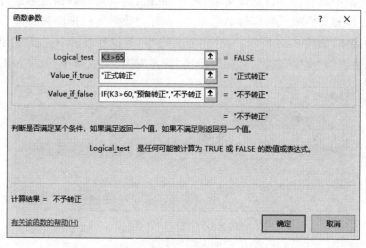

图 8.26 IF 函数参数对话框

序号	部门编号	部门	工号	姓名	性别	籍贯	基础业务绩效	拓展业务绩效	业务能力综合绩效	总评	排名	是否转正
1	18327001	测试部	1832700101	盛晓畅	男	河北	17.9	36.8	4.72	59.4		不予转正
2	18327001	测试部	1832700103	余萧萧	女	河南	15.0	47.2	4.87	67.0		正式转正
3	18327001	测试部	1832700104	王柏瑜	男	吉林	18.9	37.2	4.85	61.0		预备转正
4	18327001	测试部	1832700106	幸圆圆	女	江西	18.4	35.6	4.94	58.9		不予转正
5	18327001	测试部	1832700107	冯秋郴	男	上海	17.1	47.6	4.89	69.6		正式转正
6	18327001	测试部	1832700108	汪靖斐	男	上海	16.3	38.1	4.73	59.2		不予转正
7	18327001	测试部	1832700110	钱丝雨	男	上海	15.2	50.2	4.77	70.2		正式转正
8	18327001	测试部	1832700111	夏欣晗	男	上海	15.5	43.6	4.94	64.1		预备转正
9	18327001	测试部	1832700112	王倩沛	女	四川	15.2	42.0	4.88	62.1		预备转正
10	18327001	测试部	1832700114	邓雨沐	男	湖南	17.2	33.1	4.94	55.2		不予转正

图 8.27 考核效果图

8.2 数据处理技巧

8.2.1 数据排序

排序是数据库的基本功能之一,为了方便数据查找,往往需要对数据清单进行排序而不再保持输入时的顺序。排序时可以根据数据清单中的数值对数据清单的行或列数据进行排

序。排序的方式有升序和降序两种。使用特定的排序次序对单元格中的数据进行重新排列,以方便用户对整体结果的比较。

为了保证排序正常进行,需要注意排序关键字的设定和排序方式的选择。排序关键字是指排序所依照的数据字段名称,由此作为排序的依据。Excel 2019 提供了多重排序关键字,即主要关键字、多个次要关键字,按照先后顺序优先。在进行多重条件排序时,只有主要关键字相同的情况下,才按照次要关键字进行排序,否则次要关键字不发挥作用,后面的次要关键字以此类推。

1. 按单关键字排序

如果只须根据一列中的数据值对数据清单进行排序,则只要选中该列中的任意一个单元格,然后单击"升序"按钮或"降序"按钮即可。

例如,本案例中对总评进行总体排名,按总评分由高到低对数据清单进行排序。在本案例中有标题,所以要选中单元格区域 A3:M258,单击"数据"→"排序和筛选"→"排序"按钮,弹出"排序"对话框,如图 8.28 所示。在"主要关键字"下拉列表框中选择"总评"列,"排序依据"选择"单元格值","次序"选择"降序",单击"确定"按钮完成排序,效果如图 8.29 所示。

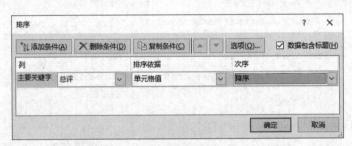

图 8.28　"排序"对话框

华英软件有限公司转正考核信息											
序号	部门编号	部门	工号	姓名	性别	籍贯	基础业务绩效	拓展业务绩效	业务能力综合绩效	总评	排名	是否转正
196	18327006	管理部	1832700611	欧阳双丽	男	广西	20.0	56.5	4.95	81.4	1	正式转正
195	18327006	管理部	1832700610	许俐兰	女	广西	20.0	54.2	4.95	79.1	2	正式转正
74	18327003	运维部	1832700303	师景慧	男	重庆	17.7	55.5	4.87	78.1	3	正式转正
150	18327005	商务部	1832700504	佟晓雯	女	新疆	15.1	56.3	4.86	76.3	4	正式转正
151	18327005	商务部	1832700505	佟雪琦	女	新疆	17.4	52.5	4.92	74.9	5	正式转正
73	18327003	运维部	1832700302	何佳欣	男	云南	16.9	49.0	4.86	72.8	6	正式转正
95	18327003	运维部	1832700327	孔昊	男	吉林	15.5	52.2	4.88	72.6	7	正式转正
39	18327002	开发部	1832700205	晁谷晓	男	上海	18.3	49.2	4.81	72.3	8	正式转正
191	18327006	管理部	1832700606	钱玮	男	安徽	16.6	50.7	4.93	72.3	9	正式转正
83	18327003	运维部	1832700312	徐敏	男	重庆	15.3	52.0	4.88	72.2	10	正式转正
76	18327003	运维部	1832700305	钱莉芬	女	上海	15.0	52.3	4.74	72.1	11	正式转正
192	18327006	管理部	1832700607	甚雷	女	甘肃	20.0	47.1	4.95	72.0	12	正式转正

图 8.29　总评降序排序效果

2. 按多关键字排序

按单个关键字排序后,有时会出现两个或两个以上数值相同的情况。例如,有两名实习生的总评分数是一样的,这就需要再设定一个排序依据,即按多关键字排序,也叫多重排序。

在本案例中,总评一样的情况下,再按业务能力综合绩效从高到低排序。具体操作步骤如下。

(1)选中单元格区域 A3:M258,依次单击"数据"→"排序和筛选"→"排序"按钮,弹出"排序"对话框。

（2）在"主要关键字"下拉列表框中选择"总评"列，"排序依据"选择"单元格值"，"次序"选择"降序"。

（3）单击"添加条件"按钮，则新增一行"次要关键字"排序设置。在"次要关键字"下拉列表框中选择"业务能力综合绩效"列，"排序依据"选择"单元格值"，"次序"选择"降序"。为避免字段名也成为排序对象，在每次单击"确定"按钮前应选中"排序"对话框中的"数据包含标题"复选框。

排序设置如图 8.30 所示，排序效果如图 8.31 所示。

图 8.30　总评降序、业务能力综合绩效降序排序设置

华英软件有限公司转正考核信息											
序号	部门编号	部门	工号	姓名	性别	籍贯	基础业务绩效	拓展业务绩效	业务能力综合绩效	总评	排名	是否转正
196	18327006	管理部	1832700611	欧阳双丽	男	广西	20.0	56.5	4.95	81.4	1	正式转正
195	18327006	管理部	1832700610	许俐兰	女	广西	20.0	54.2	4.95	79.1	2	正式转正
74	18327003	运维部	1832700303	师景慧	男	重庆	17.7	55.5	4.87	78.1	3	正式转正
150	18327005	商务部	1832700504	佟晓雯	女	新疆	15.1	56.3	4.86	76.3	4	正式转正
151	18327005	商务部	1832700505	佟雪琦	女	新疆	17.4	52.5	4.92	74.9	5	正式转正
73	18327003	运维部	1832700302	何佳欣	男	云南	18.9	49.0	4.86	72.8	6	正式转正
95	18327003	运维部	1832700327	孔昊	男	吉林	15.5	52.2	4.88	72.6	7	正式转正
39	18327002	开发部	1832700205	慕容晓	男	上海	18.3	49.2	4.81	72.3	8	正式转正

图 8.31　总评降序、业务能力综合绩效降序排序效果

8.2.2　数据筛选

数据筛选是查找和处理数据列表中数据子集的快捷方法，将数据清单中满足条件的记录显示出来，而将不满足条件的记录暂时隐藏。使用筛选功能可以提高查询效率。

1. 自动筛选

自动筛选是一种简单条件的筛选。

例如，本案例中若要筛选出所有新疆籍女生的信息，则操作步骤如下。

（1）选择任意一个单元格，单击"数据"选项卡中的"排序和筛选"按钮，在数据清单各列名右侧出现下拉按钮，如图 8.32 所示。

华英软件有限公司转正考核信息											
序号	部门编号	部门	工号	姓名	性别	籍贯	基础业务绩效	拓展业务绩效	业务能力综合绩效	总评	排名	是否转正
196	18327006	管理部	1832700611	欧阳双丽	男	广西	20.0	56.5	4.95	81.4	1	正式转正
195	18327006	管理部	1832700610	许俐兰	女	广西	20.0	54.2	4.95	79.1	2	正式转正
74	18327003	运维部	1832700303	师景慧	男	重庆	17.7	55.5	4.87	78.1	3	正式转正
150	18327005	商务部	1832700504	佟晓雯	女	新疆	15.1	56.3	4.86	76.3	4	正式转正
151	18327005	商务部	1832700505	佟雪琦	女	新疆	17.4	52.5	4.92	74.9	5	正式转正
73	18327003	运维部	1832700302	何佳欣	男	云南	18.9	49.0	4.86	72.8	6	正式转正
95	18327003	运维部	1832700327	孔昊	男	吉林	15.5	52.2	4.88	72.6	7	正式转正

图 8.32　标题列右侧出现下拉按钮

（2）单击"性别"右侧的下拉按钮，弹出如图 8.33 所示的筛选条件框。单击"籍贯"右侧的下拉按钮，弹出如图 8.34 所示的筛选条件框。

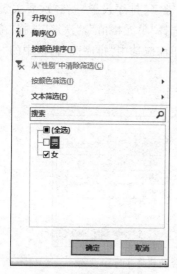

图 8.33   性别字段筛选

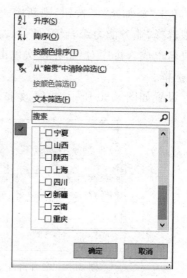

图 8.34   籍贯字段筛选

（3）在筛选条件框中选择所需条件，筛选结果如图 8.35 所示。

序号	部门编号	部门	工号	姓名	性别	籍贯	基础业务绩效	拓展业务绩效	业务能力综合绩效	总评	排名	是否转正
150	18327005	商务部	1832700504	佟晓雯	女	新疆	15.1	56.3	4.86	76.3	4	正式转正
151	18327005	商务部	1832700505	佟雪琦	女	新疆	17.4	52.5	4.92	74.9	5	正式转正
111	18327004	采购部	1832700403	龚紫荆	女	新疆	15.5	47.5	4.83	67.8	36	正式转正
252	18327007	财务部	1832700737	汪健	女	新疆	15.0	43.4	4.83	63.2	59	预备转正
70	18327002	开发部	1832700240	王强	女	新疆	15.3	37.3	4.79	57.4	109	不予转正
253	18327007	财务部	1832700738	鲁嘉诚	女	新疆	15.6	32.4	4.74	52.8	152	不予转正

图 8.35   自动筛选结果

筛选列表中各项的操作方法如下。

① 将列表中某一数据复选框选中，筛选出与该数据相同的记录。

② 选中"全选"复选框，可显示所有行，即取消对该列的筛选。如果某列为文本内容，则通过"文本筛选"选项可筛选出符合关系运算的记录。

③ 选择"文本筛选"→"自定义筛选"命令，可自己定义筛选条件，可以是简单条件，也可以是组合条件。

例如，本案例中需要显示所有新疆籍、60＜总评＜65 的女生信息，操作步骤如下。

① 单击"总评"列的下拉按钮，选择"数字筛选"→"自定义筛选"命令，弹出"自定义自动筛选方式"对话框。

② 在弹出的"自定义自动筛选方式"对话框中，设置第一个条件为"大于"60，设置第二个条件为"小于"65。确定两个条件的逻辑运算关系为"与"运算，单击"确定"按钮完成。自定义自动筛选方式筛选条件设置如图 8.36 所示，筛选结果如图 8.37 所示。

在"自定义自动筛选方式"对话框中，查询条件中可以使用通配符进行模糊筛选，"?"代表单个字符，"＊"代表任意多个字符。

若需要取消自动筛选，只须再次单击"筛选"按钮即可。

图 8.36　筛选条件设置

图 8.37　筛选结果

2. 高级筛选

自动筛选一次只能对单列的条件组合进行筛选,不能使用多列的条件组合进行筛选。此时,就必须使用高级筛选来完成。

高级筛选设置的条件较复杂,必须创建一个矩形的单元格区域用来输入高级筛选条件,在筛选条件区域设置筛选条件时,必须具备以下条件。

(1) 条件区域中可以包含多列,并且每个列必须是数据表中某个列标题及条件,并且与原有数据区域要有间隔。

(2) 条件区域中的列标题行及条件行之间不能有空白单元格。

(3) 其他各条件可以与第一个条件同行或同列。多个条件同行时,各条件间为逻辑"与"的关系;多个条件同列时,各条件间为逻辑"或"的关系;不同行之间的条件组合是"或"的关系。

(4) 条件行单元格中的条件格式是:比较运算符如($>$、$=$、$<$、$<=$ 等)后跟一个数据,不写比较运算符表示"$=$",但不允许用汉字表示比较,如"大于"。

例如,要筛选出"新疆籍、$60<$总评<65 的女生"或者"江苏籍、$65<$总评<70 的男生"信息记录,操作步骤如下。

(1) 选择工作表表格数据区域以外的区域,设置如图 8.38 所示的筛选条件。

性别	籍贯	总评	总评
女	新疆	>60	<65
男	江苏	>60	<65

图 8.38　高级筛选条件

(2) 选择要筛选的数据区域 B2:M258,单击"数据"→"排序和筛选"组中的"高级"按钮,弹出"高级筛选"对话框,如图 8.39 所示。

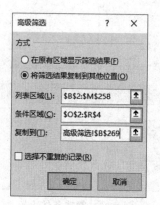

图 8.39　高级筛选设置对话框

（3）单击"将筛选结果复制到其他位置"单选按钮。在选择"复制到"单元格时，须选取显示结果的位置，此时可以只选中一个空白单元格，且此行及显示结果所占用的行均是空白行。如果选中单元格区域，不可选中比显示内容小的区域，否则数据会丢失。筛选结果如图 8.40 所示。

部门编号	部门	工号	姓名	性别	籍贯	基础业务绩效	拓展业务绩效	业务能力综合绩效	总评	排名	是否转正
18327007	财务部	1832700737	汪健	女	新疆	15.0	43.4	4.83	63.2	59	预备转正
18327001	测试部	1832700115	穴太瑞	男	江苏	18.2	37.4	4.73	60.3	80	预备转正
18327001	测试部	1832700129	许伯剑	男	江苏	15.8	39.4	4.87	60.1	84	预备转正

图 8.40　高级筛选结果

如果"方式"选择了"在原有区域显示筛选结果"，则查看筛选结果后，须单击"数据"→"排序和筛选"组中的"清除"按钮，将数据表恢复到筛选前的状态。

8.2.3　分类汇总

分类汇总是对数据表格进行管理的一种方法。汇总的内容由用户指定，既可以汇总同一类记录的记录总数，也可以对某些列值进行计算。通过数据汇总可以完成一些基本的统计工作。

例如，本案例中要统计各部门实习生各项评分的平均分，以及该部门的最高分和最低分。利用分类汇总的方法可快速实现，结果一目了然。

在使用分类汇总时要注意以下两点。

（1）排序实现分类。分类汇总，顾名思义，先分类，后汇总。通过分类字段的排序实现分类，针对排序后的数据记录进行分类汇总。

本案例中，先对实习生以部门列进行排序，实现数据按部门进行分类。排序之后的数据再进行分类汇总。

（2）分类汇总的方法。选择数据区 A3：H16，单击"数据"→"分级显示"组中的"分类汇总"按钮，弹出"分类汇总"对话框，如图 8.41 所示。

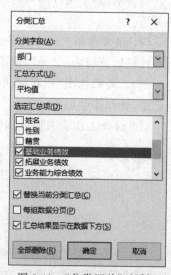

图 8.41　"分类汇总"对话框

每次汇总时,其分类字段(列)和汇总方式只能选一种。如果在本案例中还要汇总各评分项的最大值和最小值,那么还要做两次汇总,而且要清除"替换当前分类汇总"复选框,如图 8.42 和图 8.43 所示。

图 8.42　最大值汇总方式

图 8.43　最小值汇总方式

分类汇总后的效果如图 8.44 所示。

1 2 3 4 5		A	B	C	D	E	F	G	H	I	J	K	L	M
	31	107	18327003	运维部	1832700340	林凌	男	上海	15.6	31.2	4.57	51.4	174	不予转正
	32	85	18327003	运维部	1832700316	王晓义	男	贵州	17.6	28.4	4.86	50.9	176	不予转正
	33	88	18327003	运维部	1832700319	钱平宏	男	贵州	15.5	30.3	4.65	50.4	178	不予转正
	34	99	18327003	运维部	1832700332	林凌坚	男	山西	15.7	27.0	4.52	47.1	205	不予转正
	35	100	18327003	运维部	1832700333	尹浩天	女	陕西	17.1	24.5	4.60	46.2	211	不予转正
	36	98	18327003	运维部	1832700331	郭乔	女	山西	18.7	21.2	4.53	44.4	220	不予转正
	37	104	18327003	运维部	1832700337	赵东蕾	男	上海	15.4	24.1	4.74	44.3	223	不予转正
	38	103	18327003	运维部	1832700336	余凡	女	上海	17.0	19.5	4.52	41.0	243	不予转正
	39	102	18327003	运维部	1832700335	熊华	男	上海	15.2	10.0	2.24	27.4	273	不予转正
	40			运维部 最小值					15.2	10.0	2.24	27.4		
	41			运维部 最大值					18.9	55.5	4.92	78.1		
	42			运维部 平均值					16.6	38.1	4.70	59.3		

图 8.44　分类汇总效果

如果本案例的分类汇总要求改成"按性别统计各部门实习生各项评分的平均分,以及该部门最高分和最低分"。那么,排序主要关键字为"性别",次要关键字为"部门"。

如果本案例的分类汇总要求改成"按部门统计不同性别实习生各项评分的平均分,以及该部门最高分和最低分"。那么,排序主要关键字为"部门",次要关键字为"性别"。

若要删除分类汇总,只须选中数据区域,然后在"分类汇总"对话框中单击"全部删除"按钮即可。

8.2.4　数据工具

1. 分列

分列是数据处理过程中非常重要的功能。很多功能比函数实现要简单,如数值转文本和数据拆分。

1) 数值转文本

在进行数据处理时,有时需要把数据转换成文本,如本案例中"工号"是 10 位数字构成的数字字符串,但是类型需要设置为文本而非数值。此时可以通过分列功能实现。具体操作步骤如下。

（1）选中要分列的"工号"列的数据区域 D3：D258，单击"数据"→"数据工具"组中的
"分列"按钮，弹出如图 8.45 所示的对话框。

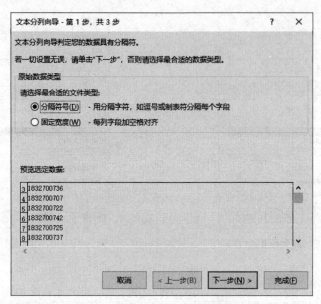

图 8.45　分列实现数值转文本第 1 步

（2）单击"下一步"按钮，弹出如图 8.46 所示的对话框。

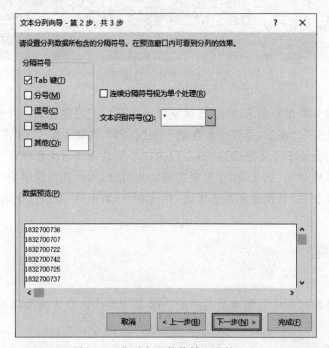

图 8.46　分列实现数值转文本第 2 步

（3）单击"下一步"按钮，弹出如图 8.47 所示的对话框，单击"文本"单选按钮。

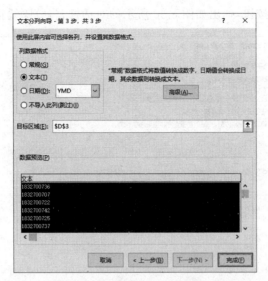

图 8.47　分列实现数值转文本第 3 步

（4）单击"完成"按钮，实现"工号"列数据转换成文本，效果如图 8.48 所示。

2）数据拆分

对一列有一定规则的数据，若要将其拆分为两部分，采用分列的方法能够有效提高工作效率。可以选择按"分隔符号"或按"固定宽度"两种方式分列。例如，本案例中"工号"是由 10 位数字构成的数字字符串，其最后两位是部门内部编号，如果要将最后两位拆分出来，可以通过分列来实现。具体操作步骤如下。

序号	部门编号	部门	工号
251	18327007	财务部	1832700736
230	18327007	财务部	1832700707
241	18327007	财务部	1832700722
256	18327007	财务部	1832700742
242	18327007	财务部	1832700725
252	18327007	财务部	1832700737
234	18327007	财务部	1832700711
254	18327007	财务部	1832700740
239	18327007	财务部	1832700718
240	18327007	财务部	1832700719
255	18327007	财务部	1832700741
228	18327007	财务部	1832700705
247	18327007	财务部	1832700731

图 8.48　数值转文本效果

（1）选中要分列的"工号"列的数据区域 D3：D258，单击"数据"→"数据工具"组中的"分列"按钮，弹出如图 8.49 所示的对话框，选择"固定宽度"。

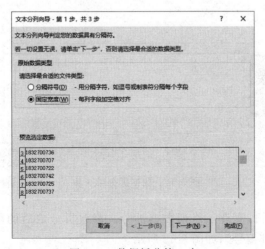

图 8.49　数据拆分第 1 步

（2）单击"下一步"按钮，弹出如图8.50所示的对话框，将分隔线拖到刻度8的位置。

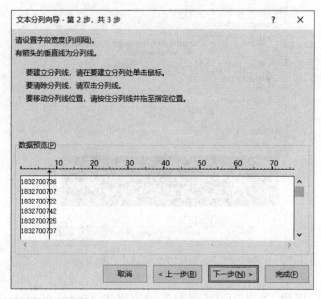

图8.50　数据拆分第2步

（3）单击"下一步"按钮，弹出如图8.51所示的对话框，选择"文本"。

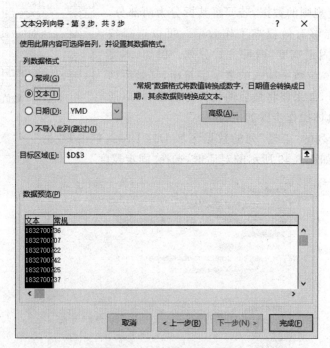

图8.51　数据拆分第3步

（4）单击"完成"按钮，实现工号列数据拆分。修改拆分之后的两列标题字段，分别为"大类编号"和"部门内部编号"，如图8.52所示。

图 8.52 数据拆分效果

2. 合并计算

合并计算可以快速实现同一个工作表中记录的汇总,也可以实现将多个工作表中的数据合并到一个主工作表中。例如,本案例中,在 3 个月的实习期间,商务部的实习生一共参与完成了 10 分的项目,部门对每个参与项目的实习生都有项目绩效明细记录,要求统计每个实习生的绩效总和。源数据部分如图 8.53 所示。

图 8.53 合并计算源数据

具体操作步骤如下。

(1) 复制"工号"和"绩效"列的数据至 F2:G119 区域,准备计算每个工号的绩效总和,如图 8.54 所示。

图 8.54 准备合并计算数据

（2）将光标定位到 J2 单元格，单击"数据"→"数据工具"组中的"合并计算"按钮，弹出如图 8.55 所示的对话框。选择"求和"函数，引用位置选择 F2：G119，标签位置选择"首行"和"最左列"，保留标题。

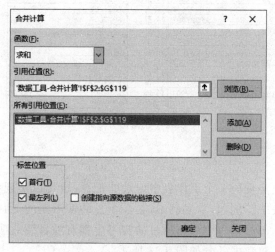

图 8.55 "合并计算"对话框

（3）单击"确定"按钮，合并计算完成，需要手工添加标题字段"工号"，如图 8.56 所示。

工号	绩效			绩效
1832700501	1.86		1832700501	1.86
1832700502	1.23		1832700502	1.23
1832700503	2.19		1832700503	2.19
1832700504	2		1832700504	2
1832700505	2.49		1832700505	2.49
1832700506	1.93		1832700506	1.93
1832700507	2.78		1832700507	2.78
1832700508	2.64		1832700508	2.64
1832700509	2.16		1832700509	2.16
1832700510	3.48		1832700510	3.48
1832700511	3.12		1832700511	3.12
1832700512	1.94		1832700512	1.94
1832700513	2.32		1832700513	2.32
1832700514	0.96		1832700514	0.96
1832700515	1.29		1832700515	1.29

图 8.56 合并计算效果

3. 数据有效性

向工作表中输入数据前进行数据有效性的设置，不仅可以节约很多时间，还可以提高输入数据的准确性。例如，本案例的原始数据表在录入数据的过程中，"性别"列限制为男、女；部门列限制为开发部、测试部、运维部、管理部、财务部、采购部、商务部。

"部门"列的设置步骤如下。

（1）在表的空白区域 N2：N8 中建立一个序列数据区域，如图 8.57 所示。

（2）选中"部门"列要录入数据的区域 C2：C257，单击"数据"→"数据工具"组中的"数据验证"→"数据验证"选项，弹出"数据验证"对话框，将来源设置为序列数据区域 N2：N8，如图 8.58 所示。

图 8.57 序列数据

（3）录入数据，如图 8.59 所示。

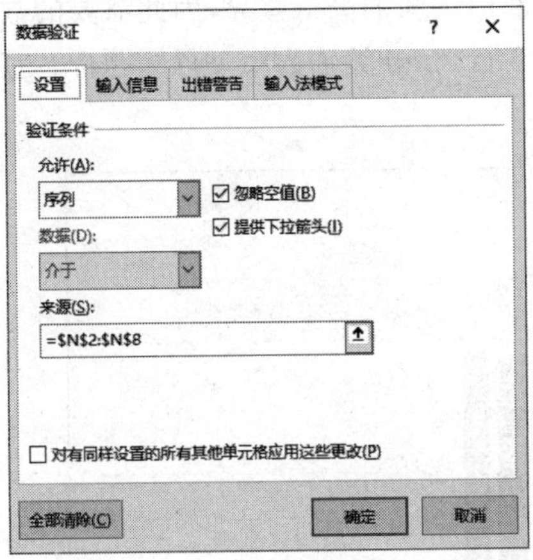

图 8.58　"数据验证"对话框

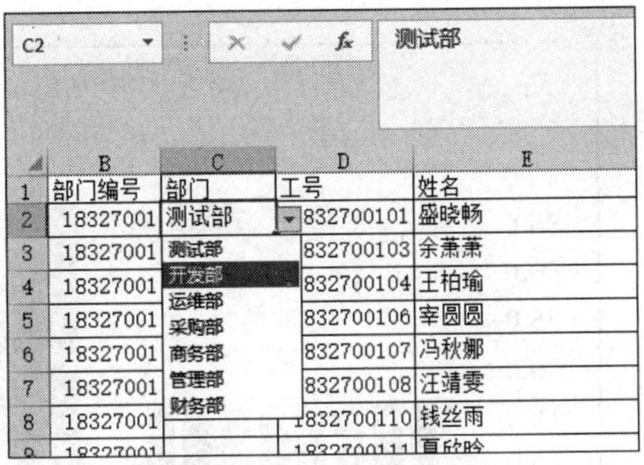

图 8.59　数据录入

8.3　数据可视化

8.3.1　图表

对于大量的数据，用图形往往更能展示出数据之间的相互关系，并能增强数据的可读性和直观性。Excel 2019 提供了强大的图表生成功能，可以方便地将工作表中的数据以不同形式的图表方式展示出来。当工作表中的数据源发生变化时，图表中相应的部分会自动更新。

1. 图表的创建

创建图表最重要的一步就是数据的选取。

一般情况下，对表格数据范围的选取应注意以下两个方面。

（1）创建图表前必须清楚要展示的数据之间的关系，做图表的目的是什么，根据目的和需求来明确需要的数据源范围。

（2）创建图表选取数据源时，要包含"标题"字段及标题对应的数据区域。要清楚显示的数据系列是在列上还是行上，也就是以什么做横坐标。

创建图表的一般步骤如下。

（1）数据分析。分析做图表的目的、需要的数据以及数据之间的关系、确定数据系列产生在行还是列。

（2）选择数据源。确定标题和对应的数据。

（3）插入图表。选择相应的图表类型，自动生成图表。

（4）设置图表的布局和设计化设置。通过图表工具设置图表所有元素的属性，以符合用户需求。

例如，本案例中需要在分类汇总的基础上，对公司和各部门的平均值进行可视化对比，突出各部门之间三项绩效的高低差异。操作步骤如下。

（1）数据分析。本案例的需求是对各部门的基础业务绩效、拓展业务绩效、业务能力综合绩效平均值进行对比分析，重点关注三项绩效中各部门之间的高低差异，因此需要的数据包括各部门的这三项数据的平均值；图表的系列产生在行上，分类轴为第一行标题行。基本构图如图 8.60 所示。

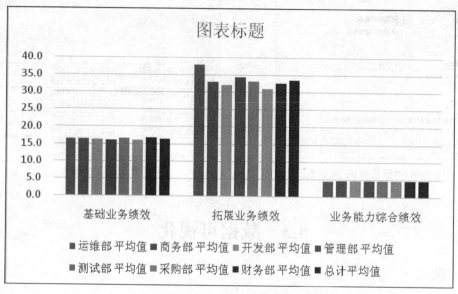

图 8.60　数据录入截图

（2）选择数据源。本例中的数据比较特殊，是分类汇总的汇总项。所以先对汇总表进行汇总级别折叠，方便数据的选取。需要选择的数据为：标题字段（部门、基础业务绩效、拓展业务绩效、业务能力综合绩效）、数据区域（7 个部门平均值汇总项以及公司总的平均值汇总项）。选择数据时，遵循先选标题然后选择数据记录，从上到下，从左向右一条一条地选择的原则。注意，选择不连续区域数据时，要按住 Ctrl 键，如图 8.61 所示。

华英软件有限公司转正考核信息							
部门	工号	姓名	性别	籍贯	基础业务绩效	拓展业务绩效	业务能力综合绩效	总评
运维部 平均值					16.6	38.1	4.70	59.3
商务部 平均值					16.5	33.0	4.85	54.4
开发部 平均值					16.4	32.2	4.73	52.5
管理部 平均值					16.3	34.5	4.74	55.5
测试部 平均值					16.7	33.2	4.77	54.6
采购部 平均值					16.1	31.2	4.74	52.1
财务部 平均值					16.9	32.7	4.80	54.4
总计最小值					8.7	10.0	2.24	19.7
总计最大值					20.0	56.5	4.95	81.4
总计平均值					16.5	33.6	4.76	54.7

图 8.61　选择数据源

数据源选择完成后，"选择数据源"对话框的内容如图 8.62 所示。

（3）插入图表。单击"插入"→"图表"组中的"柱形图"选项，选择"簇状柱形图"，在当前工作表中插入一簇状柱形图。Excel 会自动新增图表工具所包含的"设计"和"格式"两个选项卡。可以对图表进行编辑，插入的图表只显示了图表的图例、水平类别轴和数值轴刻度。

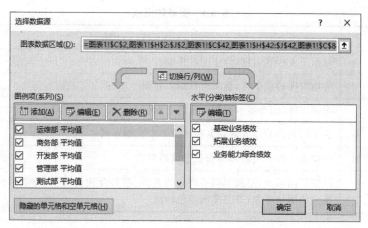

图 8.62　"选择数据源"对话框

（4）设置图表的布局和设计化设置。为图表添加标题，设置坐标、数据标签、绘图区背景等属性。选中图表区，切换到"布局"选项卡，在"标签"组中单击"图表标题"按钮，在展开的菜单中选择"图表上方"选项。添加坐标轴标题的方法与此类似，可以设置"主要横坐标轴标题"和"主要纵坐标轴标题"。双击绘图区和图表区，设置绘图区和图表区的渐变背景，效果图如图 8.63 所示。

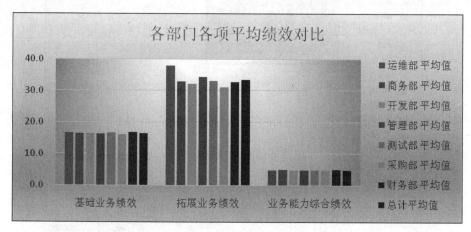

图 8.63　图表效果图

2. 图表设置的修改

图表创建之后，用户可能会对生成的图表感到不满意，特别是对快速创建的图表、中间步骤没有详细设置的图表尤其如此。因此，学会对图表进行修改是非常重要的。要想很灵活地编辑图表，首先要了解图表的组成结构，以及图表的可编辑对象，图表的组成如表 8.1 所示。

如果发现图表创建时设置的各种值和图表选项与想要的效果不一致，可以进行更改。

1）更改图表类型

单击图表区空白处，单击"设计"→"类型"组中的"更改图表类型"按钮，弹出"更改图表类型"对话框，如图 8.64 所示。

表 8.1　图表的组成

对　　象	功　　能
图表标题	显示图表标题名称,位于图表顶部
图表区	表格数据的成图区,包括所有图表对象
绘图区	图表主体,用于显示数据关系的图形信息
图例	用不同色彩的小方块和名称区分各个数据系列
分类轴和数值轴	分别表示各分类的名称和各数值的刻度
数据系列图块	标识不同系列,呈现不同系列间的差异、趋势及比例关系,每个系列自动分配一种唯一的图块颜色,并与图例颜色匹配

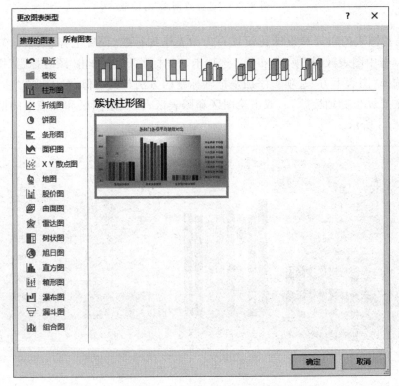

图 8.64　"更改图表类型"对话框

　　还可以右击图表区空白处,在弹出的快捷菜单中选择"更改图表类型"命令,弹出"更改图表类型"对话框后再进行更改。图表类型中的饼图是比较特殊的,饼图没有坐标轴和分类轴。如果本案例采用饼图表示,那只能显示一个部门的数据对比,如图 8.65 所示。

　　2) 更改数据源

　　数据是图表的核心,若设置图表前选择的数据源有问题需要更改,可以随时更改图表数据源。单击图表区空白区域,单击"设计"→"数据"组中的"选择数据"按钮,弹出"选择数据源"对话框,单击"图表数据区域"后面的按钮可以重新选择数据源,在此对话框中还可以切换行和列。

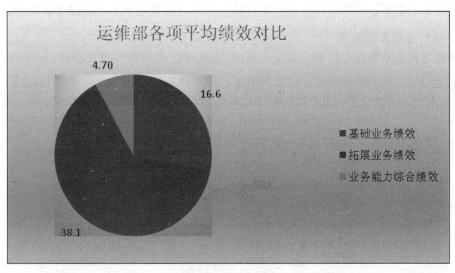

图 8.65　饼图效果图

3）更改图表布局

单击图表区的空白区域，单击"设计"→"图表布局"组中的"快翻"按钮，在展开的图表布局库中选择需要的布局。

4）更改图表位置

图表默认与工作表在同一个工作表中，如需将图表作为单独工作表显示，则可以更改图表位置。单击"设计"→"位置"组中的"移动图表"按钮，弹出"移动图表"对话框，如图 8.66 所示，单击"新工作表"单选按钮，为新工作表命名，工作表名默认为 Chart1，单击"确定"按钮完成。

图 8.66　图表位置设置

8.3.2　数据透视表和数据透视图

数据透视表是一种能够对大量数据进行快速汇总和建立交叉列表的交互式表格。Excel 2019 的数据透视表综合了"排序""筛选""分类汇总"等功能。通过数据透视表，用户可以从不同的角度对原始数据或单元格数据区域进行分类、汇总和分析，从中提取出所需信息，并用表格或图表直观地表示出来，以查看源数据的不同汇总结果。数据透视表中可以包括任意多个数据字段和类别字段。创建数据透视表的目的是查看一个或多个数据字段按不同规则的汇总结果。类别字段中的数据,以行、列或页的形式显示在数据透视表中。

1. 数据透视表的创建

数据透视表是数据分析和可视化展示的工具,可以快速进行交叉分析、对比分析、结构分析、汇总分析等,非常直观地显示出结果。一般创建数据透视表的步骤如下。

(1)分析做数据透视表的目的、需要的数据、数据之间的关系、汇总规则,确定页、行、列等字段。

(2)插入数据透视表,并设置透视表数据源和插入的位置。

(3)在"字段"对话框中设置页、行或列、值,如图 8.67 所示。

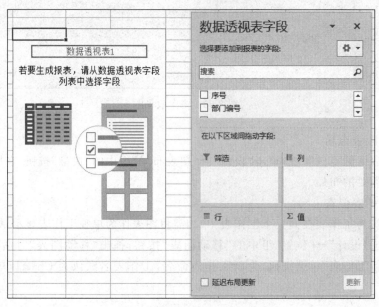

图 8.67　数据透视表字段设置

(4)在"数据透视表工具"→"设计"选项卡中进行数据透视表的个性化需求设计,数据透视表单元格格式和工作表单元格格式的设置方法相同。

例如,本案例要求按性别以部门汇总"基础业务绩效"最大值、"拓展业务绩效"最小值、"业务能力综合绩效"平均值、"总评"平均值,具体操作步骤如下。

(1)分析做数据透视表的目的、需要的数据、数据之间的关系、汇总规则,确定页、行、列等字段。数据透视表数据源区域为 A2:M258,页字段为性别,行字段为部门,值分别是"基础业务绩效"最大值、"拓展业务绩效"最小值、"业务能力综合绩效"平均值、"总评"平均值。

(2)数据透视表插入现有工作表 B261 开始的区域。选择数据区域 A2:M258,单击"插入"选项卡中的"数据透视表"→"数据透视表"选项,弹出"创建数据透视表"对话框,如图 8.68 所示。

(3)如图 8.69 所示,在"数据透视表字段"对话框中的"选择要添加到报表的字段"下方将需要的字段选中,并设置页、行、列、值。

(4)如图 8.70 所示,设置数值保留 2 位小数。如图 8.71 所示,设置所有单元格居中对齐,字体颜色为"玫红色,数据透视表样式浅色 17"。

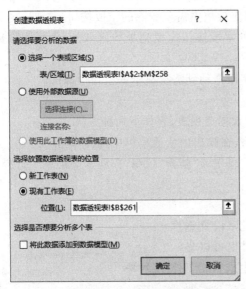

图 8.68　"创建数据透视表"对话框

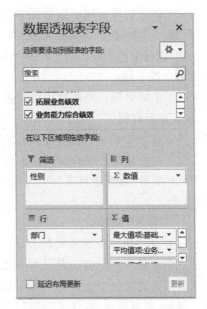

图 8.69　数据透视表字段设置

性别	(全部)			
行标签	最大值项:基础业务绩效	平均值项:业务能力综合绩效	平均值项:总评	最小值项:拓展业务绩效
财务部	20.00	4.80	54.36	12.22
采购部	18.99	4.74	52.05	13.33
测试部	20.00	4.77	54.61	18.95
管理部	20.00	4.74	55.47	12.53
开发部	18.33	4.73	53.82	18.44
商务部	19.44	4.85	54.41	10.91
运维部	18.89	4.70	59.34	9.96
总计	20.00	4.76	54.87	9.96

图 8.70　设置数值精度

性别	女			
行标签	最大值项:基础业务绩效	平均值项:业务能力综合绩效	平均值项:总评	最小值项:拓展业务绩效
财务部	20.00	4.85	57.42	15.77
采购部	18.99	4.79	55.51	18.87
测试部	20.00	4.81	55.14	18.95
管理部	20.00	4.86	61.82	26.80
开发部	18.33	4.73	52.22	21.01
商务部	18.60	4.88	59.28	16.77
运维部	17.81	4.72	58.46	19.47
总计	20.00	4.81	56.77	15.77

图 8.71　设置数据透视表单元格格式

2. 数据透视表的编辑

创建数据透视表后,可以根据需要对其进行设置,重新显示所需内容,并且当源数据中的数据发生变化时更新数据透视表。

1)添加和删除字段

在已完成的数据透视表中,如需删除一个字段,或添加一个字段,可用鼠标拖动字段选项进行设置。

（1）删除字段。单击数据透视表编辑区域中的任意单元格，出现"数据透视表字段列表"窗格。单击"在以下区域间拖动字段"下相应板块中需要删除的字段按钮，在弹出的菜单中选择"删除字段"选项。或直接将需要删除的字段按钮拖曳到板块区域外，也可删除数据透视表中的字段。

（2）添加字段。要添加字段只须将新增字段拖动到需要显示的板块中即可。

2）更新数据

当工作表中的源数据发生变化时，需更新数据透视表，有如下两种方法。

（1）右击数据透视表编辑区的任意单元格，在弹出的快捷菜单中选择"刷新"命令。

（2）单击"数据透视表"→"分析"→"数据"组中的"刷新"按钮，在展开的菜单中选择"刷新"命令。

3）显示/隐藏数据

在页、行、列字段下拉式按钮中，可以通过字段复选框是否选中来显示和隐藏满足条件的数据，同时也可以显示和隐藏数据透视表中无法看到的明细数据并生成新的工作表。例如，本案例中，若要以"部门"字段按"籍贯"显示明细数据后隐藏，操作步骤如下。

（1）右击任意一个部门字段，如"财务部"字段，在弹出的快捷菜单中选择"展开/折叠"→"展开"命令，弹出"显示明细数据"对话框，如图 8.72 所示。展开明细数据后的效果如图 8.73 所示。

图 8.72　"显示明细数据"对话框

性别	女			
行标签	最大值项:基础业务绩效	平均值项:业务能力综合绩效	平均值项:总评	最小值项:拓展业务绩效
⊟财务部				
贵州	20.00	4.89	54.20	22.80
河南	18.72	4.89	53.79	30.18
湖北	17.98	4.87	60.78	37.93
湖南	18.60	4.87	66.33	42.86
四川	18.79	4.81	53.78	15.77
新疆	15.61	4.79	57.98	32.42
云南	18.67	4.86	61.37	37.84
财务部 汇总	20.00	4.85	57.42	15.77
⊟采购部				
安徽	17.37	4.75	44.28	22.16
甘肃	16.41	4.82	59.28	37.77
贵州	18.99	4.77	47.76	21.00
河南	16.73	4.79	53.85	28.38
山西	16.62	4.57	40.06	18.87
上海	16.97	4.92	66.93	45.04
四川	15.31	4.82	55.53	35.41
新疆	15.51	4.83	67.79	47.45
重庆	15.68	4.84	58.77	36.52
采购部 汇总	18.99	4.79	55.51	18.87

图 8.73　展形明细数据后的效果

（2）隐藏明细操作同显示类似，只须选择"展开/折叠"→"折叠"或"折叠整个字段"命令即可，结果如图 8.74 所示。

双击数据区域的数据单元格，会自动生成一个工作表，并显示明细数据。双击"管理部"行中的任意一个单元格，将自动生成一个新的工作表，如图 8.75 所示。

性别	女 🔽			
行标签 🔽	最大值项:基础业务绩效	平均值项:业务能力综合绩效	平均值项:总评	最小值项:拓展业务绩效
⊞财务部	20.00	4.85	57.42	15.77
⊞采购部	18.99	4.79	55.51	18.87
⊞测试部	20.00	4.81	55.14	18.95
⊞管理部	20.00	4.86	61.82	26.80
⊞开发部	18.33	4.73	52.22	21.01
⊞商务部	18.60	4.88	59.28	16.77
⊞运维部	17.81	4.72	58.46	19.47
总计	20.00	4.81	56.77	15.77

图 8.74　隐藏明细数据对话框

序号	部门编号	部门	工号	姓名	性别	籍贯	基础业务绩效	拓展业务绩效	业务能力综合绩效	总评	排名	是否转正
192	18327006	管理部	1832700607	甚雪	女	甘肃	20	47.05882353		4.95	72.00882	12	正式转正
194	18327006	管理部	1832700609	曹豫	女	广西	16.92307692	44.11764706		4.935142857	65.97587	44	正式转正
195	18327006	管理部	1832700610	许俐兰	女	广西	20	54.15566038		4.954285714	79.10995	2	正式转正
202	18327006	管理部	1832700619	蒋益隽	女	河南	15.38461538	32.27884615		4.877142857	52.5406	155	不予转正
211	18327006	管理部	1832700628	杜宏	女	陕西	17.71929825	38.68421053		4.933142857	61.33665	72	预备转正
220	18327006	管理部	1832700640	王筱	女	上海	15.76923077	26.79545455		4.762857143	47.32754	191	不予转正
218	18327006	管理部	1832700638	阳俐	女	上海	16.79487179	33.18396226		4.731428571	54.71026	130	不予转正
217	18327006	管理部	1832700635	慕容思凡	女	上海	15.30612245	41.57352941		4.700714286	61.58037	70	预备转正

图 8.75　生成管理部明细数据新工作表

4）筛选数据

在数据透视表中也可进行筛选。单击数据透视表中行标签或列标签的向下箭头,或将光标指向"数据透视表字段列表"窗格中的"选择要添加到报表的字段"列表框中作为行标签或列标签的字段,单击向下箭头,在展开的菜单中,选择"标签筛选"命令可以筛选出所选的行标签或列标签符合筛选条件的记录;选择"值筛选"可以筛选出放在"数值"板块中的字段符合筛选条件的数据,或直接通过下方数据复选框的选中和清除来筛选符合条件的记录。例如,本案例中,筛选籍贯为"上海"或"山西"的数据记录明细。筛选条件如图 8.76 所示,筛选出的记录如图 8.77 所示。

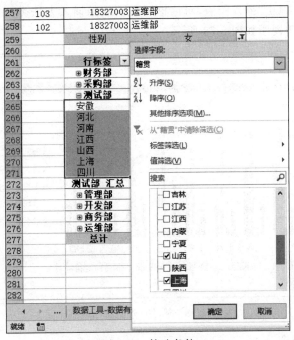

图 8.76　筛选条件

性别	女			
行标签	最大值项:基础业务绩效	平均值项:业务能力综合绩效	平均值项:总评	最小值项:拓展业务绩效
⊟采购部				
山西	16.62	4.57	40.06	18.87
上海	16.97	4.92	66.93	45.04
采购部 汇总	16.97	4.75	53.50	18.87
⊟测试部				
山西	17.70	4.88	63.89	41.30
上海	18.60	4.77	55.86	19.49
测试部 汇总	18.60	4.79	57.86	19.49
⊟管理部				
上海	16.79	4.73	54.54	26.80
管理部 汇总	16.79	4.73	54.54	26.80
⊟开发部				
山西	15.61	4.72	53.02	26.96
上海	17.36	4.67	48.18	21.01
开发部 汇总	17.36	4.69	50.60	21.01
⊟商务部				
山西	15.31	4.90	57.93	37.73
商务部 汇总	15.31	4.90	57.93	37.73
⊟运维部				
上海	17.00	4.68	60.59	19.47
运维部 汇总	17.00	4.68	60.59	19.47
总计	18.60	4.74	55.54	18.87

图 8.77　筛选出的记录

3. 数据透视表的删除

删除数据透视表的操作步骤如下。

（1）单击数据透视表中的任意单元格。

（2）单击"数据透视表"→"分析"→"操作"组中的"选择"按钮，在展开的菜单中选择"整个数据透视表"命令，则数据透视表被全部选中，按 Delete 键即可删除整个数据透视表。

4. 数据透视图的创建

单击数据透视表中的任意一个单元格，再单击"数据透视表"→"分析"→"工具"组中的"数据透视图"按钮，弹出"插入图表"对话框。和图表的插入方法类似，本案例选择"簇状柱形图"，对应的数据透视图如图 8.78 所示。

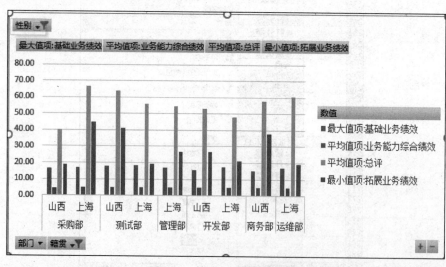

图 8.78　簇状柱形数据透视图

5. 数据透视图的修改和修饰

用户可以修改和修饰数据透视图,如更改图表类型、设置图表标题、设置图表填充效果等。用户可以使用"数据透视图"→"设计"选项中的工具更改数据透视图的图表类型、图表样式、图表位置、数据透视图的标签格式、坐标轴格式、趋势线等;使用"格式"选项卡中的工具更改数据透视图的形状样式等;使用"分析"选项卡中的工具更改数据透视表的显示或者隐藏等。

如图 8.79 所示为修改与修饰后的数据透视图。

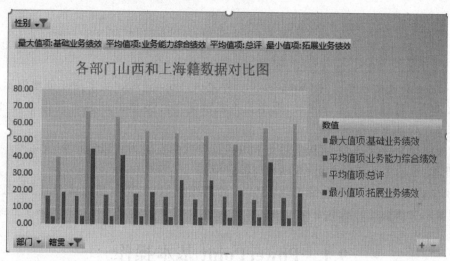

图 8.79　修改与修饰后的数据透视图

6. 数据透视图的删除

选中数据透视图后按 Delete 键即可将其删除。

第 9 章

PowerPoint 高级应用

PowerPoint 是微软推出的 Office 办公套件之一,PowerPoint 主要用于创建演示文稿,即制作幻灯片,帮助用户进行演讲、教学及产品演示等。类似的产品有我国金山公司的 WPS,苹果公司的 Keynote 等。

【案例描述】 本章以入学新生对大学四年及今后的发展为背景制作演示文稿,来讲解幻灯片制作、演示等方面的方法、原则和高级应用。

案例知识点分析:本章介绍 PowerPoint 的高级应用,主要包括版式设计、主题、母版等,讲解演示文稿设计的基本流程和制作要素,还对幻灯片演示及导出和打印做了介绍。

9.1 PowerPoint 基本操作

9.1.1 演示文稿与幻灯片

演示文稿是一个由幻灯片、备注页和讲义三部分组成的文档,文件扩展名为.pptx。当启动 PowerPoint 时,系统会自动创建一个新的演示文稿文件,名称为"演示文稿 1"。

1. 新建演示文稿

启动 PowerPoint 后,在 PowerPoint 界面中会提示用户创建演示文稿,或选择"文件"→"开始"(见图 9.1)或"新建"命令(见图 9.2),用户可以根据需要创建空白演示文稿,或者根据模板创建演示文稿,或者打开已有的文件。

2. 保存文稿

演示文稿编辑完成后,可以将其保存为默认类型,如 PowerPoint 默认保存类型为"PowerPoint 演示文稿(.pptx)"。实际上 PowerPoint 共包含 28 种不同的保存类型,如常见的 PDF 和 PNG 等,如图 9.3 所示。

3. 添加幻灯片

添加幻灯片可以有多种方法。

(1)选中要在其后的那张幻灯片,单击"开始"→"幻灯片"组中的"新建幻灯片"按钮即可直接新建一个幻灯片。

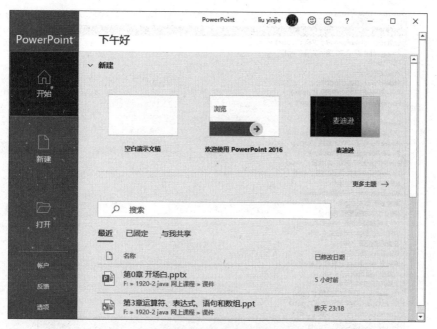

图 9.1 "开始"界面

图 9.2 "新建"界面

（2）在"幻灯片大纲"窗格中的"幻灯片"选项卡中的缩略图上或空白位置右击，在弹出的快捷菜单中选择"新建幻灯片"命令。

（3）按 Ctrl+M 组合键。

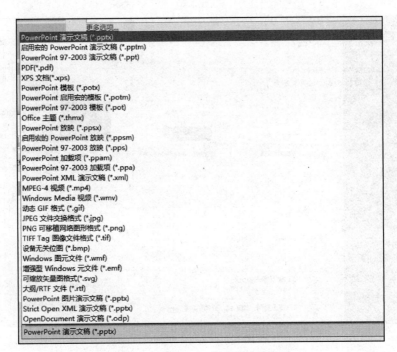

图 9.3　PowerPoint 保存的文件格式

9.1.2　文本格式的设计

在幻灯片中,文本是一种重要的表现形式,文本的排版非常重要。

1. 在占位符处输入文本

在普通视图下,幻灯片中会出现"单击此处添加标题"或"单击此处添加副标题"等提示文本框,这种文本框统称为"文本占位符",如图 9.4 所示。在"文本占位符"中输入文本是最基本、最方便的输入方式。

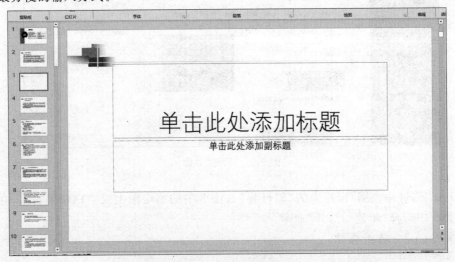

图 9.4　文本占位符

2. 在文本框中输入文本

在幻灯片中,"文本占位符"的位置是固定的,如果想在幻灯片的其他位置输入文本,可以通过绘制一个新的文本框来实现。在插入和设置文本框后,就可以在文本框中进行文本的输入了。

单击"插入"→"文本"组中的"文本框"按钮,在弹出的下拉菜单中选择"横排文本框"选项,将光标移动到幻灯片中,当光标形状变为向下的箭头时,按住鼠标左键并拖动即可创建一个文本框。

3. 字体设置

字体对文稿演示有很大的作用,因此选择合适的字体非常重要。PowerPoint 默认的字体为宋体,但这个字体不适合演示文稿,建议对默认字体进行修改。在"开始"选项卡中的"字体"组中单击 按钮,会出现"字体"对话框。在"西文字体"和"中文字体"下拉列表框中选择当前文本所需要的字体类型,如图 9.5 所示。演示文稿中字体应醒目,字数不宜多,字体一般选择无衬线字体,如中文字体建议选择微软雅黑、黑体等,英文字体建议选择 Arial、Helvetica 等。在"字体"对话框中不能预览字体,建议在"字体"下拉列表框中选择字体,因为在下拉列表中可以预览字体样式,如图 9.6 所示。

图 9.5　两种设置字体的方法　　　　　　图 9.6　预览字体样式

4. 保存时嵌入字体

如果幻灯片中使用了系统自带字体以外的特殊字体,当把 PowerPoint 文档保存并发送到其他计算机上浏览时,如果对方的操作系统中没有安装这种特殊字体,那么这些文字将会失去原有的字体样式,并自动以对方系统中的默认字体样式来替代。如果用户希望幻灯片中所使用到的字体无论在哪里都能正常显示原有样式,可以使用嵌入字体的方式来保存

PowerPoint 文档。

在"另存为"对话框中,在"保存位置"列表中选择合适的保存位置,然后单击"工具"按钮,在下拉菜单中选择"保存选项"命令,打开"PowerPoint 选项"对话框的"保存"选项卡,在"共享此演示文稿时保持保真度"选项组中选中"将字体嵌入文件"复选框,如图 9.7 所示。

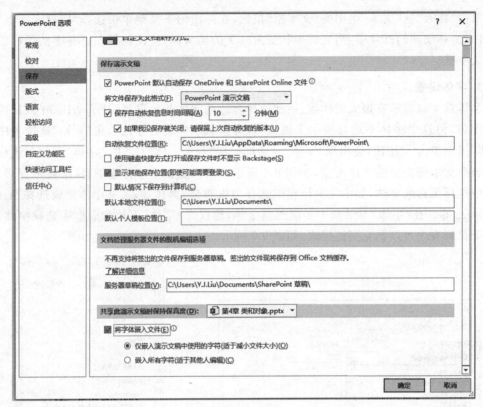

图 9.7　嵌入字体

9.1.3　图片的使用

俗语说"文不如表,表不如图",在幻灯片中插入图片有助于观众理解其内涵,也能避免幻灯片因只有文字而显得单调。

1. 插入图片

切换到"插入"选项卡,在"图像"组中单击"图片"按钮,打开"插入图片"对话框,找到要插入的图片在计算机中的位置即可插入。

另外,还可利用系统的复制/粘贴操作把图片插入幻灯片。

2. 裁剪图片

裁剪图片通常用来隐藏或修整部分图片,以便进行强调或删除不需要的部分。裁剪图片时先选中图片,然后在"图片格式"选项卡的"大小"组中单击"裁剪"按钮即可进行裁剪。

也可以对图片进行不同形状的裁剪。单击"大小"组中的"裁剪"按钮,弹出包括"裁剪""裁剪为形状""纵横比"和"填充"等命令的下拉菜单,如图 9.8 所示。

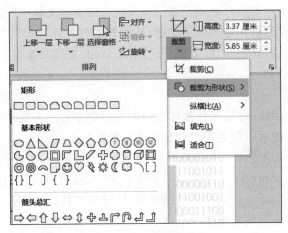

图 9.8　不同的裁剪方式

3. 插入屏幕截图

PowerPoint 也有屏幕截图的功能,在"插入"选项卡的"图像"组中单击"屏幕截图"按钮,在弹出的"可用的视窗"列表中选择当前正在运行的应用程序窗口即可完成截图,如图 9.9 所示。

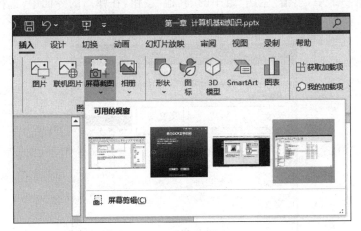

图 9.9　屏幕截图

9.2　主题、模板与母版

主题是对演示文稿的统一设计,其中包含颜色设置、字体选择、对象效果设置,在很多时候还包括背景图像。

模板是已经做好了页面的排版布局设计,但却没有实际内容的演示文稿。所有应该写实际内容的地方,都只放置了使用提示如"点击添加文字"等字样。例如,默认版式为"标题和内容",其中包含一个位于幻灯片顶部的标题以及一个位于中央用于正文内容的多用途占位符。

母版仅在幕后为实际幻灯片提供设置。母版包含使演示文稿中所有幻灯片保持一致的格式设置。一般首先对幻灯片母版应用主题，然后对幻灯片应用幻灯片母版。幻灯片母版还可包含除主题格式外的其他元素，如额外的图形、日期、页脚文本等。

9.2.1　主题

主题主要由颜色、字体、效果和背景样式四部分组成。使用主题既可以使新用户快速学会如可制作演示文稿，也可以使老用户避免每次从零开始排版。

PowerPoint 模板包含至少一个幻灯片母版，幻灯片母版应用了一种主题，因此从技术角度来讲，每个模板至少包含一个主题。一个带有多个幻灯片母版的模板自然也就可以具有多个主题。然而，在向现有演示文稿应用模板时，仅有与其默认(第一个)幻灯片母版相关联的主题会被应用，若根据模板新建一个演示文稿，而且该模板包含多个主题，那么就可以使用其中存储的全部主题。主题比模板简单，是因为它无法容纳一个真正的模板可以容纳的部分内容。主题仅能为演示文稿提供字体、颜色、效果和背景设置。一个主题仅能包含一组设置，而具有多个幻灯片母版的模板可以包含多组设置。而且，主题的功能多于PowerPoint 模板，可以将另存为独立文件的主题应用于其他 Office 应用程序。

1. 选择主题

在"设计"选项卡中，单击"主题"组中的"其他"按钮，在弹出的界面中，选择一个主题，如图 9.10 所示。

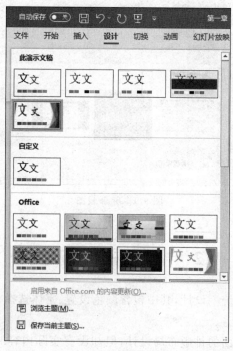

图 9.10　选择主题

2. 设置主题

在"设计"选项卡中单击"字体"组中的"其他"按钮，在弹出的快捷菜单中可以对主题进行颜色、字体、效果、背景样式的设置,如图 9.11 所示。

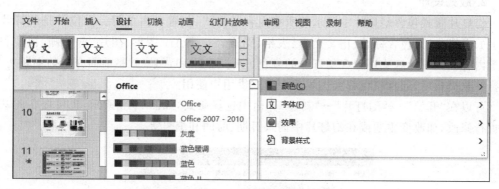

图 9.11　设置主题

3. 使用自定义主题

用户可以通过"主题"和"字体"来对颜色、字体等设置自己喜欢的风格,如果希望自己风格的主题应用到其他演示文档,可以通过"主题"→"保存当前主题"命令来存储当前主题,然后在其他演示文稿中可通过"主题"→"浏览主题"命令把保存的主题应用到当前文档。

9.2.2　使用模板

幻灯片模板就是已定义格式的幻灯片,其中所包含的各类元素构成了文件的样式和页面布局。PowerPoint 内置了大量联机模板,用户可以在设计不同类别演示文稿时选择使用,既美观、大方,又节省时间。

1. 使用内置模板

在"文件"→"开始"或"新建"界面中显示了多种联机模板样式,如图 9.12 所示。

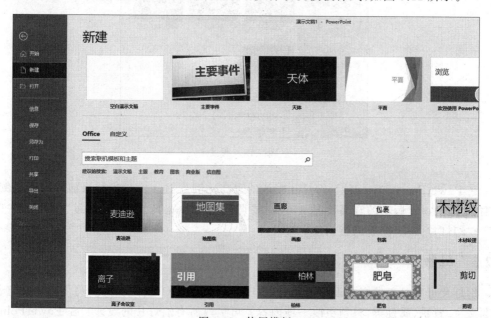

图 9.12　使用模板

2. 版式设计

幻灯片版式包含幻灯片中显示的所有内容的格式、位置和占位符。占位符是幻灯片版式上的虚线容器,包含标题、正文文本、表格、图表、SmartArt 图形、图片、剪贴画、视频和声音等内容。幻灯片版式还包含幻灯片的颜色、字体、效果和背景(就是前面介绍的主题)。当选择一款模板后,通常模板都会提供多个版式供用户使用。

可以在"开始"→"幻灯片"→"新建"界面中选择版式,如图 9.13 所示,也可以在此基础上进行修改,如改变主题或在幻灯片中插入日期、时间和编号等。

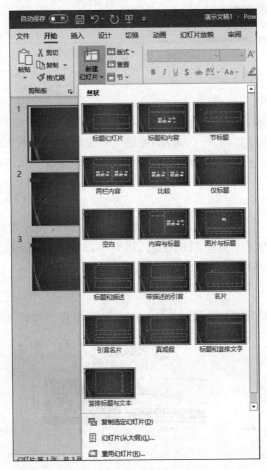

图 9.13 版式

在 PowerPoint 2016 以后,幻灯片默认的宽高比例是 16∶9,这也是目前的主流比例,而早期 PowerPoint 版本的宽高比是 4∶3。要调整幻灯片宽高比例,可通过"设计"→"自定义"→"幻灯片大小"命令进行调整。

9.2.3 母版

幻灯片母版是存储有关设计信息的幻灯片,用于设置幻灯片的样式,可供用户设定各种标题文字、背景、属性等,只须更改一项内容就可更改所有幻灯片的设计。在 PowerPoint 中有 3 种母版:幻灯片母版、标题母版和备注母版。

　　创建或自定义幻灯片母版一般是在开始创建幻灯片之前进行的,这样可以使添加到演示文稿中的所有幻灯片都是基于创建的幻灯片母版和相关联的版式的,从而使演示文稿风格统一。

1. 创建母版

　　单击"视图"→"母版视图"→"幻灯片母版"按钮,即可在"幻灯片母版"选项卡中设置占位符的大小及位置、主题和幻灯片的背景等,如图 9.14 所示。

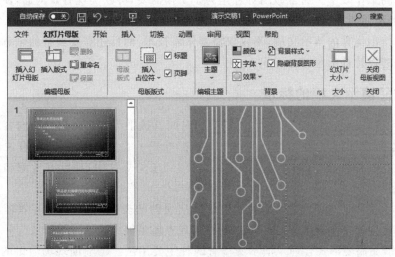

图 9.14　创建母版

2. 使用母版

　　在母版设计完成后,单击"关闭母版视图"按钮。这时在"开始"→"新建幻灯片"下拉列表中即可选择自己设计的母版,如图 9.15 所示。

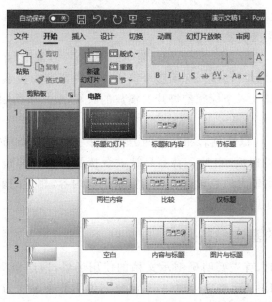

图 9.15　使用母版

9.3 演示文稿设计的基本流程

演示文稿在工作和学习中的使用频率越来越高,其重要性也越来越凸显出来。用户用几张幻灯片就能展示要点,并提供更丰富的视觉化表达方式。

一个优秀的演示文稿,可以给人以深刻的印象,有效地帮助用户实现既定目标、提升工作质量并提高工作效率。通常做幻灯片是为了工作需要,可以实现有效沟通,使观众容易接受,从而帮助使用者取得好的工作成绩。

要想制作出优秀的演示文稿,不仅仅需要依靠技术,而且还需要独特的创意和理念。下面介绍相关的设计基础等综合知识。

9.3.1 "好"演示文稿的标准

在演示文稿的设计过程中,有人为了节约时间直接把 Word 文档中的内容复制到演示文稿中,而没有提炼;有人在幻灯片的每个角落都堆积了大量的图表,却没有说明这些数据反映了哪些发展趋势;有人看到漂亮的模板,就用到了幻灯片中,却没有考虑和自己的演讲主题是否相符。

(1) 要目标明确。演示文稿是为了追求简洁明朗的表达效果,以便有效辅助沟通。一般单张幻灯片中文字不宜太多,最多有 5~9 条观点就足够了。

(2) 演示文稿要形式合理。演示文稿有两种主要用法。①辅助现场演讲的演示;②直接发送给读者自己阅读。用户要针对不同的用法选用合理的形式,做相应的细节处理。演讲用的要全力服务于演讲,能用表的不用字,能用图的不用表。让观众可以一边看,一边听,演讲、演示相互配合。也可适当使用特效、动画等功能,帮助控制节奏,让演示效果更丰富多彩,有利于活跃演讲气氛。对直接送给别人阅读的演示文稿,则必须添加尽可能简洁但描述清晰的文字,以引领读者理解的思路。整个演示文稿和其中的每一张幻灯片都要具备很清晰的阅读顺序,逻辑性要求更高。要保证读者阅读演示文稿能"跟着你走",理解你的意思。这种演示文稿一般不需要特效、动画等。

(3) 逻辑要清晰。演示文稿要有清晰、简明的逻辑,一般常用"并列"或"递进"两类逻辑关系,对不同层次的标题进行分层,标明整个演示文稿内部逻辑关系(最好不要超过 3 层纵深)。每个章节之间,插入一个标题幻灯片。播放的时候,最好采用顺序播放,一般不要回翻幻灯片,使观众混淆。

(4) 要美观大方。可以从色彩和布局两方面着手。色彩和布局需要专业的训练,一般用户可以套用 Office 的模板,它是一套容易被大众接受的颜色和布局。进行色彩搭配时,同一个配色方案中差别较大的色彩适合用来标示不同内容,相近的颜色用来表示相近内容(如标题用黑色,副标题用灰色)。

9.3.2 演示文稿的基本结构

在制作演示文稿时,首先要明确演示文稿的使用场景,即这个演示文稿是用来做什么的。一般分为两类,知识演示型以传递知识、解释和说明复杂事物为主;说服型即影响听众信念,设法使听众接受并得到支持。

　　一份完整的演示文稿基本可以分为封面页、目录页、过渡页、内容页、封底页等几个模块,内容页又分为:金句页、图表页、逻辑图示页、时间轴页、图文排版页等。使用什么样的结构,要因人而异,因项目而异,不能一概而论。一般认为,任何结构都必须做到三点:有说服力、容易记忆、可扩展。常用的几种演示文稿的演示逻辑结构如下。

　　(1) PREP 结构:立场—理由—事例。

　　(2) Timeline 结构:过去—现在—将来(多用于工作总结)。

　　(3) What_why_how 结构:问题—原因—方法。

　　(4) SCQA 结构:情境—冲突—疑问—回答(多用于商业案例分析和项目研讨会)。

　　(5) SWOT 分析法:S(strengths)是优势、W(weaknesses)是劣势、O(opportunities)是机会、T(threats)是威胁,常用于企业内部分析。

9.3.3　演示文稿制作的几个要素

1. 模板

　　Office 本身自带很多模板,但由于使用的人太多,不建议选用,目前网上有很多渠道可以获得免费模板(如千图网)。

　　选模板,主要考验的还是审美风格。美观不是选用模板的唯一标准,重要的是合适。每个模板的侧重点不同,有的侧重于图表,有的侧重于流程,有的侧重于文字,有的侧重于图片,应根据自己的侧重来选择,这可以为以后的制作节省很多时间。

2. 配色

　　配色决定了演示文稿的灵魂和主线。在制作前要思考演示文稿的观众、内容主题、行业。例如,行业可分为科技、政府、环保、医院等,因为每一个行业都有相对的颜色概念;内容主题可分为新品发布、创业融资、毕业答辩、教育培训、大数据互联网;观众可以按年龄、教育背景、行政职务分段。综合以上因素,才能决定主色、辅助色、对比色,一般按照模板中的颜色制作就可以。要注意一份演示文稿中一般不要使用超过 4 种颜色。

　　例如,我国政府机构的代表色是红黄色,科技类企业的代表色是蓝色,绿色环保组织和机构的代表色是绿色等。选择颜色也要注意与部门 Logo 的颜色相匹配。

3. 字体

　　设置字体是制作演示文稿的重要环节。不同的字体向观众呈现出的视觉印象是不同的,有的字体清秀,有的字体生动活泼,有的字体稳重挺拔。归纳起来,建议中文字体使用微软雅黑、思源黑体之类的无衬线字体,英文字体使用 Arial、Segoe UI、Franklin Gothic 和 Georgia 等,这些字体比较商务化、易辨识、精致且有现代感,做标题或正文都可以,使用范围较广。一份演示文稿中字体数量一般不要超过 3 种。

　　字体的大小也是制作演示文稿需要注意的一个问题。一般对于文字较少的投影、演讲型演示文稿,选择 20～28 磅字号,适用于 40 人以下的会议室;而文字较多用于在计算机上播放、阅读型的演示文稿,字号以 14～20 磅为宜。

4. 图片

　　在人类没有使用语言之前就有了图形,所以图是人类最容易辨识的,"文不如表、表不如图",使用图片会大大提升演示文稿的影响力。

在使用图片时要注意以下三点。

（1）图片应足够清晰且未被拖曳变形。首先，为保证图片清晰，要尽量只缩小，不放大；其次，在用鼠标调整图片尺寸时务必保持图片的横纵比。

（2）图片内容一定要与主题相匹配。配图的目的是帮助观众理解演讲主题与演讲内容，起到丰富画面、加深理解的作用。

（3）图片整体风格要统一。在一个演示文稿中，最好只用一种风格的图片，如全部使用照片、全部使用卡通画、全部使用 3D 小人等。

9.4　演示文稿的演讲与幻灯片播放

1. 演讲原则

制作一个精致的演示文稿确实很难，但是演讲更难，演讲的好坏关系到信息传达的成功与否。如果演讲过程冗长、死板，不能吸引别人的注意，很难有效地传达重要信息目的。

如果能够对放映进行有效准备和设置，将有利于整个演讲过程的顺利进行。下面介绍演讲的几个主要原则。

（1）"10-20-30"原则。在一次演讲中，最好不要超过 10 张幻灯片，演讲时间不超过 20 分钟，且字体最好大于 30 磅。"10-20-30"原则可以帮助演讲者做好自己的演讲框架结构，在有限的时间内，用最精简的语言和清晰的内容将演讲内容的最精华部分呈现给观众。

（2）不要读幻灯片内容。不要照读幻灯片，幻灯片是用来展示的，完全照读幻灯片，观众会以为演讲者对内容不熟悉且对演讲不重视。观众会感觉乏味，甚至讨厌。演讲时要有感情，可以适当地增添一些故事情节，这样的演讲不会乏味。所以在演讲之前要提前演练并熟悉幻灯片的内容，提前在大脑构思演讲的过程。

（3）适当提高音量做到抑扬顿挫。演讲时注意改变语调和节奏，在重要的部分留一拍停顿，这样适时改变能够给予观众一定的刺激帮助他们保持清醒，同时也留给他们思考的时间。切忌总是一成不变的音量和语气。

（4）准备相关资料。建议在演讲前将演示文稿或相关资料发给观众，方便观众事先了解内容，及时进入情境。演示文稿可以事先转为 PDF 格式，相关资料可以以电子版形式发放，当然纸质版更显正式且方便观众阅读。

2. 放映设置

演示文稿的播放可以根据需要采用多种方式。在 PowerPoint 中可通过"幻灯片放映"→"设置"→"设置幻灯片放映"来进行放映设置。PowerPoint 提供了 3 种幻片的放映方式，下面分别介绍它们的功能。

（1）演讲者放映（全屏幕）。这是一种常用的全屏放映方式，主要用于演讲者亲自播放演示文稿。在这种放映方式下，演讲者具有完全的控制权，可以使用鼠标或键盘控制放映，也可以自动放映演示文稿，还可以进行暂停、回放、录制旁白以及添加标记等操作。

（2）观众自行浏览（窗口）。这种方式适用于小规模演示。在放映时，演示文稿是在标准窗口中进行放映的，并且可以提供相应的操作命令，允许用户移动、编辑、复制和打印幻灯片。

（3）观众展台浏览（全屏幕）。这是一种自动全屏幕循环放映的放映方式。大多数的控制命令都不可以使用,只能使用 Esc 键终止幻灯片的放映。展台一般是指计算机和监视器,通常安装在人流密集的地方。本方式一般还要配合设置"切换"的"持续时间"以及"设置自动换片时间",为了循环播放还需要设置"幻灯片放映"的"使用计时",以便自动、连续地播放演示文稿。

3. 播放技巧

播放幻灯片的方式有从头开始、从当前幻灯片开始和自定义幻灯片放映。这些放映方式可以通过单击"幻灯片放映"→"开始放映幻灯片"组中的相应按钮来实现。

1) 从头开始放映

(1) 切换到"幻灯片放映"选项卡,在"开始放映幻灯片"组中单击"从头开始"按钮。

(2) 按 F5 键。

2) 从当前幻灯片开始放映

(1) 选中要从其开始放映的幻灯片,单击"幻灯片放映"→"开始放映幻灯片"组中的"从当前幻灯片开始"按钮。

(2) 选中要从其开始放映的幻灯片,按 Shift+F5 组合键。

3) 自定义放映

可以根据需要指定放映演示文稿中的部分幻灯片。单击"幻灯片放映"选项卡的"自定义幻灯片放映"按钮,在出现的对话框中可以新建拟播放的幻灯片列表,如图 9.16 所示。

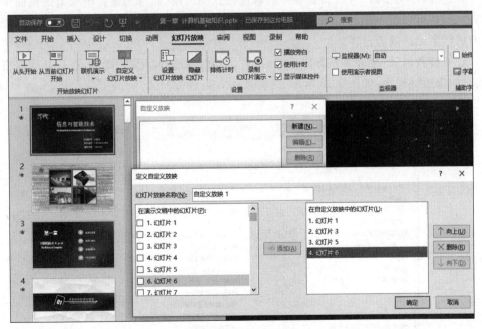

图 9.16 自定义播放

4) 播放视图设置

在播放演示文稿时,一般观众看的是屏幕投影,演讲者用的则是自己的计算机,在大多数情况下计算机和投影显示的内容完全一样。为了使演讲效果更好,可以设定自己的计算机显示更多的内容,如可以把幻灯片的备忘内容放在备注中,用"使用演示者视图"播放,在演讲者的计算机上可以看到更多内容，如图 9.17 所示。

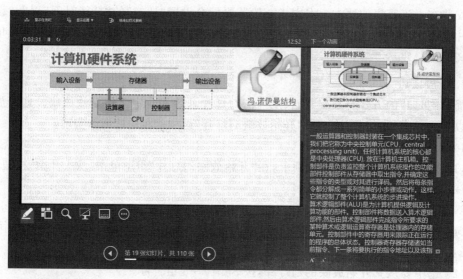

图 9.17　使用演示者视图播放

5）播放小技巧

在放映演示文稿时，有时需要暂停讲解进行互动讨论，此时为避免屏幕上的画面干扰观众的注意力，可以按 B 键使屏幕黑屏；按 W 键使屏幕变白。讨论结束后，再次按 B 键或 W 键，即可结束黑屏或者白屏。

以"演讲者放映（全屏幕）"方式放映时，右击幻灯片选择"帮助"命令，在打开的窗格中有播放时的快捷键提示，如图 9.18 所示，这对使用者很有帮助。

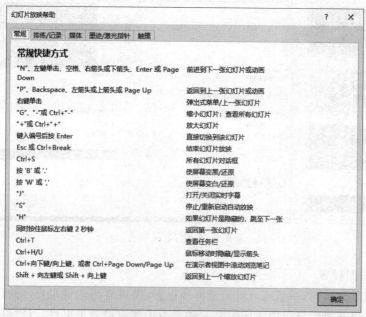

图 9.18　播放中常用的快捷键

9.5　打印与导出

用户可以将演示文稿打印出来，进行长期保存；也还可以将演示文稿发布、打包发送给其他人。

1. 打印演示文稿

在"文件"→"打印"界面中，可以对打印机进行常规设置，也可以指定打印幻灯片的数量及打印版式设计，如图 9.19 所示。

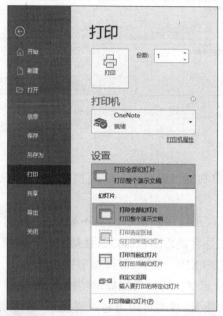

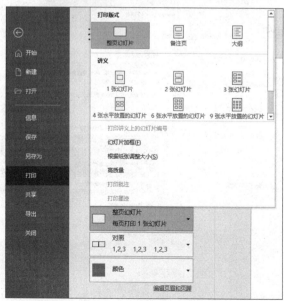

图 9.19　演示文稿打印界面

单击"编辑页眉和页脚"超链接,在弹出的"页眉和页脚"对话框中选择"幻灯片"选项卡,可以设置是否显示打印日期、幻灯片编号以及页脚内容,如图 9.20 所示。

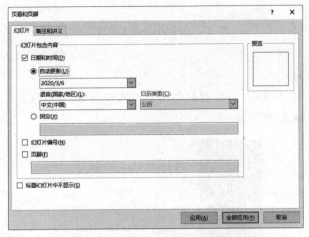

图 9.20　设定页眉和页脚

2. 导出演示文稿

利用 PowerPoint 的导出功能可以将演示文稿创建为 PDF 文档、Word 文档或视频,还可以将演示文稿打包为 CD。

创建为 PDF 文档后,不仅可以保护演示文稿不被修改、复制,还能够轻松浏览、共享和打印演示文稿。也可以将文件转换为 XPS 格式,使播放时不需要其他软件或加载项。选择"文件"→"导出"→"创建 PDF/XPS 文档",即可按照提示操作。

PowerPoint 也提供把演示文稿转换为视频的功能。在"文件"→"导出"→"创建视频",界面中可以设定输出视频的质量,最高可输出超高清视频,如图 9.21 所示。

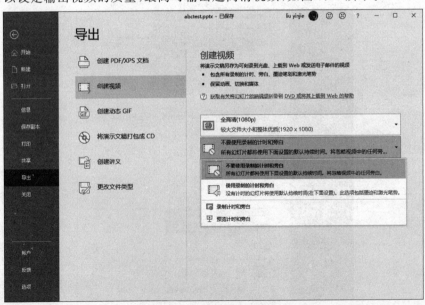

图 9.21　导出视频

习　题　三

一、单项选择题

1. 下面关于分栏的叙述中正确的是(　　)。

    A. 最多可分三栏　　　　　　　　　　B. 栏间距是固定不变的

    C. 各栏的宽度必须相同　　　　　　　D. 各栏的宽度可以不同

2. 在 Word 文档中要选定一块矩形区域,应按住(　　)键拖动鼠标。

    A. Shift　　　　　　B. Ctrl　　　　　　C. Alt　　　　　　D. Tab

3. 向文档中插入图片对象后,可以通过设置图片的文字环绕方式进行图文混排, (　　)不是 Word 提供的文字环绕方式。

    A. 四周型　　　　　　B. 左右型　　　　　　C. 衬于文字下方　　D. 嵌入型

4. 合并单元格是指将选定的连续单元区域合并为(　　)。

    A. 1 个单元格　　　B. 1 行 3 列　　　　　C. 3 行 2 列　　　　D. 任意行和列

5. Excel 中第 3 列第 4 行单元格的引用方式是(　　)。

    A. C2　　　　　　　B. B3　　　　　　　C. C4　　　　　　D. B2

6. 对单元格中的公式进行复制时,会发生变化的是(　　)。

    A. 相对地址中的偏移量

    B. 相对地址所引用的单元格

    C. 绝对地址中的地址表达式

    D. 绝对地址所引用的单元格

二、填空题

1. 在_____组中单击_____按钮,可以在文档中插入艺术字。

2. 相对地址与绝对地址混合使用,称为_____。

3. 幻灯片的放映类型有_____、观众自行浏览和展台浏览 3 种。

4. Word 中的分隔符包括_____、_____、换行符 3 种。

5. 要取消排序结果,需要在"排序"对话框的_____下拉列表框中选择"无"选项。

6. 使用 Excel 的_____功能可以把暂时不需要的数据隐藏起来,只显示符合设置条件的数据记录。

三、综合题

1. 设计一份个人求职简历。

2. 设计一份毕业论文的模板文档,包含封面、页眉和页脚、题注、尾注、分节、各级文本的样式、目录、编号等。

3. 制作一份演示文稿,展望、规划你的大学时光,要求不少于 10 页,自己挑选素材。

4. 用多种方法将演示文稿发送到手机上观看。

第四篇　数据库应用技术

　　数据库技术是现代信息科学与技术的重要组成部分,是计算机数据处理与信息管理系统的核心技术。数据库技术研究和解决计算机信息处理过程中大量数据有效地组织和存储的问题,在数据库系统中减少数据存储冗余、实现数据共享、保障数据安全以及高效地检索数据和处理数据。

　　本篇以案例为驱动,通过分析应用需求有针对性地介绍数据库的基本理论及应用,其中涉及数据库系统基础知识、数据库操作与管理、数据表创建与使用、查询的设计与创建、窗体的设计与创建等。

　　通过本篇的学习。读者能够理解和掌握关系数据库的基本知识,增强关系数据库基本设计和应用技能,从而为提升信息技术素养,为今后更深一步的学习奠定良好的基础。

第 10 章

数据库系统基础知识

【案例描述】 本案例基于业务流程,为西式快餐食品店建立一个食品销售数据库管理系统。该快餐店主要出售炸鸡、汉堡、薯条、汽水等西式快餐食品。食品销售业务流程如下:前台通过接受顾客陈述在收银机上输入顾客购买的食品名称,产生食品订单,再由收银员根据食品订单,将食品配备齐全,最后递交给顾客。系统目标是对与销售业务管理相关的操作进行电子化管理,即时记录及更新食品销售及相关数据。

案例知识点分析:以上食品销售管理案例业务流程中涉及的信息如下。

食品(或商品)信息:食品编号、名称、规格、价格、生产日期。

员工信息:员工编号、姓名、性别、身份证号、籍贯、联系电话、职务、地址。

顾客(或客户)信息:顾客编号、姓名、手机号、微信账号、支付宝账号、会员级别(或消费等级)等。

食品(或商品)销售记录(订单流水):订单编号、销售的食品名称、该食品销售数量、单价、哪位员工销售的、购买的顾客、订单时间、支付时间、配送时间。

此外,在实际业务中,需要实现查询食品销售情况的汇总统计信息;分析各会员客户的购买情况信息;按交易日期、按食品类型查询相关信息和报表打印等。

以上数据信息涉及的知识点如下。

(1)信息存储:数据表的概念,数据表的结构,数据库的组成(数据库对象)。

(2)信息输入:数据录入,数据导入,数据编辑(增加、删除、修改)。

(3)信息关联处理:数据表间的关系。

(4)信息查询和更新、信息统计分析:数据库查询。

(5)信息展示:窗体和报表。

10.1 基 本 概 念

10.1.1 数据和数据库

数据可定义为描述事物的符号记录。数据是数据库中存储的基本对象。数据有多种形式,文字、图形、图像和声音等都是数据,它们经过数字化处理后可以存储在计算机中。数据分为结构化、半结构化和非结构化数据。

结构化数据是指由二维表结构来逻辑表达和实现的数据,严格地遵循数据格式与长度规范,主要通过关系数据库进行存储和管理。结构化数据也称为行数据,其一般特点是:数据以行为单位,一行数据表示一个实体的信息,每一行数据的属性是相同的。

半结构化数据是结构化数据的一种形式,虽然不符合关系数据库的数据模型,但包含相关标记来分隔语义元素以及对记录和字段进行分层,因此,也被称为自描述的结构。常见的半结构数据有 XML 和 JSON 等文件数据。

非结构化数据的数据结构不规则或不完整,没有预定义的数据模型,不方便用数据库二维逻辑表来表现。非结构化数据包括所有格式的办公文档、文本、图片、HTML 文件、各类报表、图像和音频/视频信息等,但它正逐步成为数据的主要部分。

数据库是指长期存储在计算机内的、有组织的、可共享的数据集合。数据库中的数据是按一定的数据模型组织、描述和存储的,具有较小的冗余度、较高的数据独立性和易扩展性,并且可以被多个用户、多个应用程序共享。数据库也是一种用于收集和组织信息的工具。最初,许多数据库是文字处理程序中的列表或电子表格。随着列表的扩大,出现了数据冗余和数据不一致的情况,搜索数据或拉取数据子集以进行查阅的方法有限。开始出现这些问题后,将数据转换为由 Access 等数据库管理系统(DBMS)创建的数据库就成为一个很好的解决方法。数据库是一种对象容器,一个数据库可包含一个以上的表,还可存储其他对象,如表单、报表、宏和模块。

常见的数据库有关系数据库和非关系数据库(NoSQL)。关系数据库的存储可以直观地反映实体间的关系。关系数据库和常见的表格比较相似,关系数据库中表与表之间有很多复杂的关联关系。常见的关系数据库有 MySQL、SQL Server 等。

非关系数据库是指分布式的、非关系模型的、不保证遵循 ACID 原则的数据存储系统。非关系数据库结构相对简单,在大数据量下的读写性能较好,能满足随时存储自定义数据格式需求。非关系数据库适合追求速度、可扩展性和业务多变的应用场景;适合处理非结构化数据,如文章、评论等。非关系数据库的扩展能力几乎是无限的,所以非关系数据库可以很好地满足大数据的存储。目前非关系数据库主要有 4 类存储形式:①键—值对存储(key-value),代表软件有 Redis;②列存储,代表软件有 Hbase;③文档数据库存储,代表软件有MongoDB;④图形数据库存储,代表软件有 InfoGrid。

10.1.2 数据库管理系统

数据库管理系统(database management system,DBMS)是位于用户与操作系统之间的一层数据管理软件,是数据库系统的中心枢纽。数据库管理系统用来获取、组织、存储和维护数据。用户对数据库进行的各种操作,如数据库的建立、使用和维护,都是在 DBMS 的统一管理和控制下进行的。

数据库管理系统的主要功能有以下 4 个方面。

(1)数据定义。提供数据定义语言(data definition language,DDL),用于定义数据库中的数据对象。

(2)数据操纵。提供数据操纵语言(data manipulation language,DML),用于操纵数据,实现对数据库的基本操作,如查询、插入、删除和修改等。

(3)数据库的运行管理。保证数据的安全性、完整性、多用户对数据的并发使用及发生故障后的系统恢复。

（4）数据库的建立和维护。提供数据库数据输入、批量装载、数据库转储、介质故障恢复、数据库的重组织及性能监视等功能。

10.1.3　数据库系统

1. 数据库系统及其组成

数据库系统（database system，DBS）是用来组织和存取大量数据的管理系统。数据库系统是由计算机系统（硬件和软件系统）、数据库、数据库管理系统、数据库管理员和用户组成的具有高度组织性的整体。通常情况下，把数据库系统简称为数据库。数据库技术的核心任务是数据处理。数据处理是指对各种数据进行收集、存储、加工和传播等一系列活动的总和。数据管理是指对数据进行分类、组织、编码、存储、检索和维护，它是数据处理的中心问题。

数据管理技术的发展，与计算机硬件（主要是外部存储器）、系统软件及计算机应用的范围有密切的联系。数据管理技术的发展经历了人工管理阶段、文件系统阶段、数据库系统阶段和分布式数据库系统阶段。

2. 数据库系统的特点

20 世纪 60 年代末以来，计算机的应用更为广泛，用于数据管理的应用系统规模也更为庞大，由此带来数据量的急剧膨胀；计算机磁盘技术有了很大发展，出现了大容量的磁盘；在处理方式上，在线实时处理的要求更多。这些变化促使了数据管理手段的进步，数据库技术应运而生。与人工管理和文件系统相比，数据库系统的特点主要有以下几个方面。

（1）数据的结构化。在数据库系统中，实现了整体数据的结构化，把文件系统中简单的记录结构变成了记录和记录之间的联系所构成的结构化数据。在描述数据时，不仅要描述数据本身，还要描述数据之间的联系。

（2）数据的共享性。数据库系统使数据不再面向某个应用，而是面向整个系统，这些数据可以供多个部门使用，实现了数据的共享。各个部门的数据基本上没有重复的存储，数据的冗余量小。

（3）数据的独立性。数据库系统有三层结构：用户（局部）数据的逻辑结构、整体数据的逻辑结构和数据的物理结构。在这三层结构之间，数据库系统提供了两层映像功能。第一层是用户数据逻辑结构和整体数据逻辑结构之间的映像，这一映像保证了数据的逻辑独立性，当数据库的整体逻辑结构发生变化时，通过修改这层映像可使局部的逻辑结构不受影响，因此不必修改应用程序；第二层映像是整体数据逻辑结构和数据物理结构之间的映像，它保证了数据的物理独立性，当数据的存储结构发生变化时，通过修改这层映像可使数据的逻辑结构不受影响，因此应用程序同样不必修改。

（4）数据的存储粒度。在文件系统中，数据存储的最小单位是记录；在数据库系统中，数据存储的粒度可以小到记录中的一个数据项。因此，数据库中数据存取的方式非常灵活，便于对数据的管理。

（5）数据管理系统对数据进行统一的管理和控制。DBMS 不仅具有基本的数据管理功能，还具有如下控制功能：①保证数据的完整性；②保证数据的安全性；③并发控制；④数据库的恢复。

（6）为用户提供了友好的接口。用户可以使用交互式命令语言如 SQL（structured

query language,结构化查询语言)对数据库进行操作;也可以把普通的高级语言(如 C++ 语言等)和 SQL 结合起来,从而把对数据库的访问和对数据的处理有机地结合在一起。

3. 数据库系统的体系结构

数据库系统的体系结构是指数据库系统的总框架。尽管实际的数据库系统的软件产品多种多样,支持不同的数据模型,使用不同的数据库语言,建立在不同的操作系统之上,数据的存储结构也各不相同,但大多数的数据库系统在体系结构上都具有三级模式结构,即模式、外模式和内模式,如图 10.1 所示。

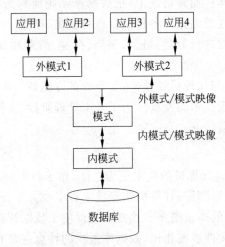

图 10.1　数据库系统的三级模式结构与两层映像

1) 数据库系统的三级模式

模式是数据库中全体数据的逻辑结构和特征的描述,模式与具体的数据值无关,也与具体的应用程序、高级语言以及开发工具无关,模式是数据库数据在逻辑上的视图。数据库的模式是唯一的,数据库模式以数据模型为基础,综合考虑所有用户的需求,并将这些需求有机地结合成一个逻辑整体。外模式也称作用户模式,是用户和程序员最后看到并使用的局部数据逻辑结构与特征。一个数据库可以有若干个外模式。内模式又称存储模式,是数据物理结构和存储方式的描述,是数据在数据库内部的保存方式,如数据保存在磁盘、磁带还是其他存储介质上;索引按照什么方式组织;数据是否压缩存储,是否加密等。内模式是物理的存储结构。

2) 数据库系统的两层映像

在数据库系统中,为实现在三级模式层次上的联系与转换,数据库管理系统在三级模式之间提供了两层映像功能,这两层映像保证了数据库系统中的数据具有较高的逻辑独立性和物理独立性。

(1) 外模式/模式映像。模式描述数据的全局逻辑结构,外模式描述数据的局部逻辑结构。对应于一个模式可以有任意多个外模式。对应于每一个外模式,数据库系统都有一个外模式/模式映像,它定义了外模式与模式之间的映像对应关系。应用程序是依据数据的外模式编写的,当数据库模式改变时,通过对各个外模式/模式的映像作出相应改变,可以使外模式保持不变,从而不必修改应用程序,保证了数据与程序的逻辑独立性,简称数据的逻辑独立性。

（2）内模式/模式映像。由于数据库只有一个模式，也只有一个内模式，所以数据库中的内模式/模式映像是唯一的。内模式/模式映像定义了数据全局逻辑结构与存储结构之间的对应关系。当数据库的存储结构发生改变时（如选用了另一种存储结构），数据库管理员通过修改内模式/模式映像，可使模式保持不变，使应用程序不受影响，保证了数据与程序的物理独立性，简称数据的物理独立性。

10.2　数　据　模　型

模型是现实世界特征的模拟和抽象。模型根据应用层次和目的，分为概念模型和数据模型两类。概念模型按用户的观点来对数据和信息建模，主要用于数据库设计；数据模型是描述和动态模拟现实数据及其变化的抽象方法，数据模型主要包括网状模型、层次模型和关系模型等，它按计算机系统的观点对数据建模。不同的数据模型，描述和实现方法也不同，相应的数据库管理系统也就不同。

10.2.1　数据模型的概念

数据模型是现实世界数据特征的抽象。它是用来抽象、表示和处理现实世界中的数据和信息的工具。现有数据库系统均是基于某种数据模型的。数据模型应满足以下3个方面的要求：①能够比较真实地模拟现实世界；②容易被人理解；③便于在计算机系统中实现。

数据模型是由数据结构、数据操作和数据约束三部分组成的。数据结构是所研究对象的集合，这些对象是数据库的组成成分，如表中的字段、名称等。数据结构分为两类：①与数据类型、内容、性质有关的对象；②与数据之间联系有关的对象。数据结构是数据模型的本质标志。数据操作是指对数据库中各种对象的实例（值）允许执行的操作的集合，包括操作及有关的操作规则。数据库的操作主要有检索和更新两大类。数据模型必须定义数据操作的确切含义、操作符号、操作规则以及实现操作的语言。数据约束是一组完整性规则的集合。完整性规则是给定的数据模型中数据及其联系所具有的制约和依存规则，用来限定符合数据模型的数据库状态以及状态的变化，以保证数据的正确、有效和相容。

10.2.2　概念模型

概念模型是现实世界到信息世界的第一层抽象，是现实世界到计算机的一个中间层次。概念模型是数据库设计的有力工具和数据库设计人员与用户之间进行交流的语言。它必须具有较强的语义表达能力，能够方便、直接地表达应用中的各种语义知识，且简单、清晰，易于用户理解。在现实世界中，事物之间的联系是客观存在的。概念世界是现实世界在人们头脑中的反映，是对客观事物及其联系的一种抽象描述。概念世界不是现实世界的简单录像，而是把现实世界中的客观对象抽象为某种信任结构，这种信任结构不是 DBMS 支持的数据模型，而是概念模型。建立概念模型涉及以下几个术语。

（1）实体（entity）。客观存在并可相互区别的事物称为实体。实体可以是实际事物，也可以是抽象事件。例如，一个职工、一个部门属于实际事物；一次订货、借阅若干本图书、一场演出是抽象事件。同一类实体的集合称为实体集，如全体学生的集合、全馆图书等。用命名的实体类型表示抽象的实体集,实体类型"学生"表示全体学生的概念,并不具体指学生甲或学生乙。

(2) 属性(attribute)。描述实体的特性称为属性。例如,学生实体用若干个属性(学生编号、姓名、性别、出生日期、籍贯等)来描述。属性的具体取值称为属性值,用来刻画一个具体实体。

(3) 关键字(key)。如果某个属性或属性组合能够唯一地标识出实体集中的各个实体,可以选作关键字,也称为码。

(4) 联系(relationship)。实体集之间的对应关系称为联系,它反映现实世界事物之间的相互关联。联系分为两种:①实体内部各属性之间的联系;②实体之间的联系。

(5) E-R 图。概念模型的表示方法有很多,常用 E-R 方法或 E-R 图来描述现实世界的概念模型。E-R 方法也称为 E-R 模型。E-R 图有如下 3 个要素。

① 实体。用矩形并在框内标注实体名称来表示。

② 属性。用椭圆形表示,并用连线将其与相应的实体连接起来。

③ 联系。用菱形表示,菱形框内写明联系名,并用连线分别与有关实体连接起来,同时在连线上标上联系的类型(一对一联系 $1:1$,一对多联系 $1:n$ 或多对多联系 $m:n$)。

10.2.3　常用的数据模型

每个数据库管理系统都是基于某种数据模型的。在目前数据库领域中,常用的数据模型有如下 4 种。

(1) 层次模型。层次模型的基本数据结构是层次结构,也称树状结构,树中每个节点表示一个实体类型。这些节点应满足:有且只有一个节点无双亲节点(这个节点称为根节点);其他节点有且仅有一个双亲节点。在层次结构中,每个节点表示一个记录类型(实体),节点之间的连线(有向边)表示实体间的联系。现实世界中许多实体间存在着自然的层次关系,如组织机构、家庭关系和物品分类等。

(2) 网状模型。网状模型的数据结构是一个网络结构。在数据库中,把满足以下两个条件的基本层次联系集合称为网状模型:一个节点可以有多个双亲节点;多个节点可以无双亲节点。在网状模型中每个节点表示一个实体类型,节点间的连线表示实体间的联系。与层次模型不同,网状模型中的任意节点间都可以有联系,适用于表示多对多的联系,因此,与层次模型相比,网状模型更具有普遍性。网状模型虽然可以表示实体间的复杂关系,但它与层次模型没有本质的区别,它们都用连线表示实体间的联系,在物理实现上也有许多相同之处,如都用指针表示实体间的联系。层次模型是网状模型的特例,它们都称为格式化的数据模型。

(3) 关系模型。关系模型的数据结构是二维表,由行和列组成。一张二维表称为一个关系。与层次和网状模型相比,关系模型有如下优点:①数据结构单一,不管实体还是实体间的联系都用关系来表示;②建立在严格的数学概念基础上,具有坚实的理论基础;③将数据定义和数据操纵统一在一种语言中,使用方便,易学易用。

(4) 面向对象模型。面向对象的数据模型中的基本数据结构是对象,一个对象由一组属性和一组方法组成,属性用来描述对象的特征,方法用来描述对象的操作。一个对象的属性可以是另一个对象,另一个对象的属性还可以用其他对象描述,以此来模拟现实世界中的复杂实体。在面向对象的数据模型中对象是封装的,对对象的操作通过调用其方法来实现。面向对象数据模型中的主要概念有对象、类、方法、消息、封装、继承和多态等。面向对象的数据模型主要具有以下优点:①可以表示复杂对象,精确模拟现实世界中的实体;②具有模块化的结构,便于管理和维护;③具有定义抽象数据类型的能力。面向对象的数据模型是新一代数据库系统的基础,是数据库技术发展的方向。

10.3　关系数据库设计基础

10.3.1　关系数据库术语

(1) 关系。在关系模型中,一个关系就是一张二维表,每个关系都有一个关系名。在数据库中,一个关系存储为一个数据表。

(2) 属性。表中的列称为属性,每列都有一个属性名,对应数据表中的一个字段。

(3) 元组。表中的行称为元组。一行就是一个元组,对应数据表中的记录。元组的各分量分别对应关系的各个属性。关系模型要求每个元组的每个分量都是不可再分的数据项。

(4) 域。具有相同数据类型的值的集合称为域,域是属性的取值范围,即不同元组对同一个属性的取值所限定的范围。

(5) 候选码。如果通过关系中的某个属性或属性组能唯一地标识一个元组,称该属性或属性组为候选码。

(6) 主键。若一个关系中有多个候选码,则选定其中一个为主键。主键的属性为主属性。

(7) 外键。如果表中的一个字段不是本表的主键,而是另外一个表的主键或候选码,这个字段(属性)就称为外键。

10.3.2　关系数据库设计步骤

设计数据库的目的实质上是设计出满足实际应用需求的实际关系模型。在 Access 中具体实施时表现为数据库和表的结构合理,不仅存储了所需要的实体信息,而且还反映出实体之间客观存在的联系。

1. 设计原则

(1) 概念单一化。一个表描述一个实体或实体间的一种联系。避免设计大而杂的表,首先分离那些需要作为单个主体而独立保存的信息,然后通过 Access 确定这些主体之间有何联系,以便在需要时将正确的信息组合在一起。通过将不同的信息分散在不同的表中,可以使数据的组织工作和维护工作更简单,同时也可以保证建立的应用程序具有较高的性能。

例如,将有关教师基本情况的数据,包括姓名、性别、工作时间等,保存到教师表中;将工资单的信息保存到工资表中,而不是将其与基本情况数据都放到一起;同理,应当把同学信息保存到学生表中,把有关课程的成绩保存到选课成绩表中。

(2) 避免在表间出现重复字段。除了保证表中有反映与其他表间存在联系的外部关键字之外,应尽量避免在表间出现重复字段。这样做的目的是使数据冗余尽量小,防止在插入、删除和更新时造成数据不一致。

例如,在课程表中有了课程名字段,在选课表中就不应该有课程名字段。需要时可以通过两个表的联接找到所选课程对应的课程名称。

（3）表中的字段必须是原始数据和基本数据元素。表中不应包括通过计算可以得到的"二次数据"或多项数据的组合。能够通过计算从其他字段推导出来的字段也应尽量避免。

例如,在职工表中应当包括出生日期字段,而不应包括年龄字段。当需要查询年龄时,可以通过简单计算得到准确年龄。

在特殊情况下可以保留计算字段,但是必须保证数据的同步更新。例如,在工资表中出现的"实发工资"字段,其值是通过"基本工资＋奖金＋津贴－房租－水电费"计算出来的。每次更改其他字段值时,都必须重新计算。

（4）用外键保证有关联的表间的联系。表间的关联依靠外键来维系,使得表结构合理,不仅存储了所需要的实体信息,并且反映出实体之间的客观存在的联系,最终设计出满足应用需求的实际关系模型。

2. 数据库设计步骤

利用 Access 开发数据库应用系统,一般的步骤如图 10.2 所示。

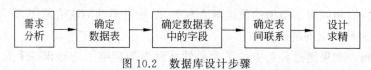

图 10.2　数据库设计步骤

（1）需求分析。分析建立数据库的目的,确定数据库中要保存哪些信息。

（2）确定数据表。可以着手将需求信息划分成各个独立的实体,如教师、学生、工资、选课等。每个实体都可以设计为数据库中的一个表。

（3）确定数据表中的字段。确定在每个表中要保存哪些字段、关键字、字段中保存数据的数据类型和数据的长度。通过对这些字段的显示或计算应能够得到所有需求信息。

（4）确定表间联系。对每个表进行分析,确定一个表中的数据和其他表中的数据有何联系。必要时可在表中加入一个字段或创建一个新表来明确联系。

（5）设计求精。对设计进一步分析,查找其中的错误;创建表,在表中加入几条示例数据记录,考虑能否从表中得到想要的结果,需要时可调整设计。

在初始设计时,难免会发生错误或遗漏数据,以后可对设计方案进一步完善。完成初步设计后,可以利用示例数据对表单、报表的原型进行测试。虽然 Access 较容易在创建数据库时对原设计方案进行修改,但在数据库中保存了大量数据或报表之后,再要修改这些表就比较困难了。因此,在开发应用系统之前,应确保设计方案已经比较合理。

第 **11** 章

数据库基础应用

11.1 数据库操作与管理

11.1.1 Access 工作环境

Access 是一种数据库应用程序设计和部署工具,可快速、方便地开发关系数据库应用程序。通过 Access,可创建数据库,向数据库中添加新数据;编辑数据库中的现有数据;删除信息;以不同的方式组织和查看数据;通过报表、电子邮件、Intranet 或 Internet 与他人共享数据。早期的 Access 如 Access 2000/2002/2003 创建的数据库的文件扩展名为.mdb,Access 2007 之后,Access 创建的数据库的文件扩展名为.accdb。

Access 2019 可以将数据保存到计算机中,也可以创建 Web 数据库并发布到 SharePoint 网站上,在 Web 上共享数据库。SharePoint 访问者可在 Web 浏览器中使用数据库应用程序。虽然一些桌面数据库功能没有转换到 Web 上,但可以通过使用新功能(例如计算字段和数据宏)来执行许多相同的操作。可以运行新增的 Web 兼容性检查器来帮助识别和修复任何兼容性问题。数据库如有变更,将自动获得同步处理。也可以离线处理网络数据库,进行设计与数据变更,然后在重新联机时,将这些变更同步更新到 Microsoft SharePoint Server 上。

新建或打开数据库后,进入 Access 2019 工作环境主界面。主界面基本划分为功能区、导航窗格和编辑区域三部分。

(1) 功能区。功能区位于主界面的上部区域,如图 11.1 所示,包含按特征和功能组织的命令组的选项卡集,主要分为命令选项卡、上下文命令选项卡和库。命令选项卡中显示通常配合使用的命令。上下文命令选项卡是根据上下文显示的一种选项卡。上下文是指正在着手处理的对象或正在执行的任务。上下文命令选项卡中包含极有可能适用于目前工作的命令。库是对样式或选项效果进行预览显示的控件,以便能在做出选择前查看效果。

图 11.1　功能区

　　功能区为创建数据库对象提供了直观的环境。如使用"创建"选项卡可快速创建新窗体、报表、表、查询及其他数据库对象。如果在导航窗格中选择了一个表或查询,则可以基于该对象来创建新的窗体或报表。

　　(2) 导航窗格。导航窗格位于主界面的左部区域,其中列出了当前打开的数据库中的所有对象。可按照对象类型、表和相关视图、创建日期、修改日期等组织数据库对象,或在用户创建的自定义组中组织对象,如图 11.2 所示。导航窗格可以轻松地折叠起来。

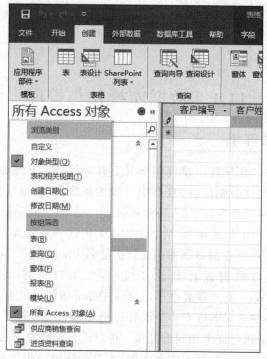

图 11.2　导航窗格

　　(3) 编辑区域。编辑区域位于主界面的中心,实现主要的编辑操作。默认情况下,表、查询、窗体、报表和宏在编辑区域中都显示为选项卡式对象。可以针对单个数据库更改此设置,并使用对象窗口来代替选项卡。通过单击对象的选项卡,可以在各种对象间轻松切换。右击可以弹出快捷菜单,实现特定操作。也可以通过功能区,调整对象的显示方式。

　　单击"文件"选项卡后,可进入 Backstage 视图,在该视图中可以管理文件及其相关数据,如创建、保存、打印、检查隐藏的元数据或个人信息以及设置选项;另外,通过 Backstage 视图对文件执行所有无法在文件内部完成的操作。Backstage 视图包含应用于整个数据库的命令,命令排列在屏幕左侧的选项卡上,每个选项卡都包含一组相关命令或链接。例如,单击"新建",将会显示新建数据库界面。对已打开的数据库,如果单击"信息",将会显示信息界面,其中有压缩和修复或用密码进行加密等功能。

　　Access 常用编辑视图如下。

　　(1) 数据表视图。数据表视图是以行列格式显示来自表、窗体、查询、视图或存储过程中数据的视图,如图 11.3 所示。在数据表视图中,可以编辑字段、添加和删除数据,以及搜索数据。

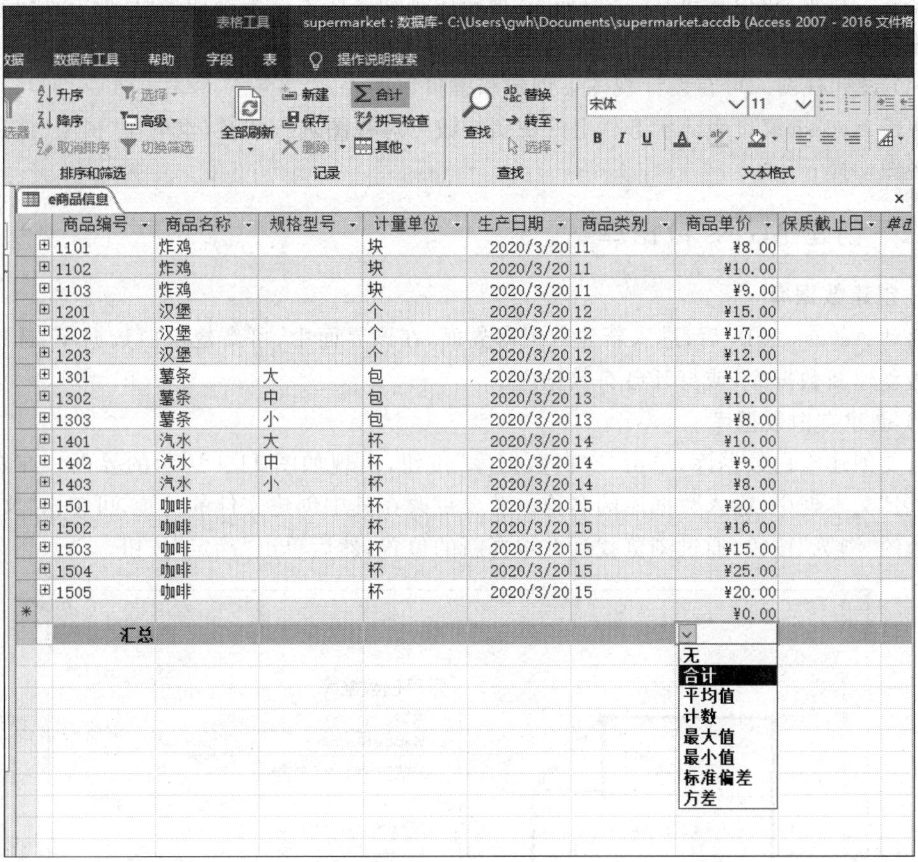

图 11.3 数据表视图

用户无须提前定义字段即可创建表以及开始使用表，只须单击"创建"→"表格"→"表"按钮即可，然后开始在出现的数据表视图中输入数据。Access 2019 会自动确定适合每个字段的最佳数据类型。"单击以添加"列表是添加新字段的位置。如果要更改新字段或现有字段的数据类型或显示格式，可通过使用"字段"选项卡中的命令进行更改。还可以将 Excel表中的数据粘贴到新的数据表中，Access 2019 会自动创建所有字段并识别数据类型。

在数据表视图下，上下文表格工具中提供了合计功能，利用该功能可在数据表中添加汇总行，在该行中可以显示并计算合计、计数、平均值、最大值、最小值、标准偏差或方差。添加总计行后，即可指向列单元格中的下三角箭头并执行所需的计算。此外，数据表、报表和连续窗体支持行的交替背景色。用户可以轻松做到每隔一行加底纹，而且可以选择任何颜色。

（2）报表视图。报表视图允许交互处理窗体和报表。通过使用报表视图，可以浏览精确呈现的报表，而不必打印它或在打印预览中显示它。若要重点查看某些记录，可以使用筛选功能，或使用查找操作来搜索匹配的文本。可以使用复制功能将文本复制到剪贴板上，或单击报表中显示的活动超链接以在浏览器中打开。

（3）布局视图。布局视图可帮助加快窗体和报表的设计速度，用户可以在浏览窗体或报表中数据的同时更改布局。布局视图提供一系列控件组，可以将它们作为一个整体来调整，这样就可以轻松重排字段、列、行或整个布局。还可以在"布局"视图中轻松删除字段或添加格式。例如,可以通过从"字段列表"窗格中拖动字段名称来添加字段,或者通过使用属性表来更改属性。

(4)设计视图。可在设计视图下创建和编辑数据表。

单击 Access 窗口底部状态栏上的视图按钮可对视图进行切换,也可在"视图"选项卡中完成视图切换。

11.1.2　创建 Access 数据库

1. 创建数据库

启动 Access 2019 后,进入新建数据库界面,在该界面中,可新建空白数据库、选择数据库模板创建新数据库,或打开已有数据库。

1) 创建空白数据库

若要创建空白数据库,单击"空白数据库"按钮,出现如图 11.4 所示的界面。在右侧的"文件名"文本框中,输入数据库的名称。若要更改在其中创建文件的位置,可单击"文件名"框旁边的"浏览"按钮,通过浏览找到并选择新的位置,然后单击"确定"按钮。

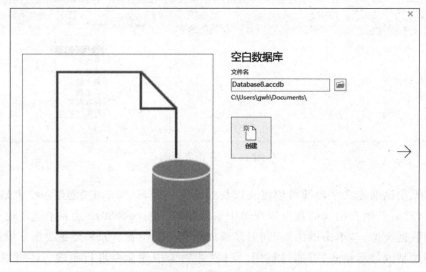

图 11.4　创建空白数据库

单击"创建"按钮,Access 将创建数据库,进入 Access 工作环境。在数据表视图中打开一个空表(名为"表 1")。Access 会将光标置于新表的"单击以添加"列中的第一个空单元格内。若要添加数据,可直接输入,也可以从其他数据源粘贴数据到 Access 表中。

在数据表视图中输入数据与在 Excel 工作表中输入数据非常相似。表的结构是在输入数据时创建的。在任何时候向数据表添加新列时,Access 基于所输入的数据类型来设置字段的数据类型。例如,仅输入日期值的列,则 Access 会将该字段的数据类型设置为"日期/时间"。如果随后试图在该字段中输入非日期值(如姓名或电话号码),那么 Access 将显示一条消息,提醒该值与此列的数据类型不匹配。如果可能,应当事先做好计划以使每个列都包含相同类型的数据,这些类型可以是文本、日期、数字或其他类型。

如果不想此时输入数据,可单击"关闭"按钮。如果在不保存的情况下关闭,Access 将删除"表1"。

2）利用模板更快地创建数据库

Access 包括一套经过专业化设计的数据库模板，有助于快速构建数据库。模板可用来跟踪联系人、任务、事件、学生和资产，以及其他类型的数据。可以立即使用它们，或者对其进行增强和调整，以完全按照用户所需的方式跟踪信息。每个模板都是一个完整的跟踪应用程序，其中包含预定义表、窗体、报表、查询、宏和关系。这些模板被设计为可立即使用，如果模板符合需求，则可以直接开始工作。如果不符合需求，则可以使用模板作为一个良好的开端，创建满足特定需求的数据库。除了 Access 2019 中包含的模板外，还可以联机搜索更多的模板，然后查找模板并将模板应用到数据库。

2. 打开已有数据库

选择"文件"→"打开"命令，在"打开"对话框中找到要打开的数据库。可根据具体情况执行下列操作之一：①若要在默认打开模式下打开数据库，双击它即可；②若要在多用户数据库环境中进行共享访问而打开数据库，以便和其他用户都可以读写数据库，可单击"打开"按钮；③若要进行只读访问而打开数据库，可单击"打开"按钮旁边的下三角箭头，然后选择"以只读方式打开"命令；④若要以独占访问方式打开数据库，以便在打开数据库后任何其他人都不能再打开它，单击"打开"按钮旁边的下三角箭头，然后选择"以独占方式打开"命令；⑤若要以只读访问方式打开数据库，可单击"打开"按钮旁边的下三角箭头，然后选择"以独占只读方式打开"命令。其他用户仍可以打开该数据库，但是只能进行只读访问。如果要打开最近打开过的数据库，可选择"文件"→"最近"命令，然后单击文件名。

Access 可以直接打开采用外部文件格式（如 dBASE、Paradox、Microsoft Exchange 或 Excel）的数据文件。还可以直接打开任何 ODBC 数据源，如 Microsoft SQL Server 或 Microsoft FoxPro。Access 将在数据文件所在的文件夹中自动创建新的 Access 数据库，并添加指向外部数据库中每个表的链接。

3. 开始使用新数据库

根据使用的模板，执行下列一项或多项操作开始使用新数据库。

（1）如果 Access 显示带有空用户列表的"登录"对话框，则从下面的过程开始：单击"新建用户"→填写"用户详细信息"窗体→"保存并关闭"按钮。选择刚刚输入的用户名，然后单击"登录"按钮。

（2）如果 Access 显示空白数据表，可以在该数据表中直接输入数据。

（3）如果 Access 显示"开始使用"页面，可以单击该页中的链接以了解有关数据库的详细信息。

（4）如果 Access 在消息栏中显示"安全警告"消息，并且模板来源可以信任，可单击"启用内容"按钮。如果数据库要求登录，将需要重新登录。

（5）对于桌面和 Web 数据库，还需要从下列步骤之一开始：添加表，然后在该表中输入数据；从其他源中导入数据，在该过程中创建新表。

11.1.3　Access 数据库对象

Access 将数据库定义成一个文件，并分成多个对象，基本的数据库对象有表、查询、窗体、报表、宏和模块等。

（1）数据表。为了从数据库中获得最大的灵活性,需要将数据组织到表中,这样就不会发生冗余。例如,在存储有关员工的信息时,每位员工的信息只须在专门设置为保存员工数据的表中输入一次,而有关食品的数据将存储在其专用表中,有关销售的数据将存储在另外的表中。此过程称为标准化。数据表在外观上与电子表格相似,二者都是以行和列存储数据的。通常可以很容易地将电子表格导入数据表中。将数据存储在电子表格中与存储在数据库中的主要区别在于数据的组织方式不同。数据表中的每一行称为一条记录,记录用来存储各条信息。每一条记录包含一个或多个字段,字段对应表中的列。例如,有一个名为"员工信息"的表,其中每一条记录（行）都包含有关不同员工的信息,每一字段（列）都包含不同类型的信息（如名字、姓名和地址等）。必须将字段指定为某一数据类型,可以是文本、日期或时间、数字或其他类型。每个字段包含一类信息,大部分表中都要设置主键,以唯一地表示一条记录。在表内还可以定义索引,以加快查找速度。一个数据库中的多个表并不是孤立存在的,通过有相同内容的字段可在多个表之间建立关联。

（2）查询。最常用的功能是通过设置某些条件,从表中获取所需要的数据。按照指定规则,查询可以从一个表、一组相关表和其他查询中抽取全部或部分数据,并将其集中起来,形成一个集合供用户查看。将查询保存为一个数据库对象后,可以在任何时候查询数据库的内容。另外,可更新的查询可以通过查询数据表来编辑基础表中的数据。查询有两种基本类型：选择查询和操作查询。选择查询仅检索数据以供使用,操作查询可以对数据执行一项任务。操作查询可以用来创建新表、向现有表中添加数据、更新数据或删除数据。

（3）窗体。窗体是数据库和用户的一个联系界面,用于显示包含在表或查询中的数据和操作数据库中的数据。在窗体中,不仅可以包含普通的数据,还可以包含图片、图形、声音、视频等多种对象。当数据表中的某一字段与另一数据表中的多个记录相关联时,还可以通过主/子窗体进行处理。

（4）报表。报表通常作为数据统计的方式来使用。Access 报表的设计与窗体类似,多用于按指定样式打印数据。利用报表也可以进行统计计算,如求和、求平均值等。

（5）宏。宏是 Access 中一个重要的对象,通过宏能够自动执行重复的任务,使用户方便、快捷地对 Access 数据库系统进行操作。使用宏时用户不需要了解语法,也不需要进行编程,只利用几个简单的宏操作就可以将已经创建的数据对象联系在一起,实现特定的功能。

（6）模块。在 Access 中,通过把宏、窗体和报表等对象结合起来,不用编写程序代码就可以实现事件的响应处理。但宏的功能是有局限性的,它只能处理一些简单的操作,如果要实现功能强大的数据管理,以及灵活的控制功能,就需要编写程序模块来完成。与宏一样,模块是可用于向数据库添加功能的对象。模块和宏在使用上有相似的地方,但宏是由系统自动生成的,在 Access 中创建宏时,其方法是从宏操作列表中进行选择,而模块则是使用 Visual Basic for applications（VBA）编程语言进行编写的。模块是作为一个单元存储在一起的声明、陈述和过程的集合。模块可分为类模块和标准模块。类模块附加在表单或报表上,标准模块通常用于存放供 Access 其他对象使用的公共过程。标准模块列于"导航窗格"中的"模块"下,类模块则未列出。

11.2 数据表的创建与使用

11.2.1 Access 数据表简介

表是关系数据库中的基本对象,数据库通常具有多个相关表,它们保存有关特定主题的信息或数据,如员工表或商品表。数据库其他对象在很大程度上依赖于表,因此数据库设计应创建数据库的所有表,再创建其他对象。数据表对象由行和列组成。行表示记录,列表示字段。每个字段均有一个数据类型,指示该列存储的数据的类型,如文本、数字、日期和超链接等。创建字段时需设置字段的数据类型和其他相关属性。

在 Access 数据库中,数据表和字段都具有属性。表属性关联表的外观或行为,可在"设计"视图中设置表的属性。例如,可设置表的"默认视图"属性,指定默认情况下表的显示方式。如更改的记录要验证指定的规则,可以创建阻止数据输入的规则。与字段有效性规则不同,表有效性规则可以检查多个字段的值。可以使用表达式生成器来创建有效性规则。表达式生成器具有智能感知功能,可以在输入时看到需要的选项。在"表达式生成器"窗口中还可以显示有关当前选择的表达式值的帮助。如 Trim(string)返回一个字符串类型变量,该变量包含不带先导空格和尾随空格的指定字符串的副本。字段属性包括字段名称、字段数据类型和其他属性参数,如设定字段的有效性规则,使用默认值,建立必填字段,改变格式属性、输入掩码,创建查阅字段、关系的操作、子数据表的创建等。

数据表对象中须为每个字段设置一个数据类型,Access 2019 提供的主要数据类型及用法见表 11.1。

表 11.1 Access 2019 主要数据类型及用法

数 据 类 型	用 法	大 小
短文本(以前称为"文本")	字母数字数据,用于名称、标题等	最多 255 个字符
长文本(以前称为"备注")	大量字母数字数据,用于句子和段落等	最多 1GB,但显示长文本的控件限制为显示前 64000 个字符
数字	数字数据	1B、2B、4B、8B 或 16B
日期/时间	内置日历控件。采用该数据类型的字段和控件会自动获得对内置交互式日历的支持。日历按钮自动出现在日期的右侧。单击该按钮,日历即会自动出现,以允许用户查找和选择日期。可以选择使用属性来为某个字段或控件关闭日历	8B
货币	货币数据,使用 4 位小数的精度进行存储	8B
自动编号	Access 可为每条新记录生成的唯一值	4B(Replication ID 为 16B)
是/否	布尔类型(真/假);0 表示假,−1 表示真	1B
OLE 对象	基于 Windows 应用程序中的图片、图形或其他 ActiveX 对象	最大约 2GB

续表

数据类型	用　　法	大　　小
超链接	Internet、Intranet、局域网(LAN)或本地计算机上的文档或文件的链接地址	最多 8192 个字符
附件	允许存储所有种类的文档和二进制文件,而不会使数据库大小发生不必要的增长。如果可能,Access 会自动压缩附件,以将所占用的空间降到最小。如可将 Word 文档附加到记录中或可将一系列数码图片保存到数据库中,可将多个附件添加到一条记录中。可以在 Web 数据库中使用附件字段,但是每个 Web 表最多只能有一个附件字段。每个附件字段可为每条记录包含无限数量的附件,最大为数据库文件大小的存储限制。注意,附件数据类型不可采用 MDB 文件格式	最大 2GB
计算	允许用户存储和显示计算结果(根据同一表中的其他数据计算而来的值)。计算必须引用同一表中的其他字段。可使用表达式生成器来创建计算。可创建使用一个或多个字段中数据的表达式。可在表达式中指定不同的结果数据类型。计算数据类型不可用于 MDB 文件格式。计算字段不支持某些表达式	取决于"结果类型"的数据类型。"短文本"数据类型结果最多可包含 243 个字符。"长文本""数字""是/否"和"日期/时间"与它们各自的数据类型一致
查阅和关系(多值字段)	"查阅向导"实际上并不属于数据类型。选择此项时将启动一个向导,以定义简单或复杂的查阅字段。简单查阅字段使用另一个表或值列表的内容来验证每行中单个值的内容;复杂查阅字段允许在每行中存储相同数据类型的多个值。多值字段可以为每条记录存储多个值。假设需要将一个任务分配给一名员工或一个承包人,而你希望把它分配给多个人。在大多数数据库管理系统和 Access 2007 之前的版本中,必须创建一个多对多关系才能成功完成这项工作。Access 创建了一个隐藏表来为每个多值字段维护必要的多对多关系。当你处理包含 Windows SharePoint Services 中所用的多值字段类型之一的 SharePoint 列表时,多值字段尤其适用。Access 与这些数据类型兼容	取决于查阅字段的数据类型

11.2.2　创建数据表

设计数据表时应该注意以下问题:①消除数据冗余,即任何字段不能由其他字段派生出来,要求字段没有冗余;②表中每一字段数据类型必须相同,并且可按照需要对每个字段定义相应属性;③要求记录有唯一标识,即实体的唯一性;④表中各列都与主键列直接相关,而非间接相关。

图 11.5　"表格"组中的工具

在 Access 工作环境中,使用功能区"创建"→"表格"组中的工具(见图 11.5),可以在数据库中创建新数据表。

1. 利用"表设计"工具创建数据表

该方法利用设计视图创建数据表结构,然后切换至数据表视图输入数据。单击"表格"→"表设计"按钮,可进入设计视图创建表结构。然后切换至数据表视图以输入数据,或者使用其他方法(如使用窗体)输入数据。具体操作如下。

(1) 创建新表的结构。在"创建"→"表格"组中单击"表设计"按钮,进入设计视图。对于表中的每个字段,在"字段名称"列中输入名称,然后从"数据类型"列表中选择数据类型。可在"说明"列中输入每个字段的附加信息,当插入点位于该字段中时,所输入的说明将显示在状态栏中。对于通过将字段从"字段列表"窗格拖曳到窗体或报表中所创建的任何控件,以及通过窗体向导或报表向导为该字段创建的任何控件,所输入的说明也将用作这些控件的状态栏文本。添加完所有字段之后,选择"文件"→"保存"命令保存该表。

(2) 向新表输入数据。切换到数据表视图,单击第一个空单元格,然后开始输入。

例如,在数据库中创建商品信息表,应如下操作。

首先确定数据表对象的各字段名称,并为每个字段选择一种数据类型。打开 Access,新建数据库或打开已有数据库;然后新建数据表,本例中将表名设置为"e 商品信息"。在设计视图中设置字段属性,表中字段及其数据类型的设置如图 11.6 所示。数据表结构设置好后切换到数据表视图,即可向表中输入数据。

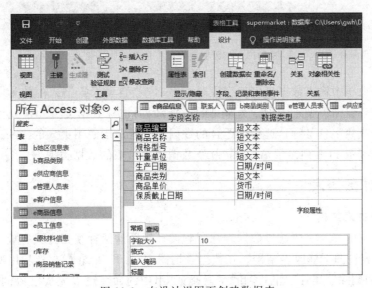

图 11.6 在设计视图下创建数据表

2. 利用"表"工具创建数据表

利用数据表视图可直接创建数据表结构并输入数据到数据表。单击"表格"组中的"表"按钮,可进入数据表视图创建表。在数据表视图中,可以直接输入数据并使 Access 生成表结构。字段名以编号形式指定("字段 1""字段 2" 等),Access 会根据输入的数据的类型来设置字段数据类型。

具体操作如下:在"创建"选项卡的"表格"组中单击"表"按钮,Access 创建一个新表。然后将光标放在"单击以添加"列中的第一个空单元格中。若要添加数据,可在第一个空单元格中开始输入数据,也可以从另一个源粘贴数据。若要重命名列(字段),可双击对应的列标题,然后输入新名称。为每个字段指定有意义的名称,可使能够在不查看数据的情况下即可知道它所包含的内容。

若要移动列,可单击列标题将列选中,然后将列拖到所需位置。还可以选择若干连续列,并将它们全部一起拖曳到新位置。

若要向表中添加多个字段,可以在数据表视图的"单击以添加"列中输入内容,也可以使用"字段"选项卡上的"添加和删除"组中的命令添加新字段。

下面利用数据表视图创建客户信息数据表。

(1)新建或打开已有数据库。

(2)基于以上方法创建名称为"e客户信息"表,数据表视图界面如图11.7所示。

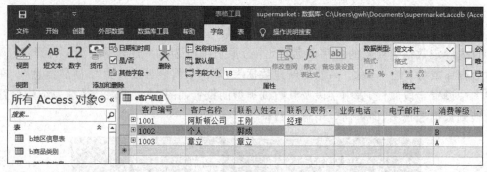

图 11.7   在数据表视图下创建数据表

在数据表视图中输入数据来创建字段时,Access 会自动根据输入的值为字段分配数据类型。"短文本"数据类型是一种较为常见的选择,因为这种数据类型几乎允许输入任何字符(字母、符号或数字)。然而,选择更适合的数据类型有助于使用更多的 Access 功能,如数据验证和函数。图 11.8 列出了 Access 2019 数据库中可用的数据类型。

11.2.3   操作数据表

1. 修改数据表结构

数据表结构的修改主要通过数据表视图和设计视图这两种视图方式完成。

(1)数据表视图下修改表结构。在数据表视图中,打开要修改的表,利用选择"字段"选项卡的"添加和删除""属性""格式"和"字段验证"组中的命令可以完成字段的添加和删除、变更字段前后顺序、字段属性的设置、格式设置以及字段验证功能。

(2)设计视图下修改表结构。打开要修改的表,切换到设计视图,可直接完成字段的添加和删除、变更字段前后顺序、字段属性的设置、格式设置以及字段验证等功能。

2. 编辑数据表内容

(1)编辑数据表数据。"开始"选项卡提供了多组数据表编辑相关的工具,可以用来实现数据表数据的复制和粘贴、排序和筛选、记录的删除、字段汇总、数据查找和替换,以及文本格式设置等功能。调整数据表格式主要包括行高和列宽、隐藏列和显示列、冻结列;设置数据表格式包括单元格效果、网格线显示方式/颜色、背景色、边框和线条样式、数据表显示字体等。

图 11.8 Access 2019 的数据类型

（2）将数据从另一个数据源粘贴到 Access 表中。用户可将 Excel 中的数据复制并粘贴到 Access 表中。如果数据位于文字处理软件如 Word 中，首先使用制表符分隔数据列，或者在文字处理软件中将数据转换为表，然后复制数据到 Access 表中。

将数据粘贴到空表中时，Access 会根据每个字段的数据类型来设置该字段的数据类型。例如，如果所粘贴的字段只包含日期值，则 Access 会将"日期/时间"数据类型应用于该字段。如果所粘贴的字段只包含文字"是"和"否"，则 Access 会将"是/否"数据类型应用于该字段。

Access 根据粘贴数据中的第一行内容来命名字段。如果第一行数据与后面行中数据的类型相似，则 Access 会认为第一行属于数据的一部分，并赋予字段通用名称（如 Field1、Field2 等）。如果第一行数据与后面行中数据不相似，则 Access 会使用第一行作为字段名。如果 Access 赋予通用字段名称，用户可以自己重命名字段。

3. 数据的导入和导出

1）导入或链接其他数据源中的数据

Access 可从 Excel 文件、其他数据库如 SQL Server、联机服务如 SharePoint 列表等数据源中导入数据。根据数据源的不同，导入过程会稍有不同，主要操作如下。

在"外部数据"选项卡的"导入并链接"组中单击"新数据源"按钮，在下拉菜单中选择数据源类型，如图 11.9 所示。例如，如果要从另外一个 Access 数据库导入数据，则选择"从数据库"→Access 命令。在"获取外部数据"对话框中，单击"浏览"按钮找到源数据文件，或在"文件名"文本框中输入源数据文件的完整路径。在"指定数据在当前数据库中的存储方式和存储位置"选项组中选择所需选项，既可以使用导入的数据创建新表，也可以创建链接表以保持与数据源的链接。单击"确定"按钮，系统将根据用户的选择打开"链接对象"对话框或"导入对象"对话框，使用相应的对话框完成此过程。在向导的最后一个界面中，单击"完成"按钮。

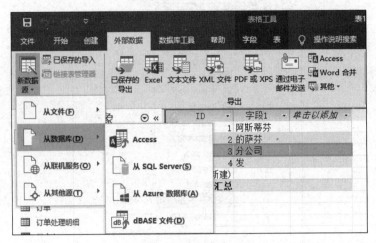

图 11.9   "外部数据"选项卡

2）导出数据

在"外部数据"选项卡的"导出"组中提供了多种导出文件类型。可以将当前数据导出为 Excel 文件、文本文件、XML 文件、PDF 文件和 XPS 文件以及其他 Access 文件等。

11.2.4   数据关系

通常每个数据表存储不同主题的数据，例如，客户表存储公司的客户及其地址；商品表存储所售商品信息；订单表跟踪客户订单。这些不同表中的数据可通过创建"关系"关联在一起。Access 中表间的关系分为一对一、一对多、多对多 3 种。通过合并和拆分，数据表间的关系都可定义为一对多的关系。

构成表关系的基础是键和值的对应关系。键分为主键和外键。

主键唯一标识表中的每条记录。主键通常包含一个字段，但也可以用多个字段表示。例如，客户信息表中每位客户具有唯一的客户编号，客户编号字段可作为客户表的主键。又如，可用客户编号、食品编号和销售时间一起作为与销售记录表的主键。

外键包含的值对应于其他表的主键中的值。例如，销售记录表中每个订单都有一个对应于客户表中的记录的客户编号。客户编号字段即为销售记录表的外键。表可以有一个或多个外键。

1. 创建关系

规划表时要考虑关系。如果包含相应主键的表已存在，可使用查阅向导创建外键字段。查阅向导会创建关系。

通常创建表关系的操作步骤如下。

（1）在"数据库工具"选项卡中的"关系"组中单击"关系"按钮。

（2）如果该数据库未曾定义过任何关系，则会弹出"显示表"对话框。如果未出现该对话框，可在"设计"选项卡中的"关系"组中单击"显示表"按钮。"显示表"对话框会显示数据库中的所有表和查询。若只查看表，可单击"表"按钮；若只查看查询，可单击"查询"按钮；若要同时查看表和查询，可单击"两者"按钮。

（3）选择一个或多个表或查询,然后单击"添加"按钮。将表和查询添加到"关系"选项卡后,单击"关闭"按钮。

（4）将字段（通常为主键）从一个表拖曳至另一个表中的公共字段（外键）。要拖动多个字段,可按住 Ctrl 键然后单击每个字段,再拖动这些字段,将显示"编辑关系"对话框（见图 11.10）。

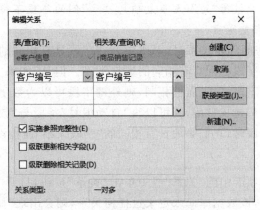

图 11.10 "编辑关系"对话框

（5）验证显示的字段名称是否是关系的公共字段。如果字段名称不正确,可单击该字段名称并从列表中选择合适的字段。要对此关系实施参照完整性,可选中"实施参照完整性"复选框。

（6）单击"创建"按钮。

Access 会在两个表间绘制一条关系线。如果已选中"实施参照完整性"复选框,则该线两端都显示为较粗的线条。此外,仅当选中"实施参照完整性"复选框后,数字 1 才会出现在关系线一端较粗的部分上,无穷大符号（∞）将出现在该线另一端较粗的部分上,如图 11.11所示。

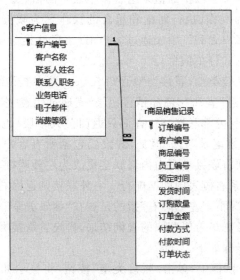

图 11.11 创建关系

注意：

（1）创建一对一关系时，相关的两个字段（通常是主键和外键）都必须具有唯一索引，即这些字段的 Indexed 属性应设为"是"（无重复项）。如果这两个字段都具有唯一索引，则 Access 会创建一对一关系。

（2）创建一对多关系时，关系"1"侧的字段（通常是主键）必须具有唯一索引，这意味着此字段的 Indexed 属性应设为"是"（无重复项）。"∞"侧的字段不得具有唯一索引，它可具有索引，但必须允许存在重复项。

在 Access 数据库表间创建关系时，不要求公共字段具有相同的名称，但实际情况往往具有相同的名称。公共字段必须具有相同的数据类型。但是，如果主键字段为"自动编号"字段，并且两个字段的"字段大小"属性相同，则外键字段可以为数字字段。例如，如果两个字段的"字段大小"属性都是长整型，则可以将"自动编号"字段与"数字"字段匹配。在两个公共字段都是"数字"字段时，它们必须具有相同的"字段大小"属性设置。

2. 编辑关系

在"数据库工具"选项卡中的"关系"组中单击"关系"按钮，打开"关系"窗口。如果这是第一次打开"关系"窗口，该数据库尚未定义过任何关系，则会出现"显示表"对话框。如果出现该对话框，可单击"关闭"按钮；否则在"设计"选项卡中的"关系"组中单击"所有关系"按钮，将显示具有关系的所有表，同时显示关系线。注意，除非在"导航选项"对话框中选中"显示隐藏对象"复选框；否则不会显示隐藏的表及其关系。在"关系工具"→"设计"→"工具"组中单击"编辑关系"按钮，打开"编辑关系"对话框，进行更改后单击"确定"按钮。

也可以在"关系"窗口中直接单击选中要更改的关系线。选中关系线时，它会显示得较粗。选中关系线后，双击该线，也可以打开"编辑关系"对话框。

通过"编辑关系"对话框可以更改表关系。可更改关系任意一侧的表或查询，或任意一侧的字段。还可以设置联接类型，或实施参照完整性，以及选择级联选项。

1）设置联接类型

多表查询通过匹配公共字段中的值来组合多个表中的信息。匹配和从多个表中汇聚数据是数据库经常要执行的操作，执行匹配和组合的操作称为联接。例如，若要显示客户订单，可创建一个查询，使客户表和订单表通过客户 ID 字段联接起来。查询结果中只包含找到对应匹配行的客户信息和订单信息。

可为每个关系指定联接类型，联接类型通知 Access 要在查询结果中包括哪些记录。例如，一个查询将"e 客户信息"表和"r 商品销售记录"表通过代表"客户编号"的公共字段联接起来。使用默认联接类型（内部联接）时，查询只返回公共字段（也称为联接字段）相等的"e 客户信息"行和"r 商品销售记录"行。但是，假设要包括所有客户，即使是未下任何订单的客户，要实现此功能，必须将联接类型由内部联接更改为左外联接。左外联接将返回关系左侧表中的所有行，以及关系右侧表中的匹配行。右外联接则返回右侧的所有行，以及左侧的匹配行。注意，在这种情况下，"左"和"右"指的是表在"编辑关系"对话框中而不是在"关系"窗口中的位置。应该先考虑最希望获取的查询结果，再设置联接类型。

设置联接类型操作步骤如下。

（1）在"编辑关系"对话框中，单击"联接类型"按钮，将显示如图 11.12 所示的"联接属性"对话框。

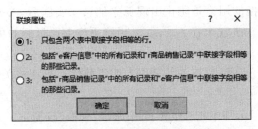

图 11.12 "联接属性"对话框

(2)单击所需选项,然后单击"确定"按钮。表 11.2(使用"e 客户信息"和"r 商品销售记录"表)显示了"联接属性"对话框中的三种选项、它们使用的联接类型以及为每个表返回所有行还是匹配行。当选择选项 2 或选项 3 时,会在关系线上显示一个箭头。此箭头指向只显示匹配行的关系一侧。

表 11.2 联接属性说明

选　　　项	关系联接	左表	右表
只包括两个表中联接字段相等的行	内联接	匹配行	匹配行
包括"e 客户信息"中的所有记录和"r 商品销售记录"中联接字段相等的那些记录	左外联接	所有行	匹配行
包括"r 商品销售记录"中的所有记录和"e 客户信息"中联接字段相等的那些记录	右外联接	匹配行	所有行

在"联接属性"对话框中更改联接类型的操作步骤如下。

(1)在"数据库工具"选项卡中的"关系"组中单击"关系"按钮。如尚未定义过任何关系,是第一次打开"关系"窗口,则会出现"显示表"对话框。如出现该对话框,可单击"关闭"按钮。

(2)在"设计"选项的"关系"组中,单击"所有关系"按钮,将显示具有关系的所有表,同时显示关系线。

(3)双击该关系线。将显示"编辑关系"对话框。

(4)单击"联接类型"按钮。

(5)在"联接属性"对话框中,单击一个选项,然后单击"确定"按钮。

(6)对关系执行任何额外的更改,然后单击"确定"按钮。

2)实施参照完整性

数据完整性是指数据的正确性、合法性和一致性。数据完整性包括实体完整性规则、参照完整性规则和用户定义的完整性。

(1)实体完整性规则是指关系中各个元组的主键不允许取空值、不允许重复。

(2)参照完整性规则是指修改一个关系(数据表)时,为保持数据的一致性,必须对另一个关系进行检查和修改。

(3)用户定义的完整性是指允许用户通过自定义指定字段的"有效性规则"属性,对字段的取值设置约束条件,从语义上保证记录的合法性。

实施参照完整性用来确保相关表间关系的有效性,并且确保不会在无意之中删除或更改相关数据。参考完整性的用途是防止出现孤立记录。实施后,Access 将拒绝违反表关系参照完整性的任何操作。这意味着 Access 既拒绝更改参照目标的更新,也拒绝删除参照目标的删除。

实施参照完整性的方法是为表关系启用参照完整性。启用或关闭参照完整性操作的步骤如下。

(1) 在"数据库工具"选项卡的"关系"组中单击"关系"按钮。

(2) 在"设计"选项卡的"关系"组中单击"所有关系"按钮,将显示具有关系的所有表,同时显示关系线。

(3) 双击要更改关系的关系线,显示"编辑关系"对话框。

(4) 选中或清除"实施参照完整性"复选框。

(5) 对关系进行任何其他更改,然后单击"确定"按钮。

实施参照完整性时需满足以下条件。

(1) 主表的公共字段(匹配列)必须为主键或具有唯一索引约束。

(2) 公共字段(相关列)必须具有相同的数据类型。例外情况是自动编号字段可与"字段大小"属性设置为"长整型"的数字字段相关。

(3) 这两个表都属于同一个 Access 数据库,不能对链接表实施参照完整性。但是,如果来源表为 Access 格式,则可打开存储这些表的数据库,并在该数据库中启用参照完整性。

实施参照完整性时,必须遵守以下规则。

(1) 如果值在主表的主键字段中不存在,则不能在相关表的外键字段中输入该值,否则会创建孤立记录。

(2) 如果某记录在相关表中有匹配记录,则不能从主表中删除它。例如,如果在订单表中有分配给某雇员的订单,则不能从雇员表中删除该雇员的记录。但通过选中"级联删除相关记录"复选框可以选择在一次操作中删除主记录及所有相关记录。

(3) 如果更改主表中的主键值会创建孤立记录,则不能执行此操作。如果主表的记录具有相关记录,则不能更改主表中主关键字的值。例如,如果在订单明细表中为某一订单指定了行项目,则不能更改订单表中该订单的编号。但通过选中"级联更新相关字段"复选框可以选择在一次操作中更新主记录及所有相关记录。

3) 设置级联选项

如需要更改关系一侧的值,则需要 Access 在一次操作中自动更新所有受影响的行。这样,便可进行完整更新,以便数据库会出现不一致的状态(即更新某些行,不更新其他行)。Access 通过"级联更新相关字段"选项避免了这一问题。如果实施了参照完整性并选中"级联更新相关字段"复选框,则在更新主键时,Access 将自动更新参照主键的所有字段。如需删除一行及所有相关记录,例如,某个运货商记录及其所有相关订单。Access 支持"级联删除相关记录"选项。如果实施参照完整性并选中"级联删除相关记录"复选框,则删除包含主键的记录时,Access 将自动删除参照该主键的所有记录。

3. 删除关系

删除表关系步骤如下。

(1) 在"数据库工具"选项卡的"关系"组中单击"关系"按钮。

(2) 在"设计"选项卡的"关系"组中单击"所有关系"按钮,将显示具有关系的所有表,同时显示关系线。

(3) 单击要删除的关系线。

(4) 按 Delete 键。

(5) Access 可能会显示消息“确实要从数据库中永久删除选中的关系吗?”。如果出现此确认消息,可单击“是”按钮。

注意:

(1) 如果表关系中使用的任何一个表正在使用中,如正被其他人、进程或打开的数据库对象(例如窗体)使用,将无法删除该关系。必须将使用这些表的所有已打开对象全部关闭,才能删除该关系。

(2) 删除关系时,如果启用了参照完整性支持,则同时会删除对该关系的参照完整性支持,Access 将不再自动禁止在关系的“多”侧创建孤立记录。

11.2.5　基于案例场景创建数据表

1. 创建数据表结构

对案例分析后,在“食品销售数据库”中创建“b 商品类别”表、“e 商品信息”表、“e 员工信息”表、“e 客户信息”表、“r 商品销售记录”表。这些数据表的结构如图 11.13 所示。

b商品类别

字段名称	数据类型
类别编号	短文本
类别名称	短文本
备注	短文本

e员工信息

字段名称	数据类型
员工编号	短文本
姓名	短文本
生日	日期/时间
性别	短文本
地址	短文本
联系电话	短文本
职务	短文本
身份证号	短文本
籍贯	短文本

e商品信息

字段名称	数据类型
商品编号	短文本
商品名称	短文本
规格型号	短文本
计量单位	短文本
生产日期	日期/时间
商品类别	短文本
商品单价	货币
保质截止日期	日期/时间

e客户信息

字段名称	数据类型
客户编号	短文本
客户名称	短文本
联系人姓名	短文本
联系人职务	短文本
业务电话	短文本
电子邮件	短文本
消费等级	短文本

r商品销售记录

字段名称	数据类型
订单编号	短文本
客户编号	短文本
商品编号	短文本
员工编号	短文本
预定时间	日期/时间
发货时间	日期/时间
订购数量	数字
订单金额	货币
付款方式	短文本
付款时间	日期/时间
订单状态	短文本

图 11.13　各数据表的结构

在添加字段属性时,需要根据具体需要进行不同的属性设置。如设置字段的大小、小数位数、输入掩码、标题、默认值、验证规则、验证文本、索引、格式等。

2. 创建数据表间的关系

建立"食品销售数据库"中已有的"e 商品信息"表、"e 员工信息"表、"e 客户信息"表、"r 商品销售记录"表、"b 商品类别"表 5 个数据表之间的关系。基于对案例的分析,利用 Access 建立的关系如图 11.14 所示。

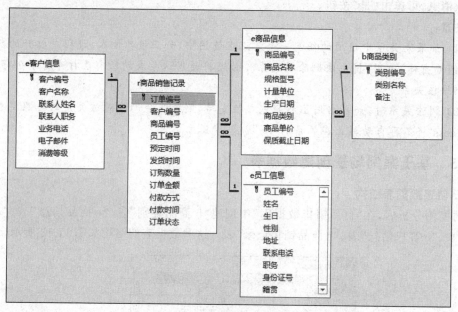

图 11.14　创建数据表间的关系

11.3　查询的设计与创建

11.3.1　Access 查询简介

使用查询可在 Access 数据库中查看、添加、删除或更改数据。可通过根据特定条件筛选快速查找特定数据;计算或汇总数据;自动处理数据管理任务,例如定期查看最新数据等。通过查询可将数据库中相互独立的数据以一定的形式组织起来,形成一个动态的数据记录集合。在 Access 查询对象中保存的是查询准则,即用来限制检索记录的各种条件,而不是这些数据记录的集合。

在数据库中,通过窗体或报表显示的数据通常位于多个表中。查询可以从不同表中提取信息并组合信息,以便显示在窗体或报表中。查询可以是向数据库提出的数据结果请求,也可以是数据操作请求,或两者兼有。

查询可以执行计算、合并不同表的数据。Access 存在多种类型的查询,可以根据任务创建某种类型的查询。选择查询用于从表中检索数据或进行计算,可在屏幕中查看查询结果、将结果打印或者复制到剪贴板中、可将查询结果用作窗体或报表的记录源。操作查询可用来创建新表、向现有表中添加数据、更新数据或删除数据。

11.3.2　创建查询

1. 创建查询的基本步骤

在 Access 工作界面中，可通过"创建"选项卡的"查询"组中的"查询向导"按钮或"查询设计视图"按钮来创建选择查询。创建查询的基本步骤如下。

（1）选择要用作数据源的表或查询。

（2）指定要从数据源中包括的字段。

（3）指定条件，限制查询返回的记录。

创建选择查询后，运行查询可查看结果。如果保存查询，则可在需要时重复使用它。

2. 使用查询向导创建查询

使用向导创建查询通常更快，如果使用来自彼此不相关的数据源的字段，则查询向导会询问是否要创建关系，向导将打开"关系"窗口。如果编辑了任何关系，则必须重启向导。因此，运行向导前，要考虑创建查询所需要的任何关系。

（1）在"创建"选项卡的"查询"组中单击"查询向导"按钮，弹出"新建查询"对话框。

（2）单击"简单查询向导"按钮，然后单击"确定"按钮，出现"简单查询向导"对话框，如图 11.15 所示。

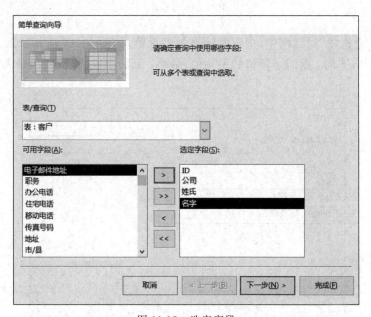

图 11.15　选定字段

（3）在"简单查询向导"对话框中选定字段。在"表/查询"下拉列表框中选择包含字段的表或查询。在"可用字段"列表框中双击字段名称以将其添加到"所选字段"列表。如果要将所有字段都添加到查询中，则单击带双右箭头的按钮（>>）。添加所有所需字段后，单击"下一步"按钮。本步最多可添加来自 32 个表或查询的 255 个字段。

（4）如果没有添加任何数字字段（包含数值数据的字段），则直接跳到步骤（9）。如果添加了任何数字字段，向导将会询问采用明细查询还是汇总查询。如要查看每个记录的每个字段,则选择"明细",然后单击"下一步"按钮,直接跳到步骤(9)。如查询汇总数数据,则单击"汇总"按钮,然后单击"汇总选项"按钮,如图 11.16 所示。

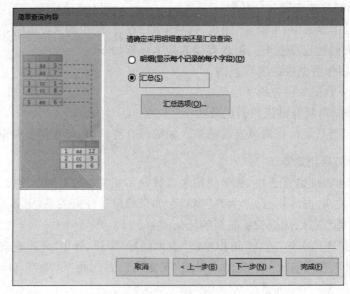

图 11.16　汇总

（5）在"汇总选项"对话框中,指定要计算的汇总值,如图 11.17 所示。汇总：返回字段中所有值的总和;平均：返回字段值的平均值;最小：返回字段的最小值;最大：返回字段的最大值。

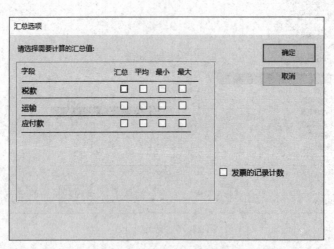

图 11.17　"汇总选项"对话框

（6）如希望查询结果包含数据源中记录的计数,选中"××的记录计数"复选框。

（7）单击"确定"按钮关闭"汇总选项"对话框。

（8）如果没有将日期/时间字段添加到查询,可直接跳到步骤(9)。如果向查询中添加了日期/时间字段,则查询向导将询问你希望如何对日期值进行分组。例如,假定你向查询添加了一个数字字段(如"价格")和一个日期/时间字段(如"交易时间"),然后在"汇总选项"

对话框中指定要查看数字字段"价格"的平均值。因为包括了日期/时间字段,所以你可以计算每个独立日期/时间值(每日、每月、每季度或每年)的汇总值,如图 11.18 所示。

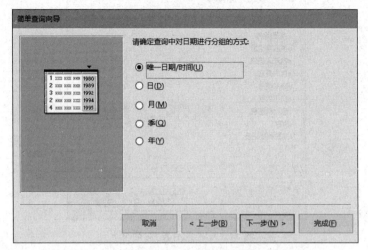

图 11.18　对日期值进行分组

选择要用于对日期/时间值进行分组的时间段,然后单击"下一步"按钮。

注:在设计视图中,你可使用表达式来按所需的任意时间段进行分组,但向导只提供上述选项。

(9) 在向导的最后一步,为查询设置标题,并指定是要打开还是修改查询,然后单击"完成"按钮。

在以后的工作中,如果选择打开已创建的查询,该查询将在数据表视图中显示所选数据;如果选择修改查询,该查询将在设计视图中打开。

3. 使用查询设计工具创建查询

使用查询设计工具创建查询时,可以更好地控制查询设计的细节,其主要步骤有:添加数据源、连接相关数据源、添加输出字段、指定条件、汇总数据、查看结果。具体操作步骤如下。

(1) 添加数据源。在"创建"选项卡的"查询"组中单击"查询设计"按钮。在"显示表"对话框中的"表""查询"或"两者都有"选项卡中,选择每个数据源,然后单击"添加"按钮(见图 11.19)。关闭"显示表"对话框。

(2) 联接相关数据源。如果添加到查询中的数据源已存在关系,则 Access 会为每个关系自动创建内联。如果两个表具有包含兼容数据类型的字段且其中某个字段为主键,则 Access 还会自动创建两个表之间的联接。如果实施了引用完整性,Access 还会在联接行上方显示"1"和"∞"。

联接准备就绪后,便可添加输出字段,即想要在查询结果中包含的具有数据的字段。

(3) 添加输出字段。可添加来自步骤(1)中添加的任何数据源中的字段,将字段从查询设计窗口的上窗格中的数据源中向下拖动到查询设计窗口底部窗格的设计网格的"字段"行中即可。通过这种方式添加字段时,Access 会自动填充设计网格的"表"行,以反映字段的数据源。

图 11.19 "显示表"对话框

如果要执行计算或使用函数生成查询输出，可使用表达式作为输出字段。表达式可以使用任意查询数据源中的数据，以及 Format() 或 InStr() 等函数，还可包含常量和算术运算符。操作步骤为：①在查询设计网格的空白列中，右击"字段"行，然后选择快捷菜单中的"缩放"命令。②在"缩放"文本框中，输入或粘贴表达式，以要用于表达式输出的名称作为表达式的开头，后跟冒号。例如，要对表达式添加"上次更新时间："标签，可以"上次更新时间："开始表达式。

（4）指定条件。此为可选步骤。可使用条件来限制查询返回的记录。

① 指定输出字段的条件。在查询设计网格中，在包含要限制的值的字段的"条件"行中，输入字段值。例如，如果要限制查询使只出现"城市"字段值为"上海"的记录，则需在该字段下的"条件"行中输入"上海"。在"条件"行下的"Or"行中指定任何备选条件。如果指定替代条件，字段值只要满足列出的任一条件，便可包含在查询结果中。

② 多个字段条件。可以使用具有多个字段的条件。如果这样做，那么给定的"条件"或"或"行中的所有条件都必须为 true 才能包含在查询结果中。

③ 通过使用不希望输出的字段来指定条件。可以向查询设计添加字段，且在查询输出中不包括该字段的数据。如果想要使用字段的值限制查询结果，但不想看到字段值，则可实施这一操作。首先向设计网格添加字段，清除字段的"显示"行中的复选框，然后像为输出字段那样指定条件。

（5）汇总数据。此步骤为可选。若要汇总查询中的数据，须使用"汇总"行。默认情况下，设计视图中不显示"汇总"行。具体操作为：①在设计视图中打开查询，在"设计"选项卡的"显示/隐藏"组中单击"汇总"按钮，Access 将在查询设计网格中显示"汇总"行。②对于要汇总的每个字段，从"汇总"行的列表中选择要使用的函数，可用的功能取决于字段的数据类型。

（6）查看结果。在"设计"选项卡单击"运行"按钮。Access 将在数据表视图中显示查询结果。

若要对查询进一步更改,可切换回设计视图,更改字段、表达式或条件,然后重新运行查询,直至返回所需数据。

11.3.3 基于案例场景创建查询

1. 选择查询及案例

选择查询可从表中检索数据,查看表中特定字段中的数据;同时查看多个表中的数据;查看满足特定条件的数据,并对结果排序。还可以对记录分组进行总计、计数、平均值以及其他类型的计算等。

下面创建一个单表查询——选择字段查看数据。

例如,要从食品销售数据库中的"e 商品信息"表中查看食品及其价格,创建选择查询步骤如下。

(1)打开数据库,在"创建"选项卡中单击"查询设计"按钮。

(2)在"显示表"对话框中的"表"选项卡中双击"e 商品信息"表,然后关闭对话框。

(3)双击"商品名称"和"商品单价"字段,将这 2 个字段添加到编辑区域下方的查询设计网格中。

(4)在"设计"选项卡中单击"运行"按钮,运行查询,即可显示食品名称和价格。

下面创建一个多表查询——从多个相关表同时查看数据。

在现实生活中,为了精准营销或有其他目的,会根据顾客的消费情况将顾客分级分类。对于案例中的食品销售数据库,假设消费等级为 A 表示关键客户、B 表示主要客户、C 表示普通客户。如要查询特定消费等级的客户的订单,须创建多表查询。

在案例数据库中,"e 客户信息"表和"r 商品销售记录"表中都包含"客户编号"字段,该字段构成两表间的一对多关系。按照下列步骤,可以创建查询以便返回特定消费等级客户的订单。

(1)打开数据库。在"创建"→"查询"组中单击"查询设计"。

(2)在"显示表"对话框的"表"选项卡中双击"e 客户信息"和"r 商品销售记录"。

(3)关闭"显示表"对话框。

(4)在"e 客户信息"表中,双击"客户名称"和"消费等级",将这些字段添加到查询设计网格中。

(5)在查询设计网格的"消费等级"列中,清除"显示"行中的复选框。

(6)在"消费等级"列的"条件"行中,输入 A。然后"显示"复选框,然后在查询结果中不显示消费等级,而在"条件"行中输入 A 可指定只查看到"消费等级"字段值为"A"的记录。

(7)在"r 商品销售记录"表中,双击"订单编号"和"订购数量",将这两个字段添加到查询设计网格的后面两列中。

(8)在"设计"选项卡的"结果"组中单击"运行"按钮。该查询将运行,并且显示消费等级为 A 类的关键客户的订单列表。

(9)按 Ctrl+S 组合键保存该查询。

该查询设计视图如图 11.20 所示。

2. 操作查询及案例

Access 中提供的操作查询有 4 种:生成表查询、追加查询、更新查询和删除查询。注意

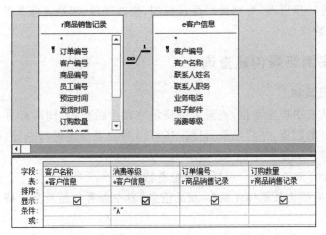

图 11.20 多表查询

操作查询不能撤销,如更新查询会更新表中数据,应考虑创建备份。

生成表查询可以根据其他表中存储的数据创建一个新表。

基于案例数据库,将"e 员工信息"表中男性员工部分信息选择出来并创建新表。

(1) 打开食品销售数据库。

(2) 在"创建"选项卡的"查询"组中单击"查询设计"按钮。

(3) 在"显示表"对话框中双击"e 员工信息",然后关闭"显示表"对话框。

(4) 在"e 员工信息"表中,双击"员工编号""姓名""联系电话"和"性别",将这 4 个字段添加到设计网格中。

(5) 在设计网格的"性别"列中,清除"显示"行中的复选框。在"条件"行中,输入"男"(包括单引号)。在使用查询结果创建表之前,应对其进行验证。

(6) 在"设计"选项卡的"结果"组中单击"运行"按钮。

(7) 按 Ctrl+S 组合键保存该查询。

(8) 在"查询名称"文本框中,输入"男员工查询"按钮,然后单击"确定"按钮。

(9) 在"开始"选项卡的"视图"组中单击"视图"→"设计视图"按钮。

(10) 在"设计"选项卡的"查询类型"组中单击"生成表"按钮。

(11) 在"生成表"对话框中的"表名称"文本框中,输入"男员工:",然后单击"确定"按钮。

(12) 在"设计"选项卡上的"结果"组中,单击"运行"按钮。

(13) 在"确认"对话框中,单击"是"按钮,然后查看在导航窗格中显示的新表。

注意:如果已存在使用相同名称的表,Access 将在查询运行前删除该表。

3. SQL 查询及案例

SQL 语言包含 4 个部分:数据定义语言(DDL),主要有 CREATE、DROP、ALTER 等语句;数据操纵语言(DML),主要有 INSERT、UPDATE、DELETE 语句;数据查询语言(DQL),主要有 SELECT 语句;数据控制语言(DCL),主要有 GRANT、REVOKE 语句。

SELECT 语句基本的语法结构如下。

```
SELECT［表名.］字段名列表
FROM<表名或查询名>[,<表名或查询名>]
[WHERE<条件表达式>]
[GROUP BY 分组表达式][ HAVING 条件 ]
[ORDER BY<字段名>[ASC|DESC]]
```

其中,方括号([ ])内的内容是可选的,尖括号(<>)内的内容是必须有的。

(1) SELECT 子句。用于指定要查询的字段,只有指定的字段才能在查询结果中出现。如果希望查询到表中的所有字段信息,可使用星号(＊)来代替列出的所有字段的名称,而列出的字段顺序与表的字段顺序相同。

(2) FROM 子句。用于指出要查询的数据来自哪个或哪些表,可以对单个表或多个表进行查询。

(3) WHERE 子句。用于给出查询的条件,只有与这些选择条件匹配的记录才能出现在查询结果中。在 WHERE 后可以跟条件表达式,还可以使用 IN、BETWEEN、LIKE 表示字段的取值范围。

(4) ORDER BY 子句。ASC 表示升序,DESC 表示降序,默认为 ASC 升序排序。

在 Access 中,打开任何一个查询的设计视图后都可以通过选项卡中的"视图"按钮切换到 SQL 视图。在 SQL 视图中可以对已有查询进行修改,也可以直接在"SQL 视图"中编写查询语句。

以下是两个 SQL 查询案例。

(1) 单表查询。在"e 商品信息"表中查询出所有商品的编号、名称和单价。

```
SELECT e 商品信息.商品编号,e 商品信息.商品名称,e 商品信息.商品单价
FROM e 商品信息;
```

(2) 生成表查询。将"e 员工信息"表中男性员工的部分信息选择出来并创建新表。

```
SELECT e 员工信息.员工编号,e 员工信息.姓名,e 员工信息.联系电话
INTO 男员工查询
FROM e 员工信息
WHERE (((e 员工信息.性别)="男"));
```

第 12 章

数据库高级应用

12.1　窗体的设计与创建

12.1.1　Access 窗体简介

Access 的窗体对象用于创建数据库应用程序的用户界面,通常包含可执行各种任务的命令按钮和其他控件。窗体可控制用户与数据库数据之间的交互方式,例如,可创建一个只显示特定字段且只允许执行特定操作的窗体。这有助于保护数据并确保输入的数据正确。美观的窗体让人在使用数据库时更愉快、更高效。

窗体分为"绑定"窗体和未"绑定"窗体。"绑定"窗体直接连接到表或查询等数据源,用户通过该窗体查看、输入、编辑来自该数据源的数据。可以使用绑定窗体控制对数据的访问权限,例如,一张表中包含多个字段,但某些用户只须查看其中的几个字段。"未绑定"窗体不会直接连接到数据源,但包含按钮、标签或其他控件。可对按钮进行编程来确定在窗体中显示哪些数据、打开其他窗体或报表或者执行其他各种任务。例如,一个"客户窗体"可能包含一个可以打开某个订单窗体的按钮,可在该订单窗体中输入客户的新订单。

通常对窗体的操作主要有创建基本窗体、浏览窗体、设计窗体、改变显示属性、修改窗体控件、改变 Tab 顺序、使用计算字段、浏览数据访问页面、使用控件、窗体中数据的操作等。

12.1.2　创建窗体

1. 创建窗体的操作步骤

可在窗体视图、数据表视图、布局视图和设计视图 4 种视图下创建或修改窗体。布局视图是用于窗体修改的最直观视图。布局视图在修改窗体时可以看到数据,因此非常适合用于设置控件大小或执行会影响窗体外观和可用性的任何其他任务。如果遇到无法在布局视图中执行的任务,可以转换到设计视图。在某些情况下,Access 会显示一条消息,指示必须切换到设计视图才能进行特定的更改。

创建窗体的主要操作步骤如下。

(1) 选择记录源,在导航窗格中,选中要在窗体上查看的数据所在的表或查询。

(2) 选择窗体创建工具。窗体创建工具位于"创建"选项卡的"窗体"组中。

(3) 单击所需的按钮创建窗体,如果出现向导,则按照向导中的步骤操作,然后单击最后一个界面中的"完成"按钮。Access 将在布局视图中显示所创建的窗体。

2. 直接创建窗体

首先在导航窗格中,选中要在窗体上查看的数据所在的表或查询,然后在"创建"选项卡的"窗体"组中单击"窗体"按钮。Access 将创建窗体,并以布局视图显示该窗体。在布局视图中,可以更改窗体设计。例如,可以根据需要调整文本框的大小。窗体中会包含基础数据源中的所有字段,可以在布局视图或设计视图中对窗体进行修改,使其更符合要求。如果Access 发现某张表与创建窗体使用的表或查询之间存在一对多关系,Access 会向基于相关表或查询的窗体添加一张数据表。例如,如果根据"e 客户信息"表创建了一个简单窗体,但该表和"r 商品销售记录"表之间存在一对多关系,则数据表会显示订单表中与当前客户记录相关的所有记录。即使确定不需要该数据表也不能将其从窗体中删除。如图 12.1 所示,上半部分是为"e 客户信息"表创建的简单窗体,下半部分为"r 商品销售记录"表中相关的数据。如果有多张表与创建窗体使用的表之间存在一对多关系,Access 不会向窗体添加任何数据表。

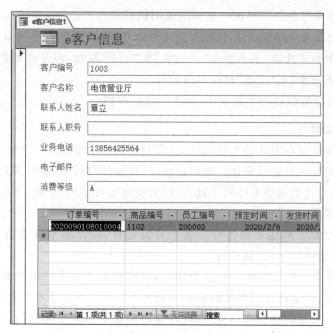

图 12.1　窗体工具创建的窗体示例

3. 从空白窗体开始创建窗体

如果向导和窗体构建工具不能满足要求,可以使用"空白窗体"按钮来构建窗体。空白窗体是不带控件或预设格式的窗体,这种方法可快速生成窗体,尤其适用于计划仅在窗体中包含几个字段的情况。具体操作步骤如下。

(1) 在"创建"选项卡的"窗体"组中单击"空白窗体"按钮。Access 将在布局视图中打开一个空白窗体,并显示"字段列表"窗格。

(2) 在"字段列表"窗格中,单击要在窗体上显示的字段所在的一个或多个表旁边的加号(+)。

（3）若要向窗体添加字段，可双击"＋"号或将其拖动到表格中。添加好第一个字段后，可以按住 Ctrl 键，选定多个字段，然后同时将这些字段拖动到窗体中，这样可以一次添加多个字段。"字段列表"窗格中表的顺序可能会有变化，具体取决于当前选择了窗体的哪个部分。如果看不到想添加的字段，可尝试选择窗体的其他部分，然后再次尝试添加字段。

（4）若要向窗体添加徽标、标题或日期和时间，可使用"设计"选项卡的"页眉/页脚"组中的工具。

（5）若要向窗体添加更多类型的控件，可使用"设计"选项卡的"控件"组中的工具。若需稍大的控件选择范围，可右击窗体，然后选择"设计视图"命令切换到设计视图。

4. 使用窗体向导创建窗体

如果希望对窗体上显示的字段具有更大的选择权，建议使用窗体向导。如果事先已指定表和查询之间的关系，窗体向导可定义数据的分组和排序方式，窗体向导可使用来自多个表或查询的字段。具体操作步骤如下。

（1）在"创建"选项卡的"窗体"组中单击"窗体向导"按钮。

（2）按照窗体向导的各个界面中显示的说明执行操作。

注意：如果想让窗体中包含多个表和查询中的字段，在窗体向导的第一个界面中选择第一个表或查询中的字段后，不要单击"下一步"或"完成"按钮，而应该重复选择表或查询的步骤，然后单击"下一步"或"完成"按钮继续操作。

（3）在窗体向导的最后一个界面中，单击"完成"按钮。

5. 窗体布局工具

自动生成的窗体具有专业的外观设计，并带有包括一个徽标和一个标题的页眉。此外，也可使用窗体布局工具自定义窗体。编辑窗体时，在窗体布局工具中，设置了"设计""排列""格式"选项卡，通过这些选项卡中的工具，可以对窗体进行结构、主题、布局、格式等的设置，获得所需的窗体展现。

Access 允许更加灵活地在窗体和报表上放置控件，可以水平或垂直拆分或合并单元格，从而能够轻松地重排字段、列或行。

（1）在布局视图下微调窗体。创建窗体后，可在布局视图下轻松微调窗体设计。以实际报表数据为向导，可重新排列各控件并调整其大小。可在窗体上放置新控件，并设置窗体及其控件的属性。若要切换到布局视图，可在导航窗格中右击窗体名称，然后选择"布局视图"命令，Access 将在布局视图中显示窗体。可使用属性表更改窗体及其控件和部分的属性。若要显示属性表，可按 F4 键。

可使用"字段列表"窗格将基础表或查询中的字段添加到窗体设计。若要显示"字段列表"窗格，可在"设计"选项卡的"工具"组中单击"添加现有字段"按钮或按 Alt＋F8 组合键。

（2）在设计视图下微调窗体。窗体结构的设计视图包括 5 个部分：窗体页眉、页面页眉、主体、页面页脚和窗体页脚。每个部分都被称为一个"节"。在设计视图下可以更详细地查看窗体结构。可以看到窗体的页眉、详细信息和页脚部分。窗体在设计时不会实际运行，因此在进行设计更改时无法看到基础数据。在设计视图下可以向窗体添加更多类型的控件，如绑定对象框架、分页符和图表；也可以在文本框中编辑文本框控件来源，而无须使用属性表。用户可以调整窗体各部分的大小，也可以对无法在布局视图下更改的某些窗体属性进行更改。

12.1.3　基于案例创建窗体

下面在"食品销售"数据库中创建"b 商品类别"表的分割窗体。

操作步骤如下。

（1）在导航窗格中，单击"b 商品类别"表，或在数据表视图中打开该表。

（2）在"创建"选项卡的"窗体"组中单击"其他窗体"→"分割窗体"按钮。Access 创建的分割窗体如图 12.2 所示，在布局视图下，可以在窗体显示数据的同时对窗体进行设计方面的更改。例如，可以根据需要调整文本框的大小以适合数据。

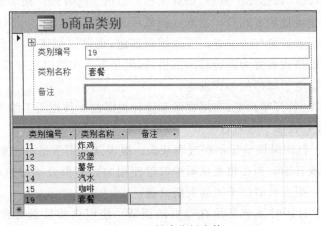

图 12.2　创建分割窗体

下面创建"系统用户"窗体，并在该窗体中增加一个按钮，如图 12.3 所示。

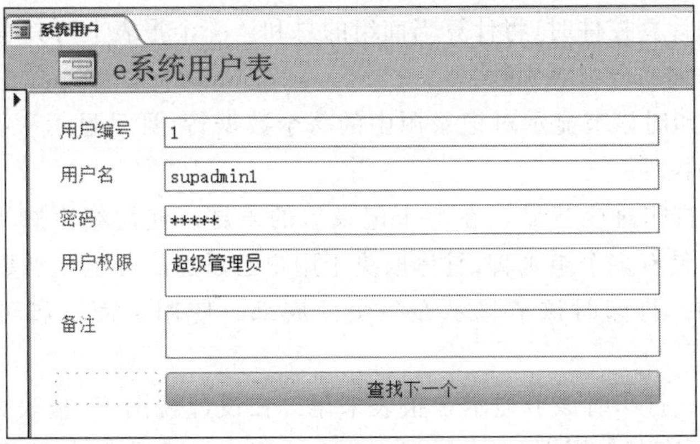

图 12.3　"系统用户"窗体

操作步骤如下。

（1）打开"e 系统用户"表，在"创建"选项卡的"窗体"组中单击"窗体"按钮。进入"e 系统用户"的窗体设计视图。

（2）单击"设计"→"控件"组中的"按钮"按钮，在主体窗口中拖动鼠标画出一个按钮，此时会出现"命令按钮向导"对话框。将类别选为"记录导航"，操作选为"查找下一个"，单击

"下一步"按钮。

（3）在新出现的界面中选择按钮上显示文本，单击"下一步"按钮将按钮命名为"查找下一个"，单击"完成"按钮。

（4）按 Ctrl＋S 组合键保存。

12.2　报表的设计与创建

12.2.1　Access 报表简介

报表提供在 Access 数据库中查看、格式化和汇总信息的方式。报表最主要的功能是将表或查询的数据按照设计的方式打印出来。报表可在任何时候运行，而且将始终反映数据库中的当前数据。报表通常与表或查询等数据源绑定，也可以创建不显示数据的"未绑定"报表。通常将报表的格式设置为适合打印的格式，但是报表也可以在屏幕查看、导出到其他程序或者作为附件以电子邮件的形式发送。

报表可在报表视图、打印预览、布局视图和设计视图这 4 种视图下编辑。报表是按节来组织设计的，可在设计视图中查看这些节。各节类型及其用途如下。

（1）报表页眉。打印时该节显示在报表开头。报表页眉用于显示一般出现在封面上的信息，如徽标、标题或日期。当在报表页眉中放置使用"总和"聚合函数的计算控件时，将计算整个报表的总和。报表页眉位于页面页眉之前。

（2）页面页眉。打印时该节显示在每页的顶部。使用页面页眉可在每页上重复报表标题。

（3）组页眉。打印时该节显示在每个新记录组的开头。使用组页眉可显示组名。例如，在按产品分组的报表中，使用组页眉可以显示产品名称。当用户在组页眉中放置使用"总和"聚合函数的计算控件时，将计算当前组的总和。一个报表上可具有多个组页眉节，具体取决于用户已添加的分组级别数。

（4）主体。打印时该节显示对记录源中的每个数据行，且只显示一次。此位置用于放置组成报表主体的控件。

（5）组页脚。打印时该节显示在每个记录组的末尾。使用组页脚可显示组的汇总信息。一个报表上可具有多个组页脚，具体取决于用户已添加的分组级别数。

（6）页面页脚。打印时该节显示在每页的底部。使用页面页脚可显示页码或每页信息。

（7）报表页脚。打印时该节显示在报表末尾。在设计视图下，报表页脚显示在页面页脚下方。但是，在所有其他视图（如布局视图或在打印或预览报表时）下，报表页脚显示在页面页脚的上方，紧接在最后一个组页脚或最后页上的主体行之后。使用报表页脚可显示整个报表的报表总和或其他汇总信息。

12.2.2　创建报表

1. 创建报表的操作步骤

创建报表的操作步骤如下。

（1）选择记录源。报表的记录源可以是表、命名查询或嵌入式查询。记录源须包含在报表上显示的数据的所有行和列。如记录源尚不存在，则可创建一个空报表。

（2）选择报表创建工具。报表创建工具位于功能区的"创建"选项卡上的"报表"组中。具体说明见表 12.1。

表 12.1　报表创建工具说明

工　具	说　　明
报表	创建简单的表格式报表，其中包含导航窗格中选择的记录源中的所有字段
报表设计	在设计视图中打开一个空报表，可在该报表中添加所需字段和控件
空报表	在布局视图中打开一个空报表，并显示字段列表，可将字段添加到报表
报表向导	显示一个多步骤向导，允许指定字段、分组/排序级别和布局选项
标签	显示一个向导，允许选择标准或自定义的标签大小、显示的字段及希望这些字段采用的排序方式

（3）创建报表。单击要使用的工具所对应的按钮。如果出现向导，则按照向导中的步骤操作，然后单击最后一个界面中的"完成"按钮。Access 在布局视图中显示所创建的报表。

2. 在报表中添加分组、排序或汇总

在报表中进行分组、排序和汇总，如果与布局视图结合使用时，可以立即看到更改效果，也可以通过打印预览视图查看效果。

在桌面数据库报表中添加分组、排序或汇总的最快方法是右击相关的字段，然后在快捷菜单中选择所需命令。

例如，假设希望按区域查看一个报表中的总销售额。如图 12.4 所示，使用布局视图和"分组、排序和汇总"窗格来添加组级别并请求汇总，即可在报表中看到结果更改。通过使用"总计"行，可以轻松地在报表页眉或页脚中添加总和、平均值、计数、最大值或最小值，如图 12.5 所示。简单的总计不再需要手动创建计算字段，只须指向字段并单击即可。

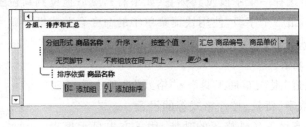

图 12.4　在报表中创建分组和排序

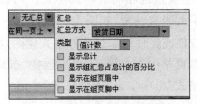

图 12.5　在报表中汇总

3. 报表布局工具

自动生成的报表具有专业的外观设计,并带有包括一个徽标和一个标题的页眉。另外,自动生成的报表还包括日期和时间信息,以及含有很多信息的页脚和总计。此外,也可使用"报表布局工具"的功能使报表更加美观、易读。

编辑报表时,在报表布局工具中设置了"设计""排列""格式"和"页面设置"选项卡,通过这些选项卡中的命令,可以对报表进行结构、主题、数据、布局和格式等的设置,获得所需的报表效果。

1) 设计报表

制作报表时,通过"报表布局工具"→"设计"选项卡中的工具可以设置报表主题、页眉页脚、在报表中插入控件和图像等。

(1) 自定义颜色和字体。使用"主题"选项可以自定义颜色和字体。①在导航窗格中右击报表,然后选择"布局视图"命令,在布局视图下打开该报表。②在"报表布局工具"→"设计"选项卡中单击"主题"按钮,然后将光标放在主题库中的各个主题上以预览效果。单击某个主题以将其选中,然后保存报表。③使用颜色或字体工具分别设置颜色或字体。

(2) 添加徽标或背景图像。可在报表中添加徽标或背景图像,如果更新图像,更新也将自动应用于数据库中使用此图像的位置。①在导航窗格中,右击报表,然后选择"布局视图"命令。②在报表中,单击要添加图像的位置,然后在"设计"→"页眉/页脚"组中单击"徽标"按钮。③浏览到相关图像,然后单击"打开"按钮,Access 将会把此图像添加到报表中。④要删除图像,右击该图像并在快捷菜单中选择"删除"命令。

2) 排列组织报表对象

制作报表时,通过"报表布局工具"→"排列"选项卡中的工具,可以插入布局对象、设置布局格式,调整布局大小、合并或分割单元格、移动报表对象、设置控件边距位置等。

窗体和报表通常包含表格式信息,例如包含客户名称的列或包含客户所有字段的行。可以将这些控件(包括标签)分组到可作为一个单元轻松操作的布局中。

(1) 调整字段和标签的大小。选择字段和标签,然后拖动边缘直到达到需要的大小。

(2) 移动字段。选择一个字段及其标签(如果有),然后拖曳到新位置。

(3) 格式化。右击一个字段,使用快捷菜单中的命令合并或拆分单元格、删除或选择字段以及执行其他格式化任务。

3) 格式化报表元素

制作报表时,通过"报表布局工具"→"格式"选项卡中的工具,可以实现字体、数字、背景、控件格式等的设置。

Access 2019 具有设置条件格式的功能,用于突出显示报表上的数据,实现一些与 Excel 中提供的相同的格式样式。例如,可以添加数据条以使数字列看起来更清楚,如图 12.6 所示。

图 12.6　设置条件格式

在 Access 中,可为每个控件或控件组添加条件格式规则,在客户端报表中,还可以添加数据栏以比较数据。①在导航窗格中右击报表,然后选择"布局视图"命令。②选择所需控件,在"格式"选项卡的"控件格式"组中单击"条件格式"按钮。③在"条件格式规则管理器"对话框中,单击"新建规则"按钮。在"新建格式规则"对话框中的"选择规则类型"下选择一个选项。若要创建单独针对每个记录进行评估的规则,则选择"检查当前记录值或使用表达式"。若要创建使用数据栏互相比较记录的规则,则选择"比较其他记录"。在"编辑规则说明"下,执行何时应用格式及应用什么格式的规则,然后单击"确定"按钮。④若要为相同控件或控件集创建附加规则,重复步骤③即可。

4)预览和打印报表

在导航窗格中右击报表,然后选择"打印"命令,报表将直接被发送到默认打印机。

要打印预览报表,可在导航窗格中右击报表,然后选择"打印预览"命令。可以使用"打印预览"选项卡中的命令来执行下列任一操作:打印报表;调整页面大小或布局;放大或缩小,或一次查看多个页;刷新报表上的数据;将报表导出到其他文件格式。

如果在导航窗格中选择报表并选择"文件"→"打印"命令,则可以选择附加打印选项,例如设置页数和份数,并指定打印机。

12.2.3 基于案例创建报表

1. 创建报表

下面在"食品销售"数据库中插入"客户信息"自动报表。

(1) 在导航窗格中选择"e 客户信息"。

(2) 在"创建"选项卡的"报表"组中单击"报表"按钮。

(3) 在"报表布局工具"→ "页面设置"选项卡的"页面大小"组中设置纸张大小为 A4 纸,在"页面布局"组中选择"横向",效果如图 12.7 所示。

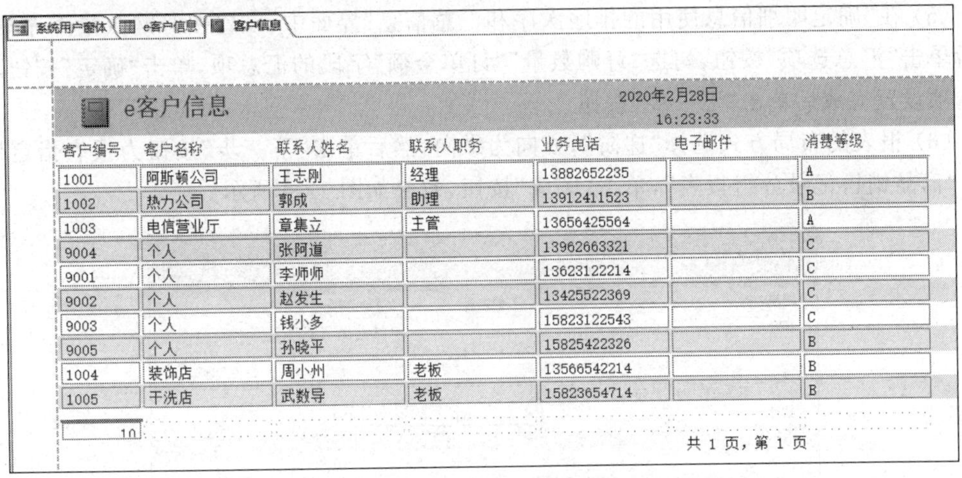

客户编号	客户名称	联系人姓名	联系人职务	业务电话	电子邮件	消费等级
1001	阿斯顿公司	王志刚	经理	13882652235		A
1002	热力公司	郭成	助理	13912411523		B
1003	电信营业厅	章集立	主管	13656425564		A
9004	个人	张阿道		13962663321		C
9001	个人	李师师		13623122214		C
9002	个人	赵发生		13425522369		C
9003	个人	钱小多		15823122543		C
9005	个人	孙晓平		15825422326		B
1004	装饰店	周小州	老板	13566542214		B
1005	干洗店	武数导	老板	15823654714		B

图 12.7 利用报表工具创建报表示例

2. 使用报表向导创建商品销售分组汇总报表

使用向导创建商品销售分组汇总报表,要求其中包含"e 商品信息"表中的"商品名称"字段、"r 商品销售记录"表中的"订购数量"和"订单金额"字段,并按照商品名称分组汇总订购数量和订单金额。

(1) 打开"食品销售"数据库。

(2) 在"创建"选项卡的"报表"组中单击"报表向导"按钮,在弹出的报表向导窗口中选择"e 商品信息"表中的"商品名称"字段,以及"r 商品销售记录"表中的"订购数量"和"订单金额"字段,如图 12.8 所示。然后单击"下一步"按钮。

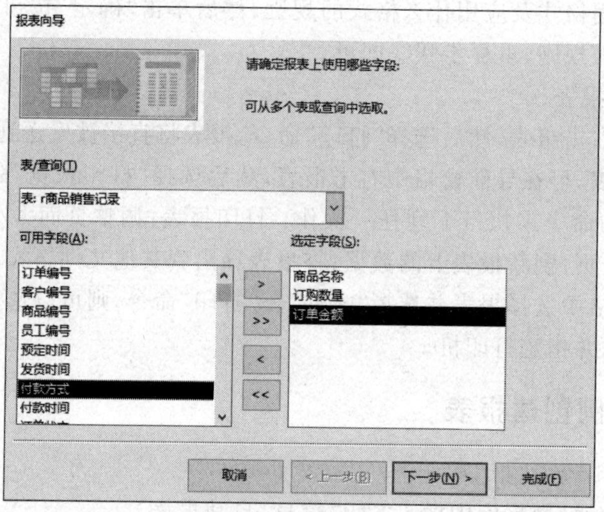

图 12.8 选择字段

(3) 确定查看数据方式设置为"通过 r 商品销售记录",单击"下一步"按钮。

(4) 在是否添加分组级别设置界面中的列表中,选择"商品名称",即按商品名称分组,然后单击"下一步"按钮。

(5) 在"确定明细信息使用的排序次序和汇总信息"界面中,设置按订购数量降序排序,然后单击"汇总选项"按钮,勾选"订购数量""订单金额"字段的汇总项,单击"确定"按钮。汇总选项设置完成后单击"下一步"按钮。

(6) 报表的布局方式选择"递阶",方向为纵向,然后单击"下一步"按钮为报表指定标题为:"商品销售记录分组报表",单击"完成"按钮,效果如图 12.9 所示。

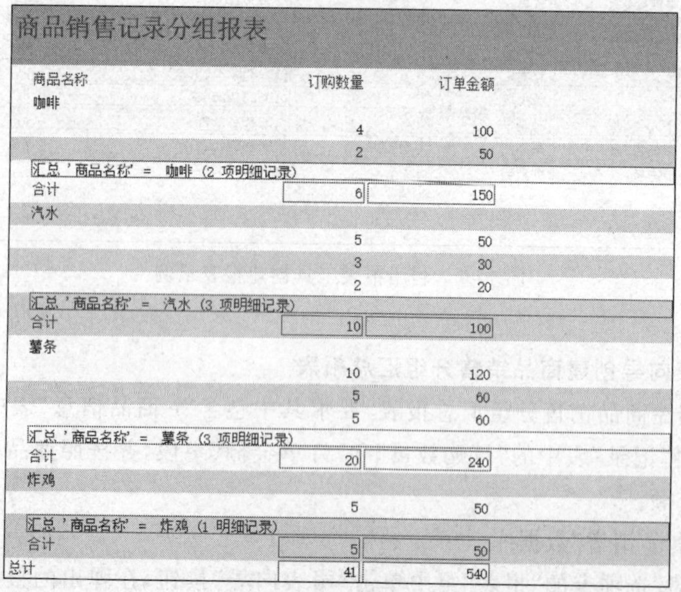

图 12.9 报表效果

习　题　四

一、填空题

1. 数据分为结构化、半结构化和_____数据。

2. 常见的数据库有_____数据库和非关系数据库。

3. 数据库系统在体系结构上都具有三级模式结构,即模式、_____和内模式。

4. E-R 图的 3 个要素是_____、属性和联系。

5. 在目前数据库领域中,常用的数据模型有_____、层次模型、_____模型、关系模型和面向对象模型。

6. 数据模型由数据结构、数据操作和_____三部分组成。

7. 早期 Access 如 Access 2000/2002/2003 创建的数据库的文件扩展名为_____。

8. Access 2007 及其更新版本创建的数据库的文件扩展名为_____。

9. Access 中表间的关系分为一对一、一对多、多对多 3 种。通过合并和拆分,数据表间的关系都可定义为_____的关系。

10. 构成表关系的基础是键—值的对应关系。键分主键和外键,_____唯一标识表中每条记录,它通常包含一个字段,但也可用多个字段表示。

二、简答题

1. 用 Access 开发数据库应用系统,数据库一般设计步骤有哪些?

2. 数据库管理系统主要有哪 4 个方面的功能?

3. 数据管理技术的发展经历了哪 4 个阶段?

4. 数据库管理系统在三级模式结构之间提供了哪两层映像功能?

5. 目前 NoSQL 数据库主要有哪四大类存储形式?

第五篇　大数据与人工智能

　　随着国务院《新一代人工智能发展规划》的发布,大数据、云计算、人工智能逐步上升为国家战略,国内人工智能产业开始蓬勃发展。人工智能、大数据和云计算三者是独立的、互补的、相辅相成的。云计算是大数据的基础,大数据须有云计算作为基础架构才能高效运行。大数据的业务需求为云计算落实了实际应用。云计算的发展和大数据的积累是人工智能快速发展的基础,是实现实质性突破的关键所在。大数据和人工智能的发展也会拓展云应用的深度和广度。人们生活越来越智能化、信息化、数字化,政府、企业和个人每天都在生成大量的数据。我们身处大数据时代,是大数据的贡献者,也是大数据的获益者。大数据的战略意义在于对这些数据的处理和实现数据价值。人工智能是研究如何模拟和扩展人类智慧的理论方法与技术的科学,其研究领域包含脑科学、机器学习、模式识别、自然语言理解等。它经历了几十年的积累和发展,目前正焕发出前所未有的生机。神经网络和机器学习技术的突破,带动了大量的人工智能相关产业的发展,深度学习框架的建立和改进,使人工智能技术的应用更加方便。未来人工智能将建立在大数据的基础上,通过脑科学研究的成果,利用基础智能算法的改进,形成通用型的智能系统。

第 13 章

大数据为什么行

13.1 我们所处的大数据时代

13.1.1 我们身边的大数据

我们越来越多地在不同场合听到不同的人谈论"大数据",也许你觉得大数据高深莫测,距离我们的生活太遥远;也许你会认为大数据是一堆庞大的数据,都是高科技和新技术。大数据包含海量的数据不假,大数据涉及新技术也不假,不过,大数据就在我们身边,因为我们就是大数据中的一分子。

日常生活中,我们免不了去超市购物、在网络上购物、进行外卖点餐等,我们的购物清单及个人信息就成为超市或网站购物大数据的一部分。我们需要发微博、朋友圈、定位信息等,这些数据就成为各大社交网站的大数据的一部分。我们需要"滴滴"打车、路径导航、用交通卡或手机刷码乘坐公共交通工具等,这些数据就成为各平台人流出行、车流分布的大数据的一部分。我们需要网站搜索、在线学习等,这些数据将成为各平台热点词、智能推荐等大数据的一部分。

例子不胜枚举,大数据时代,看似看不见摸不着的大数据,实际上与我们息息相关,我们每个人也是大数据的贡献者。我们有必要了解大数据,掌控大数据。

13.1.2 大数据的概念与特性

1. 大数据的概念

了解到我们身边的大数据,大概知道大数据是包含很多类型的很多数据。那么如何给大数据一个明确的概念定义呢? 我们不妨借鉴一下已有的定义。

研究机构 Gartner 给出了这样的定义:"大数据是需要新处理模式才能具有更强的决策力、洞察发现力和流程优化能力来适应海量、高增长率和多样化的信息资产。"

麦肯锡全球研究所给出的定义是:"大数据是一种规模大到在获取、存储、管理、分析方面大大超出了传统数据库软件工具能力范围的数据集合,具有海量的数据规模、快速的数据流转、多样的数据类型和价值密度低四大特征。"

百度百科中如此定义:"大数据(big data)是无法在一定时间和范围内用常规软件工具进行捕捉、管理和处理的数据集合,是需要新处理模式才能具有更强的决策力、洞察发现力和流程优化能力的海量、高增长率和多样化的信息资产。"

目前,对大数据的定义并没有一个标准,但鉴于对于大数据的暂有认知,可以总结出大数据概念的几个关键词:大规模数据集合、新处理模式、信息资产。首先,大数据是一种大规模、海量的数据集合,数据的数量特别大,种类特别多;其次,大数据已经无法用传统的数据处理工具进行处理,从而催生出一些新的处理模式和处理技术;最后,在这样巨大规模的数据中,可以提取出更有价值的信息,从而使数据成为一种无形的可增值的资产。

2. 大数据的特性

从大数据的定义,我们不难理解大数据的特性。从最开始被认知的大数据特性有4种,即"4V"特性:数据量大、种类多、速度快时效高、价值密度低。IBM接着提出了"5V"特性,即在"4V"特性的基础上增加了真实性。随着对大数据认知的不断深入,后来又增加了可变性。

1) 海量性(volume)

大数据最主要的特征之一便是数据量大,拥有海量数据。那么大数据的数据到底有多"大"? 参考一组互联网数据:互联网每天产生的全部内容可以刻满6.4亿张DVD;全球每秒发送290万封电子邮件,一分钟读一篇的话,足够一个人不停地读5.5年,等等。并且,这个数据在与日俱增。

2) 多样性(variety)

种类多也是大数据的主要特性之一,即大数据的数据类型的多样性。除了结构化数据外,还包括了更多的半结构化数据和非结构化数据,如网络日志、社交媒体、视频、图片、地理位置等多种数据。

3) 快速性(velocity)

快速性是指数据产生、数据移动的速度快,这是大数据所需具备的基本特性之一。同时,如何快速地处理、分析数据,并将结果返回给用户,对速度和时效性同样要求很高。

4) 价值性(value)

大数据有巨大的潜在价值,但同其呈几何指数爆发式增长相比,某一对象或模块数据的价值密度较低。那是否可以说能够摒弃一些看似无用的数据? 答案是否定的。大数据时代一个重要的转变就是,我们可以分析更多的数据,有时甚至需要处理所有的数据,即全样本数据,而不再是随机采样数据。

5) 真实性(veracity)

真实性是一个与数据是否可靠相关的重要特性。随着社交数据、企业内容、交易与应用数据等新数据源的不断涌入,并不是所有的数据源都具有相等的可靠性,人们需要在大数据中发现哪些数据对商业、决策是真正有效的,因此更需要保证数据的真实性。

6) 可变性(variability)

大数据具有多层结构,这意味着大数据会呈现出多变的形式和类型。传统业务数据随着时间的演变已拥有标准的格式,能够被标准的商务智能软件识别。相比传统的业务数据,大数据存在不规则和模糊不清的特性,造成很难甚至无法使用传统的应用软件进行分析。

13.1.3　大数据有什么用

大数据到底有什么用? 这是我们学习大数据时一定会思考的问题。其实,大数据的价值并不在"大",而在于"有用"。也就是说,大数据本身不产生价值,如何分析、挖掘和利用大数据,对决策和业务产生帮助才是关键。

1. 大数据的典型应用

1) 零售大数据——营销策略

这是一个大数据内在关联关系的典型应用案例。超级商业零售连锁沃尔玛公司曾经对其销售产品数据做了购物篮关联规则分析,试图发现消费者的购买习惯,以改进其营销策略,提高销售业绩。通过销售数据分析和挖掘,竟然发现一个惊奇的规律:购买婴儿尿不湿的消费者同时多数也会购买啤酒。于是,销售人员将婴儿尿不湿与啤酒摆放在相邻的货架上进行销售,明显地提高了该类产品的销售业绩。同时,也揭示了美国的一种行为模式:美国的年轻爸爸经常被妻子要求去超市购买婴儿尿不湿,而爸爸为了犒劳自己也会为自己购买喜欢的啤酒。这样,尿不湿和啤酒两种看似风马牛不相及的商品却有着紧密的联系,这也是海量数据分析和挖掘的结果,反映出数据的内在规律和联系。

2) 医疗大数据——高效看病

最开始利用大数据的是互联网公司,医疗行业是另一个让大数据分析发扬光大的传统行业之一。医疗行业拥有大量的病例、病理报告、治愈方案、药物报告等,以及数目及种类众多的病菌、病毒、肿瘤细胞报告,并且它们还处于不断地演化过程中。如果将这些数据整理和应用,那么会极大地帮助医生和病人。如果未来基因技术发展成熟,还可以根据病人的基因序列特点进行分类,建立医疗行业的病人分类数据库。在医生诊断病人时可以参考病人的疾病特征、化验报告和检测报告,参考疾病数据库来快速帮助病人确诊。在制定治疗方案时,医生可以依据病人的基因特点,调取相似基因、年龄、人种、身体情况相同的有效治疗方案,制定出适合病人的治疗方案,帮助更多人及时进行治疗。同时这些数据也有利于医药行业开发出更加有效的药物和医疗器械。

3) 教育大数据——因材施教

教育领域是大数据大有可为的另一个重要应用领域,有人大胆预测,大数据将给教育带来革命性的变化。美国利用大数据来分析处在辍学危险期的学生、探索教育开支与学生学习成绩提升的关系、探索学生缺课与成绩的关系、分析学生考试分数和职业规划的关系等。近年来,各种形式和规模的网络在线教育和大规模开放式网络课程横空出世,大数据掀起了教育的革命,学生的上课和学习形式、教师的教学方法和形式、教育政策制定的方式和方法,都将发生重大变革。

当每位学生可以实现线上学习,包括上课、读书、写笔记、做作业、讨论问题、进行实验、阶段测试、发起投票等,这都将成为教育大数据的重要来源,可以全面地分析学生学习、教师授课、课程内容、测试考试等各个环节的问题。同时,实施个性化教育也成为可能,不再是"吃不饱"和"消化不了"的两类学生不得不接收同样的知识,他们可以有侧重地学习,并在学习过程中产生诸如学生学习过程、作业过程、师生互动过程等实时性数据,通过大数据分析,教师可获得真实的、个性化的学生特点信息,在教学过程中可以有针对性地因材施教。这样不仅可以提高学习效率,也可以减轻学生的学习负担。

未来的教育将不再是依靠理念和经验来传承的社会科学,而是大数据驱动的学习,教育将变成一门实实在在的基于数据的实证科学。

2. 大数据的价值

谈及价值,首先要分清楚大数据的受益者到底是谁? 简单地说,大数据的最终受益者可以分为三类：企业、消费者以及政府公共服务。首先，对于企业用户，其商业发展天生就依赖于大量的数据分析来做决策支持，同时，针对消费者市场的精准营销，也是企业营销的重要需求。其次，对于消费者用户，大数据的价值主要体现在信息能够按需搜索，能够得到友好、可信的信息推荐，以及提供优质的信息服务，如提供智能信息、用户体验更快捷等。最后，大数据也逐渐地被应用到政府日常管理和公众服务中，成为推动政府政务公开、完善服务、依法行政的重要力量。从户籍制度改革到不动产登记制度改革，再到征信体系建设等，都对政府大数据建设提出了更高的目标要求，可见，大数据已成为政府改革和转型的技术支撑杠杆。

随着计算机处理能力的日益强大，获得的数据量越大，可以挖掘到的价值就越多。试验的不断反复、大数据的日渐积累，让人类发现规律、预测未来不再是科幻电影里的读心术。

最终，我们都将从大数据分析中获益。

13.1.4　大数据的发展趋势

大数据市场的需求明确，大数据技术持续发展，毋庸置疑，大数据的未来发展将会继续增长。数据资源化、私有化、商品化成为趋势，大数据成为企业和社会关注的重要战略资源。得益于以云计算、大数据为代表的计算技术的快速发展，信息处理的速度和质量大为提高，人们能快速、并行处理海量数据。将来，数据科学将成为一门专门的学科，被越来越多的人所认知。大数据作为一种从数据中创造新价值的工具，尤其是与物联网、移动互联、云计算、社会计算等热点技术领域相互交叉融合，将会在更多的行业领域中得到应用和落实，从而带来广泛的社会价值。

13.2　数据挖掘的理论与技术

13.1 节介绍了大数据的概念、特性及其重要性，那如何利用大数据进行数据分析呢？如何从海量的数据中发现有价值的信息并把这些数据转化成有组织的知识呢？下面从数据挖掘的概念着手，介绍数据挖掘的过程和经典算法。

13.2.1　数据挖掘的概念

信息时代，数据为王。时代的发展日新月异，与此相伴的则是数据的急速增长。每天，来自商业、社会、科学和工程、医学以及人们日常生活的方方面面的数兆兆字节或数亿兆字节的数据将注入计算机网络、万维网和各种数据存储设备。全球主干通信网每天传输数万兆兆字节数据。医疗保健业由医疗记录、病人监护和医学图像产生大量数据。搜索引擎支持数十亿次搜索，每天处理数万兆兆字节数据。产生海量数据的数据源不胜枚举。

数据的爆炸式增长、广泛可用和巨大数量使得人类的时代成为真正的数据时代。人们亟须功能强大和通用的工具，以便从这些海量数据中发现有价值的信息，并把这些数据转化成有组织的知识。这种需求导致了数据挖掘的诞生。数据挖掘已经并且将继续在从数据时代大步跨入信息时代的历程中做出贡献。

数据挖掘(data mining, DM)，又称为数据库中的知识发现(knowledge discovery from database, KDD)，它是指从大量的数据中挖掘那些令人感兴趣的、有用的、隐含的、先前未知的和可能有用的模式或知识的复杂过程。数据挖掘是一个多学科交叉研究领域。它融合了数据库、人工智能、机器学习、统计学、知识工程、面向对象方法、信息检索、高性能计算以及数据可视化等技术的研究成果。数据挖掘涉及很多算法,源于机器学习的神经网络、决策树,也有基于统计学习理论的支持向量机、分类回归树和关联分析等诸多算法。

数据挖掘的基本任务包括:利用分类与预测、聚类分析、关联规则、时序模式、偏差检测、智能推荐等方法,挖掘提取数据中蕴含的价值,提高企业的竞争力。

13.2.2　数据挖掘的过程

数据挖掘的过程主要有信息收集、数据集成、数据规约、数据清理、数据变换、数据挖掘实施过程、模式评估和知识表示 8 个步骤,如图 13.1 所示。

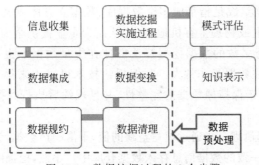

图 13.1　数据挖掘过程的 8 个步骤

数据挖掘过程是一个反复循环的过程,每一个步骤如果没有达到预期目标,都需要回到前面的步骤,重新调整并执行。不是每件数据挖掘的工作都需要这里列出的每一步,例如在某个挖掘工作中不存在多个数据源的时候,数据集成的步骤便可以省略。数据集成、数据规约、数据清理和数据变换又合称为数据预处理。在数据挖掘中,至少 60% 的费用可能要花在信息收集阶段,而至少 60% 以上的精力和时间是花在数据预处理过程中。

1. 信息收集

信息收集是指根据确定的数据分析对象抽象出在数据分析中所需要的特征信息,然后选择合适的信息收集方法,将收集到的信息存入数据库。对于海量数据,选择一个合适的数据存储和管理的数据仓库是至关重要的。目前市场上有许多数据库产品,如 Oracle、Microsoft SQL Server、Microsoft Access、Visual FoxPro 等,这些产品都各有其特点,并在数据库市场上占有一席之地。

根据数据采集的难易程度,数据采集可以分为数据实时采集和数据抽样采集两种形式。虽然数据实时采集的成本较高,但是实时数据分析的结果能够更真实地反映数据总体的情况,且随着计算机软/硬件技术和传感器技术的快速发展,数据实时采集的成本也将快速降低。因此,现在已经有越来越多的数据采集过程使用数据实时采集的形式。

对于一般的数据分析过程,更多地采用数据抽样采集的形式,然后用样本的数据特征来推断总体的数据特征。

数据的抽样采集首先需要从总体中抽取合适的样本,尽量使样本能够反映总体的特征,这样才能使数据分析结果具有参考性。抽样方法可以分成两大类:非概率抽样和概率抽样。非概率抽样常用于某些特定研究项目,主要有方便抽样、主观抽样、配额抽样和滚动抽样 4 种。概率抽样是较常用的抽样方式,有简单随机抽样、等距抽样、分层抽样和整群抽样等多种形式。

2. 数据预处理

现实世界的数据是"肮脏的"。数据多了,什么问题都会出现。有些数据是不完整的,有些感兴趣的属性缺少值,或仅包含聚集数据;有些是含噪声的,包含错误或者"孤立点";有些是不一致的,在编码或者命名上存在差异。没有高质量的数据,就没有高质量的挖掘结果。高质量的决策必须依赖高质量的数据。数据仓库需要对高质量的数据进行一致的集成。数据质量涉及许多因素,包括准确性、完整性、一致性、时效性、可信性和可解释性。

数据预处理的主要任务,即数据清理、数据集成、数据规约和数据变换。

(1)数据集成。数据集成是指集成多个数据库、数据立方体或文件,把不同来源、格式、特点性质的数据在逻辑上或物理上有机地集中,从而为企业提供全面的数据共享。

(2)数据规约。执行多数的数据挖掘算法即使在少量数据上也需要很长的时间,而做商业运营数据挖掘时往往数据量非常大。数据规约技术可以用来得到数据集的规约表示,因为它很小,但仍然接近于保持原数据的完整性,并且规约后执行数据挖掘结果与规约前执行结果相同或几乎相同。

(3)数据清理。数据清理是指通过填写空缺的值,平滑噪声数据,识别、删除孤立点,解决不一致性,将完整、正确、一致的数据信息存入数据仓库中。不然,挖掘的结果会差强人意。

(4)数据变换。数据变换是指通过平滑聚集、数据概化、规范化等方式将数据转换成适用于数据挖掘的形式。对于有些实时型数据,通过概念分层和数据的离散化来转换数据也很重要。

3. 数据挖掘实施过程

在实施过程中,根据数据仓库中的数据信息,选择合适的分析工具,应用统计方法、事例推理、决策树、规则推理、模糊集、甚至神经网络、遗传算法的方法处理信息,得出有用的分析信息。

4. 模式评估

模式评估是指从商业角度,由行业专家来验证数据挖掘结果的正确性,根据一定的评估标准从挖掘结果筛选出有意义的模式。

5. 知识表示

知识表示是指将数据挖掘得到的分析信息以可视化的方式呈现给用户,或作为新的知识存放在知识库中,供其他应用程序使用。数据经过不同的分析技术分析以后,将会得到含义丰富的数据分析结果,这些结果可以用两种方式进行陈述:①数值加文字说明的方式;②可视化图表的形式。后者因为具有直观形象、易于理解的特点,逐渐成为结果展示不可缺少的方式。数据可视化旨在通过图形清晰、有效地表达数据。数据可视化已经在许多领域广泛使用。还可以利用可视化技术的优点,发现原始数据中不易观察到的联系。数据可视化的技术包括基于像素的技术、几何投影技术、基于图符的技术,以及层次的和基于图形的技术。统计图是可视化图表中非常重要的组成部分,包括直方图、箱图、散点图和柏拉图(pareto chart)等。

13.2.3　数据挖掘的技术

1. 分类

分类是一种重要的数据分析形式,它可以提取并刻画重要数据类的模型。例如,可以建立一个分类模型,把泰坦尼克号的乘客分为生还或者死亡。许多分类和预测的方法已经被机器学习、模式识别和统计学方面的研究人员提出。分类有大量应用,包括欺诈检测、目标营销、性能预测、制造和医疗诊断。

1) 基本概念

银行贷款需要分析数据,搞清楚哪些贷款申请者是"安全的",银行的"风险"是什么;销售计算机的销售经理需要分析数据,以便帮助猜测具有哪些特征的顾客会购买新的计算机。此时数据分析的任务就是分类(classfication),需要构造一个模型或分类器来预测类标号,以评估贷款申请数据是"安全的"还是"危险的",此时类别可以用离散值表示。

假设销售经理希望预测一位给定的顾客在一次购物期间会花费多少钱,此时数据分析任务就是数值预测(numeric prediction),所构造的模型预测一个连续值函数或有序值,而不是类标号,这种模型就是预测器。回归分析是数值预测最常用的统计学方法。

2) 数据分类的两个阶段

数据分类是一个两阶段的过程,包括学习阶段(构建分类模型)和分类阶段(使用模型预测给定数据的类标号)。

(1) 建立一个模型,描述预定义的数据类集和概念集。训练集由数据库元组和与之相关联的类标号组成。假定每个元组属于一个预定义的类,由一个类标号属性确定。由于提供了每个训练元组的类标号,该阶段也称为监督学习。不同于无监督学习,每个训练元组的类标号是未知的。

(2) 使用模型对将来的或未知的对象进行分类。首先评估模型的预测准确率,对每个测试样本将已知的类标号和该样本的学习模型类预测比较。一般测试集要独立于训练样本集,避免"过分拟合"的情况。模型在给定测试集上的准确率是正确被模型分类的测试样本的百分比。如果准确率可以接受,那么使用该模型来分类标记为未知的样本。

3) 常用的分类与预测算法

分类是在一群已经知道类别标号的样本中训练一种分类器,让其能够对某种未知的样本进行分类。分类算法属于一种有监督的学习。分类算法的分类过程就是建立一种分类模型来描述预定的数据集或概念集,通过分析由属性描述的数据库元组来构造模型。分类的目的就是使用分类对新的数据集进行划分,其主要涉及分类规则的准确性、过拟合、矛盾划分的取舍等。常用的分类算法有 NBC(naive bayesian classifier,朴素贝叶斯分类)算法、LR(logistic regress,逻辑回归)算法、ID3(iterative dichotomiser v3,迭代二叉树第 3 代)决策树算法、C4.5 决策树算法、C5.0 决策树算法、SVM(support vector machine,支持向量机)算法、KNN(K-Nearest Neighbor,K-最近邻近)算法、ANN(artificial neural network,人工神经网络)算法等。常用的分类方法和预测算法如表 13.1 所示。

2. 聚类

分类是事先定义好类别,在分析过程中类别数目不变;而聚类则是事先没有预定类别,类别数目未知,在聚类过程中自动生成。聚类分析是根据"物以类聚"的原理,根据数据样本之间的相似性,将彼此相似(近)的样本划分到同一类中,类也称为是簇。同一个类中的样本有很大的相似性,而不同类间的样本有很大的相异性。聚类主要应用于客户分类、基因识别、医疗图像自动检测等领域,同时也可以作为独立工具观察数据分布形态,以及作为其他算法的数据预处理步骤。

表 13.1 常用的分类方法和预测算法

分类方法	描　　述	预　测　算　法
回归分析	确定预测属性(数值型)与其他变量间相互依赖的定量关系的常用的统计学方法	线性回归算法、非线性回归算法、逻辑回归算法、主成分回归算法
决策树	(1) 采用自顶向下的递归方式。 (2) 以信息熵为度量构造一棵熵值下降最快的树,到叶子节点处熵值为 0。 (3) 根据一步步地属性分类将整个特征空间进行划分,从而区别出不同的分类样本	ID3 算法、C4.5 决策树算法、C5.0 决策树算法、CART 算法
人工神经网络	(1) 是一种模仿大脑神经网络结构和功能而建立的信息处理系统。 (2) 神经网络包含多个层次,同层之间的神经元相互之间不进行数据通信。相邻层之间的神经元相互连接构成网络	BP 神经网络、LM 神经网络、RBF 径向基神经网络、FNN 模糊神经网络、GMDH 神经网络等
贝叶斯网络	(1) 又称信度网络,是贝叶斯方法的扩展。 (2) 是目前不确定知识表达和推理领域较有效的理论模型之一	朴素贝叶斯分类算法
支持向量机	(1) 通过某种非线性映射,把低维的非线性可分转化为高维的线性可分。 (2) 是在高维空间进行线性分析的算法	SVM 算法

1) 基本概念

(1) 簇。簇(clust)的本意就是"一组""一群"。在聚类中,簇就是一个分类或者子集。并且,簇中的对象彼此相似,而簇间的对象不相似。

(2) 相似性。相似性的度量是划分簇的重要依据,它是综合评定两个事物之间相近程度的一种度量。相似性度量的算法种类繁多,一般根据实际问题进行选用。常用的相似性的度量工具有:①距离函数,如欧式距离、曼哈顿距离、闵可夫斯基距离等,距离的数值越小,距离越近,而相似度越大;②相似系数,如皮尔逊相关系数、杰卡德相似系数、余弦相似度等,系数数值越小,相似度也越小。

(3) 聚类分析。聚类分析是一个把数据对象(样本)划分成子集的过程,由聚类分析产生的簇的集合称为一个聚类。比如,iris 数据集中,根据鸢尾花花瓣的长度和宽度,对花的种类进行聚类划分。

2) 聚类方法分类

聚类分析是一种探索性的分析,在分类过程中,使用的方法不同,聚类的结果可能也会不同。常用的聚类方法有层次聚类、划分聚类、密度聚类、网格聚类、模型聚类、模糊聚类等。

常用的聚类方法和聚类算法如表 13.2 所示。

表 13.2 常用的聚类方法和聚类算法

聚类方法	描　　述	聚类算法
层次聚类	(1) 包含两种类型：基于凝聚的层次聚类和基于分裂的层次聚类。 (2) 凝聚层次聚类是一种自底向上的算法，直到全部数据点都合并到一个聚类或达到某个终止条件停止。 (3) 分裂层次聚类是一种自顶向下的方法，从一个包含全部数据点的聚类开始，直到出现只包含一个数据点的单节点聚类停止	BIRCH 算法、CURE 算法、Chameleon 算法
划分聚类	(1) 先确定需要划分为几类。 (2) 挑选几个点作为初始中心点，反复迭代，直到达到"簇内的点都足够近，簇间的点都足够远"	K-means 算法、K-medoids 算法、K-modes 算法、K-medians 算法
密度聚类	(1) 用来解决不规则形状的聚类。 (2) 基于邻域的密度（数据点的数目）超过某个阈值进行聚类	DBSCAN 算法、Optics 算法、DENCLUE 算法
网格聚类	(1) 将数据空间划分为网格单元，将数据对象集映射到网格单元中，并计算每个单元的密度。 (2) 根据预设的阈值判断每个网格单元是否为高密度单元，由邻近的稠密单元组形成"类"。 (3) 处理速度与把数据空间划分网格单元的数目有关	Sting 算法、Clique 算法、Wave-Cluster 算法

3. 关联分析

关联分析又称为关联挖掘，是指从大量数据中发现项集之间有趣的关联和相关联系。采用关联模型比较典型的案例是"尿不湿与啤酒"的故事。在美国，一些年轻的父亲下班后经常要到超市去购买婴儿尿不湿，超市发现在购买婴儿尿不湿的年轻父亲中，有 30%～40%的人同时要买一些啤酒。超市随后调整了货架的摆放，把尿不湿和啤酒放在一起后，明显增加了销售额。购物篮分析过程通过发现顾客放入其购物篮中的不同商品之间的联系分析顾客的购买习惯，通过了解哪些商品频繁地被顾客同时购买，这种关联的发现可以帮助零售商制定营销策略。其他的应用还包括价目表设计、商品促销、商品的排放和基于购买模式的顾客划分。

频繁模式是频繁地出现在数据集中的模式（如项集、子序列或子结构）。一个子结构可能涉及不同的结构形式，如子图、子树或子格，它可能与项集或子序列结合在一起。如果一个子结构频繁地出现，则称它为（频繁的）结构模式。对于挖掘数据之间的关联、相关性和许多其他有趣的联系，发现这种频繁模式起着至关重要的作用。此外，关联分析对数据分类、聚类和其他挖掘任务也有帮助。

1）基本概念

频繁模式挖掘搜索给定数据集中反复出现的联系。频繁项集导致发现大型事务或关系数据集中项之间有趣的关联或相关性。

如果问题的全域是商店中所有商品的集合，则对每种商品都可以用一个布尔量来表示该商品是否被顾客购买，每个购物篮都可以用一个布尔向量表示；而通过分析布尔向量就可以得到商品被频繁关联或被同时购买的模式,这些模式就可以用关联规则表示。

2) 相关算法

关联规则挖掘算法是关联规则挖掘研究的主要内容,迄今为止已提出了许多高效的关联规则挖掘算法。最著名的关联规则发现方法是 Agrawal R 提出的 Apriori 算法。Apriori 算法主要包含两个步骤:①找出事务数据库中所有大于等于用户指定的最小支持度的数据项集;②利用频繁项集生成所需要的关联规则,根据用户设定的最小置信度进行取舍,最后得到强关联规则。识别或发现所有频繁项目集是关联规则发现算法的核心。

另一个比较著名的算法是 Han J 等提出的 FP-tree 算法。该算法采用分治的策略,在经过第一遍扫描之后,把数据库中的频繁项集压缩进一棵频繁模式树(FP-tree),同时依然保留其中的关联信息,随后再将 FP-tree 分化成一些条件库,每个库和一个长度为 1 的频繁项集相关然后再对这些条件库分别进行挖掘。当原始数据量很大时,也可以结合划分的方法,使得一个 FP-tree 可以放入主存中。实验表明 FP-Growth 对不同长度的规则都有很好的适应性,同时在效率上比 Apriori 算法有更大的提高。

常用的关联规则分析算法如表 13.3 所示。

表 13.3 常用的关联规则分析算法

算法名称	描述
Apriori 算法	(1) 关联规则常用的、经典的挖掘频繁项集的算法。 (2) 核心思想是通过连接产生候选项及其支持度,然后通过剪枝生成频繁项集
Eclat 算法	(1) 一种深度优先算法,采用垂直数据表示形式。 (2) 在概念格理论的基础上利用基于前缀的等价关系将搜索空间划分为较小的子空间
FP-Tree 算法	(1) 针对 Apriori 算法的固有的多次扫描事务数据集的缺陷,提出的不产生候选频繁项集的方法。 (2) Apriori 算法和 FP-Tree 算法都是寻找频繁项集的算法
灰色关联算法	分析和确定各因素之间的影响程度或是若干个子因素(子序列)对主因素(母序列)的贡献度而进行的一种分析方法

4. 其他算法

作为一个新兴的研究领域,自 20 世纪 80 年代以来,数据挖掘已经取得了显著进展并且涵盖了广泛的应用。如今,数据挖掘已经被应用到众多的领域,同时出现了大量的商品化的数据挖掘系统和服务。然而,许多挑战仍然存在。下面简单介绍复杂数据类型的挖掘,包括地理数据、时空数据、移动对象和物联网系统数据、多媒体数据、文本数据、Web 数据和数据流。复杂的数据类型如图 13.2 所示。

1) 挖掘序列数据

序列是事件的有序列表。根据时间的特征,序列数据可以分为三类:①时间序列数据,如股票交易数据等;②符号序列数据,如顾客购买序列、Web 点击流等;③生物学序列,如 DNA 和蛋白质序列等。

时间序列数据使用相似性搜索、回归分析和趋势分析进行挖掘,符号序列数据使用序列

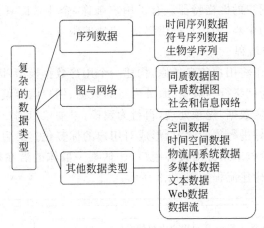

图 13.2 复杂的数据类型汇总

模式挖掘生物学序列分析比较、比对、索引和分析生物学序列。

2）挖掘图和网络

图表示比集合、序列、格和树更一般的结构。图应用范围广泛，涉及 Web 和社会网络、信息网络、生物学网络、生物信息学、化学情报学、计算机视觉、多媒体和文本检索。图和网络挖掘变得越来越重要，目前有以下挖掘主题：①图模式挖掘；②网络的统计建模；③通过网络分析进行数据清理、集成和验证；④图和同质网络的聚类和分类；⑤异质网络的聚类、秩评定和分类；⑥信息网络中的角色发现和链接预测；⑦信息网络中的相似性搜索和 OLAP；⑧信息网络的演变。

3）挖掘其他类型的数据

除序列和图外，还有许多其他类型的半结构或无结构数据，如时空数据、多媒体数据和超文本数据，它们都有有趣的应用。这些数据的挖掘目前都是研究的重点。

13.2.4 数据挖掘的应用

在大数据时代下，数据挖掘已经广泛地应用到生活中各种各样的领域中，成为当今高科技发展的热点问题。如前面提到的那样，商品零售业、医疗、教育等领域，随处可以看到大数据和数据挖掘的影子，利用数据挖掘技术可以发现大数据的内在巨大价值。在此，进一步结合实际应用说明。

1. 用户画像

1）什么是用户画像

用户画像又称用户角色，是一种勾画目标用户、联系用户诉求与设计方向的有效工具，用户画像在各领域得到了广泛的应用。以最初应用的电商领域为例，在大数据时代背景下，企业掌握了所有用户在网络世界中"某方面"的行为习惯，如用户浏览了哪些网页、搜索了哪些关键词、购买了哪些商品、留下了哪些评价等。如何将如此庞杂的数据转换为商业价值，成为现在企业越来越关注的问题。面对高质量、多维度的海量数据，如何建立精准的用户模型就显得尤为重要，用户画像的概念也就应运而生。

用户画像从多维度对用户特征进行构造和刻画，包括用户的社会属性、生活习惯、消费行为等,进而可以揭示用户的性格特征。有了用户画像,企业就能真正了解用户的所需、所想,尽可能做到以用户为中心,为用户提供舒适、快捷的服务。

2)用户画像的构建流程

构建用户画像是为了将用户信息还原,构建一个用户数据模型,因此这些数据是基于真实用户的数据,大致分为网络行为数据、服务内行为数据、用户内容偏好数据、用户交易数据四类。根据收集到的真实数据,先预处理,再行为建模,以抽象出用户的标签,还需用到机器学习,对用户的行为、偏好进行猜测学习,形成对用户的标签化。最后,可以对用户画像进行数据可视化,根据用户价值来细分出核心用户、评估某一群体的潜在价值空间,以做出针对性的运营。用户画像的构建流程如图 13.3 所示。

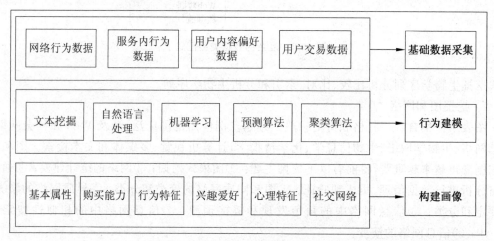

图 13.3　用户画像构建流程

2. 个性化推荐

1)什么是个性化推荐

每个人生来就是与众不同的,需求天然也是个性化的。以服装为例,每个用户穿着打扮的风格、偏好、喜爱的款式是各不相同的,通过对用户行为的大数据进行数据挖掘,可以构建用户画像,发掘出用户的个性化需求并进行推荐。例如,亚马逊公司通过挖掘用户在线的浏览行为和购买记录,成功挖掘出了用户个性化模型并进行针对性商品推荐,极大地促进了商品的购买率。据统计,目前在亚马逊上有超过 30% 的购买收入由个性化推荐系统所贡献。

个性化推荐是随着移动互联网发展不断发展起来的,包括知乎、豆瓣、网易云音乐、今日头条、淘宝、京东、去哪儿网等在内的一系列产品,围绕其产品都有完整的一套个性化推荐系统,可以提升用户活跃度和复购行为,用户可以快速找到感兴趣的商品,提高购物效率,而产品可以更好地满足用户的个性化需求,提升用户体验和好感度。

2)个性化推荐的流程

个性化推荐的核心就是为用户提供符合其特征和偏好的结果,让用户体验更便捷,产品也更简洁。在用户画像的基础上,进一步通过算法建模,如基于文本内容的推荐、基于协同过滤的推荐等,同时,为了让信息推荐更加智能,还需要机器学习,通过特征发掘、行为分析、喜好学习,不断优化推荐效果(推荐有效性)和智能化推荐(推荐维度的丰富)。个性化推荐流程如图 13.4 所示。

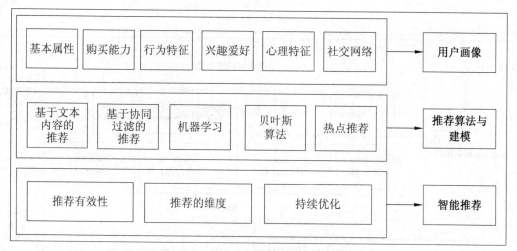

图 13.4　个性化推荐流程

13.3　Hadoop 大数据平台

13.3.1　Hadoop 的特点

Hadoop 是一个由 Apache 基金会开发的分布式系统基础架构。用户可以在不了解分布式底层细节的情况下,充分利用集群的威力进行海量存储和高速运算。特别地,对于海量数据,可以轻松地在 Hadoop 上开发和运行处理海量数据的分布式应用程序。Hadoop 具有以下特点。

(1) 高可靠性。Hadoop 假设计算元素和存储会失败,因此它自动创建和维护多个数据副本,确保能够针对失败的节点重新恢复处理。Hadoop 按位存储和处理数据的能力值得人们信赖。

(2) 高扩展性。Hadoop 是在可用的计算机集群间分配数据并完成计算任务的,这些集群可以方便地扩展到数以千计的节点中。

(3) 高效性。Hadoop 以并行工作的方式加快处理速度,同时,能够在节点之间动态地移动数据,并保证各个节点的动态平衡,因此处理速度非常快。

(4) 高经济性。Hadoop 可以运行在廉价的 PC 上,可以将普通的服务器搭建为节点,因此它的成本比较低。

13.3.2　Hadoop 生态系统

Hadoop 的核心是 HDFS 和 MapReduce,Hadoop 2.0 以上版本还包括 YARN,目前已经发布 3.x 版本。Hadoop 生态系统如图 13.5 所示。

经过多年的发展,Hadoop 生态系统不断完善和发展,已经包含了多个子项目。部分核心子系统介绍如下。

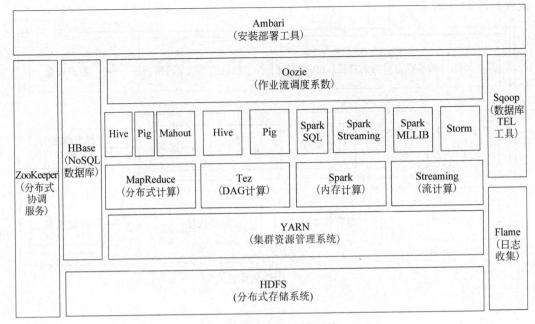

图 13.5　Hadoop 生态系统

1. HDFS

HDFS(hadoop distributed file system,Hadoop 分布式文件系统)是分布式计算中数据存储管理的基础,主要包含 NameNode 和 DataNode 两大组件,分别存储元数据和数据文件,并且数据文件划分成以 Block(块)的形式存储,是基于存储超大文件的需求而开发的,可以运行于廉价的商用服务器上。它为海量数据提供了不怕故障的存储,为超大数据集的应用处理带来了很多便利。但 HDFS 也有其局限性,如不支持低延迟访问、不适合小文件存储、不支持并发写入、不支持修改等。

2. MapReduce

MapReduce 是一个分布式计算框架,用于大规模数据集(大于 1TB)的并行计算。它的主要思想是采用"分而治之"的策略,将一个分布式文件系统中的大规模数据集分成许多独立的分片,而这些分片可以被多个 Map 任务并行处理。其中 Map 对数据集上的独立元素进行指定的操作,生成键—值对形式的中间结果;Reduce 则对中间结果中相同"键"的所有"值"进行规约,以得到最终结果。MapReduce 这样的功能划分,非常适用于集群的分布式并行环境里进行数据处理。

3. YARN

YARN(yet another resource negotiator,另一种资源协调者)是一种新的 Hadoop 资源管理器,它是一个通用资源管理系统,可为上层应用提供统一的资源管理和调度,它的引入为集群在利用率、资源统一管理和数据共享等方面带来了好处。该框架是 Hadoop 2.x 以后对 Hadoop 1.x 之前的 JobTracker 和 TaskTracker 模型的优化而产生出来的,将 JobTracker 的资源分配和作业调度及监督分开,大大减小了 JobTracker 的资源消耗。

4. Spark

Spark 是专为大规模数据处理而设计的快速通用的计算引擎。Spark 基于 MapReduce 算法实现分布式计算，拥有 Hadoop 和 MapReduce 所具有的优点；但不同于 MapReduce 的是，Job 中间输出结果可以保存在内存中，从而不再需要读/写 HDFS，因此 Spark 处理的速度更快，能更好地适用于数据挖掘与机器学习等需要迭代的 MapReduce 的算法。

尽管创建 Spark 是为了支持分布式数据集上的迭代作业，但实际上它是对 Hadoop 的补充，可以在 Hadoop 文件系统中并行运行。可用来构建大型的、低延迟的数据分析应用程序。

5. ZooKeeper

ZooKeeper 是一个分布式的、开放源码的分布式应用程序协调服务，是 Google Chubby 的一个开源的实现，是 Hadoop 和 HBase 的重要组件。它是一个为分布式应用提供一致性服务的软件，提供的功能包括配置管理、域名服务、分布式锁、集群管理等。

13.3.3　Hadoop 大数据分析

Hadoop 为大数据分析提供了一系列支持，包含以下子项目。

1. HBase

HBase 全称分布式列存数据库，是针对非结构化和半结构化松散数据的可伸缩、高可靠、高性能、分布式和面向列的动态模式数据库，传统的关系型数据库是对面向行的数据库。和传统关系数据库不同，HBase 采用了 BigTable 的数据模型：增强的稀疏排序映射表（Key-Value），其中，键由行关键字、列关键字和时间戳构成。HBase 提供了对大规模数据的随机、实时读写访问；同时，HBase 中保存的数据可以使用 MapReduce 来处理，它将数据存储和并行计算完美地结合在一起。

2. Hive

Hive 是基于 Hadoop 的一个数据仓库工具，能够将结构化的数据文件映射为一张数据库表，并提供完整的 SQL 查询功能，将 SQL 语句转换为 MapReduce 任务来运行，通过自己的 SQL 查询分析需要的内容，可以很方便地利用 HQL 语句查询、汇总和分析数据。Hive 通常用于离线分析，适用于大数据集的批处理作业，如网络日志分析。

3. Mahout

Mahout 是一个数据挖掘算法库，相对于传统的 MapReduce 编程方式来实现机器学习的算法时，往往需要花费大量的开发时间，并且周期较长，而 Mahout 的主要目标是创建一些可扩展的机器学习领域经典算法的实现，旨在帮助开发人员更加方便、快捷地创建智能应用程序。现已包含聚类、分类、推荐引擎（协同过滤）和频繁集挖掘等广泛使用的数据挖掘方法。

4. Pig

Pig 是一种数据流语言和运行环境，用于检索非常大的数据集。Apache Pig 是 MapReduce 的一个抽象，它是一个工具（平台），用于分析较大的数据集，并将它们表示为数据流。Pig 通常与 Hadoop 一起使用，可以使用 Pig 在 Hadoop 中执行所有的数据处理操作。Pig 能够让人们专心于数据及业务本身，而不是纠结于数据的格式转换以及 MapReduce 程序的编写。从本质上说，当使用 Pig 进行处理时，Pig 本身会在后台生成一系列的 MapReduce 操作来执行任务，但是这个过程对用户来说是透明的。

5. Spark MLLib

ML（machine learning，机器学习）是一门多领域交叉学科。MLLib 是 Spark 的可以扩展的机器学习库，旨在简化机器学习的工程实践工作，并方便扩展到更大的规模。它由一系列通用的机器学习算法和实用程序组成，包括分类、回归、聚类、协同过滤等，同时还包括一些底层优化的方法，如特征提取、特征转换、降维、构造、评估和调整管道的工具等。

13.4 数据分析工具

13.4.1 Excel 数据分析

Excel 中用于数据分析的模块主要有以下几个。

1. 多种内置函数

Excel 有大量的内置函数可用，善于利用各种函数可以解决很多问题，如财务函数、日期与时间函数、数学与三角函数、统计函数、逻辑函数、文本函数等，在此不展开详述。

2. 数据透视表/图

数据透视表/图是学习数据分析应该掌握的第一个重要功能，Excel 操作比较简单，只须拖动一些字段到相应位置，就能轻松实现对原始数据的各种加工和汇总，还能根据原始数据的变动实现自动刷新。

3. 数据模块

在使用 Excel 时，通常会忽略其数据模块，而没有用到其强大功能。数据模块主要分为：获取外部数据、排序和筛选、数据工具、分组显示、数据分析等几大子模块，也是数据分析经常用到的一些操作。

数据分析模块是上述数据模块下的一个子模块，单独列出来，是因为它对数据分析很重要。上述默认菜单项中是没有"数据分析"一项的，需要通过 Excel"选项"中"加载项"选择"分析工具库"，并"转到"分析工具库中，才可以在菜单栏看到"数据分析"。这个模块的使用就要有一定的数据分析和统计的理论基础才可以。

4. 图表模块

数据分析的另一个重要步骤是直观地展现数据，即数据的可视化。Excel 自带各种图表工具，如柱状图、折线图、饼图、条形图、面积图、散点图等，还有迷你图的制作功能。

13.4.2 R 语言与统计分析

1. R 语言简介

R 语言是一种数据分析语言，是自由的、免费的、开源的。它最初用于统计分析和图形显示，但是 R 语言现在可以在诸多领域进行应用，如数据挖掘、机器学习、社交网络、生物信息、金融数据分析等。同时，R 语言提供了成千上万的专业模块和实用工具，是从大数据中获取有用信息的绝佳工具。R 语言在 2015 年就被 IEEE 列入 2015 年十大语言,近几年也依然是数据分析的主流语言。

2. R 语言数据分析

R 语言是一套完整的数据处理、计算和制图软件系统。如上所述,R 语言的函数和数据集是以程序包的形式存在的,其最大的特点是可以根据需求下载和安装包。R 语言在数据分析方面主要包括以下功能。

1) 数据存储和处理系统

目前 R 语言可用的数据包已有 5000 多个,无论处理什么类型的数据,R 语言都能应付自如。R 语言支持的数据结构主要有向量、矩阵、数组、数据框、因子、列表等。

2) 数组运算工具

R 语言作为一种统计软件,与生俱来对数学运算有良好的支持,在向量、矩阵、数组运算方面的功能尤其强大,一个函数就能实现一种数学计算。

3) 完整连贯的统计分析工具

R 语言有一套完整的统计分析软件包,如 stable——广义回归分析、tseries——时间序列分析、VaR——风险值分析、matrix——矩阵运算、normix——混合正态分布分析、nortest——正态分布的 Anderson-Darling 检验、MCMCpack——基于 Gibbs 抽样的 MCMC 抽样方法、fracdiff——分数差分模型的极大似然估计,等等。

4) 优秀的制图功能

R 语言的绘图功能很强大,具体可分为基础绘图系统和高级绘图系统。

基础绘图又包括两类:①低级绘图函数,如创建画布、点、线、多边形等;②高级绘图函数,如 plot()、boxplot()、hist()、density()等。

高级绘图也包括两类:①grid 绘图系统,如基于 grid 绘图系统开发的 ggplot2 等;②lattice绘图系统。借助这些绘图系统,可以快速创建所需的各种图表,并根据图表形状自行调整。

5) 简便而强大的编程语言

R 语言可操纵数据的输入和输出,可实现分支、循环,用户可自定义功能。R 语言配有专业的图形交互界面,对没有编程基础的用户也非常友好。R 语言不需要很长的代码,也不需要设计模式。一个函数调用,传递几个参数就能实现一个复杂的统计模型。对于数据分析工程师来说,可以把重心放在思考用什么模型、传递什么参数,而不是花费很多精力思考如何进行程序设计。

13.4.3 Python 语言及大数据分析

1. Python 语言简介

Python 语言是一种面向对象的动态类型计算机程序设计语言。Python 语言的创始人是荷兰人吉多·范罗苏姆(Guido van Rossum),1989 年圣诞节期间,他为了打发圣诞节而开发出一个新的脚本解释程序,并取名为 Python。2004 年以后,Python 语言的使用率呈线性增长。现已广泛应用于 Web 和 Internet 开发、科学计算和统计、人工智能、教育、桌面界面开发等领域。它具有简单易学、清晰易读、丰富的库、可移植性、可扩展性、互动模式、提供所有主要的商业数据库的接口等特点。

2. Python 数据分析

Python 已成为数据分析和数据科学事实上的标准语言和标准平台之一。NumPy、SciPy、Pandas 和 Matplotlib 库共同构成了 Python 数据分析的基础,下面列举 Python 生态系统为数据分析师和数据科学家提供的常用程序库。

1) NumPy

NumPy(numerical python)是 Python 语言的一个开源的数值计算扩展程序库,支持大量的维度数组与矩阵运算,对数组运算提供了大量的数学函数库,比 Python 自身的嵌套列表(nested list structure)结构要高效得多。

2) SciPy

SciPy(scientific python)是 Python 语言的一个用于数学、科学、工程领域的科学计算库,对 NumPy 的功能进行了大量扩充,可以处理插值、积分、优化、图像处理、常微分方程数值解的求解、信号处理等问题。NumPy 和 SciPy 协同工作,解决问题更高效。

3) Matplotlib

Matplotlib 是 Python 语言的 2D 绘图库,在绘制图形和图像方面提供了良好的支持。依赖于 NumPy 模块和 Tkinter 模块,可以绘制多种形式的图形,包括线图、直方图、饼状图、散点图、误差线图等,图形质量可满足出版要求,是计算结果可视化的重要工具。

4) Pandas

Pandas 是一个强大的分析结构化数据的工具集,它基于 NumPy 的高性能的矩阵运算,用于数据挖掘和数据分析,同时也提供数据清洗的功能。Pandas 纳入了大量库和一些标准的数据模型,提供了高效的操作大型数据集所需的工具。Pandas 提供了大量能快速、便捷地处理数据的函数和方法,它是使 Python 成为强大而高效的数据分析环境的重要因素之一。

13.4.4　KNIME 简介

KNIME 是德国康斯坦茨大学基于 Java 开发的一款功能强大的免费开源分析工具。它通过工作流来控制数据的集成、清洗、转换、过滤,再到统计、数据挖掘,以及最后数据的可视化,如图 13.6 所示。

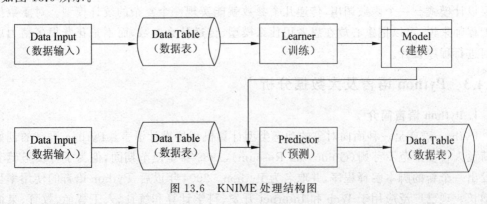

图 13.6　KNIME 处理结构图

KNIME 易于学习,越来越受到数据分析者的欢迎,它的主要特点如下。

（1）采用开源的方式来免费分发软件，但为付费客户提供更多具有特定附加值的服务，因使用者而异，可满足多种需求。

（2）强大的数据和工具的集成能力，容易与第三方的大数据框架集成，如和 Apache 的 Hadoop 和 Spark 等大数据框架集成在一起，非常容易使用。

（3）提供了 1500 多个模块，且还在不断地增长，支持主要的文件格式和数据库，本地和数据库数据的调整与转换支持主流的数据格式，如 XML、JSON、图形、文档等。

（4）兼容多种数据形式，不但支持纯文本、数据库、文档、图像、网络，还支持基于 Hadoop 的数据格式。

（5）兼容多种数据分析工具和语言，支持 R 语言和 Python 语言的脚本，为它们的强大的可视化功能提供了易于使用的图形化接口，将分析结果通过生动、形象的图形展示给用户。

（6）提供了良好的插件机制，用户可以开发一些新功能，并通过官方渠道以免费或收费的形式发布出去。

13.5　云　计　算

13.5.1　云计算概述

云计算（cloud computing）一种新兴的计算模式。云计算是一种将可伸缩弹性、共享的物理和虚拟资源池以按需自服务的方式供应和管理，并提供网络访问的模式。云计算基本模式如图 13.7 所示。

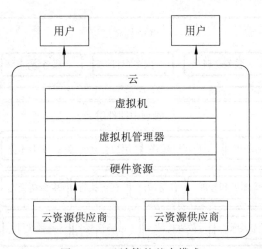

图 13.7　云计算的基本模式

云计算既包含在互联网上以服务形式提供的应用，也包含在数据中心提供这些服务的硬件和软件。云服务按照服务类型可分为三类：基础设施即服务（Infrastructure as a Service，IaaS）、平台即服务（Platform as a Service，PaaS）、软件即服务（Software as a Service，SaaS）。通过 IaaS 虚拟化技术，将众多服务器和存储资源池化，为用户或业务应用的承载提供所需的计算资源。云平台提供了一个开发环境，开发者可以在平台（PaaS）上进行创建和部署应用，而不必关心应用使用的 IT 资源情况。云计算提供在线软件服务，用户可以通过 Web 访问,称作软件即服务 SaaS。

　　按照云计算服务的部署方式和服务对象的范围可以将云计算分为三类,即公共云、私有云和混合云(hybrid cloud),如图 13.8 所示。公共云是由特定云服务提供商运营为最终用户提供从应用程序、软件运行环境到物理基础设施等各种各样的 IT 资源的云。私有云是由某一组织构建、运营、管理的云,仅为本组织提供服务。混合云由多个公共云或私有云组成。一个组织可以自己拥有私有云,同时根据需要向公共云订购云服务。

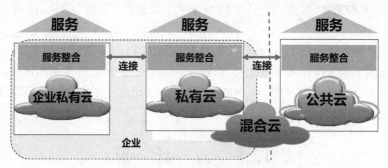

图 13.8　云计算部署模型

13.5.2　云计算体系结构

　　云计算体系结构分为物理资源层、资源池层、管理中间件和服务接口层(service-oriented architecture,SOA),如图 13.9 所示。

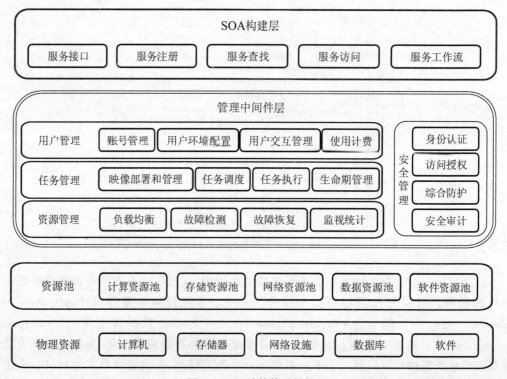

图 13.9　云计算体系结构

云计算体系底层为物理资源层,包括计算机、存储器、网络设施、数据库以及软件等资源。虚拟化资源层将大量相同类型的资源构成同构或接近同构的资源池,如计算资源池、数据资源池等。管理中间件层负责对云计算的资源进行管理,并对任务进行调度,使得资源的利用更加安全、高效。服务接口层将云计算能力封装成标准的 Web 服务,并纳入 SOA 体系进行管理和使用,包括服务注册、查找、访问和构建服务工作流等。在四个层次中,管理中间件层和虚拟化资源层是云计算技术的最关键部分,服务接口层更多依靠外部设施提供。

目前,许多大型 IT 厂商都推出了各自的云计算平台,如 Google APP Engine、Amazon EC2、IBM Blue Cloud 及 Microsoft Azure 等。云计算具有的技术特征和规模效应,使其具有比传统计算机系统更高的性价比优势。

13.5.3　云计算与大数据相辅相成

云计算是大数据的 IT 基础,大数据须有云计算作为基础架构,才能高效运行。通过大数据的业务需求,为云计算的落地找到了实际应用。传统的单机处理模式不但成本越来越高,而且不易扩展,并且随着数据量的递增和数据处理复杂度的增加,相应的性能和扩展瓶颈将会越来越大。在这种情况下,云计算所具备的弹性伸缩和动态调配、资源的虚拟化和系统的透明性、支持多租户、支持按量计费或按需使用,以及绿色节能等基本要素正好契合了新型大数据处理技术的需求;而以云计算为典型代表的新一代计算模式,以及云计算平台这种支撑一切上层应用服务的底层基础架构,以其高可靠性、更强的处理能力和更大的存储空间、可平滑迁移、可弹性伸缩、对用户的透明性以及可统一管理和调度等特性,正在成为解决大数据问题的未来计算技术发展的重要方向。

基于云计算技术构建的大数据平台,能够提供聚合大规模分布式系统中离散的通信、存储和处理能力,并以灵活、可靠、透明的形式提供给上层平台和应用。它同时还提供针对海量多格式、多模式数据的跨系统、跨平台、跨应用的统一管理手段和高可用、敏捷响应的机制体系来支持快速变化的功能目标、系统环境和应用配置。未来的趋势是:云计算作为计算资源的底层,支撑着上层的大数据处理;大数据的发展趋势是提升实时交互式的查询效率和分析能力。借助"云"的力量,可以实现对多格式、多模式的大数据的统一管理、高效流通和实时分析,挖掘大数据的价值,发挥大数据的真正意义。

13.5.4　边缘云计算

随着 5G、物联网时代的到来,传统云计算技术难以满足终端侧"大连接、低时延、大带宽"的需求。将云计算能力拓展到边缘侧,并通过云端管控实现云服务的下沉,提供端到端的云服务,由此产生了边缘云计算。

边缘计算目前还没有一个严格的统一的定义,不同研究者从各自的视角来描述和理解边缘计算。ISO、IEC JTC1、SC38 对边缘计算给出的定义是:边缘计算是一种将主要处理和数据存储放在网络边缘节点的分布式计算形式。边缘计算产业联盟则定义为:边缘计算在靠近物或数据源头的网络边缘侧,融合网络、计算、存储、应用核心能力为一体的开放平台,就近提供最近端服务。边缘计算参考架构如图 13.10 所示。

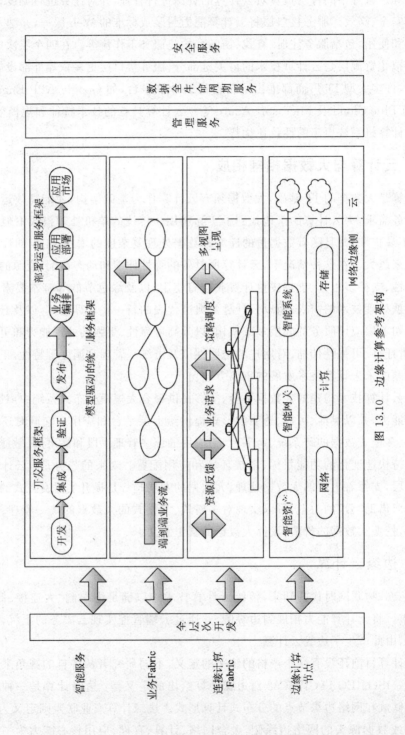

图 13.10 边缘计算参考架构

边缘云计算简称边缘云,是基于云计算技术的核心和边缘计算的能力,构筑在边缘基础设施上的云计算平台。形成边缘位置的计算、网络、存储、安全等能力全面的弹性云平台,并与中心云和物联网终端形成"云边端三体协同"的端到端的技术架构,通过将网络转发、存储、计算,智能化数据分析等工作放在边缘处理,降低响应时延、减轻云端压力、降低带宽成本,并提供全网调度、算力分发等云服务。

边缘云计算的基本示意图如图13.11所示。边缘云作为中心云的延伸,将云的部分服务或能力扩展到边缘基础设施之上。中心云和边缘云相互配合,实现"无所不在"的云。边缘云计算具备低延时、自定义、可调度等特点。

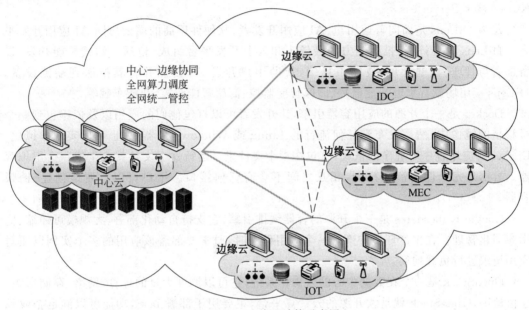

图 13.11　边缘云计算示意图

边缘云和云计算之间不是替代关系,而是互补协同关系。云计算擅长全局性、非实时、长周期的大数据处理与分析;而边缘云计算更适合局部性、实时短周期数据的处理与分析。边缘云计算与云计算需要通过紧密协同才能更好地满足各种需求场景的匹配,实现更大的应用价值。

13.5.5　微服务架构

微服务就是一些可独立运行、可协同工作的小的服务。采用了微服务架构后,整个系统被拆分成多个微服务,这些服务之间往往不是完全独立的,在业务上存在一定的耦合,即一个服务可能需要使用另一个服务所提供的功能。这就是所谓的"可协同工作"。与单个服务应用不同的是,多个微服务之间的调用时通过RPC通信来实现,而非单服务的本地调用,所以通信的成本相对要高一些,但带来的好处也是可观的。

微服务的思想是将一个拥有复杂功能的庞大系统,按照业务功能,拆分成多个相互独立的子系统,这些子系统则被称为"微服务"。每个微服务只承担某一项职责,从而相对于单服务应用来说,微服务的体积是"小"的。小也就意味着每个服务承担的职责变少,根据单一职责原则,在系统设计时,要尽量使每一项服务只承担一项职责,从而实现系统的"高内聚"。

微服务架构风格是一种使用一套小服务来开发单个应用的方式途径,每个服务运行在自己的进程中,并使用轻量级机制通信,通常是 HTTP 资源的 API,这些服务基于业务能力构建,并能够通过自动化部署机制来独立部署,这些服务使用不同的编程语言实现,以及不同数据存储技术,并保持最低限度的集中式管理。

13.5.6　主流云计算部署平台和架构

随着云应用的推广,国内外出现一些云计算部署平台。如华为 HiLens、Docker + Kubernetes、Serverless 等。

华为 HiLens 是面向普通用户、AI 应用开发者、软硬件厂商的端云协同 AI 应用开发平台。HiLens 由具备 AI 推理能力的摄像头和云上开发平台组成,包括一站式技能开发、设备部署与管理、数据管理、技能市场等,帮助用户开发 AI 技能并将其推送到端侧设备。HiLens 应用场景有家庭智能监控、园区智能监控、商超智能监控、智能车载等。

Docker 是一个开源的应用容器引擎,让开发者可以打包他们的应用以及依赖包到一个可移植的镜像中,然后发布到任何流行的 Linux 或 Windows 机器上,也可以实现虚拟化。Docker 将应用程序与程序的依赖,打包在一个文件里。运行这个文件就会生成一个虚拟容器。容器是完全使用沙箱机制,相互之间不会有任何接口。用户可以方便地创建、销毁容器。

Google Kubernetes 是一个开源的容器编排引擎,它支持自动化部署、大规模可伸缩、应用容器化管理。在生产环境中部署一个应用程序时,通常要部署该应用的多个实例以便对应用请求进行负载均衡。

OpenStack 是一个在数据中心的云操作系统,它可以调度大量的计算、网络、存储资源。通俗地讲,OpenStack 就是款开源的云计算平台,主要用于部署 IaaS,功能可以满足企业私有使用,也是全球最大的 Python 项目。

Serverless 是一种云原生架构模式,从底层开始改变计算资源的形态,为软件架构设计与应用服务部署带来了新的设计思路,将繁重的基础设施管理工作交由云服务商负责,从而提高开发者的研发效率和创新能力。虽然 Serverless 计算在工程效率等方面有明显优势,但现有产品在成本、性能、应用构建等方面还有明显的限制。

13.5.7　基于 Docker 的服务创建和发布

1. 基于 Docker 的服务创建

示例:假如某应用有一个 Web 前端服务,该服务有相应的镜像。测试表明,对于正常的流量来说 5 个实例可以应对。那么就将这一需求转换为一个服务,该服务声明了容器使用的镜像,并且服务应该总是有 5 个运行中的副本,则具体步骤如下。

(1) 创建服务。使用 docker service create 命令创建一个新的服务。

```
$ docker service create --name-web-fe \
-p 8080: 8080 \
--replicas 5 \
nigelpoulton/pluralsight-docker-ci
```

z7ovearqmruwk0u2vc5o7ql0p

使用 docker service create 命令告知 Docker 正在声明一个新服务,并传递--name 参数将其命名为 web-fe。将每个节点上的 8080 端口映射到服务副本内部的 8080 端口。接下来,使用--replicas 参数告知 Docker 应该总是有 5 个此服务的副本。最后,告知 Docker 哪个镜像用于副本。

运行以后,主管理节点会在 Swarm 中实例化 5 个副本,管理节点也会作为工作节点运行。相关各工作节点或管理节点会拉取镜像,然后启动一个运行在 8080 端口上的容器。所有的服务都会被 Swarm 持续监控,Swarm 会在后台进行轮循检查(reconciliation loop),来持续比较服务的实际状态和期望状态是否一致。

(2) 查看服务副本列表及各副本的状态。命令格式如下。

```
docker service ps<service-name or serviceid>
```

每个副本会作为一行输出,其中显示了各副本分别运行在 Swarm 的哪个节点上,以及期望的状态和实际状态。

(3) 删除服务。docker service rm 命令用于删除之前部署的服务。执行 docker service ls 命令以验证服务确实已被删除。

(4) 更新服务。采用 docker service update 命令来完成服务的更新。通过变更该服务期望状态的方式来更新运行中的服务。

2. 基于 Docker 的服务发布

Docker Swarm 支持 Ingress 模式(默认)和 Host 模式两种服务发布模式。两种模式均保证服务从集群外可访问。通过 Ingress 模式发布的服务,可以保证从 Swarm 集群内任一节点(即使没有运行服务的副本)都能访问该服务;以 Host 模式发布的服务只能通过运行服务副本的节点来访问。

docker service mode 命令允许用户使用完整格式的语法或者简单格式的语法来发布服务。Ingress 模式是默认方式。如果需要以 Host 模式发布服务,则需要使用--publish 参数的完整格式,并添加 mode＝host。以下是以 Host 模式发布的示例。

```
$ docker service create -d --name svc1 \
--publish published=5000,target=80,mode=host \
nginx
```

其中,published＝5000 表示服务通过端口 5000 提供外部服务;target＝80 表示发送到 published 端口 5000 的请求,会映射到服务副本的 80 端口;mode＝host 表示只有外部请求发送到运行了服务副本的节点才可以访问该服务。

第 14 章

人工智能为什么能

自 2016 年智能机器人 AlphaGo 战胜围棋世界冠军李世石以来,人们对人工智能技术的关注度达到了空前的高度,关于人工智能的讨论也持续升温。从协助人类完成日常事务,到取代人类去从事各种职业,人工智能似乎无所不能。有人说人工智能将来可以代替人类做任何事情,会使大批人失业,很多传统行业都不需要人类参与,人工智能可以取而代之,大量的人将会失业;也有人说人工智能甚至是具有了自己的思维能力,人类将失去对机器的控制,最终机器要毁灭人类,让人类变成机器的奴隶。这种思想已经被很多影视作品展现出来,如电影《终结者》中所描绘的场景。也有人认为人工智能只是一个工具,在很多领域成为人的助手,永远也无法超越人类,人工智能可以帮助我们创造更多的价值。人工智能为什么能? 人工智能技术和其他技术有什么样的联系? 未来的发展方向如何? 该如何理解人工智能技术呢?

14.1 人们所处的人工智能时代

人工智能并不是一个新名词,几十年前就被提出来,并作为一个正式的学科存在于各个大学中,但是它一直没有引起太多人的关注。1997 年 5 月 11 日,国际象棋世界冠军卡斯帕罗夫与 IBM 公司的国际象棋计算机“深蓝”的六局对抗赛落下帷幕,在前五局以 2.5 对 2.5 打平的情况下,卡斯帕罗夫在第六盘决胜局中仅走了 19 步就向“深蓝”认输,整场比赛进行了不到一个小时,“深蓝”赢得了这场具有特殊意义的对抗赛。从此,人类和机器的博弈拉开帷幕。

2016 年 3 月 9 日,Google 公司的围棋机器人 AlphaGo 在同世界著名选手李世石的对局(见图 14.1)中获胜,成为第一个战胜围棋世界冠军的机器人,这是机器智能的一个里程碑式的胜利。

自此以后,人工智能频繁出现在公众的面前,成为一个媒体上常见的字眼,投资人也特别青睐人工智能相关的公司,很多公司转入人工智能产品的研发,大量的人才需求开始出现,很多学校开设了人工智能学院和专业,人工智能进入了“井喷”期。

14.1.1 身边的人工智能

人们平时的生活中,就存在着大量使用人工智能技术的产品,虽然无时无刻都在使用它,但是很多人并不知道它的存在。

图 14.1　AlphaGo 击败世界冠军李世石

　　智能手机已经成为必不可少的消费电子,人们使用它进行通话、拍照、社交、购物,甚至办公。智能手机中使用了大量的人工智能技术。例如,拍照时可以对人像进行识别,对背景进行虚化,自动进行美颜处理。还有人脸识别技术,它是基于人的脸部特征信息进行身份识别的一种生物识别技术,用摄像机或摄像头采集含有人脸的图像或视频流,并自动在图像中检测和跟踪人脸,进而对检测到的人脸进行脸部识别。在智能手机中,人脸识别技术可以用来进行身份验证,用于手机解锁,各种应用软件的用户登录验证,还可以用于支付验证。

　　城市交通中也融入了人工智能技术。十字路口的红绿灯是用来进行交通调控的,现在的信号灯的红灯时间和绿灯时间都是固定长度的,例如可能都是 60 秒,但有时候南北方向的车很少,但是东西方向的车已经拥堵得很厉害了,此时如果信号灯的时间长度依然不做调整,会导致东西方向的拥堵越发严重。使用了人工智能技术的信号灯就可以很好地解决这个问题,通过路口的摄像头录像,后台的人工智能算法根据图像感知到这个路口哪个方向发生了拥堵,并测算出拥堵时长和拥堵路段长度,之后会按照全局调节的思路制定一套配时优化策略,将这个拥堵方向的绿灯配时延长,相应地其他几个路口的绿灯配时缩短,拥堵路口的通行效率得以提升。

　　在医学影像领域,人工智能技术取得了实质性进展。医学影像是指为了医疗或医学研究,对人体或人体某部分,以非侵入方式取得内部组织影像的技术与处理过程,它包含以下两个研究方向:医学成像系统和医学图像处理。医生为何选择让人工智能"看片子"呢?主要原因是,目前的人工智能是以深度学习为代表的一系列技术,而该技术对于影像特别是图像的分析,是与传统的人工智能方法或传统机器学习方法相比进展最大的。如今医疗领域面临着数据爆炸的情况,届时医生将面临海量的医学影像,人工智能将最大限度地减轻医生的负担,同时提高诊断的准确性。

14.1.2　人工智能的概念与特性

　　早在公元前 300 多年,伟大的哲学家和思想家亚里士多德就在他的《工具论》中提出了形式逻辑的一些主要定律,他提出的三段论至今仍是演绎推理的基本依据。人工智能的正式提出时间是在 20 世纪五六十年。1950 年,图灵在他的论文《计算机与智能》中提出了著名的图灵测试,用来判断一个机器是否具有人类智能。

约翰·麦卡锡在 1956 年的达特茅茨会议上提出,人工智能就是要让机器的行为看起来像是人所表现出的智能行为一样。也正是在这次会议上,AI(artificial intelligence)的叫法被第一次正式提出。还有一些定义认为,人工智能是计算机学的一个分支,包含十分广泛的科学,它是研究、开发用于模拟、延伸和扩展人的智能的理论、方法、技术及应用系统的一门新的技术科学,是人造机器所表现出来的人类的智能。

新一代的人工智能呈现出深度学习、跨界融合、人机协同、群智开放和自主智能的新特点。新一代的人工智能主要是大数据基础上的人工智能,具有如下五个特性。

(1) 从人工知识表达到大数据驱动的知识学习技术。

(2) 从分类型处理的多媒体数据转向跨媒体的认知、学习、推理,这里讲的"媒体"不是新闻媒体,而是界面或者环境。

(3) 从追求智能机器到高水平的人机、脑机相互协同和融合。

(4) 从聚焦个体智能到基于互联网和大数据的群体智能,它可以把很多人的智能集聚融合起来变成群体智能。

(5) 从拟人化的机器人转向更加广阔的智能自主系统,如智能工厂、智能无人机系统等。

从人工智能达到的水平和完善程度上划分,人工智能可以分为三个阶段,分别是弱人工智能、强人工智能和超人工智能。弱人工智能也称为专用人工智能;强人工智能也称为通用人工智能;超人工智能也称为超级人工智能。

(1) **弱人工智能**(artificial narrow intelligence,ANI)。弱人工智能是指擅长于单方面的人工智能,它不可能制造出能真正地推理和解决问题的智能机器,这些机器只不过看起来像是智能的,但是并不真正拥有智能,也不会有自主意识,弱人工智能涉及的机器只能执行一组狭义的特定任务。在这个阶段,机器不具备任何思考能力,它只是执行一组预设的功能。弱人工智能的例子包括 Siri(智能语音助手)、Alexa(搜索引擎)、自动驾驶汽车、AlphaGo(人工智能机器人)等。到目前为止,几乎所有基于人工智能的系统都属于弱人工智能。

(2) **强人工智能**(artificial general intelligence,AGI)。强人工智能是指在各方面都能和人类比肩的人工智能,这是类似人类级别的人工智能,人类能做的脑力工作,它都能做。创造强人工智能比创造弱人工智能难很多,人类现在还做不到。强人工智能理论认为有可能制造出真正能推理和解决问题的智能机器,并且这样的机器能将被认为是有知觉的,有自我意识的。强人工智能可以分为两类:类人的人工智能,即机器的思考和推理就像人的思维一样。非类人的人工智能,即机器产生了和人完全不一样的知觉与意识,使用和人完全不一样的推理方式。在这一阶段,机器将具有像人类一样思考和决策的能力。目前还没有强人工智能的例子,但是在不久的将来,很快就会创造出像人类一样聪明的机器。

(3) **超人工智能**(artificial super intelligence,ASI)。这是人工智能超越人类的发展阶段。超人工智能目前只是一个假设,就像科幻电影里描述的场景那样,机器统治了世界,人类被机器奴役。一些科学家认为,科技的发展是符合幂律分布的,前期发展缓慢,到后来越来越快,就像一列火车从远处驶来,刚开始人们只看到火车小小的影子,却看不清火车的样子,但随着火车越来越近,当人们看清楚火车的样子时,几乎一瞬间,火车就从身边呼啸而过。人工智能技术的发展也像这个火车一样，花了几十年的时间，终于达到了幼儿智力水平，但是当发展到一定的水平之后，它的发展速度就会突然爆发，无法控制。牛津哲学家、知名人工智能思想家 Nick Bostrom 把超级人工智能定义为"在几乎所有领域都比最聪明的人类大脑都聪明很多，包括科学创新、通识和社交技能"。我们现在处于一个充满弱人工智能的世界，比如垃圾邮件分类系统，是一个可以帮助我们筛选垃圾邮件的弱人工智能；Google翻译是个可以帮助我们翻译英文的弱人工智能；AlphaGo 是一个可以战胜世界围棋冠军的弱人工智能，等等。这些弱人工智能算法不断地加强创新，每一个弱人工智能的创新，都是在给通往强人工智能和超人工智能的旅途中添砖加瓦。一些科学家对人工智能的发展持谨慎态度，甚至警告人类不要继续研究人工智能，他们所担心的就是一旦这种技术发展到超人工智能阶段，人类将对机器失去控制。在霍金生命中的最后几年里，他曾频繁发出关于人工智能的警告："人工智能可能毁灭人类"，并且表示人类必须建立有效机制尽早识别威胁所在。而发出这样警告的科学家并不只有霍金一人，埃隆·马斯克、比尔·盖茨和前苹果创始人史蒂夫·沃兹尼亚克等人也表达了他们对人工智能技术发展方向的担忧，觉得强人工智能会威胁人类的存在。

14.1.3　人工智能有什么用

人工智能技术可以提升传统行业的服务能力和服务质量，满足用户的更高要求。例如，金融系统、医疗系统通过使用人工智能，使工作效率得到极大的提高，精简了工作人员数量，并且使服务能力超过了人类能力所及。例如，在设计领域，人工智能系统每天设计的海报数量远远超过人类能力的极限；金融系统的大数据分析能力，也不是人类大脑和传统算法所能比拟的。

人工智能未来的发展带来的不仅仅是简单的处理能力提升，而是引发了一场技术革命，彻底改变人类的生活方式。18 世纪蒸汽机的使用宣告工业时代的到来，人类从农业社会进入工业社会，经济发生了巨大的变化；19 世纪末，电力和内燃机的发明与使用引发了第二次科技革命，人类进入电气时代；20 世纪中期，计算机的发明使人类社会进入信息时代。每一次革命都带来了巨大的改变，而人工智能技术的快速发展将会将人类社会带入智能时代，与前面三次技术革命一样，将会引发巨大变革，使人类的生活水平、工作方式、社会结构、经济发展进入一个崭新的阶段。

由于人工智能技术在多个行业引发的巨大变革，各国都将人工智能技术的发展重要性上升到战略的高度，制定了长期的发展方向和目标，投入了巨大的科研力量，各国大公司也在积极抢占技术制高点。

14.1.4　人工智能的发展趋势

人工智能技术将从专用智能向通用智能发展。当前取得进展的人工智能技术都是针对某一特定应用领域的，并不是通用人工智能。如何实现从专用人工智能向通用人工智能的跨越式发展，既是下一代人工智能发展的必然趋势，也是研究与应用领域的重大挑战。很多国家已经制定了通用人工智能技术的研究计划。

（1）人工智能将加速与其他学科领域交叉渗透。人工智能本身是一门综合性的前沿学科和高度交叉的复合型学科，研究范畴广泛而又异常复杂，其发展需要与计算机科学、数学、认知科学、神经科学和社会科学等学科深度融合。随着超分辨率光学成像、光遗传学调控、透明脑、体细胞克隆等技术的突破,脑科学与认知科学的发展开启了新时代,能够大规模、更精细解析智力的神经环路基础和机制,人工智能将进入生物启发的智能阶段,依赖于生物学、脑科学、生命科学和心理学等学科的发现,将机理变为可计算的模型,同时人工智能也会促进脑科学、认知科学、生命科学甚至化学、物理、天文学等传统科学的发展。

(2)人工智能社会学研究提上日程。人工智能技术不是一门单纯的计算机科学,而是与人类的生活息息相关的,也许以后的研究会涉及人体的结构,触碰到人类的隐私。有些算法以人脑结构为基础,这些技术与以往的技术革命都不一样,它会改变人类社会的关系,触碰人类道德的底线,所以,在技术发展中制定新的道德规范也越发必要。为了确保人工智能的健康可持续发展,使其发展成果造福于民,需要从社会学的角度系统而全面地研究人工智能对人类社会的影响,制定、完善人工智能的法律法规,规避可能的风险。

14.2 人工智能的理论和技术

人工智能在 1956 年就被提出来,此后长达 60 年的过程中一直是不温不火,但是到了近几年却取得了突飞猛进的发展,这是什么原因呢,是哪些技术导致人工智能在近期的大爆发?

14.2.2 人工智能的灵魂

人工智能技术目前已经可以代替人类做很多事情,未来可能会做哪些人类无法完成的工作?是什么赋予了人工智能这样的能力?它的灵魂是什么?

从计算机科学的角度去看,计算系统主要由硬件和软件组成,这两部分协同作用才能赋予系统一定的功能。硬件提供了物质平台,但是仅有物质是不够的,系统能力的发挥主要靠软件。例如,一辆汽车拥有先进的发动机和结实的车体,但是如果没有适当的操作方法和正确的操作流程是无法让汽车高速行驶的。硬件是软件的基础和依托,软件是发挥硬件功能的关键,是计算机的灵魂。在实际应用中,硬件和软件更是缺一不可。硬件与软件,缺少哪一部分,计算机都无法使用。虽然计算机的硬件与软件各有分工,但是在很多情况下软、硬件之间的界限是模糊的。计算机某些功能既可由硬件实现,也可以由软件实现。

人工智能进步的很重要的一部分原因来自算法的发展,而算法是通过设计软件来实现的。人工智能表现出来的智慧就是通过软件运行产生的,就像人类根据现象进行周密的思考一样,如果没有软件和算法的支撑,那么硬件平台也是一堆空转的算力,无法发挥它该有的作用。虽然现在有些专用的人工智能芯片,内置了算法,但是这些都是非常基础的运算逻辑,并不能解决复杂的问题,一定要在芯片上再补充针对具体问题的应用软件,才能有效地利用芯片的算力。因此,人工智能的灵魂是软件。

14.2.2 灵魂的核心——算法

人工智能技术使机器具有类似人的智能,是因为它具有独特的算法。经过几十年的发展,人们造就了坚实的算法理论基础,提出了革命性的算法,这是人工智能技术的基石。因此,算法是人工智能灵魂的核心。

算法（algorithm）是指解题方案的准确而完整的描述，是一系列解决问题的清晰指令。算法代表着用系统的方法描述解决问题的策略机制，也就是说，能够对一定规范的输入，在有限的时间内获得所要求的输出。

算法不能孤立理解，必须和数据、产品一起理解。算法的作用要通过对一定数据的处理后才能产生，未来的数据就是最核心、最重要的资源。算法意味着预测，这意味着在意识之外，发现人们还没有找到的需求。人工智能发展到高级阶段，甚至机器比人类更加了解算法。算法不是人工智能，但它意味着人工智能。人类可以借助机器的力量对自己的行为进行矫正，人类的感性思维能力和数据得出的科学结论开始融合。算法的精妙之处在于它是自我成长的，人类的迭代是有限的，因为人类的思维模式是固定的，学习能力在成年后随着时间递减。但是算法随着人类的使用，给予越来越多的反馈，算法会越来越精确，发展到人类难以想象的地步。

算法是很有价值的，也是决定人工智能可以达到的高度，只有算法上有了改进，人工智能前进的步伐才会产生量的改变。如果只是单纯地提高数据量和处理器的算力，人工智能前进的步伐只是量变而已。纵观几十年的技术发展，每一次算法革命都带来新的机遇和挑战，也带来大量的新应用的普及，因此，在人工智能技术的发展过程中，要重视基础算法的研发投入，短期内可能见不到效果，但是从长远的目标和战略上考虑，算法革命才是人工智能真正的灵魂。

数学建模与人工智能的关系非常密切。人工智能在实现智能的过程中，是对问题进行分析，利用合适的算法进行解决。数学建模的过程是针对实际问题来建立数学模型的，用数学符号来抽象和简化具体问题。有了数学模型，就可以利用计算机技术对原来的现实问题进行解决。从现实问题到数学模型的映射，恰好也是人工智能技术解决问题的思路。

14.2.3 人工神经网络

长期以来，科学家对人类大脑的工作原理一直在进行研究，人类之所以具有分析和归纳的能力，主要是因为人脑具有复杂高效的处理能力，人脑是人类到目前为止发现的最令人叹为观止的信息处理系统。人脑在加、减、乘、除的计算速度方面可能赶不上很多单片机，但是在很多特殊场景的运算中却是高级计算机无法比拟的。如果科学家能够把人脑的工作原理复制到计算机上，那么是不是就可以设计出一个人工的脑，用来代替人类完成思考和决策，从而复制人脑能够完成的思维呢？这就是人工神经网络要研究的问题。

神经网络概念最早可以追溯到 20 世纪 50 年代。人工神经网络（artificial neural network，ANN）则是 20 世纪 80 年代以来人工智能领域的研究热点。ANN 从信息处理角度对人脑神经元进行抽象，建立一种简单的模型，按不同的连接方式组成不同的网络。

医学专家从解剖学中得知，人脑大约包含 10^{12} 个神经元细胞，分成约 1000 种类型，每个生物神经元大约与 10^2 至 10^4 个其他生物神经元相连接，形成极为错综复杂而又灵活多变的生物神经网络。每个生物神经元虽然结构十分简单，但是如此大量的生物神经元之间如此复杂的连接却可以演化出丰富多彩的行为方式。同时，如此大量的生物神经元与外部感受器之间的多种多样的连接方式也蕴含了变化莫测的反应方式。

根据医学专家的研究发现，一个生物神经元结构由胞体、树突和轴突等构成。胞体是神经元的代谢中心，胞体一般生长着许多树状突起，称为树突，它是神经元的主要接收器。胞体还延伸出一条管状纤维组织,称为轴突。树突是神经元的生物信号输入端,与其他神经元相连;轴突是神经元的信号输出端,连接到其他神经元的树突上,如图 14.2 所示。生物神经元有两种状态:兴奋和抑制。平时生物神经元都处于抑制状态,轴突无输入,当生物神经元的树突输入信号大到一定程度且超过某个阈值时,生物神经元由抑制状态转为兴奋状态,同时轴突向其他生物神经元发出信号。轴突的作用主要是传导信息,传导的方向是由轴突的起点传向末端。通常,轴突的末端分出许多末梢,它们同后一个生物神经元的树突构成一种称为突触的机构。其中,前一个神经元的轴突末梢称为突触的前膜,后一个生物神经元的树突称为突触的后膜;前膜和后膜之间的窄缝空间称为突触的间隙,前一个生物神经元的信息由其轴突传到末梢之后,通过突触对后面各个神经元产生影响。

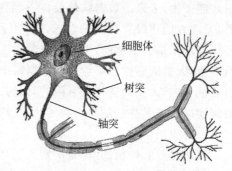

图 14.2　人脑神经元模型

　　人工神经网络是一种从信息处理角度模仿人脑神经元的数学模型,最初是由生物学家提出来的,是一种仿生类的模型。人工神经网络也模仿生物的神经网络结构,设计出了一种运算模型,也是由大量的节点(或称神经元)之间相互连接构成。每个节点代表一种特定的输出函数,称为激励函数。每两个节点之间的连接都代表一个对于通过该连接信号的加权值,称为权重,这相当于人工神经网络的记忆。网络的输出则根据网络的连接方式,因权重值和激励函数的不同而不同。网络自身通常都是对自然界某种算法或者函数的逼近,也可能是对一种逻辑策略的表达。人工神经网络是一种应用类似于大脑神经突触连接结构进行信息处理的数学模型,它是在人类对自身大脑组织结合和思维机制的认识与理解的基础之上模拟出来的,它是根植于神经科学、数学、思维科学、人工智能、统计学、物理学、计算机科学以及工程科学的一门技术。

　　BP(back propagation)神经网络是一种使用比较广泛而且成熟的神经网络,它由输入层、中间层、输出层组成,中间层可扩展为多层。相邻层之间各神经元进行全连接,而每层各神经元之间无连接。BP 算法的基本思想是:学习过程由信号的正向传播与误差反向传播两个过程组成。正向传播时,输入样本从输入层传入,经各隐含层处理后,传向输出层,若输出层的实际输出与期望的输出不符,则转入误差反向传播阶段。误差反向传播是指将输出误差以某种形式通过隐含层向输入层逐层反向传播,并将误差分摊给各层的所有单元,从而获得各层单元的误差信号,此误差信号作为修正各单元的依据。这种信号的正向传播与误差反向传播的各层权值的调整过程是周而复始地进行的。权值不断调整的过程,也就是网络的学习训练过程。此过程一直进行到网络输出的误差减少到可接受的程度,或进行到预先设定的学习次数为止。

　　神经网络可以用于模式识别、信号处理、知识工程、专家系统、优化组合、机器人控制等。随着神经网络理论本身以及相关理论、相关技术的不断发展,神经网络的应用定将更加深入。AlphaGo 机器人的主要原理就是使用了多层的人工神经网络。

14.2.4　人工智能研究途径和方法

　　从研究方法上分类,人工智能的研究可以分为结构模拟、功能模拟和行为模拟。

1. 结构模拟

结构模拟是指根据人脑的胜利结构和工作机理实现人工智能。人脑的生理结构是由大量神经细胞组成的神经网络。人脑是一个动态的、开放的、高度复杂的系统，人们至今对它的生理结构和工作机理还未完全弄清楚。人类具有丰富的联想、想象能力，具有理解能力、记忆和复现能力、创造能力，这些能力都是建立在神经连接机制之上的。要实现这些能力，最简单的办法就是模拟人脑的结构和工作原理。从另一个角度说，结构产生功能，相同的结构产生相同的功能。

2. 功能模拟

由于人脑的奥秘至今还未彻底解开，所以，人们就在当前的数字计算机上对人脑从功能上进行模拟实现人工智能。这种途径称为功能模拟方法。功能模拟方法是控制论的主要方法之一。运用模型对系统的功能进行描述，以实现对系统的行为进行模拟的方法。所谓模拟，是指模仿或仿真，即模仿真实系统人工智能的功能模拟法就是以人脑的心理模型，将问题或者知识表示成某种逻辑网络，然后采用符号推演的方法，实现搜索、推理、学习等功能，从宏观上模拟人脑的思维实现机器智能。

3. 行为模拟

行为模拟学派的观点认为：①智能系统与环境进行交互，即从运行的环境中获取信息，这类似生物的感知行为，并通过自己的动作对环境施加影响；②智能取决于感知和行为，智能系统可以不需要知识、不需要表示、不需要推理，像人类智能一样可以逐步进化；③直觉和反馈十分重要，智能行为体现在系统与环境的交互中，功能、结构和智能行为是不可分割的。

14.2.5　人工智能的分支领域

人工智能是一门综合性学科，它包含了很多具体的研究方向。

1. 模式识别

模式识别可能是人工智能学科中最基本也是最重要的一部分。模式识别就是让计算机能够认识它周围的事物，使人们与计算机的交流更加自然与方便。模式识别包括文字识别（读）、语音识别（听）、语音合成（说）、自然语言理解与计算机图形识别。如果模式识别技术能够得到充分发展并应用于计算机，那么人们就能够很自然地与计算机进行交流，再也不需要记那些复杂的命令，而是直接向计算机下命令。这也为智能机器人的研究提供了必要条件，它使机器人能够像人一样与外面的世界进行交流。

2. 专家系统

专家系统是指先把某一种行业（譬如医学、法律等）的主要知识都输入计算机的系统知识库里，再由设计者根据这些知识之间的特有关系和职业人员的经验设计出的一个系统。这个系统不仅能够为使用者提供这个行业知识的查询、建议等服务，而且具有自动推理、学习的能力。专家系统经常应用于各种商业用途，常见的有企业内部的客户信息、决策支持系统，以及医学顾问、法律顾问等软件。

3. 机器学习

机器学习是一类算法的总称，这些算法企图从大量历史数据中挖掘出其中隐含的规律，并用于预测或者分类。机器学习可以看作寻找一个函数,输入样本数据,输出期望的结果。只是这个函数过于复杂,以至于不太方便以形式化表达。机器学习的本质就是找到能够尽量模拟真实状况的函数。需要注意的是,机器学习的目标是使学到的函数能很好地适用于新样本,而不仅仅是在训练样本上表现得很好。学到的函数适用于新样本的能力称为泛化能力。通过机器学习算法的训练,机器能够对新样本进行判断和分类等,好像机器具有知识和思维。

机器学习是实现人工智能的一种途径,它和数据挖掘有一定的相似性,也是一门多领域交叉学科,涉及概率论、统计学、计算复杂性理论等多门学科。机器学习注重算法的设计,让计算机能够自动地从数据中"学习"规律,并利用规律对未知数据进行预测。因为学习算法涉及了大量的统计学理论,与统计推断联系尤为紧密,所以也称为统计学习方法。

4. 语音识别

语音识别技术最通俗易懂的讲法就是语音转化为文字,并对其进行识别认知和处理。语音识别的主要应用包括医疗听写、语音书写、计算机系统声控、电话客服等。语音识别技术渐渐地变成了人机接口的关键一步,相关技术的发展更是十分迅速,发展趋势也在逐步上升。在智能手机中,语音助手已经成为标配,为用户带来了许多的便利。人们可以通过电话和网络来订购机票或火车票,甚至是旅游服务。因此,语音识别技术在人们实际生活中也有着越来越广阔的发展前景和应用领域。

5. 智能机器人

机器人系统以功能及系统实现为载体,通过自主或半自主的感知、移动、操作或人机交互,体现类似于人类或生物的智能水平;它能够扩展人类在尺度、时间、空间、环境、情感、智能以及精度、速度、动力等方面所受到的约束和限制,并为人类服务。机器人技术在现代社会发展中起到的作用日益明显,因此,世界发达国家对机器人的重视程度也日益增加。特别是进入 21 世纪后,各国纷纷将机器人作为国家战略进行重点规划和部署。智能机器人的种类很多,如工业机器人、水下机器人、人形机器人等。

14.2.6 机器学习

机器学习(machine learning)是一门专门研究计算机怎样模拟或实现人类的学习行为,以获取新的知识或技能,重新组织已有的知识结构使之不断改善自身的性能的学科。众所周知,人类是具有学习能力的,所以才能够不断地扩展人类的知识范围,创造出不断进步的文明。计算机如何才能具有人类的学习能力呢? 这就是机器学习要研究的主要内容。好的机器学习算法能够使计算机具有自我思维的能力,这些能力不是程序直接具有的,而是在现有程序的基础上的扩展。

现在的机器学习过程是从大量的样本数据中寻找规律,然后用形式化的方法把这些规律表示成知识,存储在计算机中。简单地说,就是"从样本中学习的智能程序"。那么机器能否像人类一样具有学习能力呢? 例如人脸识别技术,首先要具有大量的人脸数据,对这些数据进行预处理、特征提取、特征选择,找到人脸具有的一般特征,再根据这些通用的规律进行推理、预测或者识别。当系统掌握了这个规律后,就具有人脸识别的能力,再输入一个新的人脸图片时,机器就可以通过自己已经掌握的特征规律来对图片中的人脸进行识别和预测了。这个过程和人类的学习过程非常相似。

机器学习从学习方法上可以分为以下五类。

(1) 监督学习。监督学习是指从给定的训练数据集中学习出一个函数,当新的数据到来时,可以根据这个函数预测结果。监督学习的训练集要求是输入和输出,也可以说是特征和目标。训练集中的目标是由人标注的。常见的监督学习算法包括回归与分类。

(2) 无监督学习。与监督学习相比,无监督学习的训练集没有人为标注的结果。常见的无监督学习算法有聚类等。

(3) 半监督学习。这是一种介于监督学习与无监督学习之间的方法。半监督学习使用大量的未标记数据,同时也使用标记数据来进行模式识别工作。当使用半监督学习时,将会要求尽量少的人员来从事工作,同时又能够带来比较高的准确性。半监督学习吸取了监督学习和无监督学习的优点,正越来越受到人们的重视。

(4) 迁移学习。迁移学习是指将已经训练好的模型参数迁移到新的模型来帮助新模型训练数据集。

(5) 增强学习。增强学习是指通过观察周围环境进行学习。每个学习动作都会对环境有所影响,学习对象根据观察到的周围环境的反馈来做出判断。

机器学习的主要算法有决策树、朴素贝叶斯、逻辑回归、支持状态机、聚类等。

14.2.7　传统机器学习框架简介

机器学习框架是指传统机器学习算法的封装,它包含用于分类、回归、聚类、异常检测和数据准备的各种学习方法,使用者可以方便地用它来进行数据处理、建立模型,而无须自己手动去完成这些算法的设计和搭建。目前比较常用的机器学习框架有 Scikit-learn 和 Spark MLlib。

Scikit-learn 的简称是 Sklearn,它是 Python 语言中专门针对机器学习应用而发展起来的一款开源框架。Sklearn 包含的机器学习方式有分类、回归、无监督、数据降维、数据预处理等,包含了常见的大部分机器学习方法。作为专门面向机器学习的 Python 开源框架,Sklearn 可以在一定范围内为开发者提供非常好的帮助。其内部实现了各种各样成熟的算法,容易安装和使用,样例丰富,而且教程和文档也非常详细。

Spark 最为人所知的是它是 Hadoop 家族的一员,但是这个内存数据处理框架却脱胎于 Hadoop 之外。Spark 已经成为可供使用的机器学习工具,这得益于其不断增长的算法库,这些算法可以高速度应用于内存中的数据。

Spark 是新兴的、应用广泛的大数据处理开源框架,而 MLlib(machine learnig lib)是 Spark 对常用的机器学习算法的实现库,同时包括相关的测试和数据生成器。MLlib 主要面向数学和统计用户的平台。Spark 的设计初衷是为了支持一些迭代的工作,这正好符合很多机器学习算法的特点。MLlib 目前支持四种常见的机器学习问题,即分类、回归、聚类和协同过滤。

14.2.8　深度学习计算框架简介

深度学习(deep learning)是机器学习研究中的一个新的领域,自从基于深度学习技术的 AlphaGo 战胜围棋九段李世石之后,深度学习成为目前热门的技术热点。深度学习是一种实现机器学习的技术,目的是建立、模拟人脑进行分析学习的神经网络。它模仿人脑的机制来解释数据(图像、声音和文本等)。深度学习是无监督学习的一种,其概念源于人工神经网络的研究。含有多个隐含层的多层感知器就是一种深度学习结构。深度学习通过组合低层特征形成更加抽象的高层表示属性类别或特征,以发现数据的分布式特征表示。深度学习本身算是机器学习的一个分支,可以简单理解为是神经网络的发展。

深度学习在大数据处理上具有很强的优势,深度学习可以用更多的数据或更好的算法来提高学习算法的效果。对于一些应用而言,深度学习在大数据集上的表现比其他机器学习方法都要好。在性能表现方面,深度学习探索了神经网络的概率空间,与其他工具相比,深度学习算法更适合无监督和半监督学习,更适合强特征提取,也更适合视频和图像识别领域、文本识别领域、语音识别领域、自动驾驶领域等。

随着深度学习的发展,深度学习框架也随之产生。深度学习框架的出现降低了开发者的入门的门槛,他们不需要从复杂的神经网络开始编码,而是可以依据需要使用已有的模型和参数自己训练得到。深度学习框架提供了一系列的深度学习组件,当需要使用新的算法时用户可以自己定义,然后调用深度学习框架的函数接口使用新算法即可。下面介绍几个重要的深度学习框架。

1. Theano

Theano 最初诞生于蒙特利尔大学的 LISA 实验室,于 2008 年开始开发,是第一个有较大影响力的基于 Python 的深度学习框架。

Theano 是一个 Python 库,可用于定义、优化和计算数学表达式,特别是对多维数组的操作。在解决包含大量数据的问题时,使用 Theano 编程可实现比手写 C 语言更快的速度;通过 GPU 加速,Theano 甚至可以比基于 CPU 计算的 C 语言快上好几个数量级。Theano 结合了计算机代数系统和优化编译器,还可以为多种数学运算生成定制的 C 语言代码。对于包含重复计算的复杂数学表达式的任务,计算速度很重要,因此这种优化是很有用的。对于需要将每一种不同的数学表达式都计算一遍的情况,Theano 可以最小化编译/解析的计算量,但仍然会给出如自动微分之类的符号特征。

Theano 诞生于研究机构,服务于研究人员,其设计具有较浓厚的学术气息,但在工程设计上有较大的缺陷,如调试困难、需要使用者从底层开始做很多工作等。为了加速深度学习研究,人们在它的基础上开发了其他第三方框架,如后来出现的 Keras 等,这些框架以 Theano 为基础,提供了更好的封装接口以方便用户使用,可以说 Theano 为其他深度学习框架奠定了基础。

2. TensorFlow

TensorFlow 是广泛使用的实现机器学习以及其他涉及大量数学运算的算法库之一。TensorFlow 由 Google 开发,在 GitHub 上受到广泛欢迎。

TensorFlow 并不是 Google 推出的第一个深度学习框架,而是谷歌在总结了第一代深度学习框架 DistBelief 的经验基础上形成的。TensorFlow 不仅便携、高效、可扩展,还能在不同计算机上运行——小到智能手机,大到计算机集群。它是一款轻量级的软件,可以立刻生成训练模型,用户也能重新实现它。TensorFlow 具有强大的社区、企业支持,因此它广泛用于从个人到企业。

TensorFlow 的命名来源于本身的运行原理。Tensor(张量)意味着 N 维数组,Flow(流)意味着基于数据流图的计算,TensorFlow 为张量从流图的一端流动到另一端的计算过程。TensorFlow 是将复杂的数据结构传输至人工智能神经网络中进行分析和处理过程的系统。Google 几乎在所有应用程序中都使用 TensorFlow 来实现机器学习。例如,Google 照片或 Google 语音搜索就使用了 TensorFlow 模型,它们在大型 Google 硬件集群上工作,在感知任务方面功能强大。

对于深度学习的初学者来说,TensorFlow 是比较适合的深度学习框架。在 TensorFlow 的官网上,它被定义为"一个用于机器智能的开源软件库",而并没有被定义为一个专门用来针对机器学习的软件库。但使用者们认为它更像是一个使用数据流图(data flow graphs)进行数值计算的开源软件库。在这里,使用者没有将 TensorFlow 包含在深度学习框架范围内。使用 TensorFlow 需要编写大量的代码,需要以更高的抽象水平在其上创建一些层,从而简化 TensorFlow 的使用。TensorFlow 支持 Python 和 C++ ,也允许在 CPU 和 GPU 上的计算分布。

3. PyTorch

2017 年 1 月,Facebook 人工智能研究院(FAIR)团队在 GitHub 上开源了 PyTorch。

PyTorch 一经推出就立刻引起了广泛关注,并迅速在研究领域流行起来,PyTorch 自发布起其关注度就在不断上升。PyTorch 是一个基于 Python 的科学计算包,其目标有两类:①为了使用 GPU 来替代 numpy;②作为一个深度学习援救平台,它提供最大的灵活性和速度。PyTorch 更有利于研究人员、爱好者、小规模项目等快速设计出原型。TensorFlow 更适合大规模部署,特别是需要跨平台和嵌入式部署时。

2020 年 1 月 31 日,OpenAI 宣布将 Spinning Up in Deep RL 等项目全面转向基于 PyTorch 进行构建,这对 PyTorch 来说是一个好消息。OpenAI 表示,其正在 PyTorch 上标准化 OpenAI 的深度学习框架。以前,PyTorch 根据项目的相对优势,曾经在许多框架中实施项目。现在选择标准化,以使团队更容易创建和共享模型的优化实现。

一直以来,有关于深度学习部署框架 TensorFlow 和 PyTorch 之争一直被业界关注。业界普遍认为,PyTorch 简单易上手,其特点是能够快速实现、验证用户的想法,而不太注重兼容、部署等问题;而 TensorFlow 的生态更有利于快速部署。

第 **15** 章

"人工智能＋大数据"为什么好

15.1 为什么说大数据推动了人工智能进入新高潮

人工智能自诞生以来,在几十年的发展历程中经历了多次潮起潮落,人们却从未停止过对人工智能的研究与探索。而 2016 年的人机大战又将人工智能推向了一个新的高潮,人工智能已经从实验室逐步走向了商业化。在互联网和移动互联网的新生态环境下,云计算、大数据、深度学习和人脑芯片等因素正在推动着人工智能的大发展。未来大数据将成为智能机器的基础,通过深度学习从海量数据中获取的内容,将赋予人工智能更多有价值的发现与洞察,而人工智能也将成为进一步挖掘大数据宝藏的钥匙,助力大数据释放具备人类智慧的优越价值。

人工智能的原始目标有两个:①通过计算机模拟人的智能行为,来探讨智能的基本原理;②把计算机做得更聪明。随着搜索引擎的飞速发展,将互联网文本内容结构化,从中抽取有用的概念、实体,建立这些实体间的语义关系,并与已有多源异构知识库进行关联,从而构建大规模知识图谱。这对于文本内容的语义理解以及搜索结果的精准化有着重要的意义。然而,如何以自然语言方式访问这些结构化的知识图谱资源,构建深度问答系统是摆在众多研究者和开发者前的一个重要问题。

近年来,伴随着计算机软、硬件技术的升级以及并行计算、云计算的实现,大数据与机器学习得以迅猛发展,为人工智能的研究与应用再一次掀起了新的浪潮。当前新一代人工智能发展强劲,其主要原因是它的"智能"来自于大数据,大数据提升了人工智能的智慧。人工智能的"大脑"——计算机程序的聪明程度取决于对知识的学习,学习的样本足够多,数据量足够大,就能获得足够的知识。为此,大的样本数据,也就是大数据决定了人工智能的智能水平。只有在大数据的基础上,训练出来的人工智能程序才是智慧的、聪明的。人们相信深度学习将带领人们进入通用 AI 的时代,科技创新与应用将从"互联网＋"发展到"AI＋"。当前,人工智能在通用领域的应用,从智能交通到无人驾驶汽车再到智慧城市、智慧油田,人工智能已经在众多的领域掀起了变革的巨浪。

我国已将大数据与人工智能作为一项重要的科技发展战略。在大数据发展日新月异的前提下,我们应该审时度势、精心谋划、超前布局、力争主动,通过积极参与实施国家大数据战略,加快数字中国建设。2018 年,首届数字中国建设峰会、2018 中国国际大数据产业博览会、首届中国国际智能产业博览会相继召开,中国数字化、网络化、智能化的深入发展,使我们正处在新一轮科技革命和产业革命蓄势待发的时期,促进数字经济和实体经济的融合发展,加快新旧发展动能接续转换,打造新产业、新业态,是各国面临的共同任务,这为我国科技界指明了发展方向。

如今,大数据技术正在不断向各行各业进行渗透。深度学习、实时数据分析和预测、人工智能等大数据技术逐渐改变着原有的商业模式,推动着互联网和传统行业发生着日新月异的变化。与此同时,非结构化数据难以利用,数据与实际商业价值不匹配的现象在很多企业中依然存在,只有不断推进大数据技术与场景创新,才能真正推动大数据应用的不断落地。

未来几年是人工智能进入各个垂直领域的加速期,"人工智能+"将引领产业变革,金融、制造、安防等领域将会诞生新的业态和商业模式,从而更好地实现信息技术由 IT 向 DT 的转变。

15.2　大数据产业与人工智能产业发展对比分析

把大数据产业和人工智能产业发展进行对比,是非常有意义的,因为人工智能的发展和数据密不可分,而且目前人工智能发展所取得的成就大部分和大数据密切相关,同时为数据驱动的商业(data driven business)比智能驱动的商业更符合产业的本质,实际上大数据产业的落地能力是强于人工智能的,所以以大数据产业发展中出现的问题对人工智能产业发展有很大的意义。

大数据的发展有几个方面对人工智能的发展有启发,包括数据的重要性、数据质量的重要性、应用场景的重要性、行业知识的重要性、政策法规的重要性以及变现的模式的参考意义。

大数据驱动下的人工智能产业已逐步涉及制造业、服务业、金融经济、医疗卫生和工业产业等。

目前我国大数据和人工智能技术发展速度较快,可以说在某些领域已经达到世界领先水平。相对西方发达国家而言,我国大数据、人工智能技术与产业起步相对较晚,我国的人工智能的发展呈现"头大身子小"的现状:在"高精尖"领域虽然投入较大,发展相对较快,但是在基础产业发展方面的研究相对较少,不利于我国人工智能进一步发展壮大。目前我国大数据与人工智能的发展面临着以下 4 个问题。

(1) 产业发展基础技术相对薄弱。我国大数据与人工智能虽然经过近几年的迅速发展,可以说在许多方面尤其是应用产业方面都已经赶上国际领先水平,如计算机视觉技术、人脸识别和深度学习等。但是在基础层方面尤其是芯片产业方面,则缺少自己的核心技术,让我们整个产业几乎止步不前,由此不得不重视我们的不足,不得不正视我国整体基础产业的水平和西方发达国家之间的较大差距。

(2) 人工智能产业商业化应用不明确。我国人工智能产业尚处于起步阶段,整体发展不够成熟。从应用对象角度来看,传统行业由于缺乏深入了解和信息交流,对人工智能的发展路径、技术和模式认识不清,存在排斥心理。

(3) 人工智能产业专业人才不足。专业人才是推动产业发展的攻坚力量,我国大数据与人工智能虽然在产业和技术上有了很大发展,但是在人才数量与质量、人才分布和人才培养方面存在着专业人才数量与经验的不足,缺乏跨界人才和基础层人才。我国开展大数据与人工智能技术研究的高校和研究院数量相对较少,学科实力不强,高校、研究院所与企业缺少合作,对我国人工智能整体发展有着很大的影响。

(4)大数据与人工智能产业链尚未完整。虽然我国目前形成了以制造业、教育业、医疗业和金融业等为核心的人工智能产业分布,但是整个产业生态链仍然不够完善,企业关联度不够,缺少协同创新发展,这增加了我国人工智能产业整体在研发和推广方面的难度。

15.3　大数据与人工智能重点研究方向与潜在机会

大数据产业与人工智能产业不仅是计算机信息技术应用的变革,更是国家经济发展战略的创新。大数据背景下,我国人工智能产业发展面临着巨大挑战,但同时也迎来了前所未有的机遇。结合实际产业背景,探究我国人工智能产业未来发展应对策略具有重大意义。

(1)推动技术创新、突破。就此政府应该加强基础研究领域的研究投入,鼓励高校和科研院所及研究企业深入基础理论知识和基础算法模型的研究,进而加快大数据与人工智能技术的融合发展,依靠基础技术为人工智能在视觉、语音识别等领域提供强大的技术理论支撑。

(2)加强大数据、人工智能产业与传统产业技术的融合发展。政府应积极鼓励企业与研究院所加强技术与行业交流,推动产、学、研的快速融合,以使人工智能技术在实际应用中得到的效益性发展,从而推动人工智能产业的发展。

(3)我国在发展大数据、人工智能技术与产业的同时,还应健全、完善大数据与人工智能产业的标准化体系。对于一个行业而言,标准化是企业快速实现自我完善与自我突破的支撑性工作,这不仅能够推动企业的创新型发展,也能够大大提高企业的竞争力。

(4)加大大数据产业与人工智能产业人才队伍的建设与引进力度。面对当前我国大数据与人工智能技术专业人才不足的情况,在积极引进专业人才的同时,政府和商业巨头还应改进人才培养模式,鼓励团队、高校和科研院所在跨领域和专业人才方面进行出国交流,储备高水平研究人才,推进研究成果快速向商业化转换,形成系统的研发应用体系。

(5)围绕人工智能技术构建完整的绿色产业生态链。产业生态链是产业发展的有机调控,政府应加强宏观指引,积极引导大数据与人工智能产业的发展,制定发展规划,重点扶持基础层等薄弱环节研究;企业应集中人力和和物力,投入图像识别、自动驾驶等国际前沿领域的公关研究,搭建完整的人工智能产业链条。

大数据驱动下的人工智能产业发展是一项复杂的系统工程,需要国家、企业与个人多层次、多角度、多方面的共同协作。我国大数据与人工智能产业在未来将继续保持良好的增长势头,技术创新将不断地快速演进,指导性政策出台也将更加频繁。人工智能快速发展的同时也带来了安全风险问题,如网络攻击效率提升、个人信息泄露加剧、系统决策偏差、引发结构性事业等。这些都值得我们在发展大数据与人工智能产业的同时,对其发展前景进行深思。为此,我国需在目前大数据产业与人工智能产业的挑战与机遇下,充分结合实际发展情况,利用我国的大数据资源以及国家产业政策,推动人工智能产业技术不断地创新性发展。

5G通信技术的发展为大数据与人工智能应用场景提供了更加广阔的空间。在 AR/VR(增强现实/虚拟现实)方面,有相关研究表明,几年之后,AR/VR 技术的市场应用规模将达到近 2000 亿美元。为进一步实现最佳效果,AR/VR 单用户的宽带速率应超过200Mb/s。同时,为了将使用人员的眩晕感有效地消除,网络延时必须低于 $20\mu s$,所以必须通过 5G 通信技术才能实现 VR 图形的高负载数据传输功能,从而进一步扩大 VR 技术的商业应用规模。

在车联网与自动驾驶方面,车联网技术正在高速移动通信技术应用的基础上逐步迈进自动驾驶时代。从多个国家汽车行业的战略发展规划得知,将具有超低延时、超快传输速率的 5G 通信技术应用在汽车制造领域,可在几年后量产自动驾驶汽车,并形成上万亿美元的市场规模。

15.4 应用案例分析

15.4.1 基于灰色理论与大数据技术的路网超车预测案例

在国民经济迅速发展的前提下,汽车的数量快速增长,因而产生了诸多交通问题,如道路拥堵、超车等现象经常发生在城市道路中,因此,寻找有效的办法解决交通问题、合理道路规划、合理交通设施设置以及及时疏导车流量是城市道路相关执法部门的重要任务。现阶段,中国政府颁布了实施现代工业化的任务,着重加强交通设施建设,促进通信技术、信息技术等技术的综合运用。智能交通系统(intelligent transportation systems,ITS)的目的是依靠数据挖掘、数据分析、数据预测等先进技术实现城市道路路网的智能决策和管理。城市道路超车率的预测是很关键的科学性研究工作,它能促进智能交通更好地为人们提供多种服务,极大地减轻城市道路交通拥堵、超车的压力,保障城市道路的运输效率。城市道路超车安全问题已经成为一个城市亟须解决的难题。20 世纪 60 年代,以美国为首的发达国家相继开展了智能交通系统的研究。道路设施的科学规划以及交通流量的控制成为交通控制系统中的重要问题,城市道路中的交通流量预测理论有了高速发展,越来越多的国家重视交通流流量预测技术,世界各地都在积极举办交通流量预测学术研讨会。

对城市路网道路车辆间超车问题的及时管控,是当今亟须解决的问题。准确地预测城市路网中指定的路段的超车,能够为相关的管理部门提供很好的决策支持,在很大程度上确保城市路网道路的交通安全与稳定。交通路网系统是一个非线性的复杂的时变系统,相邻路段的相互作用、相互影响以及自然界和人为因素如路面情况、自然天气、交通事故、司机驾车的心理状态等的影响,造成了交通路网的复杂性和不确定性。因此,传统的交通技术已经不能满足和解决当今飞速发展的城市所带来的交通安全问题,交通智能化刻不容缓。

当前机动车数量基数大,采用传统的路口信号控制并不能从根本上解决交通拥堵、超车等带来的安全隐患问题。为了能够充分、合理地发挥城市道路的作用,我们需要提高城市道路的管理水平,降低城市车辆超车所带来的危险,科学、有效、合理地规划交通路网,建立智能的交通控制体系,城市路网超车率预测在交通控制和管理中有着不可替代的作用。

随着电子警察(electrical police,EP)的普及,作为一种现代化的高科技管理系统,可24h 实现对道路车辆的监控,对驾驶人违法、违章行为进行抓拍。电子警察由路口杆件、高清数字摄像机、光纤传输系统、嵌入式抓拍控制主机等组成。车牌识别(vehicle plate identification,VPI)数据可通过电子警察识别、匹配获取。因此,电子警察数据为精准预测车流量、超车率,验证模型的可行性提供了极大的方便,对于搭建安全可靠的智能交通控制,降低城市道路超车所带来的风险有着不可替代的作用。

本案例将基于灰色理论与大数据技术应用于城市路网道路超车率的预测上，搭建适合的预测模型，可以帮助相关部门实现更加智能化、精准化的城市道路管理，降低城市道路超车所带来的危害与风险。

本案例的意义是预测大面积超车，大面积的超车将导致路面系统极不稳定，增加事故的发生率。

如果可以实现预测出大面积的超车现象，可以进行人为干预来控制交通系统，进而降低交通事故率。例如，预测出存在大面积超车以后，可以加强交通警察的管理，人为地引导路面车辆运行；如果预测出经常大面积超车的路段，则可以进行路面红绿灯的合理设置，减少大面积超车的发生，在一定程度上消除了安全隐患。

因为超车数无法客观地刻画大面积超车的程度，故本案例使用超车率，这样一种比值的形式，即预测路面上此时现有车辆中，发生超车的车辆的比例是多少。路面上的超车率越大，说明超车的情况发生得越频繁。对短时超车可以进行实时计算，故短时预测一般精度较高，所以我们可以拿很短时间的样本去训练，然后预测未来很短时间内的情况。例如，我们可以拿前十分钟的超车率数据进行建模，预测后面十分钟的超车情况。如果预测出有大面积超车的情况发生，就进行人为的调控。但是短时超车率只能预测未来很短一段时间，如果进行长期预测，则精度较低。为了掌握问题的整体规律，则要进行长时预测。

一个系统的问题往往具有规律性和周期性，比如每天早上员工上班期间，路面上的司机为了上班不迟到，往往需要进行大面积的超车，此时道路将变得极其不稳定，这时短时预测将无法发现这个规律，因此需要可以进行长时预测的模型，它可以学习数据之间的规律性，比如可以发现周期性，通过前一天的大量数据预测今天的情况，整体上得出今天的超车趋势。

15.4.2　基于大数据挖掘技术的人群实时统计案例

随着社会现代化程度越来越高，人群密集拥挤的情况越来越多。当人群密度超过一定阈值或者因突发意外可能导致人群踩踏事件发生时，会造成人员伤亡与财产损失。因此，研究拥挤人群计数以避免造成风险具有重要的意义和价值。当前治安智能监控与图像视觉技术已有广泛的应用，随之涌现出诸多人群计数的算法与系统。但是因为拥挤人群高遮挡性、环境多变性、随时流动性等诸多原因，拥挤人群计数在实时度、精确度以及场景适应度还存在着不足，但是有一定的提升空间。本案例主要针对拥挤人群计数算法的实时度、精确度以及场景适应度进行深入研究，尽可能做出改进与提高。

本案例重点关注治安智能视频监控场景下的目标计数(主要是行人计数)问题。当前治安视频监控已经遍布各个角落，但是采集视频数据的过程中，视频中光线的明暗、目标行人的形态和背景的复杂多变是常见的问题。如何有效地处理遮挡以及图像色温并且有效地将目标行人从图像中分离出来，是一个公认的难点。例如，某些数据集目标人物所占像素的比例过小，特征很难提取准确。当前已有的算法已经应用于各个领域，但是依然会出现很多检测失误的情况，并且相当一部分算法对训练样本的要求过高，导致行人检测系统中分类器的性能极其不稳定，泛化能力差。

本案例建立了相应的人群计数检测器框架，重点描述了深度学习中的卷积神经网络以及阈值所产生的检测影响，并对此进行了改进和优化。①分析了人群拥挤引发的各种公共安全事件,并对当前基于深度学习的行人检测算法鲁棒性差和泛化能力差等原因进行了论述。②提出了一种基于深度学习的行人计数方法,该方法主要利用 VGG 骨干网络,同时借鉴了 Cascade R-CNN 网络的级联结构,通过级联结构迭代,使正样本保持多样化,减少过拟合情况,对输入视频的帧图像进行分析和处理,提升模型的整体性能。③通过对公共数据集中进行试验,验证本方法的可行性与有效性。

本案例在基于治安监控视频数据的实际应用中,行人检测系统已被多次实验并应用于不同场景中。该系统可应用于公安预警、行人跟踪、无人驾驶和人群计数等多个领域。该系统的研究和有效落实可极大地节省人力资源成本和财产资源,有助于稳定社会治安工作。在以上实际应用案例中可以发现,当前行人检测方法依然有亟待解决的疑难点。例如,拥挤人群图像的尺寸实际上是任意大小,并不是训练样本中已设定的大小;人群聚集的拥挤密集程度分布具有不均匀的特点;由于有角度和光线遮挡问题的影响,人群中不同位置的人员个体所占像素的大小和饱和度差异较大,导致行人检测系统在实际应用中具有局限性、鲁棒性低和模型泛化能力差等缺点。为了优化上述问题,本案例提出了一种基于深度学习的行人检测算法,采用 1×1、3×3 小卷积核的 VGG16 主干网络,对人群中不同体积的人员信息进行分类和特征提取。为了减少提高阈值后正样本数量急剧减少出现过拟合的情况,避免训练和测试时使用不同阈值会导致检测器性能下降的情况,设计出级联结构,利用不同阶段设置不同的阈值,获得足够多的正样本。在训练的过程中利用参数硬共享方式,使用两种损失函数的加权求和结果,在一定程度上增加了一些训练时间,但是提供了更多的全局信息,增强了模型的泛化性能和检测精度。

习 题 五

一、选择题

1. 大数据的真正意义是( )。

    A. 处理很多数据　　　　　　　　　　B. 一般意义上的数据挖掘

    C. 大数据自动挖掘　　　　　　　　　　D. 人通过数据进行分析

2. 大数据的最显著特征是( )。

    A. 数据规模大　　　　　　　　　　　　B. 数据类型多样

    C. 数据处理速度快　　　　　　　　　　D. 数据价值密度高

3. 大数据是指所涉及的数据量规模巨大,无法通过目前主流软件工具在合理的时间内达到撷取、管理、处理、并( )成为帮助企业经营决策的信息。

    A. 收集　　　　　　B. 整理　　　　　　C. 规划　　　　　　D. 聚集

4. 被誉为"人工智能之父"的科学家是( )。

    A. 明斯基　　　　　B. 图灵　　　　　　C. 麦卡锡　　　　　D. 冯·诺依曼

5. 2016 年,谷歌公司的人工智能机器人战胜了世界围棋冠军李世石,引发了全球瞩目,也使人工智能这个古老的学科重新受到世人的重视。这个机器人的名字是( )。

    A. 浅蓝　　　　　　B. 深蓝　　　　　　C. AlphaGo　　　　D. AlphaCat

6. AI 表示的是( )。

    A. Automatic Intelligence　　　　　　B. Artificial Intelligence

    C. Automatic Information　　　　　　D. Artificial Information

7. 研究计算机如何自动获取知识和技能,实现自我完善的学科称为( )。

    A. 专家系统　　　　B. 机器学习　　　　C. 神经网络　　　　D. 模式识别

8. ( )是比较流行的深度学习框架。

    A. Linux　　　　　　B. TensorFlow　　　C. Cloud　　　　　D. AlphaGo

9. 人工智能可以分为弱人工智能、强人工智能、超人工智能三个级别,我们当前所处的阶段是( )。

    A. 弱人工智能　　　　　　　　　　　　B. 强人工智能

    C. 超人工智能　　　　　　　　　　　　D. 还没有达到弱人工智能的程度

10. 机器学习中的有监督学习和无监督学习的主要区别是( )。

    A. 有监督学习的难度高,无监督学习的难度低

    B. 有监督学习的目标是找到正确分类结果,无监督学习的目标是随便给出任何结果都可

    C. 有监督学习的训练样本是有标签的,即训练样本的分类结果是已知的,而无监督学习的训练样本是没有标签的

    D. 有监督学习的结果是明确的,无监督学习的结果是不明确的

11. 人工智能的终极目标是(　　)。

    A. 完全实现自动驾驶功能

    B. 机器具有自主思维和分析能力,可以完全替代大脑,实现通用人工智能

    C. 代替人类劳动

    D. 人类被机器所控制

二、简答题

1. 什么是大数据? 大数据有什么特性?

2. 什么是数据挖掘? 数据挖掘包含哪些步骤?

3. 常用的分类算法有哪些?

4. 常用的聚类算法有哪些?

5. 分类和聚类有什么区别?

6. 常用的关联分析算法有哪些?

7. Hadoop 的主要特点是什么?

8. HDFS 和 MapReduce 的主要功能是什么?

9. 列举一些常用的数据分析工具。

10. 云计算按照服务类型可以分为哪几类?

三、论述题

1. 分析人工智能在当前取得飞速发展的主要原因。

2. 说明算法在人工智能技术中的重要作用。

3. 简述基于"大数据＋人工智能"理论的数据处理标准化流程。

4. 根据人工智能技术当前取得的成就,以及你自己对人工智能技术的理解,描绘人工智能技术未来的发展方向,以及可能在哪些方面能彻底改变人类的生活方式。

第六篇　计算机网络技术及演变

目前,人类社会已经迈入了网络时代,计算机网络的发展经历了从无到有、从小到大、从慢到快的过程,互联网已经与人们的日常工作、学习和生活息息相关,网络正在以惊人的速度进入人类社会的各个角落。在信息技术、网络通信技术高速发展的今天,计算机网络向高速网络、无线网络、物联网等方向快速发展。计算机网络取得今天的发展成就,是人类文明进入到更高阶段的标志,它推动着人类社会向更现代化的方向发展,同时推动了知识经济时代的到来。我们要抓住网络时代带给我们的机遇,不断努力推动人类社会向更高阶段发展。

第 16 章

计算机网络的发展历程

本章以网络技术的演变为主线,介绍计算机网络从早期的面向终端的计算机网络发展到计算机与计算机互连的计算机网络、覆盖全球的计算机网络(Internet)以及移动互联网和物联网的过程,同时阐述计算机网络的功能及典型应用。

16.1　计算机网络概述

16.1.1　计算机网络的诞生

计算机是 20 世纪人类的伟大发明,它的产生标志着人类开始迈进一个崭新的信息社会,新的信息产业以强劲的势头迅速崛起。为了提高信息社会的生产力,人们需要一种全社会的、经济的、快速的信息交换手段,计算机网络应运而生,并逐步发展成为全球互联网。

计算机网络从 20 世纪 50 年代开始一步步地走向成熟,最初,仅有几台计算机借助接口消息处理机,通过通信线路以及一些软件实现了最原始的网络互连,此后在此基础上不断地发展。计算机网络的发展并不是一蹴而就的,它是在实践中不断发展和完善的,相关理论也是在实践中不断成熟起来的。计算机网络是基于分组交换的,它通过设备连接起来一个个局部网络,构成了如今的互联网。组成互联网的计算机网络包括小规模的局域网(LAN)、城市规模的城域网(MAN)以及大规模的广域网(WAN)等。这些网络通过普通电话线、高速率专用线路、微波和光缆等线路把不同国家的大学、公司、科研部门以及政府等组织的网络连接起来。

16.1.2　计算机网络的定义

计算机网络是通信技术与计算机技术密切结合的产物。它最简单的定义是:以实现远程通信为目的,一些互连的、独立自治的计算机的集合。1970 年,美国信息学会联合会的定义是:以相互共享资源(硬件、软件和数据)方式而连接起来,且各自具有独立功能的计算机系统的集合。因此,计算机网络就是将地理上分散布置的具有独立功能的多台计算机(系统)或由计算机控制的外部设备,利用通信手段通过通信设备和线路连接起来,按照特定的通信协议进行信息交流,实现资源共享的系统。随着网络的发展,又出现了因特网的定义。

因特网(Internet)是广域网、局域网及单机按照一定的通信协议组成的国际计算机网络,它把分布在不同国家和地区的网络连接到一起,所以也称为网际网,通常称为互联网。

因特网是一个全球性的信息系统,它具有以下特点。

(1) 其节点通过全球唯一的网络逻辑地址在网络媒介的基础之上逻辑地连接在一起,这个地址是建立在 Internet 协议(IP)基础之上的。

(2) 其节点可以通过传输控制协议/Internet 协议(TCP/IP),今后其他接替的协议或与 IP 兼容的协议来进行通信。

(3) 它可以让公共用户或者私人用户享受现代计算机信息技术带来的高水平、全方位的服务,这种服务是建立在上述通信及相关的基础设施之上的。

以上是从技术的角度来定义因特网。这个定义揭示了 3 个方面的内容:①因特网是全球性的;②因特网上的每一台主机都需要有地址;③这些主机必须按照共同的规则(协议)连接在一起。

事实上,目前的因特网还没有定型,还一直在发展、变化。因此,任何对因特网的技术定义也只能是当下的、现时的。

16.2　计算机网络的发展

计算机网络经历了由单一网络向互联网发展的过程。电子计算机在 20 世纪 40 年代研制成功,但是 30 多年后,计算机网络仍然被认为是一个昂贵而奢侈的技术。1997 年,比尔·盖茨在演说中强调"网络才是计算机",体现出信息社会中计算机网络的重要基础地位。此后,计算机网络技术取得了长足的发展,目前计算机网络技术已经和计算机技术本身一样普及到人们的生活和商业活动中,对社会各个领域产生了广泛而深远的影响。计算机网络技术的发展越来越成为当今世界高新技术发展的核心之一。计算机网络的发展分可以为以下几个阶段。

16.2.1　早期的计算机通信

20 世纪 60 年代中期之前的第一代计算机网络是以单台计算机为中心的远程联机系统,典型应用是由一台计算机和 2000 多个终端组成的飞机订票系统。其体系架构是:一台具有计算能力的计算机主机挂接多台终端设备。终端设备没有数据处理能力,只提供键盘和显示器,用于将程序与数据输入计算机主机和从主机获得和显示计算结果。如图 16.1 所示。计算机主机分时、轮流地为各个终端执行计算任务。当时,人们把计算机网络定义为"以传输信息为目的而连接起来,实现远程信息处理或进一步达到资源共享的系统",这样的通信系统已具备网络的雏形。早期的计算机为了提高资源利用率,采用批处理的工作方式。

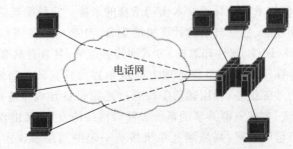

电话网

图 16.1　计算机主机与终端之间的数据传输

为适应终端与计算机的连接,出现了多重线路控制器。这种计算机主机与终端之间的数据传输,就是最早的计算机通信。

尽管有的应用中计算机主机与终端之间采用电话线路连接,距离可以达到数百千米,但是,在这种体系架构下构成的计算机终端与主机的通信网络,仅仅是为了实现人与计算机之间的对话,并不是真实意义上的计算机与计算机之间的网络通信。

16.2.2　分组交换网络

分组交换网络是作为一种解决交互式处理应用的技术而发展起来的。分组交换网络采用了统计复用技术,即多个会话连接可以共享一条通信信道,大大提高了信息传输效率。在分组交换网络中,分组通过一系列中间节点进行选路,通常要跨越多个网络。今天分组交换的基本技术与早期的网络技术基本上是相同的,现代计算机网络 Internet 也是一种分组交换网络。

1. 技术理论准备阶段

1) ASCII 的诞生

1963 年,美国制定出统一的计算机信息表示方法 ASCII(美国信息交换标准代码)。在 ASCII 出现之前,不同的计算机之间无法相互通信,每家制造商都使用自己的方式来表示字母、数字和控制码。当时在计算机中表示字符的方式有 60 多种,计算机之间的相互通信无法完成。

2) 初级路由器的诞生

虽然有了 ASCII,但是不同的计算机软/硬件仍然互不兼容,管理起来十分不便。

所有提供资源的大型主机都不必亲自参与联网,而在网络与主机之间插入一台中介计算机设备。中介计算机设备只须做两件事:①接收远程网络传来的信息并转换为本地主机使用的格式;②负责线路调度工作,也就是说,为本地传出的信息规定路线,然后传递出去。这样一来,在网络上实际相互"对话"的只是统一的中介计算机。这个完美的方案从根本上解决了计算机系统不兼容的问题。人们将中介计算机正式命名为接口信号处理机(IMP),它就是人们今天所熟悉的网络路由器的雏形。

3) 分布式网络理论的诞生

美苏冷战期间,美国国防部为了保证美国本土防卫力量和海外防御武装在受到苏联第一次核打击以后仍然具有一定的生存和反击能力,认为有必要设计出一种分散的指挥系统。这种指挥系统由一个个分散的指挥点组成,当部分指挥点被摧毁后,其他指挥点仍能正常工作,并且这些生存的指挥点之间能够绕过那些已被摧毁的指挥点而继续保持联系。这就是初步的分布式网络的设计思想。

分布式网络理论与传统的中央控制的网络理论完全不同。该理论提出,在每一台计算机或者每一个网络之间建立一种接口,使网络之间可以相互连接。这种连接完全不需要中央控制,只是通过各个网络之间的接口直接相连。在这种方式下,网络通信不像由中央控制那样简单地把数据直接传送到目的地,而是在网络的不同站点之间接力传送。重要的是,如果某一个节点出了差错,不由中央的指令来控制修复,而是由各个节点自行修复的。修复的时间也许会更长一些,并且不那么及时,但是对于分布式网络来说,单个节点的重要性大大降低了。当出现一条线路不通的情况时,可以通过其他线路完成数据传送。此外,每一次传送的数据有规定的长度,超过这个长度的数据就被分成不同的"块"再进行发送。另外,每一个"块"不仅包含具体的数据,而且必须做上标记:数据来自哪里、传往哪里。这些"块"在网络中一站站地传递,每一站都有记录,直至到达目的地。如果某个"块"没有送达,最初的计算机还会重新发出这个"块"。送达目的地后,收到"块"的计算机将收到的所有"块"重组合并,确认无误后再将收到的数据信息反馈回去。这样,最初发出数据的计算机就不用再重复发送了。这一思想体现了数据共享网络的基本特点,直到现在仍然是互联网最为核心的设计思想。

至此,新一代网络所必需的技术理论已全部具备。

2. ARPA 网的诞生

为了对分布式网络理论这一构思进行验证,美国于 1969 年开始 ARPA 网的开发和网络互联的研究,并将美国加利福尼亚大学、斯坦福大学研究学院和犹他州大学的四台大型计算机连接起来。

20 世纪 60 年代中期至 70 年代的第二代计算机网络是将多个主机通过通信线路互联起来为用户提供服务的网络。主机之间不是直接用线路相连,而是由 IMP 转接后互联的。IMP 和它们之间互联的通信线路一起负责主机间的通信任务,构成了通信子网。通信子网互联的主机负责运行程序、提供资源共享,从而组成资源子网。这个时期,计算机网络的定义是"以能够相互共享资源为目的互联起来的具有独立功能的计算机的集合"。

ARPA 网是以通信子网为中心的典型代表。在 ARPA 网中,负责通信控制处理的设备是接口信号处理机(IMP),以存储转发的方式传送分组的通信子网称为分组交换网。

分组交换的概念是将整块的待发送数据划分为一个个更小的数据段,在每个数据段前面安装上报头,构成一个个数据分组。每个数据分组的报头中存放有目标计算机的地址和报文包的序号,网络中的交换机根据这样的地址决定数据向哪个方向转发。在这样的概念下,由传输线路、交换设备和通信计算机建立起来的网络称为分组交换网络,如图 16.2 所示。

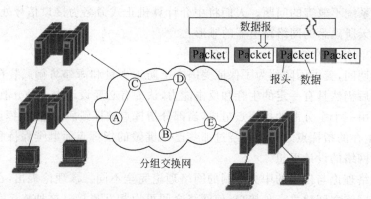

图 16.2　分组交换网络

分组交换网络的概念是计算机通信脱离电话通信线路交换模式的里程碑。电话通信线路交换模式下,在通信之前,需要先通过用户的呼叫(拨号)为本次通信建立线路。这种通信方式不适合计算机数据通信的突发性、密集性特点。分组交换网络不需要在通信双方事先建立通信线路,数据可以随时以分组的形式发送到网络中。其技术关键在于其每个数据包

（分组）的报头中都有目标主机的地址，网络交换设备根据这个地址就可以随时为单个数据包提供转发并送往目标主机。

美国的分组交换网 ARPA 网于 1969 年 12 月投入运行，被公认是最早的分组交换网。法国的分组交换网 CYCLADES 开通于 1973 年，同年英国也开通了第一个分组交换网 NPL。

16.2.3　开放式的标准化网络

1970 年的 ARPA 网已初具雏形，许多大学和商业部门开始接入，但是它只有四台主机联网运行，局域网（LAN）的技术还没有出现。1970 年 12 月，初步的"网络控制协议"被制定出来，这个协议是作为信包交换程序的一部分来设计的。这个协议仅供局部使用，没有考虑不同计算机之间、不同操作系统之间的兼容性问题。虽然"网络控制协议"是一台主机直接对另一台主机的通信协议，但实质上它是一个设备驱动程序。刚开始的时候，IMP 被用在同样的网络条件下，相互之间的连接也相对稳定，因此没有涉及控制传输错误的问题。但要把各种不同类型、不同型号的计算机和网络连在一起则非常困难。所以需要研究怎样建立一个共同的标准，让不同网络中的计算机可以自由地沟通。

1972 年，国际计算机通信大会召开，它向全世界公开展示了 ARPA 网，并成立了"互联网络工作小组"，使 ARPA 网的网络工作方式得到了确认，由此为 ARPA 网的进一步发展打下了良好的基础。1973 年，ARPA 网第一次实现国际联网，使 ARPA 网超越了本土网络，首次实现国际化，为以后的 Internet 的发展提供了一定的技术支持。同年，人们提出了以太网的概念。以太网技术是目前应用最普遍的局域网技术。同时早期的通信协议继续得到改进，完成了对 TCP/IP 的初始设计工作。1974 年，Intel 发布其面向 PC 的微处理器 8080，世界第一套微型计算机组件问世。在此时段，互联网技术、多媒体技术也得到了空前的发展，计算机真正开始改变人们的生活。

1977 年，ARPA 正式规定了在 ARPA 网上使用的电子邮件标准（RFC733）。此后，所有的电子邮件都必须有"文件头"。这个文件头就像日常通信的"信封"，其中包括收信人、发信人的名字，网络地址和主题三个部分。在电子邮件中还会注明发信的时间和途中经过的各个网站的名称和时间。电子邮件在网络上传送的方式，正是"包交换"的方式。此后，不断有人设计出新的更加方便有效的电子邮件软件，这种通信方式也开始在 ARPA 网上风行起来。电子邮件也使人们的工作以及人们在工作中的配合方式发生了很大的变化，人们讨论问题比过去方便很多，也容易很多。即使能够通过 ARPA 网传输文件，也只是单方面地传输，远不如在电子邮件的邮件列表中，大家共同讨论问题更加方便，也更加有效。可以说，Internet 改变了人类的生活，受到大众的接受，就是从 E-mail 普及开始的。1977 年，随着电子邮件等网络应用的日趋成熟，ARPA 网的主机数目已经突破 100 台，Internet 变得越来越现实。

1983 年 1 月 1 日，ARPA 网正式转换成基于 TCP/IP 的网络。每一个 ARPA 网用户都从 NCP 转而使用 TCP/IP。由于 TCP/IP 灵活、开放、易于使用的特性，在安装了 TCP/IP 之后，网络可延伸到任何地方。这时 ARPA 网已经太大了，安全保障成了个问题。于是被分成了两部分：为军队服务的 MIL 网络和为计算机研究界服务的 ARPA 网。在 ARPA 网的带领下，基于 TCP/IP 的因特网逐渐形成。

1984 年,Internet 上正式引入域名服务器(domain name server,DNS),提供了如今已经很熟悉的域名系统如.net、.com、.gov 等。域名是网络上某台计算机的人性化的名称,有了它,人们可以通过域名查找入网单位的网络地址。而在此之前,人们要访问网络上特定的计算机,必须记住由 IP 规定的 4 组枯燥的数字。DNS 专门用于 IP 地址和对应域名之间的转换,这是 Internet 发展史上的又一重大变革,使人们轻松访问浩瀚的互联网络成为可能,也给 Internet 的迅速发展留下广阔的空间。

在计算机业蓬勃发展的积极推动下,1986 年对 Internet 来讲,更是具有非同一般的意义。就在这一年,NSFnet 网创建了。NSFnet 网的建立是 Internet 历史上的一个里程碑,它标志着作为军事用途的 ARPA 网开始逐渐退出舞台。

1988 年 11 月 2 日,著名的"蠕虫"病毒通过网络传播,大约使 60000 台 Internet 上的主机中的 10%～20%受到感染,这导致美国颁布了《计算机安全法令》。Internet 蠕虫是 Internet 安全领域的一个重要转折点,它改变了许多人对 Internet 安全的态度,标志着 Internet 保护开始成为一项严肃的工作。

1989 年,从 APPA 网衍生出来的几个独立网络都已"长大",并开始了合并和互联,为 Internet 的形成铺平了最后一段道路。Internet 的扩张不仅带来了量的改变,同时带来质的变化。由于多种学术团体、企业研究机构,甚至个人用户的进入,Internet 的使用者不再限于纯计算机专业人员。新的使用者发现计算机相互之间的通信对他们来讲更有吸引力,他们逐步把 Internet 当作一种交流与通信的工具。NSFnet 网对 Internet 的最大贡献是使 Internet 向全社会开放,而不像以前那样仅供计算机研究人员和政府机构使用,更多的非计算机专业人员希望通过使用广域网得到他们希望得到的信息。

总的来说,20 世纪 70 年代至 90 年代的第三代计算机网络是具有统一的网络体系结构并遵守国际标准的开放式和标准化的网络。ARPA 网带动计算机网络发展迅猛,各大计算机公司相继推出自己的网络体系结构及实现这些结构的软/硬件产品。由于没有统一的标准,不同厂商的产品之间互连很困难,人们迫切地需要一种开放性的标准化实用网络环境,两种国际通用的最重要的体系结构——TCP/IP 体系结构和国际标准化组织的 OSI 体系结构就这样应运而生了。

16.2.4　面向全球互连的网络

20 世纪 90 年代以后,计算机网络进入第 4 个发展阶段,其主要特征是综合化、高速化、智能化和全球化。

1990 年 WWW(world wide web,万维网)计划被创建,并开发了相关技术标准,这些技术和标准正是现在 Internet 上最常用的技术。WWW 包括 HTML(超文本置标语言)、HTTP(超文本传送协议)和 URL(统一资源定位符)等基础技术,其目的是积极建立一个"可描述的多媒体系统"。

1992 年,随着越来越多的内容被传到网上,当初仅能识别简单置标语言的浏览器亟须做出重大改进,出现了图形界面浏览器 Mosaic,Internet 终于"起飞"。接下来,Internet 风靡全世界,网络热潮全方位地改变着人类社会的各个方面。由于局域网技术发展成熟,出现了光纤及高速网络技术、多媒体网络、智能网络乃至整个网络就像一个对用户透明的大的计算机系统,发展为以 Internet 为代表的互联网。

这一时期在计算机通信与网络技术方面以高速率、高服务质量、高可靠性等为指标,出现了高速以太网、VPN、无线网络、P2P 网络、NGN 等技术,计算机网络的发展与应用渗入了人们生活的各个方面,进入一个多层次的发展阶段。各个国家都建立了自己的高速网络,这些网络的互联构成了全球互联的因特网。

16.2.5 新一代网络

1. 移动互联网概述

正如 1990 年微软针对 PC 推出 Windows 3.0、1995 年 NetScape Browser 针对桌面互联网所做的创新一样,苹果公司在 2007 年 1 月 9 日推出的 iPhone 拉开了移动互联网发展的大幕。我们今天所经历的一切移动互联网变革,便始于此。随着无线网络的完善和智能终端的普及,移动互联网已经逐渐深入到了人们的日常生活。

移动互联网采用国际先进的移动信息技术,整合了互联网与移动通信技术,将各类网站及企业的大量信息及各种各样的业务引入移动互联网。移动互联网具有更高数据吞吐量,并且低时延;更低的建设和运行维护成本;与现有网络的兼容性;更高的鉴权能力和安全管理能力;高品质的互动。

移动互联网是一种通过智能移动终端,采用移动无线通信方式获取业务和服务的新兴网络,包含终端、软件和应用三个层面。终端包括智能手机、平板计算机等;软件包括操作系统、中间件、数据库和安全软件等;应用包括休闲娱乐类、工具媒体类、商务财经类等。与传统的有线网络不同,移动互联网使用各种无线通信技术为各种移动设备提供必要的物理接口,实现物理层和数据链路层的功能。移动互联网是计算机网络技术与无线通信技术相结合的产物。

无线通信技术的发展经历了一个多世纪的时间。早在 1901 年,马可尼发明了越洋远距离无线电报通信。20 世纪 20 年代,美国等国家开始启用车载无线电等专用无线通信系统。1945 年,射频识别(radio frequency identification,RFID)技术问世。20 世纪 60 年代,脉冲无线电超宽带(ultra wideband,UWB)技术问世。1971 年,美国夏威夷大学的研究人员创建了第一个基于报文传输的无线电通信网络,称为 ALOHANET,成为最早的无线局域网络。1973 年,全球首个模拟移动电话系统原型建成。20 世纪 70 年代中期至 80 年代中期,模拟语音系统开始支持移动性。1983 年,全球第一个商用移动电话发布。20 世纪 80 年代中期,数字无线移动通信系统开始在世界各地迅速发展。1991 年,全球首个 GSM 网络建成。

我国无线通信技术同样经历了高速发展。1987 年 11 月 18 日,我国第一个 TACS 模拟蜂窝移动电话系统建成并投入使用。1995 年,中国移动的 GSM 和中国联通的 GSM130 数字移动电话网开通。2000 年 5 月 5 日,在土耳其召开的国际电信联盟 2000 年世界无线大会上,中国提出的第三代移动通信制式 TD-SCDMA 被批准为 ITU 的正式标准。2001 年 3 月,3GPP 正式接纳了由中国提出的 TD-SCDMA 第三代移动通信标准的全部技术方案,并包含在 3GPP 的 R4 版本中。第四代移动电话行动通信标准包括 TD-LTE-Advanced 和 FDD-LTE 两种制式,其中我国参与制定了 TD-LTE-Advanced。

2. 物联网概述

物联网是互联网的延伸,是新一代信息技术的重要组成部分。物联网实现了物与物的互联、物与人的互联,具备全面感知、可靠传送、智能处理等特征,使人类可以用更加精细和动态的方式管理生产、生活,从而提高整个社会的信息化能力。

物联网是新一代信息技术的重要组成部分,也是信息化时代的重要发展阶段,其英文名称是 Internet of things(IoT)。顾名思义,物联网就是物物相联的互联网。这有两层意思:①物联网的核心和基础仍然是互联网,是在互联网基础上的延伸和扩展的网络;②其用户端延伸和扩展到了任何物品与物品之间,进行信息交换和通信,也就是物物相息。物联网通过智能感知、识别技术与普适计算等通信感知技术,广泛应用于网络的融合中,也因此被称为继计算机、互联网之后世界信息产业发展的第三次浪潮。物联网是互联网的应用拓展,与其说物联网是网络,不如说物联网是业务和应用。

物联网泛指物与物之间互联的网络及应用,广泛应用于交通、物流、安防、电力、家居等领域。物联网分为感知层、网络层和应用层三部分:感知层主要有各种感知器件和终端设备,感知器件包括 RFID 标签、二维码、各种传感器、摄像机等;网络层分为接入、传输两部分;应用层包括各种应用服务平台。

物联网是指通过各种信息传感设备实时采集任何需要监控、连接、互动的物体或过程等各种需要的信息,然后与互联网结合形成的一个巨大网络。其目的是实现物与物、物与人、所有的物品与网络的连接,方便识别、管理和控制。

16.3　为什么生活中离不开网络

计算机网络在资源共享和信息交换方面所具有的功能,是其他系统所不能替代的。计算机网络所具有的高可靠性、高性能价格比和易扩充性等优点,在工业、农业、交通运输、邮电通信、文化教育、商业、国防以及科学研究等各个领域、各个行业得到了越来越广泛的应用。

16.3.1　基于位置的服务

基于位置的服务 LBS 是指通过外部定位方式(如 GPS)获取移动终端用户的位置信息(地理坐标或大地坐标),在地理信息系统(geographic information system)平台的支持下,为用户提供相应服务的一种增值业务。它包括两层含义:①确定移动设备或用户所在的地理位置;②提供与位置相关的各类信息服务。比如找到手机用户的当前地理位置,然后在上海市 6340 平方千米范围内寻找手机用户当前位置处 1 千米范围内的宾馆、影院、图书馆、加油站等的名称和地址。LBS 借助互联网或无线网络,在固定用户或移动用户之间完成定位和服务两大功能。

LBS 的发展非常迅速,其发展过程主要有以下 4 个特点。

(1) 从被动式到主动式。早期的 LBS 可称为被动式,即终端用户发起一个服务请求,服务提供商再向用户传送服务结果。这种模式是基于快照查询的,简单但不灵活。主动式的 LBS 基于连续查询处理方法,能不断更新服务内容,因而更为灵活。

(2) 从单用户到交叉用户。在早期,服务请求者的位置信息仅限于为该用户提供服务,而没有其他用途。而在新的 LBS 应用中,服务请求者的位置信息还将被用于为其他用户提供查询服务,位置信息实现了用户之间的交叉服务。

(3) 从单目标到多目标。在早期,用户的电子地图中仅能显示单个目标的位置和轨迹,但随着应用需求的发展,现在的 LBS 系统已经可以同时显示和跟踪多个目标对象。

(4) 从面向内容到面向应用。面向内容是指需要借助于其他应用程序向用户发送服务内容,如短信等。面向应用则强调利用专有的应用程序呈现 LBS 服务,且这些程序往往可以自动安装或者移除相关组件。

16.3.2 社交网络

社交网络即社交网络服务(social network service,SNS)包括硬件、软件、服务及应用,由于四字构成的词组更符合中国人的构词习惯,因此人们习惯上用社交网络来代指 SNS。

中国是世界上最大的社交网络市场。截至 2019 年,腾讯的微信和 QQ 是中国非常有价值的社交媒体品牌,体量超过 Facebook 和 Tumblr 的总和。目前的社交网络大致可以分为关系型社交和内容型社交。关系型社交可以划分为熟人社交(源于线下)和陌生人社交(源于线上)。熟人社交的市场格局在网民从 PC 端向移动端转移的时期逐渐稳定,微信和 QQ 分别为成熟的社会人群和年轻的娱乐人群提供了更高效的交互方式。

16.3.3 移动支付

随着移动支付市场的持续爆发式增长,我国已经成为移动支付大国,移动支付已全面融入日常生活,移动支付产业发展走在世界前列。当前,我国移动支付产业政策环境优化,技术创新活跃,市场需求旺盛,呈现出支付方式多样化、支付场景多元化、支付市场多极化、支付产业融合化的发展趋势,产业发展前景广阔。同时,国家出台的互联网＋、大数据、普惠金融等战略的推进实施,又为移动支付产业的持续增长带来了新的发展动力和市场机遇。

线上支付用户规模持续高速增长主要有 3 个原因:①高速发展的电子商务应用对线上支付的需求近一步增强,拉动线上支付用户规模的增长;②各线上支付厂商在线下消费场景积极布局,不断拓展和丰富线下消费支付场景,并推出诸多补贴政策,吸引着非线上支付用户尝试线上支付;③线上支付厂商加大营销投入力度,持续扩大线上支付产品的影响力,进一步打通社交关系链条,如支付宝的"集福"、微信的"摇福金"等活动,带动了非网上支付用户的转化。

16.3.4 电子邮件

电子邮件是 Internet 中最常使用的一种应用。电子邮件的速度快,可以在 5～10 分钟内将用户的邮件传送到世界上的任何位置。电子邮件除了可以传送文字外,还可以传送图形、图像、声音、视频和计算机程序文件等。

16.3.5 文件传送

Internet 资源浩如烟海,有各个学科的各种专业资料、流行音乐、娱乐影片、游戏软件、计算机工具、各种书籍、画报图片、天气预报、航班车次、企业广告等,Internet 无所不包。

上传和下载文件时,通常需要使用文件传送协议 FTP。文件传送是 Internet 上服务器与客户机之间进行的文件形式的数据传送。

16.4　中国互联网发展现状

互联网与中国的改革开放结合起来,使我们能通过互联网更好、更全面地了解世界,也能更快地实现信息传送。中国虽然是互联网的后来者,但是中国也是全球互联网的一个实践者和贡献者。当前,新一代网络信息技术不断创新突破,数字化、网络化、智能化深入发展,世界经济数字化转型成为大势所趋,互联网在经济社会发展中的重要作用更加凸显。我国互联网发展呈现以下特点。

1. IPv6 规模部署不断加速

截至 2019 年 6 月,我国 IPv6 地址数量为 50286 块/32,已跃居全球第一位。我国 IPv6 规模部署不断加速,IPv6 活跃用户数达 1.3 亿,基础电信企业已分配 IPv6 地址用户数达 12.07 亿;域名总数达 4800 万个,其中,.cn 域名总数达 2185 万个,较 2018 年年底增长 2.9%,占我国域名总数的 45.5%。2019 年 6 月,首届"中国互联网基础资源大会 2019"在北京召开,大会围绕网络强国战略大局,回顾中国互联网二十五周年发展历程,聚焦互联网基础资源行业发展,展示前沿创新技术,搭建行业交流平台,推动行业规范有序发展。

2. 移动互联网使用持续深化

截至 2019 年 6 月,我国网民数达 8.54 亿,互联网普及率达 61.2%,较 2018 年年底提升 1.6%。随着移动通信 4G 的普及以及 5G 的推广,我国手机网民数达 8.47 亿人,网民使用手机上网的比例达 99.1%。与 2014 年前相比,移动宽带平均下载速率提升约 6 倍,手机上网流量资费水平降幅超 90%。"提速降费"推动移动互联网流量大幅增长,用户月均使用移动流量达 7.2GB,为全球平均水平的 1.2 倍;移动互联网接入流量消费达 553.9 亿 GB,同比增长 107.3%。

3. 跨境电商等领域持续发展

截至 2019 年 6 月,我国网络购物用户数达 6.39 亿,占网民整体的 74.8%。网络购物市场保持较快发展,下沉市场、跨境电商、模式创新为网络购物市场提供了新的增长动能。在地域方面,以中小城市及农村地区为代表的下沉市场拓展了网络消费增长空间,电商平台加速渠道下沉;在业态方面,跨境电商零售进口额持续增长,利好政策进一步推动行业发展;在模式方面,直播带货、工厂电商、社区零售等新模式蓬勃发展,成为网络消费增长新亮点。

4. 娱乐内容生态逐步构建

截至 2019 年 6 月,我国网络视频用户数达 7.59 亿,占网民整体的 88.8%。各大视频平台进一步细分内容产品类型,并对其进行专业化生产和运营,行业的娱乐内容生态逐渐形成。各平台以电视剧、电影、综艺、动漫等核心产品类型为基础,不断向游戏、电竞、音乐等新兴产品类型拓展,以 IP(知识产权)为中心,通过整合平台内外资源实现联动,形成视频内容与音乐、文学、游戏、电商等领域协同的娱乐内容生态。

5. 在线教育应用稳中有进

截至 2019 年 6 月,我国在线教育用户数达 2.32 亿,占网民整体的 27.2%。2019 年政府工作报告明确提出发展"互联网＋教育",促进优质资源共享。随着在线教育的发展,部分乡村地区视频会议室、直播录像室、多媒体教室等硬件设施不断完善,名校名师课堂下乡、家长课堂等形式逐渐普及,为乡村教育发展提供了新的解决方案。通过互联网手段弥补乡村教育短板,为偏远地区青少年通过教育改变命运提供了可能,为我国各地区教育均衡发展提供了条件。

6. 在线政务普及率高

截至 2019 年 6 月,我国在线政务服务用户数达 5.09 亿,占网民整体的 59.6%。在政务公开方面,各级政府着力提升政务公开质量,深化重点领域信息公开;在政务新媒体发展方面,我国 297 个地级行政区政府已开通了"两微一端"等新媒体传播渠道,总体覆盖率达88.9%。在一体化在线政务服务平台建设方面,各级政府加快办事大厅线上线下融合发展,"一网通办""一站对外"等逐步实现;在新技术应用方面,各级政府以数据开放为支撑、新技术应用为手段,服务模式不断创新;在县级融媒体发展方面,各级政府坚持移动化、智能化、服务化的建设原则,积极开展县级融媒体中心建设工作,成效初显。

总的来说,互联网与大数据、人工智能、云计算等信息技术结合,通过这些新技术得到发展的新动能。反过来,互联网也给这些新技术提供了一个很好的发展平台。现在通过大数据,丰富了人们对整个社会的了解,可以精准地对城市进行治理,还可以实现工业互联网。在大数据的基础上,人工智能被大数据唤醒,结合算法可以把数据分析得更透彻,更加了解数据后面事物的规律。互联网已经离不开大数据、人工智能,同样,大数据、人工智能也离不开互联网。

第 17 章

网络怎样连接世界

在网络世界中,一台计算机如何能够准确地将信息发送给网络中的其他计算机?又怎样在网络中让其他计算机找到自己呢?同时,为了实现计算机之间的互联又需要哪些技术和设备呢?

通过本章的学习可以找到这些问题的答案。本章以计算机网络地址、主机域名系统为基础,阐述了网络协议、网络组建需要的各种主要技术和设备。通过本章的学习能够掌握网络互联的基本协议和组建网络的方法。

17.1 探索之旅从输入网址开始

在茫茫的网络世界中如何让别人找到你?你又如何找到别人?这是我们在网络中畅游首先要解决的问题。

在实际生活当中,我们可以通过城市名称、道路名称、门牌号等确定某个单位或者个人的实际地址,通过这个地址找到要寻找的单位或者个人。

在网络世界,要登录一个网站获取信息,或者向亲朋好友发送信息,也需要找到对方在网络中的地址。

人们定义了一种网络地址格式,网络中的计算机都有自己的地址,这个地址称作Internet 地址(Internet address),又称为 IP 地址(Internet protocol address,网际协议地址)是分配给用户上网使用的国际协议的设备的数字标签。

这里提到了协议,互联网的核心是一系列协议,总称为网际协议集(Internet protocol suite)。它们对计算机如何连接和组网做出了详尽的规定。理解了这些协议,就理解了互联网的原理。

17.1.1 协议的概念和思想

日常生活中,常常会出现不同国家的人员进行交流,语言就成为交流能否通畅的最主要的因素。假设一个中国人和一个法国人进行语言交流,中国人不懂法语、法国人不懂中文,那么使用什么样的语言可以相互交流呢?这就需要使用一种双方都能够理解的语言。假设二者都懂英语,那么他们就可以使用英语进行交流。

网络中的计算机相互之间信息交流也是如此。人们需要制定一些规则来实现不同计算机之间的信息交流。为进行网络中的数据交换而建立的规则、标准或约定即为网络协议（network protocol），简称为协议。

协议组成的三要素如下。

（1）语法：数据与控制信息的结构或格式。

（2）语义：需要发出何种控制信息，完成何种动作以及做出何种响应。

（3）同步（次序）：事件实现顺序的详细说明。

17.1.2　IP 地址的秘密

IP 地址具有 IPv4、IPv6 和 IPv9 等不同版本，目前使用比较广泛的版本是 IPv4，不做特别说明的情况下 IP 地址通常指 IPv4 地址。

1. IPv4 地址

IPv4 地址是一个 4 字节、32 位的二进制的地址码。为了便于记忆，将每八位二进制转换为人们熟悉的十进制数，中间用点分割，比如 200.1.25.7 就是一个 IP 地址：11001000000000010001100100000111。

IPv4 地址可分为 A、B、C、D、E 共 5 类。A、B、C 三类是常用的地址，D 类地址用作多点广播中的多播组 IP 地址，E 类地址是用于研究的保留地址。

IPv4 地址的类别可以通过地址的第一个字节区分。

A 类地址的第一个字节数值为 1～126，B 类地址的第一个字节数值为 128～191，C 类地址的第一个字节数值为 192～223。例如，56.10.10.1 是一个 A 类地址，151.52.100.25 是一个 B 类地址，200.1.25.7 是一个 C 类地址。

可以通过计算机的 IP 地址判断该计算机到底属于哪一个网络。一个 IP 地址分为网络地址部分和主机地址部分，A 类 IP 地址用第一个字节表示网络地址，其余三个字节表示主机地址；B 类地址用前两个字节表示网络地址，后两个字节表示主机地址；C 类地址用前三个字节表示网络地址，最后一个字节表示主机地址，如图 17.1 所示。

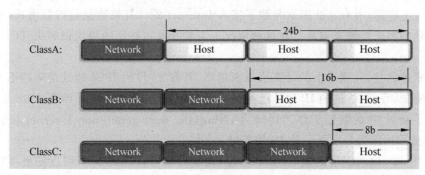

图 17.1　IP 地址的网络地址部分和主机地址部分

A 类地址通常分配给非常大型的网络，提供多达 1600 多万（$2^{24}-2$）个 IP 地址给主机。全球一共只有 126 个 A 类网络地址，目前已经没有 A 类地址可以分配了。

B 类地址通常分配给大机构和大型企业，每个 B 类网络可提供 65534（$2^{16}-2$）个 IP 地址。全球一共有 16384 个 B 类网络地址。

C 类地址用于小型网络。C 类地址只有一个字节用来表示这个网络中的主机,因此每个 C 类网络只能提供 $254(2^8-2)$ 个主机地址。

以下是一些特殊的 IP 地址。

(1) 网络地址。如果一个 IP 地址的主机地址为 0,则它表示该主机所在的网络地址。例如,某台计算机的 IP 地址是 200.1.25.7,将其主机码部分(最后一个字节)置为 0 得到的地址 200.1.25.0 就是 200.1.25.7 主机所在网络的网络地址。151.52.100.25 是一个 B 类 IP 地址,将其主机地址置为 0 得到的 151.52.0.0 就是 151.52.100.25 主机所在 B 类网络的网络地址。

(2) 回送地址。第一个字节为 127 的 IP 地址既不属于 A 类地址也不属于 B 类地址,它被保留用作回送测试,即主机把数据发送给自己。例如,127.0.0.1 是一个常用的用作回送测试的 IP 地址。

(3) 广播地址。主机地址的二进制编码全为 1 的地址为当前网络广播地址。例如,198.150.11.255 是 198.150.11.0 网络中的广播地址。198.150.11.0 网络中的主机只能在 198.150.11.1 到 198.150.11.254 范围内分配,而 198.150.11.0 和 198.150.11.255 两个 IP 地址不能分配给主机使用。

(4) 私有地址。有些 IP 地址不必从 IP 地址注册机构申请得到。RFC 1918 文件分别在 A、B、C 类地址中指定了三块作为私有 IP 地址(内部 IP 地址)。这些私有 IP 地址可以在企业内部的局域网中使用,但是不能出现在互联网中。这三个地址范围为 10.0.0.0～10.255.255.255、172.16.0.0～172.31.255.255、192.168.0.0～192.168.255.255。

A 类和 B 类地址占了整个 IP 地址空间的 75%,却只能分配给约 17000 个机构使用。只有占整个 IP 地址空间的 12.5% 的 C 类地址可以留给新的网络使用。

2. IPv6 地址

20 世纪 90 年代之前,Internet 主要被应用于工业或商业领域。随着计算机硬件成本的下降和通信技术的发展,Web 服务、电子商务、视频和音频广播以及网络交互游戏等不断地在 Internet 上应用,所有这些因素导致了接入 Internet 的计算机数量呈指数增长,对网络传输服务质量的需求也越来越高。在这种情况下需要开发一些新的协议以解决 TCP/IP 面临的问题。

最为紧迫的是,互联网上的计算机越来越多,只有 32 位的 IPv4 地址越来越不能满足网络发展的需要,目前 32 位的 IP 地址已经耗尽。新版 IP 的研究工作开始于 1992 年,许多团体都加入了新版 IP 的制定工作。1994 年,IPng(the next generation Internet protocol)的 IPv6 建议被采纳作为开发下一代 IP 的基础。

IPv6 用 128 位的二进制数表示 IP 地址,地址数量可以达到 2^{128},可以使更多的计算机获得 IP 地址,能够满足未来相当一段时间的需求。

3. IPv9 地址

为了进一步拓展地址空间,人们又提出了 IPv9 的地址的概念。这种地址用 256 位的二进制数表示。IPv9 在理论上所能提供的地址有 2^{256} 个,其所能提供的地址数目足够全人类的使用。

17.1.3　域名系统

1. DNS 服务器的基本工作原理

虽然用点分十进制表示 IP 地址便于 IP 地址的记忆,但是当使用的 IP 地址越来越多的时候就会产生混淆。如日常生活中学生的学号就难以记忆,因此通常通过学生的姓名来记住学生,学生姓名又与其学号相对应。网络中的计算机也可以采用类似的方法进行记忆,用一个字符名称代替难以记忆的 IP 地址,字符名称与 IP 地址相对应,通过字符名称查找网络上的计算机。

互联网中的域名系统 DNS(domain name service)就是通过网络中计算机字符名称实现计算机的查找的。DNS 可以用一串字符、数字和点号组成域名表示网络中某一台计算机。当用户输入某计算机的域名时,DNS 系统就通过查找该域名对应的 IP 地址使用户能够访问该计算机。例如,上海应用技术大学的 WWW 服务器的域名是 www.sit.edu.cn,通过 DNS 解析出这台服务器的 IP 地址是 210.35.96.20。有了域名,互联网中的计算机就很容易被记住和被其他计算机访问。

2. 域名的层次结构

域名是有层次的,各层次间由"."隔开。越在后面的部分,所在的层次越高。域名格式如下。

主机名 . *n* 级子域名 . …… . 2 级子域名 . 顶级域名

例如,www.sit.edu.cn 域名中,cn 代表中国,edu 表示教育机构,sit 表示上海应用技术大学,www 表示上海应用技术大学 sit.edu.cn 主机中的 WWW 服务器。

域名的层次化不仅能使域名表现出更多的信息,也为 DNS 域名解析带来了方便。域名解析是依靠一种庞大的数据库完成的,数据库中存放了大量域名与 IP 地址的对应记录。层次化可以为数据库在大规模的数据检索中加快检索速度。

在域名的层次结构中,每一个层次被称为一个域。例如,cn 是国家或地区域,edu 是机构域。

常见的国家和地区域名有 cn(中国)、us(美国)、uk(英国)、jp(日本)。

常见的机构域名如下。

(1) com:商业实体域名。这个域的用户一般都是企业、公司类型的机构。这个域的域名数量最多,而且还在不断增加,导致这个域中的域名缺乏层次,造成 DNS 服务器在这个域技术上负荷很大,管理非常困难。

(2) edu:教育机构域名。这个域名分配给大学、学院、中小学校、教育服务机构、教育协会。

(3) net:网络服务域名。这个域名提供给网络提供商、网络管理机构和网络上的节点计算机。

(4) org:非营利机构域名。

(5) mil:军事用户。

(6) gov:政府机构域名。不带国家域名的 gov 域名只提供给美国联邦政府的机构和办事处。

3. DNS 服务

提供域名解析服务的主机称为域名服务器(domain name server)。域名服务器保存和维护当前域的主机域名和 IP 地址对应关系的数据文件,以及下级子域的域名服务器信息。域名服务器可以将域名映射为对应的 IP 地址,每个域都有自己的域名服务器,域名解析服务是分布式的。

通过域名解析可以找到域名对应的 IP 地址,然后通过 IP 地址访问互联网中的计算机。域名解析分为静态解析和动态解析。

(1)静态解析。静态解析是指通过客户机上的 hosts.txt 资源文件进行地址映射。hosts.txt 文件中有许多主机名到 IP 地址的映射,供主机查询时使用。在解析域名时,首先采用静态解析的方法,如果静态解析不成功,再采用动态解析的方法。该文件由人工维护,比如某台安装了 Windows 的计算机,其 hosts.txt 文件位于 C:\Windows\system32\drivers\etc 文件夹中。

(2)动态解析。动态解析是指利用运行域名服务的 DNS 服务器进行地址映射。本地 DNS 服务器以数据库查询方式完成域名解析过程,并且采用了递归解析。递归解析的步骤如下。

① 客户机提出域名解析请求,并将该请求发送给本地的 DNS 服务器

② 本地 DNS 收到请求后,先查询本地记录,如果有所需的记录项,则本地 DNS 直接将 IP 地址返回给客户机。

③ 如果本地 DNS 服务器记录中没有该记录,则本地 DNS 直接把请求发给根 DNS,根 DNS 返回一个所查询域(根的子域)的 DNS 地址。

④ 本地 DNS 再向上一步返回的 DNS 服务器发送请求,接收请求的 DNS 服务器查询自己的记录,如果没有该记录,则返回相关下级域的 DNS 地址。

⑤ 重复第④步,直到找到所需的记录。

⑥ 本地 DNS 把查到的结果保存到本地记录中,以备下一次使用,同时将结果返回给客户机。

17.2 数据传输介质和设备

组建计算机网络一方面需要计算机、网络设备以及通信介质等硬件设备,另一方面需要网络操作系统、网络协议和网络应用等相关软件,然后根据实际需求选择合适的网络拓扑结构,将软硬件正确安装和配置就能实现网络的互联。

17.2.1 网络拓扑结构

计算机网络中各个节点之间相互连接的方法和形式称为网络拓扑结构。典型的网络拓扑结构主要有总线、星状、环状以及网状等。

(1)总线拓扑结构。采用共享传输介质作为总线,所有站点都通过硬件接口直接连接到总线上。它的优点是结构简单、造价低、易于扩充;缺点是总线一旦有故障难以检查、故障隔离困难,如图 17.2(a)所示。

(2)星状拓扑结构。网络有中央节点,各个节点都与中央节点连接。它的优点是每个

节点接入网络方便,当节点出现故障时只影响自身,不会影响全网的运行;缺点是对中央节点的可靠性要求较高,若中央节点出现故障,则整个网络无法运行,如图17.2(b)所示。

(3) 环状拓扑结构。各个节点与相邻节点连接形成环状网络,该结构消除了节点间通信对中心节点的依赖,但在环上传输任何报文都必须穿过所有节点。若环上某一节点出现故障,则环上所有节点间通信都会终止,如图17.2(c)所示。

(4) 网状拓扑结构。所有节点彼此连接,形成一个网状结构。它的特点是可靠性高,由于节点之间网络连接需要大量链路所以成本较高,如图17.2(d)所示。

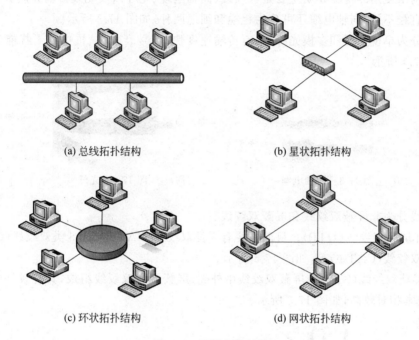

(a) 总线拓扑结构 (b) 星状拓扑结构

(c) 环状拓扑结构 (d) 网状拓扑结构

图17.2 网络拓扑结构

各种典型的网络拓扑之间还可以相互结合使用,选择拓扑结构主要考虑费用、灵活性和可靠性。

17.2.2 网络组建所需硬件

在有线网络中,通信介质有双绞线、同轴电缆、光纤等;在无线网络中,通信介质主要是微波等。网络硬件主要包括服务器、工作站、网卡、传输介质、集线器、交换机与路由器等。

选择组网硬件时,在满足当前需求的同时,还要考虑一定的拓展性与经济性。

1. 计算机

对于服务器而言,需要考虑其CPU速度、内存大小以及磁盘存储容量等性能指标,同时应考虑采用经过市场检验的成熟产品。

对于网络上的普通计算机,能够满足所需要处理事务的要求就可以了。

2. 网络接口卡

网络接口卡(network interface card,NIC)又称网络适配器,简称网卡,为计算机提供了接入计算机网络的接口。

网卡接口类型主要有：AUI（粗缆接口）、BNC（细缆接口）、RJ-45、USB、FDDI（光纤接口）、ATM 等。

在总线拓扑结构的局域网中，网线用的是同轴电缆，选用 BNC 接口网卡；在星状拓扑结构的局域网中，网线用的是双绞线，选用 RJ-45 接口网卡。在无线网络环境下使用无线网卡。

3. 传输介质

组建网络使用的传输介质主要是双绞线、同轴电缆、光纤以及无线传输介质。

按照直径不同，同轴电缆还可分为粗缆和细缆两种，如图 17.3 所示。

光纤分为单模光纤和多模光纤，具有传输速度快、信号衰减小、抗电磁干扰能力强等特点，如图 17.4 所示。

图 17.3　同轴电缆

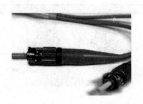
图 17.4　光纤

双绞线分为非屏蔽双绞线和屏蔽双绞线。

（1）非屏蔽双绞线（UTP）。目前主要有 5 类双绞线（CAT-5）、超 5 类双绞线（CAT-5E）以及 6 类双绞线（CAT-6）等，如图 17.5 所示。

（2）屏蔽双绞线（STP）。屏蔽双绞线由外壳、屏蔽层和双绞线组成，具有较好的抗干扰性，但是成本相对较高，如图 17.6 所示。

图 17.5　非屏蔽双绞线

图 17.6　屏蔽双绞线

在选择双绞线时，一般选择非屏蔽的双绞线。如果组建 100Mb/s 局域网，应选择 5 类或超 5 类的非屏蔽双绞线；组建 1000Mb/s 局域网，应选择超 5 类及以上的非屏蔽双绞线。

4. 网络互联设备

（1）中继器。中继器也称转发器，工作在物理层，主要功能是将输入信号放大后向外转发，如图 17.7 所示。

（2）集线器。集线器具有多个双绞线 RJ-45 接口，根据网络中计算机的数量决定集线器的接口数目，各个接口共享集线器带宽。

（3）无线接入点。无线接入点（access point，AP）相当于通信基站，如图 17.8 所示。AP 的主要作用是将装有无线网卡的用户接入有线网络，并将各无线网络客户端连接到一起,使装有无线网卡的 PC 可以通过 AP 共享有线局域网络甚至广域网络的资源。一个 AP 能够在几十至上百米的范围内连接多个无线用户。

(4) 网桥。网桥也称桥接器,工作在数据链路层,它的作用是将多个小的局域网连接成一个大的局域网,如图 17.9 所示。网桥中保留了局域网中所有计算机的硬件地址表,检查数据帧的发送地址和目的地址,降低整个网络的通信负荷。

图 17.8　无线接入点

图 17.9　网桥

(5) 交换机。交换机从本质看是一台特殊的计算机,主要由 CPU、内存储器、I/O 接口等部件组成,如图 17.10 所示。

交换机接口主要是以太网接口,用于将计算机连接到网络,交换机每个接口独享带宽。交换机还有 Console 接口,它是异步接口,主要连接终端或支持终端仿真程序的计算机。

(6) 路由器。路由器是一台特殊的计算机,工作在网络层。通过 IP 地址区分不同的网络,进行路由选择,实现不同网络之间的互联,如图 17.11 所示。

图 17.10　交换机

图 17.11　路由器

路由器不转发各网络内部的本地网络广播,保证了各个网络的独立性。很多路由器除进行路由选择外,还带有 NAT 地址转换、防火墙、流量控制等安全管理功能。

具有路由器功能的 AP 称为无线局域网路由器,适用于家庭网络、小型办公室网络。

17.2.3　双绞线的制作

计算机处理的是二进制信息,在实际的数据传输中,这些二进制信息需要转换为传输介质能够传输的相关信号。在双绞线以及同轴电缆等电介质中传输的是电信号,因此可以用高低电压信号表示二进制信息的 0 和 1。在集线器中,通过输入端口接收网络中传输进来的电信号表示的信息,然后向集线器除了输入端口的其余端口转发该信息。

下面介绍两种常用网线的制作方法。

1. 非屏蔽双绞线的制作

制作非屏蔽双绞线就是在网线两端压接上 RJ-45 插头,每条双绞线的长度不超过 100 米。

非屏蔽双绞线制作步骤如下。

(1) 剥线。使用剥线器夹住双绞线旋转一圈,剥除外表皮。

(2) 理线。将 4 对双绞线进行拆分。

（3）按照制线标准对线对进行排序。

EIA/TIA 568A 的基本线序是绿白→绿→橙白→蓝→蓝白→橙→棕白→棕。

EIA/TIA 568B 的基本线序是橙白→橙→绿白→蓝→蓝白→绿→棕白→棕。

（4）排线。根据制线标准将线对进行排序后，将线对捋直，操作时一手拿住线对根部，另一只手捋直线对。

（5）剪线准备。将线对捋直后，用制线钳的剪线口剪去线对的多余部分，使线对保持 14 毫米左右的长度。

（6）剪线。

（7）安装 RJ-45 插头。剪线完成后，开始安装 RJ-45 插头。将 RJ-45 插头金属片朝上，将双绞线插入，确定双绞线完全进入 RJ-45 插头。

（8）初步检查。将 RJ-45 插头与双绞线进行连接后，可以首先进行初步检查，检查内容包括：双绞线外护套应进入 RJ-45 插头内；线序符合标准；RJ-45 插头前部能看到 8 根铜芯。

（9）压制。使用制线钳对 RJ-45 插头进行压制，持续压制 3 秒，保证 RJ-45 插头金属片与铜芯完全接触。压制完成后即可完成一根数据跳线。

（10）测试。利用双绞线跳线测试工具可以对数据跳线进行测试。将数据跳线插入对应的 RJ-45 接座，观察测试指示灯是否按照顺序正常闪烁，如出现开路、断路等情况，指示灯将出现错误的闪烁状态。

2. 光纤的制作

1）光纤熔接前的准备

熔接光纤前，首先要准备好剥纤钳、切刀、熔接机、热缩套管、酒精棉等必要的设备、工具和材料，查看熔接机电源是否充裕，各种材料是否齐全等，然后把需要熔接的光纤外护套、钢丝等视盘纤长度去除，找出需要熔接的光纤。在做好充分准备工作的前提下，按照制备端面、熔接光纤、盘纤整理几个步骤逐一进行。

2）制备端面

合格的光纤端面是熔接的必要条件，端面质量好坏直接影响到熔接质量。光纤端面的制备包括剥离、清洁和切割三个环节。

（1）剥离光纤。剥离光纤即剥除光纤涂面层。用左手拇指和食指捏紧光纤，使之成水平状，所露长度以 5 厘米为准，余纤在无名指、小拇指之间自然打弯，以增加力度，防止打滑。剥纤钳应与光纤垂直，上方向内倾斜一定角度，然后用钳口轻轻卡住光纤，右手随之用力，顺光纤轴向外推出去。

（2）裸纤的清洁。清洁裸纤，首先要观察光纤剥除部分的涂覆层是否全部剥除，若有残留，应重新剥除。如有极少量不易剥除的涂覆层，可用棉球蘸适量酒精，一边浸渍，一边逐步擦除。

（3）裸纤的切割。裸纤的切割是光纤端面制备中最关键的环节。切刀有手动和电动两种。选择切刀后，操作人员应按切割操作规范进行操作。首先要清洁切刀和调整切刀位置，切刀的摆放要平稳，切割时，动作要自然平稳、不急不缓，避免断纤、斜角、毛刺及裂痕等不良端面的产生，保证切割的质量。同时，要谨防端面污染。热缩套管应在剥覆前穿入，严禁在端面制备后穿入。在接续中应根据环境，对切刀 V 形槽、压板、刀刃进行清洁。

3) 光纤熔接

光纤熔接是接续工作的中心环节,因此高性能的熔接机和熔接过程中的科学操作十分必要。

(1) 熔接机的选择。选择熔接机时,应根据光缆工程要求配备蓄电池容量和精密度合适的熔接设备。选择的熔接机要有优良的性能、运行稳定、熔接质量高,且配有防尘防风罩、大容量电池等,适宜于各种光缆工程(也有的熔接机体积较小、操作简单、备有简易切刀,蓄电池和主机合二为一,携带方便,特别适宜于中小型光缆工程)。

(2) 熔接机参数设定。熔接前,要根据光纤的材料和类型,设置好最佳预熔、主熔电流和时间及光纤送入量等关键参数。熔接过程中还应及时清洁熔接机的 V 形槽、电极、物镜、熔接室等,随时观察熔接中有无气泡、过细、过粗、虚熔、分离等不良现象。在确保光纤熔接质量没有问题后,热缩松套管,保护熔接点处的光缆,并按顺序妥善放置保存好,清理现场后,进行光纤盘纤。

17.2.4　交换机的包转发

计算机通过双绞线连接到交换机的各个端口,那么交换机如何知道数据包(数据帧)来自于哪一台计算机? 又如何将数据包正确发送到目的计算机呢?

网卡有一个物理地址(MAC 地址),这个地址是网卡出厂时设定的,并且全球唯一。

交换机的端口收到来自计算机网卡发来的数据帧后,首先查找数据帧中的 MAC 地址,如果目标 MAC 地址在交换机的地址表中,那么交换机就将数据帧转发给相应端口上连接的计算机;如果 MAC 地址表中没有目标计算机的 MAC 地址信息,那么就会向所有端口转发数据帧,但只有数据帧目标计算机人才接收数据帧。此时交换机会记录下发送数据帧的计算机的 MAC 地址和目标计算机的 MAC 地址,在下一次发送数据帧时只向目标计算机端口转发。

如图 17.12 所示为交换机连接的 4 台计算机及数据帧转发与 MAC 地址表的对应关系。

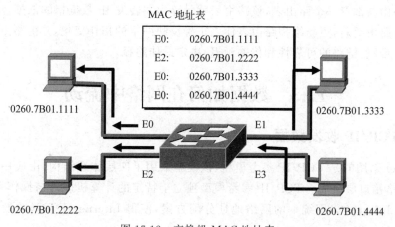

图 17.12　交换机 MAC 地址表

17.2.5　路由器的包转发

路由器是不同网络之间进行数据包传送的桥梁,不同网络要进行通信必须用到路由器设备(或者具有路由功能的多层交换机)。路由器在收到数据包后检查数据包的目标地址,如果数据包的目标地址是本网内的地址,路由器将丢弃数据包,不进行转发;当数据包目标地址是其他网络的地址时,路由器就向外进行转发。在网络中一台路由器连接的其他路由器可能有很多,如图17.13所示,从发送数据包的源计算机到达目标计算机的路径也有很多,那么路由器到底把数据包发给哪一台与它连接的路由器呢? 或者说在众多路径中如何选择数据包转发的路径呢? 这就需要根据路由协议(routing protocol)做出决策。

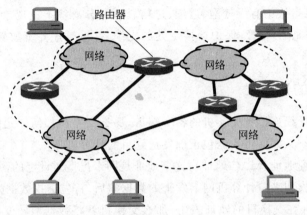

图 17.13　网络互联

在日常生活中,假设从北京出发,目的地是上海,如何选择出行的方案呢? 如果事情紧急一般会选择最快的出行方式;如果考虑省钱因素,一般会考虑采用费用最低的出行方式。

路由协议的目的是让路由器在网络中按照一定的规则转发数据包,路由协议对于网络中数据包转发非常重要。

每个路由器都有一个路由表,该路由表就是路由器转发 IP 数据报的依据。路由器间互通信息进行路由更新,更新维护路由表使之正确反映网络的拓扑变化,并由路由器根据度量(路径长度、带宽、链路的可靠性和传输延迟)决定最佳路径。

17.3　数据如何在网络中流动

17.3.1　TCP/IP 收发数据

Internet 采用的是 TCP/IP 参考模型,该模型采用了四层体系结构,由应用层、运输层、网际层、网络接口层组成。TCP/IP 参考模型独立于特定的计算机硬件与操作系统,由许多协议组成。Internet 采用统一的网络地址分配方案,使得 Internet 上互联的设备都具有唯一的网络地址。

Internet 中的计算机 A 通过应用层发送原始数据,原始数据经过层层封装,再通过实际的通信设备和传输介质发送到网络。在网络中通过网络接口层连接各个网络,通过网际层选择不同的转发路径,将数据转发到计算机 B 所在的网络。计算机 B 所在网络将收到的数据包层层解封,获得原始数据,如图 17.14 所示。

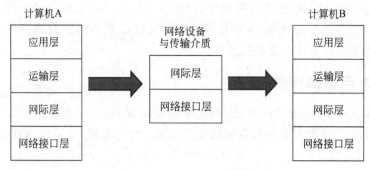

图 17.14　TCP/IP 收发数据

17.3.2　IP 与数据传送

IP(网际协议)的主要功能如下。

(1) IP 地址寻址。指出发送和接收 IP 数据报的源 IP 地址及目的 IP 地址。

(2) IP 数据报的分段和重组。为了克服数据链路层对帧大小的限制,网际层提供了数据分块和重组功能。

(3) IP 数据报的路由转发。根据 IP 数据报中接收方的目的 IP 地址,确定是本网传送还是跨网传送。

IP 向传输层提供的是一个不可靠的、无连接的、尽力的数据报传送服务。

(1) 不可靠的传送服务。IP 协议无法保证数据报传送的结果。在传送过程中,IP 数据报可能会丢失、重复传输、延迟、乱序,IP 本身不关心这些结果,也不将结果通知收发双方。

(2) 无连接的传送服务。每一个 IP 数据报是独立处理和传送的,由一台主机发出的数据报,在网络中可能会经过不同的路径,到达接收方的顺序可能会被打乱,甚至其中一部分数据还会在传送过程中丢失。

(3) 尽力的投递服务。IP 绝不轻易丢弃数据报,总是尽力传送。

17.3.3　UDP 与数据传输

用户数据报协议(user datagram protocol,UDP)提供不可靠的无连接数据报传送服务,它通过使用 IP 在计算机间传送报文。一方面,UDP 接收多个应用程序送来的数据报,然后将这些数据报交给 IP 层进行传输;另一方面,UDP 接收 IP 层传送来的数据报,然后把这些数据报送给对应的应用程序。

由于大多数的操作系统都支持同时运行多个进程,如果只使用 IP 地址无法区分到底是哪个进程在与远端计算机进行通信。UDP 使用协议端口号来标识一台计算机中的多个进程,端口号是一个正整数。使用计算机的 IP 地址加上在该计算机上运行的应用进程对应的端口号,就可以在一个网络中明确标识一个应用进程的地址。

当 UDP 从 IP 层接收到数据报后,如果找到与目的端口号匹配的端口号,就把这个用户数据报传送给相应的应用进程;否则,它就发送一个说明端口不可达的 ICMP 错误信息报文,并丢弃这个用户数据报。

UDP 在数据发送时不需要先与对方建立连接,提供不可靠的无连接服务。这样进行数据传输可能会出现丢失、重复、失序等现象,但是由于减少了建立连接、断开连接的过程,使用 UDP 协议可以提高传输效率,主要用于数据可靠性要求不高而对数据传输速率要求较高的场合,比如互联网上传送视频信息等。

17.3.4   TCP 与数据传输

TCP(transmission control protocol,传输控制协议)是面向连接的传输层协议。使用 TCP 传输数据时,发送数据和接收数据的双方需要先建立连接,然后进行数据传送,数据传送结束后要断开连接。

由于 TCP 数据传输是建立在连接的基础之上,因此向通信的计算机之间提供的是高可靠的数据流服务,即 TCP 能确保被传输的数据报准确到达目的地。

TCP 报文分为首部和数据两部分。TCP 把从高层协议传送过来的数据看作一个非结构化的字节流,为了便于传输又将这个序列划分成若干段,并且进行编号。每个数据段加上首部,就生成了 TCP 报文。生成的 TCP 报文将会传送给网际层,然后 TCP 报文被封装到一个 IP 数据报中在网上传送。当数据段无序到达时,TCP 负责对数据段重新排序,并删除重复的 TCP 段。

为了确保发送的数据正确地到达目的地,TCP 要求接收方在收到数据之后要向发送方回送确认信息。为了保证能够重发数据,发送方对发出的每个报文都保存一份记录,在发送下一个报文之前等待确认信息。在发送报文时,发送方会启动一个定时器,如果在设定时间内没有收到确认信息,那么发送方就会重发报文。如果由于延时等原因导致发送方误以为报文丢失而重发报文,接收方就会通过报文中的序号检测出重复报文。

上述机制保证了 TCP 数据可以可靠、有序、无丢失和无重复传送。为了提高报文的传输效率,TCP 还具有流量控制和拥塞控制功能。

同 UDP 协议相比较,TCP 协议数据发送需要更多的额外开销。TCP 在保证数据传送可靠性的同时牺牲了通信效率。

第 18 章

万物互联——物联网是什么

物联网是当前信息革新的核心技术之一。物联网(Internet of things,IoT)是将物体联入到互联网,其核心和基础仍然是互联网,是在互联网基础上延伸和扩展的网络,是实现任何时间、任何地点、任何物体之间互联的技术。物联网虽尚处于发展初期,但在日常生活中的应用已经随处可见,如 ETC、共享单车、智能快递柜、智能家电和自动驾驶等。

本章主要介绍物联网的概念、发展历程、体系架构、核心技术及其在众多领域的应用等。

18.1 物联网的前世今生

18.1.1 什么是物联网

物联网的本质是实现物物相联的互联网,其主要包含两方面的含义:①物联网的核心和基础是互联网,是在互联网基础上延伸和扩展的一种网络形式;②设备端可延伸到物体与物体、物体与人、人与人之间进行数据交换和通信,实现物物联网。

1. 物联网的定义

从各种不同角度的定义来看,物联网存在两种差异比较大的定义,即广义物联网和狭义物联网的定义。

广义物联网技术可以描述为结合各类信息技术实现物联网目标的综合技术,即物联网技术是实现万物互联的综合技术。如中国物联网校企联盟将物联网定义为:当前几乎所有信息技术与计算机、互联网技术相结合,实现物体与物体之间,环境以及状态信息的实时共享以及智能化的收集、传递、处理、执行。或者说,当前涉及信息技术的应用,都可以纳入物联网的范畴。

国际电信联盟(ITU)对(狭义)物联网做了如下定义:通过二维码识别设备、射频识别(radio frequency identification,RFID)设备、红外感应器、全球定位系统和激光扫描器等信息传感设备,按约定的协议,把任何物体与互联网连接,进行信息交换和通信,以实现智能化识别、定位、跟踪、监控和管理的一种网络。简言之,物联网就是物物联网的互联网。

根据 ITU 的定义,物联网主要解决物体与物体(thing to thing,T2T),人与物体(human to thing,H2T),人与人(human to human,H2H)间的互联。但是与传统互联网不同的是,H2T 是指人利用通用装置与物体进行连接,从而使物体连接更加简化。H2H 是指人与人之间不直接依赖于计算机而进行的互联。互联网没有考虑任何物体之间连接的问题,因此使用物联网解决这个问题。许多学者讨论物联网时,又引入了 M2M 的概念,将 M2M 解释为人到人(man to man)、人到机器(man to machine)、机器到机器(machine to machine)的综合。从本质上而言,人与机器、机器与机器的交互,大部分是为了实现人与人之间的信息交互。

物联网通过各种信息传感设备,实时采集任何需要监控、连接、互动的物体或过程等并获取各种需要的信息,与互联网结合形成的一个巨大网络。其目的是实现物与物、物与人以及所有的物体与网络的连接,方便识别、管理和控制。

2. 物联网的三层体系结构

物联网是一种结构复杂且形式多样的综合系统技术,不同应用、不同行业对其进行了不同的层次划分。根据信息采集、网络传输和综合应用的特征,物联网业界通常认为其体系结构由感知层、网络层、应用层三层构成,如图 18.1 所示。在物联网中通过相关的感知技术,能够实现信息的自动获取,并通过网络层传输到应用层,进行下一步的分析与处理。可见感知层是物联网发展与应用的基础,是实现监测与自动控制的重要环节。

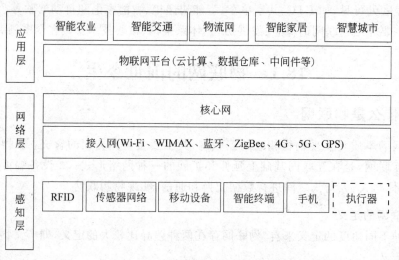

图 18.1　物联网的三层体系结构

感知层是物联网的核心技术,处于物联网的神经末梢,是联系物理世界和信息世界的纽带。感知层由传感器与无线传感网、RFID 和智能终端等组成,实现信息采集。感知层解决人与物、物与物之间的数据信息交换问题,实现识别物体、采集信息的功能。物联网通过其传感器采集物体本身的自然属性信息和环境信息,如身份、定位、温湿度、气味、成分含量、速度和其他的许多环境数据等。其中,执行器并不属于物联网的感知模块,但是通常通过执行相关命令动作,可改变环境状态。常见的执行器有输出接口、继电器、智能开关、步进电动机和变频器等。

作为一种新兴技术,传感器网络主要通过各种类型的传感器对物质性质、环境状态、行为模式等信息开展大规模、长期、实时的获取。RFID 是能够自动识别单一物体标识的技术,RFID 标签中存储着有用的信息,再通过网络把它们自动采集到后台信息应用系统,实现物体的自动识别和有效管理。同时应用系统可通过 RFID 获得附加到物体上有价值的附加信息,如商品的生产与保质日期、型号规格、产品等级、价格、库存、产地和优惠信息等。与早期互联网通过人工输入获取这类数据方式相比,物联网感知层获取数据更高效、更实时、更准确,能够自动识别物体的唯一性。

网络层在物联网中能够把感知层感知到的数据进行稳定、可靠和安全的传输。它解决了感知层所获得的数据在一定范围内尤其是远距离的传输问题。同时,物联网网络层将承担比现有网络更大的数据量和面临更高的服务质量要求。因此,现有互联网尚不能满足物联网的需求,这就意味着物联网需要对现有网络进行融合和扩展,利用新技术以实现更加广泛和高效的互联功能。如通过 RFID 网关、Wi-Fi、蓝牙、4G 和 5G 等接入网络,将数据传输到核心网。各种不同类型的网络用于不同的环境,是实现物物联网的重要基础设施。

应用层接收网络层传递的信息,经过分析处理,实现特定的智能化应用和服务任务。即结合各个应用行业领域的特点,将物联网的优势与行业的生产经营、信息化管理、组织调度结合起来,形成各类的物联网解决方案,构建智能化的行业应用。应用层包括物联网平台、数据库、应用基础设施、中间件和各种物联网应用。应用基础设施、中间件为物联网应用提供信息处理、计算等通用基础服务设施及资源调用接口,以此为基础实现物联网在众多领域的各种应用。在高性能计算和海量信息存储技术的支撑下,应用层将大规模的信息数据高效、可靠的组织起来。面对海量信息,如何有效地组织和处理数据是其核心问题,为上层应用行业应用提供智能应用的信息支撑平台。

在各层之间,所传递的信息多种多样,其中的关键是物体的信息,包括在特定应用系统范围内能唯一标识物体的识别码和物体的静态与动态信息。同时信息是双向传递的,各层之间可以交互。

18.1.2　物联网的发展历程

1. 物联网发展的四个阶段

根据物联网应用的发展与规划,可以大致将物联网技术发展分为四个阶段。

第一阶段为伴随互联网技术发展的物联网雏形阶段,此时还处于传统互联网高速发展阶段。在这个雏形阶段出现了 ETC、网络贩卖机、“未来之屋”等。物联网在部分物体之间实现联网,总体成本高,应用范围不广,未获得行业广泛认可,同时没有引起重视。时间大致在 RFID 技术广泛应用与麻省理工学院的“自动识别中心(Auto-ID)”建立之前。

第二阶段为物联网确立阶段。这个阶段是物联网价值获得普遍认同的过程,时间大致为 2000—2016 年。在此期间,各个组织、各个行业、各个信息技术巨头与各个国家发布各类规划与建设方案。这个阶段嵌入式设备微型化、移动化、低成本,传感器与无线传感器网络也得到飞速发展,短距离无线技术大量出现,3G/4G 移动技术与 NB-IoT 技术陆续得到应用,这些奠定了物联网的基础技术。大数据、云计算,移动支付也随之出现,物联网领域的创新如雨后春笋般不断涌现。

第三阶段是物联网的快速发展阶段,时间大致为 2016—2020 年。此阶段为物联网研究与应用持续深入与细化的时期。有报道认为 2017 年是物联网产业“元年”,大量物联网技术开始实用,包括物联网 OS、物联网芯片,同时,行业的物联网生态开始形成。

第四阶段是物联网的未来阶段,从 5G 实用开始。在此阶段,物联网应用将更加广泛地得到开发,实现万物互联,为大数据与 AI 提供数据源。

2. 物联网的发展大事记

1990 年,施乐公司的网络可口可乐贩售机是物联网的早期实践,开创了一种近似物联网应用的先河。联网的贩售机可以监测出机器内可口可乐存货量,温度是否够冰凉。

1995 年,比尔盖茨在《未来之路》一书中也曾提及物联网,但未引起广泛重视。

1999 年,麻省理工学院的 Kevin Ashton 教授首次提出物联网的概念。同年,美国麻省理工学院建立了"自动识别中心(Auto-ID)",提出"万物皆可通过网络互联",阐明了物联网的基本含义。早期的物联网正是依托 RFID 技术的商品流通网络。随着技术和应用的发展,尤其是嵌入式系统与接入网络成本的降低,物联网的内涵已经发生了较大变化,很多物联网应用甚至不包含 RFID 技术。

2003 年,美国《技术评论》提出传感器网络技术将是未来改变人们生活的十大技术之首。

2004 年,日本总务省提出 U-Japan 计划,该战略力求实现人与人、物与物、人与物之间的连接,希望将日本建设成一个随时、随地、任何物体、任何人均可连接的泛在网络社会(ubiquitous society)。

2005 年 11 月 17 日,在突尼斯举行的信息社会世界峰会上,ITU 发布《ITU 互联网报告2005:物联网》,正式使用了"物联网"的概念。至此,物联网的定义和范围已经发生了变化,覆盖范围有了较大的拓展,不再是仅限于基于 RFID 技术的物联网。

2006 年,韩国确立了 U-Korea 计划,该计划旨在建立无所不在的社会,在民众的生活环境里建设智能型网络和各种新型应用,让民众可以随时随地享有科技智慧服务。2009 年,韩国通信委员会出台了《物联网基础设施构建基本规划》,将物联网确定为新增长动力,提出到 2012 年实现"通过构建世界最先进的物联网基础设施,打造未来广播通信融合领域超一流信息通信技术强国"的目标。

2008 年,第一届国际物联网大会在瑞士苏黎世举行。同年,物联网设备数量首次超过了全球人口总数。

2009 年,欧盟委员会发表了欧洲物联网行动计划,描绘了物联网技术的应用前景,提出欧盟政府要加强对物联网的管理,促进物联网的发展。

2009 年,时任美国总统奥巴马与美国工商业领袖举行了一次"圆桌会议"。参会者 IBM 首席执行官彭明盛首次提出"智慧地球"这一概念,建议政府投资新一代的智慧型基础设施。美国将新能源和物联网列为振兴经济的两大重点。"智慧地球"战略被美国人认为与当年的"信息高速公路"有许多相似之处,同样被他们认为是振兴经济、确立竞争优势的关键战略。该战略是否能掀起如当年互联网革命一样的科技和经济浪潮,不仅为美国关注,更为世界所关注。

2013 年,谷歌发布了谷歌眼镜(Google Glasses),这是物联网和可穿戴技术的一个革命性进步。

2016 年,通用汽车、特斯拉和优步等开始测试自动驾驶汽车。

3. 物联网在中国

2008 年 11 月,在北京大学举行的第二届中国移动政务研讨会"知识社会与创新 2.0"上提出,移动技术、物联网技术的发展代表着新一代信息技术的形成,并将带动当前社会经济形态、创新形态的变革，推动面向知识社会的以用户体验为核心的下一代创新（创新 2.0）形态的形成，创新与发展更加关注用户，注重以人为本。而"创新 2.0"形态的形成又进一步推动新一代信息技术的健康发展。

2009 年 8 月，时任国家总理温家宝《感知中国》的讲话把我国物联网领域的研究和应用开发推向了一个新的高潮。无锡市率先建立了"感知中国"研究中心，中国科学院、运营商、多所大学在无锡建立了物联网研究院。2010 年，江南大学建立了全国首家物联网工程学院。自温家宝提出"感知中国"以来，物联网被正式列为国家五大新兴战略性产业之一，写入政府工作报告。物联网在中国受到了全社会极大的关注。

物联网的概念已经是一个"中国制造"的概念，它的覆盖范围与时俱进，已经超越了 1999 年 Kevin Ashton 教授和 2005 年 ITU 报告所指的范围，物联网已被贴上中国式标签。

2010 年，国家发展和改革委员会、工业和信息化部等部委会同有关部门，在新一代信息技术方面开展研究，以形成支持新一代信息技术的一些新政策措施，从而推动我国经济的发展。从 2010 年开始，中国众多高校先后开设了物联网工程专业。

物联网作为一个新经济增长点的战略新兴产业，具有良好的市场效益，《2014—2018 年中国物联网行业应用领域市场需求与投资预测分析报告》数据表明：2010 年物联网在安防、交通、电力和物流领域的市场规模分别为 600 亿元、300 亿元、280 亿元和 150 亿元。事实上，2011 年中国物联网产业市场规模总量已经超过 2600 亿元。

2018 年国家发展和改革委员会、工业和信息化部发布的《2017—2018 年中国物联网发展年度报告》显示，2017 年以来，我国物联网市场进入实质性发展阶段，全年市场规模突破 1 万亿元，年复合增长率超过 25%，其中物联网云平台成为竞争核心领域，预计 2021 年我国物联网平台支出将位居全球第一。

4. 物联网的发展趋势

随着 5G 移动网络的发展，全球范围内信息行业和应用领域的主要巨头都积极投入到物联网中，研发物联网芯片、物联网操作系统和物联网行业方案，布局物联网的应用生态。比如华为的鸿蒙操作系统、灵犀芯片和 OceanConnect 开发平台。

从细分行业看，物联网在交通、物流、环保、医疗、安防、电力等领域逐渐得到规模化验证。"物联网＋行业应用"的细分市场开始出现分化，智慧城市、工业物联网、车联网、智能家居成为四大主流细分市场。芯片、智能识别、传感器、区块链、边缘计算等物联网相关新技术的迭代演进，加快驱动了物联网应用产品向智能、便捷、低功耗以及微型化方向发展。

物联网的发展趋势由人类社会发展的需要决定，主要表现为两个方面：一方面是物理世界物体的联网需求，随着嵌入设备与联网成本的下降，物体联网变得可行；另一方面是信息世界的扩展需求，希望更为方便地获得更多、更快、更实时的终端数据。来自上述两方面的需求催生了物联网，由最初被描述为物体通过 RFID 等信息传感设备与互联网连接起来，实现智能化识别和管理，逐步综合各类新的热点信息技术，如区块链、大数据、云计算、5G、边缘计算和新的人工智能技术等，并在发展过程中制定更多行业标准，实现一系列满足人类需求的智慧产物。这些智慧产物包括智慧地球、智慧农业、智慧建筑、智慧交通、智慧工业、智慧校园、智慧社区、智慧医疗和智慧环保等。在这些智慧产物的促进下，人类社会需求也会逐步细化到生产、生活每个细节，并最终实现万物互联。

随着物联网技术快速发展，接入网络的物联网设备急速增多，将不可避免地出现很多问题,例如隐私和安全问题,标准制定和"贸易争端",甚至对社会道德伦理产生新的影响等。

总之,物联网的发展同互联网一样,将是一个渐进的过程,一步步从概念到应用创新,再广泛使用并走向成熟。

18.1.3　第三次信息浪潮的来临

IBM 前首席执行官曾提出世界计算模式每隔 15 年就会发生一次变革。1965 年前后发生的变革以大型机为标志,1980 年前后发生的变革以个人计算机为标志,1995 年前后发生的变革以互联网为标志,这次变革则将是物联网。物联网通过智能感知、识别技术以及计算机技术与通信技术,广泛应用于人类生活的每个细节。今后物联网应用将成为国家综合竞争力的体现。

物联网是互联网的应用拓展,与其说物联网是网络,不如说物联网是业务和应用,因此,应用创新是物联网发展的核心,以用户体验为核心的创新是物联网发展的灵魂。物联网必将快速发展,体现在以下几点。

(1) 物联网的产生是人类信息技术不断发展的结果,是在计算机技术、网络技术的基础上提出的新信息技术变革。物联网包括感知层、网络层和应用层,是一个完整的信息获取、传输以及应用的体系结构。

(2) 物联网技术层面既包括传统的支撑技术,如微机电系统技术、嵌入式控制技术、传感器技术、网络技术与软件技术等,也包括自身发展所需要的共性技术,如物联网架构技术、标识及解析技术、安全及隐私技术、应用层面开发与管理技术以及各种技术的标准化等。

(3) 物联网目前还是一个新的概念与技术领域,其边界还未确定,但是全球应用领域非常广阔,发展潜力巨大,目前还远远没有达到人类社会发展的需求。

(4) 物联网作为第三次信息浪潮的核心技术,同样应该起到承前启后的作用,为未来5~15 年内可能发生的第四次信息浪潮做准备。第四次信息浪潮也许是量子时代或者 AI 时代,甚至可能将信息技术变革扩展到地球以外更远的空间。

18.2　物联网如何感知世界

物联网需要对物体具有全面感知的能力,对信息获取具有互通互联的能力,并对系统具有智慧运行的能力,从而形成一个连接物体与物体的信息网络。传感器是物联网的感觉器官,可以感知、探测、采集和获取目标对象的各种静态与动态信息,是物联网全面感知的主要部件,是信息技术的数据源头,是现代信息社会赖以存在和发展的技术基础,同样也是物联网发展的基石。传感器是将其"感受"到的被测量值按照一定的规律转换成可用输出电信号的器件或装置。

18.2.1　物联网的"物"是什么

从开发物联网的过程来看,物联网的"物"通常具有一些智能特征,其智能特征大致表现为以下几个方面。

(1) 智能的"物"有处理能力。

(2) "物"具有遵循某类通信协议的联网功能。

（3）"物"能够标识本身而被网络唯一识别。

以上三点为物联网中"物"的重要特征。除此之外，通常很多物联网的"物"为实现一些应用功能，还包含特定特征，例如：

（1）有一定的数据存储功能；

（2）有相应的操作系统；

（3）有自身的应用程序；

（4）自身具有感知能力。

人们在实现物联网的过程中，没有设定"物"的具体标准，通常按需设定，尽最大可能实现"物"更多的智能功能，即没有什么一定不是物联网的"物"，也没有什么一定是物联网的"物"。

当前，从物联网所处的发展阶段来看，"物"通常是具有独立应用价值的物体。比如商品，在联网之前，其本身特性满足人类生产、生活、生存需要；再如共享单车、穿戴手表、昂贵的白酒、智能电视，甚至参天大树与野生保护动物等。物联网的边界无法确定，导致物联网定义无法确立，再进一步导致物联网的物无法具体定义。

人们大致给出了物联网的"物"的条件。

（1）能获取能源，也许这比 CPU、存储器等更重要。

（2）有联网需求，这点是最重要的需求，是物联网发展的原动力。

因此，有人认为仅有条形码或者二维码的物体不是物联网的"物"，它缺少很多条件，如不具有 CPU、内存、应用程序、电源与操作系统等，显然这个是需要讨论的。物联网的"物"可通过其他的相关环境设备提供联网的功能。

18.2.2　智能感知技术

1. 射频识别

在早期的物联网如物流网的实现过程中，射频识别（radio frequency identification，RFID）技术是实现物联网的关键技术之一。RFID 技术是一种自动识别技术，利用各种频率的射频信号实现无接触的信息传递，达到识别物体的目的。RFID 技术与互联网、移动通信等技术相结合，可以实现全球范围内物体的跟踪与信息共享，从而给物体赋予智能，实现人与物体以及物体与物体间的沟通和对话，最终构成联通万物的物联网。随着物联网不断地延伸以及 RFID 技术遇到一些瓶颈，很多工程的开发直接跳过 RFID，采用其他方式实现自动识别功能。

RFID 利用射频信号电感耦合或电磁耦合的传输特性，实现对被识别物体的自动识别。其读写器发射射频能量，在一个有限的区域内形成电磁场，作用距离和范围的大小取决于发射频率、发射功率和天线等条件。电子标签通过这一区域时被激活，发送存储在电子标签中的数据，或根据读写器的指令改写存储在标签中的数据。读写器可以与电子标签建立无线通信，向标签发送数据及从标签接收数据，并能通过标准接口与网络将数据传递给应用系统，从而实现射频识别系统的自动识别工作。

自动识别通常包含条形码、二维码、生物特征（指纹、人脸、声纹、DNA 等）、磁卡、ID 卡、IC 和 RFID 标签等。相对而言，RFID 的特点如下。

（1）可在远距离且高速移动的情况下同时识别多个标签。

（2）RFID 标签安全性较高。

（3）RFID 标签容量较大。

（4）RFID 标签抗污损能力较强。

（5）RFID 技术是早期实现物联网的基石。

RFID 标签分类方式很多种，如按频率分为低频、高频、超高频、微波；按能量分为有源、无源、半有源（电池）。根据不同类型与应用要求，外观上也有较大的差异。

RFID 系统通常由电子标签、读写器与应用系统三部分组成。其中，电子标签由天线、射频模块及芯片组成。每个标签具有唯一的电子编码，附着在目标物体上以标识该对象；读写器是完成非接触写入、读取标签信息的设备；应用系统完成目标对象的数据信息存储和管理，可以通过读写器对标签进行读写操作。

如图 18.2 所示，在 EPC-Global 体系结构中，电子产品编码（electronic product code，EPC）能够为全球每个物体进行编码，其编码位数可以是 64 位、96 位或者 128 位甚至更高。EPC 码主要是为全球物体提供唯一 ID，其本身存储的物体其他信息十分有限。物联网是建立在互联网之上的，大量物体信息存放在互联网

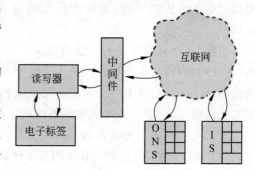

图 18.2　EPC-Global 体系结构

上，存放地址与物体 ID 一一对应，通过 ID 可以在互联网上找到物体的详细信息。中间件（middleware，MW）处于读写器与后台网络的中间，扮演 RFID 硬件和应用程序之间的中介角色，是 RFID 硬件和应用之间的通用服务。这些服务具有标准的程序接口和协议，能实现网络与 RFID 读写器的无缝连接。EPC 对象名称解析服务（object name service，ONS）负责将电子标签的 ID 解析成对应的网络资源地址；EPC 信息发布服务（EPC information service，EPCIS）负责对物联网中的信息进行处理和发布。

2. 定位

在物联网的体系架构中，感知层从物理世界中采集各种各样的信息，通过网络层传输到应用层，为用户提供各种各样的应用服务。在所有采集的信息中，物体或人的"位置"是其中非常具有现实意义的信息之一。物联网要实现任何时间、任何地点、任何物体之间的联结，其中就包含物体的位置信息，这就需要有定位技术的支持。

在日常生活中，各种定位技术已经得到了广泛的应用。全球定位系统（GPS）用于军事、地质测量、船舶的导航、汽车的导航及飞机的导航。全球定位系统是通过地球导航卫星实现的，建设成本非常高，军事与民用价值非常大。目前有四大卫星定位系统，包括美国的 GPS（global positioning system）、中国的北斗导航系统、欧洲的伽利略系统和俄罗斯的格洛纳斯导航系统。

全球定位技术是物联网一个重要的技术，但容易受环境的影响并通常用于实现室外定位。室内无线定位技术通过对接收到的无线电波的一些参数进行测量，根据特定的算法判断出被测物体的相对位置。测量参数一般包括传输时间、信号强度、相位和到达角等。室内无线定位技术很早就开始应用，并随着无线通信技术的发展和数据处理能力的提高其精度地逐渐提高。

全球定位技术采用全球范围内物体的统一坐标系;而室内定位技术通常采用已知区域范围内相对位置计算的坐标系,两大系统可以相互融合、相互补充。无论在室内还是室外环境下,快速准确地获得物体的动态位置信息和提供位置服务的需求变得日益迫切。定位信息可以用来支持位置业务和优化网络管理,提高位置服务质量和网络性能。所以,在各种不同的无线网络中快速、准确地获取位置信息的定位技术及其定位系统已经成为当前的研究热点。

3. 传感器

传感器可以感知、探测、采集和获取目标对象各种形态的信息,将能感受到的及规定的被测量按照一定的规律转换成可用输出电信号的器件或装置。传感器通常由敏感元件和转换元件组成,在使用时,常常添加一些辅助电路,其组成如图 18.3 所示。

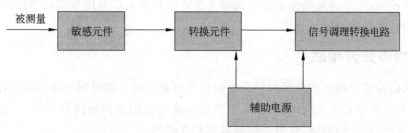

图 18.3　传感器的组成

传感器在生活中很常见,可以把一些物理量的变化转换为电信号的变化,如麦克风就是语音传感器。传感器检测的物理量有很多种类,既可以是声、光、压力、震动、速度、重量、密度、硬度、湿度、温度、图像、语音、电波、化学,也可以是气体或液体的流速、流量、气压、成分;或是固体的数量、重量、硬度等。传感器分类方式有多种,按原理分类可分为物理传感器、化学传感器、生物传感器;按测量技术分类,有电阻式、电容式、电磁式、热电式、电感式、光电式等。

传感器的应用十分广泛,对应的产品有很多,如计算机、手机、汽车、家电、视频摄像头等。生活中常见的手机配置有大量传感器,如重力和加速度传感器、光敏传感器、摄像头的 CCD 或 CMOS 传感器、位置传感器、磁传感器、声传感器、温度传感器、距离传感器、指纹传感器、陀螺仪传感器等,如图 18.4 所示。

图 18.4　手机中常见的传感器

当前传感器向高精度、高可靠性、新型材料、集成化、网络化、多样化、智能化和微型化趋势发展。微机电系统(micro-electro mechanical system，MEMS)的出现，满足了人们对智能传感器的发展需求。微机电系统是尺寸达到毫米级甚至更小的独立智能系统，将微传感器、微执行器、微机械结构、微电源、信号处理和控制电路、高性能电子集成器件、接口、通信等集成于一体。

当今世界已进入信息时代，在利用信息的过程中，首先要解决的就是要获取准确可靠的信息，而传感器是获取自然界和生产领域中信息的主要途径与手段。传感器技术感知的是物体的自然属性信息，如温度、湿度、位移、压力、光电磁等。在现代工业生产尤其是自动化生产过程中，人类需要监测和控制生产过程中的这些参数，使设备工作在正常状态或最佳状态，并使产品达到较高的质量。随着现代信息技术的发展，人类探索自然世界和人类社会进入了许多新领域，这些研究与探索需要获取大量人类感官无法直接获取的信息，因此传感器技术是物联网中关键的感知技术。

18.2.3 物物如何相联

物联网的网络层用于实现感知层采集数据的可靠传输。物联网应用的网络技术有很多种，可以是有线网络和无线网络，可以是短距离传输和长距离传输网络，可以是行业专用网(或企业内部网)和公用网络，也可以是局域网和互联网。

相对有线通信网络，在物联网中无线通信技术更加受到关注，也是研究的重点。物联网中无线通信技术短距离的有蓝牙、ZigBee、红外线、Wi-Fi、RFID、NFC 等，长距离的有 GSM、GPRS、3G/4G/5G 等。

传感器网络化是由传感器技术、计算机技术和通信技术相结合发展起来的，每个传感器节点都集成了传感、处理和通信的功能。下面以无线传感器网络为例说明物联网如何实现物物联网。

无线传感器网络通常包括无线传感器节点(sensor node)、汇聚节点(sink node)和管理节点(management node)，并通过互联网或卫星将汇聚节点和管理节点相连。无线传感器网络(wireless sensor network，WSN)是由大量的、静止或移动的传感器节点，以自组织和多跳的方式构成的无线网络，目的是以协作的方式感知、采集、处理和传输在网络覆盖区域内被感知对象的信息，并把这些信息发送给用户。

WSN 应用的架构如图 18.5 所示。无线传感器网络的任务是利用终端节点监测节点周围的环境，收集相关数据，然后通过无线收发装置采用多跳的方式将数据发送到汇聚节点，再通过汇聚节点和网关节点将数据传送到控制中心，从而达到对目标区域的在线监测。

18.2.4 物联网感知设备的通信协议

感知数据从单个设备传输到物联网的应用系统，需要通过异构对象(如设备、网关和服务器等)之间的协议进行通信。物联网的核心网部分采用基于 TCP/IP 的互联网；接入网部分可采用通信协议种类众多，分类方法较多。接入网通信协议分为近距离、远距离蜂窝、远距离非蜂窝和有线接入几类。以下介绍几种常用的物联网通信协议，这些协议已广泛部署在众多现有和新兴的物联网应用中。

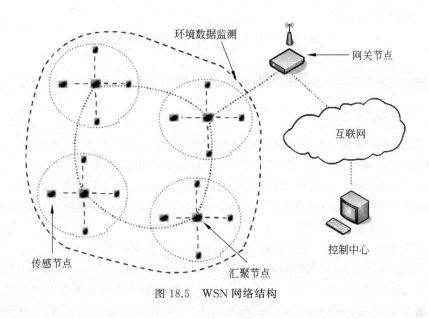

图 18.5　WSN 网络结构

1. 蓝牙

蓝牙非常适合需要短距离连接和低功率通信的应用。蓝牙协议的有效范围为 $50\sim$ $100m$,支持高达 $1Mb/s$ 的数据传输速率。目前基于蓝牙协议的低功耗设备的功耗显著降低,但不适合大型文件的传输。蓝牙广泛应用于手机、手持设备、车载设备、穿戴设备、医疗设备和计算机等。

2. NB-IoT

NB-IoT(narrow band internet of things,窄带物联网)是物联网领域新兴的技术,具有覆盖广、容量大、速率低、成本低、功耗低等特点,支持智能设备在广域网的蜂窝数据连接。NB-IoT 能实现对待机时间和网络连接要求较高的设备的高效接入,同时能提供室内蜂窝数据连接覆盖。具有 NB-IoT 模块的设备非常适合应用于垂直行业,如共享经济设备、远程抄表、资产跟踪、智能停车、智慧农业等。

3. Wi-Fi

Wi-Fi(Wireless Fidelity,无线保真)提供方便使用的短距离无线连接,使用 $2.4GHz$ 和 $5GHz$ 频带在几十米范围内进行快速的数据传输。现有基础设施普遍提供 Wi-Fi,各大厂商均支持,其应用的范围不断扩大。使用 Wi-Fi 的设备有计算机、游戏机、手机、平板电脑、打印机、家用电器、大型公共场所的公共设备以及其他需要无线上网的设备。

4. EtherCAT

EtherCAT(以太网控制自动化技术)是针对工业分布式自动化控制而优化设计的现场总线技术,允许任何符合标准的设备用作主设备,并使用各种拓扑结构与从设备进行通信,可以在很短的时间内连接数万个 I/O 节点的工业生产设备。EtherCAT 数据传输可靠、易同步且速度快。数据可以在发送到下一个从设备之前借助专用高性能硬件进行处理,同时可以方便地接入以太网。EtherCAT 适用于工业自动化、马达控制、运动控制、机器人、I/O 控制、数字信号和模拟信号、传感器数据采集等实时工业自动化设备。

18.3　人们身边的物联网

物联网正在多方面为人们的生活提供服务,智能万物互联,改变生活。

18.3.1　智能家居

近些年,随着物联网技术的不断发展,智能家居已悄无声息地融入人们的生活中,小至路由器、智能音箱、冰箱,大到汽车、工业设备,越来越多的物体接入了物联网。智能家居可以定义为一个过程或者一个系统,利用先进的计算机技术、网络通信技术、综合布线技术,将与家居生活有关的各种子系统有机地结合在一起,实现家电设备、家居用品的远程控制与管理,同时也可以完成水、电、煤气以及安保等监控。

可以想象这样一个场景,下班回到家中一打开家门,温暖的灯光就亮了起来,空调已经调好温度,窗帘自动关上,喜欢的节目安排,适合你温度的洗澡水已经放好,食物已为你准备好……这些都是物联网和智能家居的体现。智能家居控制系统包括家居布线系统、智能家居控制管理系统、家庭网络系统、家居照明控制系统、家庭安防监控系统、背景音乐系统、家庭影院与多媒体系统、家庭环境控制系统8个子系统。

18.3.2　车联网

1. 车联网

车联网的概念源于物联网,即车辆物联网,是以车辆为信息感知对象,借助新一代信息通信技术如5G,实现车到车/人/基础实施/网络/服务平台等的网络连接。车联网也可以看作物联网在道路交通和车辆管理方面的应用,主要包含车辆上的车载设备通过通信技术,对信息网络平台中的所有车辆动态信息进行有效利用,在车辆运行中提供不同的功能服务。车联网表现出以下主要特征:车联网能够为车与车之间的间距提供保障,降低车辆发生碰撞事故的概率;车联网可以帮助车主实时导航,并通过与其他车辆和网络系统的通信,提高交通运行的效率、行车安全和乘车舒适性等。

2. V2X 技术及自动驾驶

在汽车电子领域,有学者认为车联网是5G技术应用的"头雁"。随着整车联网能力的增强,智慧城市基础设施的进一步发展,自动驾驶感知和决策功能将从车上转移至道路基础设施,有助于单车成本下降,并能通过区域内的集中控制实现所有车辆的自动驾驶,提升交通效率与安全性。自动驾驶功能有极大的挑战,整车的功能都可以通过移动网络控制。V2X(vehicle to everything)是通过车载传感器(如 GPS 定位、RFID 识别、传感器、摄像头和图像处理)、控制器、执行器等装置,并融合现代通信与网络技术,实现车与其他对象间智能信息的交换共享,具备复杂的环境感知、智能决策、协同控制和执行等功能,可实现安全、舒适、节能、高效行驶,并最终可替代驾驶人员操作的新一代汽车技术。

车联网通过新一代信息通信技术,实现车与云平台、车与车、车与路、车与人、车内等全方位网络连接,主要实现了"三网融合",即将车内网、车间网和车载移动互联网进行融合。车联网利用传感器技术感知车辆的状态信息,并借助无线通信网络与现代智能信息处理技术实现交通的智能化管理,以及交通信息服务的智能决策和车辆的智能化控制。

18.3.3　其他物联网

1. 零售行业

沃尔玛公司首先在超市零售行业运用 EPC 体系,通过使用 RFID 电子标签,实现对商品从生产、存储、货架、结账到离开商场的全程监管,降低了货物短缺或货架上产品脱销的概率,商品失窃也得到遏制。消费者允许通过 RFID 标签,自行进行自动结算,而不再需要长时间等待结账。

2. 物流行业

物流是指物体从产地向销售地的商品实体流动过程。物流系统包含从供应、采购、生产、运输、仓储、销售到消费的供应链。物流系统信息化的目标,就是帮助物流业务实现顾客所需要的产品,在合适的时间,以正确的质量、正确的数量、正确的状态,送达指定的地点,并实现总成本最小。物联网技术从根本上改变了物流中的信息采集方式,提高了从生产、运输、仓储到销售各环节的物体流动监控、动态协调的管理水平,极大地提高了物流效率。

3. 医药行业

物联网在医药行业的应用已体现在研发、原材料、生产、物流和药品监管等应用上。例如,物联网在打击假药制造、监管处方药、疫苗管控和反馈药效上功不可没,RFID 标签在打击假药制造上已经得到应用。未来 RFID 芯片在医药行业的全面应用,将能够减少因服用假药、过量服药或者服用相克药物而失去生命的病例。物联网在医疗行业的应用则可以实现医疗设备管理、医院信息化平台建设、重症病人自动监护、远程患者健康检测及咨询等。同时,物联网技术还可提高医院日常运行管理的效率。比如,老弱患者、重症患者、智障患者、精神类患者的监护等,通过感知穿戴设备,医院可以及时掌握上述患者的位置、状态、用药情况以及医疗效果等重要信息。

4. 智能电力网

智能电力网是在电力传输过程中实现智能化管理的网络,能够监测每个智能电表和电力网用户节点用电情况,保证从发电厂到用户节点输配电全过程中所有节点之间的信息双向流动,实现电能高效控制。其构成包括数据采集、数据传输、信息集成、电力配电优化、电力设备运行、设备按时保养与维修、多网融合和信息可视化等方面。

5. 智慧农业

1)智能化培育控制

物联网通过光照、温度、湿度等各式各样的无线传感器与视频监控,可以实现对农作物生产环境中的温度、湿度、光照、土壤含水、叶面湿度、露点温度、农作物生长情况与成熟度等环境数据进行实时采集。用户远程通过网络连接计算机或手机就可以随时随地查看现场情况,以及现场温湿度等数据,并可以远程控制执行器,如开启或者关闭浇灌系统、温室控制系统和大棚光照系统等。

2)农副产品安全溯源

在农副产品生产、运输、加工、仓储与销售过程中,物联网技术可对运输车辆进行位置信息查询和视频监控,及时了解车厢和仓库内外的情况,感知其温湿度变化。用户可以通过无线传感网络与计算机或手机的连接进行实时观察并进行远程控制,保障粮食等产品的安全运输和存储。

对于消费者来说,每个农副产品都有唯一标识的电子标签,上面记录该农副产品从种植、采摘或养殖、屠宰到运输、销售的全过程的档案资料,包括畜禽基本信息、喂养饲料信息、化肥农药使用信息、疾病防疫信息,以及运输过程中温度、水分控制情况等。消费者可以借助农副产品对应的追溯码,通过网站、电话或短信形式查询该农副产品的来源、运输渠道、质量检疫等多方面的信息。一旦产品出现质量问题,便可追踪溯源查出问题所在。

6. 智能交通系统

智能交通系统(intelligent traffic system,ITS)是将信息技术、控制理论与人工智能等多学科有效综合运用的一体化交通综合管理系统。在 ITS 中,车辆在道路上靠自身携带的物联网设备辅助行驶,道路靠自身的智能设备将车流量智能地调整至最佳状态,减少拥堵,提高交通安全性。ITS 中物联网的主要功能可以概括为车辆控制、城市交通监控、车辆调度、交通信息查询和 ETC 收费等。例如,借助 ITS 系统,车辆能够根据定位系统实现自动导航、躲避拥堵、减少行程与时间、自动扣缴过路费和停车费、车辆救援、故障报警等。

7. 环保监测

物联网的无线传感网可以广泛地应用于环境保护监测领域。例如,通过河道水情的传感器实时数据监测是否有废水排放;监测保护动物与防范盗猎;监测化工厂附近的空气、预测排放源;监测地质灾害;监测森林火灾等。

18.4　未来的物联网

目前世界主要国家已将发展物联网技术作为占领新一轮经济与科技发展制高点的重大战略。物联网 1999 年提出概念,2017 年终于迎来了自身的发展"元年"。物联网是信息化时代的重要发展阶段,这期间,得益于众多技术的进步和新技术的出现,物联网从概念走向了广泛开发,并逐渐成熟。据中国物联网研究发展中心估计,2020 年我国物联网产业规模将达到 2 万亿元,产业链发展潜力显著。我国也将物联网作为战略性新兴产业予以重点关注和推进,将物联网发展上升为国家发展战略,推动物联网关键技术研发重点领域的应用示范,成为近年发展"互联网+"国家行动计划中的重要内容。

物联网的数据通常情况下可以与大数据一同进行处理,两者之间相互交叉,但与此同时,目前对于物联网数据的实际运用还非常低,甚至不到 1%,这说明物联网数据中还有巨大的价值未被有效挖掘。这也从侧面说明,掌握物联网数据便可以掌握物联网的未来。接下来的问题便是该如何掌握这些数据,因此拥有一个高效的数据管理平台非常重要。物联网数据的产生主要依赖于各种物联网设备,通过这些设备中的各种传感器感知用户的行为习惯,进而形成相关的数据,再通过对大数据的进一步处理,形成有效的数据,并利用这些数据更好地服务用户。今天,在我们身边,其实已经能够找到许多物联网的设备,如车联网,不仅可以让车主随时定位自己的车辆在哪个位置,还可以在停车时主动找寻空余的车位,协助停车。又如家庭中的智能家居,在还未下班时,便可以通过互联网远程控制自己家的电饭煲开始蒸煮,控制空调开启,甚至可以通过设定程序根据植物的实际情况进行智能浇灌、施肥。

物联网从来都不是一个单独的个体,它是由无数物联网中的设备组成,依靠众多智能联网设备组成的物联网具有几大优势。

（1）经济价值。可以使用现有的网络设施实现融合产物的实际效用，可以在不增加新设备的基础上运用原有设施的方式节省了大量成本。

（2）信息交换价值。物联网中的设备可以使用互联网同样的 IP 进行信息交流，因此对于信息间的交互和访问没有额外损耗。

（3）应用价值。物联网可以投入到工业、零售、物流、安防等领域中，依靠其及时反馈的特点，可以节省大量时间成本，以及减少其他意外损失。比如智能可穿戴设备，可以通过其中的传感器，实时感知用户身体状况，甚至可以提醒用户日常注意的事项，在必要时也能联系医院进行快速的诊断治疗。

技术的发展从来不是一蹴而就的，人们已经逐渐习惯了物联网带来的便利，这些技术如同春风化雨般渗入人们的生活中，大到国家战略，小到个人日常，物联网的存在显然已经颠覆了许多现实的规则。

在未来，物联网与人们日常生活将联系得更加紧密，同时也将进入一个实现万物互联的创新世界。

习 题 六

一、单项选择题

1. 下面的 IP 地址中,属于 C 类地址的是(   )。
   A. 140.0.0.0   B. 3.3.3.2
   C. 197.197.111.111   D. 22.33.44.55

2. IPv4 地址由一组(   )位的二进制数字组成。
   A. 8   B. 16   C. 32   D. 64

3. 常用的传输介质中,(   )传输信号衰减最小,抗电磁干扰能力最强。
   A. 双绞线   B. 同轴电缆   C. 光纤   D. 微波

4. 教育机构域名表示为(   )。
   A. .cn   B. .com   C. .gov   D. .edu

5. Internet 的核心协议是(   )。
   A. UDP   B. TCP/IP   C. X.25   D. IEEE 802.X

6. 被称为世界信息产业第三次浪潮的是(   )。
   A. 计算机   B. 互联网   C. 物联网   D. 5G

7. RFID 属于物联网的(   )。
   A. 感知层   B. 网络层   C. 应用层   D. 传输层

8. 工作频率 2.4GHz 的电子标签是(   )。
   A. 低频标签   B. 高频标签   C. 超高频标签   D. 微波标签

9. (   )不是传感器的组成部分。
   A. 敏感元件   B. 转换元件   C. 变换电路   D. 电阻电路

10. 按工作原理分类,(   )不是物理学传感器。
    A. 视觉传感器   B. 嗅觉传感器
    C. 听觉传感器   D. 触觉传感器

二、填空题

1. 协议的三要素是_____、_____和_____。

2. 主要的网络拓扑结构有_____、_____、_____和_____。

3. IPv6 地址由一组_____位二进制数字组成。

4. 光纤分为_____和多模光纤。

5. 双绞线分为_____和屏蔽双绞线。

6. 物联网的三层体系架构分别是感知层、_____和_____。

7. 传感器按工作原理分类,可分为物理学的、_____和_____。

8. 电子标签按工作频率分为低频电子标签、_____、_____和_____。

9. RFID 系统通常由_____、_____与应用系统三部分组成。

10. 车联网通过 V2X 实现车与车、_____、_____和_____等全方位网络连接。

三、简答题

1. 简述计算机网络的定义。

2. 简述网络协议的定义。

3. 简述组建网络需要哪些硬件设备。

4. 简述 TCP 和 UDP 的特点。

5. 简述网卡物理地址和 IP 地址间的关系。

6. 简述计算机网络的主要拓扑结构类型及其特点。

7. 简述物联网中的"物"具有的特点。

8. 简述常用的感知设备及通信协议。

9. 列举你使用过的自动识别技术。

10. 列举日常生活中遇到的各种传感器。

四、论述题

1. 论述互联网的演变过程及其关键节点。

2. 论述互联网在人们生活中的作用。

3. 论述从输入网址开始到网络页面显示这一过程中涉及哪些网络协议及其作用。

4. 论述物联网是如何感知世界的。

第七篇 信息安全

自因特网普及以来,人们之间的交流越来越便捷,同时,人们也正遭受着信息泄露、篡改、伪造等各种各样的安全问题,信息的安全保护问题正受到越来越多的国家和政府的高度关注。2016年12月27日,《国家网络空间安全战略》发布,强调"没有网络安全就没有国家安全",网络安全的重要性和意义不断得到提升。2017年6月1日,《中华人民共和国网络安全法》正式实施,网络安全有法可依、强制执行,网络安全市场空间、产业投入与建设步入持续稳定发展阶段。因此,掌握基本的信息安全知识,提高信息安全保护能力,成为现代大学生必备的素质之一。

第 19 章

你的信息真的安全吗

19.1　信息安全的重要性

19.1.1　信息安全事件

近年来,网络攻击事件频发,互联网上的木马、蠕虫、勒索软件层出不穷,这对网络安全乃至国家安全构成了严重的威胁。2017 年,维基解密公布了美国中央情报局和美国国家安全局的新型网络攻击工具,其中包括了大量的远程攻击软件,漏洞、网络攻击平台以及相关文档。同时从部分博客、论坛和开源网站,普通的用户就可以轻松获得不同种类的网络攻击工具。互联网的公开性,让网络攻击者的攻击成本大大降低。

2017 年 5 月,全球范围内爆发了"永恒之蓝"勒索病毒的攻击事件。该病毒通过 Windows 网络共享协议进行攻击并包含传播和勒索功能的恶意代码。经网络安全专家证实,攻击者正是通过改造 NSA 泄露的网络攻击武器库中 Eternal Blue 程序发起了此次网络攻击事件。

2018 年 3 月 1 日,Github 遭受 1.35TB 大小的 DDoS 攻击,随后的几天,NETSCOUT Arbor 再次确认了一起由 Memcache DDoS 造成的高达 1.7Tb/s 的反射放大 DDoS 攻击。

2018 年 4 月 6 日,一个名为 JHT 的黑客组织攻击了包括俄罗斯和伊朗在内的多个国家和地区的网络基础设施,遭受攻击的 Cisco 设备的配置文件会显示为美国国旗,所以该事件又被称为"美国国旗"事件。

2018 年 12 月 14 日,一款通过"驱动人生"升级通道进行传播的木马突然爆发,在短短两个小时的时间内感染了约 10 万台计算机。

2019 年 1 月,俄克拉荷马州证券部的一个服务器中数兆字节的政府机密数据(包括美国联邦调查局的调查记录和敏感的政府文件)暴露在互联网上,通过 Shodan 搜索引擎可以找到。

2019 年 3 月,在一场大风暴来临之前,两个德克萨斯州的城市被迫关闭龙卷风警报系统,因为网络攻击破坏了警报系统并触发了 30 多个错误警报。

2019 年 5 月,澳大利亚科技公司 Unicorn Canva 成为 Gnostic Players 组织的目标,该组织声称窃取了 1.39 亿用户的记录,包括姓名和电子邮件地址,并在黑暗网络上出售数据。

2019 年 6 月,黑客未经授权访问美国医疗收集机构(AMCA)数据库,导致约 2000 万患者医疗数据泄露。信息泄露还影响到其他公司,包括 LabCorp 和 Quest Diagnostics。

2019 年 7 月,Capital One 披露了一个数据泄露事件,约 1 亿美国人和 600 万加拿大人受到影响。孟加拉国、印度、斯里兰卡和吉尔吉斯斯坦的银行接连遭到 Silence 黑客攻击,黑客在此过程中盗取了数百万美元。

2019 年 10 月,雅虎为 2012 年至 2016 年间拥有雅虎账户的人启动了一项赔偿基金。在这期间黑客能够访问每个雅虎账户,窃取姓名、电子邮件地址、电话号码、出生日期、密码和安全问题答案。

根据 IBM 的数据泄露年度成本研究,平均数据泄露成本已高达 392 万美元。数据泄露可能导致一家公司的平均股价在披露后下跌 7.27%。据 FireEye 估计,不到一半的组织准备好面对网络攻击或数据泄露。

2019 年 9 月 16 日,"国家网络安全宣传周"在天津开幕,其重要活动之一是发布国家计算机病毒应急处理中心完成的《第十八次计算机病毒和移动终端病毒疫情调查报告》。该报告显示,2018 年,中国计算机病毒感染率是 64.59%,比 2017 年上升了 32.85%;移动终端的病毒感染率是 45.4%,比 2017 年上升了 11.84%。在利益的驱动下,多个领域的犯罪分子进入了挖矿病毒与勒索病毒领域,病毒不断更新换代,病毒数量不断提高,计算机病毒和移动终端的感染率不断上升。

19.1.2　信息安全国家战略

2016 年 12 月 27 日,《国家网络空间安全战略》发布,强调"没有网络安全就没有国家安全",网络安全的重要性和意义不断得到提升。2017 年 6 月 1 日,《中华人民共和国网络安全法》正式实施,网络安全有法可依、强制执行,网络安全市场空间、产业投入与建设步入持续稳定的发展阶段。随着《中华人民共和国网络安全法》等多部相关法律法规的颁布实施,信息安全已上升为国家战略。

作为国家安全的一部分,网络与信息安全既独立又交织于各行业领域中,其重要性和紧迫性将排在首位。随着信息安全产业上升到国家安全战略层面,以及信息化进程的持续深化,我国信息安全的潜在需求将快速得到释放,行业的发展前景被广泛看好。

19.2　什么是信息安全

19.2.1　信息安全的概念

信息作为一种资源,它的普遍性、共享性、增值性、可处理性和多效用性使其对于人类具有特别重要的意义。信息安全(information security)就是要保护信息系统或信息网络中的信息资源免受各种类型的威胁、干扰和破坏,即保证信息的安全性。根据国际标准化组织的定义,信息安全的含义主要是指信息的完整性、可用性、保密性、不可否认性、可靠性等。

学术界早年认为网络安全(network security)就是网络的安全,不包括主机的安全。网络安全是信息安全的子集,网络安全就是网络上的信息安全。后来又有了 cyber security,这是一个更大的概念,把信息安全、网络安全全都包含进去了。这个词出现后,大家开始不知道该怎么翻译,有的直接叫"赛博安全",后来才有了网络空间安全这个译法。网络空间安全又常常简称为网络安全,也就是说,现在我们谈论网络安全的时候,指的很可能不是

network security,而是 cyber security。目前,一般来说,信息安全、网络安全、网络空间安全指代相同的内容,不再严格区分。

信息安全是任何国家、政府、部门、行业都必须重视的问题,是一个不容忽视的国家安全战略。但是,对于不同的部门和行业来说,其对信息安全的要求和重点却是有区别的。

19.2.2　信息安全的内涵

信息安全的内涵在不断地延伸,从最初的信息保密性发展到信息的完整性、可用性、可控性和不可否认性,进而又发展为"攻(攻击)、防(防范)、测(检测)、控(控制)、管(管理)、评(评估)"等多方面的基础理论和实施技术。这里主要介绍五个安全特性,即保证信息的保密性、完整性、可用性、不可否认性、可控性。

1. 保密性

保密性是指信息按要求不泄露给非授权的个人、实体或过程,或提供其利用的特性,即杜绝有用信息泄露给非授权个人或实体,强调有用信息只被授权对象使用的特征。

2. 完整性

完整性是指信息在传输、交换、存储和处理过程中保持非修改、非破坏和非丢失的特性,即保持信息原样性,使信息能正确生成、存储、传输,这是最基本的安全特征。

3. 可用性

可用性是指网络信息可被授权实体正确访问,并按要求能正常使用或在非正常情况下能恢复使用的特征,即在系统运行时能正确存取所需信息,当系统遭受攻击或破坏时,能迅速恢复并能投入使用。可用性是衡量网络信息系统面向用户的一种安全性能。

4. 不可否认性

不可否认性是指通信双方在信息交互过程中,确信参与者本身以及参与者所提供的信息的真实同一性,即所有参与者都不可能否认或抵赖本人的真实身份,以及提供信息的原样性和完成的操作与承诺。

5. 可控性

可控性是指对流通在网络系统中的信息及具体内容能够实现有效控制的特性,即网络系统中的任何信息要在一定传输范围和存放空间内可控。除了采用常规的传播站点和传播内容监控这种形式外,最典型的如密码的托管政策,当加密算法交由第三方管理时,必须严格按规定可控执行。

19.3　信息安全服务

19.3.1　信息安全服务的作用

信息安全服务是指为适应整个安全管理的需要,为企业、政府提供全面或部分信息安全解决方案的服务。信息安全服务提供包含从高端的全面安全体系到细节的技术解决措施。

信息安全的特点决定了对信息安全服务商有较高的要求,可以分为管理要求、技术要求和高级要求。其中,管理要求和技术要求主要基于实践应急反应层面,高级要求主要针对安全管理、安全策略和发展层面。

（1）管理要求。信息安全要求建立 24 小时不间断响应，能够建立一个针对不同攻击的正确行动方案，保证及时、快速反应，提供规范和详细的对自身和客户的培训体系，贴近被服务体系和对客户零干扰目标。

（2）技术要求。拥有一定的监控技术，能够方便、简单、易操作地安装到所有接入设备和系统中。监控设备不会影响和干扰已有的安全设备和软件的正常使用，并且不会引入新的安全隐患；监控设备应当具有升级能力，并且能够进行方便的升级；具有监控数据分析与处理技术、知识库或专家库支持应急事件决策技术、系统容灾与恢复的技术。

（3）高级要求。该要求体现 4 个原则，即先进原则、全面原则、高手原则以及团队原则。先进原则：全面掌握和紧跟国际先进的信息安全管理和技术，并有一套体系贯彻到服务系统中。全面原则：掌握全国信息安全标准和政策并有足够力度体现到服务体系中。高手原则：掌握最新的信息安全实践技术和防范技术，遇到突发情况能够解决问题的高手或专家存在。团队原则：团队有明确分工和侧重点，基本人员全部掌握一般的服务方法和解决普遍性问题。

19.3.2　信息安全服务的主要内容

信息安全服务的主要内容包括安全咨询服务、等级测评服务、风险评估服务、安全审计服务、应急响应服务、运维管理服务等。

（1）安全咨询服务的发展趋势将向行业化的方向发展，针对性更强，咨询服务内容更细致。具体体现在政府、银行、企业等几个重点领域。咨询服务的内容将以行业特点为核心，从技术、运维、管理、策略等方面提供具有针对性的安全技术与管理咨询服务。例如，针对企业提供信息安全管理体系 ISMS 建设咨询、IT 服务管理体系 ITSM 建设咨询与企业 IT 内审咨询；针对国家政府信息化建设提供等级保护建设相关咨询服务，包括政务系统定级、系统规划、系统建设及运维管理的咨询等。

（2）等级测评服务针对国家政务信息系统，将会向自动化的方向快速发展。利用新技术开发自动化的等级测评工具，以降低测评难度、加快测评速度、提高测评准确性。利用自动化的专业等级测评系统对政务信息系统进行等级测评是未来技术的发展方向，也是等级测评服务的发展方向。

（3）风险评估服务可帮助用户了解自身网络信息系统的安全状况。通过资产重要性分析明确需要重点保护的资产信息；通过系统弱点分析、威胁分析、安全措施的有效性分析确定各项资产所面临的真实安全威胁。由于风险评估的流程复杂，技术难度大、历时久、周期长，严重困扰着行业用户风险评估工作的实施。因此，开发针对性强、自动化、模块化的风险评估工具是未来风险评估服务发展的主要方向。它可以降低风险评估的难度，提升风险评估的效率，保障风险评估的准确性，更便于用户实施网络信息系统的自评估工作，降低风险管理成本。

（4）安全审计服务将严格以安全政策或标准为基础，用于测定现行保护措施整体状况，同时检验是否妥善执行现有的保护措施。安全审计的目的在于了解现有环境是否已根据既定的安全策略得到妥善的保护。安全审计服务可能使用安全审计工具和不同的审核手段，以找出安全问题漏洞，因此安全审计需要多种技术作为支持。安全审计是需要反复进行的检查程序,以确保适当的安全措施已切实执行。因此,安全审计的进行次数会比安全风险评估的周期性更强,是风险评估服务的有效补充。信息系统安全审计服务可协助用户确保系统安全策略运行在有效控制措施之下。从技术、管理和人员等多个方面,帮助客户加强内部控制,建立合规机制,应对合规性审查,预计安全审计服务是未来信息安全服务行业发展的重点方向。

(5) 应急响应是运维管理中的典型服务之一,可有效降低用户因突发安全事件造成的损失,可有效帮助用户及时准确定位安全事件并对安全事件进行处置,降低用户损失。应急响应主要针对突发的网络故障、病毒爆发、网络入侵、主机故障、软件故障等事件。目前,运维管理服务已逐渐将应急响应和系统维护、安全加固、安全检查等工作融为一体。

(6) 运维管理服务将保持快速增长的发展态势,2018 年,我国政府领域信息化基础设施建设投入金额占比约为 40%,信息技术服务投入金额占比约为 29%,该年第三方 IT 运维管理的市场规模达到 958 亿元以上。针对广阔的市场前景,驻地安全运维服务、周期性巡检服务、渗透评估服务、安全加固服务将成为安全运维管理服务的重点方向。

近年来,信息安全服务项目需求日益增加,市场前景广阔。除专业的信息安全服务机构外,信息安全产品厂商、信息安全产品代理商、系统集成商等都将面临诸多信息安全服务项目机会,然而,根据调查结果显示专业的信息安全服务人才极其缺乏,远远无法满足实际需求。

19.4　信息安全标准

19.4.1　TCSEC 标准

TCSEC 标准(trusted computer system evaluation criteria,可信计算机系统评价标准)是计算机系统安全评估的第一个正式标准,具有划时代的意义。该标准于 1970 年由美国国防科学委员会提出,并于 1985 年 12 月由美国国防部公布。TCSEC 最初只是军用标准,后来延至民用领域。在 TCSEC 中,美国国防部按信息等级和采用的响应措施,将计算机安全从高到低分为 D、B、C、A 四类安全等级,共 27 条评估准则。其中 D 为无保护级,C 为自主保护级,B 为强制保护级,A 为验证保护级。

(1) D 类安全等级。D 类安全等级只包括 D1 一个级别。D1 的安全等级最低。D1 系统只为文件和用户提供安全保护。D1 系统最普通的形式是本地操作系统,或者是一个完全没有保护的网络。

(2) C 类安全等级。该类安全等级能够提供审计的保护,并为用户的行动和责任提供审计能力。C 类安全等级可划分为 C1 和 C2 两类。C1 系统的可信任运算基础(trusted computing base,TCB)体制通过将用户和数据分开达到安全的目的。在 C1 系统中,所有的用户以同样的灵敏度处理数据,即用户认为 C1 系统中的所有文档都具有相同的机密性。C2 系统比 C1 系统加强了可调的审慎控制。在连接网络时,C2 系统的用户分别对各自的行为负责。C2 系统通过登录过程、安全事件和资源隔离增强这种控制。C2 系统具有 C1 系统中所有的安全性特征。

(3) B 类安全等级。B 类安全等级可分为 B1、B2 和 B3 三类。B 类系统具有强制性保护功能。强制性保护意味着如果用户没有与安全等级相连,系统就不会让用户存取对象。

B1 系统满足下列要求:系统对网络控制下的每个对象都进行灵敏度标记;系统使用灵敏度标记作为所有强迫访问控制的基础;系统在把导入的、非标记的对象放入系统前标记它们;灵敏度标记必须准确地表示其所联系的对象的安全级别;当系统管理员创建系统或者增加新的通信通道或 I/O 设备时,管理员必须指定每个通信通道和 I/O 设备是单级还是多级,并且管理员只能手动改变指定;单级设备并不保持传输信息的灵敏度级别;所有直接面向用户位置的输出(无论是虚拟的还是物理的)都必须产生标记以指示关于输出对象的灵敏度;系统必须使用用户的密码或证明决定用户的安全访问级别;系统必须通过审计记录未授权访问的企图。

B2 系统必须满足 B1 系统的所有要求。另外,B2 系统的管理员必须使用一个明确的、文档化的安全策略模式作为系统的可信任运算基础体制。B2 系统必须满足下列要求:系统必须立即通知系统中的每一个用户所有与之相关的网络连接的改变;只有用户能够在可信任通信路径中进行初始化通信;可信任运算基础体制能够支持独立的操作者和管理员。

B3 系统必须符合 B2 系统的所有安全需求。B3 系统具有很强的监视委托管理访问能力和抗干扰能力。B3 系统必须设有安全管理员。B3 系统应满足以下要求:除了控制对个别对象的访问外,B3 必须产生一个可读的安全列表;每个被命名的对象提供对该对象没有访问权的用户列表说明;B3 系统在进行任何操作前,都要求用户进行身份验证;B3 系统验证每个用户,同时还会发送一个取消访问的审计跟踪消息;设计者必须正确区分可信任的通信路径和其他路径;可信任的通信基础体制为每一个被命名的对象建立安全审计跟踪;可信任的运算基础体制支持独立的安全管理。

(4) A 类安全等级。A 类系统的安全级别最高。当前,A 类安全等级只包含 A1 一个安全类别。A1 类与 B3 类相似,对系统的结构和策略不作特别要求。A1 系统的显著特征是,系统的设计者必须按照一个正式的设计规范分析系统。对系统进行分析后,设计者必须运用核对技术确保系统符合设计规范。

A1 系统必须满足下列要求:系统管理员必须从开发者那里接收到一个安全策略的正式模型;所有的安装操作都必须由系统管理员进行;系统管理员进行的每一步安装操作都必须有正式文档。

19.4.2　中国信息技术安全标准

1. 部分国家标准

(1)《GB/T 25055—2010　公钥基础设施安全支撑平台技术框架》

(2)《GB/T 25056—2010　证书认证系统密码及其相关安全技术规范》

(3)《GB/T 25057—2010　公钥基础设施　电子签名卡应用接口基本要求》

(4)《GB/T 25058—2010　等级保护实施指南》

(5)《GB/T 25059—2010　公钥基础设施　简易在线证书状态协议》

(6)《GB/T 25060—2010　公钥基础设施　X.509 数字证书应用接口规范》

(7)《GB/T 25061—2010　公钥基础设施　XML 数字签名语法与处理规范》

(8)《GB/T 25062—2010　鉴别与授权　基于角色的访问控制模型与管理规范》

(9)《GB/T 25063—2010　服务器安全测评要求》

（10）《GB/T 25064—2010　公钥基础设施　电子签名格式规范》

（11）《GB/T 25065—2010　公钥基础设施　签名生成应用程序的安全要求》

（12）《GB/T 25066—2010　信息安全产品类别与代码》

（13）《GB/T 25067—2010　信息安全管理体系审核认证机构的要求》

（14）《GB/T 25069—2010　信息安全技术术语》

（15）《GB/T 25070—2010　信息系统等级保护安全设计技术要求》

（16）《GB/T 25068.3—2010　IT 网络安全　第 3 部分：使用安全网关的网间通信安全保护》

（17）《GB/T 25068.4—2010　IT 网络安全　第 4 部分：远程接入的安全保护》

（18）《GB/T 25068.5—2010　IT 网络安全　第 5 部分：使用虚拟专用网的跨网通信安全保护》

2. 部分国家军用标准

（1）《GJB 1281—91　指挥自动化计算机网络安全要求》

（2）《GJB 1295—91　军队通用计算机系统使用安全要求》

（3）《GJB 1894—94　自动化指挥系统数据加密要求》

（4）《GJB 2256—94　军用计算机安全术语》

（5）《GJB 2646—96　军用计算机安全评估准则》

（6）《GJB 2824—97　军用数据安全要求》

19.5　常用信息安全技术

常用的信息安全技术主要包括身份验证技术、加密技术、数据完整性保护技术、数字水印技术、区块链技术、边界防护技术、访问控制技术、主机加固技术、安全审计技术等。

19.5.1　身份验证技术

身份验证技术是在计算机网络中确认操作者身份的有效方法。计算机网络世界中一切信息包括用户的身份信息都是用一组特定的数据表示的，计算机只能识别用户的数字身份，所有对用户的授权也是针对用户数字身份的授权。如何保证以数字身份进行操作的操作者就是这个数字身份的合法拥有者，也就是保证操作者的物理身份与数字身份相对应，身份验证技术就是防护网络资产的第一道关口，起着举足轻重的作用。

在真实世界，对用户的身份验证基本方法可以分为 3 种：①基于秘密信息的身份验证，即根据所知道的信息来证明你的身份（what you know，你知道什么）；②基于信任物体的身份验证，即根据所拥有的东西证明你的身份（what you have 你有什么）；③基于生物特征的身份验证，即直接根据独一无二的生物特征证明你的身份（who you are，你是谁），如指纹、视网膜、血型、DNA、面貌等。

在网络世界中，手段与真实世界中一致，为了达到更高的身份验证安全性，某些场景会从上面 3 种挑选 2 种混合使用，即所谓的双因素或双因子验证。

以下列出几种常见的验证形式。

1. 静态密码

用户的密码是由用户自己设定的。在网络登录时输入正确的密码,计算机就认为操作者就是合法用户。实际上,由于许多用户为了防止忘记密码,经常采用诸如生日、电话号码等容易被猜测的字符串作为密码,或者把密码抄在纸上放在一个自认为安全的地方,这样很容易造成密码泄露。如果密码是静态的数据,在验证过程中,计算机内存数据和传输过程可能会被木马程序等截获。因此,静态密码机制无论是使用还是部署都非常简单,但从安全性上讲,用户名/密码方式是一种不安全的身份验证方式。它利用了 what you know 方法。

目前智能手机的功能越来越强大,里面包含了很多私人信息,人们在使用手机时,为了保护信息安全,通常会为手机设置密码。由于密码存储在手机内部,因此称之为本地密码验证。与之相对的是远程密码验证,例如,在登录电子邮箱时,电子邮箱的密码存储在邮件服务器中,用户在本地输入的密码需要发送给远端的邮件服务器,只有和服务器中的密码一致,才被允许登录电子邮箱。为了防止攻击者采用离线字典攻击的方式破解密码,通常会设置在登录尝试失败达到一定次数后锁定账号,在一段时间内阻止攻击者继续尝试登录。

2. 智能卡

智能卡(IC)是一种内置集成电路的芯片,芯片中存有与用户身份相关的数据。智能卡由专门的厂商通过专门的设备生产,是不可复制的硬件。智能卡由合法用户随身携带,登录时必须将智能卡插入专用的读卡器读取其中的信息,以验证用户的身份。智能卡验证是通过智能卡硬件不可复制来保证用户身份不会被仿冒。然而由于每次从智能卡中读取的数据是静态的,通过内存扫描或网络监听等技术还是很容易截取到用户的身份验证信息,因此依然存在安全隐患。它利用了 what you have 方法。

智能卡自身就是功能齐备的计算机,它有自己的内存和微处理器,该微处理器具备读取和写入能力,允许对智能卡上的数据进行访问和更改。智能卡被包含在一个信用卡大小或者更小的物体里(比如手机中的 SIM 就是一种智能卡)。智能卡技术能够提供安全的验证机制来保护持卡人的信息,并且智能卡的复制比较困难。从安全的角度来看,智能卡提供了在卡片中存储身份验证信息的能力。智能卡读卡器能够连到 PC 上来验证 VPN 连接或验证访问另一个网络系统的用户。

3. 短信密码

身份验证系统以短信形式发送随机的 6 位密码到客户的手机上。客户在登录或者交易认证时输入此动态密码,从而确保系统身份验证的安全性。它利用 what you have 方法。短信密码具有以下优点。①安全。由于手机与客户绑定比较紧密,短信密码生成与使用场景是物理隔绝的,因此密码在通路上被截取的概率降至最低。②普及。只要会接收短信即可使用,大大降低了短信密码技术的使用门槛,学习成本几乎为零,所以在市场接受度上不会存在阻力。③易收费。由于移动互联网用户已经养成了付费的习惯,而且收费通道非常发达,如果是网银、第三方支付、电子商务可将短信密码作为一项增值业务,每月通过 SP 收费不会有阻力,同时也可增加收益。④易维护。由于短信网关技术非常成熟,大大降低了短信密码系统的复杂度和风险,短信密码业务后期客服成本低,稳定的系统在提升安全的同时也营造良好的口碑,这也是目前银行大量采纳这项技术很重要的原因。

4. 动态密码

这是目前最为安全的身份验证方式,它利用 what you have 方法,也是一种动态密码。令牌是客户手持用来生成动态密码的终端,常见的是基于时间同步方式的,每 60 秒变换一次动态密码,密码一次有效,它产生 6 位动态数字进行一次一密的方式验证。但是由于基于时间同步方式的令牌存在 60 秒的时间窗口,导致该密码在这 60 秒内依然存在风险。现在已有基于事件同步的、双向验证的令牌。基于事件同步的动态密码,是以用户动作触发的同步原则,真正做到了一次一密,并且由于是双向验证,即服务器验证客户端,同时客户端也需要验证服务器,从而达到了杜绝木马网站的目的。由于它使用起来非常便捷,85% 以上的世界 500 强企业运用它保护登录安全,广泛应用在 VPN、网上银行、电子政务、电子商务等领域。

5. USB key

基于 USB key 的身份验证方式是近几年发展起来的一种方便安全的身份验证技术。它采用软硬件相结合、一次一密的强双因子验证模式,很好地解决了安全性与易用性之间的矛盾。USB key 是一种 USB 接口的硬件设备,它内置单片机或智能卡芯片,可以存储用户的密钥或数字证书,利用 USB key 内置的密码算法实现对用户身份的验证。基于 USB key 身份验证系统主要有两种应用模式:①基于挑战/响应的验证模式;②基于 PKI 体系的验证模式,目前运用在电子政务、网上银行领域。

6. OCL

OCL(operation control list,操作控制列表)不但可以提供身份验证,还可以提供交易验证功能,可以最大限度地保证网络交易的安全。它是智能卡数据安全技术和 U 盘技术相结合的产物,为数据安全解决方案提供了一个强有力的平台,为客户提供了坚实的身份识别和密码管理的方案,为网上银行、期货、电子商务和金融传输提供了强有力的身份识别和真实交易数据的保证。

7. 数字签名

数字签名又称电子加密,可以区分真实数据与伪造、被篡改过的数据,这对于网络数据传输,特别是电子商务极其重要。数字签名一般采用一种称为摘要的技术,摘要技术主要是采用 Hash(哈希)函数(它提供了这样一种计算过程:输入一个长度不固定的字符串,返回一串固定长度的字符串,又称 Hash 值)将一段长的报文通过函数变换,转换为一段定长的报文,即摘要。

8. 生物识别

生物识别是运用 who you are 方法,通过可测量的身体或行为等生物特征进行身份验证的一种技术。生物特征是指唯一的可以测量或可自动识别和验证的生理特征或行为方式。使用传感器或者扫描仪读取生物的特征信息,将读取的信息和用户在数据库中的特征信息进行比对,如果一致则通过验证。生物特征分为身体特征和行为特征两类。身体特征包括声纹、指纹、掌型、视网膜、虹膜、人体气味、脸形、手的血管纹理和 DNA 等;行为特征包括签名、语音、行走步态等。目前部分学者将视网膜识别、虹膜识别和指纹识别等归为高级生物识别技术;将掌型识别、脸形识别、语音识别和签名识别等归为次级生物识别技术;将手的血管纹理识别、人体气味识别、DNA 识别等归为"深奥的"生物识别技术。

目前人们接触最多的是指纹识别技术,应用的领域有门禁系统、网上支付等。人们日常使用的部分手机和笔记本电脑已具有指纹识别功能。在使用这些设备前,无须输入密码,只要将手指在扫描器上轻轻一按就能进入设备的操作界面,非常方便,而且其他人很难复制。生物特征识别的安全隐患在于一旦生物特征信息在数据库存储或网络传输中被盗取,攻击者就可以执行某种身份欺骗攻击,并且攻击对象会涉及所有使用生物特征信息的设备。

9. 双因素身份验证

双因素是指将两种验证方法结合起来,进一步加强验证的安全性,目前使用较广泛的双因素有:令牌＋静态密码;USB key＋静态密码;2 层静态密码等。

19.5.2　加密技术

密码学是一门古老的学科,在古代就已经得到应用,但仅限于外交和军事等重要领域。随着现代计算机技术的飞速发展,密码技术正在不断地向更多的领域渗透。密码技术是保障信息安全的核心技术,是保证计算机网络安全的理论基础。

密码学是结合数学、计算机科学、电子与通信等学科于一身的交叉学科。它的主要任务是研究计算机系统和通信网络内信息的保护方法以实现系统内信息的安全、保密、真实和完整。使用密码技术不仅可以保证信息的机密性,而且可以保证信息的完整性和正确性,防止信息被篡改、伪造和仿冒。随着计算机网络、移动互联网、5G 不断渗入各个行业领域,密码学的应用也随之扩大,数字签名、身份鉴别等都是由密码学派生出来的新技术和应用。

1. 密码学的基本概念

(1) 加密。加密是把信息从一个可理解的明文形式变换成一个错乱的、不可理解的密文形式的过程。

(2) 明文。明文是指原来的信息(报文)、消息。

(3) 密文。密文是指经过加密后得到的信息。

(4) 解密。解密是指将密文还原为明文的过程。

(5) 密钥。密钥是指加密和解密时所使用的一种秘密信息。

(6) 密码算法。密码算法是指加密和解密变换的规则(数学函数),有加密算法和解密算法。

(7) 加密系统。加密系统是指具有加密和解密功能的信息处理系统。

(8) 加密过程。加密过程是指通过某种算法并使用密钥完成的信息变换的过程。

如图 19.1 所示,加密实际上是要完成某种函数运算 $C = f(P, K)$。对于一个确定的加密密钥 K_e,加密过程可看作只有一个自变量的函数,记作 E_k,加密变换为

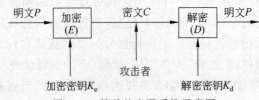

图 19.1　简单的密码系统示意图

$$C = E_k(P) \quad (加密变换作用于明文 P 后得到密文 C)$$

同样,解密也完成某种函数的运算 $P = g(C, K)$,对于确定的解密密钥 K_d,解密过程为

$$P = D_k(C) \quad (解密变换作用于密文 C 后得到明文 P)$$

由此可见,密文 C 经解密后还原成原来的明文,必须有

$$P = D_k(E_k(P)) = D_k \cdot E_k(P)$$

此处"·"是复合运算,因此要求

$$D_k \cdot E_k = I$$

I 为恒等变换,即 D_k 与 E_k 是互逆变换。

2. 密码技术的分类

根据密码的历史发展阶段和应用技术,可分为手工密码、机械密码、电子机内乱码和计算机密码;根据密码转换的操作类型,可分为替代密码和移位密码;根据保密程度,可分为理论上保密的密码、实际上保密的密码和不保密的密码;根据明文加密时的处理方法,可分为分组密码和序列密码;根据密钥的类型,可分为对称密钥密码和非对称密钥密码。后两种分类方法是比较常用的分类方法,下面将对其作重点介绍。

1) 根据处理方法分类

(1) 分组密码。分组密码的加密方式是,首先将明文序列以固定长度进行分组,每组明文用相同的密钥和算法进行变换,得到一组密文。分组密码以块(block)为单位,在密钥的控制下进行一系列线性和非线性变换而得到密文。

分组密码的加/解密运算是,输出块中的每一位由输入块的每一位和密钥的每一位共同决定。

加密算法中重复地使用替代和移位两种基本的加密变换,即 Shannon 1949 年发明的隐藏信息的打乱和扩散两种技术。打乱是指改变数据块,使输出位与输入位之间没有明显的统计关系(替代);扩散是指将明文位通过密钥位转移到密文的其他位上(移位)。

分组密码的优点是具有良好的扩散性,对插入的信息敏感,有较强的适应性;缺点是加/解密速度较慢,差错会扩散和传播。

(2) 序列密码。序列密码的加密过程是,把报文、语音、图像等原始信息转换为明文数据序列,再将其与密钥序列进行异或运算,生成密文序列发送给接收者。接收者使用相同的密钥序列与密文序列进行逐位解密(异或),恢复明文序列。

序列密码加/解密的密钥,是采用一个比特流发生器随机生成二进制比特流而得到的。它与明文结合产生密文,与密文结合产生明文。序列密码的安全性主要依赖于随机密钥序列。产生序列密码的主要途径之一是利用移位寄存器产生伪随机序列。目前要求寄存器的阶数大于 100 阶才能保证必要的安全。序列密码的优点是错误扩展小,速度快,利于同步,安全程度高。序列密码一直是作为军事和外交场合使用的主要密码技术之一。

2) 根据密钥的类型分类

加密和解密过程都要使用密钥。如果加密密钥和解密密钥相同或相近,由其中一个很容易得出另一个,则将这种系统称为对称密钥系统。这种密钥系统加密密钥和解密密钥都是保密的。如果加密密钥与解密密钥不同,且由其中一个不容易得到另一个,则将这种密码系统称为非对称密钥系统。这种密钥系统其中一个密钥是公开的,另一个是保密的。

对称密钥系统也称为传统密钥密码体制(或单密钥密码体制),非对称密钥系统也称为

公开密钥密码体制(或双密钥密码体制)。相应地,这两种密码系统各有一些典型算法。对称密钥密码系统的主要算法有 DES、IDEA、TDEA(3DES)、MD5、RC5、AES 等;非对称密钥密码系统体制的主要算法有 RSA、Elgamal、Knapsack、Rabin、DH、Elliptic Curve 等。

3. 传统密码体制

在计算机出现前,密码学由基于字符的密码算法构成。不同的密码算法是字符之间互相代换或者是互相换位,好的密码算法会结合这两种方法,每次进行多次运算。

现在事情变得复杂多了,但原理还是没变。重要的变化是算法对比特而不是对字母进行变换,实际上这只是字母表长度上的改变,从 26 个元素变为 2 个元素。大多数优秀的密码算法仍然是代替和换位的元素组合。

传统加密方法加密的对象是文字信息。文字由字母表中的字母组成,在表中字母是按顺序排列的,赋予它们相应的数字标号,即可用数学方法进行变换。将字母表中的字母看作是循环的,则字母的加减形成的代码可用求模运算表示,如 $A+4=E,X+6=D(\bmod 26)$。

1) 替代密码

替代密码是指明文中每一个字符被替换成密文中的另外一个字符,接收者对密文进行逆替换恢复明文。在经典密码学中,有简单替代、多名码替代、多字母替代和多表替代加密法,其中最具代表性的是简单替代密码。

简单替代密码是指明文的字母用相应的密文字母替代。其思想非常简单,即根据密钥形成一个新的字母表,与原明文字母表存在相应的映射关系。简单替代加密方法有移位映射、倒映射和步长映射等,如图 19.2 所示。典型的一种替代密码是恺撒密码,又叫循环移位密码。其加密方法就是将明文中的每个字母都用其右边固定步长的字母替代,构成密文。例如,步长为 4,则明文 A、B、C、…、Y、Z 可分别由 E、F、G、…、C、D 代替。如果明文是"ABOUT",则密文为"EFSYX",其密钥 k=4。

两个循环的字母表对应。

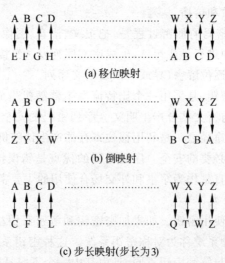

(a) 移位映射

(b) 倒映射

(c) 步长映射(步长为3)

图 19.2 替代加密

2) 移位密码

移位密码是指明文的字母保持不变,但顺序被打乱,即只对明文字母重新排序,位置发生变化,但并不隐藏它们,这是一种打乱原文顺序的替代法。在简单的纵行移位密码中,明文以固定的宽度水平地写在一张图表纸上,密文按垂直方向获得,解密就是将密文按相同的宽度垂直地写在图表纸上,然后水平地读出明文。

如明文为"this is a bookmark",将其分为三行五列,则为以下形式:

t h i s i
s a b o o
k m a r k

按列从左至右,可得到密文:

tskhamibasoriok

如果把明文字母按一定顺序排列成矩阵形式,用另一种顺序选择相应的列输出得到密文。如用"china"为密钥,对"this is a bookmark"排列成矩阵如下:

t h i s i
s a b o o
k m a r k

按"china"各字母排序"23451"顺序,输出得到密文 ioktskhamibasor。

再如,对于句子"移位密码加密时只对明文字母重新排序字母位置变化但它们没被隐藏",可选择密钥"362415",并循环使用该密钥对上句进行移位加密。密钥的数字序列代表明文字符(汉字)在密文中的排列顺序。按照该密钥加密可得到一个不可理解的新句子(密文)"密密位码移加对字只明时文新字重排母序置但位变母化没藏们被它隐"。解密时只需按密钥"362415"的数字从小到大顺序将对应的密文字符排列,即可得到明文。

3) 一次一密钥密码

一次一密钥密码是一种理想的加密方案,就是采用一个随机密码字母集,包括多个随机密码,这些密码就好像一个小本,其中每页记录一条密码。类似日历的使用过程,每使用一个密码加密一条信息后,就将该页撕掉作废,下次加密时再使用下一页的密码。

一次一密钥密码可推广到二进制数据的加密。用二进制数据组成一次密码本,用异或代替加法,对二进制密码和明文进行操作;解密时用同样的密码和密文进行异或,得到明文。

一次一密钥密码必须随机产生才可得到最好的保密效果。

发送者使用密钥本中每个密钥字母串去加密一条明文字母串,加密过程就是将明文字母串和密钥本中的密钥字母串进行模 26 的加法运算。

接收者有一个同样的密钥本,并依次使用密钥本上的每个密钥去解密密文的每个字母串。接收者在解密信息后也销毁密钥本中用过的一页密钥。

例如,如果消息是"ONETIMEPAD",密钥本中的一页密钥是"GINTBDEYWX",则可得到密文"VWSNKQJOXB",原因如下。

$$o+G=V(\mod 26)$$
$$N+I=W(\mod 26)$$
$$E+N=S(\mod 26)$$
$$\cdots$$

一次一密钥的密钥字母必须是随机产生的。对这种方案的攻击实际上依赖于产生密钥序列的方法。不要使用伪随机序列发生器产生密钥,因为它们通常有非随机性。只要采用真随机序列发生器产生密钥,这种方案就是安全的。

4. 现代密码体制

1) 对称密码体制

对称密码体制是从传统的简单换位发展而来的,其基本思想是加密和解密双方在加密和解密过程中要使用完全相同的一个密钥(见图 19.3),而且通信双方都必须获得这个密钥,并坚守这个秘密。

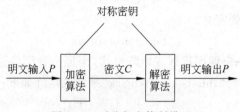

图 19.3　对称加密体制模型

对称密码技术的安全性依赖于以下两个因素:①加密算法必须是足够强的,仅仅基于密文本身去解密信息在实践上是不可能的;②加密方法的安全性依赖于密钥的秘密性,而不是算法的秘密性,因此,没有必要确保算法的秘密性,只需要保证密钥的秘密性。对称加密系统的算法实现速度极快,从 AES 候选算法的测试结果看,软件实现的速度达到了每秒数兆或数十兆比特。由于对称密钥密码系统具有加解密速度快和安全强度高的优点,目前被越来越多地应用在军事、外交以及商业等领域。

2) 非对称密码体制

Diffie W 和 Hellman M 1976 年在 IEEE Trans. on Information 刊物上发表了文章 *New Direction in Cryptography*,提出了"非对称密码体制即公开密钥密码体制"的概念,开创了密码学研究的新方向。

在这种加密技术中,公钥密码体系无疑是其中闪亮的一颗明珠,其模型如图 19.4 所示。在公开密钥密码体制中,加密密钥是公开的,解密密钥是保密的,加密/解密算法都是公开的,因此,密钥的分配和管理非常简单。加密密钥与解密密钥不同,且由加密密钥不能推算出解密密钥。因为加密密钥是公开的,解密密钥是保密的,因此这种密码体制被称作公开密钥密码体制。

公开密钥密码体制不要求通信双方事先传递密钥或有任何约定就能完成保密通信,并且密钥管理方便,可防止假冒和抵赖的情况发生,因此,更适合网络通信中的保密要求。

非对称密钥加密的工作原理如下。

A 要向 B 发送消息,A 和 B 都要产生一对用于加密和解密的公钥和私钥。

A 的私钥保密,A 的公钥告诉 B;B 的私钥保密,B 的公钥告诉 A。

A 要给 B 发消息时,A 用 B 的公钥加密消息,因为 A 知道 B 的公钥。

A 将这个消息发给 B(已经用 B 的公钥加密消息)。

B 收到这个消息后,用自己的私钥解密 A 的消息。其他所有收到这个报文的人都无法解密,因为只有 B 才有 B 的私有密钥。

如图 19.4 所示,用 K_e 对明文加密后,再用 K_d 解密,即可恢复明文。其中,K_e 和 K_d 是接收方的公钥和私钥。在计算上很容易产生密钥对 K_e 和 K_d,已知 K_e 是不能推导出 K_d 的,或者说从 K_e 得到 K_d 是"计算上不可能的"。

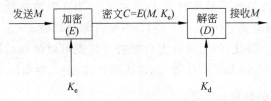

图 19.4　非对称密钥加密模型

5. 混合加密方法

对称密钥密码体制存在的最主要问题是,因加密、解密双方都要使用相同的密钥,因此,在发送、接收数据之前,必须完成密钥的分发,所以,密钥的分发便成了该加密体系中的最薄弱也是风险最大的环节。因为密钥更新的周期加长,会给他人破译密钥提供机会,所以,所使用的手段均很难保障安全地完成此项工作。

对称密钥密码算法的特点是算法简单,加密/解密速度快;但其密钥管理复杂,不便于数字签名。公开密钥密码算法的特点是密钥管理简单,便于数字签名;但算法的理论复杂,加密/解密速度慢。

在实际应用中,公开密钥加密系统并没有完全取代对称密钥加密系统,这是因为公开密钥加密系统是基于已知的数学难题,计算非常复杂,它的安全性更高,但它的实现速度却远远不如对称密钥加密系统。为了充分利用两种密码体制的优点,应用中一般采用对称密钥加密方法与公开密钥加密方法相结合(混合)的方式,其模型如图 19.5 所示。使用对称加密系统加密文件(较长的信息),使用公开密钥加密系统加密"加密文件"的对称密钥(会话密钥),这就是混合加密系统,它较好地解决了运算速度问题和密钥分配管理问题。因此,公钥密码体制通常被用来加密关键性的、核心的机密数据,而对称密码体制通常被用来加密大量的数据。

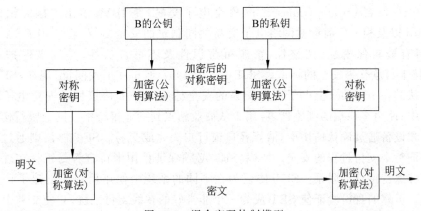

图 19.5　混合密码体制模型

这种混合加密方式的原理是,发送方先使用 DES、IDEA、AES 等对称算法加密大批量数据,然后使用公开密钥算法如 RSA 加密前者的对称密钥;接收方先使用发送方使用的公开密钥算法解密出对称密钥,再用对称密钥解密被加密的大批量数据。

用 RSA 算法将对称密钥加密后就可公开了,而 RSA 的加密密钥也可以公开,整个系统须保密的只有少量 RSA 算法的解密密钥,因此这些密钥在网络中就很容易被分配和传输;又因为对称密钥的数据量很少(64～256 位),RSA 只须对其做 1～2 个分组的加密/解密即可,不会影响系统效率。因此,使用这种混合加密方式既可以体现对称算法速度快的优势,也可发挥公钥算法密钥管理方便的优势,二者各取其优,扬长避短。

6. Internet 中常用的数据加密技术

随着网络应用的蓬勃发展,Internet 已融入社会的方方面面,网络用户越来越复杂,网络应用越来越深地渗透入科研、生产、商务、金融等领域,Internet 上也出现了各种数据监听、网络入侵等对他人构成威胁的现象。为了使 Internet 更安全,人们在重要信息的传输上使用了数据加密和基于加密技术的身份验证技术,在一定程度上防止了信息在网络上被拦截和窃取等问题。

SSL、SET 和 PGP 是当前 Internet 上比较常用的数据加密方法和工具,它们在各自的应用范围内都拥有较大的用户群。

SSL 协议是由 Netscape 首先发表的网络数据安全传输协议,其首要目的是在两个通信实体间提供秘密而可靠的连接。该协议由两层组成,低层是建立在可靠的传输协议(如TCP)上的 SSL 记录层,用来封装高层的协议。SSL 握手协议准许服务器端与客户端在开始传输数据前,通过特定的加密算法相互鉴别。SSL 的先进之处在于它是一个独立的应用协议,其他更高层协议能够建立在 SSL 协议之上。SSL 是利用公开密钥的加密技术(RSA)作为用户端与主机端在传送机密数据时的加密通信协议。目前大部分 Web Server 及Browser 都广泛使用 SSL 技术。利用这个功能,将部分具有机密性质的网页设定在加密的传输模式,可避免数据在网络上传送时被其他人窃听。对消费者而言,SSL 已经解决了大部分的问题,但是,对电子商务而言问题并没有完全解决。SSL 只能做到数据保密,但是企业无法确定是谁填了这份资料,即使这一点做到了,还有和银行清算的问题,而 SET 的问世,正好填补了这个空白。

SET(secure electronic transaction,安全电子交易)是 IBM、信用卡国际组织 VISA/MasterCard 以及相关厂商针对网络电子交易共同制定的安全协议,它使用 RSA 的公钥加密技术,具有资料保密性、完整性、来源可辨识性及不可否认性,是用来保护消费者在Internet 持卡付款交易安全的标准。SET 1.0 于 1997 年 6 月正式问世,现在,SET 已成为国际上公认的在 Internet 上电子商务交易的安全标准。SET 协议用在安全电子银行卡的支付系统中,使用客户端的浏览器,应用于从商业站点到商业银行中。网上银行使用已经存在的程序和设备通过确认信用卡,清算客户银行户头完成交易。SET 协议则通过隐藏信用卡号来保证整个支付过程的安全。所以,SET 必须保证信用卡持有者与银行在现存系统和网络上能够保持持续的联系。SET 协议为在不同的系统中使用信用卡创建了一套完整的解决办法。可靠的身份验证使 SET 成为一个非常好的在线支付系统,它使交易中每个合法参与者都能够拥有一个合理的身份,而对持卡者的身份验证是由银行进行的。当然这其中还包括其他服务,如身份验证、客户服务等,这是建立另外一个可靠的用户连接的方法。同时可以方便在发生纠纷时进行仲裁。

PGP(pretty good privacy,优良保密协议)是一个公钥加密程序。使用 PGP 公钥加密法,你可以广泛传播公钥,同时安全地保存好私钥。由于只有你拥有私钥,所以,任何人都可以用你的公钥加密写给你的信息,而不用担心信息被窃取。使用 PGP 的另一个好处是可以在文档中使用数字签名。一个使用私钥加密的文档(即签名)只能用公钥解密(即验证),这样,如果人们阅读用你的公钥解密后的文件,他们就会确定只有你才能写出这个文件。

PGP 提供了可以用于 E-mail、文件存储和应用的保密与鉴别服务,PGP 选择好用的加密算法作为系统的构造模块,且将这些算法集成到一个通用的应用程序中,该程序独立于操作系统和处理器,且基于一个使用方便的小命令集。PGP 程序和文档在 Internet 上公开,由于其免费、可用于多平台、使用生命力和安全性都被公众认可等特点,PGP 在全世界范围内,各个领域都有广泛的应用。根据《财富》的排名,十大商业银行的 90%、十大制药企业的80%、十大健康机构的 80%、十大能源机构的 70%、前 15 位宇航及防御系统相关企业的73%、前 20 位电信公司的 75%、前 20 位汽车相关制造企业的 70%都在使用 PGP 进行电子邮件及其他重要数据的加密。

一般来说,在开放式网络上进行金融交易以 SSL 及 SET 交易协议为主,其中 SET 被国际公认为非常安全,PGP 则被认为是一种非常好的连接网络与桌面的安全方法。

19.5.3　数据完整性保护技术

在计算机网络系统中,数据一般有储存和传输两种状态。长期以来,数据传输时的完整性得到了人们更多的关注。然而,无论是在储存状态,还是在传输状态,数据既容易遭到人为的主动攻击,又容易遭受非人为的异常变化。与传输状态相比,处于储存状态的数据的完整性也应当受到关注。这主要有 3 个方面的原因:①储存状态的数据既有用户数据又有系统数据,而传输状态的数据基本是用户数据;②系统的工作主要依赖于储存状态的数据,而不是传输状态的数据;③储存状态的数据系统级的完整性保护比较少,而传输状态的数据则由网络的传输机制提供了一定程度上的完整性保护。

储存状态可以被看作是静态的,而传输状态则可以被认为是动态的。为保证储存状态数据的完整性,可以采取多种措施,包括管理措施和技术措施。一般的系统都采用系统准入即密码机制和资源访问控制两种措施。这两种措施能对数据的完整性起到很好的保护作用,尤其是能对人为的主动攻击起到积极的防御作用。但是也应该意识到,无论是从管理上,还是从技术上,要想绝对避免数据的完整性遭受破坏是不可能的。在这种情况下,应该做的也是能够做的,就是要找到一种办法能够对数据的完整性进行检测,一旦发现数据遭到破坏,能够马上恢复其本来面目。

数据校验技术就是这一要求的产物。根据数据校验技术,可以对要保护的数据按照一定的规则产生一些校验码,并且把这些校验码记录下来。以后,在任何时候,可以按照同样的规则生成新的校验码,并与原来的校验码进行比较。根据比较结果确定数据是否发生了变化并且采取相应的措施。这一工作也称为完整性检查。

数据校验的方法很多,不管采用何种方法都必须至少保证两点:①校验码对数据的变化比较敏感,即校验码会随数据块的不同而不同;②根据校验码很难还原出原始数据。

本小节主要介绍信息摘要技术和数字签名技术两种最常用的数据完整性保护技术。

1. 信息摘要技术

1）信息摘要技术的基本原理

哈希函数 H 是一个公开函数，用于将任意长度的消息 M 映射为较短的、固定长度的一个值 $H(M)$ 作为验证符，称函数值 $H(M)$ 为哈希值、哈希码或消息摘要。哈希码是消息中所有比特的函数，因此提供了一种错误检测能力，即改变消息中任何一个比特或几个比特都会使杂凑码发生改变。

在信息安全技术中，哈希函数提供了验证消息的完整性这一服务，它对不同长度的输入消息，产生固定长度的输出。一个安全的哈希函数 H 必须具有以下属性。

（1）H 能够应用到长度可变的数据上。

（2）H 能够生成固定长度的输出。

（3）对于任意给定的消息 m，$H(m)$ 的计算相对简单。

（4）对于任意给定的哈希值 h，要找到满足 $H(m)=h$ 的 m 在计算上是不可行的。

（5）对于任意给定的消息 m，要满足 $H(m')=H(m)$ 而 $m'\neq m$ 在计算上是不可行的。

（6）要找到符合 $H(m')=H(m)$ 的 (m',m) 计算上是不可行的。

如果单向哈希函数满足这一性质，则称其为强单向哈希函数。

第（5）和第（6）个条件给出了哈希函数无碰撞性的概念，如果哈希函数对不同的输入可产生相同的输出，则称该函数具有碰撞性。

2）常用的信息摘要算法

常用的信息摘要算法有 MD5、SHA-1、HMAC 及其大量的变体。

2. 数字签名技术

1）数字签名的概念

数字签名是手写签名的模拟。简单来说，数字签名就是附加在数据单元上的一些数据，或是对数据单元所作的密码变换。这种数据或变换允许数据单元的接收者用以确认数据单元的来源和数据单元的完整性并保护数据，防止数据被修改或伪造，是保护信息完整性的主要技术之一。

手工签名是模拟的，因人而异，而数字签名是数字式的（0、1 数字串），因信息而异。

类似于手工签名，数字签名应具有以下性质。

（1）能够验证签名产生者的身份，以及产生签名的日期和时间。

（2）能用于证实被签消息的内容。

（3）数字签名可由第三方验证，从而解决通信双方的争议。

由此可见，数字签名具有验证功能。为实现上述 3 条性质，数字签名应满足以下要求。

（1）签名的产生必须使用签名方独有的一些信息以防止伪造和防否认。

（2）签名的产生较为容易。

（3）签名的识别和验证较为容易。

（4）对已知的数字签名构造一条新的消息或对已知的消息构造一个假冒的数字签名在计算上都是不可行的。

数字签名具有以下功能：接收方能够确认发送方的签名，但不能伪造；发送方发出签过名的信息后，不能再否认；接收方对收到的签名信息也不能否认；一旦收发双方出现争执，仲裁者可有充足的证据进行评判。

签名的目的是使报文的接收方能够对公正的第三方证明其报文内容是真实的,而且是由指定的发送方发出的。双方都不能出于自己的利益否认或修改报文的内容。签名所保护的内容可能会被破坏,但不会被欺骗。

2）数字签名的分类

根据数字签名所基于的密码体制,可以把数字签名分为基于私钥密码体制的数字签名和基于公钥密码体制的数字签名。

数字签名还可以分为普通数字签名和特殊数字签名。普通数字签名算法主要有 RSA、ElGamal、Fiat-Shamir、Guillou-Quisquarter、Schnorr、Ong-Schnorr-Shamir、DES/DSA、Elliptic Curve 和有限自动机数字签名算法等。特殊数字签名有盲签名、代理签名、群签名、不可否认签名、公平盲签名、门限签名、具有消息恢复功能的签名等,它与具体应用环境密切相关。

3）数字签名的原理

发送报文时,发送方用一个哈希函数从报文文本中生成报文摘要,然后用发送方的私钥对这个摘要进行加密（即签名）,这个加密后的摘要将作为报文的数字签名和报文一起发送给接收方。接收方首先用与发送方相同的哈希函数从接收到的原始报文中计算出报文摘要,接着用发送方的公钥对报文附加的数字签名进行解密（即验证）,如果两个摘要相同,接收方就能确认该数字签名是发送方签署的。

4）数字签名的应用

数字签名被广泛用于银行的信用卡系统、电子商务系统、电子邮件以及其他需要验证、核对信息真伪的系统中。

19.5.4　数字水印技术

数字水印（digital watermark）技术是从信息隐藏技术发展而来的,是数字信号处理、图像处理、密码学应用、算法设计等学科的交叉领域。数字水印最早在 1993 年由 Tirkel 等人提出,其在国际学术会议上发表了题为 *Electronic watermark* 的第一篇有关水印的文章,提出了数字水印的概念及可能的应用,并针对灰度图像提出了两种在图像最低有效位中嵌入水印的算法。1996 年在英国剑桥牛顿研究所召开了第一届国际信息隐藏学术研讨会,标志着信息隐藏学的诞生。

数字水印是一种基于内容的、非密码机制的计算机信息隐藏技术,是应用计算机算法嵌入载体文件的保护信息。它将一些标识信息（即数字水印）直接嵌入数字载体中（包括多媒体、文档、软件等）或是间接表示（修改特定区域的结构）,且不影响原载体的使用价值,也不容易被探知和再次修改,但可以被生产方识别和辨认。通过这些隐藏在载体中的信息,可以达到确认内容创建者、购买者、传送隐秘信息或者判断载体是否被篡改等目的。数字水印是保护信息安全、实现防伪溯源、版权保护的有效办法,是信息隐藏技术研究领域的重要分支和研究方向。

1. 数字水印系统的特性

数字水印系统必须满足一些特定的条件才能使其在数字产品版权保护和完整性鉴定方面成为值得信赖的应用体系。一个安全可靠的数字水印系统一般应满足如下要求。

1）隐蔽性

隐蔽性也称不可感知性，即对于不可见水印处理系统，数字水印嵌入算法不会产生可感知的数据修改，也就是水印在通常的视觉条件下是不可见的，水印的存在不会影响视觉效果。

2）鲁棒性

数字水印必须很难去掉，任何破坏或消除水印的企图都会导致载体严重的降质而不可用。

3）抗篡改性

与抗毁坏的鲁棒性不同，抗篡改性是指水印一旦嵌入载体，攻击者就很难改变或伪造。鲁棒性要求高的应用通常也需要很强的抗篡改性。

4）水印容量

嵌入的水印信息必须足以表示多媒体内容的创建者或所有者的标志信息，或是购买者的序列号。在发生版权纠纷时，创建者或所有者的信息用于标识数据的版权所有者，而序列号用于标识违反协议而为盗版提供多媒体数据的用户。

5）安全性

应确保嵌入信息的保密性和较低的误检测率。水印可以是任何形式的数据，如数值、文本、图像等。所有的水印都包含一个水印嵌入系统和水印恢复系统。

6）低错误率

即使在不受攻击或者无信号失真的情况下，也要求不能检测到水印，以及不存在水印的情况下检测到水印的概率必须非常小。

2. 数字水印的分类

根据水印的特性可以将数字水印分为鲁棒数字水印和脆弱数字水印两类。鲁棒数字水印主要用于在数字作品中标识著作权信息，利用这种水印技术在多媒体内容的数据中嵌入创建者、所有者的标识信息，或者嵌入购买者的标识（即序列号）。用于版权保护的数字水印要求有很强的鲁棒性和安全性，除了要求在一般图像处理（如滤波、加噪声、替换、压缩等）中生存外，还要能抵抗一些恶意攻击。脆弱数字水印与鲁棒数字水印的要求相反，脆弱数字水印主要用于完整性保护和验证。这种水印同样是在内容数据中嵌入不可见的信息，当内容发生改变时，这些水印信息会发生相应的改变，从而可以鉴定原始数据是否被篡改。根据脆弱数字水印的应用范围，脆弱数字水印又可分为选择性脆弱数字水印和非选择性脆弱数字水印。非选择性脆弱数字水印能够鉴别出比特位的任意变化，选择性脆弱数字水印能够根据应用范围选择对某些变化敏感。

根据水印所附载的媒体，可以将数字水印分为图像水印、音频水印、视频水印、文本水印以及用于三维网格模型的网格水印等。随着数字技术的发展，会有更多种类的数字媒体出现，同时也会产生相应的水印技术。

根据水印的检测过程可以将数字水印分为盲水印和非盲水印。非盲水印在检测过程中需要原始数据或者预留信息，而盲水印的检测不需要任何原始数据和辅助信息。一般来说，非盲水印的鲁棒性比较强，但因其应用需要原始数据的辅助而受到限制。盲水印的实用性强，应用范围广。

根据数字水印的内容可以将水印分为有意义水印和无意义水印。有意义水印是指水印本身也是某个数字图像(如商标图像)或数字音频片段的编码;无意义水印则只对应于一个序列。有意义水印的优势在于,如果由于受到攻击或其他原因致使解码后的水印破损,人们仍然可以通过视觉观察确认是否有水印。但对于无意义水印来说,如果解码后的水印序列有若干码元错误,则只能通过统计决策确定信号中是否含有水印。

根据水印的用途,可以将数字水印分为票证防伪水印、版权保护水印、篡改提示水印和隐蔽标识水印。票证防伪水印是一类比较特殊的水印,主要用于打印票据和电子票据、各种证件的防伪。版权标识水印是目前研究最多的一类数字水印。数字作品既是商品又是知识作品,这种双重性决定了版权标识水印主要强调隐蔽性和鲁棒性,而对数据量的要求相对较小。篡改提示水印是一种脆弱水印,其目的是标识原文件信号的完整性和真实性。隐蔽标识水印的目的是将保密数据的重要标注隐藏起来,限制非法用户对保密数据的使用。

根据数字水印的隐藏位置,可以将其划分为时(空)域数字水印、频域数字水印、时/频域数字水印和时间/尺度域数字水印。时(空)域数字水印是直接在信号空间上叠加水印信息,而频域数字水印、时/频域数字水印和时间/尺度域数字水印则分别是在 DCT 变换域、时/频变换域和小波变换域上隐藏水印。

根据数字水印是否透明的性质,可分为可见水印和不可见水印两种。可见水印就是人眼能看见的水印,比如照片上标记的拍照日期或者电视频道上的标识等。不可见水印就是人类视觉系统难以感知的水印,在当前数字水印领域受到的关注比较多。

3. 数字水印算法

近年来,数字水印技术取得了很大的进步,目前典型的算法主要有空域算法、Patchwork 算法、变换域算法、压缩域算法、NEC 算法、生理模型算法等。

19.5.5　区块链技术

区块链起源于比特币。2008 年 11 月 1 日,一位自称中本聪(Satoshi Nakamoto)的人发表了《比特币:一种点对点的电子现金系统》一文,阐述了基于 P2P 网络技术、加密技术、时间戳技术、区块链技术等的电子现金系统的构架理念,标志着比特币的诞生。两个月后理论步入实践,2009 年 1 月 3 日第一个序号为 0 的创世区块诞生。2009 年 1 月 9 日出现序号为 1 的区块,并与序号为 0 的创世区块相连接形成了链,标志着区块链的诞生。

近年来,世界对比特币的态度起起落落,但作为比特币底层技术之一的区块链技术日益受到重视。在比特币形成的过程中,区块是一个一个的存储单元,记录了一定时间内各个区块节点全部的交流信息。各个区块之间通过哈希算法实现链接,后一个区块包含前一个区块的哈希值。随着信息交流的扩大,一个区块与一个区块相继接续,形成的结果就叫区块链。

1. 区块链的概念

区块链涉及数学、密码学、互联网和计算机编程等诸多科学技术问题。简单来说,区块链是一个分布式的共享账本和数据库,具有去中心化、不可篡改、全程留痕、可以追溯、集体维护、公开透明等特点。区块链是分布式数据存储、点对点传输、共识机制、加密算法等计算机技术的新型应用模式。

2. 区块链的特征

(1) 去中心化。区块链技术不依赖额外的第三方管理机构或硬件设施,没有中心管制,除了自成一体的区块链本身,通过分布式计算和存储,各个节点实现了信息自我验证、传递和管理。去中心化是区块链最突出、最本质的特征。

(2) 开放性。区块链技术基础是开源的,除了交易各方的私有信息被加密外,区块链的数据对所有人开放,任何人都可以通过公开的接口查询区块链数据和开发相关应用,因此整个系统信息高度透明。

(3) 独立性。基于协商一致的规范和协议,整个区块链系统不依赖其他第三方,所有节点都能够在系统内自动安全地验证、交换数据,不需要任何人为干预。

(4) 安全性。只要不能掌控全部数据节点的51%,就无法肆意操控修改网络数据,这使区块链本身变得相对安全,避免了主观人为的数据变更。

(5) 匿名性。除非有法律规范要求,单从技术上来讲,各区块节点的身份信息不需要公开或验证,信息传递可以匿名进行。

3. 区块链的类型

区块链目前主要分为公有区块链、联合(行业)区块链和私有区块链。

(1) 公有区块链(public block chains)。世界上任何个体或者团体都可以发送交易,且交易能够获得公有区块链的有效确认,任何人都可以参与其共识过程。公有区块链是最早的区块链,也是应用最广泛的区块链,各大比特币系列的虚拟数字货币均基于公有区块链,世界上有且仅有一条该币种对应的区块链。

(2) 联合(行业)区块链(consortium block chains)。由某个群体内部指定多个预选的节点为记账人,每个块的生成由所有的预选节点共同决定,其他接入节点可以参与交易,但不过问记账过程,其他任何人可以通过该区块链开放的 API 进行限定查询。

(3) 私有区块链(private block chains)。仅仅使用区块链的总账技术进行记账,可以是一个公司,也可以是个人,独享该区块链的写入权限,这种链与其他的分布式存储方案没有太大区别。

4. 区块链的核心技术

区块链的核心技术主要包括分布式账本、非对称加密、共识机制和智能合约等。

(1) 分布式账本。分布式账本是指交易记账由分布在不同地方的多个节点共同完成,而且每一个节点记录的是完整的账目,因此它们都可以参与监督交易的合法性,同时也可以共同为其作证。

(2) 非对称加密。存储在区块链上的交易信息是公开的,但是账户身份信息是高度加密的,只有在数据拥有者授权的情况下才能访问,从而保证了数据的安全和个人的隐私。

(3) 共识机制。共识机制是指所有记账节点之间怎样达成共识,去认定一个记录的有效性,这既是认定的手段,也是防止篡改的方法。区块链提出了 4 种不同的共识机制,适用于不同的应用场景,在效率和安全性之间取得平衡。区块链的共识机制具备"少数服从多数"以及"人人平等"的特点,其中"少数服从多数"并不完全指节点个数,也可以是计算能力、股权数或者其他计算机可以比较的特征量。"人人平等"是指当节点满足条件时,所有节点都有权优先提出共识结果,直接被其他节点认同后最后有可能成为最终共识结果。以比特币为例,采用的是工作量证明,只有在控制了全网超过 51% 的记账节点的情况下,才有可能伪造出一条不存在的记录。当加入区块链的节点足够多时,这种情况基本不可能发生,从而杜绝了造假的可能。

(4) 智能合约。智能合约是基于这些可信的不可篡改的数据,可以自动化的执行一些预先定义的规则和条款。以保险为例,如果每个人的信息(包括医疗信息和风险发生的信息)都是真实可信的,那么就很容易地在一些标准化的保险产品中,进行自动化的理赔。

5. 区块链的应用

区块链技术在金融领域、物联网和物流领域、公共服务领域、数字版权领域、保险领域、公益领域等都有着大量潜在的应用,目前国家正在大力发展区块链技术在各行业的开发与应用。

19.5.6　边界防护技术

把不同安全级别的网络相连接,就产生了网络边界。防止来自网络外界的入侵就要在网络边界上建立可靠的安全防御措施。不同安全性能的网络互联带来的安全问题与网络内部的安全问题是截然不同的,主要原因是攻击者不可控。攻击是不可溯源的,也没有办法"封杀"。

1. 边界安全问题

一般来说网络边界上的安全问题主要有以下 4 种。

(1) 信息泄露。网络上的资源是可以共享的,但如果没有授权的人得到了他不该得到的资源,信息就泄露了。一般信息泄露有两种方式:攻击者(非授权人员)进入网络,获取了信息,这是从网络内部的泄露;合法使用者在进行正常业务往来时,信息被外人获得,这是从网络外部的泄露。

(2) 入侵者的攻击。互联网是世界级的大众网络,网络上有各种势力与团体。入侵就是通过互联网进入你的网络(或其他渠道),篡改数据或实施破坏行为,造成网络业务的瘫痪。这种攻击是主动的、有目的、甚至是有组织的行为。

(3) 网络病毒。与非安全网络的业务互联,难免在通信中带来病毒,一旦在网络中发作,业务将受到巨大冲击。病毒的传播与发作一般有不确定的随机特性,这是"无对手""无意识"的攻击行为。

(4) 木马入侵。木马的发展是一种新型的攻击行为。木马在传播时像病毒一样自由扩散,没有主动的迹象。进入你的网络后,便主动与它的主人联络,从而让主人控制你的机器,既可以盗用你的网络信息,也可以利用你的系统资源为他工作。比较典型的就是"僵尸网络"。

对来自网络外部的安全问题,重点是防护与监控。对来自网络内部的安全问题,由于人员是可控的,因此可以通过验证、授权、审计的方式追踪用户的行为轨迹,也就是行为审计与合轨性审计。

由于有这些安全隐患的存在,在网络边界上,最容易受到的攻击方式有以下 3 种。

(1) 黑客入侵。黑客入侵的过程是隐秘的,造成的后果是数据遭到窃取与系统遭到破坏。木马的入侵也属于黑客的一种,只是入侵的方式采用的是病毒传播的方式,达到的效果与黑客一样。

（2）病毒入侵。病毒是网络的蛀虫与垃圾，大量的自我繁殖，侵占系统与网络资源，导致系统性能下降。病毒对网关没有影响，就像"走私"团伙，一旦进入网络内部，便成为可怕的"瘟疫"。病毒的入侵方式就像水的渗透一样，看似漫无目的，实则无孔不入。

（3）网络攻击。网络攻击是针对网络边界设备或系统服务器的，主要目的是中断网络与外界的连接，比如 DoS 攻击，虽然不破坏网络内部的数据，但阻塞了应用的带宽，可以说是一种公开的攻击，攻击的目的一般是造成服务的中断。

2. 边界防护方法

对于公开的攻击，只有防护一条路，比如对付 DDoS 的攻击；但对于入侵的行为，其关键是对入侵的识别，识别出来后阻断它很容易，但怎样区分正常的业务申请与入侵者的行为，是边界防护的重点与难点。

例如，要守住一座城，保护人民财产的安全，首先要建立城墙，把城内与外界分隔开，阻断内部与外界的所有联系；然后修建几座城门，作为进出的检查关卡，监控进出的所有人员与车辆；为了防止入侵者的偷袭，再在外部挖出一条护城河，让敌人的行动暴露在宽阔的、可见的空间里，为了通行，在河上架起吊桥，把路的使用主动权把握在自己的手中，从而控制通路的关闭时间；对于已经悄悄混进城的危险分子，要在城内建立有效的安全监控体系，比如人人都有身份证、大街小巷的摄像监控网络、街道的安全联防组织，每个公民都是一名安全巡视员，只要入侵者稍有异常行为，就会被立即抓住。

作为网络边界的安全建设，也采用同样的思路：控制入侵者的必然通道，设置不同层面的安全关卡，建立容易控制的"贸易"缓冲区，在区域内架设安全监控体系，对于进入网络的每个人进行跟踪，审计其行为等。

3. 边界防护技术

从网络的诞生，就产生了网络的互联。从没有什么安全功能的早期路由器到防火墙的出现，网络边界一直是攻防对抗的前沿阵地。边界防护技术也在不断对抗中逐渐成熟，主要有防火墙技术、多重安全网关技术、网闸技术、数据交换网技术等。

1）防火墙技术

网络隔离最初的形式是网段的隔离，因为不同的网段之间的通信是通过路由器连通的，要限制某些网段之间不互通，或有条件地互通，就出现了访问控制技术，也就出现了防火墙。防火墙是不同网络互联时最初的安全网关。防火墙的作用就是建起了网络的"城门"，把住了进入网络的必经通道。

2）多重安全网关技术

既然一道防火墙不能解决各个层面的安全防护，就多建设几道安全网关，如用于应用层入侵的 IPS、用于对付病毒的防病毒产品、用于对付 DDoS 攻击的专用防火墙技术等。此时UTM（unified threat management，统一威胁管理）安全网关设备就诞生了。设计在一起就是 UTM，分开就是各种不同类型的安全网关。

多重安全网关的安全性显然比防火墙要好一些，可以抵御各种常见的入侵与病毒。目前大多数多重安全网关都是通过特征识别确认入侵的，这种方式速度快，不会带来明显的网络延迟，但也有它本身的固有缺陷：①应用特征的更新一般较快，目前最长也以周计算，所以网关要及时地进行特征库升级；②很多黑客的攻击利用正常的通信,分散迂回进入,没有明显的特征,安全网关对于这类攻击能力很有限；③安全网关再多,也只是若干个检查站,一旦"混入",进入到大门内部,网关就没有作用了。

3) 网闸技术

网闸的安全思路来自"不同时连接"。不同时连接两个网络,通过一个中间缓冲区"摆渡"业务数据,实现业务互通。"不连接"原则上入侵的可能性就小多了。

后来网闸设计中出现了存储通道技术、单向通道技术等,但都不能保证数据的"单纯性"。

4) 数据交换网技术

数据交换网技术是基于缓冲区隔离的思想,在"城门"处修建了一个"数据交易市场",形成两个缓冲区的隔离。在防止内部网络数据泄露的同时,保证数据的完整性,即没有授权的人不能修改数据,同时也能防止授权用户错误的修改。

数据交换网技术给出了边界防护的一个新思路,即用网络的方式实现数据交换,是一种用"土地换安全"的策略。在两个网络间建立一个缓冲地,让"贸易往来"处于可控的范围之内。数据交换网技术比其他边界安全技术有显著的优势。

(1) 综合使用多重安全网关与网闸,采用多层次的安全"关卡"。

(2) 有了缓冲空间,可以增加安全监控与审计,用专家对付黑客的入侵,边界处于可控制的范围内,任何蛛丝马迹、风吹草动都逃不过监控者的眼睛。

(3) 业务代理保证数据的完整性,也让外来的访问者止步于网络的交换区,所有的需求由服务人员提供,就像是来访的人只能在固定的接待区洽谈业务,不能进入到内部的办公区。

19.5.7　访问控制技术

访问控制技术是指防止对任何资源进行未授权的访问,从而使计算机系统在合法的范围内使用,即通过用户身份及其所归属的某项定义组限制用户对某些信息项的访问,或限制对某些控制功能的使用的一种技术,如 UniNAC 网络准入控制系统的原理就是基于此技术之上。

1. 访问控制的概念及要素

访问控制(access control)是指系统对用户身份及其所属的预先定义的策略组限制其使用数据资源的手段。通常用于系统管理员控制用户对服务器、目录、文件等网络资源的访问。访问控制是系统保密性、完整性、可用性和合法使用性的重要基础,是网络安全防范和资源保护的关键策略之一。

访问控制包括以下 3 个要素。

(1) 主体 S(subject)是指提出访问资源具体请求者。是某一操作动作的发起者,但不一定是动作的执行者,可能是某一用户,也可以是用户启动的进程、服务和设备等。

(2) 客体 O(object)是指被访问资源的实体。所有可以被操作的信息、资源、对象都可以是客体。客体可以是信息、文件、记录等集合体,也可以是网络上的硬件设施、无限通信中的终端,甚至可以包含另外一个客体。

(3) 控制策略 A(attribution)是指主体对客体的相关访问规则集合,即属性集合。访问策略体现了一种授权行为,也是客体对主体某些操作行为的默认。

访问控制的主要目的是限制访问主体对客体的访问,从而保障数据资源在合法范围内得以有效使用和管理。为了达到上述目的,访问控制需要完成两个任务:①识别和确认访问系统的用户;②决定该用户可以对某一系统资源进行何种类型的访问。

2. 访问控制的功能及原理

访问控制的主要功能包括保证合法用户访问受保护的网络资源,防止非法的主体进入受保护的网络资源,或防止合法用户对受保护的网络资源进行非授权的访问。访问控制首先需要对用户身份的合法性进行验证,同时利用控制策略进行选用和管理。当用户身份和访问权限验证之后,还需要对越权操作进行监控。因此,访问控制的内容包括验证、控制策略实现和安全审计。

(1) 验证。包括主体对客体的识别及客体对主体的检验确认。

(2) 控制策略。通过合理地设定控制规则集合,确保用户对信息资源在授权范围内合法使用。既要确保授权用户的合理使用,又要防止非法用户侵权进入系统,使重要信息资源泄露。同时限制合法用户,使其不能越权行使权限以外的功能及访问范围。

(3) 安全审计。系统可以自动根据用户的访问权限,对计算机网络环境下的有关活动或行为进行系统的、独立的检查验证,并做出相应评价与审计。

3. 访问控制层次机制

访问控制可以分为两个层次,即物理访问控制和逻辑访问控制。物理访问控制在物理层面如符合标准规定的设备、门、锁和安全环境等方面实现,而逻辑访问控制则在数据、应用、系统、网络和权限等方面进行实现。对银行、证券等重要金融机构的网站,在信息安全上必须二者兼顾。

4. 访问控制的类型

访问控制主要有 3 种类型或模式,即自主访问控制、强制访问控制和基于角色的访问控制。

1) 自主访问控制

自主访问控制(discretionary access control,DAC)是一种接入控制服务,通过执行基于系统实体身份及其系统资源的接入授权,包括在文件、文件夹和共享资源中设置许可。用户有权对自己创建的文件、数据表等对象进行访问,并可将其访问权授予其他用户或收回。允许访问对象的属主制定针对该对象访问的控制策略,通常可通过访问控制列表限定针对客体可执行的操作。

(1) 每个客体有一个所有者,可按照各自意愿将客体访问控制权限授予其他主体。

(2) 各客体都拥有一个限定主体对其访问权限的访问控制列表。

(3) 每次访问时都基于访问控制列表检查用户标志,实现对其访问权限控制。

(4) DAC 的有效性依赖于资源的所有者对安全政策的正确理解和有效落实。

DAC 提供了适合多种系统环境的、灵活方便的数据访问方式,是应用最广泛的访问控制策略。然而,它提供的安全性可被非法用户绕过,授权用户在获得访问某资源的权限后,可能传送给其他用户,主要是在自主访问策略中,用户获得文件访问后,若不限制对该文件信息的操作,即没有限制数据信息的分发。所以 DAC 提供的安全性相对较低,无法对系统资源提供严格的保护。

2）强制访问控制

强制访问控制（mandatory access control，MAC）是系统强制主体服从访问控制策略，由系统对用户创建的对象，按照规定的规则控制用户权限及对操作对象的访问。主要特征是对所有主体及其所控制的进程、文件、段、设备等客体实施强制访问控制。在 MAC 中，每个用户及文件都被赋予一定的安全级别，只有系统管理员才可确定用户和组的访问权限，用户不能改变自己或任何客体的安全级别。系统通过比较用户和访问文件的安全级别，决定用户是否可以访问该文件。此外，MAC 不允许通过进程生成共享文件，而将信息在进程中传递。MAC 可通过使用敏感标签对所有用户和资源强制执行安全策略，一般采用 3 种方法：限制访问控制、过程控制和系统限制。MAC 常用于多级安全军事系统，对专用或简单系统较有效，但对通用或大型系统效果并不明显。

MAC 的安全级别有多种定义方式，常用的分为 4 级：绝密级（top secret）、秘密级（secret）、机密级（confidential）和无级别级（unclassified）。所有系统中的主体（用户，进程）和客体（文件，数据）都分配有安全标签，以标识安全等级。

通常 MAC 与 DAC 结合使用，并实施一些附加的、更强的访问限制。一个主体只有通过自主与强制性访问限制检查后，才能访问其客体。用户可利用 DAC 防范其他用户对自己客体的攻击，由于用户不能直接改变强制访问控制属性，所以强制访问控制提供了一个不可逾越的、更强的安全保护层，以防范偶然或故意地滥用 DAC。

3）基于角色的访问控制

角色（role）是一定数量的权限的集合，是完成一项任务必须访问的资源及相应操作权限的集合。角色作为一个用户与权限的代理层，表示为权限和用户的关系，所有的授权应该给予角色而不是直接给用户或用户组。

基于角色的访问控制（role-based access control，RBAC）是通过对角色的访问所进行的控制，使权限与角色相关联，用户通过成为适当角色的成员而得到其角色的权限，可极大地简化权限管理。为了完成某项工作创建角色，用户可根据其责任和资格分派相应的角色，角色可根据新需求和系统合并赋予新权限，而权限也可根据需要从某角色中收回。RBAC 减小了授权管理的复杂性，降低了管理开销，提高了企业安全策略的灵活性。

RBAC 模型的授权管理方法，主要有以下 3 种。

（1）根据任务需要定义具体不同的角色。

（2）为不同角色分配资源和操作权限。

（3）给一个用户组（group，权限分配的单位与载体）指定一个角色。

RBAC 支持 3 个著名的安全原则：最小权限原则、责任分离原则和数据抽象原则。前者可将其角色配置成完成任务所需要的最小权限集。第二个原则可通过调用相互独立互斥的角色共同完成特殊任务，如核对账目等。后者可通过权限的抽象控制一些操作，如财务操作可用借款、存款等抽象权限，而不用操作系统提供的典型的读、写和执行权限。这些原则需要通过 RBAC 各部件的具体配置才可实现。

5. 访问控制机制

访问控制机制是检测和防止系统未授权访问，以及为保护资源所采取的各种措施。它是文件系统中广泛应用的安全防护方法，一般在操作系统的控制下，按照事先确定的规则决定是否允许主体访问客体,贯穿于系统全过程。

访问控制矩阵(access control matrix)是最初实现访问控制机制的概念模型,以二维矩阵规定主体和客体间的访问权限。行表示主体的访问权限属性,列表示客体的访问权限属性,矩阵格表示所在行的主体对所在列的客体的访问授权,空格为未授权,Y为有操作授权,以确保系统按此矩阵授权进行访问。通过引用监控器协调客体对主体访问,实现验证与访问控制的分离。在实际应用中,对于较大的系统,由于访问控制矩阵将变得非常大,其中许多空格会造成较大的存储空间浪费,因此,较少利用矩阵方式,主要采用访问控制列表和能力关系表两种方法。

1) 访问控制列表

访问控制列表(access control list,ACL)是以文件为中心建立访问权限表,表中记载了该文件的访问用户名和权限隶属关系。利用ACL,容易判断出对特定客体的授权访问、可访问的主体和访问权限等。将该客体的ACL置为空,即可撤销特定客体的授权访问。

基于ACL的访问控制策略简单实用。在查询特定主体访问客体时,虽然需要遍历查询所有客体的ACL,耗费较多资源,但仍是一种成熟且有效的访问控制方法。许多通用的操作系统都使用ACL提供该项服务,如UNIX和VMS系统利用ACL的简略方式,以少量工作组的形式,而不许单个个体出现,可极大地缩减列表的大小,提高系统效率。

2) 能力关系表

能力关系表(capabilities list)是以用户为中心建立的访问权限表。与ACL相反,表中规定了该用户可访问的文件名及权限,利用此表可方便地查询一个主体的所有授权。相反,检索具有授权访问特定客体的所有主体,则需查遍所有主体的能力关系表。

6. 安全策略实施原则

访问控制安全策略原则集中体现在主体、客体和安全控制规则集三者之间的关系。

(1) 最小特权原则。在主体执行操作时,按照主体所需权利的最小化原则分配给主体权力。优点是最大限度地限制了主体实施授权行为,可避免来自突发事件、操作错误和未授权主体等意外情况的危险。为了达到一定目的,主体必须执行一定操作,但只能做被允许的操作。这是抑制特洛伊木马和实现可靠程序的基本措施。

(2) 最小泄露原则。主体执行任务时,按其所需最小信息分配权限,以防泄露。

(3) 多级安全策略。主体和客体之间的数据流向和权限控制,按照安全级别的绝密(TS)、秘密(S)、机密(C)、限制(RS)和无级别(U)5级进行划分。其优点是避免敏感信息扩散。具有安全级别的信息资源,只有高于安全级别的主体才可访问。

在访问控制实现方面,实现的安全策略主要包括8个方面,即入网访问控制、网络权限限制、目录级安全控制、属性安全控制、网络服务器安全控制、网络监测和锁定控制、网络端口和节点的安全控制与防火墙控制等。

19.5.8　主机加固技术

操作系统或者数据库的实现会不可避免地出现某些漏洞,从而使信息网络系统遭受严重的威胁。主机加固技术对操作系统、数据库等进行漏洞加固和保护,提高系统的抗攻击能力。

服务器加固是给服务器上一把锁。业务系统的服务器都很脆弱,即使装了杀毒软件,部署了防火墙,并定时打补丁,但仍然会存在各种风险,如中毒,被入侵等,核心数据还是有可能会被偷窥、被破坏、被篡改、被偷走。

19.5.9 安全审计技术

审计就是发现问题,暴露相关的脆弱性。安全审计是指对网络的脆弱性进行测试、评估和分析,在最大限度保障安全的基础上使业务正常运行的一切行为和手段。审计使用验证和授权机制,对保护的对象或实体的合法或企图非法访问进行记录。

安全审计技术能自动对用户的合法性进行评估,及时发现非法访问与攻击,中止其相关操作。计算机网络安全审计主要包括对操作系统、数据库、Web、邮件系统、网络设备和防火墙等项目的安全审计。

日志是系统或软件生成的记录文件,通常是多用户可读的,采用字符形式或标准记录形式。大多数的多用户操作系统、正规的大型软件、多数安全设备都有日志功能。日志通常用于检查用户的登录、分析故障、进行收费管理、统计流量、检查软件运行状况和调试软件。

审计和日志功能对系统安全是非常重要的,它记录了系统每天发生的各种各样的事情,可以通过它来检查错误发生的原因,或分析和检查攻击者留下的痕迹。

日志审计和行为审计是两种重要的安全审计。通过日志审计协助管理员在受到攻击后察看网络日志,从而评估网络配置的合理性、安全策略的有效性,追溯分析安全攻击轨迹,并能为实时防御提供手段。通过对员工或用户的网络行为审计,确认行为的合规性,确保管理的安全。

审计的具体要求如下。

(1) 自动收集所有由管理员在安装时所选定的、与安全性有关的活动信息。

(2) 采用标准格式记录信息。

(3) 审计信息的建立和存储是自动的,不要求管理员参与。

(4) 在一定安全体制下保护审计记录。

(5) 对计算机系统的运行和性能影响尽可能小。

19.6 常用操作系统安全

本节主要介绍 Windows、Android 和 iOS 操作系统的安全。

19.6.1 Windows 7 安全

系统的安全是一个永远不变的话题。随着网络的发展和计算机知识的普及,各类用户都提高了防范的意识。微软公司的 Vista 系统标志着 Windows 安全的巨大进步,而Windows 7 则延续了这方面的改进,增加了一些新功能并加强了很多其他安全功能。其主要安全功能包括以下 6 个方面。

1. 用户账户控制系统

默认情况下,仅在程序作出改变时才会弹出用户账户控制(user account control,UAC)提示,用户改变系统设置时不会弹出提示。Windows 7 下的 UAC 设置提供了一个滑块允许用户设置通知的等级,用户可以选择以下 4 个选项。

（1）对每个系统变化进行通知。这也就是 Vista 的模式，任何系统级别的变化（Windows 设置、软件安装等）都会出现 UAC 提示窗口。

（2）仅当程序试图改变计算机时发出提示。当用户更改 Windows 设置（如控制面板和管理员任务时）将不会出现提示信息。

（3）仅当程序试图改变计算机时发出提示，不使用安全桌面。这与第（2）种有些类似，但是 UAC 提示窗口仅出现在一般桌面，不会出现在安全桌面。这对于某些视频驱动程序非常有用，因为这些程序让桌面转换很慢，安全桌面对于试图伪装响应的软件而言是一种阻碍。

（4）从不提示。这也等于完全关闭 UAC 功能。用户可以直接对 UAC 进行设置，以减少那些自己不想看到的通知窗口出现的频率。UAC 的终极目标就是让用户能够控制系统的改变，并且减少弹出通知的次数，以免干扰用户的体验。

2. 多个有效防火墙配置文件

从处理防火墙配置文件方面来看，Windows 7 提供了一个小但极其重要的改进。Vista 允许用户为公共、私人和域连接设置不同的防火墙配置文件。私人网络可能是你的家庭无线网络，除了拥有正确的 WEP 或 WPA 密钥外，你不需要任何登录凭据，但是比起公共网络（例如咖啡店的无线网络），你会更加信任公共网络。域网络要求身份验证，可以是密码、指纹、智能卡或者几种因素结合才能登录。

每个配置文件类型都有自己选择的允许通过防火墙的应用程序和连接。例如，在家庭网络或者标记为私人的小型企业网络，可能会允许文件和打印机共享；而在标记为公共的网络，可能会被禁止访问文件。所有 Windows 7 都允许计算机同时保持几个防火墙配置文件开启，为可信任网络保持访问性和功能，同时阻止对不可信任网络的访问。由于很多远程访问功能要求较少限制的防火墙设置，所以用户可以安全地远程工作，而同时免受来自企业网络外部的威胁。

3. Windows 生物识别功能

随着笔记本电脑指纹识别变得越来越普遍，为处理生物识别数据建立标准变得尤为重要。Windows 生物识别框架是存储指纹数据和通过共同 API 访问数据的标准方式。虽然该子系统的大多数功能都只是开发人员感兴趣的功能，但仍然有两个重要的信息需要了解。

（1）虽然指纹扫描仪曾被用于登录到计算机，而不是登录到计算机域（企业网络或者网络分区），但 Windows 生物识别框架能够允许域登录。

（2）用户可以存储多达 10 个独特的指纹，即每个手指的指纹。虽然人们都不想手指受访，但存储 10 个手指的指纹在系统中是很好的预防措施。

指纹是通过生物识别设备装置添加的，可以在任何版本附有指纹识别器的 Windows 7 的控制面板中找到，并且能够启动计算机和域登录。用户必须以管理员身份登录才能够在 Windows 7 中添加或管理指纹。

4. BitLocker To Go

现在企业面临的最严重的安全威胁是包含重要企业信息的移动设备的丢失。Windows 7 企业版和旗舰版中 BitLocker To Go 具有保护容易丢失的外部驱动的功能，包括口袋大小的硬盘驱动和微型闪存驱动器。BitLocker To Go 简单易用：右击 Explorer 中的外部驱动，选择"打开 BitLocker"命令可打开向导指导你加密驱动,程序运行结束即完成了操作。等待时间取决于计算机和驱动的运行速度。例如,2GB 闪存驱动的初始加密需要 20 分钟,而500GB 以上更大的外部驱动需要一个工作日。

BitLocker To Go 加密的驱动可以使用用户选择的密码或智能卡多因素验证(企业使用)进行解密。加密可移动驱动只能在 Windows 7 企业版和旗舰版中操作,但创建加密之后,就可以从任何版本的 Windows 7 读取或者写入信息。

通过使用管理策略仅允许 BitLocker To Go 驱动被写入以防止用户将数据保存在不安全的设备上,可以为企业环境增强安全性。Windows Server 的用户也可以使用活动目录保存一个恢复密码,以便恢复丢失或者忘记的密码。

5. AppLocker

控制用户可以安装或运行哪些应用程序,是有效维持用户系统稳定性、抵御恶意软件和保护网络完整性的方法。

Windows 7 企业版和旗舰版(以及 Windows Server 2008 R2)中的 AppLocker 增加了新的更加灵活地控制软件的方法,即发布者规则。发布者规则依赖于程序签名证书的信息,这也是越来越多的应用程序增加的信息。该信息比文件路径或者哈希数据更加详细,它可以让管理员创建复杂的规则,例如仅允许来自某特定发布者的软件,特定名称、特定文件名称或特定版本。AppLocker 规则可以适用于任何可执行脚本、安装程序或者系统库,让用户有足够的回旋余地,比如安装必要的软件或升级而不需要管理员权限,并且能够避免使用未经授权的软件。此外,AppLocker 规则可以被写入以用于特定用户或用户组,企业会计部门和图形设计部门可能有不同的软件需求,但对于 AppLocker,能够为每个组根据各自独特的限制和要求设置规则。真正节省时间的是从可信参考计算机自动生成规则的能力,可以使用 Windows 的组策略设置在网络范围内运用。值得注意的是,AppLocker 仅适用于运行 Windows 7 企业版或者旗舰版的用户。

6. DirectAccess

DirectAccess 允许 Windows 7 企业版和旗舰版用户直接连接到 Windows 2008 R2 和未来服务器版本。用户通常需要发起 VPN 连接,而 DirectAccess 对于最终用户而言几乎是透明的:当计算机连接到网络时,DirectAccess 自动创建到企业网络的安全连接,而不需要用户进行任何操作,并且通过该连接自动路由请求到内部互联网。除了自动连接外,DirectAccess 还提供传统 VPN 无法实现的功能。

首先,它使用的是 IPSec 和 IPv6 协议加密和路由端到端连接。VPN 加密在 VPN 服务器上被剥离,DirectAccess 可以全程都保持加密。因为 DirectAccess 使用的是标准互联网端口,它可以轻松穿越防火墙,而不需要任何额外配置,在这方面 VPN 用户则常常遇到问题。其次,因为连接是自动创建和维护的,管理员可以持续管理和更新启用 DirectAccess 的计算机,甚至用户不是直接使用企业资源。远程用户仅当需要访问网络资源时,往往通过VPN 连接。这意味着 VPN 用户在被允许访问企业网络前必须被隔离、扫描和修复补丁,这个程序减慢了连接速度,限制了员工的效率,并且 IT 管理员只有很少的时间来管理远程计算机。而有了 DirectAccess,企业网络的所有计算机可以同时更新,并且不管用户是否需要访问企业网络都会被监控。

19.6.2　Windows 10 安全

Windows 10 提供全面、持续且可靠的内置安全保护，包括 Windows Defender 防病毒、防火墙及更多功能。Windows 10 通过自动更新，确保用户的 PC 保持最新状态。用户将获得新功能和新的安全增强功能，始终受到保护。另外，它减少了用户在频繁使用 PC 时的重启次数，只需设置活动时间即可。

Windows Hello 是 Windows 10 全新的安全验证机制，它运用生物识别技术，可以让用户通过面部、虹膜和指纹三种方式进行快速登录和身份验证等操作，既免去了密码记忆的麻烦，又大大增强了安全性。

用户可以借助 Windows 10 内置的可靠防病毒保护确保 PC 的安全。Windows Defender 防病毒为 PC 提供保护时，用户将获得针对系统、文件和联机活动的全面保护，以抵御病毒、恶意软件、间谍软件和其他威胁。

Edge 浏览器继承了 IE 浏览器的 SmartScreen 筛选器功能，可最大限度地减少用户受到恶意网站的安全威胁。

Windows 10 可以提供更为强大的文件级别的数据保护。这种保护不会随着文件储存地点的改变而改变，无论文件储存到平板电脑、PC、U 盘、电子邮件，还是存储在网盘中，受保护的级别始终不变。这种保护机制的优越性是其简单易用、安全强大，用户不必为此功能下载特殊应用或者进行其他的特别操作。

微软公司引入了基于虚拟化的安全（VBS）机制，并将其融入 Window 10 管理程序。VBS 使用一种白名单机制，仅允许受信任的应用程序启动，将最重要的服务以及数据和操作系统中的其他组件隔离。

19.6.3　Android 安全

1. Android 面临的安全问题

（1）病毒问题。Android 手机木马有的独立存在，有的伪装成图片文件的方式附在正版 App 上，隐蔽性极强，部分病毒还会出现变种，并且一代比一代更加强大。

（2）数据在传输过程遭劫持。传输过程最常见的劫持就是中间人攻击。很多安全要求较高的应用程序要求所有的业务请求都是通过 HTTPS 完成的，所以 HTTPS 的中间人攻击也逐渐多了起来，而且在实际使用中，证书交换和验证在一些山寨手机或者非主流 ROM 上存在很多问题，让 HTTPS 的使用遇到阻碍。

（3）进程被劫持。目前这是针对性最强的一种攻击方式，它可以全面入侵监听器，一般通过进程注入或者调试进程的方式来 hook 进程，改变程序运行的逻辑和顺序，获取程序运行的内存信息，也就是用户所有的行为都被监控起来，这也是盗取账号和密码最常用的一种方式。一般来说，hook 需要获取 root 权限或者与被 hook 的进程相同的权限。因此，如果 Android 手机没有被 root，而且是正版应用，被注入还是很困难的。

（4）Android 还有 WebView 漏洞（JS 注入漏洞、WebView 钓鱼漏洞、WebView 跨域漏洞等）、App 重打包、关键信息泄露等安全问题。

2. Android 安全机制

Android 的安全机制主要包括以下几个方面。

1）进程沙箱隔离机制

Android 应用程序在安装时被赋予独特的用户标识（UID），并永久保持。应用程序及其运行的 Dalvik 虚拟机运行于独立的 Linux 进程空间，与 UID 不同的应用程序完全隔离。

2）应用程序签名机制

应用程序包（.apk 文件）必须被开发者数字签名。同一开发者可指定不同的应用程序共享 UID，进而运行于同一个进程空间，共享资源。

签名的过程是：首先生成私有、公共密钥和公共密钥证书，然后对应用进行签名，最后优化应用程序。签名的作用是识别代码的作者，能够检测应用程序是否发生了改变，在应用程序之间建立信任，以便应用程序可以安全地共享代码和数据。

3）权限声明机制

应用程序需要显式声明权限、名称、权限组与保护级别。不同的级别要求应用程序行使此权限时的验证方式不同。Normal 级申请即可用；Dangerous 级需在安装时由用户确认才可用；Signature 与 SignatureorSystem 级则必须是系统用户才可用。

4）访问控制机制

Android 采用传统的 Linux 访问控制机制。这种访问控制机制可确保系统文件与用户数据不受非法访问。

Linux 用户有三类，权限不同。①超级用户（root）具有最高的系统权限，UID 为 0。②Linux 操作系统出于系统管理的需要，但又不愿赋予超级用户的权限，需要将某些关键系统应用、文件所有权赋予某些系统伪用户，其 UID 范围为 1～499，系统的伪用户不能登录系统。③普通用户只具有有限的访问权限，UID 为 500～6000，可以登录系统获得 Shell。

在 Linux 权限模型下，每个文件属于一个用户和一个组，由 UID 与 GID 标识其所有权。针对文件的具体访问权限定义为可读（r）、可写（w）与可执行（x），并由三组读、写、执行组成的权限三元组描述相关权限。第一组定义文件所有者（用户）的权限，第二组定义同组用户（GID 相同但 UID 不同的用户）的权限，第三组定义其他用户的权限（GID 与 UID 都不同的用户）。

5）进程通信机制

Binder 进程通信机制提供基于共享内存的高效进程通信。Binder 基于 Client/Server 模式，提供类似 COM 与 CORBA 的轻量级远程进程调用（RPC）。通过接口描述语言（AIDL）定义接口与交换数据的类型，确保进程间通信的数据不会溢出越界，污染进程空间。

6）内存管理机制

基于标准 Linux 的低内存管理机制，设计实现了独特的低内存清理机制，将进程按重要性分级、分组，当内存不足时，自动清理最低级别进程所占用的内存空间。同时，引入不同于传统 Linux 共享内存机制的 Android 共享内存机制，具备清理不再使用共享内存区域的能力。

7）SELinux

SELinux 拥有三个基本的操作模式。①在 Disabled 模式下，禁用 SELinux 策略。②在 Permissive 模式下，SELinux 会被启用但不会实施安全性策略，而只会发出警告及记录行动。Permissive 模式在排除 SELinux 的问题时很有用。③Enforcing 这个默认的模式会在系统上启用并实施 SELinux 的安全性策略，拒绝访问及记录行动。

SELinux 拥有三种访问控制方法：①强制类型是针对型策略所采用的主要访问控制机制；②基于角色的访问控制以 SELinux 用户（未必等同 Linux 用户）为基础，但默认的针对型策略并未采用它；③多层保障未被采用，而且经常隐藏在缺省的针对型策略内。

19.6.4　iOS 安全

iOS 是由苹果公司为 iPhone 开发的操作系统。它主要是给 iPhone、iPod Touch 以及 iPad 使用。它基于的 Mac OS X 操作系统，原名为 iPhone OS，直到 2010 年 6 月 7 日，苹果公司在 WWDC 大会上宣布将其改名为 iOS。iOS 的系统架构分为四个层次：核心操作系统层（the core OS layer），核心服务层（the core services layer），媒体层（the media layer），可轻触层（the cocoa touch layer）。系统操作占用大概 240MB 的存储器空间。

iOS 通过系统架构、数据的加密与保护、网络安全、设备权限控制等多种机制保护整个系统的安全性。具体来说，主要使用了更小的受攻击面、精简的操作系统、权限分离、代码签名机制、数据执行保护、地址空间布局随机化和沙盒机制等。

1. 更小的受攻击面

受攻击面是指软件环境中可以被攻击者输入和提取数据而受到攻击的点位，即使苹果公司的某些代码中存在漏洞，如果攻击者无法接触这些代码，或者苹果公司根本不会在 iOS 中使用这些代码，攻击者也无法针对这些漏洞开展攻击。所以，主要的做法是尽量降低攻击者能够攻击的点位。如 iOS 不支持 Java 和 Flash，不能处理 PSD 文件。苹果公司的 MOV 格式也只被 iOS 部分支持，很多能够在 Mac OS X 上播放的 MOV 文件在 iOS 上却不能播放。iOS 虽然本来支持 PDF 文件，但只是解析这类文件格式的部分特性。问题越少，攻击者实施漏洞攻击的机会就越小。

2. 精简的操作系统

除减少可能被攻击者利用的代码外，苹果公司还删除了一些应用，以防止为攻击者在进行漏洞攻击时及成功之后提供便利。例如，iOS 设备上没有 Shell。

3. 权限分离

iOS 使用用户、组和其他传统 UNIX 文件权限机制分离了各个进程。例如，用户能够直接访问的许多应用如 Web 浏览器、邮件客户端或第三方应用程序，是以用户 mobile 的身份运行的，而多数关键系统进程则是以特权用户 root 的身份运行的，其他系统进程以诸如 wireless 和 _mdnsresponder 的用户身份运行。使用这个模型，那些完全控制了 Web 浏览器进程的攻击者执行的代码将被限制为以 mobile 的用户身份运行。同样，来自 App Store 的应用的行为也会受到限制，因为它们也是以用户 mobile 的身份运行的。

4. 代码签名机制

所有的二进制文件和类库在被内核允许执行之前都必须经过受信任机构（如苹果公司）的签名。此外，内存中只有那些经过签名的代码才会被执行。这意味着 App 应用无法动态地改变行为或完成自身升级。这样做是为了防止用户从互联网上下载和执行随机的代码。所有的应用都必须从苹果的 App Store 下载，除非对设备进行配置，使其接受其他的源。

5. 数据执行保护

处理器能区分哪部分内存是可执行代码以及哪部分内存是数据。数据执行保护（Data

Execution Prevention,DEP)不允许数据的执行,只允许代码执行。当漏洞攻击试图运行有效载荷时,它会将有效载荷注入进程并执行该有效载荷。DEP会让这种攻击无法实现,因为有效载荷会被识别为数据而非代码。iOS中代码签名机制的作用原理与DEP相似。

6. 地址空间布局随机化

在iOS中,二进制文件、库文件、动态链接文件、栈和堆内存地址的位置全部是随机的。当系统同时具有DEP和地址空间布局随机化(Address Space Layout Randomization,ASLR)机制时,针对该系统编写漏洞攻击代码的一般方法就完全无效了。在实际应用中,这通常意味着攻击者需要两个漏洞,一个用来获取代码执行权,另一个用来获取内存地址以执行ROP(return-oriented programming,面向返回的编程),否则攻击者就需要一个极其特殊的漏洞来做到这两点。

7. 沙盒机制

iOS防御机制的最后一环是沙盒。与之前提到的UNIX权限系统相比,沙盒可以对进程可执行的行动提供更细粒度的控制。如SMS应用和Web浏览器都是以用户mobile的身份运行的,但它们执行的动作差别很大。SMS应用可能不需要访问Web浏览器的cookie,而Web浏览器不需要访问短信。而来自App Store的第三方应用不应该具有cookie和短信的访问权。首先,它限制了恶意软件对设备造成的破坏。就算恶意软件侥幸通过了App Store的审查流程,被下载到设备上并开始执行,该应用还是会被沙盒规则所限制。它可能会窃取设备上所有的照片和地址簿信息,但它没办法执行发短信或打电话等会直接使用话费的操作。沙盒还让漏洞攻击变得更困难。就算攻击者在减小的受攻击面上找到了漏洞,并绕过ASLR和DEP执行了代码,有效载荷也还是会被限制在沙盒里可访问的内容中。总之,所有这些保护机制虽然不能保证完全杜绝恶意软件和漏洞攻击,但确实大大加大了攻击的难度。

19.7 案 例 分 析

1. DES加密算法与安全性分析

1) DES加密算法

数据加密标准(DES)是由IBM公司研制,经过长时间论证和筛选后,于1977年由美国国家标准局颁布的一种加密算法。DES主要用于民用敏感信息的加密,1981年被国际标准化组织接受作为国际标准。DES主要采用替换和移位的方法加密。它用56位密钥对64位二进制数据块进行加密,每次加密可对64位的输入数据进行16轮编码,经一系列替换和移位后,输入的64位原始数据就转换成了完全不同的64位输出数据。DES算法仅使用最大为64位的标准算术和逻辑运算,运算速度快,密钥产生容易,适合于在当前大多数计算机上用软件方法实现,同时也适合在专用芯片上实现。

图19.6所示是DES加密(解密)算法流程图。DES是一个对称算法,加密和解密使用同一算法,只是加密和解密时使用的子密钥顺序不同。

DES算法按下列4个主要过程实现。图19.6的左边是处理过程,有3个阶段;右边是子密钥的生成过程。

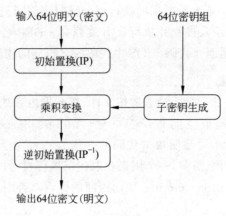

图 19.6　DES 算法流程

（1）子密钥生成。由 64 位外部输入密钥组通过置换选择和移位操作生成加密和解密所需的 16 组子密钥，每组 56 位。

（2）初始置换（initial permutation，IP）。IP 用来对输入的 64 位数据组进行换位变换，即按照规定的矩阵改变数据位的排列顺序。此过程是对输入的 64 位数据组进行的与密钥无关的数据处理。

（3）乘积变换。此过程与密钥有关，且非常复杂，是加密过程的关键。它采用的是分组密码，通过 16 次重复的替代、移位、异或和置换打乱原输入数据组。在加密过程中，乘积变换多次使用替代法和置换法进行。在使用计算机处理时，把大的数据组作为一个单元进行变换，其优点是增加了替代和重新排列方式的种类，这就是分组密码。

（4）逆初始置换（IP^{-1}）。与初始置换处理过程相同，只是置换矩阵是初始置换的逆矩阵。

由于 DES 算法可用 56 位密钥组把 64 位明文（密文）数据加密（解密）成 64 位密文（明文）数据组，故当 DES 算法作为一种标准算法公开的情况下，信息的秘密完全寓于 56 位密钥之中，因此如何选取密钥十分重要。

DES 的解密算法与加密算法相同，解密密钥也与加密密钥相同。不同之处有两点：①解密时按逆向顺序取用加密时使用的密钥，即加密时第 1～16 轮操作使用的子密钥顺序是 K1，K2，…，K16，而解密时使用的子密钥顺序是 K16，K15，…，K1；②产生子密钥时的循环移位是向右的。

2）DES 安全性分析

DES 的安全性完全依赖于所用的密钥，自将 DES 作为标准开始，人们对它的安全性就产生了激烈的争论，下面简要介绍 DES 的一些主要研究成果。

（1）互补性。若明文分组 x 逐位取补得 $\bar{x}$，密钥 k 逐位取补得 $\bar{k}$，且 $y = \mathrm{DES}_k(x)$，则 $\bar{y} = \mathrm{DES}_{\bar{k}}(\bar{x})$，其中 $\bar{y}$ 是 y 的逐位取补。这种特征称为算法上的互补性。这种互补性表明在选择明文攻击下仅需试验 2^{56} 个密钥的一半 2^{55} 个即可。另外，互补性告诫人们不要使用互补密钥。

（2）弱密钥和半弱密钥。大多数密码都有明显的"坏"密钥，DES 也不例外。如果 $\mathrm{DES}_k(x) = \mathrm{DES}_k^{-1}(x)$，即如果 k 确定的加密函数与解密函数一致，则称 k 是一个弱密钥。

DES 至少有 4 个弱密钥。

若存在一个不同的密钥 k' 使 $\text{DES}_{k'}(x) = \text{DES}_k^{-1}(\cdot)$，则称 k 是一个半弱密钥，也称密钥 k 和 k' 是对合的。半弱密钥的特点是成对地出现。DES 至少有 12 个半弱密钥。

弱密钥和半弱密钥直接引起的唯一"危险"是进行多重加密。当选用弱密钥时，第二次加密将使第一次加密复原。如果随机地选择密钥，则在总数 2^{56} 个密钥中，弱密钥和半弱密钥所占的比例极小，因此，弱密钥和半弱密钥的存在不会危及 DES 的安全性。

(3) 密文与明文、密文与密钥的相关性。一些学者研究了 DES 的输入明文与密文以及密钥与密文之间的相关性。研究表明，使每个密文位都是所有明文位和所有密钥位的复合函数，至少需要 5 轮迭代。用 χ^2 检验证明，迭代 8 轮后输入和输出就可认为是不相关了。

(4) S-盒的设计。S-盒是 DES 算法的心脏，DES 靠它实现非线性变换。关于 S-盒的设计准则还没有完全公开，许多密码学家怀疑 NSA 设计 S-盒时隐藏了"陷门"，使得只有他们才可以破译算法，但没有证据能证明这点。

3) 攻击 DES 的方法

目前攻击 DES 的主要方法有差分攻击、线性攻击和相关性密钥攻击等。

(1) 差分攻击是通过比较分析有特定区别的明文在通过加密后的变化传播情况来攻击密码算法。

(2) 线性攻击是通过寻找明文和密文之间的一个"有效"的线性逼近表达式，将分组密码与随机置换区分开，并在此基础上进行密钥恢复攻击。

(3) 相关性密钥攻击是通过观察分组加密处理不同的密钥的方式得到有用的信息。

2. RSA 公钥密码体制与安全性分析

1) RSA 公钥密码体制

RSA 由美国 MIT 的 3 位科学家 Rivest、Shamir 和 Adleman 于 1976 年提出（故名 RSA），并在 1978 年正式发表。大多数使用公钥密码进行加密和数字签名的产品和标准都使用了 RSA 算法。RSA 算法所依据的原理是大整数分解难题，即寻求两个大素数比较简单，而将它们的乘积分解则极其困难。RSA 算法是建立在欧拉函数和欧几里得定理基础上的算法。在此不介绍 RSA 的数学理论基础，只简单介绍其密钥的选取、加密、解密的实现过程。

假设用户 A 在系统中要进行数据的加密和解密，则可根据以下步骤选择密钥和进行密码变换。

(1) 随机选取两个不同的大素数 p 和 q（一般为 100 位以上的十进制数）并予以保密。

(2) 计算 $n = p \cdot q$，作为 A 的公开模数。

(3) 计算欧拉函数

$$\Phi(n) = (p-1)(q-1)$$

(4) 随机选取一个与 $(p-1)(q-1)$ 互素的整数 e，作为 A 的公开密钥。

(5) 使用欧几里德算法，计算满足同余方程

$$ed \equiv 1(\bmod \Phi(n))$$

的解 d，作为 A 的保密密钥。

(6) 任何向 A 发送明文的用户,均可用 A 的公开密钥 e 和公开模数 n,根据式

$$C = M^e (\text{mod } n)$$

得到密文 C。

(7) 用户 A 收到 C 后,可利用自己的保密密钥 d,根据

$$M = C^d (\text{mod } n)$$

得到明文 M。

2) RSA 加密举例

现对明文"HI"进行加密。

(1) 选密钥。设 $p = 5, q = 11$,则 $n = 55, \Phi(n) = 40$。取 $e = 3$(公钥),则可得 $d = 27$ (mod 40)(私钥)。

(2) 加密。设明文编码为:A = 01, B = 02, $\cdots$, Z = 26,则明文"HI"的编码为 0809。

$$C_1 = (08)^3 = 512 \equiv 17 (\text{mod } 55)$$
$$C_2 = (09)^3 = 729 \equiv 14 (\text{mod } 55)$$

由于 Q = 17, N = 14,所以,"HI"的密文为"QN"。

(3) 恢复明文。

$$M_1 = C^d = (17)^{27} \equiv 08 (\text{mod } 55)$$
$$M_2 = C^d = (14)^{27} \equiv 09 (\text{mod } 55)$$

因此,明文为"HI"。

3) RSA 安全性分析

针对 RSA 的典型攻击方法有选择密文攻击、小加密指数攻击、计时攻击等。

(1) 选择密文攻击。RSA 密文通过公开渠道传播,攻击者可以获取密文。假设攻击者为 A,密文收件人为 T,A 得到了发往 T 的一份密文 c,他希望不通过分解素因数的方法得到明文,换句话说,他需要 $m = c^d \text{ mod } n$。为了恢复 m,他找一个随机数 $r(r < n)$,他可以得到 T 的公匙 (e, n)。A 计算 $x = r^e \text{ mod } n$(用 T 的公匙加密 r),$y = xc \text{ mod } n, t = r^{-1} \text{ mod } n$。A 知道 RSA 具有一个特性:如果 $x = r^e \text{ mod } n$,那么 $r = x^d \text{ mod } n$。所以,他想办法让 T 对 y 用 T 自己的私匙签名(本质是把 y 解密),然后将结果 $u = y^d \text{ mod } n$ 发送给 A。A 计算 $m = tu \text{ mod } n$,这是因为 $tu \text{ mod } n = (r^{-1})(y^d) \text{ mod } n = (r^{-1})(x^d)(c^d) \text{ mod} = (c^d) \text{ mod } n = m$。

(2) 小加密指数攻击。从计算速度考虑,e 越小越好。但是,当明文也是一个很小的数时就会出现问题。例如,取 $e = 3$,而且明文 m 比 $\sqrt[3]{n}$ 小,那么密文 $c = m^e \text{ mod } n$ 就会等于 m^3,这样只要对密文开 3 次方就可以得到明文。

(3) 计时攻击。RSA 的基本运算是乘方取模,这种运算的特点是耗费时间精确,运算时间主要取决于乘方次数。如果 A 能够监视到 RSA 的解密过程并对它计时,即可计算出 d。

3. Word 文档加解密示例

对文件或信息加密,主要有两种方式:①使用文件加密软件或工具实施加解密;②自己编写程序,选择所使用的加密算法和加密密钥,实现文件或信息的加密与解密。

对于任意类型的加密文件或信息,如果需要对其进行解密,一方面可以使用相关的软件或工具解密;另一方面,可以通过猜测所使用的加密算法及加密密钥,编写相应的程序实施解密。Word 文档是最常用的文档类型之一,下面以 Word 文档加密与解密为例,介绍

Word 所提供的文档加解密功能。

对 Word 文档加密的步骤如下。

（1）打开需要加密的 Word 文档。

（2）打开"文件"→"信息"界面。

（3）单击"保护文档"按钮，选择"用密码进行加密"，如图 19.7 所示。

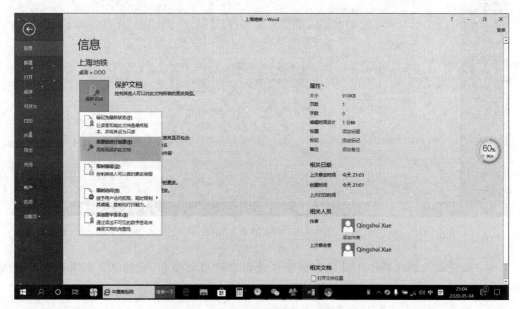

图 19.7　选择"用密码进行加密"选项

（4）输入密码并单击"确定"按钮，如图 19.8 所示。

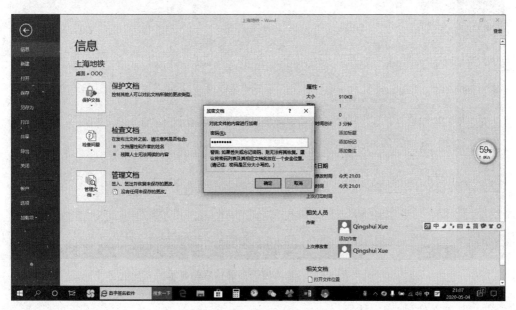

图 19.8　输入密码

（5）再次输入密码并单击"确定"按钮，如图 19.9 所示。

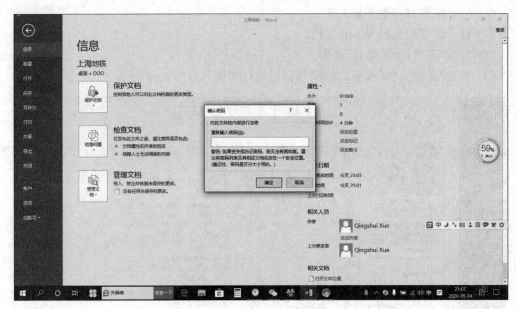

图 19.9　再次输入加密密码

注：上面输入的密码并不是用来加密文件内容所用的密钥，密码只是用来保护或恢复加密所用的密钥，加密文件所用的密钥是由系统随机生成的。

（6）单击"确定"按钮，显示如图 19.10 所示。

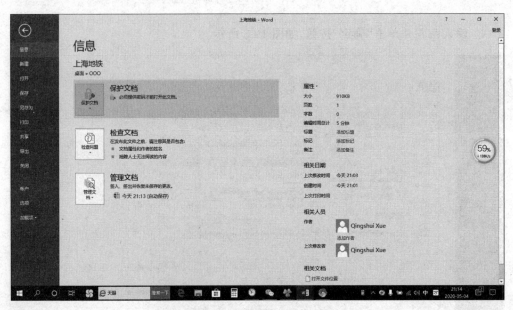

图 19.10　输入密码并确认后的显示

（7）保存文件，加密完成。

对 Word 文档解密或取消密码的步骤如下。

（1）使用 Word 打开加密的 Word 文档，显示如图 19.11 所示的对话框。

图 19.11　要求输入密码

（2）输入加密时输入的密码，单击"确定"按钮，文档即被正常打开。

（3）如果需要取消密码，可以使用和加密 Word 文档时类似的方法，不同之处是在输入密码时把原来的密码全部清除，然后重新保存文件即可。

第 20 章

网络攻防技术

20.1　网络攻击技术

网络攻击也称为赛博攻击(cyber attacks)，是指针对计算机信息系统、基础设施、计算机网络或个人计算机设备的任何类型的进攻行为。对于计算机和计算机网络来说，破坏、修改、使软件或服务失去功能、在没有得到授权的情况下偷取或访问任何一台计算机的数据，都被视为对计算机和计算机网络的攻击。

网络信息系统面临的威胁来自很多方面，而且会随着时间的变化而变化。从宏观上看，这些威胁可分为自然威胁和人为威胁。自然威胁来自各种自然灾害、恶劣的场地环境、电磁干扰、网络设备的自然老化等。这些威胁是无目的的，但会对网络通信系统造成损害，危及通信安全。人为威胁是对网络信息系统的人为攻击，通过寻找系统的弱点，以非授权方式达到破坏、欺骗和窃取数据信息等目的。两者相比，精心设计的人为攻击更加难以防备、种类更多、数量更大。

20.1.1　网络攻击分类

从对信息的破坏性方面划分，攻击类型可以分为主动攻击和被动攻击。

1. 主动攻击

主动攻击会导致某些数据流的篡改和虚假数据流的产生。这类攻击又可分为篡改、伪造和拒绝服务等。

1) 篡改

篡改是指一个合法消息的某些部分被改变、删除，消息被延迟或改变顺序，通常用以产生一个未授权的效果，如修改传输消息中的数据，将"允许甲执行操作"改为"允许乙执行操作"。

2) 伪造

伪造是指某个实体(人或系统)发出含有其他实体身份信息的数据信息，假扮成其他实体，从而以欺骗方式获取一些合法用户的权利和特权。

3) 拒绝服务

拒绝服务 DoS(deny of service)会导致对通信设备的正常使用或管理被无条件中断。

通常是对整个网络实施破坏,以达到降低性能、终端服务的目的。这种攻击也可能有一个特定的目标,如发送到某一特定目的地(如安全审计服务)的所有数据包都被阻止。

2. 被动攻击

被动攻击中攻击者不对数据信息做任何修改,被动攻击通常包括流量分析、窃听、破解弱加密的数据流等。

1)流量分析

流量分析攻击方式适用于一些特殊场合,例如敏感信息都是保密的,攻击者虽然从截获的消息中无法得到消息的真实内容,但攻击者能通过观察这些数据报的模式,分析确定出通信双方的位置、通信的次数及消息的长度,获知相关的敏感信息,这种攻击方式称为流量分析。

2)窃听

窃听是最常用的手段。应用最广泛的局域网上的数据传送是基于广播方式进行的,这就使一台主机有可能收到本子网中传送的所有信息。而计算机的网卡工作在杂收模式时,可以将网络上传送的所有信息传送到上层,以供进一步分析。如果没有采取加密措施,通过协议分析,就可以完全掌握通信的全部内容。窃听还可以用无限截获方式得到信息,通过高灵敏接收装置接收网络站点辐射的电磁波或网络连接设备辐射的电磁波,通过对电磁信号的分析恢复原数据信号从而获得网络信息。尽管有时数据信息不能通过电磁信号全部恢复,但也有可能得到极有价值的情报。

由于被动攻击不会对被攻击的信息做任何修改,留下痕迹很少,或者根本不留痕迹,因此非常难以检测,所以抗击这类攻击的重点在于预防,具体措施包括虚拟专用网 VPN、采用加密技术保护信息以及使用交换式网络设备等。被动攻击不易被发现,因此常常是主动攻击的前奏。

被动攻击虽然难以检测,但可采取措施有效进行预防,而有效地防止攻击非常十分困难,成本较高。抗击主动攻击的主要技术手段是检测,以及从攻击造成的破坏中及时地恢复。检测同时还具有某种威慑效应,在一定程度上也能起到防止攻击的作用。具体措施包括自动审计、入侵检测和完整性恢复等。

20.1.2 网络攻击的层次

网络攻击由浅入深可分为以下 7 个层次。

(1)简单拒绝服务。

(2)本地用户获得非授权读权限。

(3)本地用户获得非授权写权限。

(4)远程用户获得非授权账号信息。

(5)远程用户获得特权文件的读权限。

(6)远程用户获得特权文件的写权限。

(7)远程用户拥有了系统管理员权限。

20.1.3 网络攻击方法

网络攻击方法主要分为密码入侵、特洛伊木马、WWW 欺骗、电子邮件、节点攻击、网络监听、黑客软件、安全漏洞、端口扫描等。

1. 密码入侵

密码入侵是指使用某些合法用户的账号和密码登录目的主机,然后再实施攻击活动。这种方法的前提是必须先得到该主机上的某个合法用户的账号,然后进行合法用户密码的破译。获得普通用户账号的方法非常多,常用的有以下 4 种。

(1) 利用目标主机的 finger 功能。当用 finger 命令查询时,主机系统会将保存的用户资料(如用户名、登录时间等)显示在终端或计算机上。

(2) 利用目标主机的 X.500 服务。有些主机没有关闭 X.500 的目录查询服务,也给攻击者提供了获得信息的一条简易途径。

(3) 从电子邮件地址中收集。有些用户电子邮件地址常会透露其在目标主机上的账号。

(4) 查看主机是否有习惯性的账号。有经验的用户都知道,很多系统会使用一些习惯性的账号,造成账户信息的泄露。

2. 特洛伊木马

放置特洛伊木马能直接侵入用户的计算机并进行破坏。它常被伪装成工具程序或游戏等诱使用户打开带有特洛伊木马的邮件附件或从网上直接下载,一旦用户打开了这些邮件的附件或执行了这些程序,自己的计算机系统中就会隐藏一个能在 Windows 启动时悄悄执行的程序。当连接因特网时,这个程序就会通知攻击者,报告你的 IP 地址及预先设定的端口。攻击者收到这些信息后,再利用这个潜伏在其中的程序,就能任意地修改你的计算机的参数设定、复制文件、窥视整个硬盘中的内容等,从而达到控制你的计算机的目的。

3. WWW 欺骗

用户能利用 IE 等浏览器进行各种各样的 Web 站点的访问,如阅读新闻组、咨询产品价格、订阅报纸、电子商务等。然而一般的用户可能不会想到有这类问题存在:正在访问的网页已被黑客篡改过,网页上的信息是虚假的! 例如黑客将用户要浏览的网页的 URL 改写为指向黑客的服务器,当用户浏览目标网页时,实际上是向黑客服务器发出请求,黑客就能达到欺骗的目的了。

一般 WWW 欺骗使用两种技术手段,即 URL 地址重写技术和相关信息掩盖技术。利用 URL 地址,使这些地址都指向攻击者的 Web 服务器,即攻击者能将自己的 Web 地址加在所有 URL 地址的前面。这样,当用户和站点进行安全连接时,就会毫不防备地进入攻击者的服务器,于是用户的所有信息便处于攻击者的监视之下。由于浏览器一般均设有地址栏和状态栏,当浏览器和某个站点连接时,能在地址栏和状态栏中获得连接中的 Web 站点地址及其相关的传输信息,用户可由此发现问题,所以攻击者往往在 URL 地址重写的同时,利用相关信息掩盖,即一般用 JavaScript 程序重写地址栏和状态栏,以达到其掩盖欺骗的目的。

4. 电子邮件

电子邮件是互联网上使用十分广泛的一种通信方式。攻击者会使用一些邮件炸弹软件或 CGI 程序向目的邮箱发送大量内容重复、无用的垃圾邮件,从而使目的邮箱被撑爆而无法使用。当垃圾邮件的发送流量特别大时,更有可能造成邮件系统反映缓慢,甚至瘫痪。相对于其他攻击手段来说,这种攻击方法更加有简单且见效快等。

5. 节点攻击

攻击者在突破一台主机后,往往以此主机作为根据地,攻击其他主机(以隐蔽其入侵路径,避免留下蛛丝马迹)。通常使用网络监听的方法尝试攻破同一网络内的其他主机;也能通过 IP 欺骗和主机信任关系,攻击其他主机。

这类攻击的某些技术非常难掌握,如 TCP/IP 欺骗攻击,攻击者通过外部计算机伪装成另一台合法机器来实现攻击的目的。他能破坏两台机器间通信链路上的数据,其伪装的目的是使网络中的其他机器误将攻击者作为合法机器而接受,诱使其他机器向他发送数据或允许他修改数据。TCP/IP 欺骗能发生在 TCP/IP 系统的所有层次上,数据链路层、网络层、传输层及应用层均容易受到影响。如果底层受到损害,则应用层的所有协议都将处于危险之中。另外,由于用户本身不直接和底层相互交流,因此对底层的攻击更具有欺骗性。

6. 网络监听

网络监听是主机的一种工作模式,在这种模式下,主机能接收到本网段在同一条物理通道上传输的所有信息,而不管这些信息的发送方和接收方是谁。因为系统在进行密码校验时,用户输入的密码需要从用户端传送到服务器端,而攻击者就在两端之间进行数据监听。此时若两台主机进行通信的信息没有加密,只要使用某些网络监听工具(如 NetXRay、Sniffit 等)就可轻而易举地截取包括密码和账号在内的信息资料。虽然网络监听获得的用户的账号和密码具有一定的局限性,但监听者往往能够获得其所在网段的所有用户的账号及密码。

7. 黑客软件

利用黑客软件进行攻击是互联网上比较多的一种攻击手段。Back Orifice、冰河等都是比较著名的特洛伊木马,它们能非法地得用户计算机的超级用户级权限,能对其进行完全的控制,除了能进行文件操作外,也能进行对方桌面抓图、取得密码等操作。这些黑客软件分为服务器端和用户端,当黑客进行攻击时,会使用用户端程序登录已安装好服务器端程序的计算机,这些服务器端程序都比较小,一般会随附于某些软件上。有可能当用户下载了一个小游戏并运行时,黑客软件的服务器端就安装完成了,而且大部分黑客软件的重生能力比较强,给用户进行清除造成一定的麻烦。特别是一种 TXT 文件欺骗手法,表面看上去只是一个 TXT 文本文件,但实际上却是一个附带黑客程序的可执行程序,另外有些程序也会伪装成图片和其他格式的文件。

8. 安全漏洞

许多系统都有这样那样的安全漏洞(bug),其中一些是操作系统或应用软件本身具有的,如缓冲区溢出漏洞。由于很多系统不检查程序和缓冲之间变化的情况,就接受任意长度的数据输入,把溢出的数据放在堆栈中,系统还照常执行命令,这样攻击者只要发送超出缓冲区所能处理的长度的指令,系统便会进入不稳定状态。若攻击者特别设置一串准备用作攻击的字符,他甚至能访问根目录,从而拥有对整个网络的绝对控制权。另一些是利用协议漏洞进行攻击,如攻击者利用 POP3,在根目录下运用这一漏洞发动攻击,破坏根目录,从而获得终极用户的权限。又如,ICMP 也经常被用于发动拒绝服务攻击,具体方法就是向目的服务器发送大量的数据包,几乎占用该服务器所有的网络宽带,从而使其无法对正常的服务请求进行处理,导致网站无法进入、网站响应速度大大降低或服务器瘫痪。常见的蠕虫病毒或其同类的病毒都能对服务器进行拒绝服务攻击,其繁殖能力较强,一般通过 Microsoft Outlook 软件向众多邮箱发出带有病毒的邮件,而使邮件服务器无法承担如此庞大的数据处理量而瘫痪。对于个人上网用户而言,也有可能遭到大量数据包的攻击使其无法进行正常的网络操作。

9. 端口扫描

端口扫描是指利用 Socket 编程和目标主机的某些端口建立 TCP 连接、进行传输协议的验证等,从而侦知目标主机的扫描端口是否处于激活状态、主机提供了哪些服务、提供的服务是否含有某些缺陷等。常用的扫描方式有 Connect 扫描、Fragmentation 扫描等。

20.1.4 网络攻击位置

网络攻击位置可分为远程攻击、本地攻击、伪远程攻击等。

(1)远程攻击。远程攻击是指外部攻击者通过各种手段,从该子网以外的地方向该子网或者该子网内的系统发动攻击。

(2)本地攻击。本地攻击是指本单位的内部人员通过所在的局域网,向本单位的其他系统发动攻击,在本机上进行非法越权访问。

(3)伪远程攻击。伪远程攻击是指内部人员为了掩盖攻击者的身份,从本地获取目标的一些必要信息后,攻击过程从外部远程发起,造成外部入侵的假象。

20.1.5 网络攻击工具

网络攻击工具可分为 DoS 攻击工具、木马工具等。

1. DoS 攻击工具

DoS 攻击工具很多,例如 WinNuke 发送 OOB 漏洞导致系统蓝屏;Bonk 通过发送大量伪造的 UDP 数据包导致系统重启;TearDrop 通过发送重叠的 IP 碎片导致系统的 TCP/IP 栈崩溃;WinArp 通过发送特别数据包在对方机器上产生大量的窗口;Land 通过发送大量伪造源 IP 的基于 SYN 的 TCP 请求导致系统重新启动;FluShot 通过发送特定 IP 包导致系统凝固;Bloo 通过发送大量的 ICMP 数据包导致系统变慢甚至凝固;PIMP 通过 IGMP 漏洞导致系统蓝屏甚至重新启动;Jolt 通过大量伪造的 ICMP 和 UDP 导致系统变得非常慢甚至重新启动。

2. 木马工具

木马工具有很多,比较有名的有以下几种。

(1)BO2000(Back Orifice)。它是功能极全面的 TCP/IP 构架的攻击工具,能搜集信息、执行系统命令、重新设置机器、重新定向网络的客户/服务器应用程序。BO2000 支持多个网络协议,能利用 TCP 或 UDP 传送,还能使用 XOR 加密算法或更高级的 3DES 加密算法加密。感染 BO2000 后,机器就完全在黑客的控制之下,黑客成了超级用户,你的所有操作都可由 BO2000 自带的"秘密摄像机"录制成"录像带"。

(2)冰河。冰河是一个国产木马程序,具有简单的中文使用界面,且只有少数流行的反病毒、防火墙才能查出冰河的存在。冰河的功能比起国外的木马程序一点也不逊色,它能自动跟踪目标机器的屏幕变化,能完全模拟键盘及鼠标输入,即在使被控端屏幕变化和监视端产生同步的同时,被监视端的一切键盘及鼠标操作将反映在被控端的屏幕上;它能记录各种密码信息,包括开机密码、屏保密码、各种共享资源密码及绝大多数在对话框中出现过的密码信息;它能获取系统信息;它还能进行注册表操作,包括对主键的浏览、增删、复制、重命名和对键值的读写等。

(3) NetSpy。NetSpy 能运行于多种平台,是基于 TCP/IP 的简单的文件传送软件,但实际上可将其看作一个没有权限控制的增强型 FTP 服务器。通过 NetSpy,攻击者能"悄悄"地下载和上传目标机器上的任意文件,并能执行一些特别的操作。

(4) Glacier。该程序能自动跟踪目标计算机的屏幕变化、获取目标计算机登录密码及其他各种密码类信息、获取目标计算机系统信息、限制目标计算机系统功能、任意操作目标计算机文件及目录、远程关机、发送信息等多种监视功能。类似于 BO2000。

(5) KeyboardGhost(键盘幽灵)。Windows 是以消息循环为基础的操作系统。系统的核心区保留了一定的空间作为键盘输入的缓冲区,其数据结构形式是队列。键盘幽灵正是通过直接访问这一队列,记录通过键盘输入的电子邮箱、代理的账号、密码(显示在屏幕上的是星号),一切以星号形式显示出来的密码都会被记录下来,并在系统根目录下生成一文件名为 KG.DAT 的隐含文件。

(6) ExeBind。这个程序能将指定的攻击程序捆绑到所有一个广为传播的热门软件上,使宿主程序执行时,寄生程序也在后台被执行,且支持多重捆绑。实际上是通过多次分割文件,多次从父进程中调用子进程来实现的。

20.1.6　网络攻击步骤

(1) 隐藏己方位置。普通攻击者都会利用别人的计算机隐藏其真实的 IP 地址。老练的攻击者还会利用 800 电话的无人转接服务连接 ISP,然后再盗用他人的账号上网。

(2) 寻找并分析目标主机。攻击者首先要寻找目标主机并分析目标主机。在 Internet 上能真正标识主机的是 IP 地址,域名是为了便于记忆主机的 IP 地址而另起的名字,只要利用域名和 IP 地址就能顺利地找到目标主机。当然,知道了攻击目标的位置远远不够,还必须对主机的操作系统类型及其所提供服务等资料进行全方面的了解。此时,攻击者们会使用一些扫描器软件,轻松获取目标主机运行的是哪种操作系统的哪个版本,系统有哪些账户,WWW、FTP、Telnet、SMTP 等服务器程序是哪个版本等,为入侵做好充分的准备。

(3) 获取目标主机的账号和密码。攻击者要想入侵一台主机,首先要获取目标主机的账号和密码,否则无法登录。入侵者需要先设法盗窃账户文件,进行破解,从中获取某用户的账号和密码,再寻觅合适时机以此身份登录主机。当然,利用某些工具或系统漏洞登录主机也是攻击者常用的一种技法。

(4) 获得系统控制权。攻击者用 FTP、Telnet 等工具利用系统漏洞进入目标主机系统获得控制权后,就会做两件事:清除记录和留下后门。他们会更改某些系统设置、在系统中置入特洛伊木马或其他一些远程操纵程序,以便日后能不被觉察地再次登录系统。大多数后门程序是预先编译完成的,只需要想办法修改时间和权限就能使用了,甚至新文件的大小都和原文件相同。通过清除日志、删除复制的文件等手段来隐藏自己的踪迹后,攻击者就开始下一步的行动。

（5）窃取资源和特权。攻击者找到攻击目标后，会继续下一步的攻击，窃取网络资源和特权，如下载敏感信息、窃取账号和密码、信用卡号、使网络瘫痪等。

20.1.7　网络攻击应对策略

在对网络攻击进行上述分析和识别的基础上，应当认真制定有针对性的策略；明确安全对象，设置强有力的安全保障体系；有的放矢，在网络中层层设防，发挥网络每层的作用，使每一层都成为一道关卡，从而让攻击者无隙可钻、无计可施；必须做到未雨绸缪，预防为主，将重要的数据进行备份并时刻注意系统运行状况。以下是针对众多令人担心的网络安全问题，提出的几点建议。

1. 提高安全意识

（1）不要随意打开来历不明的电子邮件及文件，不要随便运行不了解的人发送的程序。

（2）尽量避免从 Internet 下载不知名的软件、游戏。即使从知名的网站下载的软件也要及时用最新的病毒和木马查杀软件对软件进行扫描。

（3）设置密码时尽可能使用字母数字混排，单纯的英文或数字非常容易穷举。设置不同的常用的密码，防止被人查出一个，连带到其他重要密码。重要密码最好经常更换。

（4）及时安装系统补丁。

（5）不随便运行黑客程序，很多这类程序运行时都会发出你的个人信息。

（6）在支持 HTML 的 BBS 上，如发现提交警告，先看源代码，非常可能是骗取密码的陷阱。

2. 使用防火墙软件

防火墙是用以阻止网络中的黑客访问某个机构网络的屏障，也可称为控制进、出两个方向通信的门槛。在网络边界上通过建立起来的相应网络通信监视系统隔离内部和外部网络，以阻挡外部网络的侵入。

3. 使用代理服务器

保护自己的 IP 地址非常重要，可以使用代理服务器隐藏自己 IP 地址。事实上，即使你的机器上被安装了木马，若没有你的 IP 地址，攻击者也没有办法攻击你的计算机，而保护IP 地址的最佳方法就是设置代理服务器。代理服务器能起到外部网络申请访问内部网络的中间转接作用，其功能类似于一个数据转发器，主要控制用户能访问哪些服务类型。当外部网络向内部网络申请某种网络服务时，代理服务器接受申请，然后根据其服务类型、服务内容、被服务的对象、服务者申请的时间、申请者的域名范围等来决定是否接受此项服务，如果接受，就向内部网络转发这项请求。

4. 使用其他策略

将防毒、防黑当成日常性工作，定时更新防毒组件，将防毒软件保持在常驻状态，以完全防毒、防黑。由于黑客经常会针对特定的日期发动攻击，计算机用户在此期间应特别提高警惕；对于重要的个人资料做好严密的保护，并养成资料备份的习惯。

20.1.8　网络攻击的发展趋势

随着计算机技术的不断提高，网络攻击技术和攻击工具也在不断地发展，使借助

Internet 运行业务的机构面临着前所未有的风险,其主要发展趋势如下。

1. 越来越不对称的威胁

Internet 上的安全是相互依赖的。每个系统遭受攻击的可能性取决于连接到 Internet 上其他系统的安全状态。由于攻击技术的进步,一个攻击者可以比较容易地利用分布式系统,对一个受害者发动破坏性的攻击。随着部署自动化程度和攻击工具管理技巧的提高,威胁将持续增加。

2. 攻击工具越来越复杂

攻击工具开发者正在利用更先进的技术武装攻击工具。与以前相比,攻击工具的特征更难发现,更难利用特征进行检测。攻击工具具有 3 个特点:①反侦破,攻击者采用隐蔽攻击工具特性的技术,使安全专家分析新攻击工具和了解新攻击行为所耗费的时间增多;②动态行为,早期的攻击工具是以单一确定的顺序执行攻击步骤,而现在的自动攻击工具可以根据随机选择、预先定义的决策路径或通过入侵者直接管理,从而变换它们的模式和行为;③攻击工具成熟,与早期的攻击工具不同,现在的攻击工具可以通过升级或更换工具的一部分,发动迅速变化的攻击,且在每次攻击中会出现多种不同的形态。此外,攻击工具越来越普遍地被开发为可在多种操作系统平台上执行。许多常见攻击工具使用 IRC 或 HTTP(超文本传送协议)等协议,由入侵者向受攻击的计算机发送数据或命令,使得人们越来越难以区分攻击数据和正常合法的网络传输数据流。

3. 发现安全漏洞越来越快

新发现的安全漏洞每年都要增加一倍,管理人员不断用最新的补丁修补这些漏洞,而且每年都会发现安全漏洞的新类型。入侵者经常能够在厂商修补这些漏洞前发现攻击目标。

4. 防火墙渗透率越来越高

防火墙是人们用来防范入侵的主要保护措施。但是越来越多的攻击技术可以绕过防火墙,例如,IPP(Internet 打印协议)和 WebDAV(基于 Web 的分布式创作与翻译)都可以被攻击者利用来绕过防火墙。

5. 自动化和攻击速度提高

随着攻击工具的自动化水平的不断提高,扫描工具利用更先进的扫描模式来改善扫描效果和提高扫描速度,损害脆弱的系统。以前,安全漏洞只在广泛的扫描完成后才被加以利用,而攻击工具利用这些安全漏洞作为扫描活动的一部分,从而加快了攻击的传播速度。

早期的攻击工具需要人来发动新一轮的攻击,而现在的攻击工具可以自己发动新一轮攻击。像红色代码和尼姆达这类工具能够自我传播,在不到 18 个小时内就能达到全球饱和。

随着分布式攻击工具的出现,攻击者可以管理和协调分布在许多 Internet 系统上的大量已部署的攻击工具。分布式攻击工具能够更有效地发动拒绝服务攻击,扫描潜在的受害者,危害存在安全隐患的系统。

6. 对基础设施威胁增大

基础设施攻击是大面积影响 Internet 关键组成部分的攻击。由于用户越来越多地依赖 Internet 完成日常业务,基础设施攻击引起人们越来越大的担心。基础设施面临分布式拒绝服务攻击、蠕虫病毒、对 Internet 域名系统(DNS)的攻击、对路由器攻击或利用路由器的攻击。

由于 Internet 是由有限而可消耗的资源组成,并且 Internet 的安全性是高度相互依赖的,因此拒绝服务攻击十分有效。蠕虫病毒是一种自我繁殖的恶意代码。与需要用户做某种事才能继续繁殖的病毒不同,蠕虫病毒可以自我繁殖,再加上它们可以利用大量安全漏洞,会使大量的系统在几个小时内受到攻击。一些蠕虫病毒包括内置的拒绝服务攻击载荷或 Web 站点损毁载荷;另一些蠕虫病毒则具有动态配置功能。但是,这些蠕虫病毒的最大影响力是,由于它们传播时生成海量的扫描传输流,它们的传播实际上在 Internet 上生成了拒绝攻击,造成大量间接的破坏,如一些路由器瘫痪。

20.2　主要的网络安全防护技术

网络安全防护是一种网络安全技术,致力于解决如何有效地进行介入控制、如何保证数据传输的安全性等问题,主要包括物理安全分析技术、网络结构安全分析技术、系统安全分析技术、管理安全分析技术,以及其他的安全服务和安全机制策略。其中,反恶意代码技术、防火墙技术、安全电子邮件技术、加密信息、VPN 技术等是常用的网络安全防护技术。

20.2.1　反恶意代码技术

恶意代码也称为 Malware,目前已经有许多定义,例如 Ed Skoudis 将 Malware 定义为运行在计算机上,使系统按照攻击者的意愿执行任务的一组指令。微软公司的《计算机病毒防护指南》中将术语"恶意软件"用作一个集合名词,指故意在计算机系统上执行恶意任务的病毒、蠕虫和特洛伊木马。随着网络和计算机技术的快速发展,恶意代码的传播速度也已超出人们的想象,特别是人们可以直接从网站获得恶意代码源码或通过网络交流代码。很多编程爱好者把自己编写的恶意代码放在网上公开讨论,发布自己的研究成果,直接推动了恶意代码编写技术的发展。所以,目前网络上流行的恶意代码及其变种层出不穷,攻击特点趋于多样化。

按照恶意代码的运行特点,可以将其分为两类:需要宿主的程序和独立运行的程序。前者实际上是程序片段,不能脱离某些特定的应用程序或系统环境而独立存在;独立程序是完整的程序,操作系统能够调度和运行它们。

按照恶意代码的传播特点,可以将其分为不能自我复制和能够自我复制两类。不能自我复制的是程序片段,当调用主程序完成特定功能时,就会激活它们;能够自我复制的可能是程序片段(如病毒),也可能是一个独立的程序(如蠕虫)。

恶意代码与其检测是一个"猫捉老鼠"的游戏。单从检测的角度来看,反恶意代码的脚步总是落后于恶意代码的发展,是被动的。目前基于主机的恶意代码检测方法主要有反恶意代码软件、完整性校验法以及手动检测;基于网络的检测方法主要有基于神经网络的、基于模糊识别的方法等。

20.2.2　计算机病毒

在恶意代码中,计算机病毒是破坏性最强和影响最大的一种,下面重点介绍计算机病毒的概念、特征、分类、预防及查杀等。

计算机系统并不安全,计算机病毒就是最不安全的因素之一。尤其是近几年随着互联网技术和各种智能移动平台 App 技术的飞速发展,计算机病毒数量的增长也日益加快。病毒已经构成了移动互联时代信息安全的一个主要威胁。只有真正了解计算机病毒,才能进一步防治和清除计算机病毒。

1. 计算机病毒的定义

从本质上讲,计算机病毒是一个程序或一段可执行代码。就像生物病毒一样,计算机病毒有独特的复制能力,计算机病毒可以很快地蔓延,又常常难以根除。

与医学上的病毒不同,计算机病毒是根据计算机软件、硬件所固有的弱点,编制出的具有特殊功能的程序。由于这种程序具有传染性和破坏性,与医学上的病毒有相似之处,因此习惯上将这些"具有特殊功能的程序"称为"计算机病毒"。

在《中华人民共和国计算机信息系统安全保护条例》中,计算机病毒被定义为:"计算机病毒是指编制或者在计算机程序中插入的破坏计算机功能或者毁坏数据,影响计算机使用,并能自我复制的一种计算机指令或者程序代码。"这一定义一般可以看作计算机病毒的狭义定义。

从广义上讲,凡能够引起计算机故障,破坏计算机数据的程序统称为计算机病毒。依据此定义,诸如计算机病毒、逻辑炸弹、蠕虫、木马或者破坏程序的运行的黑客程序都可被称为"计算机病毒"。

2. 计算机病毒的基本特征

1) 传染性

传染性是所有病毒都具有的一大基本特征。通过传染,病毒可以被扩散,病毒程序通过修改磁盘扇区信息或文件内容并把自身嵌入其中的方法达到病毒的传染和扩散。被嵌入的程序称为宿主程序。

2) 破坏性

大多数计算机病毒在发作时都具有不同程度的破坏性,有的干扰计算机系统的正常工作,有的严重消耗系统资源(如不断地复制自身、消耗内存和硬盘资源等),更严重的则直接修改和删除磁盘数据或文件内容、破坏操作系统正常运行甚至直接损坏计算机硬件等。

3) 隐蔽性

计算机病毒的隐蔽性表现在两个方面:①结果的隐蔽性,大多数病毒在进行传染时速度极快,传染后也没有明显的结果显示,一般不易被人发现;②病毒程序本身具有隐蔽性,一般的病毒程序都寄生于正常程序中,很难被发现,而一旦病毒发作,往往已经对计算机系统造成了不同程度的破坏。

4) 寄生性

病毒程序嵌入在宿主程序之中,依赖于宿主程序的执行而生存,这就是计算机病毒的寄生性。病毒程序在侵入宿主程序后,一般对宿主程序进行一定的修改,宿主程序一旦执行,病毒程序就被激活,从而可以进行自我复制和繁殖。

5) 潜伏性

计算机病毒侵入系统后,一般不立即发作,而是具有一定的潜伏期。不同病毒潜伏期的长短不同,有的潜伏期为几个星期,有的潜伏期可长达几年。在潜伏期,病毒程序只要在可能的条件下就会不断地进行自我复制(繁殖),一旦条件成熟,病毒就开始发作。发作的条件随病毒的不同而不同,这一条件是计算机病毒设计人员所设计的。病毒程序在运行时,每次都要检测这一发作条件是否成立。

病毒发作后的主要危害和症状如下。

(1) 硬盘无法激活,数据丢失。

(2) 以前能正常运行的应用程序经常发生死机或者非法错误。

(3) 系统文件丢失或被破坏。

(4) 文件目录发生混乱。

(5) 部分文档内容丢失或被破坏。

(6) 系统文件的时间、日期、大小发生变化。

(7) Word 文档打开后,该文件另存时只能以模板方式保存。

(8) 部分文件自动加密码。

(9) 内部堆栈溢出。

(10) 基本内存发生变化。

(11) 计算机重新激活时格式化硬盘。

(12) 花屏。

(13) 禁止分配内存。

(14) 磁盘空间迅速减少。

(15) 网络驱动器卷或共享目录无法调用。

(16) 自动链接到一些陌生的网站。

3. 计算机病毒的分类

按照计算机病毒的特点,对计算机病毒可从不同角度进行分类。计算机病毒的分类方法有许多种,因此,同一种病毒可能有多种不同的分类方法。

基于破坏程度分类是最流行、最科学的分类方法之一,按照此种分类方法,病毒可以分为良性病毒和恶性病毒两种。

按照传染方式不同,病毒可分为引导型病毒、文件型病毒和混合型病毒。

按照病毒特有的算法,可以划分为伴随型病毒、蠕虫型病毒和寄生型病毒。伴随型病毒并不改变文件本身,而是根据算法产生.exe 文件的伴随体,与文件具有同样的名字和不同的扩展名,例如 abc.exe 的伴随体是 abc.com。当 DOS 加载文件时,伴随体优先被执行,再由伴随体加载执行原来的.exe 文件。蠕虫型病毒通过计算机网络进行传播,它不改变文件和资料信息,而是根据计算机的网络地址,将病毒通过网络发送,蠕虫病毒除了占用内存外一般不占用其他资源。除伴随型病毒和蠕虫型病毒之外的其他病毒均可称为寄生型病毒。

按照病毒的链接方式,可以分为源码型病毒、入侵型病毒、外壳型病毒和操作系统型病毒。

按照病毒传播的媒介,可以分为网络型病毒和单机型病毒。网络型病毒通过计算机网络传播感染网络中的可执行文件。这种病毒的传染能力强,破坏力大。单机型病毒的载体是外部存储设备,常见的是病毒从 U 盘或光盘传入硬盘,感染系统,然后再传染其他 U 盘,再由 U 盘传染其他系统。

按照计算机病毒攻击的系统，可以分为攻击 DOS 系统的病毒、攻击 Windows 系统的病毒、攻击 UNIX 系统的病毒、攻击 Mac OS 系统的病毒和攻击 OS/2 系统的病毒等。

按照病毒激活的时间，可分为定时病毒和随机病毒。定时病毒仅在某一特定时间才发作；而随机病毒一般不是由时钟来激活。

4. 计算机病毒的预防与查杀

预防计算机病毒时，通常要做到以下几点。

（1）安装防病毒软件并且及时升级。

（2）不要运行来历不明的程序。

（3）及时下载、安装补丁程序。

（4）不要轻易接收和打开陌生的邮件。

（5）下载和使用正版软件。

检测计算机是否被病毒感染，通常有手工检测和自动检测两种方法。

手工检测是指通过一些工具软件，如 debug.com、pctools.exe、nu.com 和 sysinfo.exe 等进行病毒的检测。其基本过程是利用这些工具软件，对易遭病毒攻击和修改的内存及磁盘的相关部分进行检测，通过与正常情况下的状态进行对比判断是否被病毒感染。这种方法要求检测者熟悉计算机指令和操作系统，操作比较复杂，容易出错且效率较低，适合计算机专业人员使用，因此无法普及。使用该方法的优点是可以检测和识别未知的病毒，以及检测一些自动检测工具不能识别的新病毒。

自动检测是指通过一些诊断软件和杀毒软件，判断一个系统或磁盘是否被病毒感染，如使用瑞星、金山毒霸、江民杀毒软件、360 杀毒等。该方法可以方便地检测大量病毒，且操作简单，一般用户都可以进行。但是，自动检测工具只能识别已知的病毒，而且它的发展总是滞后于病毒的发展，所以自动检测工具无法识别一定数量的新病毒。

20.2.3　网络保护神——防火墙

1. 防火墙的定义

防火墙是指一种将企业内部网（Intranet）和公众访问网（Internet）相对分开的方法，它实际是一种隔离技术。

防火墙是在两个网络通信时执行访问控制策略的设备或软件，它允许用户"同意"的访问者和数据进入自己的网络，同时将未经认可的访问者和数据拒之门外，最大限度地阻止网络中的黑客入侵行为，防止自己的信息被更改、复制和毁坏。防火墙包括阻止外来访问所需的设备，通常是软件、硬件或组合体，它通常根据一些规则来过滤数据。

防火墙对两个或多个网络间传输的数据包和连接方式按照一定的安全策略进行检查，以决定网络之间的通信是否被允许。其中被保护的网络称为内部网络，另一方则被称为外部网络或公用网络。

防火墙是设置在被保护网络和外部不可信的公共网络间的一道安全保护屏障，用以防止发生不可预测的、潜在破坏性的非法侵入。内部网络和外部网络间的所有网络数据流都必须经过防火墙，只有符合安全策略的数据流才能通过防火墙。

防火墙能有效地控制内部网络与外部网络之间的访问及数据传送，从而达到保护内部网络的信息不受外部非授权用户的访问和过滤不良信息的目的。

2. 防火墙的主要类型

按照运行的实际环境划分,防火墙可以分为基于路由器的防火墙和基于主机系统的防火墙。

按照功能划分,防火墙可以分为 FTP 防火墙、Telnet 防火墙、E-mail 防火墙、病毒防火墙、个人防火墙等。

按照运行机制划分,可以分为包过滤防火墙、应用级网关防火墙、状态检测防火墙。

1) 包过滤防火墙

在基于 TCP/IP 的网络上,所有往来的信息都被分割成许许多多一定长度的数据包,包中包含发送者的 IP 地址和接收者的 IP 地址信息。当这些数据包被送上互联网络时,路由器会读取接收者的 IP 地址并选择一条合适的物理线路发送出去,数据包可能经由不同的路线抵达目的地,当所有的包抵达目的地后会重新组装还原。

包过滤式的防火墙会检查所有通过的数据包中的 IP 地址,并按照系统管理员所给定的过滤规则进行过滤。

包过滤防火墙一般是基于源地址和目的地址、应用或协议以及每个 IP 包的端口作出通过与否的判断。路由器便是一个传统的网络级防火墙,大多数的路由器都能通过检查这些数据来决定是否将所收到的包转发,只是它不能判断出一个 IP 包来自何方和去向何处。而网络级防火墙可以判断这一点,它可以提供足够的内部数据,以说明通过的连接状态和一些数据流的内容,把判断的数据同规则表进行比较,在规则表中定义了各种规则来检验是否同意或拒绝数据包的通过。

包过滤防火墙检查每一条规则直至发现包中的数据与某规则相符。如果没有一条规则能符合,防火墙就会使用默认规则。

包过滤防火墙是最简单的防火墙,通常它只包括对源 IP 地址和目的 IP 地址及端口的检查。

包过滤防火墙通常是一个具有包过滤功能的路由器。因为路由器工作在网络层,因此包过滤防火墙又叫网络层防火墙。

包过滤是在网络的出口(如路由器)对通过的数据包进行检测,只有满足条件的数据包才允许通过,否则被抛弃,从而可以有效地防止恶意用户利用不安全的服务对内部网络进行攻击。

包过滤规则一般基于部分的或全部的包头数据。例如,TCP 包头数据为 IP 协议类型、IP 源地址、IP 目标地址、IP 选择域的内容、TCP 源端口号、TCP 目标端口号和 TCP ACK 标识,其中 TCP ACK 标识指出这个包是否是连接中的第一个包,是否是对另一个包的响应。

包过滤的优点是对用户透明,不用改动客户机和主机上的应用程序,因为它工作在网络层和传输层,与应用层无关。一个包过滤路由器能协助保护整个网络,速度快、效率高、技术通用、廉价。但其弱点也非常明显,包过滤判别的只有网络层和传输层的有限信息,因此各种安全要求不可能充分满足。在许多过滤器中,过滤规则的数目是有限制的,且随着规则数目的增加,性能会受到很大的影响。由于缺少上下文关联信息,不能有效地过滤如 UDP、RPC 之类的协议。另外,大多数过滤器中缺少审计和报警机制,且管理方式和用户界面较差,对安全管理人员素质要求较高。

包过滤的一个重要的局限是它不能分辨好的和坏的用户,只能区分好的数据包和坏的数据包。它提供的安全级别较低;不支持用户验证,包中只有来自哪台主机的信息而不包含来自哪个用户的信息;不提供日志功能。另一个问题就是在限制和允许网络访问时有时需要创建几百条以上的规则,创建这些规则非常耗时且难于管理。

2)应用级网关防火墙

应用级网关就是通常所说的代理服务器。它适用于特定的互联网服务,如超文本传送、远程文件传输送等。

(1)代理服务器的功能

代理服务器通常运行在两个网络之间,它对于客户来说像是一台真的服务器,而对于外界的服务器来说,它又是一台客户机。当代理服务器接收到用户对某站点的访问请求后会检查该请求是否符合规定,如果规则允许用户访问该站点,代理服务器就会像一个客户那样去那个站点取回所需信息再转发给客户。

代理技术与包过滤技术完全不同,包过滤技术是在网络层拦截所有的数据流,代理技术是针对每一个特定应用都有一个程序。代理服务器企图在应用层实现防火墙的功能,其主要特点是有状态性。代理服务器能提供部分与传输方相关的信息,也能处理和管理信息。通过代理服务器使得网络管理员能实现比包过滤技术更严格的安全策略。

代理服务是指在防火墙上运行某种软件(称为代理程序)。如果内部网需要与外部网通信,首先要建立与防火墙上代理程序的连接,把请求发送到代理程序;代理程序接受该请求,建立与外部网相应主机的连接,然后把内部网的请求通过新连接发送到外部网相应主机。反过来也是一样,内部网和外部网的主机之间不能建立直接的连接,而要通过代理程序进行转发。这些代理程序接受用户对 Internet 服务的请求,并按安全策略转发它们的实际的服务。

一个代理程序一般只能为某几种协议提供代理服务,其他所有协议的数据包都不能通过代理服务程序(从而不可能在防火墙上开后门以提供未授权服务),这样就相当于进行了一次过滤;代理程序还有自己的配置文件,其中对数据包的其他一些特征(如协议、目的地址、源地址等)进行过滤,有时这种过滤条件甚至比纯粹包过滤的功能还要强大。

代理服务位于内部用户和外部服务之间。代理程序在幕后处理所有用户和 Internet 服务之间的通信以代替直接通信。对于用户,代理服务器给用户一种直接使用"真正"服务器的感觉;对于真正的服务器,代理服务器给真正服务器一种在代理主机上"直接"处理用户的假象。

(2)代理服务器的优点

代理服务器能针对各种服务进行全面控制,支持身份验证,提供详细的审计功能和方便的日志分析工具,比分组包过滤更容易配置和测试。

① 日志和警报。代理服务器可以分析更多的数据包信息,几乎可以记录从网络层到应用层 TCP/IP 会话的每个部分。

② 缓存。因为代理服务器需要 TCP/IP 的每一层数据包分析,所以代理服务器经常把这些信息缓存到本地硬盘上。对所有相同数据的请求会直接从代理服务器上的硬盘访问而不是远程的服务器,可以大大提高访问速度。代理服务器可以应用多条规则配置多久检查一次远程站点的内容更新。

③ 应用程序分析。代理服务器可以分析应用层上的 TCP/IP 数据流,然而,不是所有的代理服务器都可利用 SMTP 流量检查特洛伊木马和病毒、通过监视特定的 TCP 和 NNTP 流量拒绝相关内容、通过给定的域名拒绝访问整个域。

④ 反向代理和代理矩阵。使用应用级网关的另外一个好处是可以提供反向代理服务。这些服务像是单独工作的,除了代理进来的请求。反向代理位于网络防火墙的外边并在 Internet 上注册作为公司的产品服务器。

⑤ 少量的规则。面向代理的防火墙的规则通常比包过滤的规则少,而且创建这些规则一般只需很少的时间。

(3) 代理服务器的缺点

应用级网关的一个主要缺点是要为 TCP/IP 应用程序创建过滤规则,而且对每一个应用程序都要进行单独配置。防火墙管理员需要对所有的应用程序非常了解并要为每个应用单独配置来创建安全过滤规则。客户端通过代理服务器与远端进行 TCP/IP 连接时必须使用代理程序而且指定所有正确的参数。如果内部用户想通过不同的客户端应用程序访问 Internet 程序(如浏览器、E-mail 客户端、新闻客户端、FTP 客户端及聊天程序等),那么每一个应用程序都必须配置为使用代理服务器进行远程访问。

3) 状态检测防火墙

这种防火墙具有非常好的安全特性,它使用了一个在网关上执行网络安全策略的软件模块,称为检测引擎。检测引擎在不影响网络正常运行的前提下,采用抽取有关数据的方法对网络通信的各层实施检测,抽取状态信息,并动态地保存起来作为以后执行安全策略的参考。检测引擎支持多种协议和应用程序,并可以很容易地实现应用和服务的扩充。

状态检测(stateful inspection)技术又称动态包过滤技术。状态检测防火墙在网络层由一个检查引擎截获数据包,抽取出与应用层状态有关的信息,并以此作为依据决定对该数据包是接受还是拒绝。

检测引擎维护一个动态的状态信息表并对后续的数据包进行检查。一旦发现任何连接的参数有意外变化,该连接就被中止。状态检测防火墙监视每一个有效连接的状态,并根据这些信息决定网络数据包是否能通过防火墙。它在协议底层截取数据包,然后分析这些数据包,并且将当前数据包和状态信息与前一时刻的数据包和状态信息进行比较,得到该数据包的控制信息,从而达到保护网络安全的目的。

状态检测技术结合了包过滤技术和代理服务技术的特点。与包过滤技术相同的是它对用户透明,能够在 OSI 网络层上通过 IP 地址和端口号,过滤进出的数据包;与代理服务技术一样的是可以在 OSI 应用层上检查数据包内容,查看这些内容是否符合安全规则。

状态检测技术克服了包过滤技术和代理服务技术的局限性,能根据协议、端口及源地址、目的地址的具体情况决定数据包是否通过。对于每个安全策略允许的请求,状态检测技术启动相应的进程,可快速地确认符合授权标准的数据包,加快运行速度。

状态检测技术的缺点是可能造成网络连接的某种迟滞,不过硬件运行速度越快,这个问题越不易察觉。

状态检测防火墙已经在国内外得到广泛应用,目前在市场上流行的防火墙大多属于状态检测防火墙,因为该防火墙对用户透明,在 OSI 最高层上加密数据,不需要再去修改客户端程序,也不需对每个需要在防火墙上运行的服务额外增加一个代理。

20.2.4　网络加密

网络加密的目的是保护网内的数据、文件、密码和控制信息,以及传输的数据。网络加密常用的方法有线路加密、端点加密和节点加密3种。线路加密的目的是保护网络节点之间线路的信息安全;端点加密的目的是对源用户到目的用户的数据提供保护;节点加密的目的是对源节点到目的节点之间的传输线路提供保护。用户可根据网络情况酌情选择上述加密方式。

20.2.5　VPN 技术

VPN 属于远程访问技术,简单来说就是利用公用网络架设专用网络。例如,某公司员工出差到外地,他想访问企业内联网中的服务器资源,这种访问就属于远程访问。

在传统的企业内联网配置中,要进行远程访问,传统的方法是租用 DDN(数字数据网)专线或帧中继,这样的通信方式必然导致高昂的流量和维护费用。对于移动用户(移动办公人员)与远端个人用户而言,一般会通过拨号线路(Internet)进入企业的内联网,但这样必然带来安全上的隐患。

让外地员工访问内联网资源,利用 VPN 的解决方法就是在内网中架设一台 VPN 服务器。外地员工在当地连接互联网后,通过互联网连接 VPN 服务器,然后通过 VPN 服务器进入企业内联网。为了保证数据安全,VPN 服务器和客户机之间的通信数据都进行了加密处理。有了数据加密,就可以认为数据是在一条专用的数据链路上进行安全传输,就如同架设了一个专用网络一样。实际上 VPN 使用的是互联网上的公用链路,因此 VPN 称为虚拟专用网络,其实质是利用加密技术在公网上封装出一个数据通信隧道。有了 VPN 技术,用户无论是在外地出差还是在家中办公,只要能连接互联网就能利用 VPN 访问内联网资源,这就是 VPN 在企业中得到广泛应用的原因。

1. VPN 的工作原理

通常情况下,VPN 网关采取双网卡结构,外网卡使用公网 IP 接入 Internet。

(1) 网络1(Internet)的终端 A 访问网络2(公司内联网)的终端 B,其发出的访问数据包的目标地址为终端 B 的内部 IP 地址。

(2) 网络1的 VPN 网关在接收到终端 A 发出的访问数据包时对其目标地址进行检查,如果目标地址属于网络2的地址,则将该数据包进行封装,封装的方式根据所采用的 VPN 技术而定,同时 VPN 网关会构造一个新 VPN 数据包,并将封装后的原数据包作为 VPN 数据包的负载,VPN 数据包的目标地址为网络2的 VPN 网关的外部地址。

(3) 网络1的 VPN 网关将 VPN 数据包发送到 Internet,由于 VPN 数据包的目标地址是网络2的 VPN 网关的外部地址,所以该数据包将被 Internet 中的路由正确地发送到网络2的 VPN 网关。

(4) 网络2的 VPN 网关对接收到的数据包进行检查,如果发现该数据包是从网络1的 VPN 网关发出的,即可判定该数据包为 VPN 数据包,并对该数据包进行解包处理。解包的过程是先将 VPN 数据包的包头剥离,再将数据包反向处理还原成原始的数据包。

(5) 网络2的 VPN 网关将还原后的原始数据包发送至目标终端 B。由于原始数据包的目标地址是终端 B 的 IP,所以该数据包能够被正确地发送到终端 B。在终端 B 看来,它收到的数据包就和从终端 A 直接发过来的一样。

（6）从终端 B 返回终端 A 的数据包处理过程和上述过程相同,这样两个网络内的终端就可以相互通信了。

在 VPN 网关对数据包进行处理时,有两个参数对于 VPN 通信十分重要:原始数据包的目标地址(VPN 目标地址)和远程 VPN 网关地址。根据 VPN 目标地址,VPN 网关能够判断对哪些数据包进行 VPN 处理,对于不需要处理的数据包通常情况下可直接转发到上级路由;远程 VPN 网关地址则指定了处理后的 VPN 数据包发送的目标地址,即 VPN 隧道另一端的 VPN 网关地址。由于网络通信是双向的,在进行 VPN 通信时,隧道两端的 VPN 网关都必须知道 VPN 目标地址和与此对应的远端 VPN 网关地址。

2. VPN 的分类

根据不同的划分标准,VPN 可以按几个标准进行分类划分。

1）按 VPN 的协议分类

VPN 的隧道协议主要有 3 种:PPTP、L2TP 和 IPSec。其中,PPTP 和 L2TP 工作在 OSI 模型的第 2 层,又称为二层隧道协议;IPSec 是第 3 层隧道协议。

2）按 VPN 的应用分类

（1）Access VPN(远程接入 VPN)：客户端到网关,使用公网作为骨干网在设备之间传输 VPN 数据流量。

（2）Intranet VPN(内联网 VPN)：网关到网关,通过公司的网络架构连接来自同公司的资源。

（3）Extranet VPN(外联网 VPN)：与合作伙伴企业网构成 Extranet,将一个公司与另一个公司的资源进行连接。

3）按所用的设备类型进行分类

网络设备提供商针对不同客户的需求,开发出不同的 VPN 网络设备,主要为交换机、路由器和防火墙。

（1）路由器式 VPN：路由器式 VPN 部署较容易,只要在路由器上添加 VPN 服务即可。

（2）交换机式 VPN：主要应用于连接用户较少的 VPN 网络。

4）按照实现原理划分

（1）重叠 VPN：此 VPN 需要用户自己建立端节点之间的 VPN 链路,主要包括 GRE、L2TP、IPSec 等众多技术。

（2）对等 VPN：由网络运营商在主干网上完成 VPN 通道的建立,主要包括 MPLS、VPN 技术等。

第 21 章

互联网安全

飞速发展的互联网在全球得到了广泛的应用,已经成为世界上规模最大、数据资源最丰富的计算机网络。因特网推动了全世界的信息革命,促进了经济、社会发展背景下的海量通信和资源共享。然而,日新月异的互联网技术的发展,也导致了越来越严重的信息安全问题。极度发达的信息化应用使得大量情报和敏感信息都高度集中存放在计算机网络空间中,这些数据信息以及相关的网络空间存在容易泄露、易被窃取和篡改等脆弱性,一旦受到网络攻击,必然会对企业、行政单位乃至整个国家安全造成巨大的威胁和损失。因此在互联网发展建设的过程中,要充分认识确保现代网络的安全可靠性至关重要,必须把网络的安全性问题放在显著首要的关键位置。

21.1 Web 安全

Web 安全主要包括 Web 服务器安全和 Web 客户端(即 Web 浏览器,如 Internet Explorer、Chrome 等)安全。Web 服务器安全是指提供 Web 服务的 Web 服务器的安全性问题,Web 浏览器安全是指访问 Web 服务的客户端即浏览器的安全性问题。

21.1.1 Web 服务器安全

Web 服务器是网络应用服务的关键环节,存放着很多敏感文档和重要数据,极易受到入侵和攻击,存在着诸多的不安全因素。比如客户访问服务器时,信息可能在中途受到窃听和篡改;Web 服务的一些设计、配置和权限漏洞也可能导致系统被入侵,影响网络应用的正常使用;使用前端、后端或网关接口脚本编写代码时,如果涉及权限审核、数据检索或直接调用指令时,也有可能产生程序漏洞,对 Web 主机系统造成威胁。

1. Web 欺骗攻击

Web 欺骗是一种网络信息欺骗,攻击者构建一个错误的虚拟网站,这个网站看上几乎和真实的站点一模一样。实际上,这个 Web 站点被攻击者完全掌握,浏览器和伪装仿冒的 Web 服务器页面之间的所有网络信息和交互操作都会被非法攻击者获取,被欺骗的所有浏览器用户与这些伪装页面的交互过程都受到攻击者的监控。

Web 欺骗攻击的关键在于能够有效介入浏览者和其要访问的 Web 站点之间,然后建立一条链路,依次按照被攻击者主机到攻击者主机再到目标服务器的顺序进行连接。Web

欺骗攻击最危险的是受害方毫无察觉,受害方在非法的 Web 站点上输入的 ID 和密码等所有内容都会被攻击者轻易截取,或者自动下载安装恶意软件,而无辜的被攻击者却浑然不知。

2. Web 服务器攻击

Web 服务器攻击方式主要包括物理路径泄露、Cookie 欺骗攻击、跨域攻击、CGI (common gateway interface,通用网关接口)漏洞、SQL 注入漏洞等。

1)物理路径泄露

物理路径泄露是指在 Web 应用中泄露应用服务程序在 Web 主机中的绝对路径,它的危害通常被定义为"攻击者可以利用此漏洞得到的信息对系统进行进一步的攻击"。各种 Web 应用服务都有可能出现物理路径泄露的情况,一般情况下,它是由于 Web 服务器处理用户的某个请求出错而造成的,比如某个专门设计的特殊请求,某个超长内容的请求,或者请求获取某个 Web 主机上没有的文档数据导致出错。

2)Cookie 欺骗攻击

Cookie 是计算机上的一个文本文件,保存着用于与服务器交互的一些特殊的信息,如用户 ID、密码和其他敏感数据。Cookie 欺骗攻击是指在用户系统上窃取、伪造和篡改其中的内容来访问 Web 服务器,从而通过身份验证并获得合法用户的权限。

3)跨域攻击

跨域攻击又称为跨站脚本(cross site script,XSS)攻击,是利用跨域操作展开的攻击方式。跨域是指不同的 Web 网站之间要获取网页资源时,如果存在网络协议、站点域名、访问端口等不同的因素,就要使用跨域获取的方式。XSS 攻击可以在用户不知情的情况下,以用户的身份向有跨域漏洞的网站进行攻击。通常在用户登录了受信任的网站后,本地会存储该网站的 Cookie 信息,并且浏览器也会维护该访问的会话。如果用户在没有退出这个合法网站的情况下继续访问某危险网站,那么这个危险网站就可以仿冒发出一个对合法网站的请求操作,此时就发生了跨域请求动作。对于合法网站来说,由于会话和 Cookie 均为合法网站的正常数据,所以合法网站并不认为该请求是由危险网站恶意发出来的,此时便成功执行了一次跨域攻击。

4)CGI 漏洞

CGI 是 Web 服务器与网络程序进行交互的模块。CGI 漏洞是指开发 CGI 接口程序时由于疏忽产生的安全问题导致存在隐患性缺陷,使得攻击者可以利用过滤变量的漏洞和句柄参数的漏洞从 80 端口进入服务器并获得更大的使用权限。

5)SQL 注入漏洞

SQL(Structured Query Language,结构化查询语言)用于操纵、查询数据库中的数据,在 Web 站点中的应用数据和后台数据库中的数据进行交互时要使用 SQL 实现。

SQL 注入(SQL injection)是指将 Web 页面中的各种输入参数,精心构造成合法的 SQL 语句,在发送到 Web 服务器后可以对数据库服务器进行访问并执行对应的数据库操作指令。如果其中含有针对注入点设计的用于提权或获取敏感信息的内容,就会在管理员毫无察觉的情况下成功实现 SQL 注入攻击,执行非法的任意操作。简言之,SQL 注入攻击是通过巧妙设计的 SQL 语句,进行非法获取和恶意破坏数据库信息的攻击行为。

SQL 命令可进行查询、插入、更新、删除等操作,并且支持这些命令的串接,传入的字符串参数是用单引号字符引起来的,其中连续 2 个单引号字符被视为字串中的一个单引号字符。如果在组合 SQL 的命令字符串时,没有对单引号字符进行相应的处理,将会导致填入命令字符串时出现 SQL 命令的串接,在 Web 站点程序对用户输入数据的合法性没有进行判断或内容过滤不严时,极易出现恶意篡改正常的 SQL 语句的情况。

3. Web 服务器的安全防护

Web 服务器有诸多的安全需求,比如需要确保信息的真实性、完整性和机密性,保障 Web 应用服务的持续可用性,保护 Web 访问者的隐私数据,防止 Web 服务器被非法入侵者作为"跳板"攻入内部网络等。

Web 服务器的安全防护措施主要有:严格控制 Web 服务器上的账户 ID,对用户的密码长度、生存周期和权限范围进行限制,以防出现盗用 ID 的情况;服务器上不必要的服务进程和开放端口全部禁用;养成定期日志审计习惯,以及从日志中发现入侵攻击的痕迹;规范设置系统文件的使用权限和文档属性;定期更新和安装官方发布的各类安全补丁以修补系统漏洞;用各种备份方式备份数据库文件;设计事后重建灾难恢复的处理方案。

21.1.2　Web 客户端安全

Web 客户端安全主要指 Web 浏览器的安全,对浏览器进行安全设置,是保障 Web 客户端安全的主要方式之一。

Web 客户端安全主要防护措施包括:浏览器软件及时更新、升级;访问安全真实的 Web 站点,以免受到欺骗攻击造成信息泄露;禁用浏览器中的 JavaScript 功能,以防上执行脚本中的恶意代码;改变浏览器设置,使之具有反映真实 URL 信息的功能;使用安全的访问连接建立 Web 站点和浏览器客户端之间的会话进程;使用验证码。其中,验证码是对抗有关攻击最简捷有效的方法,但会影响用户的使用体验,并且不是所有的操作都可以添加验证码防护,因此,验证码只能作为辅助验证方法。

下面以 Google Chrome 为例,介绍其安全设置。

打开 Google Chrome,单击 Chrome 浏览器右上角的"菜单"按钮,打开 Chrome 系统菜单,如图 21.1 所示。

图 21.1　Google Chrome 系统菜单

在"设置"子菜单中包含了"隐私设置和安全性",如图 21.2 所示。其中主要包含了清除浏览数据(浏览记录、Cookie、缓存及其他数据)、网站设置(控制网站可使用的信息以及可显示的内容)、安全浏览(当用户面临安全风险时,将用户所访问的部分网页的网址发送给 Google)、在密码遭遇数据泄露时发出警告、随浏览流量一起发送"不跟踪"请求、允许网站检查用户是否已保存付款方式、预加载网页实现更快速的浏览和搜索(使用 Cookie 记住用户的偏好设置)、管理证书(管理 HTTPS/SSL 证书和设置)等。

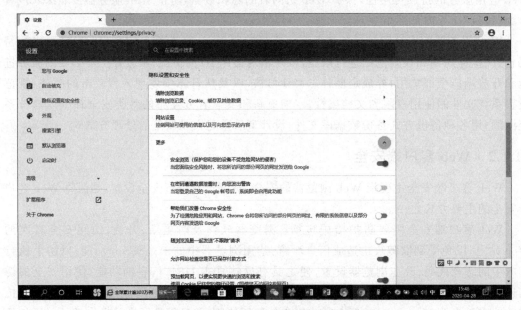

图 21.2　Google Chrome 隐私和安全性设置

21.2　网络站点密码安全

根据安全研究统计,密码使用用户本人姓名拼音的比例大约为 37%,使用常见的英文单词的比例大约为 23%,而使用计算机出现较多频率的单词用语的比例大约为 18%,安全性较高效果良好的比例大约只有 15%,显然存在着很大的安全隐患。

密码是信息系统的前沿防御领域,密码攻击是指黑客以它为攻击目标,破解正常用户的密码,或者设法绕过密码验证过程,然后获得合法用户身份得到目标软件的控制权或者成功进入目标网络系统。

图 21.3 所示是某密码安全公司统计的历年最差密码排名。

	TOP1	TOP2	TOP3	TOP4	TOP5
2018	123456	password	123456789	12345678	12345
2017	123456	password	12345678	qwerty	12345
2016	123456	123456789	qwerty	12345678	111111
2015	123456	password	12345678	qwerty	12345
2014	123456	password	12345	12345678	qwerty

图 21.3　历年最差密码排名

一些地方安全部门也对密码口令的设置发布了警示信息,如图 21.4 所示。

图 21.4　常用不安全密码

21.2.1　密码的破解

密码的破解方法主要有以下几种。

1. 利用社会工程学攻击

这种攻击借助社会工程学的理论基础,利用社会常识以及有关心理学、语言学和欺诈学等知识体系,有效地利用人们的社交弱点,伪装成善意的身份通过人际交流的方式欺诈、套取和诱骗得到密码等重要信息。

2. 猜测攻击

通常使用密码猜测程序展开攻击。这类程序会根据用户设置密码的习惯尝试破解用户密码,如用户的出生日期、姓名拼音、家乡、电话号码和爱好等。

3. 字典攻击

这种攻击可以扩大攻击范围,增加破解的密钥空间。它会使用一个预先定义好的词组列表,该列表中很可能包含用户密码,然后攻击者逐一尝试这个自定义的字典列表中的单词或短语的组合,以增加成功破解的可能性。

4. 直接破解密码文档

当上述密码攻击都无法成功时,恶意攻击者可能会利用系统缺陷或其他疏漏,获取存放有密码的文档,然后使用攻击程序进行破译操作以获得合法用户的权限。

5. 键盘记录

在用户完全不知道的情况下,隐蔽地记录下键盘的每一次的敲击操作,特别是一些敏感的密码字符内容,最常见的方法是在受害主机上悄悄植入木马、间谍软件或后门工具进行键盘监听。

6. 网络嗅探

网络嗅探是指网络数据捕获。嗅探器抓取经过网卡的数据并可快速找到其中以明文传输的密码字符串。通常用构建网络安全隧道和加密传输数据的方式对抗这种攻击形式。

21.2.2　密码的安全设置

密码对于用户的敏感数据有至关重要的作用,关系到每个人的账号安全、资金安全和信息安全,是防止不法分子突破障碍的最后一道防线。因此必须升级密码的安全防护措施,使用多种加固保护措施以有效防范密码攻击。

1. 设计高安全级别的密码

设定高安全级别的密码是最有效的方法。通常密码长度在 8 位以上,可以使用大小写字母、数字、标点符号和特殊字符的任意组合,不要用姓名拼音、生日、电话号码等较为公开的信息作为密码。

2. 注意保护密码安全

不要告诉别人所使用的密码,在公众场合登录账户时,要确认系统是否安全;注意不要选择保存密码的选项;账户信息可以采用多种验证方式相结合的方式;对一些网上银行、在线支付和聊天 ID 的重要账号要设置不同的密码,并且定期修改密码。从而使自己遭受密码攻击的风险降到最小。

如果采用上述常规的安全措施,仍然无法达到所需要的密码保护的安全级别,可以使用 OTP(one-time password)机制,也就是一次性密码验证技术,它可以防止黑客由于一次成功的密码窃取或破解而永久获得合法权限。每个密码仅使用一次,每次所用的密码都不会相同,它可以很好地防御暴力破解密码文档、猜测攻击、嗅探攻击和键盘记录等攻击方式。

21.3　无线局域网安全

无线局域网(WLAN)由于具备安装方便、易于使用和升级扩展成本较低等特点,已经在现实生活中得到越来越广泛的使用。但是因为无线传输是用射频信号在开放的信道中进行的,所以无线信号极易被截获、篡改和仿冒,由此导致的安全问题更为突出,成为妨碍无线局域网继续发展的重要因素。

21.3.1　无线局域网的常见攻击方式

使用 WLAN 进行网络通信时,容易受到的攻击有非法访问和非授权接入,导致合法用户的服务资源被故意侵占。更严重的情况是通过身份验证后,会以此为跳板和起点进一步入侵内部网络,或者进行会话拦截,实施地址欺骗、信息截获和篡改攻击,这样网络攻击者就可以轻易地得知传输的内容并且进行恶意改动。有些入侵者还会借此展开拒绝服务攻击和重传攻击,从而使系统资源及服务无法正常提供或者欺骗鉴别系统。另外,如果进行了流量分析攻击,有可能获得网络拓扑结构、Web 服务器分布和网络通信模式等敏感信息。

21.3.2　无线局域网安全技术

当前针对 WLAN 的不安全因素已经有了很多的解决方法和安全技术。主要有 WEP(wired equivalent privacy,有线等效保密)技术、WPA(Wi-Fi protected access,Wi-Fi 保护接入)技术、IEEE 802.11i 标准、SSID(service set identifier,服务集标识)匹配和物理地址 MAC(media access control,媒体访问控制)过滤等技术。

1. WEP 技术

WEP 技术为网络业务流提供安全保证,实现访问用户的接入控制。但 WEP 技术具有对传输过程中的数据流保护不健全、算法强度级别低和认证体系不完善等缺点,因此容易被黑客使用统计分析的方式解密出明文或密钥。

2. WPA 技术

由于 WEP 技术存在安全隐患,在 IEEE 802.11i 标准最终制订完成前,Wi-Fi 联盟推出了 WPA 技术。WPA 可以为无线网络提供更强大的安全性能。它主要包括临时密钥完整性协议(TKIP)和可扩展认证协议(EAP),引入了新的加密机制和密钥管理构架,在数据传输阶段进行了消息完整性校验以避免数据报文的窃取以及重放攻击。

3. IEEE 802.11i 标准

IEEE 802.11i 标准可以加强无线网络的安全性和无线技术的兼容性,它使用了更好的加密算法,在 WLAN 的物理层引入 AES 算法,由硬件完成加密和解密运算,密钥协商过程也进一步得到完善,通过多次握手协商建立通信链路,引入了重放计数器、定期更新密钥和加密块链接消息验证码等机制保护数据传输。

4. SSID 匹配

SSID 可以看作无线信号的网络名称。SSID 技术将一个无线局域网分为几个不同的子网络,每一个子网络都具备独立、不同的身份验证方式,通过了验证的用户才被授权进入相应的子网。通常 SSID 是由无线 AP(access point,无线接入点)的"允许 SSID 广播"功能发布出去的。通过 SSID 设置,可以较好地实现访问客户身份的权限分组,以解决无线 AP 的开放性带来的安全漏洞和权限问题。在安全级别要求比较高的情况下,可以使用无线 AP 的"禁止 SSID 广播"功能。由于没有进行 SSID 广播,该无线网络将被所有的无线网卡忽略,不会出现在网卡所搜索到的可用网络列表中,只有在知道了 SSID 名称的前提下,手工输入要接入的 SSID 名称后才能接入相应的网络。

5. 物理地址 MAC 过滤

每个无线终端设备在数据链路层都是由唯一的 48 位物理地址 MAC 标识的,可以在无线接入点中设置访问控制列表写入的 MAC 地址实现限制访问网络的效果。如果客户端的 MAC 地址存在于列表中,则允许访问网络,否则将拒绝放行通过,从而达到物理地址过滤的目的。

21.3.3　无线局域网安全设置

1. 整体安全设计

对于信息化操作的应用环境而言,将无线网络安全问题纳入整体网络安全策略是不可或缺的。无线局域网的整体安全分析、拓扑结构和部署实施,都应该围绕全局的信息安全目标进行组织开展和统筹规划,只有这样才能得到健康有效的网络安全体系。

2. 采用 VPN 方案

VPN 是在公用网络上进行加密通信、建立专用网络的一整套的完整解决方案。VPN

技术通过 PPTP、L2TP 以及 IPSec 等协议在物理通道上构建一条逻辑层面上的动态加密隧道,并且支持高安全级别的用户身份验证,可以有效地确保通信双方在这条抽象意义上的传输链路上的安全交互操作。

3. 综合应用多种安全技术

1) 加密无线局域网

使用 WEP 技术、WPA 技术和 WPA2 技术对无线局域网数据进行加密。WEP 技术属于传统的无线加密算法,WPA 技术在 WEP 基础上有所改进,WPA2 则采用了安全性更高的加密标准和加密算法。

2) MAC 地址过滤

MAC 地址编号是全世界所有网络互联设备独有的唯一性标识,可以在 AP 上设置允许访问的 MAC 地址,拒绝未知的、不可信的网络互联设备访问网络。

3) 网络协议过滤

网络协议过滤可以提供网络安全保障,为无线网络降低安全风险,能很好地抑制借助 SNMP、ICMP 和其他协议集进行成功入侵的可能性。

4) IP 地址管理

无线 AP 通常默认使用 DHCP(dynamic host configuration protocol,动态主机配置协议)自动获得 IP 地址。在 DHCP 的保护机制不够健全时,应当使用静态 IP 地址配置方式,以避免安全隐患,防止非法用户接入。

5) 身份验证及授权

身份验证及授权的安全防御方案的目的是确保访问者能够使用符合自身权限的资源和数据。常用的操作有禁用 SSID 的广播以防止非法接入,建立与无线局域网的连接之前对其身份进行验证和根据访问控制列表设定访问权限等。

6) 无线入侵检测

无线入侵检测技术可以检测异常的网络流量、分析用户的网络行为、探测不正常的网络操作和预判入侵事件。在分析了网络中传输的数据后可以实施预警措施和制订安全策略,甚至能够对攻击者的地理位置予以准确定位,提升了无线局域网的安全可靠性。

4. 定期评估审计

定期对网络的使用情况进行评估,完成日志审计和网络审查。在某个时间节点内,对内部网络的所有访问节点进行排查检测,确认各类无线网络设施的状况以及无线覆盖范围详细使用情况,并可根据网络流量、日志信息有针对性地划分网段和修改网络安全设置。

21.4 E-mail 安全

电子邮件(electronic mail,E-mail)是利用计算机网络的通信功能实现电子信息交换的一种通信方式。通过 E-mail 可以在通信网络上发送和接收文字、声音、图像等多种媒体信息,还可以同时发送或转发给多个接收方,没有时间成本和距离的负面影响。

21.4.1　E-mail 的安全漏洞

邮件系统由用户发送端、邮件服务器和用户接收端三部分组成。用户发送端负责将信件按照一定的标准包装发送出去;邮件服务器负责交换和传送信件,要解读收信人的地址并准确无误地传送给接收方;用户接收端负责收取邮件。在这个过程中,电子邮件系统存在很多的安全漏洞,比如邮件账号可能存在弱密码,邮件服务器的账号信息可能被窃取,邮件服务器过滤功能不完善,服务器编码存在缺陷,邮件内容在网络明文传输,邮件客户端接收程序无法识别包含恶意数据内容的邮件等。

21.4.2　针对 E-mail 的主要攻击

由于电子邮件系统在应用过程中具有一定的安全弊端,所以入侵者可以采取很多种攻击的方式和手段,例如暴力破解邮件密码、发送垃圾邮件、非法监听信件内容、实施拒绝服务攻击造成邮件 Web 服务器宕机、利用邮件客户端软件漏洞发送附有恶意代码或病毒附件的电子邮件等。一个安全可信的邮件系统必须具备极强的安全性能,应当能够防范欺诈邮件,可以扫描确认危险附件,能够增加电子邮件内容的保密程度,对于邮件的发送方有身份验证功能,具备防否认性安全服务,可以自动隔离垃圾广告邮件信息,能够有效地杜绝邮件炸弹攻击的发生。

21.4.3　如何保护电子邮件系统

为保护电子邮件不会受到破坏、伪造、窃取和修改等恶意攻击,可以综合使用数据加密、数字签名、鉴别认证、访问控制、安全审计、入侵检测和病毒防治等安全控制技术,通过各种安全方案和管理措施确保电子邮件系统正常运行,以维护其可用性、完整性和机密性。主要的安全措施有进行邮件服务身份验证、邮件服务的访问控制、定期审计服务日志、定期备份邮件、监控识别邮件行为、建立地址过滤机制、加密邮件内容、进行实时邮件病毒防护等。

安全电子邮件技术通常在传输层和应用层上进行部署。在传输层上可以通过建立 VPN 通道的方式保证电子邮件在传输过程中的安全。通常有两种方式:①使用 SSL (Secure Sockets Layer,安全套接字协议层)协议封装数据内容,加密 SSL 协议指定端口发送的电子邮件信息;②构建 IPSec VPN 隧道,将 IP 数据报文封装后发送给电子邮件接收方,这样可以有效地保证传输过程中邮件内容的完整性、机密性和不可否认性。在应用层上可以使用 S/MIME(secure/multipurpose Internet mail extensions,安全/多功能网际邮件扩展)协议和 PGP 技术确保邮件在收发过程中的信息加解密、压缩传输和身份验证等安全可靠性需求。S/MIME 协议采用了多种加密机制,包括哈希算法、公钥加密体系和私钥加密体系,由多层级的证书认证机构负责认证。按照它的规范要求,邮件内容在进行加密、签名后将会当作特殊的附件进行传输。把 RSA 公钥体制和传统加密体制结合起来,使得 PGP 成为一种流行的公钥加密软件包。PGP 技术是应用非常广泛的安全邮件机制,可以为电子邮件系统提供认证服务和加密服务。基于 PGP 技术的加密和签名软件的适用范围很广,在各种平台上都提供了免费版本。PGP 技术用哈希算法生成邮件指纹以保护邮件内容的不可篡改性,同时使用公钥和私钥加密体制实现机密性和不可否认性,安全证书可以由 PGP 系统自带的算法自动生成。PGP 随机生成一个密钥,用 IDEA 算法对明文加密,然后用 RSA 算法对密钥加密。收件人同样是用 RSA 解出随机密钥，再用 IDEA 解出原文。这样的链式加密既有 RSA 算法的保密性和认证性，又保持了 IDEA 算法速度快的优势。

21.5　案例分析

1. 密码破解示例

用于密码破解的软件工具很多，其中，Advanced PDF Password Recovery（APDFPR）是 Adobe Acrobat PDF 文件密码恢复软件。该软件能够有效访问加密的 PDF 文件，即俗称的 PDF 密码破解器。它拥有多种解密方式，包括暴力解密、掩码解密、字典解密和密钥搜索解密，而且解密速度非常快，能够在很短时间内破解长达 40 位的文件密码。下面以该软件为例介绍密码的破解方法。

（1）打开 Advanced PDF Password Recovery 软件，其界面如图 21.5 所示。

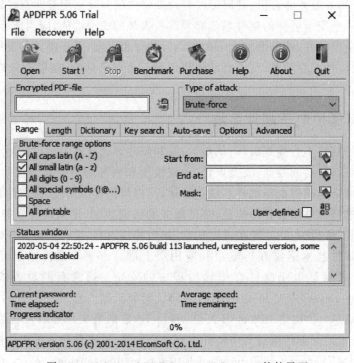

图 21.5　Advanced PDF Password Recover 软件界面

（2）在 Type of attack 下拉列表框中选择 4 种破解方式之一，即 Brute-force（暴力解密）、Mask（掩码解密）、Dictionary（字典解密）和 Key search（密钥搜索解密），如图 21.6 所示。

（3）单击 Open 按钮打开需要解密的 PDF 文件。

（4）在 Range 选项卡中选择密码的组成元素。此处范围越小越好，否则可能会大大延长密码的恢复时间。

（5）在 Length 选项卡中选择合适的密码长度，如图 21.7 所示。此处范围越准确越好，否则可能会大大延长密码的恢复时间。

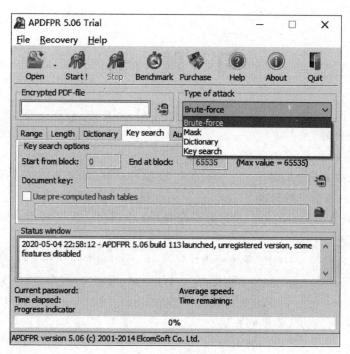

图 21.6　选择破解方式

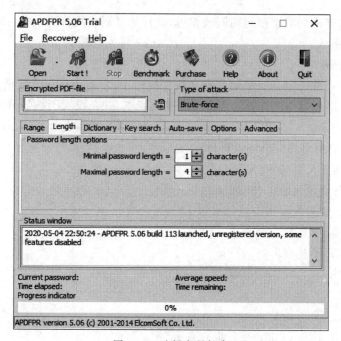

图 21.7　选择密码长度

（6）单击工具栏中的 Start！按钮，开始破解密码。

习 题 七

一、单项选择题

1. 不管是哪种防火墙,都不能(　　　)。

    A. 强化网络安全策略　　　　　　　　B. 对网络存取和访问进行监控审计

    C. 防止内部信息的外泄　　　　　　　　D. 防范绕过它的连接

2. 在加密时将明文中的每个或每组字符由另一个或另一组字符所替换,原字符被隐藏起来,这种密码叫(　　　)。

    A. 移位密码　　　　B. 替代密码　　　　C. 分组密码　　　　D. 序列密码

3. DES 算法一次可用 56 位密钥把(　　　)位明文(或密文)数据加密(或解密)。

    A. 32　　　　　　　B. 48　　　　　　　C. 64　　　　　　　D. 128

4. (　　　)是典型的公钥密码算法。

    A. DES　　　　　　B. IDEA　　　　　　C. MD5　　　　　　D. RSA

5. 在 RSA 算法中,取密钥 $e=3, d=7$,则明文 4 的密文是(　　　)。

    A. 28　　　　　　　B. 29　　　　　　　C. 30　　　　　　　D. 31

6. 如果加密密钥和解密密钥相同或相近,这样的密码系统称为(　　　)系统。

    A. 对称密码　　　　　　　　　　　　　B. 非对称密码

    C. 公钥密码　　　　　　　　　　　　　D. 分组密码

7. (　　　)是一种可以自我复制的完全独立的程序,它的传播不需要借助被感染主机的其他程序。它可以自动创建与其功能完全相同的副本,并在没人干涉的情况下自动运行。

    A. 文件病毒　　　　B. 木马　　　　　　C. 引导型病毒　　　　D. 蠕虫

8. TCP/IP 应用层的安全协议有(　　　)。

    A. 安全电子交易协议(SET)

    B. 安全电子付费协议(SEPP)

    C. 安全性超文本传送协议(S-HTTP)

    D. 以上都是

9. 计算机病毒不具有(　　　)特征。

    A. 破坏性　　　　　B. 隐蔽性　　　　　C. 传染性　　　　　D. 无针对性

二、简答题

1. 信息安全为什么重要?

2. 什么是信息安全?其内涵主要有哪些?

3. 信息安全服务的作用及主要内容是什么?

4. TCSEC 标准将计算机安全分为哪几类?

5. 身份验证技术主要分为哪几类?

6. 密钥加密技术的密码体制主要分为哪两类?

7. 边界防护技术主要有哪些？

8. 什么是访问控制？其要素有哪些？

9. 访问控制的类型有哪些？

10. Windows 7 安全功能主要有哪些？

11. Windows 10 安全功能主要有哪些？

12. Android 安全机制主要有哪些？

13. iOS 安全机制主要有哪些？

14. 互联网面临的安全问题有哪些？

15. 如何设置安全的密码？

16. 常见无线局域网安全技术有哪些？

17. 针对无线局域网的常见攻击有哪些？

18. 如何保护电子邮件系统？

第八篇 网站设计

当你希望购买一件生活用品的时候,你会打开淘宝、京东类的购物网站;当你想要休闲娱乐的时候,你会打开音乐、视频、游戏类网站;当你想要了解国内、国际大事的时候,你会打开新闻类网站;当你将来参加工作的那一天,你会打开企业信息系统网站。为什么我们的生活中需要访问如此之多的网站?为什么这些网站能够为我们提供如此丰富的服务?我们能否设计自己的网站?

随着互联网的普及及技术的进步,互联网应用的领域不断拓宽。互联网的应用由早期的信息浏览、电子邮件发展到网络娱乐、信息获取、交流沟通、商务交易、政务服务、云计算、大数据、人工智能服务等多元化应用。生活在互联网时代的我们,必须掌握互联网的概念、网站设计相关的基本理论和实践技能,才能顺应时代潮流,在互联网大潮中破浪前行。

第22章

网站和布局风格

22.1 互联网时代的网站

1989 年,蒂姆·伯纳斯·李在欧洲核子研究组织工作期间提议创建一个全球超文本项目,这个项目在 1991—1993 年演化出万维网。当时的万维网可以使用简单的行模式浏览器查看纯文本页面。1993 年,马克·安德森和埃里克·比纳创建了 Mosaic 浏览器。当时有众多的浏览器,但它们大多数都是基于 UNIX 并且侧重于纯文本的,对图形或声音等多媒体设计元素没有集成。1994 年,安德森成立了网景(Netscape Communications)公司,推出了 Netscape 浏览器并创建了自己的 HTML 标签。1998—2000 年,微软的 Internet Explorer 取得了重大进展。2003—2004 年,由 Mozilla 推出的 Firefox 和微软推出的 Internet Explorer 6 启动了新的浏览器大战,Opera 等浏览器也通过免费策略加入了战场。谷歌在 2008 年推出了 Chrome 浏览器。进入 21 世纪后,随着移动互联网平台的出现,涌现了许多新的技术和标准,W3C 发布了 HTML 5 和 CSS 3,使 WWW 服务标准更趋统一,互联网进入了全面发展阶段。

22.1.1 访问互联网的流程

当我们浏览一个网站的时候,为什么在浏览器地址栏输入一个网址后就能看到网页的内容?为什么在网页上一些文字或者图像上点击,浏览器内容就可以跳转到另一个网页?那些新的网页是存放在哪里的?又是如何进入到你的计算机的呢?这些网页就是按看到的样子保存的吗?

当通过互联网访问一个网站网页的时候,只须在浏览器的地址栏中输入网址并开始导航,如 http://www.baidu.com,浏览器即会显示你要访问的页面内容。

这个流程看起来极其简单,但是实际网站的工作机制并非如此简单,真实地从输入地址到内容可以被人们浏览的完整过程非常比较复杂。常规情况下至少需要经过下列步骤才能完成一次完整的网页访问过程,如图 22.1 所示。

(1) 在浏览器中输入网址并开始导航。

(2) 浏览器将请求的地址通过计算机的网卡提交到互联网,经过 DNS 服务器解析后获取服务器的 IP 地址,从而完成与 WWW 服务器的连接。

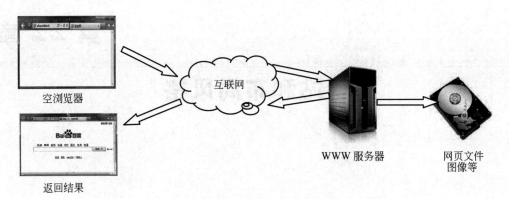

图 22.1　网站工作机制

（3）WWW 服务器接收到浏览器的请求后，根据当前状态和参数进行处理，找到要访问的网页文件、图像、视频或者其他资源，并读取这些资源。

（4）WWW 服务器将找到的资源通过互联网返回给浏览器所在的计算机，经网卡处理后，将这些结果返回给浏览器。

（5）浏览器对返回的页面 HTML 标签进行解析，从中发现各种元素，并根据其地址下载所有的格式文件、图像、视频等素材，并在浏览器中显示出来。

经过以上步骤才真正完成了整个网站的访问过程。但是，这也只是网站访问流程中最简单的一类，通常我们访问的网站的功能越强大、内容越复杂，在访问过程中经历的流程也会相应变得更复杂。

22.1.2　网站

网站是指根据一定的规则，使用 HTML 等工具制作的、用于展示特定内容的相关网页的集合。简单来说，网站是一种通信工具，就像布告栏一样，人们可以通过网站发布自己想要公开的信息，或者利用网站提供相关的网络服务。人们可以通过浏览器访问网站，获取自己需要的信息或者享受网络服务。

许多公司都拥有自己的网站，他们利用网站进行宣传、发布产品信息、招聘等。随着网页制作技术的流行，很多个人也开始制作个人主页、博客等，这些通常是制作者用来自我介绍、展现个性的地方。也有以提供网络信息为赢利手段的网络公司，通常这些公司的网站上提供人们生活各个方面的信息如时事新闻、旅游资讯、娱乐信息等。

在互联网的早期，网站还只能保存单纯的文本。经过长期的发展，当万维网出现之后，图像、声音、动画、视频，甚至 3D 技术开始在互联网上流行起来，网站也逐渐发展成我们现在看到的图文并茂的样子。通过动态网页技术，与其他用户通过 App、网站进行交流已经成为主流模式。

22.1.3　网页

网页在互联网发展的前期通常是一个承载若干内容的文件，该文件通常存放在世界范围的某个机房或者角落的某一台计算机中，而这台计算机必须是与互联网相连的。现代的网页通常并不是单独的文件，而是大量内容经由服务器处理后，集中显示在一个浏览器页面中。这些内容通常或集中或分散地存储在某些数据库、内容存储和分发系统中。

当我们在浏览器输入网址后,经过分散在网络各个节点上的一系列复杂而又快速的程序处理,网页内容会从遥远的服务器中生成后传送到你的计算机,然后再通过你的浏览器解释网页的内容,最终展示到你的眼前。

WWW 中的一个个网页,其内容通常是 HTML 格式的,网页中包括各种文字、图像、音频、视频等内容,这些内容经过预先排版以特定格式排列。从互联网获取到的网页要通过各类浏览器软件处理后显示在界面上之后才能浏览。

首页,也称主页、起始页,是某个网站或者某个浏览器启动时自动打开的网页。首页通常被理解为一个网站的入口网页,即打开网站后看到的第一个页面。现代动态网站中一般不存在具体网页,所有内容在请求时自动生成。首页的文件名通常是 index、default、main 或 portal 加上扩展名。

22.1.4　网站和网页的关系

网站是多个网页的集合,包括一个首页和若干个其他页,这种集合通常不是简单的集合,应具有内部的组织结构。为了达到最佳效果,在创建任何 Web 站点之前,要对站点的结构进行设计和规划,决定要创建多少页、每页上显示什么内容、页面布局的外观以及各页如何链接。

网站的首页由一组内容组成,通常具有一定的概括性和导航能力。当在浏览器的地址栏输入域名,而未指向特定目录或文件时,通常浏览器会向这个网站的服务器发送连接请求以获取首页内容。当网站服务器收到一台计算机或移动设备上网络浏览器软件的连接请求时,便会向这台计算机发送预先处理好的内容。网站首页的编辑应便于用户了解该网站提供的信息,并引导用户浏览网站其他部分的内容。这部分内容一般被认为是一个目录性质、最核心、最热门的内容。

22.2　网站设计流程

1. 网站的整体策划

网站的整体策划是一个系统工程,是在建设网站之前进行的必要工作。网站建设总体流程一般分为市场调查、市场分析、制订网站技术方案、规划网站内容、前台界面设计、后台程序开发、网站测试、网站发布、网站推广、网站维护等。

2. 市场调查

市场调查用于提供网站策划和内容制定的依据,具体包括用户需求调查、竞争对手调查及自身情况调查。用户需求调查有助于确定网站内容、表现形式、使用的技术等;竞争对手调查有助于确定是否有必要投入时间和精力进行网站的开发和制作;自身情况调查有助于根据自身能力确定采用何种方式进行设计和开发。

3. 市场分析

市场分析用于将市场调查的结果转换为数据,并根据数据对网站的功能进行定位。网站的功能定位将确定网站的主题。

4. 制订网站技术方案

在建设网站时,会有多种技术和设计工具供用户选择,包括前台界面技术、服务器相关技术、数据库技术等,需要根据网站的定位和自身的能力确定使用哪种技术,并使用哪些工具实施建设工作。制订技术方案时,切忌一切求新、盲目采用最先进的技术,符合自身实力和技术水平的技术才是最合适的技术。

5. 规划网站内容

规划网站内容是指在确定网站主题、技术方案后,整理收集网站制作资源,并对资源进行分类整理,划分栏目等。

网站栏目划分的标准是尽量符合大多数人理解的习惯。例如,一个典型的企业网站栏目通常包括企业的见解、新闻、产品,用户的反馈以及联系方式等。产品栏目还可以再划分子栏目。

6. 前台界面设计

前台界面设计包括所有面向用户的平面设计工作,如网站的整体布局设计、风格设计、色彩搭配以及 UI 设计等。前台界面设计的常用技术和工具主要有:设计网页结构的HTML、CSS 风格;网页设计工具 Dreamweaver、WebStorm;图像设计工具 Photoshop、Fireworks;多媒体展示技术 Flash、CSS 动画、JavaScript 动画等。

7. 后台程序开发

后台程序开发包括设计数据库和数据表,以及规划后台程序所需的功能范围等。

8. 网站测试

在发布网站之前需要对网站进行各种严密测试,包括前台页面的有效性、后台程序的稳定性、数据库的可靠性以及整个网站各链接的有效性等。

9. 网站发布

网站制作完成后,需要申请虚拟空间和域名,并将制作完成的网站上传至虚拟空间,其他人才能通过 Internet 访问网站。此外,为了让浏览者能顺利访问网站,在将站点上传至虚拟空间之前,最好在本地进行全面测试,包括兼容性和网页链接测试等。

10. 网站推广

除了网站的规划和制作外,网站推广也是一项重要的工作,例如,登记各种搜索引擎、发布各种广告、公关活动等。

11. 网站维护

网站维护是一项长期的工作,包括对服务器的软件/硬件维护、数据库的维护、网站内容的更新等。

22.3　网站设计原则

1. 网站的总体设计原则

在网站总体设计阶段应注意尽心筹划、尽量精简、尽量简朴、善用图片、易于漫游、重点突出、循环利用现有信息、保持新鲜感、贯彻诺言、吸引用户。

2. 网站的组织结构设计原则

在设计网站的组织结构时,应考虑网站组织结构良好,将版块、功能等的组织和命名预先进行规划。导航结构保证相近内容放在一起;版块、功能命名规范统一且不含特殊字符;链接方式统一。

3. 网页布局原则

在网页布局设置时,应注重醒目性、创造性、造型性、明快性、可读性,总结为统一、协调、流动、强调、均衡。

22.4　网页布局风格

网页布局风格是指设计人员根据网站设计主题和视觉需求,在预先设定的网页空间内,运用一定的设计原则,将文字、色彩、图像(图形)、视频等要素进行有组织排列的设计行为与过程。

1. 设计原则

1) 思想性与单一性

设计是为了更好地传播网页内所蕴含信息的手段。一个成功的布局风格必须明确,并深入了解、观察、研究内容的方方面面,通过布局设计体现主题思想,用以增强读者的注目力与理解力。只有做到主题鲜明突出、一目了然,才能达到网页布局的最终目标。

2) 艺术性与装饰性

页面的装饰要素包括文字、图形、色彩等,通过点、线、面的组合与排列,根据内容的主题思想采用夸张、比喻、象征等手法体现视觉效果,既能强化页面表现,又能提高传达信息的功能。

3) 趣味性与独创性

布局充满趣味性,能够使信息的表达如虎添翼,从而更吸引人、打动人。趣味性可采用寓意、幽默和抒情等表现手法获得。

独创性实质上是突出个性化特征的原则,要敢于思考,敢于别出心裁。在布局设计中多一点个性而少一些共性,多一点独创性而少一点一般性,才能赢得用户的青睐。

4) 整体性与协调性

布局是传播信息的桥梁,布局形式必须符合主题的思想内容,这是设计的根基。只讲表现形式而忽略内容,或只求内容而缺乏艺术表现,设计都不是成功的。只有把形式与内容合理地统一,强化整体布局,才能取得版面构成中独特的社会和艺术价值,才能解决设计应说什么、对谁说和怎样说的问题。

强调布局设计的协调性,也就是强化页面各种要素在布局中的结构以及色彩上的关联性。通过版面的文、图间的整体组合与协调性的编排,使版面具有秩序美、条理美,从而获得更好的视觉效果。

2. 常见的网页布局风格

常见的页面布局有骨骼型、满版型、分割型、中轴型、曲线型、倾斜型、对称型、重心型、三角型、并置型、自由型和四角型等。

（1）骨骼型。常见的骨骼型布局有竖向通栏、双栏、三栏和四栏等。一般以竖向分栏为多。图片和文字的编排上,严格按比例进行编排配置,给人严谨、和谐、理性的美。经过相互混合后的版式,既理性有条理,又活泼有弹性。

（2）满版型。版面以图像充满整版,主要通过图像展示内容。视觉传达直观而强烈,给人大方、舒展的感觉,是商品广告常用的形式。

（3）分割型。整个版面分成上下或左右两部分,一部分配置图片（可以是单幅或多幅）;另一部分配置文字。图片部分感性而有活力,文字部分则理性而静止。如果将分割线虚化处理,或两者左右重复穿插,图、文会更加自然和谐。

（4）中轴型。将图形作水平或垂直方向排列,文字配置在上下或左右。水平排列的版面,给人稳定、安静、平和与含蓄之感。垂直排列的版面,给人强烈的动感。

（5）曲线型。图片和文字排列成曲线,产生韵律与节奏的感觉。

（6）倾斜型。版面主体形象或多幅图像作倾斜编排,使版面具有强烈的动感和不稳定效果,引人注目。

（7）对称型。对称的版式给人稳定、理性、有秩序的感觉。对称分绝对对称和相对对称,一般多采用相对对称手法,以避免过于严谨。对称一般以左右对称居多。

（8）重心型。重心型版式会产生视觉焦点,使其更加突出。按重心位置可以分为以下三种类型。

① 中心：直接以独立而轮廓分明的形象占据版面中心。

② 向心：视觉元素向版面中心聚拢运动。

③ 离心：犹如石子投入水中,产生一圈一圈向外扩散的弧线运动。

（9）三角型。在圆形、矩形、三角形等基本图形中,正三角形（金字塔形）最具有安全稳定的因素。

（10）并置型。将相同或不同的图片作大小相同而位置不同的重复排列。并置构成的版面有对比、解说的意味,给予原本复杂喧闹的版面以秩序、安静、调和与节奏感。

（11）自由型。这是一种无规律的、随意的编排,有活泼、轻快的感觉。

（12）四角型。在版面四角以及连接四角的对角线结构上编排图形,给人严谨、规范的感觉。

第23章

静态网页设计

【案例描述】 本章以一个个人网页设计为例,使用官方提供的模板,在给定资源的情况下设计个人简历。网页如图 23.1 所示。

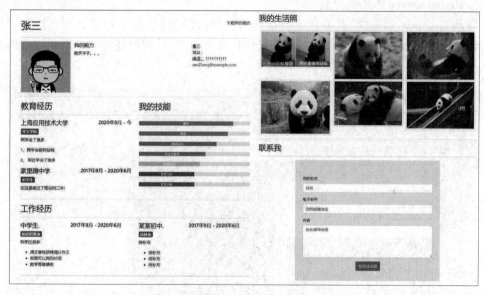

图 23.1　案例样张

案例知识点分析:通过字体、大小、颜色等设计体现了文字排版知识点;通过个人头像、生活照的插入和设置体现了图像操作和图文混排相关知识点;通过邮箱链接、下载链接等内容体现了超链接相关知识点;通过分节排版不同类型的个人信息体现了网页布局相关知识点;通过"联系我"中的各项字段设计体现了动态网站设计中的表单相关知识点。

23.1　Dreamweaver 简介

Dreamweaver 是 Adobe 公司推出的网页设计软件,站点管理和页面设计是它的两大核心功能。它采用多种先进的技术,易学、易用,只要掌握初步的知识,再加上自己的创意,即可制作出独树一帜的网页。

本节重点介绍 Dreamweaver 的主界面和功能,帮助读者熟悉 Dreamweaver 界面及运行环境,从而为下一步设计网站做好准备。在使用 Dreamweaver 开发网站之前,首先需要熟悉一下 Dreamweaver 的启动及设计环境。

1. Dreamweaver 的启动

(1) 从任务栏"开始"菜单的"程序"中找到 Dreamweaver 图标,单击后即可启动。

(2) 在桌面找到 Dreamweaver 图标,双击后即可启动。

2. Dreamweaver 的退出

若要退出 Dreamweaver,可执行下列操作之一。

(1) 单击 Dreamweaver 窗口右上角的"×"按钮。

(2) 执行"文件"→"退出"命令。

(3) 双击 Dreamweaver 程序窗口左上角的 Dw 图标。

(4) 按下 Alt+F4 组合键。

3. Dreamweaver 的工作界面

启动 Dreamweaver 后,打开任意一个网页文件,此时软件的工作界面如图 23.2 所示。该窗口是一个标准的应用程序窗口,包括标题栏和菜单栏等,同时还拥有一系列进行网页操作的工具。

图 23.2　Dreamweaver 工作界面

A—标题栏;B—文档工具栏;C—文档窗口;D—工作区切换工具;E—面板

F—代码视图;G—状态栏;H—标签选择器;I—实时视图;J—工具栏

(1) 标题栏:位于应用程序窗口顶部,包含一个工作区切换器、几个菜单(仅限Windows)以及其他工具。

（2）文档工具栏：其中包含的按钮可用于选择文档窗口的不同视图（如设计视图、实时视图和代码视图）。

（3）标准工具栏：其中包含"文件"和"编辑"菜单中用于执行常见操作的按钮，有"新建""打开""保存""全部保存""打印代码""剪切""复制""粘贴""撤销"和"重做"等。

（4）工具栏：位于应用程序窗口的左侧，包含特定视图的按钮。工具栏中的按钮通常在菜单中也有对应的命令。

（5）文档窗口：显示用户当前创建和编辑的文档，是进行网页设计的主要操作窗口。

（6）属性检查器：用于查看和更改所选对象或文本的各种属性。由于每个对象都具有不同的属性，所以该界面上的内容会根据当前选择的对象发生变化。

（7）标签选择器：位于文档窗口底部的状态栏中。显示环绕当前选定内容的标签的层次结构，单击该层次结构中的任何标签可以选择该标签及其全部内容。

（8）面板：帮助用户监控和修改工作，如"插入"面板、CSS Designer 面板和"文件"面板。若要展开某个面板，可单击其标签。

（9）Extract 面板：允许用户上传和查看 Creative Cloud 中的 PSD 文件。使用此面板，用户可以将 PSD 文件中的 CSS、文本、图像、字体、颜色、渐变和度量值提取到文档中。

（10）"插入"面板：包含用于将图像、表格和媒体元素等各种类型的对象插入文档中的按钮。每个对象都是一段 HTML 代码，在插入对象时可为其设置不同的属性。例如，用户可以单击"插入"→"表格"按钮插入一个表格。

（11）"文件"面板：无论是 Dreamweaver 站点的一部分还是远程服务器上的文件，都可以通过该面板进行管理。使用"文件"面板，还可以访问本地磁盘上的所有文件。

（12）"代码片段"面板：可让设计者跨不同的网页、不同的站点安装、保存和重复使用代码片段。

（13）CSS Designer 面板：为 CSS 属性检查器，可帮助用户可视化地创建 CSS 样式和文件，并设置属性和媒体查询。

4."插入"面板组

"插入"面板组是进行网页设计时最常用的面板，提供了 HTML 元素的快速插入功能。在面板组上包括多个子面板，较常用的依次为"常用""布局""表单""文本"等。

单击面板组名称右侧的下拉按钮　，打开下拉列表，在下拉列表中选择子面板名称即可打开相应的面板，如图 23.3 所示。

5.文档工具栏

在文档工具栏中设有按钮，使用这些按钮可以在文档的不同视图间进行快速切换。这些视图包括代码视图、设计视图，同时显示代码视图和设计视图的拆分视图。文档工具栏中还包含一些与查看文档、在本地和远程站点间传输文档有关的常用命令和选项。

图 23.3　"插入"面板组

6. 属性检查器

属性检查器是在 Dreamweaver 中使用最多的一个功能,可以检查和编辑当前选定页面元素(如文本和插入的对象)的常用属性。属性检查器中的内容根据选定的元素会有所不同。选择页面上的一个元素之后,右击在弹出的快捷菜单中选择"编辑 HTML 属性"命令就可以弹出这个配置界面,如图 23.4 所示。

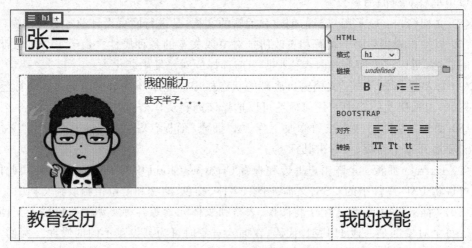

图 23.4　属性检查器

23.2　创建文本网页

1. 插入文本

在网页制作中,可以直接输入文本,也可从其他编辑器(如 Word)中复制和粘贴文本。由于 Word 不是纯文本编辑器,且内容的格式无法保证和 Dreamweaver 兼容,所以在粘贴后往往会出现各种不和谐,需要人工处理。

2. 设置文本属性

文本的属性设置与 Word 类似,包括字体、字号、颜色、对齐、样式(编号、项目列表)、缩进等。

1) 设置文本格式

可以使用文本属性检查器应用 HTML 格式或层叠样式表(CSS)格式,如图 23.5 所示。应用 HTML 格式时,Dreamweaver 会将属性添加到页面正文的 HTML 代码中;应用 CSS 格式时,Dreamweaver 会将属性写入文档头或单独的样式表中。可以使用上述方式为文本块设置默认格式和设置样式(段落、标题 1、标题 2 等),更改所选文本的字体、大小、颜色和对齐方式,或者应用文本样式(如粗体、斜体、代码体和下画线)。

(1) 格式:设置所选文本的段落样式,如"段落"应用 p 标签的默认格式,"标题 1"则添加 H1 标签等。

(2) 粗体:根据"首选参数"对话框的"常规"类别中设置的样式首选参数,将 b 或 strong 标签应用于所选文本。

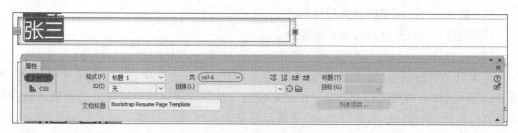

图 23.5 设置文本格式

（3）斜体：根据"首选参数"对话框的"常规"类别中设置的样式首选参数，将 i 或 em 标签应用于所选文本。

（4）项目列表：创建所选文本的项目列表。如果未选择文本，则创建一个新的项目列表。

（5）编号列表：创建所选文本的编号列表。如果未选择文本，则创建一个新的编号列表。

（6）块引用和删除块引用：通过应用或删除 blockquote 标签，缩进所选文本或删除所选文本的缩进。在列表中，缩进创建一个嵌套列表，删除缩进取消嵌套列表。

（7）链接：创建所选文本的超文本链接。

（8）标题：为超链接指定文本工具提示。

（9）目标：指定将链接文档加载到哪个框架或窗口。

2）使用 CSS 面板设置文本属性规则

打开属性检查器，可以选择当前光标所在位置文本的 CSS 规则，并在 CSS 属性检查器中对各个规则进行更改，如图 23.6 所示。

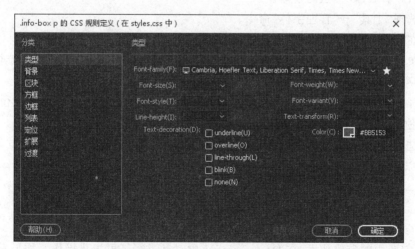

图 23.6 设置文本 CSS 属性

（1）字体：更改目标规则的字体。

（2）大小：设置目标规则的字体大小。

（3）文本颜色：将所选颜色设置为目标规则中的字体颜色。单击颜色框选择 Web 安全色，或在相邻的文本字段中输入十六进制值（如＃BB5153）。

（4）粗体：向目标规则添加粗体属性。

（5）斜体：向目标规则添加斜体属性。

（6）左对齐、居中对齐和右对齐：将目标规则左对齐、居中对齐或右对齐。

要编辑文本的颜色，可在选择要编辑的文本后，单击拾色器，然后选择需要颜色，如图 23.7 所示，图中的属性检查器显示的是新颜色。也可直接在颜色按钮旁边的输入框中输入颜色的十六进制数值（如♯FF3300）或表示颜色的单词（如 red 表示红色）。Dreamweaver的调色板对于颜色的拾取十分方便，除了在调色板上直接拾取外，还可以单击调色板右上方的彩色圆形按钮，选择更丰富的颜色，还可以在编辑窗口中拾取已有的颜色。

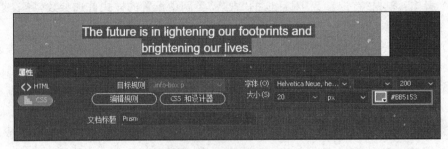

图 23.7　设置文本颜色

3. 编辑字体列表

默认情况下，可通过文本属性栏设计文本的字体，但可选用的字体较少。在设计中往往要使用更多的字体，可将 Web 字体从系统添加到 Dreamweaver 中的"字体"列表。Dreamweaver 的所有"字体"菜单中均会反映所添加的字体。Dreamweaver 支持 EOT、WOFF、TTF 和 SVG 类型的字体。

（1）选择"工具"→"管理字体"命令。

（2）在"管理字体"对话框中选择"本地 Web 字体"。

（3）单击要添加的字体类型所对应的"浏览"按钮。例如，如果字体为 EOT 格式，则单击"EOT 字体"所对应的"浏览"按钮。

（4）导航到计算机上包含该字体的位置。选择该文件并将其打开。如果该位置存在该字体的其他格式，则自动将这些格式添加到对话框，并自动设置字体的名称。

（5）选择要求你确认已许可该字体供网站使用的选项。

完成以上操作就可以把字体从计算机添加到网站中了。

23.3　使用层规划网页布局

层是 CSS 中的定位技术，在 Dreamweaver 中对其进行了可视化操作。如果希望在设计网页时能够更加灵活地安排文本、图像、表格等元素的位置，将它们任意摆放、叠加，那么可以使用层来完成这项任务。层可以放置在网页文档内的任何一个位置；层内可以放置网页文档中的其他构成元素；层可以自由摆放、移动和设置；层与层之间还可以重叠。层体现了网页技术从二维空间向三维空间的一种延伸。

层的概念在 HTML 中对应的标签是 div。div 是用来定义网的内容中逻辑区域的标签,因此可以在设计网页的时候通过手动插入 div 标签并对它们应用 CSS 定位样式来创建页面布局。可以使用 div 标签将内容块居中,创建列效果以及创建不同的颜色区域等。

1. 插入 div 标签

用户可以在需要放置元素的位置创建 div 标签,随后对这个 div 标签创建 CSS 布局块以实现样式的配置和文档中的定位。如果将包含定位样式的现有 CSS 样式表附加到文档,那么设计的效率会更高。通常情况下会根据整个网站的设计风格进行相关 CSS 布局样式的设计,之后在各个页面的设计过程中,就可以利用 Dreamweaver 快速插入 div 标签并对它应用现有样式。

在文档窗口中选择插入点后,选择"插入"→HTML→Div 命令即可完成 div 的插入。随后可以在"类"设置处新建 CSS 规则或浏览当前应用于标签的类样式,如果附加了网站的整体样式表,则该样式表中定义的类将出现在列表中,可以使用弹出菜单选择要应用于标签的样式。

2. 编辑 div 标签

插入 div 标签之后,可以对它进行格式设置。默认情况下 div 标签是不可见的,如果希望 div 标签可见,可以设置该标签的边框、背景,或者选定"CSS 布局外框",它们便具有了可视的边框。默认情况下,"查看"→"可视化助理"子菜单中已经选定了"CSS 布局外框"。

可以通过 CSS Designer 面板进行可视化的设计,这种情况下应用于 div 标签的规则显示在面板中。可以通过选择"窗口"→CSS Designer 命令打开此面板,选择任何一个 div 标签后,就可以使用 CSS Designer 查看和编辑这个 div 标签相关的规则。

如果设计者把 div 当作一个容器,用于承载更多的 HTML 元素,那么设计者就可以通过插入面板向 div 标签中插入更多的 HTML 内容。方法是:单击插入点,光标显示在 div 标签中,然后就可以从插入面板选择需要加入的 HTML 内容,双击后加入此 div。

3. CSS 布局块

在使用设计视图时,可以使用 CSS 布局块进行元素的可视化设计。CSS 布局块是一个 HTML 页面元素,通常在页面上是隐藏的,因此可以被定位在页面上的任意位置。出于可视化呈现的目的,CSS 布局块不包含内联元素(即代码位于一行文本中的元素)或段落等简单块元素。

Dreamweaver 提供了多个可视化助理,以供查看 CSS 布局块。例如,在设计时可以为 CSS 布局块启用外框、背景和框模型;将鼠标指针移动到布局块上时,也可以查看显示有选定 CSS 布局块属性的工具提示。

CSS 布局块可视化助理列表可以呈现的可视化内容如下。

(1) CSS 布局外框:显示页面上所有 CSS 布局块的外框。

(2) CSS 布局背景:显示各个 CSS 布局块的临时指定背景颜色,并隐藏通常会出现在页面上的任何其他背景颜色或图像。

(3) CSS 布局框模型:显示所选 CSS 布局块的框模型(即填充和边距)。

(4) 查看 CSS 布局块:可以启用或禁用 CSS 布局块可视化助理。

4. 使用可视化助理进行布局

在 Dreamweaver 中使用可视化助理进行布局,包括设置标尺、设置版面辅助线使用布局网格以及使用跟踪图像。

1）设置标尺

标尺可用于测量、组织和规划布局。标尺可以显示在页面的左边框和上边框中，以像素、英寸或厘米为单位进行标记。

2）设置版面辅助线

辅助线是可以由使用者从标尺拖动到文档上的线条，这些线条可以在放置更多 HTML 元素时帮助更加准确地放置和对齐对象；还可以使用辅助线测量页面元素的大小，或者模拟 Web 浏览器的可见区域。

3）使用布局网格

网格是在文档窗口中显示的一系列水平线和垂直线。它对于精确地放置对象非常有用。设计者可以让经过绝对定位的元素在移动时自动对齐网格，还可以通过指定网格设置更改网格或控制对齐行为。无论网格是否可见，都可以进行对齐操作。

4）使用跟踪图像

跟踪图像仅在使用 Dreamweaver 设计网页时可以看到。设计者可以使用跟踪图像作为重新创建已经使用图形应用程序（如 Adobe Freehand 或 Fireworks）创建的页面设计的指导。通常情况下跟踪图像是放在文档窗口背景中的 JPEG、GIF 或 PNG 图像。用户可以隐藏图像、设置图像的不透明度和更改图像的位置。

23.4　制作图文混排网页

在五彩缤纷的网络世界中，各种各样的图片组成了丰富多彩的页面，能够帮助人们更加直观地感受网页所要传达给用户的信息。本节介绍在网页中通过设置图片样式提升网页排版的灵活性，包括图片和文字组合过程中的边框、对齐方式、图文混排等。

1. 插入图像

在制作网页时，首先构思网页布局，在图像处理软件中将需要插入的图片进行处理，然后存放在站点根目录下的文件夹里。

网页中通常使用 GIF、JPEG 和 PNG 文件格式，这些文件格式本身对互联网访问进行了优化，可以用更小的空间承载更高质量的图像。目前这几种文件格式与网页浏览器的兼容性都不错，且可在大多数浏览器中查看。

（1）GIF。GIF（图形交换格式）文件最多可使用 256 种颜色，适合显示色调不连续的图像。GIF 文件非常适合显示具有大面积单一颜色的图像，如导航条、按钮、图标、徽标或其他具有统一色彩和色调的图像。

（2）JPEG。JPEG（联合图像专家组）文件更适合用于摄影或色调连续的图像，这是因为 JPEG 文件可以包含数百万种颜色。随着 JPEG 文件品质的提高，文件的大小和下载时间也会随之增加。用户可以通过压缩 JPEG 文件以在图像品质和文件大小之间达到良好的平衡。

（3）PNG。PNG（便携网络图形）格式是一种可以替代 GIF 格式且无专利权限制的格式，它包括对索引色、灰度、真彩色图像以及 Alpha 通道透明度的支持。PNG 文件可保留原始层、矢量、颜色和效果信息（例如投影）。此外，所有元素均始终完全可供编辑。文件必

须具有 .png 文件扩展名才能被 Dreamweaver 识别为 PNG 文件。

Dreamweaver 不是 WYSIWYG(所见即所得)编辑器,也就是说设计者可以使用 Dreamweaver 添加或插入图像,但不能使用界面移动或放置图像。插入图像的操作方法如下。

(1)单击"插入"→ HTML→"图像"按钮,然后双击图像文件图标或将该图标拖曳到文档窗口中(如果正在使用代码处理工作,可以拖曳到代码视图窗口中)。

(2)将图像从"资源"/"文件"面板或 Windows 桌面直接拖曳到"文档"窗口中的所需位置。

在实时视图中,可以从 Extract 面板或"图层"选项卡中拖动图像,根据实时参考线将该图片放到某一元素的顶部、底部、右侧或左侧。

注意:如果在插入图片时,没有将图片保存在站点根目录下,会弹出提示性的对话框,提醒用户把图片保存在站点内部,否则该图像在网站发布后无法正常显示。单击"是"按钮,然后选择本地站点的路径将图片保存后,该图像即可被正常插入网页中。

2. 设置图像属性

选中图像后,在属性面板中可以显示出图像的属性,如图 23.8 所示。

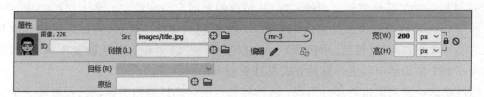

图 23.8 设置图像属性

在属性面板的左上角,显示当前图像的缩略图,同时可以显示图像的大小。图像的大小是可以改变的,但是在 Dreamweaver 中更改是不太好的习惯。如果计算机中安装了其他 Dreamweaver 兼容的图像处理软件,可以单击属性面板中的"编辑"按钮,启动外部图像软件进行处理。当图像的大小发生改变时,"宽"和"高"的数值会以粗体显示,并在旁边出现一个弧形箭头,单击它可以恢复图像的原始大小。

3. 嵌入多媒体对象

HTML 5 支持视频和音频标签,因此可以不必使用外部增效工具或播放器,用户可以通过不同方式将不同格式的视频添加到网页,直接在浏览器中播放视频和音频文件。

Dreamweaver 支持使用代码提示添加视频和音频标签。要实现在网页中嵌入和播放音频以及视频对象,需要执行以下操作。

(1)将剪辑放入站点文件夹。这些剪辑通常应当采用 AVI、MPEG、FLV 等被浏览器广泛支持的文件格式。

(2)若要链接到剪辑,则输入链接文本(如"下载剪辑"),选择文本,然后在属性面板中单击文件夹图标。浏览到视频文件然后选择它。

(3)在"插入"面板的 HTML 类别中,选择要插入的对象类型的图标。

(4)从"插入"→HTML 子菜单中选择适当的对象,将显示一个对话框,用户可从中选择源文件并为媒体对象指定某些参数。

完成插入后,通常可以在属性面板中设置各个插件的选项。

（1）名称：指定用来标识插件以撰写脚本的名称。

（2）宽和高：以像素为单位指定在页面上分配给对象的宽度和高度。

（3）源数据：指定源数据文件。单击文件夹图标可以浏览该文件,或者输入文件名。

（4）插件 URL：指定 pluginspace 属性的 URL。输入站点的完整 URL,用户可通过此 URL 下载插件。如果浏览页面的用户没有插件,浏览器将尝试从此 URL 下载插件。

（5）对齐：确定对象在页面上的对齐方式。

（6）垂直边距和水平边距：以像素为单位指定插件上、下、左、右的空白量。

（7）边框：指定环绕插件四周的边框的宽度。

（8）参数：打开一个用于输入要传递给插件的其他参数的对话框。许多插件都受特殊参数的控制。还可以通过单击"属性"按钮,查看指派给选定插件的属性。

4. 使用 CSS 样式

层叠样式表(CSS)是一系列格式设置的规则,它们控制 Web 页面的外观。使用 CSS 设置页面格式时,内容与表现形式是相互分开的。页面内容（HTML 代码）位于自身的 HTML 文件中,而 CSS 规则位于另一个文件(外部样式表)或 HTML 文件的另一部分。使用 CSS 可以非常灵活地控制页面的外观,从精确的布局定位到特定的字体和样式等。

利用 CSS 可以控制许多仅使用 HTML 无法控制的属性。例如,可以为所选文本指定不同的字号大小和单位(像素、磅值等)。可以使用 CSS 以像素为单位设置字号大小,还可以确保在多个浏览器中以更一致的方式处理页面布局和外观。

CSS 格式设置规则由两部分组成：选择器和声明。选择器用于标识已设置格式的元素(如 P、H1、类名称或 ID),而声明则用于定义样式元素。在下面的示例中,H1 是选择器,介于大括号(⟨⟩)之间的所有内容都是声明。

```
//设置 H1 文字大小为 16 像素,字体为 Helvetica,粗体
H1 {
  font-size:16 pixels;
  font-family:Helvetica;
  font-weight:bold;
}
```

声明由两部分组成：属性(如 font-family)和值(如 Helvetica)。上例为 H1 标签创建了样式;链接到此样式的所有 H1 标签的文本都将是 16 像素大小并使用 Helvetica 字体和粗体。

层叠是指对同一个元素或 Web 页面应用多个样式的能力。例如,可以创建一个 CSS 规则来应用颜色,创建另一个规则来应用边距,然后将两者应用于一个页面中的同一文本,定义的样式叠加到用户的 Web 页面中的元素。

CSS 的主要优点是容易更新。只要对一处 CSS 规则进行更新,则使用该样式的所有文档的格式都会自动更新。

由于"层叠"的存在,当针对某一类标签的某个属性有多个不同的 CSS 同时进行设置的话,就会存在 CSS 之间的优先级关系,该关系决定了最终会被应用到标签的属性上的值到底是哪一个。

23.5 制作超链接

1. 超链接及其分类

在万维网上,通过超链接将各个独立的网页及其他资源链接起来,形成一个网络。

2. 超链接的创建

在 Dreamweaver 中创建超链接十分简单。首先要确定链接点,链接点可以是文字、图像或其他对象。选定链接点后,可以用以下方法设置链接。

(1) 直接在属性面板的链接栏中输入要链接目标的 URL,如图 23.9 所示。例如,要链接到上海应用技术大学站点,则在链接栏中输入 http://www.sit.edu.cn。

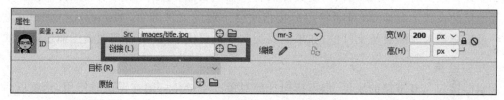

图 23.9 在属性面板创建超链接

(2) 如果要链接本站点的其他文件,可以单击链接栏旁边的文件夹图标,使用浏览方式找到要链接的页面文件;还可以拖动属性面板链接栏右侧的"指向文件"图标,直接指向要链接的文件,这种方法更加形象、直观。

3. 超链接目标的打开方式

在属性面板的"目标"栏中可以选择链接的目标对象的打开方式,主要包括以下几项。

(1) _blank:链接的对象将在一个新的窗口中打开。

(2) _parent:链接的对象在父窗口中打开。

(3) _self:链接的对象在当前窗口中打开。

(4) _top:链接的对象在顶层窗口中打开。

默认情况下是在当前窗口中打开链接的对象。

4. 锚记链接

通常情况下,在浏览一个页面时会从头开始显示这个页面,如果该页面内容很长,则可以通过窗口的垂直滚动条向下浏览。但如果页面实在太长,如何能快速定位到要浏览的位置呢? 需要利用锚记链接。

锚记是指网页中的一个停靠点,可以是网页的任意位置。

1) 插入锚记

选中要设置锚记的位置,执行"插入"→"命名锚记"命令,弹出"命名锚记"对话框,输入锚记名称。锚记名称可以是字母、数字等。例如,一个包含一章书的页面,可以在每一节的开头插入一个锚记,如 1、2、3 等。

2) 锚记链接

锚记链接即链接到已命名锚记的链接。首先按一般创建链接的方法设置链接到的文件,如 index.html。在属性面板的链接栏即出现链接的文件 index.html,在后面加入"♯"和锚记名称即可。如 index.html♯header 是指链接到 index.html 中的锚记为 header 的位置。当单击该链接浏览时,自动转到 index.html 页面中锚记为 header 的位置。

5. 邮箱链接

邮箱链接是指直接将链接点指向邮箱的链接,方便浏览者直接发送邮件到指定的邮箱。

要插入邮箱链接,先选中链接点(如"与我联系"),然后直接在属性面板的链接栏中输入":mailto 具体的邮箱名",如 mailto:username@sit.edu.cn。也可以执行"插入"→"电子邮件链接"命令,在出现的对话框中输入邮箱地址,单击"确定"按钮。

6. 下载文件链接

在设计网页时,有时要提供一些文件供浏览者下载,这时需要设置下载文件链接。下载文件链接的设置十分简单,只须将超链接指向要下载的文件即可,如 myphoto.rar。当然,这种设置是针对非网页类文件的,如果网页类文件也要供下载,可将其做成压缩包的形式。

7. 空链接

空链接仅具有链接的属性,但不指向任何对象。空链接一般在调试时使用,预留以后修改为要链接的对象。要创建空链接,可在属性面板的链接栏中输入"♯"。

23.6　个人网站设计

个人网站是指网站内容是介绍自己的或是以自己的信息为中心的网站。通常,个人网站由顶级域名、虚拟主机和网页构成,用户将做好的网页上传到虚拟主机,再把域名绑定到虚拟主机上,一个可供他人浏览的个人网站就建成了。现代社会中常见的个人网站有博客、个人论坛等。个人网站的特点是内容少、功能简单,因而所需存储空间较小。

1. 个人网站设计的特点与原则

个人建立网站的目的很多,有的是为了展示自我,有的是为了创业,因此,个人网站没有什么特定的限制,其形式灵活多样,内容丰富多彩,可以自由发挥自己的创意,以任意的表现形式传达自己的爱好和观点,最大限度地发挥设计师的设计手法,从而展示其实力和设计思想。

在色彩应用方面,个人网站会因为设计者的喜好而选择网站的色彩搭配,甚至在商业网站中不允许出现的消极色彩也经常出现在个人网站中。因此,在个人网站中,可以看到很多个性极强而又富有试验精神的色彩搭配,充分体现了创作者的性格。

2. 个人网站设计规则

虽然个人网站形式灵活,但在制作过程中还需要遵守一些必要的规则,这些规则并不是限制个人网站的自由发挥,而是让网站更贴近其他用户的浏览和访问。

(1) 在导航设计上要尽量清晰明了、布局合理、层次分明,页面链接层次不要太深,尽量让用户在最短的时间内找到需要的资料。

(2) 风格要统一,这有助于加深访问者对网站的整体印象。

(3) 在网页设计中,要色彩和谐、均衡和重点突出。

总之,个人网站建设要明确主题,无论是宣传自己还是推销设计理念,在设计上可适当形成一种个人风格,在内容表现上要明确主次,主要的可放在显要位置、加粗或变颜色等,从而使浏览者在第一时间产生视觉刺激。另外,个人网站在设计上不要使用过多的非原创元素,这种简单复制设计出的网站很难留住访客。

3. 个人网站发展的专业化趋势

个人网站必须扬长避短,发挥自己的优势,才能在激烈的竞争中占有一席之地,内容的专业化是个人网站发展的大势所趋。与大网站相比,个人网站没有巨大的先期投资,很少有先进的管理模式与经验,思维创新势单力薄,在技术与内容上很难做到面面俱到。只有在某一方面的内容上下工夫,做出自己的特色,才能弥补资金、技术、力量的不足,吸引更多的访问者。

因此,个人网站如果一味地模仿大网站的做法,在内容安排上求大求全,那就像拿个体手工作坊去和大规模流水线相抗衡一样,是极不明智的。但是,这并不意味着个人网站就没有发展的空间。相反,由于个人网站的成本低、转向灵活,在建立专业化和个性化的信息服务领域里可以游刃有余。从服务范围上看,大网站必须保证内容全面,且要有相当数量的客户群,因而个性化服务就会相对较弱,而这恰恰可以成为个人网站的强项。个人网站不一定拥有太多的用户(当然越多越好,但数量的增加也意味着网站负担的加重和灵活性的减小),因此,个人网站可以针对具体的用户提供服务,能解决具体问题。许多成功的个人网站都是以专业性的内容而取胜的。

4. 网站发展中的注意事项

1) 坚持原创和个性化,避免抄袭和盗版。

个人网站之所以能够吸引用户的目光,在于它能够提供独特而有价值的信息。因此,网站的发展要立足于提供具有自己特色的内容,只有能够不断推出新鲜信息的网站才会真正留住用户。

2) 切忌使用不合法的手段来提高访问量

有的个人网站急于提高点击率,在网页上加入不健康的内容,这无异于饮鸩止渴,不仅损害了网站形象,而且还会带来法律上的麻烦。虚假点击是采用一些网页制作技术,欺骗浏览计数器,使访问的记录增加。这样自欺欺人的做法是不能提高网站访问量的。要使网站成为用户乐于访问的地方,要在内容和服务上下工夫。

3) 网站建设要坚持不懈。

个人网站最常出现的问题是内容更新不及时。由于网站的维护任务是由个人来承担的,力量比较薄弱。如果不能保证按时进行网站内容更新,会让用户失去新鲜感,渐渐地就不来访问了。

23.7　网页动画设计

一个优秀的网站应该不仅仅是由文字和图片组成的,而是动态的、富含多媒体元素的。为了增强网页的表现力,丰富文档的显示效果,可以向其中添加 Flash 动画、Java 小程序、音频播放插件等内容。

目前的主流是基于 HTML 5 相关技术实现网页动画,最主要的实现方式有 CSS 动画、Canvas 动画、Flash 动画等。

23.7.1　CSS 动画

CSS 动画技术使网页元素可以从一个 CSS 样式配置转换到另一个 CSS 样式配置,浏览器能够自动补充两个样式状态之间缺失的图像。动画包括两个部分:描述动画的样式规则和用于指定动画开始、结束以及中间点样式的关键帧。例如,当 CSS 状态 1 规定了元素处于网页的最左侧,另一个 CSS 状态 2 规定了元素处于网页的最右侧,如果设计一个 CSS 动画要求该元素从 CSS 状态 1 经过 3 秒转换为 CSS 状态 2,就可以看到该元素从网页最左侧经过 3 秒移动到网页的最右侧。此时的最左侧位置、最右侧位置都是该动画中的关键帧,中间的移动动作全部由浏览器根据 CSS 动画规则自动添加。位置、颜色、大小等 CSS 状态都可以应用于 CSS 动画,作为关键帧控制的 CSS 状态。

CSS 动画有以下三个主要优点。

(1) 能够非常容易地创建简单动画,用户甚至不需要了解 JavaScript 就能创建动画。

(2) 动画运行效果良好。渲染引擎会使用跳帧技术或者其他技术以保证动画表现得尽可能流畅,而使用 JavaScript 实现的动画通常表现不佳。

(3) 让浏览器控制动画序列,允许浏览器优化性能和效果,如降低位于隐藏选项卡中的动画更新频率。

CSS 动画的主要缺点如下。

(1) 运行过程控制能力较弱,很难在运行过程中进行持续控制。CSS 动画只能暂停,不能在动画中寻找一个特定的时间点,不能在半路反转动画,不能变换时间尺度,不能在特定的位置添加回调函数或是绑定回放事件,无进度报告。

(2) 对稍微复杂的动画,CSS 代码往往非常冗长。

23.7.2　Canvas 动画

Canvas 动画实际上是使用 JavaScript 进行编程,通过 JavaScript 程序去实时操控画笔在 Canvas 对象上进行图像绘制。Canvas 动画的绘制步骤实际上是通过程序持续循环,每秒钟绘制十几帧到几十帧图像的方式来实现动画效果。

网页中的 canvas 标签通常如下所示。

```
<canvas id="canvas" width="600" height="300">
    Canvas not support!
</canvas>
```

每一次绘制过程通常经历以下 4 个步骤。

(1) 清空 canvas。除非接下来要画的内容会完全充满画布(如背景图),否则需要清空画布。

(2) 保存 canvas 状态。如果要改变一些会改变 canvas 状态的设置(如样式、变形等),又要在每画一帧时都是原始状态,则需要先保存。

(3) 绘制动画图形(animated shapes)。这一步才真正开始重新根据 canvas 状态绘制当前时间点的动画帧,图像绘制完成之后,显示在界面上就可以被用户看到。

(4)恢复 canvas 状态。如果已经保存了 canvas 状态,可以先恢复它,然后重绘下一帧。

Canvas 动画具有以下优点。

(1)JavaScript 动画控制能力很强,可以在动画播放过程中对动画进行控制,开始、暂停、回放、终止、取消都可以做到。

(2)动画效果比 CSS 3 动画丰富,有些动画效果如曲线运动、冲击闪烁、视差滚动等,只有 JavaScript 动画才能完成。

(3)CSS 3 有兼容性问题,而 JavaScript 大多数时候没有兼容性问题。

Canvas 动画具有以下缺点。

(1)JavaScript 在浏览器的主线程中运行,与浏览器中运行的其他 JavaScript 程序相互影响可能导致动画丢帧,从而出现卡顿的观感。

(2)代码的复杂度高于 CSS 动画,需要设计者具有较好的程序设计、调试基础。

23.7.3　Flash 动画

Flash 动画在互联网发展过程中曾经是一种非常主流的多媒体展示技术,现在还留存着大量的存量资源。但随着时代的发展,这种技术已经逐渐被市场放弃,其所有者也已经放弃该产品的相关支持,所以对 Flash 有一定了解即可,不必花费过多的精力去研究。

为了在网页上插入 Flash 动画,可以将光标放置在需要插入 Flash 动画的位置,然后从"插入"面板中选择 Flash SWF 即可。

23.8　HTML 5 推广网页综合设计

HTML 5 是目前互联网页设计过程中的主流技术,由万维网联盟(W3C)于 2014 年 10 月完成标准制定。由于该标准的推出时间与移动智能互联网的发展阶段匹配度极高,所以逐渐演变成移动智能互联网的内容展现格式标准,在这个阶段发展起来的微博、微信公众号、支付宝公众号等产品大部分都基于 HTML 5 相关技术演化而来。HTML 5 中提供了诸多新技术用于内容展现,其中的 audio、video、canvas 等标记大大简化了在网页中添加和处理多媒体内容的操作难度。

目前在消费领域中,由于微博、微信、支付宝等产品获得了极高的用户普及度,且用户间的互动热度较高,能够形成以很低的成本在短时间内快速覆盖大量用户群的营销效果,所以,基于这些平台面向互联网用户进行企业营销、商品推广的需求也极为强烈。

1. 优秀 HTML 5 页面设计的要素

设计好的 HTML 5 页面需要考虑两个方面要素——创意和传播。

1)创意

好的创意首先需要对需求进行深入分析,然后结合受众的特征确定推广内容的契合点,最后进行内容设计来完成创意页面的生产。该页面应当做到运营需求和受众痛点的统一,在触动用户的点上注入推广目标,在安慰或激励用户的同时推广了自身的活动、产品或品牌。

2）传播方式

传播页面需要首先考虑能够吸引个体用户的注意力和兴趣点，其次是有非常便捷的方法。

2. HTML 5 页面的类型

移动智能 HTML 5 专题页面主要有以下类型。

1）活动推广型

活动推广是 HTML 5 页面中最常见的类型，通常由甲方提供活动内容、营销目的和营销时限，由设计方确定如何在指定时间范围内营造活动来吸引用户参与、分享，从而扩大活动的普及面，提高参与人群的数量。因此，这种页面需要有更强的互动、更高的质量、更具话题性的设计来促成用户分享、传播，近几年春节前后的集福、开红包等活动，都集中体现了活动运营的特征。

2）品牌宣传型

不同于讲究时效性的活动推广页面，品牌宣传型 HTML 5 页面的目的是通过长期的宣传行为来实现品牌形象塑造，向用户传达品牌的精神态度，所以其功能更接近一个品牌的微官网。因此，在设计上需要运用符合品牌气质的视觉语言，让用户对品牌印象深刻。

3）产品介绍型

由于 HTML 5 在动态展现、风格设计上较早期的互联网语言有了非常大的提升，所以在产品特色、外观、功能介绍的环节上，运用新型色彩搭配、动画效果、音频效果、视频效果、虚拟现实和增强现实等技术能够以炫目的方式展示产品特性，吸引用户的消费行为，同时还能带来更高的传播率，从而提升产品的销售业绩。

4）总结报告型

自支付宝的十年账单引发互联网用户的广泛关注和热情传播之后，各类企业也都在考虑在年终总结时应用 HTML 5 技术对用户的年度行为进行总结，使用户能够以最快的速度较全面地了解企业为自己提供的服务、自己从产品中获得的实际收益等，这种优秀的互动体验令原本乏味的总结报告有趣生动起来，同时也能形成新的传播潮。

5）故事讲述型

有价值的内容往往在传播过程中具有更强的穿透力，所以如果能讲好一个故事，通过故事引发阅读者的情感共鸣，往往能够快速形成一个巨大的传播浪潮。使用 HTML 5 页面的形式动态展现故事进展的过程，使用合适的音乐烘托气氛，使用动画强化重点信息，能够在有限的篇幅里用最精简的方式完成一个故事的叙述，准确传达设计者的主要思想，从而引发用户的情感共鸣，将极大地推动内容的传播。

6）教学教程型

HTML 5 的翻页形式特别适合分步骤引导用户学习产品的使用教程。一步一页，滑动翻页看下一步，每页专注于当前步骤的流程、要点、疑难解决方式等。通过这种分步骤的交互形式，可以引导用户专注于一个操作点，加深对当前步骤的理解和认识，往往会有出人意料的学习效果。

3. HTML 5 页面的设计要点

HTML 5 页面设计品质会直接影响其传播效果，甚至影响到用户对品牌形象的认知。

在这里总结出以下几个设计要点。

1）内容至上

有价值的内容始终是第一位的，仅在传播的内容对社会、个人有益的时候，这个页面才能够真正地引发用户的情感共鸣从而实现内容的快速传播，同时也能够给社会带来正能量、获得更好的社会效益。

2）整体与局部的统一

要成就高品质的用户体验，必须考虑细节与整体的统一性。对复古拟物的视觉风格，字体就不能过于现代；对幽默调侃的内容，文案措辞就不能过于严肃；对情感内容，动态效果就不能过于花哨。尤其应当关注"分享""在看"之类的引导细节设计与简单的箭头和一句冷冰冰的"点这里分享"相比，带来的高品质和好感度是显而易见的。

3）合理运用技术

随着技术的发展，如今的 HTML 5 拥有众多出彩的技术特性，让人们能轻松实现绘图、擦除、摇一摇、重力感应、3D 视图、虚拟现实、增强现实等互动效果。与无序利用各种不同种类的动效导致页面混乱和臃肿相比，合理运用技术、用心专注于为用户提供流畅的互动体验是更好的选择。

4）适度利用热点话题效应

想要一个 HTML 5 专题页面能够实现快速的营销并不容易，而当社会上有一些公众事件发生并快速爆发性增长时，第一时间要抓住热点，基于热点进行内容的重新组织和包装，并借势而为火速上线，也不失为一种高效的方法。但是在跟踪热点和利用话题效应时，要注意内容与话题的关联度、体现正确的世界观和人生观往往是一个必要的前提条件，否则将会出现引火烧身，聪明反被聪明误。

随着手机硬件的升级、HTML 5 技术的发展以及相关平台的开放，HTML 5 的跨平台、低成本、快迭代等优势进一步凸显，这对身处移动互联网大潮的企业主、品牌、设计师和开发者来说，都将是一个最好的时代。

第 24 章

动态网站开发

24.1 动态网站的应用

动态网站是指网站内容可根据用户、时间等不同状态而动态变更内容的网站。一般情况下,动态网站可以实现多种信息交互功能,如用户注册、信息发布、产品展示、订单管理等。动态网站的这种特性通常通过数据库来实现。动态网站上展现的网页通常称为动态网页,其内容、格式往往会根据状态的不同而变化。动态网页并不是独立存放在服务器的网页文件,而是在浏览器发出请求时通过查询当前状态,再根据内部业务逻辑来进行分析之后生成的反馈网页。动态网页的动态内容是通过服务器端脚本或服务器端程序来实现的,需要通过数据库进行读取、处理之后才能产生,所以动态网站的访问速度通常较慢。

1. 动态网站的特点

动态网站的一般特点如下。

(1) 动态网站以数据库技术为基础,可以通过自动化技术提升信息、数据的展现效率,大大降低网站维护的工作量。

(2) 采用动态网站技术的网站可以实现更多的功能,如用户注册、用户登录、在线调查、用户管理、订单管理等。

(3) 动态网页实际上并不是独立存放在服务器上的网页文件,只有当用户请求时服务器才返回一个完整的网页。

2. 常见的动态网站分类

1) 大型门户网站

国内知名的腾讯、网易、新浪、搜狐等都属于大型门户网站。大型门户网站类型的特点是:网站信息量非常大,网站内容以咨询、新闻等为主;网站内容比较全面,包括很多分支信息,比如房产、经济、科技、旅游等;大型门户网站通常访问量非常大,每天有数千万甚至上亿的访问量,是互联网的最重要组成部分。

2) 行业网站

行业网站是指以某一个行业内容为主题的网站,通常包括行业资讯、行业技术信息、产品广告发布等。目前基本每个行业都有行业网站,如五金行业网站、机电行业网站、工程机械行业网站、旅游服务行业网站等。行业网站在该行业有一定的知名度,通常流量也比较大。行业网站主要靠广告输入、付费商铺、联盟广告、软文、链接买卖等方式赢利。

3)交易类网站

交易类网站主要包括 B2B 网站、B2C 网站、C2C 网站等。交易类网站以在网站产生销售为目的,通过产品选择、订购、付款、物流发货、确认发货等流程实现产品的销售。国内知名的交易网站类型有阿里巴巴、淘宝、京东等。

4)分类信息网站

分类信息网站就像互联网中的集贸市场,有人在上面发布信息销售产品,有人在上面购买物品。分类信息主要面向同城,是同城产品销售的重要平台。国内知名的分类信息网站有 58 同城、百姓、列表等。如果你有闲置的物品,那么分类信息为你提供了一个便捷的销售平台,而且还是免费的。

5)论坛

论坛是一个交流的平台,注册论坛账号并登录后,就可以发布信息,也可以回帖,实现交流的功能。

6)政府网站

政府网站由政府和事业单位主办,通常内容比较权威,是政府对外发布信息的平台。目前国内政府和事业单位基本都有自己的网站。

7)功能性质网站

网站提供某一种或者几种功能,比如站长工具、电话手机号码查询、物流信息查询、火车票购买等。功能性网站以实现某一种或者几种功能为主要服务内容。

8)娱乐类型网站

娱乐类型网站主要包括视频网站(优酷、土豆)、音乐网站、游戏网站等。通常娱乐网站的浏览量非常大,主要是需求非常大,以视频、游戏娱乐网站最为突出。

9)企业网站

企业网站内容包括企业的新闻动态、企业的产品信息、企业的简介、企业的联系方式等。企业网站是企业对外展示的窗口,也是企业销售产品的重要方式。

24.2　前端开发与后端开发

1. 前端和后端的概念

当人们访问一个动态网站时,通常情况下可以在 PC、移动智能终端上通过浏览器或者某些 App 来实现。在这个过程中,一个被访问的网页通常是由服务器端运行的程序根据用户当前状态执行命令生成的,然后被传送到用户的 PC 或移动智能终端,最后显示在软件界面上。也就是说,网页的产生和显示实际上是运行在两种不同的系统上的两套程序处理之后完成的。在这个过程中,请求网页和最终显示网页的设备或 App 称为"前端",因为它就在用户面前的设备中运行;收到前端软件的请求之后,根据用户状态生成网页内容的程序往往运行在互联网上某个机房中的某台服务器上,这种程序往往称为"后端",因为它始终藏在浏览器或者 App 背后。

2. 网站开发区分前端开发和后端开发的原因

前端应用程序往往运行在 PC 和移动智能终端上,而后端应用程序往往运行在遥远的服务器上,这两类设备往往由于应用领域、功能、特性等方面的巨大差异,导致软件系统的开发模式也产生了巨大的差异。例如,你在饭店吃饭,前端就是你在大堂所看到、体验到的所有服务,而后端就是厨师们在后面的厨房忙碌,可以借此来感受一下前、后端的差异有多大。由于前端开发和后端开发的模式差异很大,所以通常在开发过程中需要有专业的相关编程技术团队,因此在通常的开发流程中会把前端开发和后端开发分为多个团队分别管理。

3. 前端开发和后端开发的主要区别

前端开发主要涉及网站和 App,简单地说,能够从 App 屏幕和浏览器上看到的东西、能够在这些设备上进行的操作都属于前端开发。网页上的内容、图片、段落之间的空隙、各种图标、通知按钮,这些都属于前端。因为移动设备的屏幕是可以触摸的,所以应用程序对各种触控手势(比如放大/缩小、双击、滑动等)做出的响应也属于前端,它们是前端的活动部分。

后端开发主要涉及软件系统"后端"的东西。比如,用于托管网站和 App 数据的服务器、放置在后端服务器与浏览器及 App 之间的中间件,它们都属于后端。简单地说,那些你在屏幕上看不到但又被用来为前端提供支持的事物就是后端。

网站的后端开发涉及搭建服务器、保存和获取数据,以及用于连接前端的接口。如果说前端开发者关心的是网站外观,那么后端开发者关心的是如何通过代码、API 和数据库集成来提升网站的速度、性能和响应性。

24.3 混合式开发

混合式开发是指可以同时兼容 PC 平台和移动智能终端的 Web 应用开发模式。使用这种模式进行开发,可以仅开发一套应用程序,分别将其编译、打包生成运行在 PC 平台和移动智能终端的软件包。这种模式通常可以获得兼具原生 App 良好用户交互体验的优势和 Web App 跨平台开发的优势。在移动智能终端上虽然看上去是一个原生 App,但它实际上只有一个 UI Web View。

混合式开发可以按网页语言与程序语言的混合模式不同分为如下三种类型。

1. 多 View 混合型

多 View 混合是指 Native View 和 Web View 独立展示,交替出现。这种应用混合逻辑相对简单,在需要的时候,将 Web View 当成一个独立的 View(Activity)运行起来,在 Web View 内完成相关的展示操作。这种应用主体通常是原生应用,Web 技术只是起到补充作用,主要功能是在 Native View 中显示 Web 版内容,开发难度和原生应用基本相同。

2. 单 View 混合型

单 View 混合是指在一个 View 内同时包括 Native View 和 Web View,两种 View 间是层叠、覆盖的关系。这种混合式 App 的开发成本较高,开发难度较大,但是体验较好。例如,以百度搜索为代表的单 View 混合型移动应用,既可以实现充分的灵活性,又能实现较好的用户体验。

3. Web 主体型

这是一种移动应用的主体是 Web View(主要以网页语言编写),穿插着 Native 功能的 Hybrid App 开发类型。这种模式下开发的移动应用体验相对来说在性能、功能上存在不足,流畅性和系统功能运用能力较弱,且对于不同厂商生产的不同版本的设备兼容性可能存在不足,但由于这种模式整体上来说开发难度较低,并且基本可以实现跨平台,因此得到很多开发企业的支持。

24.4　公众号与小程序开发

公众号和小程序是近年来在微信和支付宝等平台基础上发展起来的新型交互形态。现在已经成为企业、自媒体、普通用户之间建立直接的联系、更紧密的互动的重要渠道。

1. 公众号的分类

公众号又可以进一步划分为服务号、订阅号和企业号。

(1)服务号主要为企业和组织提供较强的业务服务与用户管理能力,偏向服务交互类功能,适用于媒体、企业、政府或其他组织。其特点是可以执行较复杂的业务流程、更便利的客户分类管理能力、入口更明显、群发消息量受限制等。

(2)订阅号为媒体和个人提供了一种新的信息传播方式。其主要功能是从平台侧向用户传达各类资讯,功能类似提供新闻信息或娱乐趣事的传统报纸、杂志,适用于个人、媒体、企业、政府或其他组织。订阅号入口较服务号更隐蔽,可以每日向关注用户推送群发消息,在订阅号平台上无法直接执行复杂业务逻辑。

(3)企业号旨在帮助企业、政府机关、学校、医院等事业单位和非政府组织建立与员工、上下游合作伙伴及内部 IT 系统间的连接,并能有效地简化管理流程、提高信息的沟通和协同效率、提升对一线员工的服务及管理能力。

2. 小程序

小程序是一种不需要用户下载和安装的应用,用户扫一扫或者搜一下即可打开应用,极大地提升了应用安装、使用的便捷程度,提升了用户的接受度。小程序通常可以执行复杂业务逻辑,可以作为一些 App 的替代产品。目前很多常用的服务型、媒体型 App 都会同步提供 App 和小程序。

3. 公众号和小程序的价值与意义

1) 提供海量的活跃用户群

不论是微信还是支付宝的公众号及小程序,都可以平台方用户基数为基础,展开消息推送、信息展示、业务服务。从用户量上来看,由于这些平台本身的用户基本非常大,可以说覆盖了绝大部分上网用户,因此这些平台上的活动有条件直达几乎所有网络用户。从用户分类的角度来看,平台本身已经根据用户特征完成了用户分类,那么系统推广过程中,可以实现更为精准的内容投放和系统推广。

2) 信息获取便捷、传播快速

公众号和小程序基于互联网提供内容,信息的发布和浏览完全通过智能终端即可完成。微信和支付宝等平台本身就具备社交属性,非常有利于信息的快速传播,公众号和小程序可以借助平台的力量实现快速信息获取和传播。

3）快速搭建媒体发布平台、业务流程系统

公众号和小程序通常由平台方提供常用的管理功能，不经过额外的软件开发就可以通过后台网站对内容、业务流程和客户信息等进行一定程度的管理。这些功能对于个人和小型企业来说，可以极大地提升信息发布系统的构建速度，完成账号申请、进行身份验证、熟练掌握后台管理软件的使用方法后即可以开始提供信息服务。

4）对客户进行分类管理，有针对性地推送消息

公众号和小程序运营后台支持数据分析，可以利用用户基础属性和用户行为等数据对用户画像进行深入分析；可以通过后台数据系统的图文阅读、转发、收藏等进行投放效果分析，评估用户的偏好度，从而对目标用户有更深入的了解。此外，公众号依据后台用户数据，可以采取测试投放，容易发现目标用户，用户画像更加精准化，从而指导营销策略，提高效果。

24.5　动态网站与数据库

当你使用自己的账号登录微信、支付宝、京东等系统之后，在软件界面上可以看到的都是与你相关的新信息。例如，在微信中你可以看到朋友们给你发的消息、你关注的公众号平台推送的新文章等；支付宝中有你今天的各种支付行为、余额宝账户的新收益；京东上你感兴趣的新产品、已支付订单的物流状态等。而你每次登录系统时，都可以看到与上一次不同的信息，这些信息为什么能够出现？它们被保存在哪里呢？

动态网站之所以可以根据状态变化来动态地显示内容，很重要的原因在于大量的数据已经被保存在网站的后台系统中。当用户开始浏览某个动态网页时，与该网页相关的应用程序从关联的数据库中读取对应的数据，并将其显示在页面或应用界面上，从而形成动态的内容。在这个过程中，所有的信息和数据都是在服务器上保存的，不论你什么时间、什么地点、使用什么设备登录，系统都能够将这些数据取出后传输到你所使用的设备上。在这个过程中，数据保存的最重要机制就是数据库系统。

动态网站设计过程中应用数据库的原因如下。

（1）动态网站的动态行为基于数据库的持久存储能力。用户使用动态网站时所有的操作结果，都以某种格式记录在数据库中，这些数据可以由其他有权限的用户重新读取。聊天内容、购物记录等都是通过这种方式存储在数据库中，从而实现不同时间浏览不同内容的效果。

（2）使用数据库可以保存大量信息。数据库可以通过结构化或非结构化的存储方式存储大量信息，并通过内部的各种算法来进行快速的数据访问，这种访问效率比普通服务器中的数据访问高得多。因此，当一个动态网站管理的数据量达到一定程度之后，通常都必须使用数据库技术进行数据管理。

（3）数据库能够保证信息的完整性、一致性。数据库中的数据是信息社会的重要资源，所以数据的保护至关重要。数据库中的数据保护通过 4 个方面来实现：数据库的恢复、数据库的并发控制、数据库的完整性控制、数据库的安全性控制。

（4）数据库可以简化动态网站的开发。现代 DBMS 通常提供大量的数据管理相关功

能,以快速实现数据的增加、删除、修改、查询、数据备份恢复等操作。这些操作可以在不同的动态网站开发过程中重复利用,使程序员不需要花费大量时间进行相关的编程,因此可以大幅度地简化动态网站程序的开发过程。

24.6　动态网站与大数据

当使用京东、淘宝商城 App 时,会发现每次登录之后,系统推荐给你的商品往往是不同的,而且往往跟你近期浏览过的商品有一定关系;当使用微信浏览朋友圈时,你会发现微信会在朋友圈中插入广告,而且你看到的广告可能和你的朋友看到的是不同的;当打开滴滴出行、美团打车等出行软件时,系统会根据你所在的位置给出推荐的目的地查询。这些软件为什么能够实现这种看起来很"智能"的功能呢? 这些功能往往都是由系统中运行在大数据环境下的推荐系统经过数据分析之后实现的。

图 24.1 所示的就是通过大数据实现产品精准推荐的系统结构。

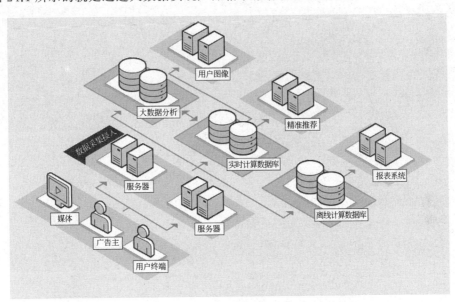

图 24.1　动态网站与大数据的结合

用户、广告主和各种媒体会使用运行在服务器中的动态网站系统,并将用户使用过程中产生的大量数据分别记录到实时计算数据库和大数据分析服务器中。用户基本信息、账户信息、商户信息、产品销售信息、用户采购订单、付款记录、物流运输信息等,都会在交易进行过程中被记录下来。这些被记录的信息,都会在大数据分析服务器中进行进一步的处理,通过分解各种数据、寻找数据之间的关联、通过关联计算用户的兴趣和习惯来产生精准推荐数据。这些推荐数据将会被反馈给动态网站,使用户可以在下次浏览时看到推送推荐的产品,这样可以增加网站的销售量,实现更大的商业价值。

动态网站设计过程中应用大数据技术的意义如下。

(1)加速大量数据的处理能力。动态网站能收集到大量实时数据,但由于大部分动态网站设计时都是针对用户请求进行更快响应而优化的,所以没有足够的时间对海量数据进行处理。动态网站与大数据系统的结合,能够在保证在对用户请求快速响应的前提下进行更深入的数据处理。

（2）为动态网站提供更多元化的数据分析。用户的偏好是什么？上网的时间段有哪些？上网主要浏览哪些网页？对页面和产品的点击次数是多少？网站中的用户评价对他有没有影响？他会在哪些地方分享对产品和购物过程的体验？这些都是大数据可以对用户上网行为进行更深入分析的着眼点,可以从多元视角揭示用户行为背后的规律,从而给网站的所有者带来更深入的分析。

（3）有利于动态网站提供个性化服务。各类企业通过动态网站与大数据应用结合,可以探索个人化、个性化、精确化和智能化的产品推送和推广服务,创建性价比更高的全新商业模式。同时,企业也可以通过对大数据的把握,寻找更多、更好地增加用户黏性,开发新产品和新服务,降低运营成本的方法和途径。

习 题 八

一、选择题

1. 通常网页的首页为( )。

    A. 主页   B. 网页   C. 页面   D. 网址

2. 网页布局风格是( )。

    A. 设计行为与过程 B. 绘图过程   C. 编程过程   D. 推广过程

3. 网页的基本语言是( )。

    A. JavaScript   B. VBScript   C. HTML   D. XML

4. 下列属于静态网页的是( )。

    A. index.htm   B. index.jsp   C. index.asp   D. index.php

5. URL 是下列( )的简写,中文译作( )。

    A. uniform real locator,统一定位符

    B. uninresource locator,统一资源定位符

    C. uniform real locator,统一资源定位符

    D. uniform resource locator,统一资源定位符

6. 超链接标签 a 有很多属性,其中用来指明超链接所指向的 URL 的属性的是( )。

    A. href   B. herf   C. target   D. link

7. ( )标签用来在网页中插入一个图片。

    A. font   B. img   C. table   D. p

8. 动态网站的"动态"表现在( )。

    A. 内容动态展现   B. 开发过程动态实施

    C. 内容动态生成   D. 适用于运动场所

9. 一个运行在智能手机上的 App 主要使用( )开发技术实现。

    A. 前端开发技术   B. 后端开发技术

    C. 公众号开发技术   D. 数据库计数

二、简答题

1. 通过互联网访问一个网站中的网页时需要经过哪些步骤?

2. 常见的网站布局风格有哪些?

3. 网页、浏览器、网站和网络服务器之间的关系是什么?

4. 动态网站通常有哪几类?

5. 动态网站和静态网站的区别是什么?

6. 动态网站开发过程中为什么要使用数据库?

参 考 文 献

[1] 刘云翔,王志敏,黄春华,等. 计算机应用基础[M]. 3 版. 北京:清华大学出版社,2017.

[2] 张振花,田宏团,王西. 多媒体技术与应用[M]. 北京:人民邮电出版社,2018.

[3] 刘合兵,尚俊平,卢亚丽,等. 多媒体技术及应用[M]. 北京:清华大学出版社,2011.

[4] 于冬梅,陆斐,王苏平. 多媒体技术及应用[M]. 北京:清华大学出版社,2011.

[5] 陈昌辉,刘康平,魏超,等. 计算机平面设计[M]. 上海:上海交通大学出版社,2016.

[6] 刘欢. Flash ActionScript 3.0 交互设计 200 例[M]. 北京:人民邮电出版社,2015.

[7] 孟强. Animate CC 2018 动画制作案例教程[M]. 北京:清华大学出版社,2019.

[8] Jiawei Han,Micheling Kamber,Jian Pei. 数据挖掘:概念与技术[M]. 范明,孟小峰,译. 3 版. 北京:机械工业出版社,2012.

[9] 朱顺泉. 经济金融数据分析及其 Python 应用[M]. 北京:清华大学出版社,2018.

[10] Yuxing Yan. Python 金融实战[M]. 张少军,等,译. 北京:人民邮电出版社,2017.

[11] Yves Hilpisch. Python 金融大数据分析[M]. 姚军,译. 北京:人民邮电出版社,2015.

[12] 张良均,等. 数据挖掘实用案例分析[M]. 北京:机械工业出版社,2013.

[13] Michael Minelli,等. 大数据分析决胜互联网金融时代[M]. 北京:人民邮电出版社,2014.

[14] Pang-Ning Tan,等. 数据挖掘导论[M]. 段磊,张天庆,等,译. 2 版. 北京:机械工业出版社,2019.

[15] Michael Milton. 深入浅出数据分析[M]. 李芳,译. 北京:电子工业出版社,2013.

[16] 谢运恩. 人人都会数据分析:从生活实例学统计[M]. 北京:电子工业出版社,2017.

[17] 林子雨. 大数据技术原理与应用[M]. 2 版. 北京:人民邮电出版社,2017.

[18] 鲍军鹏. 人工智能导论[M]. 北京:机械工业出版社,2017.

[19] 陈玉琨,汤晓鸥. 人工智能基础[M]. 上海:华东师范大学出版社,2018.

[20] 王万良. 人工智能导论[M]. 北京:高等教育出版社,2017.

[21] 朱福喜. 人工智能[M]. 北京:清华大学出版社,2017.

[22] Stuart J Russell,Peter Norvig. 人工智能:一种现代的方法[M]. 3 版,影印版. 北京:清华大学出版社,2011.

[23] 蔡自兴. 人工智能及其应用[M]. 5 版. 北京:清华大学出版社,2016.

[24] Stuart J Russell,Peter Norvig. 人工智能:一种现代的方法[M]. 殷建平,译. 3 版. 北京:清华大学大学出版社,2013.

[25] 尼克. 人工智能简史[M]. 北京:人民邮电出版社,2017.

[26] 刘韩. 人工智能简史[M]. 北京:人民邮电出版社,2017.

[27] 涌井良幸,涌井贞美. 深度学习的数学[M]. 杨瑞龙,译. 北京:清华大学出版社,2019.

[28] Anany Levitin. 算法设计与分析基础[M]. 3 版. 北京:清华大学出版社,2015.

[29] Kurose J F,Ross K W. Computer Networking, A Top-Down Approach[M]. 陈鸣,译. 6 版. 北京:机械工业出版社,2014.

[30] Tanenbaum A S,Wetherall D J. Computer Networks[M]. 5 版,影印版. 北京:机械工业出版社,2011.

[31] 谢希仁. 计算机网络[M]. 7 版. 北京:电子工业出版社,2017.

[32] 刘云浩. 物联网导论[M]. 3 版. 北京:科学出版社,2017.

[33] 桂小林. 物联网技术导论[M]. 2 版. 北京:清华大学出版社,2018.

[34] 黄玉兰. 物联网射频识别(RFID)核心技术教程[M]. 北京:人民邮电出版社,2016.

[35] 龚沛曾,杨志强,等. 大学计算机[M]. 6 版. 北京:高等教育出版社,2013.

［36］廉龙颖,游海晖,武狄. 网络安全基础[M]. 北京：清华大学出版社,2020.

［37］陈红松. 网络安全与管理[M]. 2 版. 北京：清华大学出版社,2020.

［38］石志国. 计算机网络安全教程[M]. 3 版. 北京：清华大学出版社,2019.

［39］李启南,王铁君. 网络安全教程与实践[M]. 2 版. 北京：清华大学出版社,2018.

［40］刘远生,李民,张伟. 计算机网络安全[M]. 3 版. 北京：清华大学出版社,2018.

［41］薛庆水,朱元忠. 计算机网络安全技术[M]. 大连：大连理工大学出版社,2008.

［42］陈震. 互联网安全原理与实践[M]. 北京：清华大学出版社,2014.

［43］杜文才,顾剑,周晓谊,等. 计算机网络安全基础[M]. 北京：清华大学出版社,2016.

［44］王磊,崔维响,步英雷. 计算机文化基础[M]. 北京：清华大学出版社,2019.

［45］吕云翔,杨婧玥. UI 设计：Web 网站与 APP 用户界面设计教程[M]. 北京：清华大学出版社,2019.

［46］胡卫军. 网页 UI 与用户体验设计 5 要素[M]. 北京：电子工业出版社,2017.

［47］姜鹏,郭晓倩. 形·色——网页设计法则及实例指导[M]. 北京：人民邮电出版社,2017.

［48］晋小彦. 形式感＋：网页视觉设计创意拓展与快速表现[M]. 北京：清华大学出版社,2014.

［49］于莉莉,刘越,苏晓光. Dreamweaver CC 2019 网页制作实例教程[M]. 北京：清华大学出版社,2019.

［50］王艳娥,刘洪发. Web 技术应用基础[M]. 3 版. 北京：清华大学出版社,2014.

［51］吴伟敏. 网站设计与 Web 应用开发技术[M]. 2 版. 北京：清华大学出版社,2015.

［52］罗慧. 互联网产品(Web/移动 Web/APP)：视觉设计[M]. 北京：清华大学出版社,2015.

［53］未来科技. HTML 5＋CSS3＋JavaScript 从入门到精通[M]. 北京：中国水利水电出版社,2017.

［54］丁士锋. Web 开发典藏大系：网页制作与网站建设实战大全[M]. 北京：清华大学出版社,2013.